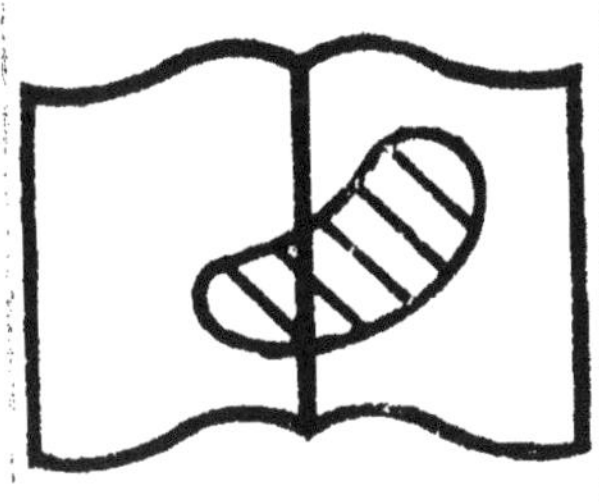

Illisibilité partielle

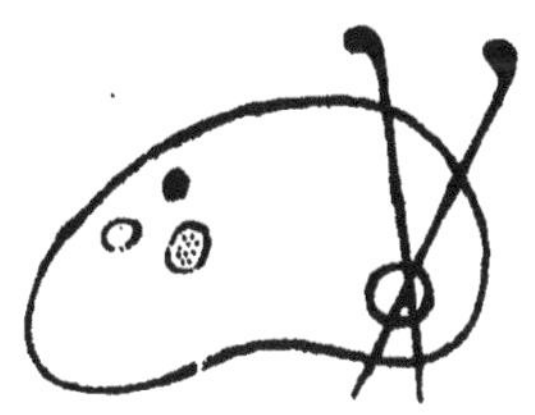

Début d'une série de documents
en couleur

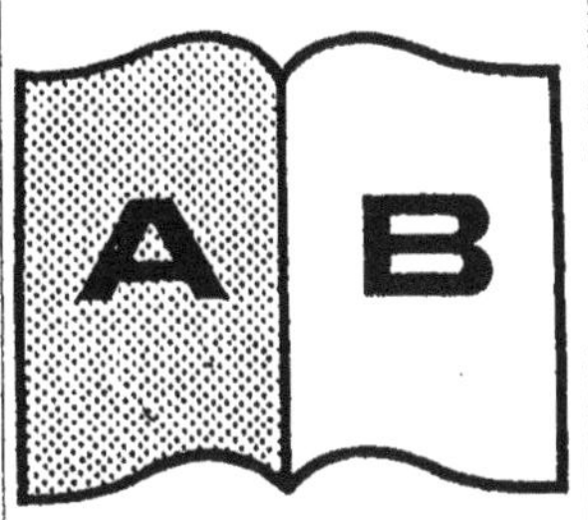

Contraste insuffisant des couvertures
supérieure et inférieure

BLE POUR TOUT OU PARTIE
OCUMENT REPRODUIT

12 . Le . 12.

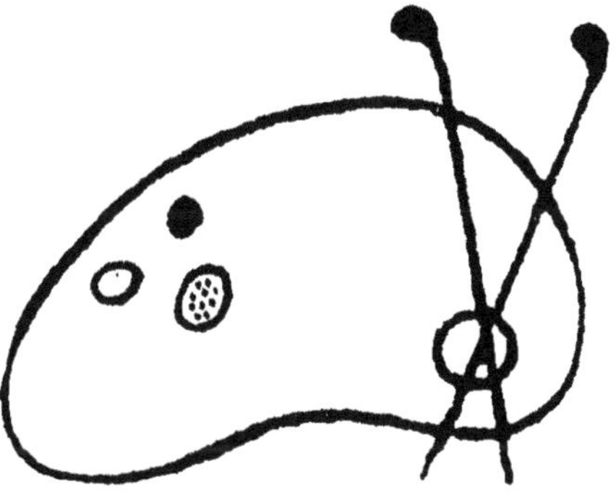

Fin d'une série de documents
en couleur

ENCYCLOPÉDIE

DES CHEMINS DE FER

ET

DES MACHINES A VAPEUR.

IMPRIMÉ AUX PRESSES MÉCANIQUES CHEZ PAUL RENOUARD,
rue Garancière 5.

ENCYCLOPÉDIE

DES

CHEMINS DE FER

ET DES

MACHINES A VAPEUR,

A L'USAGE DES PRATICIENS ET DES GENS DU MONDE,

PAR

FÉLIX TOURNEUX,

Ingénieur, ancien élève de l'école Polytechnique.

PARIS.

JULES RENOUARD ET Cie, LIBRAIRES,

RUE DE TOURNON, N° 6;

Librairie scientifique de L. MATHIAS, quai Malaquais, n° 15.

1844.

Les **Editeurs** et l'**Auteur** de ce livre se sont rencontrés dans une même pensée : rendre facilement accessibles à tous ceux qui composent le nombreux personnel des chemins de fer et aux gens du monde, les notions qui peuvent les intéresser en matière de chemins de fer et de machines à vapeur.

Il fallait, pour atteindre ce but, former une nomenclature des termes d'art et de jurisprudence employés dans ces deux branches de l'industrie moderne, et accompagner chacun de ces termes d'une définition claire et aussi succincte que possible.

Aucun ordre n'a paru plus convenable pour cette nomenclature que l'ordre alphabétique; il ne s'agissait pas, en effet, de faire un ouvrage didactique, il suffisait que le lecteur pût, en ouvrant le livre, trouver, immédiatement sous sa main la solution d'une difficulté, ou l'explication d'un terme technique trop souvent inintelligible pour lui.

Telle a été la préoccupation constante de l'auteur pendant qu'il écrivait cette encyclopédie : c'est au public à décider s'il a réussi. Quelques imperfections sont inséparables d'un premier travail de ce genre ; mais l'auteur s'estimera heureux si son œuvre, faite avec soin et conscience, en provoque d'autres plus complètes, et si elle contribue à vulgariser des notions dont personne aujourd'hui ne doit être dépourvu.

L'auteur est du nombre de ceux qui pensent que jamais et sur quoi que ce soit, l'humanité ne donnera son dernier mot. Peut-être la machine à vapeur et les chemins de fer ont-ils tracé à l'industrie une voie dans laquelle elle demeurera longtemps. Peut-être au contraire doivent-ils bientôt céder la place à d'autres agens de production et de mouvement plus énergiques, encore inconnus à cette heure.

Quel que soit leur avenir, ils auront contribué pour une forte part aux progrès de la puissance morale et matérielle de l'homme dans la génération présente ; ils auront été une manifestation nouvelle de la faculté que Dieu a mise en nous de développer et d'étendre à notre profit les œuvres immortelles de sa création.

A LA MÉMOIRE

DE MON PÈRE

JEAN-FRANÇOIS TOURNEUX,

ANCIEN ÉLÈVE DE L'ÉCOLE POLYTECHNIQUE,

INGÉNIEUR EN CHEF DE 1ʳᵉ CLASSE AU CORPS ROYAL

DES PONTS-ET-CHAUSSÉES,

CHEVALIER DE LA LÉGION D'HONNEUR.

Transiit benefaciendo.

Félix TOURNEUX.

ENCYCLOPÉDIE

DES

CHEMINS DE FER

ET

DES MACHINES A VAPEUR.

⟡

A

ABATTAGE. Se dit des grandes pièces de machines que l'on descend de leur position pour les incliner et les coucher par terre, afin de les visiter et de les réparer. Cette opération se fait ordinairement en enlevant la pièce au moyen de cordes et de poulies que l'on lâche ensuite, peu-à-peu, pour la faire arriver dans une situation commode. Pour éviter des abattages trop fréquens de locomotives, les remises dans lesquelles on les range, quand elles ne sont pas de service, sont creusées entre les rails en forme de fossés. Un homme peut y descendre, visiter par dessous l'état des pièces du mécanisme et faire les menues réparations sans changer la position de l'appareil.

ABONNEMENT. Quelques compagnies de chemins de fer ont essayé de passer, avec des entrepreneurs, des marchés à forfait pour le service des transports sur leurs lignes. C'est là ce que l'on appelle des abonnemens. Il est vivement à souhaiter que l'usage s'en répande, dans l'intérêt du public et des entreprises. Ces marchés sont basés sur une somme fixe que la compagnie paie à l'entrepreneur, par convoi et par unité de distance. On comprend qu'avant d'en arriver là, il faut qu'une pratique préalable ait fait connaître les divers élémens qui entrent dans la dépense des transports. Ce sont ceux qui résultent des pentes et courbes du chemin, de la manière dont il est assis, de la quantité de voyageurs et de marchandises, et du nombre des stations où l'on doit les prendre et les déposer.

Abornement. C'est à la fois le nom de l'action judiciaire et de l'opération qui ont pour but de marquer les limites, entre les propriétés riveraines, et la surface occupée par un chemin de fer et ses dépendances.

Accéléré (mouvement). Lorsqu'une force agit constamment sur un corps, sans que rien ne s'oppose à son mouvement, ce mouvement devient de plus en plus rapide. Tous les corps sont doués d'une propriété appelée inertie, en vertu de laquelle ils restent dans le même état, si aucune circonstance étrangère ne vient les déranger. Ainsi, tant qu'ils sont immobiles, si aucune force ne trouble leur état de repos, ils y restent. Si, au contraire, ils sont en mouvement, tant qu'aucun obstacle ne contrarie leur marche, ils conservent la même vitesse. Il en résulte qu'un corps sollicité constamment par une même force et que rien n'arrêterait, verrait à chaque instant sa vitesse augmenter d'une quantité égale à celle qu'il aurait acquise au premier instant. Au bout de dix instans égaux, sa vitesse serait donc dix fois aussi grande qu'à la fin du premier. Ce mouvement, dont la vitesse s'accroît ainsi constamment en raison du temps, est ce que l'on nomme le mouvement uniformément accéléré. Dans les machines, le mouvement, au moment de la mise en train, commence par s'accélérer, mais bientôt il devient uniforme. L'accélération a lieu jusqu'à ce que le moteur se trouve en équilibre entre la force qui le fait agir et la résistance qui s'oppose à cette action.

Accidens. Tous les ouvrages sortis de la main de l'homme sont sujets à des accidens. Par une sorte de compensation qui semble justifier un système philosophique rendu célèbre dans ces derniers temps par la persévérance et le talent de l'homme qui a cherché à le réduire en théorie mathématique, plus ces ouvrages se perfectionnent, plus la gravité des accidens auxquels ils donnent lieu augmente. C'est ainsi que, sans une surveillance rigoureuse de tous les instans, les instrumens industriels les plus puissans et les plus perfectionnés, je veux dire les machines à vapeur et les chemins de fer, peuvent donner lieu aux événemens les plus graves et les plus funestes. La masse des objets qu'ils mettent en mouvement, la vitesse qu'ils engendrent, leur puissance, en un mot, arrêtée ou détournée de son but, se transforme en agent terrible de destruction. La vapeur, en frayant à l'homme des voies nouvelles et inconnues jusqu'alors, semble le placer sans cesse dans une position que je ne puis mieux comparer qu'à celle d'un homme marchant sur le bord d'un abîme dans lequel le moindre faux pas peut le précipiter. C'est une situation analogue à celle que les mécaniciens désignent sous le nom d'équilibre instable et que le plus petit effort peut troubler. Heureusement, à côté du mal se trouve le remède. L'introduction d'un agent nouveau, dans l'industrie, nécessite l'emploi d'appareils dont la perfection est un gage de sécurité contre les accidens. Souvent même, par une heureuse combinaison de diverses pièces, on arrive à les régulariser l'une par l'autre et à débarrasser les ouvriers de la partie la plus délicate de la surveillance que les machines réclament. C'est ainsi que par l'adoption de soupapes de sûreté et de rondelles fusibles qui ouvrent d'elles-mêmes une issue à la vapeur lorsqu'elle atteint un degré de pression dangereux, on préserve les chaudières d'une grande partie des chances d'explosion, contre lesquelles le réglement du foyer, le jeu des pompes alimentaires, les indications du flotteur ou du niveau d'eau, ne présentent pas de garanties suffisantes.

Je parle ici, pour les chaudières des machines à vapeur, des explosions, parce que ce sont, en effet, les accidens les plus graves auxquels elles peuvent donner lieu. C'est contre les explosions que les précautions les plus nombreuses ont été accumulées par les ingénieurs et par les réglemens administratifs. Ce n'est pas à dire que les règles posées à cet égard soient à l'abri de tout reproche. Si dans certains cas le but est dépassé par un excès de prudence, il en est d'autres non moins nombreux qui laissent à désirer. La faute, au reste, doit en être attribuée à l'incertitude qui règne encore dans la théorie des vapeurs et dans l'ignorance où nous en sommes des lois qui régissent son mouvement dans les circonstances variées auxquelles elle est soumise, depuis sa formation dans nos générateurs jusqu'au moment de sa condensation à l'air libre ou dans les vases clos. Chaque jour une découverte nouvelle amène une connaissance de plus en plus rapprochée de ces lois.

Indépendamment des explosions, qui sont dans les machines à vapeur les accidens les plus graves, chacune de leurs pièces est exposée à des accidens particuliers, que je vais énumérer ici en peu de mots.

L'alimentation de la chaudière doit être régulière. Cette régularité peut être dérangée, si la pompe alimentaire ne fonctionne pas convenablement, soit que ses tuyaux soient engorgés par des matières étrangères, soit que les soupapes elles-mêmes ne soient pas bien nettes ou qu'elles soient usées et ne ferment pas complétement. Il peut se faire aussi que l'air pénètre dans la pompe ou qu'elle laisse échapper de l'eau par les ajustages. Toutes ces causes d'irrégularité dans la marche de la pompe alimentaire doivent être soigneusement évitées ; moins encore à cause de la perte de force qu'elles entraînent, que par leur influence sur la hauteur d'eau que l'on a besoin d'entretenir dans la chaudière, pour donner à la machine toute sa force et éviter les explosions.

Les accidens auxquels sont sujettes les chaudières sont les fissures ou le déchirement du métal, sa brûlure lorsqu'il est exposé à sec à l'action du feu : car alors il rougit, s'oxide et se détruit rapidement. Les fissures n'ont pas d'autre inconvénient que de laisser perdre inutilement une certaine quantité d'eau ou de vapeur qui diminue dans une proportion plus ou moins forte l'effet utile de la machine. Mais le rougissement et l'affaiblissement des parois, en donnant, au moment où l'on ne s'y attend pas, une production subite et excessive de vapeur, amènent des explosions. Les chaudières rougissent dans les parties qui sont exposées à l'action du feu, sans être recouvertes d'eau. Cette circonstance peut provenir d'un défaut d'alimentation, et plus souvent de la présence des corps étrangers que l'eau tient en suspension et qui se précipitent peu-à-peu sur les parois, en formant des dépôts et des incrustations qui isolent le métal de tout contact avec l'eau. Une chaudière peut perdre aussi de la vapeur par les soupapes de sûreté, lorsque la poussière ou tout autre corps étranger les empêche de se fermer.

Les cylindres des machines sont exposés à se fendre : quelquefois le piston en venant toucher le fond peut le démastiquer ou même le rompre ; il peut aussi laisser échapper de la vapeur, si la boîte à étoupes, par laquelle passe la tige du piston, n'est pas bien entretenue de chanvre et de graisse. La tige elle-même peut s'user, et plus souvent encore le piston ne pas remplir exactement toute la largeur du cylindre. Ce dernier accident provient moins de l'usure des surfaces que de la présence d'une crasse dure et épaisse qui remplit tout l'espace vide occupé par les ressorts, et s'oppose à leur action sur les segmens de fonte. Lorsque les pistons sont garnis d'étoupes, comme dans quelques machines à basse pression, on n'a pas à craindre cet effet ; mais, si l'on ne veut pas voir la vapeur passer d'un côté à l'autre, il faut souvent renouveler les tresses de chanvre et employer une beaucoup plus grande quantité de graisse que pour les pistons métalliques.

Quant aux pièces qui servent à transmettre le mouvement du piston et à le transformer suivant les besoins de l'industrie, les accidens auxquels elles sont sujettes sont tous ceux qui peuvent provenir d'une pose défectueuse, d'un défaut de graissage de leurs coussinets et d'une usure qui altérerait leurs positions respectives, ou enfin d'efforts supérieurs à ceux que leurs dimensions leur permettent de supporter. Les pertes de force et les ruptures provenant de ces différentes causes doivent être soigneusement évitées, par la perfection et la solidité de la pose première et par un entretien journalier.

Lorsque les machines sont pourvues d'un condenseur, celui-ci peut cesser de fonctionner, au moins suffisamment, si l'eau s'y échauffe. Cet échauffement peut provenir de ce que sa pompe ne lui fournit pas assez d'eau, de ce que son robinet est obstrué par des corps étrangers, ou de ce que la vapeur y arrive en trop grande quantité par quelque fuite ou rupture du cylindre. Enfin l'air peut s'introduire dans le condenseur et en altérer le vide normal. Cette introduction a lieu, soit par le défaut d'eau dans le réservoir alimentaire, soit par quelque fissure dans le corps de la pompe ou dans les tuyaux de communication de la vapeur, soit enfin par l'usure des boîtes à étoupes ou par le jeu incomplet du clapet lorsque la graisse s'amasse autour de son collet.

Les causes d'accidens que je viens de rappeler sommairement sont communes à toutes les espèces de machines à vapeur, mais leurs effets prennent dans chacune d'elles un caractère particulier.

Les chemins de fer sont sujets à tous les accidens qui peuvent résulter, pour les routes ordinaires, de terrassemens mal exécutés, de maçonnerie et charpentes en bois ou en fer d'une solidité incomplète; mais, de plus, les convois y ont à supporter toutes les chances résultant des explosions de la locomotive, de l'usure et de la détérioration de ses pièces principales, de leur rupture, et notamment de celle des essieux. L'accélération dangereuse que la machine peut prendre en descendant des pentes trop rapides, la rupture d'un câble sur le plan incliné à machines fixes, l'action de la force centrifuge qui tend à projeter les voitures hors de la voie et à les renverser lorsqu'elles parcourent avec une grande vitesse les courbes à petits rayons, sont autant de motifs pour exercer sur toutes les parties de la voie et du matériel une surveillance beaucoup plus rigoureuse que sur les routes ordinaires. Cette surveillance est facile, et avec une administration vigilante et des ingénieurs expérimentés, il est rare que l'on ait à déplorer des mal-

heurs sur les chemins de fer. Les chances d'explosion de chaudières
dans les locomotives sont extrêmement rares, et surtout peu dange-
reuses, à cause de leur construction particulière. On n'en a pas encore eu d'exemple en Europe.

MM. E. Flachat et J. Petiet, dans leur *Guide du mécanicien-
conducteur de machines locomotives*, divisent en cinq catégories les
accidens auxquels sont exposés les convois des chemins de fer.

La première comprend les accidens pouvant seulement causer un
ralentissement momentané dans la vitesse de la marche du convoi : ceux-là n'offrent aucun danger ; ils sont causés par l'échauffement des boîtes à graisse, des tiges de piston, des coussinets de
bielle, et, en général, de toutes les parties du mécanisme habituellement graissées, lorsque l'huile vient à leur manquer. Ils peuvent encore provenir des fuites d'eau des tubes de la chaudière,
de la perte d'eau qui se fait par le régulateur, de l'usure ou de la
rupture du frein du tender qui sert à modérer la vitesse à l'arrivée
aux stations ; ou enfin, du déclanchement des manetons du levier de
distribution de la vapeur ou du décallage des roues.

Le rafraîchissement des surfaces frottantes par une abondante
alimentation d'huile, et au besoin par l'eau froide, la réduction de
l'ouverture du régulateur, le renversement de la marche des tiroirs
à l'arrivée aux points d'arrêt, le réenclanchement du maneton par
la marche momentanée à la main, tels sont les moyens simples par
lesquels un mécanicien attentif empêche ces accidens d'acquérir
aucune gravité.

Dans la seconde catégorie sont les accidens qui obligent à suspendre momentanément la marche du convoi : on ne peut guère y
ranger que la rupture des chaînes qui attachent la machine au
train ou qui relient les wagons entre eux. Aussitôt que le mécanicien s'aperçoit d'une semblable rupture, il modère insensiblement
sa vitesse, de manière cependant à ne pas se laisser choquer par
les wagons détachés, tant qu'ils conservent, en vertu de l'impulsion primitive, une certaine rapidité ; il maintient pour cela, entre
eux et lui, une distance d'environ cent mètres, et ne se rapproche
d'eux tout à fait, pour les raccrocher, que lorsqu'ils sont complète-
ment arrêtés. S'il s'aperçoit trop tard de l'accident, il fait les signaux
convenables pour prévenir le train qui arrive après lui et faire envoyer une locomotive de secours aux wagons restés en arrière.

La troisième catégorie comprend les accidens qui, sans rupture
de pièces, obligent le mécanicien à suspendre la marche du convoi
jusqu'à ce qu'une autre machine vienne le pousser. Les accidens de

ce genre les plus fréquens, sont les arrêts dans le jeu des pompes alimentaires, causés par le défaut de marche des clapets, la rupture des conduits d'eau ou l'introduction de corps étrangers dans ces conduits. Il faut, dans ce cas, jeter le feu, ramener la machine à la station, si on n'en est pas trop éloigné, ou, dans le cas contraire, faire les signaux nécessaires pour demander une machine de secours. La marche peut encore être suspendue par la perte de l'un des boulons du collier d'excentrique des tiroirs : si la machine admet la marche à la main, on peut continuer au pas en les faisant fonctionner ; sinon, il faut supprimer l'action de l'un des tiroirs et marcher avec un seul cylindre jusqu'à la plus prochaine prestation.

Les accidens de la quatrième catégorie sont ceux qui obligent à suspendre complétement la marche du convoi, par suite de rupture de pièces. Les pièces les plus exposées à se rompre sont les couvercles des boîtes à étoupes des pistons, lorsqu'elles prennent du jeu, et sont frappées dans cet état par la coquille de la tige du piston. Les pistons eux-mêmes et les fonds des cylindres peuvent se rompre, soit par la sortie des vis qui maintenaient le couvercle du piston, soit par la chute des bielles qui auraient perdu leurs clefs de callage. Dans ces cas, la rupture a lieu par le choc du piston contre les fonds du cylindre. Les ressorts de suspension de la machine peuvent aussi, mais beaucoup plus rarement, se casser. Un tube de la chaudière peut crever, et l'eau, en se répandant dans le foyer, éteindre le feu. Le boulon d'attelage du tender à la machine, peut quelquefois se casser par une forte secousse dans la marche à grande vitesse. Enfin, l'essieu d'une des voitures, ou même un des essieux de la machine, peut se rompre. Ce dernier accident, le plus grave peut-être de tous, ainsi que l'a prouvé le malheureux événement du 8 mai 1842, sur le chemin de fer de Paris à Versailles (rive gauche), est heureusement fort rare. Je reviendrai, au mot Essieu, sur les causes qui peuvent le produire.

Dans la cinquième et dernière catégorie, il faut ranger les accidens produits par un concours de circonstances rares et imprévues. Tel serait le dérayage aux aiguilles ou aux croisemens que le conducteur ne franchirait pas avec assez de ménagement ; le dérayage par suite du mauvais état de la voie ; le cassage des chaînes lorsque la machine étant placée à l'arrière, le conducteur, en arrivant à la station, fait agir le frein trop brusquement ; la chute d'une machine en dehors d'une plate-forme tournante, pendant qu'on la fait changer de voie ; la rencontre de deux trains dans les croisemens ou sur la même voie; la rencontre d'un train par des hommes ou des bestiaux qu'une police mal faite aurait laissé s'introduire sur la route ; la chute d'un convoi dans un canal , que le chemin traverse au moyen d'un pont-levis que le garde n'aurait pas baissé à temps, ou, enfin, l'incendie des voitures par la projection des matières enflammées du foyer de la locomotive , dans le cas de choc et de renversement du train.

En faisant un rapprochement entre les accidens auxquels ont donné lieu les chemins de fer européens et ceux des routes ordinaires, on trouve que la sécurité pour les voyageurs et les marchandises est plus grande sur les nouvelles voies que sur les anciennes. La proportion est à l'avantage des chemins de fer, eu égard au nombre des voyageurs qu'ils ont transportés et à la longueur accumulée des distances parcourues par les voitures sur les deux espèces de routes. Si donc il est vrai de dire que les accidens sur les chemins de fer sont généralement plus graves que sur les routes ordinaires , il ne faut pas oublier , d'un autre côté , que leur rareté doit rassurer le public. D'ailleurs, le plus grand dommage résultant d'un accident, frappe toujours l'administration elle-même , tant à cause des dégâts qu'elle doit réparer et des indemnités qu'elle doit payer aux personnes lésées , que par l'altération de la confiance publique, qui tendrait à diminuer la quotité de ses transports et par suite celle de ses revenus. Il n'en est pas une qui ne comprenne à cet égard son intérêt , et l'on ne doit pas craindre de se fier à sa vigilance. Les faits , je ne saurais trop le répéter, sont tout à fait en faveur des chemins de fer.

Quant aux bateaux à vapeur, s'ils participent aux chances d'explosion de tous les appareils dont l'existence repose sur l'emploi de la vapeur, d'un autre côté, ils présentent au public des garanties de sécurité qui ne doivent pas hésiter à les faire préférer aux bateaux ordinaires et aux navires à voiles sur les rivières et surtout sur la mer. Accomplissant leur trajet avec bien plus de rapidité , ils peuvent choisir le moment favorable pour leur départ, arriver à leur destination avant qu'un changement de temps ne les ait exposés aux avaries qui auraient menacé les bâtimens ordinaires. Ajoutons, pour les bateaux de mer , que l'absence de voiles dans les gros temps, les met à l'abri de la plupart des avaries auxquelles sont exposés les navires à voiles , qu'ils sont bien plus maîtres de diriger leur marche et d'éviter des écueils, contre lesquels l'ancienne navigation eût été peut-être impuissante.

Ce que je viens de dire des accidens relatifs aux machines fixes, chemins de fer et bateaux à vapeur, et de la grande sécurité où l'on peut être à leur égard, s'applique à l'Europe bien plus qu'à l'Amérique. Il est certain que dans ce dernier pays les accidens résultant de l'emploi de la vapeur sont beaucoup plus fréquens que dans l'ancien monde : cette circonstance tient à une certaine disposition d'esprit, dont le principal effet est d'être beaucoup moins scrupuleux sur les précautions à prendre pour mettre la vie des hommes à l'abri des accidens. C'est le fait d'une civilisation peu avancée de tenir peu de compte de la vie de ses semblables, et sous ce rapport on ne saurait nier que les mœurs américaines ne soient empreintes d'une certaine insouciance sauvage, que nous n'avons point à reprocher à la civilisation de nos contrées. Le besoin immodéré de locomotion et de spéculations commerciales et industrielles passe avant tout chez les Américains : ils ne craignent pas pour le satisfaire de s'exposer à des dangers que nous n'accepterions pas. Et de là vient que leurs administrations de chemins de fer et de bateaux à vapeur, sont moins soigneuses que les nôtres de la sécurité des voyageurs. Il est donc juste de faire à cet égard une distinction entre les deux pays, lorsqu'on recherche les chances et le nombre des accidens qui sont la conséquence de ces nouveaux modes de transport.

Cependant on s'est beaucoup exagéré le nombre des accidens auxquels a donné lieu la vapeur en Amérique. A en croire le bruit public, il semblerait que pas un jour ne se passe sans que ce pays ait à déplorer quelque nouvelle perte. Il convient de réduire ces craintes à leur juste valeur, et l'on ne saurait puiser, pour cet objet, à une meilleure source que dans le rapport adressé au congrès des États-Unis, par le secrétaire du Trésor, le 12 décembre 1838. Il résulte des relevés officiels faits par M. Levi Wood-Burry que, dans une période de 22 ans, de 1816 à 1838, le nombre total des accidens a été de 260, sur lesquels il a pu en constater avec détail 251. Cette masse s'est répartie entre les divers appareils qui y ont donné lieu de la manière suivante :

APPAREILS.	NOMBRE DES		
	ACCIDENS.	MORTS.	BLESSÉS.
Machines fixes.	4	10	8
locomotives. . . .	24	27	90
— de navigation. . .	223	1676	443
TOTAUX. . .	251	1713	541

Les pertes en biens et en marchandises sont évaluées à 25 ou 30 millions de francs.

Au moment où M. Wood-Burry écrivait son rapport, l'Amérique du nord possédait 1860 machines fixes, 350 locomotives et 800 stea-mers, soit environ 3000 machines à vapeur de toute espèce repré-sentant une force de plus de 100 mille chevaux. En ajoutant aux faits constatés dans cette enquête ceux qui ont dû nécessairement lui échapper, on arrive à grand'peine à une moyenne annuelle de cent personnes tuées, quarante à cinquante blessés et douze à quinze cent mille francs en marchandises perdues. Il serait curieux de mettre en regard de ces chiffres les longueurs accumulées de chemin parcouru, le nombre de voyageurs et la valeur des marchandises transportés par les appareils locomoteurs. Malheureusement ces données ne sont pas à ma disposition : mais à en juger par l'en-combrement que l'on constate sur toutes les voies de communica-tion aux États-Unis, il est hors de doute que la proportion des acci-dens paraîtrait bien faible. Elle le paraîtrait encore plus si on la comparait à celle des accidens auxquels donnent lieu les routes de terre et la navigation à la rame, à la voile ou par chevaux, sur la mer, les lacs, les rivières et canaux. Une considération qui doit achever de rassurer l'Européen à l'égard de ces accidens, c'est que les plus fréquens ont été occasionnés par les bateaux à vapeur. Or, c'est là surtout que l'insouciance des Américains se manifeste d'une manière que nous aurions vraiment peine à croire sur le récit des voyageurs les plus véridiques, si elle n'était prouvée par l'esprit des mesures législatives proposées à leur égard. Ajoutons à cela qu'un grand nombre de ces accidens, et ce ne sont pas les moins funestes, ont été causés par des chocs contre les troncs d'arbres tombés dans les rivières, et qui souvent restent fixés au milieu du courant en formant de redoutables écueils. Cette cause d'accidens est tout à fait inconnue dans l'ancien monde.

Je ne terminerai pas sans faire remarquer qu'en examinant les divers systèmes de machines frappées par ces sinistres, on a re-connu qu'il y avait égalité entre le nombre des accidens provenant des machines à haute pression, et ceux dus aux machines à basse pression. Ce fait, qui n'a nullement étonné les ingénieurs, est une preuve de plus que l'un des systèmes n'est pas plus dangereux que l'autre.

Accotement. C'est la largeur comprise entre les faces extérieu-res des rails extrêmes, et l'arête extérieure du chemin de fer. Elle doit être égale au moins à 1 mètre 50 centimètres dans les parties en levée et à 4 mètre dans les tranchées et les rochers, entre les parapets des ponts et dans les souterrains. Cette largeur est indispensable pour donner de l'assiette à la voie : il n'y a pas de mal à l'élargir toutes les fois qu'on le peut, tant pour augmenter la stabilité, que dans la prévision d'un élargissement de la voie, qui pourrait être prochainement exigé par les progrès de l'art de la locomotion à grande vitesse. Les ressources financières dont on peut disposer sont les seules limites que l'on doive s'imposer à cet égard.

ACCOUPLÉES. *Voyez* **COUPLÉES.**

ACIER. Combinaison de fer avec un ou deux centièmes de carbone. L'acier ne diffère de la fonte, quant à sa composition chimique, qu'en ce qu'il contient un peu moins de carbone ; mais ses propriétés physiques, ses usages dans les arts sont fort différens. La dureté, la ténacité, l'élasticité et l'éclat caractérisent particulièrement l'acier. Il est blanc grisâtre ; sa texture est grenue ; on la reconnaît à sa cassure, qui présente des grains fins et serrés. Une texture à grains distincts et bleuâtres et l'existence des filamens nerveux, indiquent la présence d'une certaine quantité de fer non carburé et une médiocre qualité. L'acier a la propriété d'acquérir une grande dureté par la trempe, opération qui consiste à le refroidir subitement en le plongeant dans l'eau ou dans un autre liquide, après l'avoir chauffé au rouge. Sa ténacité absolue est une fois et demie celle du fer : elle est diminuée par la trempe, mais beaucoup augmentée par le recuit et en raison directe de l'intensité de ce recuit. La grande dureté de l'acier l'empêche de montrer du nerf, même quand on l'étire en barres très minces. C'est cette qualité qui le rend plus convenable pour les ouvrages polis. La fonte blanche pourrait également convenir si elle n'était trop fragile.

L'acier est souvent mélangé de matières étrangères provenant du fer qui a servi à sa fabrication : ce sont la silice, les verres siliceux, l'oxide de fer, les métaux, le soufre, le phosphore et les phosphates. On distingue dans le commerce plusieurs espèces d'acier, en raison de leur dureté, savoir : *l'acier poule* ou *de cémentation ; acier naturel, de forge, de fusion, de terre* ou *d'Allemagne; l'acier sauvage, l'acier fondu* et *l'acier Wootz.* Ce dernier ne se fabrique qu'à Bombay, dans l'Inde ; il sert à faire les lames de Damas.

Les divers procédés en usage aujourd'hui pour la fabrication de l'acier peuvent se réduire à trois :

4° L'acier naturel, dont l'acier sauvage n'est qu'une variété fort dure, s'obtient en traitant le minerai de fer dans des fourneaux d'affinage analogues à ceux employés pour la fabrication du fer, dans la méthode dite Catalane.

Cette méthode ne convient qu'à certaines espèces de minerais : elle a pour but de laisser subsister le carbure de fer qui se forme naturellement par le contact du charbon et de l'oxide de fer. L'acier naturel est très répandu dans le commerce, il est fort dur et contient une assez forte proportion de sels de silice.

2° L'acier de forge s'obtient par le traitement du minerai, préalablement converti en fonte. La fonte blanche et pure est celle qui convient le mieux pour cette préparation. Parmi celle-ci, on recherche surtout la fonte manganésifère, parce qu'elle est plus pure que les autres et que les silicates de manganèse exercent une action moins décarburante que les silicates de fer qui se formeraient à leur place.

3° L'acier de cémentation se prépare en plaçant du fer forgé dans des caisses en poterie, en contact avec de la craie et du charbon bien pur, pilé à sec et tamisé. Le fer est sous la forme de barres, par couches séparées les unes des autres par le mélange de craie et de charbon. Dans cette opération, l'acide carbonique qui se dégage de la craie, rencontrant le charbon, lui cède une partie de son oxigène et se transforme en oxide de carbone. Cet oxide de carbone cède au fer une partie de son carbone, qui le transforme en acier et repasse à l'état d'acide carbonique pour subir une nouvelle transformation, et ainsi de suite.

L'acier de cémentation, fait avec du fer bien pur, est le meilleur que l'on rencontre dans le commerce ; il convient très bien pour les ressorts et les instrumens tranchans. On le soumet ordinairement deux fois à la même opération, avant de le considérer comme entièrement fabriqué. La trempe, qui consiste à plonger l'acier dans un liquide froid, au moment où il sort d'un foyer de forge où on l'a chauffé au rouge, a l'inconvénient de diminuer sa dureté, de lui enlever une portion de son carbone et d'augmenter la dose d'oxide de fer : aussi préfère-t-on la plupart du temps, pour l'acier de cémentation, la trempe appelée trempe en paquet. Elle consiste à placer plusieurs barres d'acier entourées de charbon ou de suie dans un cylindre en tôle, pour les faire passer au feu : on les plonge ensuite dans l'eau séparément.

L'acier fondu est le plus homogène de tous ; mais, pour l'obtenir, il faut que la combinaison de fer et de carbone, qui constitue l'acier, contienne une quantité de verre siliceux supérieure à celle que l'on rencontre ordinairement dans l'acier naturel. On peut l'obtenir directement, en fondant ensemble du fer pur, du verre et du carbonate de chaux (craie) dans un creuset brasqué ou garni intérieurement avec du charbon. On l'emploie à faire des burins, des filières et des instrumens fins et tranchans.

Acte. Pièce écrite qui constate qu'une chose a été dite, faite, ou convenue. On distingue deux espèces d'actes : les actes *authentiques* et les actes *sous signature privée*.

L'acte *authentique* est celui qui est reçu et signé par un officier public avec les formalités exigées par la loi. On peut distinguer quatre classes d'actes authentiques :

Les actes du *gouvernement*, c'est-à-dire les lois et ordonnances.

Les actes *administratifs* émanant des fonctionnaires de l'administration, soit civile, soit militaire.

Les actes *judiciaires*, comprenant non seulement les arrêts et jugemens des cours et tribunaux, mais encore les actes de procédure, tels que les exploits et procès-verbaux dressés par les officiers de justice. L'acte judiciaire est fait en la présence ou sous la surveillance directe ou indirecte du juge ; on appelle extra-judiciaire celui qui est fait hors de cette présence ou surveillance.

Enfin les actes *notariés* ; ceux-ci font foi en justice et sont exécutoires dans toute l'étendue du royaume.

L'acte *sous signature privée* est celui qui, étant signé des parties seules, sans l'intervention d'aucun officier public, n'a pas d'authenticité. Il ne fait point foi en justice et ne peut y être produit qu'après avoir été revêtu de la formalité de l'enregistrement. La seule date certaine qui lui soit reconnue est celle du jour de son enregistrement, du jour de sa constatation dans un acte authentique, ou du jour du décès de l'une des parties.

Acte de société. *Voyez* **Société** et **Statuts**.

Action. Lorsqu'une société commerciale se forme soit en commandite, soit en société anonyme, soit autrement, le fonds social nécessaire aux dépenses de ses opérations est subdivisé en portions aliquotes qui portent le nom d'actions. Il peut y avoir des actions de plusieurs espèces dans les sociétés autres que la société anonyme ; mais il est de l'essence de celles-ci de n'en admettre que d'une seule sorte, et quant à leurs engagemens et quant à leurs droits. Les actions peuvent d'ailleurs être nominatives ou au porteur. Les statuts particuliers à chaque société doivent indiquer s'ils admettent cette possibilité, ainsi que les circonstances et les formalités à remplir lorsque la conversion des titres délivrés primitivement est permise.

Les engagemens que prennent les personnes qui deviennent propriétaires d'actions, sont tout d'abord d'adhérer par le fait aux statuts de la société dans laquelle ils entrent, et de verser la somme représentée par le titre de l'action, sous les peines indiquées dans lesdits statuts. Les actionnaires des sociétés anonymes ne sont jamais engagés au-delà du montant de leur action. Dans la société en commandite, ils ne peuvent être engagés au-delà que dans le cas où ils participeraient aux actes de la gérance. Ceux qui ne sont pas eux-mêmes gérans, doivent apporter la plus grande circonspection, à cet égard, dans leurs rapports avec la direction des affaires de la société ; car les gérans d'une société en commandite sont responsables, vis-à-vis des tiers, de toutes les conséquences de leurs actes, et quiconque peut être convaincu d'avoir participé à ces actes, en dehors des limites communes à tous les actionnaires, encourt la même responsabilité que les gérans.

Comme il arrive ordinairement que le versement intégral de l'action n'est pas immédiatement nécessaire aux dépenses de la société, les souscripteurs d'actions peuvent obtenir, par un article spécial des statuts, la faculté de ne faire les versemens que par portions et au fur et à mesure des besoins de l'entreprise. Dans ce cas, le titre définitif n'est délivré qu'après l'accomplissement de tous les versemens. Jusque-là on ne remet aux bailleurs de fonds que des titres provisoires ou promesses d'action, sur lesquels sont indiqués les versemens partiels, au fur et à mesure qu'ils sont effectués, et qui sont échangés, après versement intégral, contre les titres définitifs. Les statuts indiquent les époques et la valeur des versemens partiels. Ils disent quelles charges sont imposées à l'actionnaire dont les versemens seraient en retard, tels que frais de poursuite, paiement d'intérêt et enfin déchéance de tout droit dans les produits de l'entreprise avec ou sans remboursement de tout ou partie des sommes déjà versées. Les souscripteurs d'actions peuvent transmettre leurs titres provisoires ou définitifs, soit par voie d'endossement, soit par une simple remise, soit par le ministère d'agens de change, selon qu'il est ordonné par les statuts. En cas de cession des titres provisoires, les cédans peuvent être rendus responsables de tout ou partie des versemens qui restent à effectuer par leurs cessionnaires. En cas de perte d'action la société peut s'obliger par les statuts à délivrer un nouveau titre sous des conditions et dans des formes déterminées. Cette faculté, qui peut être sans inconvénient pour les actions nominatives, lorsque la délivrance du nouveau titre est entourée de précautions suffisantes conformément au code de commerce, ne s'applique généralement pas aux actions au porteur. On en conçoit la raison : la transmission d'une action nominative est sujette à certaines formalités qui leur ôtent une portion du caractère de mobilité dont jouissent les actions au porteur. Il est juste qu'en retour leur possession soit entourée de plus de garanties que l'action au porteur. Les actions d'une société peuvent admettre des fractionnemens qui permettent de les diviser entre plusieurs propriétaires. Mais ce fractionnement n'est pas de droit naturel ; il a besoin pour exister d'être formellement exprimé dans les statuts, comme aussi les statuts peuvent exprimer le contraire. Les statuts des sociétés de chemins de fer et des sociétés ou compagnies industrielles en général interdisent aux héritiers ou créanciers de porteurs d'actions de provoquer l'apposition des scellés sur les biens et valeurs de la société, ni de s'immiscer en aucune manière dans son administration. Ceux-ci doivent, pour l'exercice de leurs droits s'en rapporter aux inventaires sociaux et aux délibérations de l'assemblée générale des actionnaires.

Les statuts peuvent stipuler le paiement d'un intérêt déterminé pour les sommes versées par les actionnaires, avant que l'entreprise ne soit en mesure de donner des produits par elle-même.

Cette clause a été vivement controversée dans ces derniers temps. Le Conseil d'Etat, auquel est toujours soumise l'approbation des statuts d'une société anonyme, ne l'a point admise jusqu'ici dans sa jurisprudence, bien qu'il l'ait tolérée pour quelques sociétés. Il est certain que ce paiement anticipé d'intérêts peut occasionner les plus graves abus. Mais ces abus ne sont vraiment à redouter que dans les sociétés en commandite dont la constitution n'est pas soumise à la sanction et au contrôle du gouvernement. Chacun a pu être témoin, dans ces dernières années, de la formation d'entreprises dont la base n'était pas suffisamment assurée et qui n'étaient parvenues à réunir des capitaux, que par l'appât d'un paiement immédiat d'intérêts. D'ailleurs, on ne doit pas se dissimuler qu'en promettant un paiement d'intérêts préalable aux produits réels, on tombe dans l'obligation d'augmenter le fonds social de toute la valeur des sommes nécessaires au paiement de cet intérêt, et que l'on diminue d'autant les produits ou dividendes qui auraient pu être ultérieurement dévolus à chaque actionnaire. La première de ces objections, tirée de la valeur intrinsèque de l'opération, perd toute sa gravité à l'égard des sociétés anonymes. Leur constitution est soumise à la sanction royale, et, par là même, elles échappent à la suspicion qui peut atteindre les sociétés en commandite, quant à leur but. D'un autre côté, il ne faut pas oublier que, par rapport aux fondateurs d'une entreprise, des actionnaires ne sont que des prêteurs qui leur apportent leur argent dans des conditions déterminées pour parfaire ce qui manque aux ressources personnelles des premiers. Or, s'il peut convenir à quelques riches capitalistes d'attendre pendant plusieurs années l'intérêt des sommes qu'ils engagent dans des opérations industrielles, sauf à récupérer plus tard de plus forts bénéfices, une semblable attente est souvent impossible à de petits capitalistes qui ne peuvent impunément se priver, même momentanément, du revenu d'une portion quelconque de leur avoir. A ce point de vue, l'extrême division des fortunes, en France, rend nécessaire un paiement anticipé d'intérêts, si l'on veut sincèrement attirer dans l'industrie les capitaux sérieux et fonder sur une base large et solide l'esprit d'association. En outre, dans la pensée de ceux qui raisonnent les affaires, il est toujours entendu que les produits d'une entreprise industrielle doivent être suffisans pour couvrir, non seulement l'intérêt des sommes nécessaires aux constructions proprement dites et frais de premier établissement, mais encore l'intérêt du capital que représentent les intérêts accumulés pendant le temps des constructions et de l'organisation de la société. Il semble donc peu important, lorsqu'une entreprise est réellement bonne en elle-même, de faire verser d'avance ces intérêts sous forme d'actions, pour les restituer en même temps à chacun. C'est là un jeu de finance fort innocent par lui-même et que l'on ne saurait hésiter à employer, pour décider les capitaux timides à se porter sur les affaires placées sous le patronage du gouvernement. Je ne me permettrais pas d'appliquer les mêmes observations aux sociétés en commandite, et je placerais, au contraire, en première ligne, parmi les réformes à introduire dans la législation qui les régit, l'interdiction d'un paiement anticipé d'intérêt, sans une justification préalable devant l'autorité compétente.

Les produits d'une entreprise industrielle ont à satisfaire à plusieurs besoins : ce sont d'abord les frais matériels de toute nature et les frais d'administration. Les sommes qui restent annuellement disponibles, après ce premier prélèvement, constituent le produit net ou dividende; c'est celui qui est distribué aux actionnaires, sauf certaines réserves que ne manquent jamais de stipuler les statuts de la société. Ainsi, après que la part a été faite pour un taux d'intérêt déterminé, tel que trois, quatre, cinq ou six pour cent, l'excédant est employé à constituer un fonds de réserve pour les grosses dépenses imprévues et un fonds d'amortissement pour le rachat des titres : une part de cet excédant peut être appliquée à la rémunération des personnes qui ont créé l'opération ou qui l'administrent. Les statuts indiquent toujours dans quelles proportions cet excédant de produits est appliqué aux divers objets énumérés et jusqu'à concurrence de quelles sommes peut s'élever son emploi sans être détourné de sa nouvelle destination. Ces appropriations diverses peuvent laisser un nouvel excédant disponible, et c'est celui qui, étant réparti entre les actionnaires, forme, à proprement parler, le *dividende* ou profit. L'attribution éventuelle d'une certaine portion des revenus, aux créateurs ou administrateurs d'une entreprise, en constitue ce que l'on appelle communément la part industrielle. Cette part est représentée par des titres d'une catégorie différente des actions proprement dites. Lorsque ces titres peuvent être détachés du registre à souches de la société, leur mobilisation reste encore soumise à certaines précautions tout à fait spéciales. Il y a des sociétés où ces titres s'appellent *coupons de fondation*, d'autres où on les nomme *actions industrielles* ou *actions de jouissance*. Dans ces deux derniers cas, les actions proprement dites, celles qui représentent l'apport fait en espèces, s'appellent *actions de capital*. Les abus auxquels peut donner lieu l'existence des actions de jouissance, ont engagé le Conseil d'Etat à ne plus vouloir en admettre à l'avenir dans les sociétés anonymes. Ce n'est même que par tolérance qu'il permet la création de titres industriels représentant un certain droit à une part déterminée dans les bénéfices, mais qui, sous tout autre aspect, ne sont nullement assimilés aux actions de fonds. Sous ce rapport, le Conseil d'État va peut-être trop loin. Sans doute, il est juste d'empêcher la confusion des deux espèces de titres et l'on ne saurait prendre à cet égard trop de précautions ; il n'est pas moins opportun de régler la part à laquelle peuvent prétendre ceux qui ont fondé et qui font fructifier une entreprise, de la restreindre même, si l'on veut, par rapport à l'extension qui lui a été donnée dans certaines sociétés. Mais il ne faut pas oublier, d'un autre côté, que rien n'est plus juste qu'une rémunération de cette nature, que c'est même la plus naturelle et la plus favorable aux capitalistes ; car il est d'une bonne politique d'associer aux chances d'une entreprise, d'intéresser à son succès ceux qui en ont eu l'idée et qui, à défaut d'argent, apportent ce qui est non moins essentiel, leur travail et leur talent. Il me semble donc désirable que le Conseil d'État s'arrête dans sa réaction contre les abus, et qu'il transforme en une jurisprudence nette et bien établie, sa tolérance à l'égard des droits des industriels.

Les actionnaires se réunissent périodiquement et au moins une fois par an en assemblée générale. Les statuts doivent indiquer ces époques, ainsi que le mode de convocation, le nombre d'actions dont chaque individu qui se présente doit être porteur pour avoir voix délibérative, le nombre des actions qui doivent être représentées pour que les délibérations soient valables, et enfin la forme de ces délibérations. L'objet des assemblées générales est de recevoir et d'approuver les comptes de l'administration de la société, d'autoriser toutes les propositions qu'elles croiraient utiles au bien de l'entreprise et qui excéderaient les pouvoirs attribués par les statuts à l'administration, de consentir des modifications aux statuts, et enfin de prononcer, dans des cas prévus, la dissolution de la société. Les actionnaires peuvent déléguer à des commissions permanentes ou à des commissions temporaires le soin d'examiner les actes de l'administration et d'en faire l'objet d'un rapport à l'assemblée générale. Ces commissions sont ce que l'on appelle les conseils ou comités de surveillance. Indépendamment des assemblées générales ordinaires, des convocations extraordinaires peuvent être faites par l'administration de la société pour des objets déterminés et dans des formes que les statuts doivent prévoir.

ACTIONNAIRE. Propriétaire d'une ou plusieurs actions d'une société commerciale. *Voyez* **ACTION.**

ADHÉRENCE. Le poli des barres de fer laminées dont sont formés les rails et la facilité avec laquelle les roues glissent et roulent sur leur surface avaient fait pendant longtemps supposer aux ingénieurs que les roues des machines locomotives y tourneraient sans pouvoir avancer et à plus forte raison sans entraîner aucune charge. Cette crainte avait produit les machines à patins articulés s'appuyant sur le sol ; elle avait engagé à établir le long des rails un système de crémaillère avec lequel engrenaient des roues dentées placées en dehors de la voie. Mais la complication de ces appareils et leur facilité à se détraquer laissaient la machine locomotive dans un état d'infériorité évident par rapport aux machines fixes, pour le remorquage des convois, et semblaient s'opposer à ce que l'on dépassât jamais de beaucoup sur les chemins de fer la vitesse obtenue sur les routes ordinaires de terre. Heureusement on finit par reconnaître que l'*adhérence* des roues sur les rails, résultant d'un engrenage naturel de leurs molécules, était assez considérable pour permettre à la locomotive d'avancer non seulement sur un plan horizontal, mais encore sur des inclinaisons assez fortes dont la limite n'a pas été jusqu'ici rigoureusement assignée, et même d'entraîner avec elle des charges considérables. Cette découverte due à M. Blackette, ingénieur anglais, date de 1813 : elle produisit dans l'art de la locomotion sur les chemins de fer une révolution analogue à celle qui devait résulter, peu de temps après, de l'adoption de la chaudière tubulaire. Ce sont ces deux inventions qui ont créé les transports à grande vitesse, c'est-à-dire qui ont permis aux chemins de fer de remplir leur véritable but.

Adjudicataire. C'est celui qui par voie d'enchères publiques ou de rabais a été déclaré entrepreneur de travaux, fermier, acquéreur de meubles ou d'immeubles, vis-à-vis de l'état ou d'une compagnie particulière.

Cette dénomination ne doit pas être confondue avec celle de concessionnaire, qui n'implique l'idée d'aucun concours régulier. On ne devient adjudicataire que par voie de concurrence ouverte sur des conditions publiques et déterminées.

Adjudication. Acte par lequel on est constitué adjudicataire d'un bail, d'un meuble ou immeuble, d'un travail d'utilité publique ou autre, etc. L'adjudication est à-peu-près exclusivement usitée dans les travaux des ponts et chaussées : elle a pour but d'obtenir par la concurrence les conditions les plus avantageuses au trésor public, et forme entre l'entrepreneur et l'administration un véritable contrat. Les adjudications ont lieu par voie de soumissions cachetées, dont le modèle est indiqué dans chaque cas particulier, et qui sont accompagnées d'un certificat de capacité du soumissionnaire et d'un reçu constatant le dépôt de cautionnement exigé pour garantie de l'exécution des charges de l'entreprise.

Ces conditions, qui peuvent paraître suffisantes pour des travaux de peu d'importance, ne donnent pas la même sécurité lorsqu'il s'agit, par exemple, de la construction et de l'exploitation d'un chemin de fer. Aussi a-t-on rarement recours à l'adjudication dans ce dernier cas. On procède le plus ordinairement par voie de concession directe.

Si l'adjudication semble assurer la plus grande économie possible sur les travaux qui en font l'objet, elle entraîne après elle des inconvéniens nombreux. Le premier résulte de la légèreté avec laquelle sont délivrés les certificats de capacité nécessaires pour être admis au concours. En second lieu, l'entrepreneur, en offrant sur les prix proposés dans le devis de l'ingénieur un rabais capable d'écarter ses concurrens, se met quelquefois dans l'impossibilité de mener à fin ses ouvrages sans perte. Alors, s'il n'est pas suffi-samment surveillé, il cherche à y introduire des matériaux d'une qualité inférieure. Les malfaçons, négligences et vices d'exécution compromettent la solidité des travaux, et il arrive que l'économie que l'on avait espéré obtenir par le rabais de l'adjudicataire, se transforme, pour l'administration, en augmentation de dépenses et en retards préjudiciables, qui n'empêchent pas l'entrepreneur d'être lui-même ruiné. La concurrence est souvent rendue illusoire par les coalitions d'entrepreneurs. Bien qu'elles soient sévèrement dé-fendues et réprimées, il n'est pas rare qu'elles aient lieu, et comme la preuve régulière de leur existence est fort difficile à administrer, elles échappent la plupart du temps à l'action des lois. Il en résulte que souvent un devis, dont l'ingénieur a laissé les prix assez élevés pour attirer les concurrens, n'est l'objet que d'un rabais insignifiant, et que l'on perd toute l'économie que l'adjudication permettait d'es-pérer.

Ces considérations ont fait penser à beaucoup de personnes que, dans toute espèce de travaux, la concession directe devait être préférée à l'adjudication. Cette opinion est peut-être trop absolue, surtout en ce qui concerne les travaux de l'État. La responsabilité délicate qui pèserait sur les agens de l'administration, si le choix des entrepreneurs leur était abandonné, ôterait à un grand nombre d'entre eux leur liberté d'esprit, et ne pourrait qu'ajouter aux len-teurs administratives dont on se plaint déjà. D'ailleurs, dans les tra-vaux ordinaires de terrassemens et dans les ouvrages d'art peu importans, les avantages du bon marché résultant de la concur-rence publique l'emportent sur les inconvéniens de l'adjudication. Mais toutes les fois qu'il s'agira de grands travaux, d'ouvrages d'art importans, de la fourniture du matériel d'exploitation d'un chemin de fer, il sera à désirer que l'on puisse se départir de ce système gé-néral. Alors, en effet, les conditions de capacité ne doivent pas être illusoires et ne peuvent jamais être suffisamment remplacées par la surveillance la plus rigoureuse de l'ingénieur. Le dépôt d'un cau-tionnement n'est qu'une faible garantie pour une bonne exécution, et on doit bien plutôt la chercher dans une expérience acquise par des travaux antérieurs et dans une intelligence éprouvée, qualités dont l'appréciation ne peut guère être faite par le mode de concours des adjudications.

Les compagnies particulières, à l'imitation de l'État, mettent sou-vent leurs travaux en adjudication dans des formes analogues aux siennes; mais étant plus libres dans leurs allures, elles recourent beaucoup plus fréquemment à des marchés passés directement et à l'amiable avec des entrepreneurs et fournisseurs librement choisis.

ADMINISTRATION. Indépendamment des administrations particulières auxquelles donnent naissance les entreprises de chemins de fer et de machines à vapeur, celles-ci ont de fréquens rapports avec l'administration publique. Il est peu de ministères qui n'aient à s'en occuper dans la limite de ses attributions.

Le ministère des finances, pour tout ce qui regarde le transport des dépêches par chemins de fer ou bateaux à vapeur, pour la perception des droits de douanes sur les marchandises importées et exportées, et enfin pour la perception de l'impôt dû au trésor sur les prix des places de voyageurs et sur les propriétés mobilières et immobilières.

Le ministère des affaires étrangères, pour les relations internationales auxquelles donnent lieu les paquebots transatlantiques, ceux de la Méditerranée, ceux qui vont des ports de la Manche et de l'Océan dans les autres ports européens, et enfin les chemins de fer qui aboutissent aux frontières.

Le ministère de la guerre, pour la construction des ouvrages situés dans le rayon des zones militaires, pour les transports de troupes et de matériel par chemins de fer et bateaux à vapeur.

Le ministère de l'intérieur, pour tout ce qui regarde la police proprement dite et l'observation de l'ordre établi par les lois et réglement.

Le ministère du commerce, pour la formation des sociétés commerciales qui désirent exploiter une entreprise de chemin de fer, bateau à vapeur, usine, et pour l'observation des lois et réglemens relatifs à cet ordre spécial de faits.

Le ministère de la marine, qui est lui-même propriétaire de bateaux à vapeur, qui gère des arsenaux et usines où la vapeur est employée comme moteur, et où l'on construit des machines à vapeur de la plus forte dimension pour les bâtimens de l'État, et qui a sous sa surveillance, conjointement avec le ministre des travaux publics, les ports de mer où s'abritent, se construisent et se réparent les bateaux à vapeur appartenant à des particuliers.

Enfin, le ministère des travaux publics dont relèvent plus particulièrement les chemins de fer et machines à vapeur de toutes sortes pour tout ce qui regarde les questions d'art. C'est au ministère des travaux publics que doivent être adressées toutes les demandes en autorisation de projeter, construire et exploiter une ligne de chemin de fer. C'est avec lui que se discutent les conditions de concession.

C'est à lui que sont alloués les crédits nécessaires pour la construction des lignes qui restent au compte de l'État. C'est à lui que sont renvoyées, pour être examinées par les ingénieurs des ponts et chaussées ou des mines, toutes demandes en autorisation d'établissement de machines à vapeur, et c'est lui qui est chargé de faire observer les conditions d'art et de sécurité publiques auxquelles ces autorisations sont accordées.

L'extension des chemins de fer en France a fait désirer à quelques bons esprits que l'administration des chemins de fer formât une direction à part, dans le sein du ministère des travaux publics. Il est certain que les habitudes de l'administration des ponts et chaussées et des mines, qui laissent quelquefois à regretter même dans les autres parties du service ordinaire, sont peu en harmonie avec les besoins qu'enfante chaque jour l'esprit d'association appliqué à ces voies de communication nouvelles et rapides.

Pour l'administration des compagnies de chemins de fer et autres, je renvoie le lecteur au mot **Conseil d'administration**.

Affiches. Placards que l'on attache en certains lieux publics pour faire connaître les lois, ordonnances et réglemens, et pour annoncer les adjudications de travaux et fournitures, les ventes, baux, etc. Les affiches qui servent à annoncer les adjudications des travaux de l'État et des départemens doivent être exclusivement imprimées sur papier blanc : le papier de couleur doit être employé pour celles relatives aux travaux des communes ou des particuliers. Les affiches intéressant l'État sont exemptes du timbre. Les enquêtes d'utilité publique et celles d'expropriation doivent être annoncées par voie d'affiches. L'omission de cette formalité serait une cause de nullité des opérations en cas de réclamations des parties intéressées.

Affinage. Conversion de la fonte en fer ductile ou forgeable par la séparation du carbone et des autres matières avec lesquelles il était combiné et mélangé. Dans la méthode dite *Catalane*, le fer s'extrayant directement du minerai à l'état ductile, l'affinage ne forme pas une opération à part. Mais lorsque l'on commence par extraire le fer du minerai à l'état de fonte, la transformation de celle-ci en fer ductile exige une série d'opérations nouvelles qui constituent l'affinage proprement dit.

Les méthodes, autres que celle dite Catalane, pour la fabrication du fer peuvent toutes se rapporter à quatre principales, appelées méthodes *Allemande, Anglaise, Champenoise* et *Franc-Comtoise*, du nom des pays où chacune d'elles a été d'abord pratiquée à-peu-près à l'exclusion des trois autres.

Dans la méthode allemande, le combustible employé pour la préparation de la fonte est le charbon de bois : l'affinage a lieu également au charbon de bois. Le fer, qui en provient, reçoit la forme marchande par l'action de gros marteaux ou martinets. Il faut en excepter toutefois les grandes tôles et les fers de fenderie ou verges et fers feuillards qui sont étirés au laminoir.

Dans la méthode anglaise, la fonte est préparée à la houille : l'affinage se fait avec le même combustible, et le fer reçoit sa forme définitive par l'action du laminoir.

Dans la méthode champenoise, la fonte se prépare au bois, l'affinage se fait à la houille, et l'étirage du fer a lieu au marteau.

Enfin dans la méthode franc-comtoise, la fonte se prépare au bois, l'affinage se fait également, et l'étirage a lieu au laminoir après un réchauffage dans des fours à réverbères.

Les fontes blanches, étant les plus fusibles de toutes, sont celles dont l'affinage se fait avec le plus de rapidité. Mais la rapidité même de l'opération est un obstacle à leur purification complète des autres matières étrangères. Les fontes grises au contraire, étant d'une fusion plus difficile, ne s'affinent pas aussi rapidement ; mais le temps nécessaires pour leur décarburation est mis à profit pour la séparation des matières étrangères qui les souillent, et elles donnent généralement du fer plus pur que les fontes blanches. Les fontes truitées sont celles que l'on emploie le plus communément dans les feux d'affinerie pour obtenir le fer ductile ou forgeable de qualité moyenne.

Quelle que soit celle des quatre méthodes ci-dessus mentionnées que l'on suive pour la fabrication du fer, les procédés d'affinage qui en font partie se réduisent à deux ; l'affinage au bois, et l'affinage à la houille, autrement appelé *puddlage*.

L'affinage au bois se fait dans des foyers appelés feux d'affinerie. La fonte y est reçue sous forme de gueuse dans de grands creusets en fonte où on la met en contact avec le combustible et avec les scories et battitures provenant des affinages précédens, en la soumettant en même temps à l'action de l'oxigène provenant d'un courant d'air forcé. Le charbon de bois n'est pas toujours employé seul à cette opération : on le mélange dans quelques usines avec du bois torréfié, ou simplement desséché, quelquefois même tout à fait vert. Pour aider à l'épuration du fer on lui ajoute souvent un peu de chaux. Lorsque la fonte est en état de fusion, on la soulève pour la diviser en morceaux, que l'on expose les uns après les autres à l'action d'un courant d'air pour les décarburer. On répète cette opération jusqu'à ce que le fer adhère au ringard, indice de la fin de l'opération. A ce moment on soulève la loupe au-dessus de la tuyère, on nettoie le creuset, on y remet du charbon et on donne un fort coup de feu pour refondre une dernière fois le métal. C'est ce qu'on appelle *avaler la loupe*. L'affinage est alors terminé et on porte la loupe au cinglage. Pour achever de la forger on la rapporte au même foyer, où elle se réchauffe, pendant que de nouvelle fonte est soumise à l'opération de l'affinage dans le creuset.

L'affinage au bois, qui se fait ainsi par une seule opération continue, porte le nom d'affinage allemand ou franc-comtois. Dans la méthode dite *Nivernaise*, la fonte, avant de passer à l'affinage proprement dit, subit une première préparation appelée *mazéage*. C'est une fusion préalable avec addition de scories riches provenant des feux d'affinerie : le but principal du mazéage de la fonte est de lui enlever la plus grande partie des impuretés qui la souillent. Quelquefois cette première fusion est suivie d'un grillage qui précède la dernière fusion dans les feux d'affinerie ; cette complication dans les opérations de l'affinage au bois n'est nullement justifiée par les résultats dans la qualité du fer produit, et elle a l'inconvénient de consommer une grande quantité de combustible; aussi paraît-elle devoir être abandonnée.

L'affinage à la houille, autrement appelé puddlage, se fait comme l'affinage au bois en une ou deux opérations. La première correspond au mazéage et s'appelle finage du métal. Elle n'est pas nécessaire lorsqu'on opère sur des fontes préparées au bois ou sur des fontes au coke bien pures, elle n'est employée que pour les fontes au coke chargées de matières siliceuses ou phosphorées ; le finage dans ce cas se fait au coke avec addition de scories, dans des foyers de forme analogue aux feux d'affinerie au bois. La fonte qui en provient s'appelle *fin métal* et s'écoule dans des lingotières en fonte où on l'arrose avec de l'eau pour la refroidir et aider au dégagement des gaz sulfureux et phosphorés qu'elle contient.

Le puddlage de la fonte ou du fin métal s'opère dans les fours à réverbère chauffés à la houille, sous l'influence des mêmes agens que dans les feux d'affinerie. On brasse la matière dans le four lorsqu'elle est arrivée à l'état de fusion, afin qu'elle reçoive dans toutes ses parties l'action des scories et du courant d'air qui la purifie, on la divise ensuite en lopins, et lorsqu'elle est parvenue dans cet état on donne un dernier et fort coup de feu pour achever l'opération avant de la porter au cinglage.

AGENS DE CHANGE. Officiers publics nommés par le gouvernement pour servir d'intermédiaires entre les personnes qui achètent et qui vendent des effets publics. Il y en a dans toutes les villes qui ont une bourse de commerce, leur nombre est limité par le gouvernement; il est aujourd'hui de soixante à Paris. Ils forment dans chaque ville une compagnie ou corporation administrée par un syndicat et qui relève à Paris du ministère des finances, et dans les autres villes du ministère du commerce. Les charges d'agens de change sont cessibles comme celles de notaires ou d'avoués; il suffit que les cédans présentent au roi des candidats remplissant les conditions requises. Ces conditions sont de verser un cautionnement, qui pour Paris est de 125000 francs, de payer une patente de 300 francs pour les villes de cent mille âmes et au-dessus, et de 40 francs dans les autres, d'être âgé de 25 ans révolus, de jouir de la qualité de citoyen français et d'avoir exercé la profession de négociant ou d'avoir travaillé dans une maison de banque ou de commerce pendant quatre années au moins. Le ministère des agens de change pour la négociation des effets publics est forcé, comme celui des notaires et avoués dans les actes spécifiés par la loi. Nul d'entre eux ne peut se refuser à opérer des négociations régulières qui lui sont demandées. Ils ne peuvent rien exiger, ni recevoir au-delà du tarif fixé par le tribunal de commerce, sous peine d'être poursuivis comme concussionnaires. Ce tarif varie d'un huitième à un quart pour cent; il est d'un huitième pour Paris. Il est interdit aux agens de change de faire des opérations de banque ou de commerce pour leur propre compte. Ils sont personnellement responsables vis-à-vis de leurs confrères du résultat des négociations faites par leur ministère. En cas de faillite l'agent de change est poursuivi comme banqueroutier.

AGIOTAGE. Je regrette d'être obligé de donner place à ce mot dans cette publication, mais l'influence de l'agiotage sur les opérations industrielles est si considérable, que je n'ai pas cru pouvoir me dispenser d'en parler. Agiotage est le nom que l'on donne aux opérations de bourse, par lesquelles les joueurs amènent, subitement et sans motifs sérieux, des hausses et des baisses énormes sur le prix des effets publics. L'agiotage est défendu par les lois; mais il est si difficile à constater régulièrement, que, la plupart du temps, ces spéculations honteuses échappent à la vindicte publique. L'agiotage est la plaie de l'industrie: en exploitant la crédulité publique, il engage les capitaux à se porter sur des opérations qui n'ont aucune base sérieuse, et les déceptions qui en sont la conséquence rejaillissent sur les autres. Après avoir été trop confians, les capitalistes, dupés dans leurs espérances, deviennent d'une défiance et d'une timidité excessives, leurs bourses se ferment et le pays semble appauvri subitement. Il en résulte que les progrès de l'industrie sont suspendus, faute d'aliment; aucune affaire ne s'organise et on se laisse devancer par ses rivaux. On ne saurait trop énergiquement flétrir l'agiotage, source de ces perturbations profondes dont nous avons été les témoins, il y a quelques années. C'est à lui que nous devons d'être en arrière de quatre années au moins sur les nations rivales dans la question des chemins de fer. Sans doute, l'administration supérieure a eu sa part dans ce long retard, mais il n'en est pas moins vrai que le coup le plus funeste a été porté à l'industrie par l'agiotage. Il ne suffit donc pas de le flétrir, il faut encore que les honnêtes gens se réunissent et cherchent énergiquement par quelles réformes législatives il serait possible de le combattre et de le réprimer.

Agréés. Jurisconsultes qui suivent les affaires portées devant les tribunaux de commerce, avec l'assentiment de ces tribunaux. Leur ministère est analogue à celui des avoués devant les tribunaux civils, mais il n'est point obligatoire comme celui de ces derniers, et les parties peuvent se présenter directement, sans passer par leur intermédiaire.

Aiguilles. Portions de rails mobiles sur le sol, autour d'un point fixe, servant à faire passer les voitures d'un chemin de fer d'une voie sur une autre. On en voit un exemple dans la figure ci-dessous.

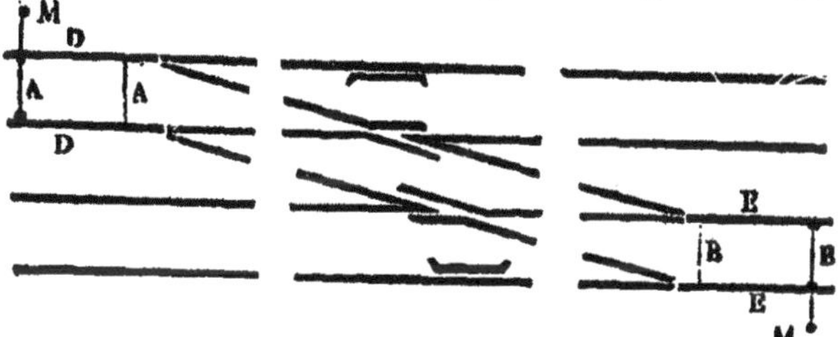

Les aiguilles DD, EE sont réunies à leurs deux extrémités par des tringles AA, BB qui maintiennent leur écartement et rendent leur mouvement solidaire. On les fait manœuvrer au moyen de manivelles MM, placées en dehors de la voie, de manière qu'elles viennent se placer dans le prolongement des deux cours de rails que doivent suivre les voitures.

Lorsqu'il s'agit seulement de faire passer momentanément les voitures d'une voie sur une autre latérale, on peut donner aux aiguilles une autre disposition, indiquée par la figure suivante.

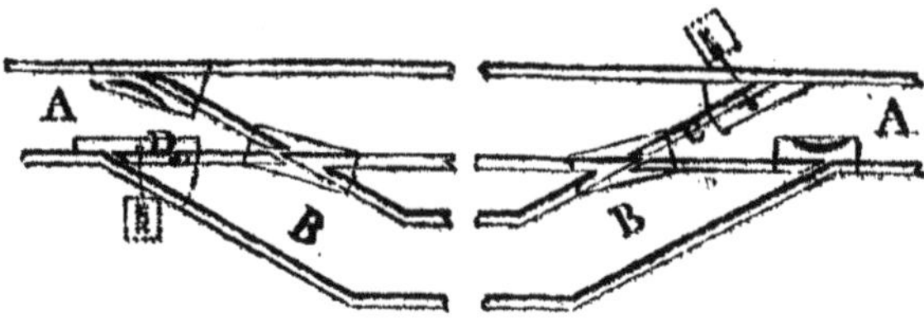

Supposons, par exemple, une voiture venant de droite sur la
voie principale AA et devant passer sur la voie latérale BB. L'un
des cours de rails de la voie principale est interrompu en deux
points, pour laisser passage aux rebords des roues lorsqu'elles la
quitteront. L'un des rails de la voie BB est prolongé dans l'intérieur de la voie AA et terminé par une partie mobile ou aiguille C,
qui s'applique contre le rail que la roue doit quitter. Le rebord de
la roue, dévié par cette aiguille, s'engage dans la voie BB, qu'elle
suit sans difficulté. Pour rentrer sur la voie AA, elle trouve, à l'autre extrémité, le même cours de rail de cette voie interrompu et portant entre les deux rails de la voie BB, une aiguille D qui reste
ouverte pour le passage d'une voie sur l'autre. Si, au contraire,
les voitures ne devaient pas quitter la voie AA, ce serait l'aiguille
C qui serait ouverte et l'aiguille D fermée. Ces aiguilles se placent à
la main selon les besoins du service. Dans quelques chemins où les
voitures venant de droite doivent toujours quitter la voie AA pour
laisser passer celles qui arrivent de la gauche, les aiguilles sont
maintenues fermées au moyen d'un contre-poids descendant dans
une petite cage souterraine et fixé à l'extrémité, d'une chaîne
passant sur une poulie. La pression du rebord des roues des voitures venant de gauche, contre l'aiguille C, suffit pour la déranger
pendant le passage du convoi et les laisser circuler librement. De
même, les voitures, venant de droite, dérangent momentanément
l'aiguille C pour rentrer, de la voie BB, sur la voie AA.

AIMANTATION. Lorsque des pièces de fer sont abandonnées à l'air
libre, sans aucune préparation, elles ne tardent pas à se couvrir de
rouille. Cependant, les rails des chemins de fer en activité conservent leur brillant métallique à la surface touchée par les roues
des voitures, et ils ne sont presque pas oxidés dans les autres parties.
Cette différence tient évidemment à l'état magnétique qui leur est
communiqué par le frottement continuel des roues. On sait que le
fer aimanté a la propriété d'attirer les corps légers situés à une

petite distance de lui : or l'on voit, en effet, au passage des convois, la limaille de fer répandue sur la voie, aux extrémités des rails, et provenant de leur ajustement lors de la pose, se précipiter vers les rails et s'y attacher comme autour d'un aimant. L'aimantation ne contribue pas peu à la conservation des rails que l'on aurait pu craindre de voir facilement attaqués par la rouille, par suite de leur exposition aux intempéries de l'air, sur un sol souvent humide. Cependant, on a remarqué que, pour contribuer à leur longue durée, l'aimantation doit toujours avoir lieu dans le même sens : elle leur est, au contraire, funeste, lorsqu'elle a lieu successivement dans les deux sens, c'est-à-dire lorsque l'aller et le retour des convois se font sur la même voie. On a pu constater une grande différence dans la durée des rails, suivant que les chemins de fer sont placés dans l'une ou l'autre condition. Sans donner ici l'explication complète d'un phénomène qui soulève les questions de physique les plus délicates, je me contenterai d'observer que le trouble introduit dans la disposition des molécules constituantes du fer, par le changement continuel de la direction des courans magnétiques, doit faciliter leur désagrégation, et, par conséquent, la destruction rapide du corps.

AJUSTAGE. On comprend sous cette dénomination générale une série d'opérations mécaniques toutes différentes les unes des autres, et ayant pour but commun de convertir en pièces finies et prêtes pour le montage, les métaux bruts, tels que le fer, la fonte et le cuivre qui entrent dans la composition des machines.

Ces opérations sont au nombre de six : chaque pièce ne les subit pas toutes nécessairement; mais les voici classées dans l'ordre suivant lequel elles doivent être éventuellement appliquées : 1° le *tournage;* 2° l'*alésage;* 3° le *rabotage;* 4° le *forage;* 5° le *taraudage;* 6° le *finissage* ou *ajustage* proprement dit.

L'ajustage proprement dit, ou finissage, est l'opération par laquelle on donne aux pièces qui doivent se trouver en contact, le dernier coup de main pour enlever tout ce que les outils n'ont pu prendre dans les précédentes préparations et pour les polir. Les principaux instrumens employés à l'ajustage sont l'*étau*, qui sert à saisir la pièce et à la maintenir pendant l'opération dans une position fixe, la *lime*, le *burin* et le *marteau*.

AJUTAGE, AJUTOIR ou **AJOUTOIR.** Tuyaux de métal que l'on visse ou que l'on soude à l'extrémité d'une conduite d'eau. Ils servent par leur forme et leur dimension à en régler le débit et à imprimer à l'eau une direction convenable.

Lorsque l'on pratique un orifice dans la paroi d'un récipient rempli d'eau, la veine fluide, en jaillissant au dehors, éprouve une certaine contraction qui nuit à son débit. En adaptant un ajutage convenable à cet orifice, on augmente le débit de l'eau. L'ajutage peut être cylindrique ou conique : cette dernière forme est celle qui donne le débit le plus considérable.

ALÉSAGE, ALÉSOIR. Les corps de pompe et cylindres employés dans les machines à vapeur, sont des pièces de métal, soit en cuivre, soit le plus souvent en fonte de fer et fondues d'un seul jet. Mais, quels que soient le soin et la précision que l'on apporte dans cette opération, leur surface présente toujours de légères aspérités qui donneraient lieu, dans le mouvement des pistons, à des frottemens considérables. En outre, il peut se faire que, par suite de l'inégalité du retrait ou de l'imperfection du moule, la surface intérieure ne soit pas parfaitement centrée et circulaire. Aussi a-t-on la précaution de faire toujours le trou plus petit, et, pour l'agrandir, on met la pièce sur une espèce de tour appelé *alésoir*, qui en dresse et en polit l'intérieur. Cette opération s'appelle *alésage*. Il n'est pas moins important d'aléser avec la plus grande précision les trous qui reçoivent les tourillons et les arbres des roues de communication de mouvement, ainsi que les moyeux des roues de wagons et de locomotives.

L'alésage peut être employé aussi bien pour agrandir un trou conique qu'un trou cylindrique. Dans l'un comme dans l'autre cas, l'outil s'avance en suivant l'axe du trou et en décrivant un cercle autour de cet axe : il est doué de deux mouvemens simultanés. Dans l'alésage conique, l'outil a de plus, perpendiculairement à l'axe, un mouvement de translation dont on règle la progression en raison de l'inclinaison de la surface conique qu'il s'agit de dresser.

On distingue deux espèces d'alésoirs : l'alésoir horizontal et l'alésoir vertical. Le premier est employé pour les pièces de fortes dimensions dont le trou circulaire a, par rapport à son diamètre, une grande profondeur. Tels sont les cylindres de machines à vapeur et les corps de pompe. L'alésoir vertical s'emploie de préférence pour les petites pièces ou pour les pièces plates, telles que roues, manivelles, balanciers, etc. On l'emploie aussi pour les cylindres des machines à vapeur d'une force considérable et dont le diamètre intérieur dépasse 1 mètre 25 centimètres.

ALIGNEMENT. On donne ce nom dans les chemins de fer aux portions en ligne droite. Les diverses directions que doit suivre une ligne de chemin fer, pour se prêter au mouvement du sol et aux conve-

2.

nances des locomotives, empêchent toujours qu'il ne soit en ligne droite d'un bout à l'autre. Les angles que forment entre elles ces directions diverses sont franchis par des courbes que l'on rend tangentes à leurs extrémités aux deux alignemens qu'elles raccordent. La ligne droite étant le plus court chemin d'un point à un autre, un des premiers problèmes que présente le tracé de toute espèce de chemins consiste évidemment à rendre les alignemens aussi longs que possible, et à les rapprocher, dans les limites que comporte la configuration du sol, de la direction générale du chemin entre deux points à desservir. Mais dans les chemins de fer, la nécessité de multiplier les longs alignemens est rendue encore plus impérieuse par la considération des dangers et de la dépense qui résultent du parcours à grande vitesse dans les courbes. Aussi à mesure que l'art de la locomotion sur ces nouvelles voies se perfectionne, on attache de plus en plus d'importance à les rendre aussi rectilignes que possible.

ALIMENTATION. Pour que la chaudière d'une machine à vapeur produise incessamment et sans danger la quantité de vapeur nécessaire au service de la machine, il ne suffit pas de la remplir d'eau une première fois et de l'abandonner à l'action du feu jusqu'à ce que cette eau soit complétement vaporisée. Il faut remplacer l'eau à mesure qu'elle s'échappe sous forme de vapeur, et tel est l'objet de l'alimentation. Si l'on ne prenait pas cette précaution la machine cesserait bientôt de fonctionner, et avant d'en arriver à ce point les parois de la chaudière, exposées au feu sans être garnies d'eau à l'intérieur, seraient brûlées et détruites par des déchirures ou des explosions.

On distingue deux espèces d'alimentation, l'alimentation intermittente et l'alimentation continue. Leurs noms indiquent assez en quoi elles diffèrent l'une de l'autre. La première n'est employée que dans les chaudières qui ne font pas partie d'un moteur : il est inutile d'en parler ici. La seconde est sans contredit la meilleure, car son effet est d'entretenir constamment l'eau de la chaudière au niveau reconnu nécessaire pour la meilleure production de vapeur. Elle a lieu au moyen de pompes aspirantes et foulantes mises en mouvement par la machine elle-même. Les dimensions de ces pompes sont calculées de manière à satisfaire aux dépenses de l'appareil. Au besoin elles doivent être capables de refouler une fois et demie et même deux fois autant d'eau que la chaudière en vaporise pendant sa marche habituelle. Cette latitude est nécessaire pour obvier aux inconvéniens qui résulteraient d'une altération dans le jeu de quelqu'une des pièces de la pompe ou d'une plus grande activité imprimée au foyer dans des circonstances extraordinaires. Un robinet placé à l'entrée du tuyau d'aspiration de la pompe règle la quantité d'eau qu'elle envoie dans la chaudière. Cette pompe, appelée pompe alimentaire, est employée pour toutes les chaudières des machines à vapeur. On trouvera aux mots FLOTTEUR, NIVEAU, POMPE, RÉGULATEUR, la description des moyens employés pour régulariser l'alimentation des chaudières de machines à vapeur et la mettre constamment en rapport avec le travail du moteur.

ALIMENTAIRE (POMPE). *Voyez* **ALIMENTATION** et **POMPE**.

ALLÉGE. Chariot d'approvisionnement qui porte l'eau et le charbon nécessaires à l'alimentation de la locomotive. On l'appelle aussi *Tender* : cette seconde dénomination est même plus usitée que la première.

L'allége ou tender est ordinairement porté sur quatre roues : il se compose de deux parties, la caisse à eau et l'emplacement au charbon. La caisse à eau est complétement fermée; elle entoure l'espace dans lequel on dépose le coke. Un tender qui peut contenir 3 200 litres d'eau et 400 kilogrammes de coke, suffit à nos machines ordinaires pour un parcours de cinq à six myriamètres.

Le réservoir d'eau communique avec la chaudière de la locomotive par deux tuyaux placés à droite et à gauche, et qui portent aux pompes alimentaires l'eau que celles-ci injectent dans la chaudière pour remplacer celle qui est réduite en vapeur. Des robinets convenablement placés permettent de régler à volonté et même de supprimer tout-à-fait l'arrivée de l'eau par l'un ou l'autre de ces tuyaux. Le tender et la locomotive sont réunis par deux chaînons portant à chacune de leurs extrémités un manchon dans lequel passe une cheville ouvrière. La cheville ouvrière de la locomotive est placée en arrière du foyer et traverse le plancher sur lequel se tient le machiniste. Celle du tender traverse le plancher sur lequel est déposé le coke et à l'avant duquel il est ménagé un petit espace où se tient l'aide du machiniste pour prendre du coke et régler le jeu des robinets à la volonté du conducteur de la machine. Cet espace est assez grand pour que le conducteur lui-même puisse s'y retirer de temps en temps pour s'éloigner de la partie du foyer. Aux deux extrémités de la caisse à eau qui entoure cet espace vide sont placés deux coffres en bois solidaires avec le plancher du tender, et qui servent à la fois de siége pour le mécanicien et son aide, et de lieu de dépôt pour l'huile, les chiffons, et autres menus objets et outils qui peuvent être nécessaires pendant la marche de la machine. La planche I, à la fin de ce volume, représente une élévation (fig. 1) et une coupe (fig. 2) du tender d'une machine à six roues de Stéphenson.

L'allége est ordinairement porté sur ses quatre roues, au moyen de ressorts et de boîtes à graisse semblables à ceux des autres voitures. Quelquefois aussi on le monte sur six roues. C'est sur ces roues que le mécanicien fait agir le frein qui sert à modérer la vitesse de la machine. A l'arrière de l'allége sont deux tampons ou coussinets en peau de buffle correspondant aux coussinets de crin qui existent à chaque voiture. Ces coussinets ont une tige en fer entrant dans un manchon et correspondant à un ressort qui amortit les chocs, lorsque les voitures se rapprochent brusquement. L'anneau d'attache du train est fixé à une pièce rectangulaire de fer dans laquelle passe ce ressort, comme on peut le voir dans la coupe.

ALLUMAGE. L'allumage ou mise en feu d'une machine à vapeur ordinaire ne présente rien de particulier. Dans les usines où l'on ne travaille ni la nuit, ni le dimanche, l'allumage de la machine est beaucoup plus prompt les jours ordinaires que le lundi. Cela est facile à concevoir, car une nuit ne suffit pas pour refroidir complétement le foyer et surtout la chaudière. Mais, s'il se passe un jour de plus, la chaudière présentant une grande masse d'eau froide est fort longue à échauffer. Il est difficile de dire combien de temps à l'avance il faut allumer une machine à vapeur pour qu'elle soit prête au moment du besoin. Cela dépend de ses dimensions et de sa force. Il y a telle machine qu'il suffit d'allumer deux heures à l'avance, lorsqu'elle est complétement froide, telle autre qui demande douze heures, et telle autre enfin qu'il serait imprudent de jamais laisser complétement refroidir.

Dans les machines locomotives, le tirage de la cheminée est à peu près insignifiant par lui-même, et il est encore ralenti par les tubes qui conduisent les produits de la combustion du foyer à la cheminée en traversant la chaudière. On sait que c'est surtout au jet de vapeur lancé à chaque coup de piston dans la cheminée qu'est due l'énergie si puissante du tirage quand la machine est en marche. Il en résulte qu'au moment où la machine est entièrement froide, le tirage est très pénible, et par conséquent l'allumage fort lent. Il ne faut pas moins de quatre heures pour mettre en feu une locomotive de force ordinaire. C'est un inconvénient qui peut devenir grave dans quelques cas, notamment celui où l'on aurait besoin d'utiliser tout-à-coup une grande partie du matériel d'un chemin de fer pour porter promptement des troupes vers un point menacé par la guerre civile ou étrangère. Sur quelques chemins de fer étrangers, l'allumage est activé au moyen d'un système mobile de ventilation que l'on retire quand le tirage naturel de la locomotive est devenu suffisant.

ALTERNATIF (MOUVEMENT). Le mouvement alternatif, ou de va-et-vient, est celui qui a lieu tantôt dans un sens, tantôt dans un autre et régulièrement. Tel est le mouvement d'un piston dans le cylindre d'une machine à vapeur, celui du tiroir qui couvre et découvre par son jeu les lumières d'entrée et de sortie de la vapeur, ou enfin celui d'un pendule oscillant autour du point d'attache de sa tige.

AMENDEMENT. Modification introduite dans le texte d'un projet de loi. Les amendemens peuvent être proposés par la commission chargée de l'examen du projet de loi, soit dans l'une, soit dans l'autre chambre législative. Ils peuvent être également proposés dans le cours de la discussion par un membre de la chambre. Les amendemens doivent être déposés par écrit sur le bureau du président de la chambre. Lorsqu'ils sont appuyés ils font l'objet d'un vote, s'il y a plusieurs amendemens proposés pour un même objet, la priorité pour le vote appartient à celui qui s'écarte le plus du projet primitif. Lorsqu'une loi déjà votée par l'une des deux chambres est amendée par l'autre, elle doit être soumise de nouveau à la discussion de la première avant de recevoir la sanction royale.

AMONT (*ad montem*). C'est un terme de batelier que l'on emploie fréquemment dans les travaux publics. Il signifie le côté de la montagne, celui d'où descend la rivière; par opposition au mot AVAL (*ad vallem*) qui exprime le côté de la vallée, celui où la rivière se porte. On conçoit facilement que la même expression puisse s'employer à propos d'un chemin de fer lorsqu'il suit ou lorsqu'il traverse une vallée.

AMORCER. C'est mettre en train une pièce de machine avec la main ou par une cause indépendante de son effort habituel. Dans une pompe à eau qui n'a pas marché depuis quelque temps, on est souvent obligé de jeter par dessus un seau d'eau pour qu'elle commence à fonctionner. Le jeu alternatif des tiroirs pour l'introduction et la sortie de la vapeur nécessite pour les premiers coups de piston qu'on les manœuvre avec la main. Ce n'est que lorsque la machine, par un certain nombre de révolutions des roues ou du volant, a emmagasiné une certaine quantité d'action qu'elle peut entraîner toutes les pièces de l'appareil et communiquer aux tiroirs le mouvement de va-et-vient.

Amortissement. Nom particulier que prend le remboursement d'un capital emprunté lorsqu'il se fait par parties. Si l'amortissement a lieu par sommes égales pendant une nombre d'années déterminé en raison de l'intérêt du capital, il s'appelle amortissement par annuités. En supposant une somme placée à l'intérêt de 3 pour cent et un pour cent par an appliqué à son amortissement, cet amortissement dure pendant 46 ans et 7/8es (324 jours). Chaque année une somme est portée au budget des dépenses pour l'amortissement éventuel des emprunts contractés par l'état. Cette somme est consacrée à racheter un certain nombre des titres de rentes qui représentent le capital emprunté. Mais ce rachat n'a lieu que lorsque le taux de la rente est au pair ou au-dessous du pair. L'administration spéciale chargée de cette opération s'appelle caisse d'amortissement.

Analyse des prix. On appelle analyse des prix, ou sous-détails, les élémens qui servent de base à la fixation des dépenses d'un travail donné. Ces élémens sont, par exemple, le prix des matières premières, le prix du transport des matériaux, celui de la journée des bêtes de somme et des divers ouvriers qui les approchent et les mettent en œuvre, le temps nécessaire à chaque travailleur pour produire une unité d'ouvrage, la valeur des objets auxquels on peut apporter un dommage temporaire ou définitif par l'exécution des travaux, les frais qu'entraîne le réglement des indemnités pour ces dommages, les frais de surveillance, etc., et tous autres désignés, en général, sous le nom de faux-frais. La détermination de ces élémens est la partie la plus délicate de l'art d'ingénieur ; elle en est le résumé. De leur justesse ou de leur inexactitude dépendent souvent la ruine ou la prospérité d'une entreprise. Ce n'est pas tout, en effet, que de prévoir toutes les difficultés auxquelles peut donner lieu l'exécution d'un projet. Si l'on n'a pas scrupuleusement analysé toutes les causes de dépenses, on s'expose à présenter des devis dont l'incertitude prépare les mécomptes les plus fâcheux. Le soin que doit apporter un ingénieur dans l'analyse des prix est d'autant plus essentiel que, malgré tous ses efforts, il est peu d'ouvrage important qui ne présente dans le cours de son exécution des circonstances que la prudence la plus consommée ne saurait prévoir. Ceci s'applique particulièrement aux chemins de fer. Il est bien peu de lignes dont la dépense soit restée dans la limite des devis primitifs. Souvent l'accumulation des travailleurs sur un point donné, l'accroissement soudain de la consommation des matériaux et autres denrées dans une localité, ont surélevé les prix de main-d'œuvre, d'achat et de transport. D'autres fois, des accidens que l'on n'avait pu soupçonner ont dépassé toute prévision; mais plus souvent encore que tout cela, les entreprises des chemins de fer ont vu s'accroître leurs dépenses par suite des progrès de l'art de la locomotion. Il a fallu doubler, tripler le poids des rails, acquérir un matériel plus compliqué et plus dispendieux, multiplier les stations et les agrandir pour obéir à l'accroissement de la circulation, créer des ateliers de construction et de réparation, toutes choses qui absorbent des sommes énormes et dont le besoin s'est fait sentir à mesure que l'objet du chemin de fer s'élargissait. Si à ces causes de dépenses imprévues était venue s'ajouter une analyse incomplète ou inexacte des prix, on aurait eu le droit de juger sévèrement l'auteur du projet. Il convient, pour être juste, de dire qu'il y a bien peu d'ingénieurs qui ne comprennent l'importance d'une bonne analyse de prix et qui ne la fassent avec le plus grand soin. Si leurs devis sont aussi souvent dépassés, c'est rarement à des fautes dans cet ordre que l'on est en droit de l'attribuer.

Angle. Espace compris entre deux lignes, ou entre deux surfaces, ou entre une ligne et une surface qui se coupent, ou encore entre plusieurs surfaces qui se coupent en un même point. Ces lignes ou surfaces s'appellent les *côtés* ou faces de l'angle. Le lieu de l'intersection des côtés est le *sommet*.

Les angles formés par la rencontre de deux lignes droites s'appellent angles *plans* ou *rectilignes*. Ils sont *droits*, *aigus* ou *obtus*. L'angle est droit, lorsqu'il est formé par une ligne qui en rencontre une autre de manière à diviser l'espace en quatre parties égales. On appelle angles aigus tous ceux qui sont plus petits qu'un angle droit, et angles obtus tous ceux qui sont plus grands. Lorsque deux droites qui se coupent sont rencontrées par une troisième qui ne passe pas par le sommet de l'angle, l'espace circonscrit par ces trois lignes forme un *triangle*.

La grandeur d'un angle s'estime d'après son ouverture, c'est-à-dire d'après l'écartement de ses côtés et non point d'après leur longueur. Cet écartement se mesure au moyen d'un arc de cercle dont le centre est au sommet de l'angle et que l'on divise en degrés, minutes, secondes, etc. Pour comparer deux ou plusieurs angles entre eux il faut mesurer l'écartement de leurs côtés sur des arcs de cercle tracés de leurs différens sommets avec des rayons égaux.

Lorsqu'un angle est formé par la rencontre de deux plans, on l'appelle *dièdre* (à deux faces). L'angle dièdre peut être droit, aigu ou obtus dans les mêmes circonstances que l'angle rectiligne. Son amplitude est mesurée par celle d'un angle plan formé par deux droites élevées, d'un même point de la ligne d'intersection des deux faces, perpendiculairement à cette ligne et dans chacun des deux plans.

Lorsqu'un angle est formé par la rencontre de trois plans en un même point, on l'appelle *trièd.* (à trois faces), s'il y a quatre plans, c'est un angle *tétraèdre* (à quatre faces), et ainsi de suite. On nomme en général angle *polyèdre* (à plusieurs faces) celui qui est formé par la rencontre de trois ou un plus grand nombre de plans passant par un même point. Ce plan commun est le sommet de l'angle. Les divers plans forment autant de faces ou de côtés de l'angle, et chacun d'eux, limité par les deux faces voisines, forme un angle plan ou rectiligne dont le sommet se confond avec celui de l'angle polyèdre. Si l'on suppose un plan indépendant de tous ceux-ci et qui vienne les rencontrer, sans passer par le sommet de l'angle, on aura l'idée d'une *pyramide* dont ce dernier plan serait la base et dont le sommet serait le sommet de l'angle polyèdre que l'on considère. Les côtés ou faces de la pyramide sont ceux de l'angle au sommet. Ces faces étant limitées par l'intersection du plan de la base sont des triangles. Une pyramide tire son nom du nombre de plans qui composent sa surface, y compris celui de la base. Un angle trièdre donne lieu à une pyramide tétraèdre : c'est la plus simple de toutes. L'angle tétraèdre au sommet donne une pyramide pentaèdre, et ainsi de suite en comptant toujours un côté de plus que ceux qui se réunissent au sommet de la pyramide.

L'amplitude d'un angle polyèdre se mesure par celle du segment que ses faces circonscriraient sur une surface sphérique ayant pour centre le sommet de l'angle.

L'angle que forme une ligne droite avec un plan s'estime en faisant passer par cette droite un plan perpendiculaire au premier (ce qui est toujours possible), et en mesurant l'angle compris entre la droite considérée et la ligne d'intersection des deux plans. On peut par le point de rencontre de la droite et du premier plan faire passer une foule de lignes droites toutes situées dans ce plan, et qui feront avec la première des angles que l'on mesurera directement par la méthode ordinaire. Il y aura toujours au moins une des droites ainsi tracées qui fera avec la première un angle droit. S'il y en a plus d'une, il en sera de même de toutes les autres, et alors on dira que la droite primitive est perpendiculaire au plan considéré.

Je n'ai encore parlé que des angles formés par les lignes droites et les plans ; mais il arrive aussi que les droites et plans peuvent être coupés par des lignes et surfaces courbes, et enfin les lignes et surfaces courbes peuvent se couper entre elles comme les droites et les plans. Ces intersections donnent lieu à des angles linéaires, dièdres et polyèdres d'une nouvelle espèce. Ceux qui sont composés uniquement de lignes courbes se nomment angles *curvilignes*. Ceux dans lesquels entrent des droites et des courbes s'appellent *mixti-lignes*.

Pour mesurer les angles dans lesquels entrent les lignes courbes, on suppose que ces lignes sont formées d'une suite d'élémens rectilignes infiniment petits, lesquels étant prolongés sortent de la courbe et donnent des lignes droites tangentes à la courbe au point où leurs élémens coïncident. Lorsque l'on veut mesurer l'angle que forment entre elles deux lignes courbes, ou une ligne courbe et une ligne droite, on substitue à la courbe la tangente à l'élément curviligne situé au sommet de l'angle. Pour les surfaces courbes, on les remplace de même par des plans appelés plans tangens, parce qu'ils jouent par rapport à ces surfaces le même rôle que les tangentes par rapport aux lignes courbes. Ainsi en général la mesure des angles formés par des lignes ou des surfaces courbes se ramène à celle d'angles formés par des lignes droites ou des plans.

Annonces. Les travaux des chemins de fer, l'établissement des machines à vapeur et les opérations préalables, auxquelles ils donnent lieu, doivent être annoncés au public dans des cas et avec des formes déterminés par les lois et les réglemens. Les affiches sont un de ces modes d'annonces : on y ajoute souvent l'insertion d'avis dans des journaux et recueils périodiques. Quelquefois ces insertions sont obligatoires. Ainsi, la formation de toute société commerciale doit être portée à la connaissance du public par la voie des journaux, désignés d'avance, à cet effet, par les tribunaux.

Annuité. Lorsqu'on emprunte une somme d'argent pour un certain nombre d'années, le remboursement peut s'en faire de diverses manières : ou bien on paie chaque année, au prêteur l'intérêt convenu, et on rembourse le capital à la fin du temps, en une seule fois ; ou bien on laisse le capital et les intérêts composés qu'il produit s'accumuler jusqu'au dernier jour, et on paie le tout en une seule fois ; ou bien, enfin, on paie chaque année, outre l'intérêt convenu, une certaine somme à compte sur le capital, de manière qu'au bout du temps fixé le débiteur est entièrement libéré par les versemens partiels. Ce dernier mode est le paiement par *annuités* : chaque annuité se compose de l'intérêt de la somme empruntée et de la portion nécessaire au remboursement du capital, dans le temps déterminé par le contrat du prêt. Lorsque l'on connaît la somme prêtée et l'intérêt annuel convenu, ou peut se donner pour condition le nombre d'années au bout duquel le tout doit être remboursé, et on en déduit le taux de l'annuité : on peut, au contraire, se donner la somme qu'il est possible d'affecter chaque année au remboursement, et en déduire le nombre d'années pendant lequel l'annuité devra être payée. La même formule algébrique sert à résoudre ces deux problèmes. Les actions émises par les fondateurs d'une société commerciale, pour la construction d'un chemin de fer ou pour toute autre opération, sont un véritable emprunt dont le remboursement s'effectue par voie d'annuité sur les produits de l'entreprise ou sur les fonds du trésor public, lorsque ces produits sont insuffisans et que le gouvernement s'est engagé à garantir aux actionnaires les sommes annuellement nécessaires pour parfaire le déficit.

Anse de panier. Courbe fréquemment employée dans les arches de pont, et ressemblant à une demi-ellipse. Elle est formée de plusieurs portions d'arc de cercle, symétriquement placées par rapport à l'axe vertical de la voûte et assujetties à être tangentes les unes aux autres, de manière que la tangente au sommet de l'anse de panier soit horizontale, et les tangentes aux naissances, verticales. Le but de cette courbe est d'augmenter le débouché du pont dans sa partie cintrée, afin de laisser plus de liberté à l'écoulement des eaux dans les crues. Elle est aujourd'hui à peu près abandonnée dans les nouvelles constructions : les ingénieurs lui préfèrent l'ellipse dans le même but.

Anthracite. Combustible minéral : c'est une variété de houille sèche très riche en carbone, et contenant fort peu de matières étrangères. L'anthracite s'allume difficilement; mais il produit une très forte chaleur et peut être utilisé avec succès pour le chauffage des machines à vapeur et pour les usages domestiques. On s'en sert depuis longtemps en Amérique, sur certains points où il est très abondant. En Angleterre on est parvenu, par l'emploi combiné de l'air chaud, à utiliser l'anthracite pour le traitement des minerais de fer dans les hauts-fourneaux et les cubilots, et même pour les forges maréchales. En France, les gîtes d'anthracite ne sont pas très multipliés, et ils ont été peu exploités jusqu'à ce jour. Mais on ne saurait douter que la cherté des combustibles et leur consommation croissante n'amènent prochainement un développement notable dans l'usage de l'anthracite.

Appareil. Ensemble des pièces qui composent une machine ou l'une des portions importantes d'une machine. C'est en ce sens que l'on emploie, dans le discours, ce mot générique pour ne pas répéter sans cesse le nom de l'objet en question. Ainsi, une chaudière et ses accessoires constituent un appareil ; de même, un fourneau, une locomotive, un cylindre de machine à vapeur, un piston et son balancier, etc.

Dans la stéréotomie, le mot appareil est employé, dans un sens tout à fait différent. On appelle appareil l'art de tracer les pierres, de les bien tailler et les poser. On donne aussi ce nom à la face que présente extérieurement la maçonnerie. *Voyez*, pour l'explication des mots *haut* et *bas Appareil*, le mot PIERRE DE TAILLE.

APPEL. Le tirage de l'air nécessaire à la combustion, dans un foyer, peut être excité de deux manières, par insufflation ou par aspiration. Dans ce dernier cas, on dit que le tirage a lieu par voie d'*appel*. La hauteur et la largeur de la cheminée produisent un appel suffisant pour les foyers des machines fixes et des bateaux à vapeur. Mais la rapidité nécessaire à la combustion dans les foyers des locomotives et les petites dimensions de leurs cheminées, ont obligé à recourir à des moyens particuliers pour l'appel de l'air. Le plus puissant de tous, celui qui est exclusivement employé, consiste dans l'échappement de la vapeur, dans la cheminée, à sa sortie des cylindres. *Voyez* TIRAGE.

AQUEDUC. Ce mot signifie en général conduite d'eau. Quand il est question de chemins, on le réserve plus particulièrement pour les ponts de la plus petite dimension qui servent à faire passer sous le sol du chemin les petits ruisseaux ou les eaux sauvages. Ces petits ponts se construisent ordinairement en maçonnerie la moins chère, tels que la brique, le moellon. Par une disposition dont on lui a justement reproché la rigueur, l'administration des ponts et chaussées a toujours exigé dans les cahiers de charges imposés aux compagnies, que les têtes de voûtes de ces ouvrages, les angles, socles, couronnement et extrémités de radiers fussent en pierre de taille dans les localités qui en possèdent.

Quelquefois les aqueducs en maçonnerie sont remplacés par des tuyaux de fonte. Ce moyen est surtout bon à employer dans le cas où le chemin de fer ne serait pas assez élevé, au-dessus du lit naturel des eaux, pour laisser place à la maçonnerie en même temps qu'au débouché nécessaire à leur écoulement. Les tuyaux, dans ce dernier cas, sont disposés en forme de siphon, c'est-à-dire qu'ils plongent dans le sol pour passer sous le chemin et se relèvent de l'autre côté.

ARBITRES. Les contestations auxquelles donne lieu l'exécution des conventions passées entre plusieurs individus pour la formation d'une société commerciale doivent être portées devant des arbitres choisis par les parties, ou désignés par le tribunal de commerce dans le ressort duquel se trouve le siège de la société.

Ces arbitres forment un véritable tribunal, seul compétent pour connaître des contestations de cette nature et les juger en première instance. C'est ce que l'on appelle l'*arbitrage forcé*. Les jugemens arbitraux ne peuvent en aucun cas être opposés à des tiers. On peut se pourvoir contre eux par voie d'appel, lorsque la renonciation n'a pas été formellement stipulée : autrement le jugement est définitif. Cette clause de renonciation est ordinairement introduite dans les statuts des sociétés commerciales. A moins de conventions expresses entre les parties, les arbitres forcés sont tenus, dans leurs jugemens, de se conformer aux règles rigoureuses du droit.

Souvent, au lieu de forcer les arbitres à se conformer à tous les délais de la procédure, les deux parties conviennent de choisir chacune un arbitre chargé de les représenter et de défendre pour ainsi dire leurs intérêts. Dans le cas où les deux arbitres ne sont pas d'accord, ils ont pour mission d'en choisir un troisième, nommé *tiers-arbitre*, chargé de les départager : faute par eux de s'entendre sur le choix de cet arbitre, celui-ci est désigné par le tribunal de commerce à la requête de la partie la plus diligente. Dans tous les cas, la nomination des arbitres est faite par un *compromis* passé entre les parties. Ce compromis stipule le cas où les parties entendent considérer les arbitres comme jugeant en dernier ressort, sans appel, ni recours en cassation; elles peuvent même se refuser la voie de la requête civile, mais les jurisconsultes ne sont pas d'accord sur la valeur de cette dernière clause. Le compromis doit dire aussi si les arbitres seront *arbitres-juges*, se renfermant dans les règles rigoureuses du droit, ou s'ils seront désignés en qualité d'*arbitres-amiables-compositeurs*, appelant à leur aide pour asseoir leur jugement toutes les circonstances de la cause, jugeant les intentions et partageant les pénalités entre les deux parties, en ne consultant que leur conscience.

Le grand nombre de causes soumises aux jugemens du tribunal de commerce de la Seine a engagé les juges consulaires à adopter depuis quelques années une méthode qui épargne beaucoup de temps, évite des détails et facilite l'étude approfondie de certaines causes. Dans les procès où la descente du juge sur les lieux est indispensable, le tribunal de commerce se sert d'hommes spéciaux ayant qualité d'*arbitres-rapporteurs*, comme le tribunal civil se sert d'*experts*. Ces hommes spéciaux désignés par jugement du tribunal ont pour mission d'appeler les parties, de les concilier si faire se peut, sinon de faire un rapport au tribunal, après avoir pris connaissance de toutes les pièces contentieuses, et après s'être rendus sur les lieux pour examiner les objets ou les matériaux qui font l'objet du litige.

ARBRES. Pièces longitudinales de bois, de fer ou de fonte qui supportent les roues des machines et tournent avec elles. Les essieux de voitures qui tournent avec leurs roues sont de véritables arbres. Les arbres peuvent être pleins ou creux, carrés, cylindriques, hexagonaux, etc., renforcés par des nervures longitudinales ou renflés au milieu de leur longueur. On distingue dans les machines à vapeur deux espèces d'arbres : 1° les arbres moteurs ou de couche qui reçoivent directement l'action de la puissance et la transmettent aux autres parties du système : ce sont les plus forts ; 2° les arbres de transmission de mouvement qui supportent les roues d'engrenage et autres de la machine, et leur communiquent la portion convenable de puissance du moteur.

Les arbres peuvent être horizontaux, verticaux ou inclinés. Ces derniers ne sont employés que pour les faibles charges.

Les principales parties d'un arbre sont : le corps de l'arbre proprement, les collets et les tourillons. Le corps de l'arbre est la partie comprise entre les points d'appui. Les collets sont les points par lesquels l'arbre repose sur les supports. Ces collets étant les endroits sur lesquels tourne l'arbre, sont nécessairement ronds. Ils sont enfermés entre deux saillies régnant tout autour de l'arbre et qui l'empêchent de varier dans les supports. Lorsque les collets sont situés aux extrémités de l'arbre et qu'ils ne portent pas de saillie qui les empêche de sortir par le bout, on les appelle tourillons. Dans les arbres verticaux, le tourillon inférieur s'appelle pivot.

ARCADE. Nom que l'on donne quelquefois aux arches qui soutiennent un pont, un viaduc ou une galerie. La dénomination d'arche est plus particulièrement réservée dans le langage habituel aux ponts placés sur les cours d'eau. En parlant du chemin de fer de Greenwich en Angleterre, qui n'est qu'un long viaduc, on dit qu'il est posé sur arcades.

ARCHE. Espace voûté compris entre deux piles consécutives d'un pont ou entre une culée et la pile voisine. Lorsqu'il n'y a qu'une seule arche, c'est l'espace compris entre les deux culées. Lorsque l'arche est plate et construite en bois ou en fer, elle prend le nom de *travée*.

Les arches des ponts reçoivent différentes dénominations suivant la forme de leur courbure. On nomme arche en plein-cintre celle dont la courbure de la voûte présente un demi-cercle dont le diamètre occupe la distance comprise entre les faces internes des piles ou culées voisines. Le point où commence la courbure de l'arche s'appelle naissance de la courbe. Cette naissance peut être placée à une hauteur variable au-dessus du sol et sur le sol même, sans que la dénomination de l'arche soit changée. On dit qu'une arche est surhaussée, quand le sommet de la voûte est plus élevé qu'il ne le serait dans l'arche en plein-cintre de même ouverture; dans le cas contraire, on dit qu'elle est surbaissée.

Les constructeurs, outre les arches en plein-cintre, distinguent trois espèces d'arches circulaires, savoir : les arches en anse de panier, les arches en arc de cercle et les arches en ogive. Les arches en anse de panier sont décrites au moyen de plusieurs arcs de cercle de différens rayons, raccordés entre eux de manière à présenter à peu près la forme d'une demi-ellipse. Cette forme a l'avantage d'offrir presque autant de solidité et de facilité dans la construction que le plein-cintre et de donner aux eaux plus de débouché, sans augmenter la hauteur du pont.

On réserve le nom d'arches en arc de cercle à celles dont la courbe a un diamètre plus grand que l'espace compris entre deux piles voisines, et dont le nombre de degrés est, par conséquent, inférieur à celui de la demi-circonférence. On ne construit plus guère aujourd'hui d'autres arches en arc de cercle que celles dont les naissances peuvent être élevées sur les pieds-droits à peu près à la hauteur des grandes eaux du fleuve à traverser, comme au pont de la Concorde à Paris. Lorsque les naissances sont plongées dans l'eau, elles nécessitent des tympans en maçonnerie très massifs qui diminuent le débouché, et sont une des principales causes des affouillemens qui se forment au pied des piles. Dans les arches en bois ou en fer, l'inconvénient de ces tympans massifs est facilement évité. On peut laisser plonger les naissances de l'arc dans l'eau en faisant monter la pile toute droite pour supporter le tablier. L'intervalle entre le pied-droit et l'arc reste presque complétement à jour et permet le facile écoulement des eaux. On en voit à Paris un exemple remarquable dans le pont en fonte du Carrousel, système dont l'invention est due à l'un de nos plus habiles ingénieurs français, M. Polonceau.

Les arches en ogive ont, comme les arches en arc de cercle dont les naissances seraient trop basses, l'inconvénient de diminuer le débouché des eaux précisément au moment où elles s'élèvent au-dessus de leur niveau ordinaire, c'est-à-dire quand l'écoulement devrait être le plus facilité. On les emploie donc rarement pour les ponts en maçonnerie au-dessus des rivières. Et dans ce cas on a soin de pratiquer des ouvertures dans les tympans, comme au pont de Pavie en Italie. Ces ouvertures sont destinées à la fois à procurer aux eaux plus de débouché et à diminuer le cube de la maçonnerie du pont.

On peut recourir à d'autres courbes que l'arc de cercle pour former les arches de ponts. L'ellipse, la parabole, l'hyperbole, la chaînette, la cycloïde, la cassinoïde ont été employées par les constructeurs, soit pour obtenir les formes surhaussées, soit pour augmenter le débouché en conservant la forme surbaissée. Toutes ces courbes sont à peu près abandonnées par les ingénieurs actuels : ils n'en emploient guère que quatre principales : le plein-cintre, l'arc de cercle, l'ogive et l'ellipse.

Ce que j'ai dit de la forme des arches relativement à leur débouché est spécialement applicable aux ponts que l'on construit pour la traversée des fleuves et rivières. Quant aux ponts-viaducs à construire au-dessus des routes et chemins, ou sur les cours d'eau d'une faible importance, le débouché qu'ils doivent présenter ne varie pas d'un moment à l'autre. Il suffit qu'ils présentent une largeur et une hauteur suffisante, conformément aux prescriptions des cahiers de charges ; la forme, la dimension, et le nombre des arches dépendent du choix du constructeur : il peut les varier suivant son goût, et en raison des matériaux que la localité met à sa disposition.

ARCHITECTE. Ce nom est particulièrement donné aux artistes qui possèdent, exercent et professent l'art de bâtir. Au premier coup d'œil on ne comprend pas bien quelle différence existe entre l'ingénieur et l'architecte. En effet, l'art de bâtir est une des portions de l'art de l'ingénieur. Il est impossible à celui qui s'occupe de travaux publics de ne pas posséder l'art de bâtir dans toutes ses parties. Cependant, parmi la grande variété de travaux de construction auxquels un ingénieur peut être appelé dans le cours de sa carrière, il est facile d'établir quelques distinctions. Par exemple dans les chemins de fer, les bureaux et salles d'attente des voyageurs, les magasins de dépôt des marchandises, le logement de l'administration et de ses agens, sont du domaine de l'architecte proprement dit, et c'est à lui que ces constructions sont ordinairement confiées. Au contraire, on réserve exclusivement à l'ingénieur la construction des ateliers, ponts, viaducs, souterrains et autres gros ouvrages de cette espèce. Ce n'est pas que les architectes soient impropres à s'en occuper. Mais il semble que, par la nature de leurs préoccupations habituelles, ils deviennent moins aptes aux travaux dont la forme et les dimensions sont rigoureusement déterminées par les conditions de stabilité et d'économie, tandis qu'au contraire on leur abandonne plus volontiers ceux où les règles de l'art peuvent sans inconvénient se plier aux caprices du goût, et sacrifier quelque chose au confortable et à l'ornementation. Cette distinction entre l'ingénieur et l'architecte me paraît la seule qu'il convienne de noter dans un livre exclusivement consacré aux chemins de fer et machines à vapeur. J'ajouterai seulement que la France, qui possède de nombreux architectes, est à leur égard dans la même position que l'Angleterre vis-à-vis ses ingénieurs : c'est-à-dire qu'ils ne forment point un corps à part comme celui des ponts-et-chaussées et des mines. Cependant le service des bâtimens civils, placé dans les attributions du ministère des travaux publics, a pour agens un certain nombre d'architectes remplissant des fonctions d'inspecteurs, contrôleurs, vérificateurs et autres. La direction et l'exécution des travaux des bâtimens civils ont été réglementés par un arrêté ministériel du 22 juillet 1833.

Are. Mesure de superficie ; c'est un carré de dix mètres de côté, donnant, par conséquent, une surface de cent mètres carrés, soit la centième partie d'un hectare. Lorsque, par suite du morcellement d'une propriété par voie d'expropriation, des terrains non bâtis se trouvent réduits au quart de leur contenance totale, que le propriétaire ne possède aucun terrain contigu, et que la contenance du terrain, ainsi réduit, est inférieure à dix ares, le propriétaire peut requérir l'acquisition de son terrain. Sa requête, pour être valable, doit être faite dans la quinzaine de la notification des offres, par une déclaration formelle adressée au magistrat directeur du jury d'expropriation.

Armature. Assemblage de pièces de fer qui servent à empêcher le rapprochement ou l'écartement des différentes parties d'un ouvrage en maçonnerie. Les armatures sont surtout utiles pour prévenir les effets de la dilatation sur des maçonneries exposées à une haute température. Dans les *planches IV et V*, les lettres X, X désignent les armatures du fourneau.

Tous les fourneaux, depuis celui de cuisine, jusqu'à celui où l'on fait fondre les minerais, en sont pourvus. Leur forme et leur dimension varient suivant l'effort qu'elles sont destinées à supporter. Dans les hauts-fourneaux, ce sont de fortes barres de fer. Les unes passent dans le massif de la maçonnerie ; elles sont boulonnées aux deux extrémités et armées à l'extérieur d'autres barres de fer, contournées en S ou de boulons en fonte. Les autres servent de ceinture et enveloppent tout le haut-fourneau. Dans les poêles d'appartement, les armatures sont de simples bandes de fer feuillard qui l'entourent à différentes hauteurs et sont réunies, à leurs extrémités, par des boulons et écrous qui permettent de les serrer à volonté. Il faut toujours avoir soin, lorsqu'on pose des armatures, de se réserver un moyen de les resserrer; car le fer, subissant à la chaleur tous les phénomènes de la dilatation, et ne reprenant pas toujours exactement la même longueur, il ne serait bientôt plus en état de maintenir la maçonnerie, si l'on ne pouvait, au moyen de vis et d'écrous, lui donner la tension convenable. Souvent on empêche le déversement d'un mur qui s'écrase sous le poids d'une maçonnerie supérieure, en scellant dans un autre mur solide une barre de fer, qui traverse le mur en danger : alors on peut se servir de la dilatation pour ramener à la position verticale le mur qui a commencé à se déverser. Pour cela, après avoir disposé la barre de fer, comme il vient d'être dit, et l'avoir munie d'un écrou à son extrémité, on chauffe cette barre en son milieu; elle se dilate et s'allonge, et à mesure qu'elle s'allonge, on serre l'écrou. Quand elle se refroidit, il s'opère un retrait qui force le mur à se relever.

Les rivets qui réunissent les deux parois de la double enveloppe de la boîte à feu d'une locomotive sont de véritables armatures.

ARPENTEUR. Celui qui fait des levers de plan et mesure les superficies de terrains. Ce nom dérive de l'ancienne mesure appelée *arpent*, dont la contenance, variable selon les localités, s'écartait généralement peu d'un tiers à un demi-hectare. Un arpenteur doit savoir l'arithmétique, la géométrie et la trigonométrie, connaître les instrumens employés aux levers de plans et posséder l'art du dessin linéaire pour représenter graphiquement les opérations qu'il fait sur le terrain.

ARRÊT. Jugement rendu par une cour souveraine et contre lequel on ne peut se pourvoir que par voie de cassation pour violation du texte de la loi. Les arrêts ne sont donc pas susceptibles d'appel, mais de pourvoi.

Les jugemens rendus par le conseil d'état, agissant comme tribunal administratif et sanctionnés par une ordonnance royale, portent le nom d'*arrêts du conseil*. Cette dénomination, adoptée par les jurisconsultes, a pour but de les distinguer des avis sanctionnés également par des ordonnances royales, mais qui ne concernent que l'administration et n'ont ni le caractère, ni la forme, ni l'effet des jugemens.

ARRÊTÉS. Décisions prises par les maires, sous-préfets et préfets dans les matières de leur compétence. Les décisions et jugemens des conseils de préfecture, agissant comme tribunal administratif, s'appellent également des arrêtés. Les arrêtés qui ne contiennent que des mesures administratives peuvent être modifiés ou annulés par des actes de même nature, à moins qu'ils n'aient statué définitivement ou conféré des droits à des tiers. Les conseils de préfectures ne peuvent déroger à leurs propres arrêtés ou à ceux rendus déjà par d'autres administrations départementales, en matière contentieuse.

ARTICULATION. Lorsque deux pièces d'un appareil, sans pouvoir se séparer, conservent l'une par rapport à l'autre une certaine faculté de mouvement, leur joint s'appelle une articulation. Les articulations les plus simples sont celles qui ne permettent le mouvement relatif des deux pièces que dans un plan déterminé. Telles sont les articulations qui unissent la tige d'un piston à un balancier ou à une bielle.

Lorsque les deux pièces, bien que restant toujours unies, doivent pouvoir prendre l'une par rapport à l'autre des mouvemens dans différens sens, on fait l'articulation sphérique, c'est-à-dire que l'une des pièces est terminée en forme de sphère convexe entrant à frottement doux dans une sphère concave de même diamètre par laquelle se termine l'autre pièce. Cette espèce d'articulation est une de celles qu'on appelle *joint universel* (*Voyez* JOINT) : elle a été employée par quelques constructeurs pour le raccordement des coudes que forme le tuyau portant l'eau du tender à la chaudière de la locomotive. Mais elle a l'inconvénient de donner naissance à des fuites d'eau : aussi l'expérience a-t-elle fait préférer pour ces tuyaux une série de joints coniques pouvant jouer, les uns dans le sens horizontal, les autres dans le sens vertical, et se prêtant ainsi à toutes les variations de position du tender par rapport à la locomotive.

ARTICULÉ (**PARALLÉLOGRAMME**). *Voyez* **PARALLÉLOGRAMME**.

ASSEMBLAGE. Réunion des diverses pièces qui composent une machine ou une portion de machine. La nature des assemblages varie avec l'objet que doivent remplir les pièces auxquelles ils s'appliquent. On peut les diviser en deux grandes catégories : les assemblages fixes pour les pièces qui doivent rester immobiles ou qui doivent avoir un mouvement solidaire ; et les assemblages mobiles pour les pièces qui, sans cesser d'être unies, peuvent prendre l'une par rapport à l'autre un certain mouvement.

Dans la première catégorie rentrent les soudures, clous, boulons, clavettes, etc., et dans l'autre les charnières, chapes, douilles, manchons, etc.

Assemblée générale. Réunion des actionnaires d'une société commerciale, régulièrement constituée conformément aux statuts, pour représenter l'universalité des porteurs de titres. Les statuts indiquent la forme et l'objet des délibérations de l'assemblée générale. Ces délibérations obligent la société. Elles ont principalement pour but d'entendre les comptes de l'administration et de leur accorder ou de leur refuser l'approbation sans laquelle ils n'ont qu'une valeur provisoire.

Assiette de la voie. S'entend de la solidarité qui règne entre l'ensablement et les diverses pièces qui entrent dans la superstructure d'un chemin de fer. Ce qu'il y a de plus avantageux pour la stabilité de la voie, la conservation du matériel et la facilité de la traction, c'est que la base sur laquelle reposent les rails présente une élasticité modérée. C'est dans ce but que l'on recouvre le sol naturel de la chaussée d'une couche de 50 à 60 centimètres de sable ou de gravier bien pur et exempt de parties argileuses qui nuiraient à sa perméabilité et s'opposeraient à l'assèchement de la voie.

Ateliers. Lieu où sont réunis les ouvriers et leurs outils et équipages pour des travaux déterminés. Lorsque les ateliers sont en plein air ils prennent aussi le nom de *chantiers*.

La construction des chemins de fer donne lieu à l'établissement de plusieurs espèces d'ateliers : ateliers de terrassemens, de maçonnerie, de charpente, de construction et de réparation de machines, d'entretien et de renouvellement du matériel. Les ateliers de terrassement, de maçonnerie et de charpente sont transitoires ; les autres sont définitifs et constituent la plus forte partie des dépenses d'établissement des stations où ils sont placés.

Atmosphère. La pression moyenne de l'atmosphère au niveau de la mer est équivalente au poids d'une couche de mercure de 76 centimètres ou d'une colonne d'eau de 10 mètr. 32 centimèt. de hauteur. On sait que chaque litre ou décimètre cube d'eau pèse un kilogramme. Une colonne d'eau qui aurait un centimètre carré de surface et 10 mètres 32 centimètres de hauteur contiendrait 1 litre 32 centilitres, et pèserait par conséquent 1 kilogramme 32 grammes. Ainsi la pression de l'atmosphère équivaut à 1 kilog. 32 gramm. par centimètre carré.

Cette pression évaluée en mesures anglaises représente 14 livres avoir-du-poids et 68 centièmes, par pouce carré.

Dans les machines à vapeur, on se sert souvent de l'atmosphère

comme unité pour évaluer la pression, tension ou force élastique de
la vapeur. Ainsi, on dit qu'une machine travaille à une, deux, trois,
dix atmosphères. Cela signifie que la tension de la vapeur, qui la
met en mouvement, peut faire équilibre à une pression de une, deux,
trois, dix atmosphères, ou, en d'autres termes, qu'elle est équivalente à l'effort que produirait un poids de une, deux, trois, dix fois
1 kilog. 32 gramm. par centimètre carré.

On appelle machines à basse pression celles qui travaillent avec
de la vapeur à la tension d'une atmosphère ou un peu au-dessus.
Les machines à moyenne pression sont celles où la tension de la
vapeur ne dépasse pas quatre atmosphères. Dans les machines à
haute pression la vapeur travaille à une pression plus élevée, telle
que cinq, sept et huit atmosphères.

ATMOSPHÉRIQUE (CHEMIN DE FER). L'attention publique a été
récemment appelée en Angleterre sur un nouveau système de locomotion par chemins de fer, dans lequel la machine locomotive serait
supprimée et remplacée par un appareil fixe qui ferait donner le
nom de chemin de fer atmosphérique à la ligne qui en serait pourvue.

Voici en quoi consiste ce système : Un tuyau en fer est placé tout
le long de la voie entre les deux cours de rails. On y fait le vide aussi
bien que possible au moyen de pompes à air mues par des machines fixes, placées de distance en distance le long de la ligne
et espacées de deux à quatre kilomètres. On introduit dans ce
tuyau un piston horizontal qui le remplit exactement et qui est suspendu à la première voiture du train. Ce piston, pressé à l'arrière
par le poids de l'atmosphère et trouvant le vide devant lui, s'avance
dans le tuyau en entraînant le train avec lui. A mesure qu'il avance
sa tige de suspension soulève un système de soupapes longitudinales,
placées tout le long du tuyau, qui laissent entrer l'air derrière lui et
se referment aussitôt qu'il est passé. Lorsque le piston est arrivé au
bout de ce tuyau, celui-ci se trouve complétement rempli d'air, et
il faut y faire de nouveau le vide pour le passage d'un second train.
Quelques expériences faites avec cet appareil ayant paru donner des
résultats satisfaisans, la compagnie du chemin de fer de Dublin à
Kingstown (Irlande) a voté un emprunt de 1,600,000 francs pour en
faire une application en grand sur un prolongement de sa ligne.
L'énorme dépense de force nécessaire pour produire dans le tuyau
que parcourt le piston, un vide qui ne peut jamais être parfait, les
frottemens considérables, qui doivent résulter des imperfections
dans la pose et la fabrication de ce tuyau ainsi que du jeu des sou-

papes, inspirent en général aux ingénieurs expérimentés peu de confiance dans les résultats que l'on doit attendre du chemin de fer atmosphérique.

ATMOSPHÉRIQUE (MACHINE). On donne ce nom à une espèce de machine à vapeur à basse pression et à simple effet. Dans cette machine, la vapeur arrivant de la chaudière est d'abord introduite dans le cylindre sous le piston, pour le soulever avec l'aide d'un contre-poids attaché à l'autre extrémité du balancier. Lorsque le piston est arrivé vers le haut de sa course, on arrête l'introduction de la vapeur, et on condense celle qui a servi à le soulever. Le piston se trouvant ainsi suspendu au-dessus du vide et pressé, sur sa face supérieure, par le poids de l'atmosphère, redescend au fond du cylindre en faisant remonter le contre-poids et la charge utile. Cette machine est employée ordinairement à élever de l'eau au moyen de pompes. Elle a reçu le nom d'atmosphérique, parce que l'effet utile, c'est-à-dire le soulèvement de la charge, est directement produit par la pression de l'atmosphère. La condensation de la vapeur se fait, soit dans le cylindre même où elle a agi, soit dans un condenseur séparé, ce qui est mieux. Ces machines n'ont, en général, ni volant, ni manivelles qui règlent leurs mouvemens. Pour empêcher le piston de dépasser le haut du cylindre dans sa course ascendante, on a soin d'arrêter l'introduction de la vapeur un peu avant qu'il n'ait achevé sa course. De même, pour qu'il ne frappe pas le fond en descendant, on suspend la condensation de la vapeur avant la fin de sa course, soit en arrêtant l'eau d'injection quand la condensation se fait dans le cylindre même, soit en fermant à temps la communication du cylindre au condenseur, quand la machine est munie d'un condenseur séparé.

ATTACHEMENT (TRAVAUX PAR). Travaux dont les dépenses effectives sont payées sur des rôles de journées et fournitures dressés par les ingénieurs et leurs agens. On les appelle aussi travaux par régie.

Dans les travaux par adjudication, l'ingénieur doit faire prendre également par ses agens un relevé exact des dépenses journalières de l'entrepreneur; c'est ce que l'on appelle prendre des attachemens. Cette précaution est indispensable pour s'assurer si les travaux sont bien exécutés, et s'ils sont poussés avec toute l'activité désirable. Les attachemens servent de base à l'examen des demandes en paiement d'à-comptes faites par l'entrepreneur, dans le cours des travaux; ils sont fort utiles pour la réception partielle ou définitive des ouvrages, en outre ils mettent l'ingénieur à même d'évaluer exactement la dépense nécessaire pour d'autres ouvrages de même nature.

Aubes ou **Palettes**. Planchettes qui garnissent l'extrémité des rayons des roues de bateaux à vapeur, parallèlement à l'axe de cette roue. Ce sont les aubes qui, en frappant l'eau, agissent sur elle à la façon des rames ordinaires et font avancer le navire. L'action qui se produit, dans ce cas, est inverse de celle qui a lieu dans les roues hydrauliques des usines. Dans celles-ci, en effet, c'est l'eau qui est en mouvement et qui frappe les palettes de la roue pour la forcer à tourner et communiquer la marche aux diverses pièces du mécanisme. Dans les bateaux, au contraire, c'est la roue, mise en mouvement par le mécanisme intérieur, qui vient frapper l'eau et la chasse derrière elle, après s'en être servi comme d'un point d'appui.

Autel. Élévation en briques en forme de marche, pratiquée au fond d'un foyer. Cette élévation, de 10 à 12 centimètres de hauteur, a pour but de retenir le combustible sur la grille et d'en empêcher les fragmens d'être entraînés dans les carneaux par le courant rapide de la flamme ou par toute autre cause. Dans le foyer des locomotives il n'y a pas d'autel; mais on a soin, pour y suppléer, de laisser toujours une certaine hauteur entre la partie supérieure du combustible et la rangée de tubes la plus basse.

Aval. *Voyez* **Amont**.

Avance. Dans les machines à vapeur à double effet, et surtout dans les machines locomotives, on a reconnu l'utilité de faire arriver la vapeur sur la face d'avant du piston, avant qu'il n'ait complétement terminé la course produite par l'impulsion de la vapeur sur sa face d'arrière et réciproquement. Cette précession de la vapeur a pour but d'amortir peu à peu la vitesse du piston et de l'empêcher d'aller frapper au fond du cylindre, ce qui pourrait produire les plus graves accidens. On l'obtient en calculant la disposition du tiroir et de l'excentrique qui le meut, de manière qu'il découvre la lumière d'entrée de la vapeur, avant que le piston ne soit arrivé à l'extrémité de sa première course. C'est ce que l'on nomme l'avance du tiroir. Elle n'est point arbitraire et a besoin d'être calculée avec la plus grande précision. De même que la lumière d'entrée s'ouvre avant que le piston n'ait commencé sa course, elle se ferme avant qu'il ne l'ait terminée. Pendant le reste de son trajet, le piston est poussé en avant par la vapeur déja introduite dans le cylindre et qui se détend. *Voyez* **Détente**.

Avant-projet. La rédaction complète et définitive d'un projet de chemin de fer ou d'usine, exige un temps et des dépenses assez considérables, à cause des détails dans lesquels il faut entrer nécessairement lorsqu'on est tout à fait décidé à procéder à la construction. La première chose à faire, dans tous les cas, est donc de se rendre compte sommairement de la dépense et des produits de l'entreprise, avant d'aller plus loin. C'est le résultat de ces études préliminaires qui porte le nom d'*avant-projet*.

Les enquêtes d'utilité publique prescrites par la loi du 3 mai 1841, en matière de chemins de fer, ne portent que sur des avant-projets. Une ordonnance réglementaire du 18 février 1834, rendue en interprétation de la loi du 7 juillet 1833, que celle du 3 mai 1841 a remplacée, détermine les pièces dont doit se composer un avant-projet pour être soumis aux enquêtes. Ce sont : un devis descriptif faisant connaître le tracé général de la ligne des travaux, les dispositions principales des ouvrages les plus importans et une appréciation sommaire des dépenses ; un plan général de la ligne à l'échelle d'un dix-millième, un profil en long et un certain nombre de profils en travers.

A l'avant-projet doivent être jointes d'autres pièces dont on trouvera le détail au mot Enquêtes.

Avis. Dénomination réservée au résultat des délibérations des corps constitués que la loi et les réglemens ordonnent de consulter sur un objet déterminé, sans que leurs décisions doivent être suivies nécessairement d'effet. Tel est le rôle du conseil d'état, toutes les fois qu'il délibère autrement que comme tribunal administratif. Pour les projets de chemins de fer, l'ordonnance réglementaire du 18 février 1834 requiert les commissions chargées de l'analyse des enquêtes de donner leur avis. Les conseils municipaux, les chambres de commerce, les chambres consultatives des arts et manufactures, les conseils généraux de département peuvent être également appelés à donner leur avis sur ces projets. Les préfets des départemens traversés donnent leur avis. Les décisions du conseil général des ponts-et-chaussées lui-même, sur cette matière, comme sur toutes les autres, ne sont que des avis. Au ministre seul ou au sous-secrétaire d'état appartient la décision. J'insiste sur cette distinction entre un avis et une décision, parce que, comme il arrive le plus souvent que les avis des corps délibérans servent de base aux décisions du pouvoir exécutif, on est tenté de confondre ces deux expressions.

Axe. Ligne qui divise une surface, ou un espace donné en deux parties symétriques. On appelle axe d'un chemin de fer la ligne qui partage la crête du chemin en deux parties égales suivant toute sa longueur. Le profil en long se fait suivant l'axe du chemin. Le rayon des courbes se compte de leur centre à l'axe du chemin. Il en résulte que pas un des cours de rails dont se composent les voies n'a pour rayon de courbure celui qui est indiqué par la ligne tracée sur les plans. Il faut toujours y ajouter ou en déduire la distance du rail à l'axe du chemin comptée sur le rayon de la courbe.

Les essieux des voitures, lorsqu'ils ne tournent pas avec les roues, s'appellent aussi des axes. Au contraire, lorsque les essieux tournent avec les roues, comme dans les voitures ordinaires des chemins de fer, ce sont des *arbres*.

B

BACHE. Grande caisse en bois ou en métal dont la partie supérieure reste découverte et qui sert ordinairement comme réservoir d'eau. Dans les machines à condensation, le condenseur est généralement placé au milieu d'une bâche dans laquelle on fait directement arriver, au moyen d'une pompe, de l'eau froide qui entretient sa température au degré convenable. Un tuyau de dégorgement, placé à la partie supérieure de la caisse, est destiné à déverser le trop-plein et à permettre le renouvellement de l'eau. Sans cela, elle s'échaufferait promptement par son contact avec la chemise du condenseur et deviendrait inutile.

BAIL. Il ne faut pas confondre les concessions de chemins de fer avec les baux. Un bail est une convention par laquelle on transfère la jouissance d'un produit, moyennant un certain prix annuel. Or, ce n'est pas le cas des concessions de chemins de fer faites par l'Etat, lesquelles sont toujours à titre gratuit, à l'égard du trésor public. L'impôt du dixième, payé sur le prix des places, ne constitue pas une redevance déterminée; elle varie selon les produits et est tout à fait indépendante de l'idée de fermage.

Dans les chemins de fer, le système des baux peut être utilement appliqué au service de l'exploitation. Par exemple, l'État ou la compagnie concessionnaire traite, pour ses transports, avec un entrepreneur qui prend à sa charge toutes les dépenses d'entretien de la voie et du matériel, perçoit lui-même le tarif et paie à l'usufruitier du chemin une somme fixée, soit par convoi et par dis-

tance parcourue , soit pour toute l'année; ou bien , au contraire , ce
serait l'usufruitier du chemin qui percevrait le tarif et qui alloue-
rait à l'entrepreneur une somme fixée de la même manière que
dans le cas précédent. Cette seconde espèce de bail est celle qui
paraît devoir le plus probablement s'établir sur les chemins de fer :
elle est de nature à amener d'excellens résultats. Elle a été déjà
tentée en Angleterre; quelques compagnies y songent sérieusement
en France.

BAJOYERS. Revêtemens latéraux d'une écluse. On a étendu cette
dénomination aux murs ou perrés, par lesquels on consolide les
berges d'une rivière aux abords d'un pont pour empêcher le courant
de se dévier et d'attaquer les culées.

BALANCE. Dans les machines à vapeur, la soupape de sûreté variable est chargée au moyen d'un levier dont la pression est réglée,
soit par un poids, soit par un ressort fixé à son extrémité et qui,
dans l'un et l'autre cas, agit à la façon de la balance appelée Romaine, pour faire équilibre à la tension de la vapeur dans la chaudière.

La balance à poids *y* (*Planches IV et V*) est employée dans les
machines fixes. Dans les locomotives, où le mouvement de l'appareil
aurait pu déranger le poids, on se sert de la balance à ressort ci-
dessous.

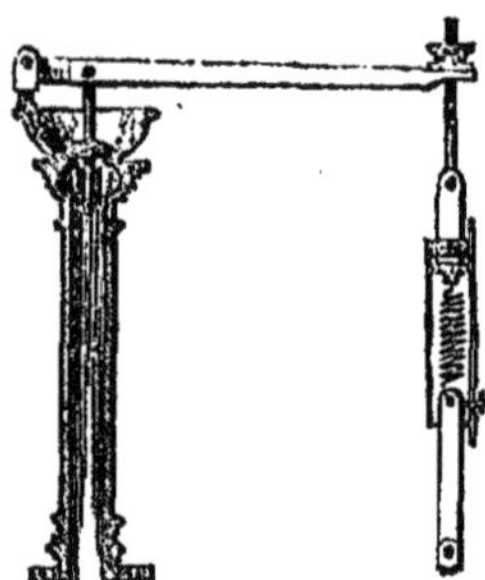

BALANCEMENT. Oscillations verticales auxquelles sont sujettes
les machines locomotives, soit dans le sens de leur longueur, soit
dans le sens de leur largeur. Le balancement ne doit pas être confondu avec le mouvement de lacet qui agit horizontalement dans le
sens latéral. (*Voyez* LACET.) Les causes du balancement peuvent

provenir de ce que les rails sont trop faibles : dans ce cas, ils plient entre leurs supports, au passage de la machine, en sorte que les roues s'avançant sur une surface ondulée, s'abaissent quand elles sont au milieu du rail et se relèvent à l'endroit des supports. Cet effet se manifeste encore dans les chemins posés sur des terres fraîchement remuées et que la pluie détrempe facilement. On conçoit que le balancement doit être plus marqué dans les chemins posés sur traverses ou dés en pierre, que dans ceux dont les rails reposent sur des longrines. Dans ce dernier cas, en effet, la trop grande faiblesse des rails, leur inégalité de résistance et celle du sol sont contrebalancés en partie par la continuité de la surface, qui répartit la pression de la machine sur un plus grand nombre de points et en diminue les effets. Un autre moyen d'atténuer le mauvais effet du balancement sur l'état de la voie, consiste à placer à l'arrière de la locomotive deux roues habituellement peu chargées, mais sur lesquelles, au moment des secousses, se reporte une partie du poids des roues motrices. C'est le cas des machines ordinaires à six roues et l'un des principaux motifs qui les ont fait substituer, dans l'origine, aux machines à quatre roues sur le chemin de fer de Liverpool à Manchester dont les rails étaient primitivement trop faibles.

BALANCIER. Grand levier mobile autour d'un axe horizontal et qui sert dans les machines à vapeur à transformer le mouvement de va et vient du piston en mouvement de rotation. On en voit un exemple dans la *planche X*. La forme du balancier est celle de la courbe dite d'égale résistance, c'est-à-dire renflée au milieu. Le calcul donne le moyen de la déterminer rigoureusement en raison du poids du balancier et des efforts qu'il doit supporter. Dans la pratique, on la remplace par un arc d'ellipse ou de parabole qui en diffère très peu, ou même par un arc de cercle. Cette approximation est tout à fait suffisante et rend la fabrication plus facile.

Dans la *planche X*, le balancier $m'm'$ est placé au-dessus de la machine; c'est le cas ordinaire des machines fixes. La tige q du piston est suspendue à son extrémité de gauche et la bielle principale s' à l'extrémité de droite. Voici comment a lieu la communication du mouvement. La tige q du piston en s'élevant soulève l'extrémité du balancier auquel elle est fixée : le balancier étant lui-même fixé à son centre, pendant que cette extrémité s'élève, l'autre s'abaisse ; elle force la grande bielle s' à descendre avec elle, et celle-ci entraîne dans son mouvement la manivelle u' à laquelle elle imprime un mouvement de rotation. Quand le piston est parvenu à l'extrémité supérieure de sa course, le jeu de la vapeur dans le cylindre le force à redescendre ; il entraîne avec lui sa tige q, et l'extrémité correspondante du balancier la suit dans ce mouvement. Pendant ce temps, l'autre extrémité se relève ainsi que la bielle a', et la manivelle u', obligée de suivre celle-ci, achève son mouvement de rotation. Les deux courses du piston dans le cylindre impriment au balancier une double oscillation qui produit un tour entier de la manivelle.

Les pièces de la machine qui n'ont besoin que d'un mouvement rectiligne de va et vient, telles que le condenseur c', la pompe alimentaire b'' et la pompe de puits g'', reçoivent directement ce mouvement du balancier par l'intermédiaire de tiges a' a', f' f'', qui viennent s'articuler sur divers points de sa longueur convenablement choisis en raison de l'amplitude nécessaire à leurs mouvemens.

Dans les machines à simple effet et les machines atmosphériques, l'extrémité du balancier, opposée à celle qui porte la tige du piston, reçoit au lieu d'une bielle un contre-poids.

Dans les machines des bateaux américains, la course du piston à vapeur est très longue, cette disposition oblige à placer les supports du balancier à une grande hauteur, comme dans les machines fixes. Ils s'élèvent au-dessus du pont du navire et le balancier est entièrement en dehors. Il n'en est pas de même sur les bateaux européens. Tout le mécanisme est placé dans l'intérieur du navire et le pont est complétement dégagé, ce qui permet au pilote placé à l'arrière de gouverner sans obstacle. Cependant la faible hauteur de la coque dans laquelle est renfermée la machine n'aurait pas permis de donner aux pistons une course suffisante, si on avait placé le balancier à la partie supérieure. Le balancier AA (*Planche III*) porte sur un palier qui repose directement sur la plaque de fondation ; la tige du piston lui communique le mouvement par dessous au moyen d'un bras articulé ou bielle, à tête simple b b, et le balancier transmet ce mouvement à la grande bielle b' b', qui imprime à l'arbre de la roue le mouvement de rotation.

Les balanciers sont ordinairement fixés avec l'arbre ou tourillon placé à leur centre, et autour duquel a lieu leur mouvement de balancement ; mais dans les fortes machines de bateaux les oscillations auxquelles est assujetti l'arbre des roues, par suite du choc des palettes contre l'eau, ont dû faire renoncer à cette disposition. L'axe de rotation est fixe et le balancier est garni intérieurement de coussinets dont on règle la pression contre cet axe par des clavettes.

Les balanciers sont presque indispensables dans les machines à cylindres verticaux pour assurer la régularité de la transmission du mouvement. Mais ils ont l'inconvénient d'en augmenter le poids et d'en compliquer les pièces. On les fait ordinairement en fonte. Les Américains, dans le but de rendre plus légers ceux des machines de bateaux, les construisent souvent entièrement en fer forgé, quelquefois même ils suppriment tout à fait le grand balancier, et les bielles viennent s'articuler directement avec deux extrémités de la traverse de la tige du piston. La pompe à air reçoit le mouvement d'un petit balancier spécial, mu par un système de petites bielles articulées également avec la traverse de la tige du piston.

Dans les machines à cylindres oscillans, dans les machines à cylindres horizontaux ou fortement inclinés, il n'y a pas de balancier; le mouvement de la tige du piston se transmet directement à la bielle qui fait tourner la manivelle. Cette disposition a été adoptée dans les locomotives : le défaut d'espace et la légèreté à laquelle on devait atteindre faisaient une loi de réduire les pièces du mécanisme au nombre strictement nécessaire.

Les balanciers, servant d'intermédiaire pour la transmission de toute la force de l'appareil, sont soumis, surtout dans les machines puissantes, à des efforts considérables. On ne saurait donc prendre trop de précautions pour assurer leur stabilité. On a vu que dans les bateaux européens ils reposent sur la plaque même de fondation. Dans les bateaux américains ils sont supportés par de fortes charpentes en bois armées de fer. Dans les machines à terre on fixe leur centre sur un entablement soutenu par des colonnes en fonte, ou reposant sur de gros murs.

BALLAST. Mot anglais qui signifie mélange de sable et de cailloux, on l'emploie quelquefois pour désigner l'ensablement qui recouvre le sous-sol d'un chemin de fer. Cet emprunt fait à la langue anglaise était bien inutile, puisque nous possédons le mot *ensablement* qui est déjà usité dans la même acception.

BALUSTRADE. Le plancher sur lequel se tient le mécanicien à l'arrière de la locomotive est garni des deux côtés d'une balustrade à hauteur d'appui pour l'empêcher de tomber.

Dans les machines fixes on prend ordinairement la précaution d'entourer d'une forte balustrade le volant, la bielle et la manivelle pour éviter tout accident.

Le cahier des charges, pour la fourniture des appareils à vapeur destinés à la navigation transatlantique, porte qu'il sera établi par le constructeur autour de chaque machine une balustrade en fer poli, pour protéger les mécaniciens contre les mouvemens du navire. On en voit une partie désignée par les lettres *t, t* dans la *planche III*.

BANDAGE DE ROUE. Cercle de fer qui entoure extérieurement la jante d'une roue et porte directement sur le sol. Dans les chemins de fer les jantes des roues des wagons et des locomotives sont ordinairement en fonte. Il n'y a pas grand inconvénient pour les wagons à laisser la fonte porter directement sur les rails. Mais pour les locomotives, les roues étant soumises à des efforts bien plus considérables se rompraient inévitablement, si l'on n'avait soin de fortifier la jante au moyen d'un cercle en fer forgé, solidement assemblé par des boulons à tête noyée dans l'épaisseur du métal. Le cercle est d'une seule pièce appliquée à chaud et les extrémités en sont soudées au rouge blanc. Lorsqu'il est en place, on remet la roue sur le tour pour lui donner une forme exactement circulaire et bien centrée avec le moyeu.

BANQUES. Institutions financières de crédit public ou privé, destinées à fournir des capitaux au travail. Elles se divisent en deux grandes classes : les banques de *dépôt*, et les banques de *circulation* ou *d'escompte*. Les premières reçoivent de l'argent et donnent en échange leurs billets, les autres reçoivent des billets et donnent de l'argent. Ordinairement ces deux opérations sont réunies entre les mains d'un même établissement qui est à la fois banque de dépôt et d'escompte. C'est le cas de la Banque de France et des banques d'Angleterre. Les banques sont les intermédiaires où les capitaux qui resteraient improductifs, faute d'être éclairés sur les affaires qui se présentent, viennent s'échanger contre les demandes du commerce et de l'industrie, qui sans cela seraient exposés à laisser une foule de bras inactifs, faute de fonds. Le bénéfice d'une banque résulte des commissions et intérêts qu'elle prélève pour les dépôts d'argent et l'escompte du papier. Sa puissance se mesure par la masse de ses opérations; et la masse de ses opérations résulte de la confiance que l'on a dans sa fidélité à garder les dépôts qui lui sont remis et dans son intelligence à choisir les personnes dont elle accepte les billets en échange de ses espèces métalliques.

Souvent une banque, au lieu de remettre des espèces en échange des billets qu'elle accepte, offre aux emprunteurs de ses propres billets, qu'elle est autorisée par le gouvernement à émettre et qui ont cours comme l'argent dans un rayon déterminé. Ces billets, que l'on appelle billets de banque, sont d'un transport plus facile que l'or et l'argent : aussi sont-ils reçus généralement très volontiers et ils augmentent la masse des capitaux en circulation. Comme il est

peu probable que l'on vienne, à un jour donné, demander le remboursement, en espèces, de tous les billets de banque en circulation,
il est possible d'en émettre une quantité représentant une somme
plus forte que celle des espèces qui sont réellement entre les mains
de la banque. C'est à la banque à juger, d'après l'état des affaires
du pays, et en raison de la confiance publique dont elle jouit, de
combien les signes représentatifs, qu'elle a le privilège de créer, peuvent dépasser la masse d'espèces qu'elle possède. Plus l'industrie et
le commerce sont florissans dans un pays, plus le nombre des billets
de banque peut y être considérable. Mais il faut aussi beaucoup de
sagacité et une vigilance continuelle de la part des directeurs d'une
banque pour ne pas se laisser tromper par les apparences et pour
ne pas confondre, avec les signes d'une prospérité réelle, un développement exagéré de travaux et d'entreprises dont les produits
sont problématiques. Bien loin d'encourager un semblable mouvement, elle doit agir, comme dans une machine à vapeur le régulateur, pour le modérer à propos en se montrant plus difficile dans
ses escomptes. Mais d'un autre côté une banque manquerait à sa
mission et à l'esprit de son institution, elle se rendrait indigne du
privilège qui lui a été conféré, si, dans des momens de crise passa-
gère, elle ne venait pas largement au secours des entreprises mena-
cées en fortifiant le commerce par son crédit. Bien loin de choisir
un semblable moment pour réduire ses escomptes et en augmenter le taux, elle doit faire servir toute sa puissance à faciliter les
transactions et ramener par sa bonne tenue et sa générosité
le commerce à sa position normale. Une banque qui n'en agirait
pas ainsi pourrait bien encore être utile à elle-même, éviter les
pertes dans les momens difficiles et même donner à ses actionnaires de beaux bénéfices, mais elle serait loin de remplir son but fon-
damental.

BANQUETTE. Lorsque les terres provenant des déblais faits pour
l'assiette d'un chemin de fer sont trop considérables ou nécessite-
raient de trop longs transports pour être utilisées dans les remblais,
on les dispose en dehors et le long de la tranchée. Si ces terres
ainsi retroussées n'atteignent pas une grande hauteur, elles prennent le nom de banquettes. Les dépôts d'une grande hauteur s'appellent *cavaliers.*

BANQUIER. Celui qui fait le commerce des billets à ordre, lettres
de change et dépôts d'argent. Ses attributions, dans une sphère
plus restreinte, sont les mêmes que celles d'une banque. Seulement
le banquier n'a pas le privilège d'émettre des billets de banque.

Son papier circule sous sa responsabilité personnelle et aux mêmes conditions que celui des autres négocians.

Bardage. Transport et approche des matériaux à pied d'œuvre. Il ne faut pas confondre le bardage avec la pose. Ainsi dans les maçonneries, lorsqu'une pierre a été taillée sur le chantier, on la transporte jusqu'au lieu sur lequel elle doit être placée. Ce transport est ce qu'on appelle le bardage. La mise en place définitive est ce qu'on nomme la pose.

Les ouvriers employés au bardage se nomment *bardeurs*. On appelle *bard* ou *bayard* les civières et petites voitures à bras qui servent au bardage.

Baromètre. Instrument destiné à faire connaître la pesanteur de l'air. Il se compose d'un tube complétement purgé d'air et fermé par son extrémité supérieure. L'extrémité inférieure plonge dans une cuvette remplie de mercure. L'air en pressant sur le mercure le force à monter dans le tube, et la hauteur à laquelle il s'élève mesure sa pression. Souvent au lieu d'employer, pour le réservoir à mercure, une cuvette indépendante du tube, on recourbe le tube lui-même en forme de siphon ; la seconde branche est évasée et plus courte que la première, et reçoit le mercure destiné à monter dans le tube vide : cette seconde branche fait alors l'office de cuvette.

A mesure qu'on s'élève dans l'atmosphère la colonne d'air que l'on a au-dessus de la tête diminue de hauteur, et par conséquent de pression. Si l'on porte avec soi un baromètre on voit, en l'observant à des stations de plus en plus élevées, que le mercure, en raison de cette moindre pression, descend de plus en plus : la loi de ces variations de hauteur a été déterminée par le calcul et par l'expérience. On peut donc se servir du baromètre pour reconnaître les hauteurs des différens points du sol, et sous ce rapport il peut être utilisé comme instrument de nivellement ; mais les résultats qu'il donne ne sont qu'approximatifs et bons à consulter pour de grandes différences de hauteur dans des reconnaissances préliminaires. Lorsqu'on veut procéder à un tracé régulier de chemin de fer, il faut recourir aux instrumens ordinaires de nivellement. Le baromètre ne peut même plus être d'un grand secours en France pour les projets de chemins de fer, car la hauteur des chaînes de montagnes que l'on peut avoir à y traverser est connue déjà par d'autres opérations.

Barreau. Les barreaux de la grille d'un foyer sont les tringles ou barres de fer ou de fonte dont elle se compose. Lorsque les barreaux sont en fer forgé, on les emploie carrés, tels qu'on les trouve dans le commerce. On ne leur donne pas plus de 50 centimètres de portée ; au-delà de cette longueur, on les soutient par un autre barreau posé en travers. Les barreaux de fonte sont coulés en forme de coin et posés la tête du coin en bas ; l'arrivée de l'air et le dégagement des cendres et crasses sont ainsi rendus plus faciles. Il faut bien se garder de donner aux barreaux une position contraire, c'est-à-dire de placer la tête du coin en haut ou de les poser sur l'angle quand on les emploie carrés ; ils s'engorgeraient rapidement par l'accumulation des crasses dans ces espèces d'entonnoirs. Les extrémités des barreaux doivent être libres, afin qu'ils puissent s'allonger par la chaleur sans se courber ou se briser, ce qui arriverait infailliblement s'ils étaient fixés par les deux bouts.

BARRIÈRES. Grilles de bois ou de fer, que l'on place en travers des routes et chemins existans, qu'un chemin de fer traverse de niveau, et que l'on peut ouvrir ou fermer à volonté. Un gardien doit être constamment préposé au service de chacune des barrières d'un chemin de fer. Il a seul le droit de les ouvrir ou de les faire manœuvrer selon les besoins de la circulation sur l'une et l'autre voie.

BASCULE (PONT A). Sur les chemins de fer et dans les usines importantes on pèse les voitures chargées, au moyen d'un pont à bascule semblable à celui des routes ordinaires. C'est une espèce de balance dont l'un des plateaux reçoit la voiture dont on veut connaître le poids. Le plateau qui reçoit les poids est situé dans l'intérieur d'un petit bâtiment servant de bureau à l'employé préposé à l'opération. La longueur des deux bras de levier de la balance est calculée de manière qu'avec de faibles poids on puisse peser de très fortes charges ; par exemple, avec un kilogramme on en pourra peser cent.

BASSIN. Les bassins hydrographiques sont des portions déterminées de la surface du globe qui versent leurs eaux dans un même réservoir, tels qu'une mer, un lac, un fleuve ou tout autre cours d'eau. Lorsque le réservoir commun est une mer ou un lac, le bassin s'appelle *maritime* ou *lacustre*. Un bassin *fluviatile* est celui dont le réservoir commun est un fleuve ou une rivière. Un bassin maritime se compose de plusieurs bassins fluviatiles distincts les uns des autres.

La France verse ses eaux dans deux bassins maritimes, la Méditerranée et l'Océan. Le bassin français de l'Océan peut lui-même se subdiviser en plusieurs autres, par exemple le bassin de la Manche et celui du Golfe de Gascogne.

Notre bassin de la Méditerranée est compris entre la frontière du

Piémont et celle d'Espagne. Le principal bassin fluviatile qui l'alimente est celui du Rhône, qui reçoit les eaux des bassins secondaires de la Saône et du Doubs, de l'Isère, de l'Ardèche, de la Drôme, de la Durance, etc. Les principaux bassins indépendans de celui du Rhône, qui versent leurs eaux dans la Méditerranée, sont, à l'Est celui du Var, et à l'Ouest ceux de l'Aude et de l'Hérault.

Les principaux bassins fluviatiles français, qui versent dans l'Océan, sont ceux du Rhin, de la Seine, de la Loire et de la Garonne. Ce sont les plus importans par la masse de leurs eaux, par leur étendue et par celle de leurs affluens. Les autres bassins indépendans des premiers sont ceux de la Somme, de l'Aa, de l'Escaut, de la Meuse, de l'Adour, de la Charente, de la Sèvre Niortaise, de la Vilaine, de la Rance, de la Sélune, de la Taute, de l'Orne, etc.

Les bassins hydrographiques sont séparés les uns des autres par des surélévations naturelles du sol : lorsqu'elles sont considérables, ce sont des chaînes de montagnes. En France, le bassin de la Méditerranée est séparé de celui de l'Océan par une ramification des Alpes Jurassiques, qui se rattache, d'une part aux Vosges, par l'ancienne Franche-Comté, et, de l'autre aux montagnes d'Auvergne et aux Cévennes, par les plateaux de la Côte-d'Or et du Morvan. La connaissance des bassins hydrographiques, de leurs lignes de partage, ou faîtes et de leurs thalwegs, est de la plus haute importance pour asseoir un tracé de chemin de fer d'une certaine étendue. Par une étude approfondie des lois qui régissent les bassins hydrographiques et par l'observation des faits particuliers à chacun d'eux, il est souvent possible d'éviter des travaux considérables et de supprimer des pentes et contre-pentes qui paraissaient, au premier aspect, nécessaires pour unir deux points situés dans des bassins différens.

BATEAUX A VAPEUR. Bateaux qui reçoivent leur. impulsion d'une machine à vapeur placée dans leur coque. Les divers appareils auxquels la vapeur communique le mouvement et qui font marcher le bateau n'excluent pas l'emploi des voiles ; mais celles-ci ne sont employées que comme moteur supplémentaire et lorsque la direction et la force du vent ne sont pas de nature à contrarier la marche du bateau. Elles ne sont guère en usage que sur les bateaux destinés à la mer et dans des cas restreints. Un des inconvéniens des voiles, lorsque le vent ne souffle pas précisément de l'arrière, est de faire donner de la bande aux bateaux, position qui fatigue les appareils, expose les chaudières à rester pendant longtemps découvertes d'eau d'un côté. Dans ce cas elles peuvent rougir et se brûler ou donner lieu à des explosions, lorsque le bateau reprend brusquement la position horizontale ou une inclinaison inverse de la première. Un autre inconvénient de l'emploi des voiles dans cette position inclinée, c'est que, les deux roues du bateau ne se trouvant plus à la même hauteur, l'une plonge trop dans l'eau et perd une partie de sa force, tandis que l'autre, touchant à peine ou même ne touchant plus la surface du liquide, tourne en frappant inutilement l'air de ses palettes.

Les roues sont l'appareil le plus généralement employé pour faire marcher le bateau, mais ce n'est pas le seul auquel on ait songé. Les appareils proposés à différentes époques peuvent tous se ranger dans deux classes : ceux qui ne plongent que partiellement et pendant un temps limité dans l'eau, et ceux qui y restent constamment immergés. Un seul procédé échappe à cette classification, c'est celui proposé par Daniel Bernouilli et qui consiste à aspirer l'eau par la proue du navire et à l'expulser par la poupe. Ce moyen essayé sans succès en Amérique et en Angleterre, n'a pas été suivi d'applications.

Parmi les appareils de la première catégorie se trouvent les roues à aubes ou à palettes : leur emploi, combiné avec celui de la vapeur, fut proposé en 1690, par un Français, Denis Papin. Jusqu'ici cette proposition a été considéré comme la première application de la vapeur à la navigation, et l'honneur en revient à la France. Cependant je ne dois pas laisser ignorer au lecteur que l'Espagne revendique en ce moment la priorité. Si l'on en croit la rumeur publique, il résulterait de documens authentiques trouvés dans les archives royales de Salamanque, qu'en 1543, don Blasco de Garray, capitaine de vaisseau espagnol, soumit à l'examen de l'empereur Charles-Quint une machine à vapeur destinée à la navigation. On ajoute que dans un essai fait le 17 juin de la même année, à Barcelone, devant l'empereur et la cour, la machine de don Blasco de Garray aurait communiqué à un navire de deux cents tonneaux une vitesse d'une lieue à l'heure. La complication de la machine, dont le système n'est point décrit, son prix élevé et la crainte des explosions, auraient fait renoncer à l'invention du capitaine espagnol, qui en aurait été d'ailleurs largement indemnisé par les faveurs de son maître.

Quoi qu'il en soit, l'invention de Denis Papin, traitée en 1690 de rêve ingénieux, fut reprise plus tard en 1736 par J. Hull, en Angleterre ; mais ce ne fut qu'en 1781 que l'idée de Papin fut essayée

sur une grande échelle par M. le marquis de Jouffroy. Le bateau
dont il se servit avait 44 mètres de longueur sur 5 de largeur,
son tirant d'eau était d'un mètre. Avec ce navire, il remonta plusieurs fois le cours de la Saône, entre Lyon et l'île Barbe, par le
seul secours de la vapeur. Divers autres essais du même genre,
dans lesquels la communication du mouvement de la vapeur aux
roues avait lieu par des procédés plus ou moins compliqués, pré-
cédèrent encore ceux faits par Fulton, sur la Seine, en 1803. Le
système de cet ingénieur, analogue à celui de M. de Jouffroy, consistait en deux roues à aubes placées sur les flancs du navire. On
sait que le peu d'accueil qui lui fut fait dans notre pays l'engagea à
porter son invention aux États-Unis. Ce fut là qu'elle fut, pour la première fois, introduite en grand et avec succès. Le premier bateau de
Fulton fut lancé à New-York, en 1807. En même temps, d'autres
Américains, parmi lesquels il convient de citer avec éloges Evans et
Stevens aîné, s'occupaient avec ardeur de résoudre le même problème. L'idée d'appliquer la vapeur à la navigation n'était pas nouvelle aux États-Unis, et s'il appartient à Fulton de lui avoir donné
une impulsion décisive, il est juste de reconnaître qu'il trouva les
esprits préparés par les travaux de ses devanciers et de ses concurrens. A partir de 1807, les bateaux à vapeur prirent une extension rapide aux États-Unis ; favorisés par la profondeur, l'étendue et le nombre des magnifiques cours d'eau qui sillonnent le pays
dans tous les sens, ils prirent un développement dont rien n'approche encore en Europe. Un dernier pas restait à franchir, c'était l'ap-
propriation de la vapeur à la navigation maritime. Dès 1807, Stevens, expulsé de l'état de New-York par le monopole accordé à
Fulton, avait transporté son bateau par mer sur la Delaware; mais
ce fut seulement en 1815 qu'un service régulier de paquebot fut
établi pour la première fois, par Fulton, entre New-York et la Pro-
vidence, dans Rhode-Island : une partie de cette traversée se fait
sur la pleine mer. Enfin, en 1817 un bateau américain fit en vingt
jours la traversée de New-York à Liverpool, et en 1818 un autre
steamer faisait le service de la poste entre New-York et la Nou-
velle-Orléans, touchant à Charleston et à la Havane.

Pendant ce temps, l'Europe commençait à s'émouvoir. En 1812,
cinq ans après les premiers succès de Fulton sur l'Hudson, Henri Bell
construisait un bateau sur la Clyde à Glasgow : en 1815, un autre
bateau anglais fait pour la première fois la traversée de Glasgow à
Londres. En 1816, un autre traverse la Manche pour aller de Brighton au Havre. En 1820, un service régulier est établi entre Holy-

head (Angleterre) et Dublin (Irlande). Enfin, en 1825, le steamer l'*Entreprise* fait le voyage de Londres à Calcutta.

La France, qui avait vu sur la Saône et sur la Seine avant tous les autres peuples, les premiers essais de M. le marquis de Jouffroy et de Fulton, s'était laissé devancer, comme dans toutes les applications de la vapeur à l'industrie. Par une fatalité singulière et plus propre à nous donner un juste sentiment de modestie qu'à exalter notre orgueil national, nous avons été les premiers dans l'invention de la machine à vapeur; les premiers nous l'avons vu appliquer à la navigation sous nos yeux, avec succès, par un de nos compatriotes; c'est encore un des nôtres qui a inventé la chaudière à tubes, cet appareil magique dont la puissance a révélé le véritable but des chemins de fer. Et cependant aujourd'hui ce ne sont pas seulement nos rivaux d'au-delà du détroit, c'est un peuple à peine éclos dans les forêts d'un nouveau monde; que dis-je? ce sont les états de l'Europe centrale qui vont tour-à-tour nous laisser en arrière dans la carrière des machines et bateaux à vapeur, et des chemins de fer !

· Dans tous les bateaux que je viens de mentionner, le moteur auquel s'applique la vapeur consiste dans deux roues à aubes placées en dehors du navire et sur ses flancs, pour imiter l'action des rames. C'est encore aujourd'hui le système le plus généralement adopté. Les inconvéniens de cette position des roues sont d'encombrer les flancs du navire, d'occuper beaucoup de place dans la partie la plus importante et de nécessiter l'agrandissement des docks et écluses par lesquels ils doivent passer. A ces inconvéniens viennent s'ajouter, pour les bâtimens de mer, ceux qui résultent de l'immersion complète de l'une des roues pendant le roulis occasionné par un gros temps, tandis que l'autre roue reste en l'air sans utilité. Aussi arrive-t-il souvent que, dans cette fausse position, le mouvement de la roue immergée contrarie tellement la marche du navire, qu'il vaut mieux la démonter, et la machine devient inutile au moment où l'on a le plus besoin de son secours. On a cherché à remplacer les deux roues latérales par une seule qui serait placée dans la carène même du navire. Ce procédé n'a pas présenté assez d'avantages pour être appliqué en grand. D'ailleurs il ne sauvait pas quelques autres imperfections inhérentes à la nature même des roues. Ce sont, par exemple, la perte de force résultant de l'obliquité des palettes par rapport au liquide lorsqu'elles commencent à y pénétrer, le peu de temps pendant lequel elles agissent, les variations dans la force du moteur suivant que les palettes plongent plus ou moins sous la charge du navire, et enfin l'inégalité de vitesse des différentes parties de l'aube tournant autour de l'axe de la roue. Un système de roues à palettes mobiles n'a pas eu plus de succès. Il paraît difficile que de grands perfectionnemens soient apportés dans un système fondé sur une immersion partielle et intermittente du moteur : on ne peut guère en espérer qu'en passant aux moteurs que j'ai rangés dans la seconde catégorie, et dont l'immersion dans l'eau est *constante*. Les principaux appareils de cette espèce sont : l'appareil *Palmipède*, composé d'un certain nombre de surfaces planes et articulées, imitant plus ou moins exactement le mouvement des pattes de certains oiseaux nageurs ; et l'appareil en forme d'hélice, appelé improprement *vis d'Archimède*.

L'appareil palmipède, essayé d'abord en France, en 1759, par Genevois, puis en 1793 par lord Stanhope, vient d'être repris par M. le marquis de Jouffroy, fils de l'auteur de notre premier bateau à vapeur. Bien que les expériences faites par l'auteur semblent donner à cet appareil une supériorité sur les roues à aubes, sous le rapport de l'économie, les ingénieurs pensent qu'elles auraient besoin d'être faites sur une plus grande échelle pour être tout à fait concluantes, et c'est ce dont on s'occupe en ce moment.

L'appareil auquel on a donné le nom de vis d'Archimède est une surface en hélice, dont l'axe est placé dans le sens longitudinal du bâtiment, et qui fait mouvoir celui-ci par sa pression sur le fluide. Il paraît que l'invention est encore due à un Français, M. Sauvage, qui en aurait fait les premières applications en 1835, au Havre et à Honfleur, toutefois sans que ce nouveau système ait assez attiré l'attention publique dans notre pays, pour qu'on cherchât à lui donner de l'extension avant qu'il ne fût revenu avec le cachet anglais. Des expériences importantes ont été faites sur cet appareil en Angleterre, en 1840, par M. Chapell, capitaine de la marine royale d'Angleterre. Le bateau à vapeur dont il s'est servi se nommait l'*Archimède* ; il était du port de 240 tonneaux et avait un tirant d'eau moyen de 2m,84. La vis avait été construite par M. Smith, titulaire du brevet anglais et qui, aux yeux de beaucoup de personnes, même de nos compatriotes, passera pour le véritable inventeur de l'appareil à hélices. La force de la machine était d'environ 80 chevaux. La vis était placée dans une ouverture longitudinale placée dans le massif du bâtiment, immédiatement devant le gouvernail, la quille se continuant le long et au-dessous de la vis. Elle était entièrement en fer forgé, composée de forts bras en fer fixés solidement à l'arbre et garnis de feuilles de tôle rivées. Sa vitesse était de

138 2/3 révolutions par minute. Le mouvement lui était communiqué par des engrenages. Ces engrenages produisent un bruit assez considérable et fatigant dans l'intérieur du navire. Aussi se propose-t-on de les remplacer par quelque autre appareil moins bruyant, tel que serait une vis sans fin. Dans ses divers trajets, l'*Archimède* a toujours soutenu la comparaison avec les meilleurs marcheurs, et l'a souvent emporté sur eux. Les avantages de ce système, même quand il ne parviendrait pas à utiliser pour la marche du navire une plus grande partie de la force du moteur que les roues à aube, sont incontestables, surtout pour les bâtimens de mer. Le roulis dérange fort peu l'action de la vis; elle est moins exposée aux attaques de l'artillerie, permet avec beaucoup plus de succès l'emploi simultané des voiles et reporte dans la partie basse du navire tout le poids de l'appareil moteur. Il augmente, par conséquent, les conditions de stabilité, et fatigue moins la coque que des roues, dont les points d'attache sont à la partie supérieure et dont les inconvéniens se font vivement sentir par une mer houleuse. Le gouvernement français a ordonné la construction de plusieurs bâtimens armés de la même manière pour la marine royale.

Le 5 décembre 1842 est sorti des chantiers de M. Normand, constructeur au Havre, le premier bateau de mer français destiné à recevoir son mouvement de l'appareil héliçoïdal. Ce bateau, de la force de 120 chevaux, est mâté en trois-mâts-goëlette. Sa longueur est de 47 mètres 50 centimètres; sa largeur de 8 mètres 50 centimètres; son tirant d'eau à pleine charge est de 3 mètres 60 centimètres; l'hélice a 2 mètres 29 centimètres de diamètre, et 1 mètre 7 centimètres de longueur.

Pendant ce temps on construit en Angleterre pour la navigation transatlantique un bâtiment qui porte quatre machines représentant ensemble une force de 1 288 chevaux et pourvu de l'appareil à hélices. Ce bâtiment, appelé la *Great-Britain*, est exécuté sur les plans de M. Patterson, par MM. Acraman, Morgan et Comp. de Bristol. C'est le plus grand de tous les bateaux à vapeur qui ont été construits jusqu'à ce jour. Sa coque a absorbé 1 million 122 346 kilogrammes de fer; sa longueur, sur le pont, est de 87 mètres 47 centimètres, tandis que celle d'un vaisseau de ligne français du premier rang, c'est-à-dire, de 120 canons et à trois ponts, n'est que de 63 mètres 31 centimètres. Sa largeur est de 15 mètres 54 centimètres, tandis que celle d'un vaisseau de ligne de premier rang est de 16 mètres 40 centimètres; on ne lui donne que peu de largeur comparée à sa longueur, pour accélérer sa marche. La *Great-Britain* a quatre ponts, c'est-à-dire, quatre étages, comme nos vaisseaux de premier rang, en comptant les trois batteries et le faux-pont. La profondeur de sa cale, sous ces quatre étages, est de 7 mètres 34 centimètres ; celle d'un vaisseau, toujours du premier rang, est de 8 mètres 42 centimètres ; et cependant, quoique sa cale soit moins profonde, l'étage inférieur de la *Great-Britain* sera plus élevé au-dessus de l'eau que le faux-pont du vaisseau de ligne, attendu que son tirant d'eau est seulement de 4 mètres 87 centimètres, tandis que celui du vaisseau est de 7 mètres 87 centimètres. On concevra aisément quel avantage cette circonstance lui donne sur le vaisseau pour la rapidité de sa marche, lorsqu'on saura qu'à ce tirant d'eau le déplacement opéré par la *Great-Britain* sera de 2 970 tonneaux, tandis que celui opéré par le vaisseau de ligne est de 5 084 tonneaux. Les deux étages supérieurs de la *Great-Britain* sont réservés exclusivement aux passagers et à l'équipage. Ils contiennent deux salons pour les dames, quatre grands salons communs, dont le principal a 108 pieds anglais de long sur 32 de largeur, et 180 cabines pour 360 passagers, sans compter les logemens des officiers et de l'équipage. Les deux étages inférieurs sont consacrés à la machine, à la cuisine, aux offices, aux magasins du bord, et enfin aux magasins des marchandises, dont on peut embarquer 1200 tonneaux. La cale contiendra le lest, les fourneaux, les chaudières et 1 000 tonneaux de charbon.

Les bateaux à vapeur diffèrent des autres navires, quant à leur forme et à leur aménagement, par l'emplacement destiné au moteur : celui-ci occupe ordinairement le centre du bâtiment. Les roues à palettes avec les tambours qui les recouvrent sont en dehors de la coque sur les deux côtés.

Les bateaux américains destinés au transport des voyageurs sur les rivières, ont leur fond plat et leurs faces latérales perpendiculaires au fond. Cette forme, peu favorable à la stabilité et inadmissible sur mer, est bonne pour les cas où la profondeur d'eau est faible, et où l'on attache à la vitesse de la marche une grande importance.

Sur les bateaux européens il n'y a ordinairement qu'une cheminée, même lorsqu'il y a deux machines fonctionnant ensemble ou séparément, bien que chaque machine soit pourvue de deux chaudières. On voit souvent deux cheminées sur les bateaux américains : la *planche II* en montre un exemple. Elle représente un bateau américain destiné à un service des voyageurs sur mer et muni de voiles ; au milieu est une espèce de pont placé au niveau du tambour des roues, et qui sert au pilote à découvrir la route, sans être gêné par les passagers et les autres obstacles qui peuvent se trouver sur le faux-pont général du navire. C'est de ce point, éloigné quelquefois de 60 mètres de l'arrière, que le pilote fait manœuvrer le gouvernail par des cordes ou des chaînes de renvoi. Le bâtis, qui supporte les guides de la tige du piston, s'élève au-dessus du pont supérieur.

Les bateaux américains munis de deux machines ont ordinairement quatre chaudières et quatre cheminées.

La plus grande vitesse obtenue jusqu'ici dans la marche des bateaux à vapeur n'a guère dépassé 28 kilomètres par heure sur les fleuves d'Amérique. Les constructeurs français sont parvenus dans ces derniers temps à atteindre les vitesses de 25 kilomètres à la descente du Rhin et 27 à celle du Rhône, ce qui correspond à 18 et 20 kilomètres sur une eau tranquille. La vitesse habituelle de nos bateaux à vapeur de mer est de 12 à 15 kilomètres.

Le nombre des bateaux à vapeur existant en 1838 était en Angleterre de 810 et dans l'Amérique du Nord de 800. En 1840, la France possédait, non compris les bâtimens de l'état, 211 bateaux à vapeur munis de 263 machines représentant une force de 11 432 chevaux-vapeur. Sur ce nombre, 177 machines d'une force moyenne de 44 chevaux étaient à basse-pression, et 86 machines d'une force moyenne de 12 chevaux étaient à haute-pression. Ces renseignemens, que j'extrais du compte-rendu publié par l'administration des mines, sont aujourd'hui évidemment incomplets. La navigation à vapeur a continué depuis cette époque à prendre une extension rapide sur le continent. Sur le Rhin, par exemple, où l'administration des mines ne comptait en 1840 que trois bateaux français, il y en a dix aujourd'hui.

Quant à notre marine militaire, une ordonnance royale du 1er février 1837 comprenait les bateaux à vapeur dans l'énumération de nos forces navales pour 40 bâtimens de 150 chevaux et au-dessous. Une nouvelle ordonnance royale du mois de mars 1842 a porté à 220 chevaux la force minimum des bâtimens destinés à porter de l'artillerie et à combattre : elle a décidé que les cadres de la marine à vapeur de l'état se composeraient de 70 bâtimens, savoir: 5 frégates à vapeur de 540 chevaux et 15 de 450 ; 20 corvettes de 320 à 220 chevaux et 30 bateaux de 160 chevaux et au-dessous employés comme paquebots ou affectés à quelques services locaux dans les ports et les colonies. Ces derniers existaient déjà au moment de l'ordonnance et on comptait alors posséder à la fin de 1842, tant à la mer que sur les chantiers, 2 frégates de 540 chevaux, 5 de 450,

4 corvette de 320 et 9 de 220. Il resterait encore à construire, pour compléter le cadre, 3 frégates de 540 chevaux, 10 de 450 et 10 corvettes de 220.

Le plus grand bateau à vapeur que possède la marine royale d'Angleterre a été lancé à Leith (Ecosse) le 20 mai 1841. Son port est de 1940 tonneaux; il a 73 m. 50 de longueur et 9 m. de largeur : il est pourvu de deux machines de 225 chevaux chacune. Il peut porter cent passagers et 74 canons à la Paixhans du calibre de 84 livres (42 kilog.) de balles.

C'est un problème encore non résolu que celui des avantages que semblent présenter les bateaux à vapeur d'une grande force : quelques personnes éclairées craignent que l'on n'aille trop loin dans cette voie, et elles comparent ces prodigieuses machines aux énormes canons que l'on fabriqua peu de temps après l'invention de la poudre et que l'on dut abandonner depuis pour revenir à des pièces d'un calibre beaucoup plus modéré.

Les bateaux à vapeur dans notre pays sont soumis à la fois aux lois et réglemens administratifs applicables aux chaudières et machines à vapeur et à ceux concernant les entreprises de transports publics et de navigation : lors du jaugeage, la machine, le combustible pour un voyage et les agrès, sont compris dans le tirant d'eau à vide. Leurs appareils sont assujettis à quelques prescriptions particulières plus rigoureuses que celles établies pour les machines fixes : ainsi l'emploi de chaudières et bouilleurs en fonte y est absolument interdit : ils ne peuvent être qu'en tôle de fer ou de cuivre, ils sont éprouvés, par la presse hydraulique, à une pression triple de celle à laquelle ils doivent travailler habituellement. Toutefois les chaudières qui présentent des surfaces planes ne sont éprouvées qu'à une pression double. Les cylindres à vapeur et leurs enveloppes, dans les machines à basse-pression destinées aux bateaux, sont éprouvés comme s'ils étaient destinés à des machines à haute-pression.

BATIMENT. Les bâtimens dans lesquels on établit des machines à vapeur doivent être solidement construits. Dans les pays où l'on a l'habitude de construire les murs en pans de bois, les beffrois ou massifs qui supportent la machine doivent être tout à fait indépendans de ces murs; car les vibrations continues les détruiraient promptement en détachant toute la maçonnerie de remplissage.

La chambre dans laquelle est enfermée la machine doit être élevée et bien éclairée par de larges fenêtres que l'on place, autant que possible, aux deux extrémités. Cette disposition, recommandée par tous les bons constructeurs, a l'avantage de présenter sous le jour le plus favorable la machine tout entière et les parties les plus importantes. Les soins de propreté y sont rendus plus faciles pour les mécaniciens, et le maître peut toujours s'assurer promptement et d'un seul coup-d'œil s'ils sont remplis. Ordinairement dans la chambre de la machine se trouve un l'escalier régnant le long du mur qui supporte l'arbre du volant et par lequel on monte jusqu'au niveau de son palier. Il est bon d'avoir une porte communiquant directement de cette chambre dans l'atelier que fait mouvoir la machine.

BATIS. Ensemble des pièces en bois, en fer ou en fonte qui servent à relier et à maintenir dans leurs positions respectives toutes les parties d'une machine à vapeur.

Dans les machines fixes, le bâtis se compose de colonnes reliées entre elles et aux cylindres, soutenues par la plaque de fondation et supportant l'entablement qui reçoit le balancier. On en voit un exemple *planche X*.

Dans les machines locomotives, le bâtis se compose du cadre ou châssis qui repose sur les roues, et des étriers en fer, tirans, etc., qui relient le corps de la machine à ce cadre.

Dans les machines de bateaux, on retrouve, comme dans les machines fixes, la plaque de fondation, le balancier qui nécessite un entablement pour supporter son palier, et toutes les autres pièces qui ont besoin d'être reliées entre elles et sont dans des positions analogues. Le bâtis d'une machine de navigation ressemble donc beaucoup à celui d'une machine fixe. Seulement comme la base sur laquelle reposent ses diverses parties est mobile, elles doivent être reliées encore plus solidement entre elles et n'être sujettes par elles-mêmes à aucune déformation. Sur les bateaux de mer les efforts latéraux auxquels sont soumis les bâtis sont considérables. On peut voir dans la *planche III* un exemple de bâtis pour les fortes machines de navigation : il a été emprunté en partie aux Anglais et appliqué par MM. Schneider du Creuzot aux bateaux de 450 chevaux qu'ils construisent pour le compte de l'état. Ils se composent de deux flasques en fonte de forme gothique et reliées par des traverses. Ces traverses sont en fonte et en fer. Celles de fonte sont destinées à empêcher le rapprochement des flasques, et celles en fer agissent comme boulons pour s'opposer à leur écartement.

J'ai déjà eu occasion de dire (*Voyez* BALANCIER) que, dans les bateaux américains, les supports du balancier sont placés au-dessus du pont dans une position très élevée *(Planche II)*. Ces sup-

ports sont formés d'un assemblage de pièces de charpente consti-
tuant un véritable beffroi, auquel sont reliés le cylindre à vapeur,
l'arbre des roues et les autres pièces de l'appareil.

Dans les machines à cylindres horizontaux, la suppression du balancier simplifie singulièrement la construction du bâtis.

BATTE. Espèce de pioche en bois pour bourrer le sable sous les
traverses et longrines qui supportent les rails des chemins de fer.
C'est avec ces battes que l'on achève de consolider tout le système
et de régler définitivement sa hauteur, après que les rails ont été
fixés dans les coussinets.

BÉDANNE. Espèce de burin dont le taillant est perpendiculaire au
plat de l'outil et par conséquent très étroit. Il sert à enlever les copeaux épais et étroits.

BEFFROI. Assemblage de pièces de charpente destiné à soutenir
des poids considérables, tels qu'une machine à vapeur, un moulage
de moulin, etc. Ce n'est qu'à la dernière extrémité que l'on se décide à remplacer les massifs en maçonnerie par des beffrois pour
supporter les machines à vapeur ; car les constructions en bois travaillant toujours beaucoup sous l'influence des mouvemens de la machine, leur dérangement nuit à la régularité du jeu et à la pose de
ses diverses pièces, et absorbe en pure perte une notable partie de
la force.

BÉNÉFICE DE L'ENTREPRENEUR. Toutes les fois que l'on procède
à l'estimation de travaux à exécuter, on suppose qu'ils seront adjugés à un ou plusieurs entrepreneurs qui s'en chargeront moyennant le remboursement des frais que nécessitera de leur part
l'exécution. Comme toute peine mérite salaire, les ingénieurs sont
dans l'usage d'ajouter à chacun des prix, qui représentent la dépense
probable brute ou effective, une certaine somme à titre de bénéfice
pour l'entrepreneur. Cette somme qui doit récompenser l'entrepreneur de ses soins et peines, et couvrir l'intérêt de ses avances et les
risques auxquels il s'expose, est ordinairement le dixième des prix
primitifs.

BÉQUILLES. Tiges articulées armées de petites griffes ou pattes
qui leur permettent de prendre un point d'appui solide sur le sol. Ces
béquilles, au nombre de deux, mises en mouvement alternativement
par le jeu de la vapeur, étaient destinées à agir à la façon des jambes
de l'homme pour faire avancer une locomotive sur les rails d'un
chemin de fer. Elles furent inventées et mises en usage en Angleterre à l'époque où l'on supposait que l'adhérence des roues sur les
rails n'était pas suffisante pour que la locomotive pût avancer d'elle-

même et sans autre secours. Mais depuis que le fait de cette adhérence a été constaté, on a renoncé à tous les moyens artificiels de se procurer des points d'appui, et les béquilles ont été mises de côté.

BERGE. Ce mot dans son acception originale signifie talus escarpé. Il s'applique aux pentes rapides qui rachètent les différences de niveau entre un plateau élevé et une vallée basse, aussi bien qu'aux escarpemens qui bordent les rivières, dont la surface habituelle des eaux est notablement inférieure au niveau de la plaine qui forme le fond de la vallée. On a étendu ce mot aux talus des fossés creusés de mains d'hommes ainsi qu'aux talus des chemins de toute espèce. Par corruption on donne quelquefois le nom de berge au bord même de ces talus ou à la bande de la route qui leur est contiguë et que les voitures ne parcourent pas habituellement ; mais c'est une erreur. Le bord d'un talus n'est pas la berge elle-même, il n'en est que la crête. Quant à la portion du chemin comprise entre la voie habituelle des voitures et le bord du talus, le seul nom qui lui appartienne est celui d'accotement.

BERLINES. Ce sont les voitures les plus légères, les plus commodes et les plus élégantes employées sur les chemins de fer au transport des voyageurs. Elles peuvent avoir différentes dimensions et se distinguent principalement par le nombre des caisses dont elles se composent. Le plus grand nombre est à trois ou quatre caisses. Chacun des banquettes peut ordinairement recevoir quatre voyageurs. On donne le nom de *coupés* aux caisses à une seule banquette.

La disposition générale des berlines n'offre rien qui s'écarte notablement de la forme des diligences ordinaires. La combinaison des tampons et ressorts, destinés à recevoir et à amortir les chocs des voitures entre lesquelles elles sont placées, est seulement faite avec plus de soin. On en voit un exemple dans la *planche XII*, qui représente le plan de la moitié du cadre sur lequel reposerait une berline à trois caisses pour vingt-quatre places intérieures.

BÉTON. Espèce de maçonnerie, ou plutôt de mortier, dans lequel on ajoute une certaine quantité de petites pierres cassées ou cailloux que l'on mêle ensemble. Le mortier dont on se sert dans la fabrication du béton est ordinairement composé avec de la chaux hydraulique, qui a la propriété de durcir promptement dans l'eau. Le béton est fréquemment employé dans la fondation des ouvrages hydrauliques et dans les chapes de ponts pour préserver la voûte des infiltrations. Il a l'avantage de se prêter à toutes sortes de formes, de bien préparer et de consolider le plan sur lequel on élève les constructions destinées à supporter un grand poids. Il est fréquemment utilisé dans la fondation des fourneaux et cheminées de machines à vapeur et pour les plates-formes sur lesquelles on élève le massif des cylindres et des principales pièces de la machine. Lorsque l'on doit établir une construction importante sur un fond peu solide, tel que de la vase, de la tourbe, dont la trop grande épaisseur ne permet pas de pénétrer jusqu'au terrain incompressible, lorsqu'il faut jeter un pont sur une rivière dont le fond sablonneux est facilement affouillé par les eaux, on commence par consolider le sol naturel au moyen d'un sol artificiel, ou radier général en béton. L'épaisseur et l'étendue du radier doivent être calculées en raison de la compressibilité ou du peu de ténacité du sol, et de la masse des ouvrages qu'il doit supporter.

BIAIS (Pont). Celui dont l'axe se présente obliquement par rapport au cours d'eau ou au chemin qu'il s'agit de franchir. Les ponts biais étant d'une exécution plus difficile que les autres, on les évite autant que possible ; aussi en voit-on peu d'exemples sur les canaux et les routes ordinaires. Mais les chemins de fer, ne pouvant pas se prêter comme les autres voies de communication à des inflexions de tracé brusques et multipliées, donnent lieu à des ponts biais fréquens.

BIELLES. Fortes tiges ou leviers qui, en agissant sur une manivelle ou un excentrique, communiquent à une roue un mouvement de rotation. Dans les machines à vapeur les bielles sont un élément indispensable du mécanisme qui sert à transformer le mouvement de va et vient du piston en un mouvement de rotation pour les autres pièces. Souvent même la bielle constitue à elle seule tout le mécanisme par lequel s'opère cette transformation. Ainsi dans une machine locomotive, la tige du piston de chacun des deux cylindres se divise en deux parties : l'une Y (*Planche VII*) assez courte forme la tige proprement dite, elle est solidaire avec le piston et l'accompagne dans son mouvement rectiligne de va et vient ; la seconde portion XX de la tige forme la bielle, elle est fixée au bout de la première par une articulation, et son extrémité est liée par une autre articulation à la manivelle de l'essieu coudé. Lorsque le piston, par le jeu alternatif de la vapeur dans le cylindre, prend un mouvement de va et vient, sa tige marche avec lui et entraîne la bielle : celle-ci, à son tour, communique le mouvement à la manivelle. Mais la manivelle ne peut prendre qu'un mouvement de rotation autour de son axe, tandis que le mouvement qui lui est communiqué par la tige du piston est rectiligne. C'est ici que les articulations, par lesquelles la bielle est unie à la manivelle et à la tige du piston, produisent leur effet. Elles permettent à la bielle de prendre un mouvement oscillatoire qui participe à la fois du mouvement de rotation et du mouvement rectiligne, et par l'intermédiaire duquel se fait la transformation de l'un en l'autre. Cette disposition de la bielle est adoptée toutes les fois que le cylindre de la machine est horizontal ou fortement incliné.

Lorsque le cylindre est vertical, voici comment les choses se passent ordinairement. La tige du piston est liée à un balancier m' (*Planche X*) par une première bielle α, que l'on appelle bras du piston. La grande bielle s', est fixée à l'autre extrémité du balancier par une articulation et communique à la manivelle u' du volant le mouvement de rotation, de la manière qui a été dite ci-dessus. Lorsque le balancier, au lieu d'être placé au dessus du corps de la machine, se trouve dans le bas, la bielle, qui transmet au balancier le mouvement de la tige du piston, se nomme *bielle-pendante*. C'est le cas de la machine de bateau représentée *planche III : bb* est une bielle-pendante. On appelle *machines à bielles-pendantes* ou *à traverse*, celles où le parallélogramme est supprimé et remplacé par un système de guides, bien qu'elles aient un balancier. Cependant ce nom est plus spécialement réservé à des machines à cylindres verticaux sans balancier et dont les bielles s'articulent directement avec la traverse supérieure qui maintient les guides de la tige du piston. Ce dernier système est très communément employé sur les bateaux américains. Il participe à l'un des avantages que présentent les machines à cylindre horizontal et qui est de diminuer le nombre des pièces du mécanisme servant à la transmission du mouvement. La suppression du balancier est fort utile toutes les fois que l'on est gêné par le défaut d'espace, comme dans les locomotives, et quelquefois dans les bateaux à vapeur.

BILLE. Mot employé par les Belges comme synonyme de *traverse* dans les chemins de fer et que l'on commence à vouloir introduire dans la langue française dans le même sens. C'est encore un de ces emprunts malheureux que rien ne justifie et qui ne servent qu'à compliquer inutilement le vocabulaire des travaux publics.

BOIS. Dans les machines à vapeur et les chemins de fer, le bois est employé comme combustible et comme élément de construction. Le combustible à peu près exclusivement en usage en France pour la production de la vapeur est la houille. Mais dans d'autres contrées et notamment dans l'Amérique, le bon marché du bois permet de l'utiliser en concurrence avec les autres combustibles pour le chauffage des chaudières : la puissance calorifique du bois est moindre que celle de la houille. Un kilogramme de houille donne 6 à 7,000 calories, et le même poids de bois n'en donne que la moitié. Un des inconvénients du bois, employé comme combustible dans le foyer des locomotives, est la grande quantité d'étincelles qu'il donne et qui sont projetées par la cheminée. Il paraît cependant qu'à l'aide d'un appareil particulier on est parvenu récemment à obvier à cet inconvénient sans nuire à l'énergie du tirage.

Envisagé comme matière de construction, le bois est employé dans les locomotives pour former le cadre ou châssis sur lequel repose tout le corps de la machine, et pour couvrir la chaudière d'une chemise qui la préserve du contact de l'air extérieur et s'oppose à la déperdition d'une notable partie de la chaleur. L'essence que l'on préfère pour le chassis est le bois de frêne, bien sain, compacte et liant. Les douves longitudinales qui entourent la chaudière se font en chêne.

L'élasticité du bois le rend peu propre à entrer dans la composition des massifs sur lesquels reposent les machines fixes. Autant que possible les pièces principales du bâtis reposent sur des ouvrages en maçonnerie solide. Quelques constructeurs placent, entre la plaque de fondation et le massif de maçonnerie sur lequel elle est fixée, un plateau en bois formé de forts madriers.

La cherté de la fonte, aux États-Unis, et son poids énorme, ont engagé les constructeurs des machines destinées aux bateaux à vapeur de ce pays, à lui substituer le bois et le fer forgé, dans le bâtis et dans quelques-unes des grandes pièces du mécanisme. Ce système, joint à l'emploi de la vapeur à haute pression, n'a pas peu contribué à alléger les bateaux et à leur permettre de prendre une marche rapide, et de transporter, proportionnellement à leurs dimensions, une plus grande quantité de voyageurs et de marchandises que les bateaux du système anglais.

Indépendamment de son usage dans les travaux ordinaires de charpente, le bois est employé dans la construction des chemins de fer, à l'état de traverses et de longrines pour la pose de la voie. Les deux essences que l'on choisit généralement pour cet objet sont le sapin et le chêne. Le premier est moins cher, mais il dure moins longtemps. D'ailleurs, dans tous les cas, la consommation en est considérable, et il est vivement à désirer de voir réussir les procédés dont quelques savans se sont occupés pour la conservation des bois. Il a été fait à cet égard de fort belles expériences, et parmi celles-ci il est juste de citer en première ligne celles du docteur Boucherie. Son procédé consiste à injecter l'intérieur des bois d'une matière qui les préserve de la carie et en même temps les fortifie : tels sont les sels métalliques. Pour cela M. Boucherie profite du mouvement ascensionnel de la sève en faisant au pied de l'arbre une incision avant qu'il ne soit complétement abattu, et en faisant plonger l'incision dans un bain de la matière qu'il veut injecter dans le corps de l'arbre. Un autre procédé, antérieur à celui du docteur Boucherie et dû à un Anglais, M. Kean, consiste à plonger les pièces de bois dans un bain chaud de sublimé corrosif qui pénètre leurs pores. Tous les autres procédés connus se rapprochent plus ou moins de ce dernier. Mais il n'en est encore aucun pour lequel le temps ait suffisamment appris si l'on devait avoir confiance dans leurs résultats, et les employer sur une grande échelle.

BOITE A ÉTOUPES. Depuis le moment de sa formation dans la chaudière d'une machine, jusqu'à sa sortie du cylindre où elle produit son effet sur le piston, la vapeur passe dans différens récipiens qui doivent être hermétiquement fermés pour ne donner lieu à aucune fuite. Tels sont les régulateurs, les tiroirs et enfin les cylindres proprement dits. Cependant, dans sa marche, la vapeur met en jeu les diverses parties du mécanisme, et celles-ci communiquent entre elles par le mouvement alternatif de pistons de diverses formes dont les tiges sortent en dehors de ces récipiens. Il est donc de la plus haute importance que les douilles ou manchons à travers lesquels passent ces tiges ne laissent à la vapeur aucune issue. Quelles que soient les précautions et l'habileté des constructeurs, il est difficile d'obtenir entre la partie fixe et la partie mobile un ajustement parfait, si les surfaces sont uniquement métalliques. D'ailleurs, lorsqu'elles sont usées par le frottement, elles laissent s'établir entre elles un certain jeu. Le moyen le plus simple et le plus économique pour remédier à ces inconvéniens est l'emploi des boîtes à étoupes : et elles se trouvent dans toutes les parties de la machine. On les voit très nettement dans la *planche XI* au passage des tiges des tiroirs *bb*, du piston à vapeur A et de celui de la pompe à air *t, t'*. Prenons pour exemple la boîte à étoupes *l l* de la pompe à air. Elle se compose de deux rondelles métalliques unies entre elles au moyen de vis et écrous, et fixées sur le plateau à travers lequel passe la tige du piston. Ces deux rondelles laissent entre elles un certain espace que l'on remplit d'étoupes de chanvre fines et douces, et de belle qualité : c'est contre cette étoupe qu'a lieu le frottement de la tige du piston. Les étoupes doivent être parfaitement propres et exemptes de poussière, parce que les moindres cailloux ou matières dures qui s'y trouveraient, rayeraient et useraient rapidement les tiges des pistons et livreraient passage à l'air à travers la boîte. Il en serait de même si l'étoupe était dure. Pour employer l'étoupe, on la tord et on la frotte de suif; on la serre à plusieurs reprises au moyen des écrous pour la tasser, jusqu'à ce qu'elle soit fortement serrée et que la boîte soit complétement pleine. Il faut de temps en temps resserrer les écrous ou même ajouter de nouvelle étoupe à cause du tassement qui se produit pendant le travail de la machine. Si l'étoupe n'est pas suffisamment graissée, le frottement de la tige suffit pour la brûler en dégageant une épaisse fumée. Il faut alors desserrer les écrous et introduire du suif dans la boîte à étoupes jusqu'à ce que la combustion soit arrêtée. Si l'étoupe était brûlée au charbonnée, il ne faudrait pas hésiter à la remplacer immédiatement. C'est au reste ce que l'on doit faire assez fréquemment, et aussitôt que l'on s'aperçoit qu'en rechargeant une boîte à étoupes et en la resserrant on ne peut pas empêcher l'air de pénétrer le long de la tige du piston.

Les boîtes à étoupes sont également employées dans les pompes qui fournissent à la machine l'eau nécessaire pour l'alimentation de la chaudière et du condenseur.

BOITE A FEU. Nom sous lequel on désigne souvent le foyer dans les machines locomotives. Il est placé à l'arrière de la chaudière et complétement entouré d'eau, excepté sur la portion de la face de derrière dans laquelle est pratiquée la porte par laquelle on introduit le combustible, et sur la face inférieure qui est ouverte et reçoit la grille. La *Planche VII*, en montre une coupe faite dans ce sens de la longueur de la chaudière. On remarquera que le courant d'air qui arrive sous la grille est guidé par le cendrier, espèce de caisse en tôle C, C, ouverte seulement à l'avant. Cette disposition particulière n'a pas été reproduite par tous les constructeurs. On ne la retrouve pas dans les machines de Stephenson, dont la figure placée à la fin de cet article montre une coupe transversale.

Cette coupe fait voir distinctement la double paroi latérale de la boîte à feu, pleine d'eau et maintenue par des rivets. Les points noirs entourés d'un petit cercle et placés dans la partie supérieure de la boîte à feu sont les orifices des tubes conducteurs de la fumée. De fortes armatures en fer consolident la paroi supérieure, au-dessus de laquelle on aperçoit la coupe de la chambre de vapeur surmontée du dôme dans lequel se fait la prise de vapeur pour les cylindres. A droite et à gauche de la boîte à feu se trouvent, dans le bas, les robinets de vidange pour le nettoyage de la chaudière,

et à moitié de la hauteur, les étriers par lesquels la chaudière repose sur le cadre ou châssis extérieur de la locomotive.

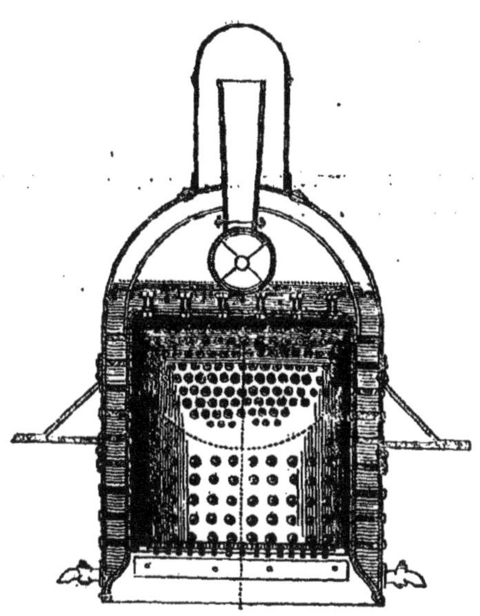

BOITE A FUMÉE. Espace fermé, placé à l'avant de la chaudière
de la machine locomotive, et dans lequel viennent aboutir les tubes
qui portent à la cheminée les gaz produits par la combustion. La
forme de la boîte à fumée (Voir la figure ci-contre, page 79) est
semblable à celle de la boîte à feu.

A droite et à gauche, dans sa partie inférieure, se trouvent les
cylindres de la machine. Ils sont ainsi protégés contre la déperdition de chaleur et la condensation de la vapeur, qui occasionneraient
une grande perte de force si les cylindres étaient continuellement
refroidis par un contact immédiat avec l'air extérieur.

C'est dans la boîte à fumée que se trouvent également les tiroirs
qui distribuent la vapeur aux cylindres, ainsi que les tuyaux qui
amènent cette vapeur aux tiroirs, et ceux qui la reçoivent à sa sortie
pour l'envoyer dans la cheminée. Les tuyaux d'arrivée sont recourbés de chaque côté afin d'éviter de passer devant les orifices des

tubes du foyer. Cette précaution est indispensable, tant pour permettre l'approche des tubes, quand on a besoin de les visiter et de les réparer, que pour éviter de briser le courant d'air qui active la combustion, et surtout parce que les tuyaux de vapeur, mis en contact direct avec les gaz sortant du foyer à une haute température seraient rapidement détruits. La même précaution n'est pas nécessaire pour la tuyère de sortie de la vapeur, qui est seule, et placée assez loin en avant, vis-à-vis le milieu de la plaque de fond de la chaudière. Cette tuyère est unie aux deux boîtes à vapeur des cylindres par ses culottes, et aboutit dans la cheminée. La cheminée est solidement fixée à la partie supérieure de la boîte à fumée par des boulons; elle est munie d'un registre tournant, semblable à nos clefs de tuyaux de poèles, que l'on ouvre et ferme à volonté pour régler le tirage.

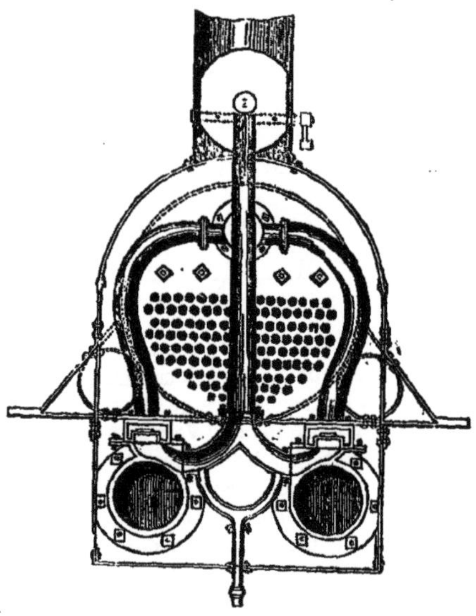

BOITE A GRAISSE. Nom générique des petits godets ou récipiens dans lesquels on verse l'huile ou la graisse destinées à adoucir les mouvemens des articulations et autres pièces mobiles des machines.

Les plus remarquables sont les coussinets qui reçoivent les essieux des roues de toutes les voitures sur les chemins de fer. Sur ces nouvelles voies les roues ne tournent pas autour des essieux comme dans les voitures destinées aux routes ordinaires. Les essieux et les roues sont solidaires, et ce sont par conséquent les essieux qui supportent tout le frottement dans les coussinets par l'intermédiaire desquels le corps de la voiture repose sur eux. Ce frottement énorme ne tarderait pas à user rapidement les essieux et leurs coussinets, et à occasionner les plus graves accidens si l'on n'avait pas soin de l'adoucir en entretenant continuellement sur les surfaces, en contact, une certaine quantité de matière grasse. Tel est le but des boîtes à graisse, dont la figure A ci-dessous montre la coupe en long, et la figure B, la coupe en travers.

FIG. A.   FIG. B.

Le coussinet se compose de deux parties ou mâchoires bien ajustées entre elles autour de l'essieu, sans être cependant serrées au point d'empêcher celui-ci de tourner librement. La mâchoire d'en haut porte à sa partie supérieure une cavité qui communique à l'intérieur jusqu'à l'essieu par le moyen de deux petits conduits ou lumières. La cavité supérieure contient de l'huile ou toute autre espèce de corps gras rendu facilement fluide par la chaleur que développe le frottement de l'essieu dans le coussinet. Deux mèches de coton qui plongent dans l'huile remplissent ces petits conduits et forment siphon en alimentant constamment et d'une manière économique le tourillon de l'essieu. Une plaque de métal recouvre la cavité de la boîte à graisse et empêche l'introduction de la poussière et des corps étrangers qui nuiraient à la fluidité de l'huile. C'est sur le centre de la boîte à graisse que vient s'appuyer la tige principale qui supporte les ressorts, sur lesquels sont montées les locomotives et les autres voitures des chemins de fer.

BOITE A VAPEUR. Espace dans lequel se rend la vapeur à sa sortie de la chaudière, avant et après son admission dans les cylindres. La quantité de vapeur que la chaudière peut envoyer dans cette boîte est réglée par un robinet. Sa distribution dans les cylindres et sa sortie, soit à l'air libre, soit dans le condenseur, suivant l'espèce de la machine, a lieu au moyen de régulateurs à soupapes ou à tiroirs (*Voyez* RÉGULATEUR et TIROIR) qui se meuvent dans les boîtes à vapeur.

BOMBEMENT. Courbure convexe d'une chaussée vue transversalement. Le bombement a pour but de rejeter à droite et à gauche, dans les fossés, les eaux pluviales qui, sans cette précaution, séjourneraient sur la chaussée, en ramolliraient le sol et y causeraient des dégradations. Le bombement doit être d'autant plus fort qu'une chaussée a moins de pente. Aussi, sur les chemins de fer, où les pentes sont généralement fort douces, est-il plus considérable que sur les routes ordinaires. Il est d'ailleurs sans inconvénient pour les voitures, car il n'empêche point de poser les deux rails de la voie à la même hauteur. Tandis que sur les routes ordinaires, l'effet du bombement est de faire pencher toute voiture qui n'est pas placée précisément au milieu de la chaussée; ce qui n'est pas sans danger, lorsque la vitesse est un peu forte.

BORDEREAU DE PIÈCES. Liste nominative et certifiée des pièces dont se compose le dossier d'une affaire. Les pièces souvent nombreuses qui forment un dossier, en rendent la recherche difficile. Elles sont exposées à s'égarer en passant de mains en mains, lorsqu'elles doivent être l'objet de communications. Depuis longtemps, l'usage s'est introduit dans les administrations publiques d'accompagner toute espèce de dossier d'un bordereau de pièces, dans lequel celles-ci sont classées par leur nom et par numéro. Cet usage a été adopté dans les usines et les compagnies des chemins de fer; on peut dire qu'il est général et qu'il n'est pas un particulier qui ne doive également l'appliquer aux affaires dont il s'occupe.

BORDEREAU DE PRIX. Liste des prix de chaque nature d'ouvrages à exécuter, par exemple du mètre cube de terrassemens, de maçonnerie, de charpente, de la tonne de fer, de fonte, etc. Les adjudications peuvent se faire sur un bordereau de prix qui sert de base au rabais. C'est la méthode presque exclusivement usitée dans les travaux du génie militaire : on l'emploie moins souvent dans ceux des ponts-et-chaussées.

BORNAGE. Voyez ABORNEMENT. Ces deux mots sont synonymes.

BORNES. Il y a dans les chemins de fer deux espèces de bornes : les bornes *limites* et les bornes *milliaires*.

5..

Les bornes limites sont des pierres ou autres objets plantés en terre, qui servent à indiquer le périmètre de la surface occupée par le chemin de fer et ses dépendances, en vertu de l'application, qui a été faite à son profit, de la loi sur l'expropriation pour cause d'utilité publique.

Les bornes milliaires servent à marquer la distance du point de départ aux divers points de la ligne. Ces bornes sont souvent de simples poteaux en bois. En France on s'est contenté jusqu'à ce jour de les placer de mille en mille mètres, et d'y inscrire un chiffre indiquant la distance du point de départ en kilomètres. En Angleterre, les indications placées sur les bornes sont beaucoup plus complètes; elles donnent la distance du point de départ et la distance du point d'arrivée, dont les noms sont indiqués par des initiales : ces distances sont comptées en milles anglais. D'autres bornes ou piquets font connaître en chiffres les diverses inclinaisons du chemin. Cette inclinaison étant toujours fractionnaire, la position de la barre qui sépare le numérateur du dénominateur, indique le sens de la pente. Ces indications, en même temps qu'elles sont agréables aux voyageurs, sont fort utiles au mécanicien qui gouverne la locomotive.

Il est impossible que ces perfectionnemens dans les indications et d'autres encore, ne se répandent pas dans notre pays à mesure que les chemins de fer s'y multiplieront.

Bouchon. Il arrive souvent dans les chaudières tubulaires qu'un des tubes conducteurs de la fumée et des gaz brûlés se crève. On en est promptement prévenu par l'eau qui se répand dans le foyer et l'éteint. On peut provisoirement obvier à cet inconvénient en bouchant l'orifice du tube avec un tampon en bois. La machine alors continue son service avec un tube de moins. Le bouchon étant en contact avec l'eau de la chaudière ne risque pas de se brûler. On peut employer le même procédé lorsqu'il ne s'agit que de deux ou trois tubes; mais si un plus grand nombre était hors de service, il ne faudrait pas hésiter à suspendre le travail de la machine pour remplacer les tubes; car la puissance d'évaporation étant considérablement diminuée, on userait du combustible en pure perte. D'ailleurs cet état de choses annoncerait une usure générale qui nécessite une visite à fond, et peut-être le remplacement de tous les tubes.

On donne encore le nom de bouchon à une espèce de rondelle fusible en plomb qui se place au centre du couvercle intérieur de la boîte à feu dans les locomotives. Ce bouchon a pour but de faire connaître si l'eau est toujours entretenue dans la chaudière à une hauteur suffisante pour que le couvercle de la boîte intérieure en soit couvert. Si l'eau baissait assez pour laisser la plaque à découvert, le bouchon fondrait par la chaleur et ouvrirait à la vapeur une issue vers le foyer qui éteindrait le feu. Cette précaution est essentielle pour empêcher cette paroi, directement exposée à l'action de la flamme, de rougir, de se brûler et de devenir une source d'accidens.

BOUDIN. On désigne par ce nom une saillie en forme de rebord arrondi : tel est le rebord qui entoure la jante d'une roue de voiture de chemin de fer et l'empêche de quitter le rail.

Un gros fil de fer ou de laiton s'appelle aussi un boudin. Si on le tourne en hélice, il tend à conserver cette forme, et, quand on le presse, la force avec laquelle l'hélice résiste à l'aplatissement peut être utilisée comme ressort. C'est ce qu'on appelle un *ressort à boudin*; il est employé pour comprimer les soupapes de sûreté des chaudières. Il est facile de régler par l'observation à quels poids correspondent les divers degrés de compression du boudin, et construire ainsi une échelle graduée. En lisant sur cette échelle graduée la quantité dont le ressort est descendu, on connaîtra le poids dont la soupape est chargée, et on réglera à volonté la pression dans la chaudière. (*Voyez* BALANCE).

BOUILLEURS. Tubes cylindriques que l'on place dans le foyer d'une chaudière cylindrique parallèlement à sa direction générale, et qui communiquent avec elles par l'intermédiaire de tubes verticaux ou légèrement inclinés, que l'on appelle les culottes des bouilleurs. Les bouilleurs sont en tôle ou en cuivre, et assez larges pour que l'on puisse les nettoyer et les visiter facilement. Il faut qu'un enfant puisse y entrer au besoin; et pour cela, il est bon de leur donner au moins 40 centimètres de diamètre. Les bouilleurs obvient à l'inconvénient que présentent les chaudières cylindriques de produire moins de vapeur, à surface égale, que les chaudières à fond plat, et de consommer, par conséquent, plus de combustible pour la même quantité de vapeur produite. En outre, étant seuls exposés à l'action directe du feu, ils ont l'avantage d'éviter les réparations des chaudières cylindriques, opérations longues, dispendieuses, et qui nécessitent toujours le démontage du fourneau. Les réparations à faire aux bouilleurs n'exigent au contraire le démontage d'aucune partie essentielle, car on peut les approcher facilement par l'intérieur du foyer. C'est pourquoi les bons constructeurs recommandent de ne pas river les culottes des bouilleurs aux chaudières d'une manière fixe : il vaut beaucoup mieux les assembler au moyen d'une tubulure entrant à queue d'hironde dans celle de la chaudière, et lutée avec du mastic de fonte ou par tout autre. Les bouilleurs, en préservant la chaudière de l'action directe du feu, en annulent la plupart des fâcheux effets sur celle-ci et permettent de la construire en fonte. On est obligé d'employer la tôle de fer ou de cuivre pour les parois des générateurs qui sont en contact direct avec la flamme du foyer, parce que la fonte ne résiste pas au coup de feu, et que d'ailleurs les chaudières en fontes sont plus dispendieuses que celles en tôle. Cependant la fonte est d'un bien meilleur usage, lorsqu'on place la chaudière sur une voûte en briques qui la protége contre la flamme et que l'on a soin de ne pas laisser le fourneau se dégrader.

On ne peut songer à faire avec succès les bouilleurs en fonte. Ils seraient trop exposés à des ruptures, surtout quand on leur donne un grand diamètre. D'ailleurs le but que l'on se propose étant d'obtenir l'ébullition la plus rapide et la plus énergique, l'effet serait manqué par l'emploi de la fonte, qui se prête moins facilement que la tôle à la transmission du calorique. Il n'y a pas de mal à donner aux bouilleurs deux culottes lorsque la chaudière a une certaine longueur : le renouvellement de l'eau s'y effectuant plus rapidement, l'ébullition et la production de vapeur ne peuvent qu'y gagner. On conçoit que si les bouilleurs étaient en fonte, l'adoption de deux culottes ne serait pas possible, à cause des ruptures qui seraient la conséquence de la dilatation. On met le plus souvent deux bouilleurs CC (*Planche* V) aux chaudières cylindriques des machines dont la force ne dépasse pas 15 à 20 chevaux. Au-delà de cette limite, on en emploie ordinairement trois. Deux d'entre eux sont placés à la même hauteur et le plus bas possible dans le foyer; le troisième bouilleur est au milieu des deux autres et un peu plus élevé.

Avant de poser les bouilleurs, on laisse la maçonnerie du fourneau opérer son tassement, pour que la chaudière soit dans une position invariable. On met ensuite les bouilleurs en place. Leur queue ou partie postérieure (*Planches IV* et *V*) repose sur un support de fer *b* en forme de croissant. Ce support porte lui-même sur le sol du conduit qui passe sous les bouilleurs. La partie antérieure ou tête du bouilleur vient affleurer la paroi extérieure du fourneau et repose sur une barre de fer ou de fonte *e* que l'on place, autant que possible, derrière le châssis de la porte du foyer, pour que le feu ne le brûle pas. On ajuste ensuite la culotte E du bouilleur bien au milieu de la tubulure de la chaudière, au moyen de cales que l'on retire ensuite pour procéder à l'opération du masticage. Enfin on achève de rendre le bouilleur et la chaudière bien solidaires, par deux traverses *f,g* placées l'une dans la chaudière, l'autre dans le bouilleur, et réunies par un gros boulon *h* que l'on serre fortement en dedans. Cette précaution a pour but d'empêcher le mastic de supporter tout l'effort qui tend à faire descendre le bouilleur sur ses étriers, surtout quand la queue d'hirondelle du collet n'est pas très prononcée ; car le bouilleur n'est pas seulement fixé en place par les appuis sur lesquels il repose : il est réellement suspendu à la chaudière par ses culottes. Lorsque la pose est achevée, on ferme les voûtes en briques qui s'élèvent au-dessus des bouilleurs, devant et derrière le fourneau.

Pour retirer les bouilleurs, on n'est pas obligé de démolir toute la maçonnerie : on se contente d'ouvrir les cintres, et le foyer étant ainsi à jour, les bouilleurs sont dégagés des deux côtés. Lorsqu'on veut les enlever, on commence par ôter les supports inférieurs en faisant porter le bouilleur sur des crics, et on procède au démasticage. Comme on fait ordinairement sortir le bouilleur par sa queue, il convient de réserver à l'arrière du fourneau un espace assez long pour que la manœuvre puisse se faire facilement. Les ouvertures que l'on ménage ainsi pour l'enlèvement des bouilleurs sont aussi fort utiles pour le nettoyage des carneaux.

La tête des bouilleurs est fermée par une plaque en fonte boulonnée *i*. La queue peut se terminer également par une surface plate mastiquée dans le corps du cylindre ou par une calotte sphérique.

Les accidens auxquels sont sujets les bouilleurs sont les mêmes que ceux qui attaquent les chaudières. Exposés sans cesse à l'action du feu, ils peuvent rougir à l'extérieur et se brûler, si le métal est très épais, ou si l'on n'a pas soin d'enlever fréquemment les dépôts terreux qui s'y accumulent d'autant plus rapidement que l'eau s'y renouvelle sans cesse et que les dépôts formés dans le corps de la chaudière y retombent en grande partie. La fréquence des accidens auxquels sont sujets les bouilleurs impose à tout propriétaire de machines la loi d'avoir au moins un ou deux de ces tubes en réserve, pour ne pas être obligé d'arrêter les travaux, pendant un temps précieux, lorsqu'il faut les retirer du fourneau pour les réparer.

BOULON. Espèce de gros clou en fer dont une des extrémités est taraudée en forme de vis pour recevoir un écrou. Les boulons servent à réunir ensemble deux pièces de bois ou de métal, ou une pièce de bois et une pièce de métal que l'on veut rendre parfaitement solidaires, comme si elles ne faisaient qu'un seul et même corps. Au lieu d'enfoncer le boulon à grands coups de marteau

comme un clou, on prépare d'avance le trou qui doit le recevoir.
Ce trou doit être assez large pour que le boulon puisse y entrer
sans effort et en frappant légèrement sur sa tête avec un marteau.
Lorsque le boulon est en place, on serre fortement son extrémité
au moyen d'un écrou, et les deux pièces, qu'il s'agit de réunir,
sont ainsi fixées invariablement, entre la tête du boulon et son écrou.

Bourse. Lieu public où l'on vend et achète les marchandises,
les effets publics et ceux du commerce, sous l'autorisation du gouvernement. La création ou la suppression des Bourses, suivant le
besoin des villes, appartient au gouvernement. Paris, Lyon, Marseille, Bordeaux, Toulouse, Nantes, Rouen et les principales villes
de commerce en possèdent. Les Bourses de Rouen et de Toulouse
ont existé avant celle de Paris, qui ne date que de 1724. Les transactions de la Bourse ne peuvent avoir lieu qu'à des heures déterminées, annoncées au son de la cloche et dans le local affecté à cet
effet. Il est expressément défendu de traiter des affaires de Bourse
en dehors du local qui leur est affecté, ou dans ce même local à
d'autres heures que celles indiquées par les ordonnances de police.
*Les transactions ne peuvent avoir lieu que par l'intermédiaire des
agens de change qui se réunissent, dans l'intérieur de la Bourse,
dans un lieu séparé, quoique placé à la vue du public et que l'on
nomme le parquet.* On sait combien toutes ces prescriptions sont
ouvertement et impunément violées chaque jour.

La Bourse de Paris a été construite aux frais des commerçans de
cette ville, au moyen d'un prélèvement sur les patentes : l'État n'a
donné que le terrain. On a réuni dans le même local le tribunal de
commerce et son greffe.

Boussole. On a profité de la propriété que possède l'aiguille
aimantée de se tourner vers le pôle magnétique pour construire un
instrument servant à faire connaître immédiatement la direction
d'une ligne tracée sur le globe. Cet instrument est la Boussole : elle
se compose d'un cercle dont la circonférence graduée est mobile autour de son centre : une alidade fixe marque le point où commencent les divisions. Le centre porte un petit pivot sur lequel est suspendue en équilibre une aiguille aimantée. L'utilité de la boussole,
pour la navigation, est trop connue pour que j'aie besoin de la rappeler ici.

La boussole a été appliquée avec non moins de succès au lever
des plans. En effet, supposons qu'un observateur envoie d'une
station donnée une série de rayons visuels aux divers points dont il
veut connaître la position ; il trace ainsi, par la pensée, autant de

lignes, et s'il est muni d'une boussole entourée de son cercle gradué et garnie de son alidade, il pourra, en dirigeant cette alidade vers ces divers points, connaître l'angle que forment avec le pôle magnétique les lignes imaginaires sur lesquelles ils sont situés. Pour achever de fixer la position des points, il suffira de mesurer leur distance au lieu de l'observation ou encore de les observer de la même manière en partant d'une autre station dont la position serait connue : l'intersection des rayons visuels, dirigés de ces deux stations sur un même point, fixe exactement sa position. Dans la pratique, on vérifie ordinairement les deux opérations l'une par l'autre, c'est-à-dire que l'on mesure les distances et que l'on détermine les angles par la boussole.

BOUTISSE. Pierre de taille dont la plus grande longueur est placée suivant l'épaisseur du mur : on n'en voit que le bout. Pour obtenir entre les différentes assises de la maçonnerie une bonne liaison, il convient de poser alternativement les pierres de tailles par *boutisses* et *panneresses*. Le même procédé s'emploie avec succès pour les moellons et les briques.

BRAS. Tige articulée qui unit la tige principale du piston ou du condenseur d'une machine à vapeur avec le balancier. Ce nom se donne encore à la tige principale de toute manivelle, servant à transmettre un mouvement d'une pièce à une autre dans une machine.

On appelle aussi bras, ou tirant, une forte tringle de fer ou de bois qui sert d'arc-boutant à l'une des pièces fixes d'une machine. Ainsi, dans une machine à vapeur fixe, le centre du balancier est quelquefois supporté par une colonne en fonte isolée : celle-ci est reliée aux cylindres par une tige en fer horizontale qu'on appelle le bras de la colonne.

Les rais d'une roue s'appellent aussi ses *bras*.

BREVETS D'INVENTION, DE PERFECTIONNEMENT, D'IMPORTATION. Le brevet d'*invention* est le privilège exclusif assuré, pour un temps limité, à celui qui veut exploiter une invention dont il est propriétaire. Le brevet de *perfectionnement* diffère du premier en ce qu'il suffit d'une amélioration notable à des procédés déjà connus, pour que le propriétaire de cette amélioration soit investi des mêmes privilèges que l'inventeur. Le brevet d'*importation* est délivré à celui qui importe de l'étranger une invention ou amélioration quelconque dans les arts, non encore connue en France.

Les brevets d'invention et de perfectionnement s'accordent pour une durée de cinq, dix ou quinze ans, selon la demande qui en est

faite à l'autorité par le pétitionnaire. Le droit à payer est de
300 francs dans le premier cas, 800 francs dans le second et
1500 francs dans le dernier, plus 50 francs pour frais d'expédition
du brevet. On peut ne payer que la moitié comptant et l'autre
moitié à six mois de date. La durée des brevets d'importation est
limitée par la durée même du brevet étranger dont ils émanent.

Toute demande de brevet doit être remise cachetée au secrétariat général de la préfecture du département où réside le pétitionnaire. La date de l'entrée en jouissance est fixée par celle du dépôt.
La demande doit être accompagnée de mémoires descriptifs, dessins
et modèles nécessaires pour la faire comprendre dans toutes ses parties. La dissimulation d'une partie quelconque des procédés et moyens
d'exécution est une cause de déchéance. Il y a lieu également à
déchéance lorsque le breveté, sans motifs valables, a laissé passer
deux ans sans exploiter son brevet, ou encore lorsqu'il est prouvé
que l'invention ou le perfectionnement, qui faisaient l'objet du brevet,
sont déjà consignés et décrits dans des ouvrages imprimés et publiés. Il est bon de savoir que le brevet délivré par l'autorité n'est
qu'une simple attestation et nullement une garantie de la réalité
et de l'utilité de la découverte. Quiconque dépose une demande et
paie le droit, est sûr d'obtenir un brevet.

Il est interdit aux personnes brevetées en France, sous peine de
déchéance, de prendre des brevets pour le même objet à l'étranger. Cette clause, par laquelle on a eu l'intention de conserver au
pays le monopole des inventions nées dans son sein, est facilement
éludée par les inventeurs. Toutes les fois qu'ils y trouvent leur
intérêt ils font prendre le brevet à l'étranger par une tierce personne ;
seulement, au lieu d'en tirer tout le profit qui devrait leur appartenir, ils sont obligés de partager avec l'intermédiaire que la loi
les a forcés de chercher.

Les actions concernant les brevets d'invention doivent, aux termes de la loi du 25 mai 1838, être portées, s'il s'agit de nullité ou
de déchéance des brevets, devant les tribunaux civils de première
instance, s'il s'agit de contrefaçon devant les tribunaux correc-
tionnels.

BRIDES. Bandes de fer ou de cuivre par lesquelles on soutient
et l'on rapproche des tuyaux. Les brides sont surtout employées dans
les machines à vapeur pour assurer la jonction des tuyaux dans
lesquels circule la vapeur. Ces tuyaux étant faits de plusieurs pièces,
l'extrême subtilité de la vapeur exige que l'on redouble de précautions aux points de jonction pour empêcher les fuites. Un simple

masticage ne suffirait pas, et c'est pourquoi on le renforce par des brides fortement serrées au moyen de boulons.

BRIQUES. Dans les pays où la pierre est rare et chère ou de mauvaise qualité, on supplée à son emploi dans les maçonneries par une espèce de pierre factice appelée brique. La brique se fait avec de l'argile broyée, délayée dans l'eau et réduite à l'état de pâte. On lui donne, dans des moules en bois, la forme voulue ; c'est ordinairement un prisme quadrangulaire de 20 à 25 centimètres de long sur 10 à 12 de largeur et 5 à 6 d'épaisseur. Dans cet état on la laisse sécher à l'air, puis on la cuit. La cuisson s'opère soit dans des fours, soit en plein air ; on cuit toujours plusieurs milliers de briques à la fois.

Les principes constituans de l'argile propre à la fabrication des briques, sont la silice et l'alumine. Ces deux élémens sont souvent mélangés avec d'autres corps étrangers tels que l'oxide de fer et les matières calcaires. La présence du calcaire rend les briques fusibles à une certaine température, d'autant moins élevée qu'il y est plus abondant. Celles de cette nature ne peuvent servir que pour des maçonneries qui ne sont pas exposées au feu, ou pour des foyers dont la chaleur n'a pas besoin d'être très intense ; mais elles doivent être rejetées de la construction des hauts fourneaux et foyers de forge et d'affinerie. Dans l'intérieur de ceux-ci on emploie les briques dites *réfractaires*, parce qu'elles ne peuvent pas se fondre par la chaleur.

BRONZE. Alliage de cuivre et d'étain : l'étain y entre dans la proportion de 8 à 14 pour 100 et communique au cuivre une grande dureté. Il est d'un très bon usage pour les grains de coussinets. Lorsque le bronze ne contient que 8 pour 100 d'étain, il est malléable.

BROUETTE. Espèce de petite voiture à bras à une ou à deux roues placées à l'avant et qu'un homme pousse devant lui pour la faire marcher. Les brouettes les plus communément employées sont à une seule roue. Elles servent dans les ateliers au transport des terres et matériaux pour les distances qui ne dépassent pas 90 à 100 mètres. Au-delà de ce terme il convient de leur préférer les voitures traînées par des chevaux comme étant plus économiques.

BULLETIN. La grande affluence des voyageurs sur les chemins de fer y rend plus nécessaire que dans toute autre entreprise de transports l'usage de bulletins constatant que la personne, qui se présente pour monter en voiture, a retenu et payé sa place. Sur certaines lignes les bulletins sont repris par les employés aux voyageurs à l'instant même du départ, lorsqu'ils sont déjà montés en voiture. Sur d'autres on ne redemande les bulletins qu'à la station d'arrivée. Quelle que soit celle des deux mesures adoptées par l'administration du chemin de fer sur lequel on voyage, il importe de ne pas égarer son bulletin et de le garder soigneusement pour le remettre à l'employé chargé de ce contrôle : sans cela on s'exposerait à payer deux fois et peut-être à manquer le départ. Le bulletin n'est pas moins essentiel pour les bagages et marchandises que l'on confie aux chemins de fer. Les administrations françaises sont dans l'habitude de percevoir, pour la délivrance de cette dernière espèce de bulletin, un droit de dix centimes. Beaucoup d'expéditeurs s'élèvent contre cette espèce de contribution qu'ils taxent d'illégale et que rien ne leur semble justifier ; car, disent-ils, de deux choses l'une : Ou le paquet confié au chemin de fer voyage isolément et alors il paie en raison de son poids et de la distance à parcourir ; il y a pour cela un tarif déterminé par l'acte de concession : ou bien le paquet fait partie du bagage d'un voyageur ; si son poids n'excède par la limite à laquelle le voyageur a droit, il ne doit rien payer ; s'il y a excédant on retombe dans le cas précédent et il n'y a pas lieu à une autre perception que celle du tarif. Ceux qui raisonnent ainsi oublient que les actes de concessions autorisent les compagnies exploitantes à fixer, par des règlemens, sous l'approbation de l'autorité supérieure, tous les frais accessoires non mentionnés aux tarifs, tels que ceux de chargement, déchargement et entrepôt dans leurs gares et magasins. Or tel est l'objet de cette perception de dix centimes, dont la forme pourrait peut-être se dissimuler pour ne pas choquer notre aversion systématique contre la multiplication des taxes, mais qui n'en est pas moins équitable dans son principe.

BURIN. Instrument en acier qui sert dans les opérations d'ajustage, à enlever des parties de métal pour arriver à une forme précise. On se sert d'un burin, soit dans l'ajustage proprement dit en frappant sur la tête avec un marteau, soit dans le tournage en l'appuyant contre l'objet que l'on tourne. Les mécaniciens distinguent deux espèces de burin, le *bédanne* et le *ciseau* (*Voyez* ces mots).

C

CABESTAN. Treuil dont l'axe est vertical et que l'on fait tourner au moyen de leviers. Il est muni d'une corde, à l'extrémité de laquelle est attaché le fardeau que l'on veut soulever ou entraîner. La corde, en s'enroulant autour du cabestan, attire après elle le fardeau, que l'on amène ainsi dans la position qu'il doit occuper.

CADASTRE. Ensemble des opérations servant à déterminer l'étendue et la qualité des propriétés susceptibles d'être soumises à la contribution foncière. La loi des finances du 31 juillet 1821 a décidé que le cadastre indicatif des parcelles de propriété, serait préféré à celui qui ne donnerait que l'indication des cultures par masse.

Si les opérations géométriques du terrain et du cabinet qui servent à la confection des plans cadastraux étaient faites partout avec tout le soin qu'elles réclament, ces plans pourraient servir de base à la rédaction définitive des projets de chemins de fer. Il y a malheureusement dans la plupart de ces plans, des erreurs assez fortes, erreurs qui n'ont pas grand inconvénient pour l'assiette et la répartition de l'impôt, ainsi que pour les expropriations, mais qui peuvent conduire à des résultats fort éloignés de la vérité pour le tracé général de lignes d'une grande longueur. Néanmoins, il serait injuste de nier leur utilité absolue : tous les ingénieurs savent de quel secours ils sont pour la prompte rédaction des avant-projets, et ils s'empressent d'y recourir dans toutes les localités où les opérations du cadastre ont été faites. Le cadastre n'est pas encore terminé dans toute la France ; mais peu d'années suffiront maintenant pour le mener à fin. Malgré des imperfections qui devront disparaître peu-à-peu devant les rectifications amenées par le temps , ce sera un des plus utiles monumens de l'administration de nos jours.

Les plans du cadastre, après vérification, entrent comme levers de détail dans la rédaction de la grande carte de France confiée aux soins du Dépôt de la guerre. Le cadastre , à son tour, reçoit du Dépôt de la guerre les triangles et levers, utiles pour établir les cartes d'ensemble et coordonner ses détails.

CADRE. Partie principale et extérieure du châssis qui supporte la locomotive. Quelques constructeurs le font en fer ; mais la plupart du temps il est en bois. Il est formé ordinairement de deux jumelles et de deux traverses en bon bois de frêne compacte et liant, couvertes en tôle de fer, et assemblées à tenons et mortaises. Les angles sont en outre renforcés par des équerres en fer solidement boulonnées.

La figure ci-après représente le plan d'une partie du cadre de la machine locomotive de Stephenson à six roues ; il est semblable à celui de la machine de Tayleur, que l'on voit en élévation, *planche VIII.* Le cadre est suspendu sur les roues au moyen de ressorts. Les boîtes à graisse, dans lesquelles tournent les essieux, sont fixées au cadre au-dessus de la fusée prolongée au-delà du moyeu. C'est sur ces boîtes que portent les ressorts, auxquels est suspendu le ca-

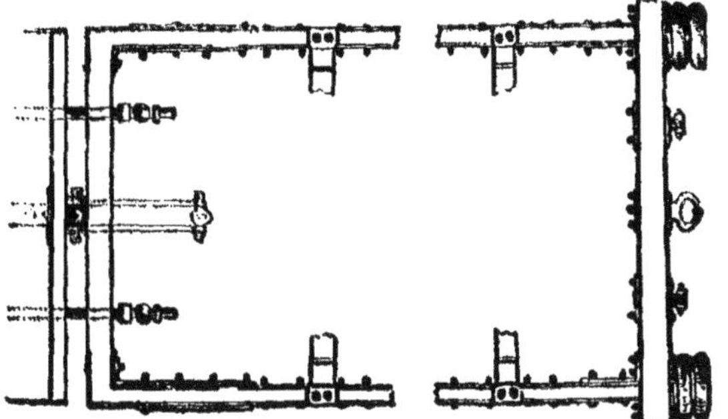

dre. La même disposition a été adoptée par MM. Sharp et Roberts pour leur cadre, dont la figure ci-dessous montre l'élévation latérale.

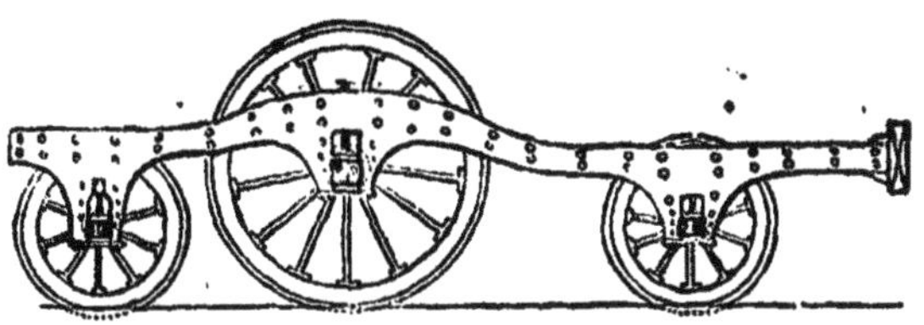

On voit que les jumelles de ce dernier cadre, au lieu d'être droites, comme dans les autres machines, sont ondulées. Cette forme, à la fois élégante et solide, a pour but de diminuer la longueur des guides auxquels sont fixées les boîtes à graisse des petites roues et de les réduire à la même dimension que celle des grandes roues.

Au lieu de placer le cadre extérieurement, quelques constructeurs le placent à l'intérieur des roues : alors les fusées et boîtes à graisse sont placées contre les moyeux en dedans des roues. L'avantage que l'on y trouve c'est que, lorsque l'essieu se brise, la rupture a toujours lieu au-delà de la fusée, et le poids de la chaudière renverse la roue en dedans. Dans ce mouvement la roue s'incline jusqu'à ce qu'elle s'appuie sur le cadre, et son rebord se rapproche du rail, en sorte que, quoique inclinée, elle ne quitte pas la voie. Dans les machines à cadre extérieur, le poids agissant toujours sur la fusée, lorsque l'essieu se brise, la roue tend à être renversée en dedans : le rebord, pressant latéralement contre le rail, tend à produire le même effet, et elle quitte nécessairement la voie.

Mais, si les machines à cadre intérieur présentent moins de danger en cas de rupture de l'essieu, elles ont l'inconvénient de laisser moins de place pour loger le mécanisme; en outre, la fusée se trouvant dans une partie de l'essieu plus sujette à se rompre, on est obligé de lui donner un plus fort diamètre, ce qui augmente la résistance à la traction.

Les caisses de toutes les voitures employées sur les chemins de fer, tenders, wagons et diligences, sont supportées par de forts cadres en bois dont les extrémités, garnies de tampons, dépassent le corps de la voiture et reçoivent les chocs lorsque les voitures viennent à buter l'une contre l'autre. On en voit un exemple dans la *Planche XII* qui représente le plan de la moitié du cadre d'une berline à trois caisses et à vingt-quatre places avec ses roues.

BB sont des madriers transversaux, placés de champ aux deux extrémités du cadre. Ils s'assemblent avec les madriers longitudinaux sur lesquels reposent les parois latérales des caisses et qui se confondent dans la figure avec les traverses longitudinales DD.

CC sont des traverses diagonales, assemblées avec les madriers BB au moyen d'équerres en fer, comme les traverses DD.

E est une longue traverse longitudinale, assemblée avec les madriers BB par des équerres en fer, et avec les traverses diagonales CC par de forts boulons. Une autre traverse longitudinale, plus mince que la traverse E, est placée immédiatement au-dessus d'elle et supporte le plancher des caisses de la berline. Les traverses FF servent à maintenir l'écartement des madriers longitudinaux qui portent les caisses.

LL sont des ressorts en acier qui amortissent les chocs des voitures. Ces chocs leur sont transmis par des tiges horizontales en fer MM, portant à leur bout des tampons NN.

a est une petite chape en fer portant la chaîne par laquelle on relie la voiture aux autres pour former un convoi.

dd sont les ressorts qui reportent sur les coussinets *ff* des roues le poids de la voiture.

gg sont les marche-pieds qui servent aux voyageurs à monter dans la voiture.

hh sont des tampons fixes adaptés aux quatre angles du cadre, et qui amortissent le choc des tampons mobiles NN, lorsque ceux-ci sont trop violemment refoulés.

Cahier des charges. Acte qui contient l'énonciation des principales conditions d'une entreprise de travaux. En ce qui concerne les chemins de fer confiés à l'industrie privée, les cahiers des charges sont de deux espèces. L'un est annexé à la loi ou à l'ordonnance royale qui homologue la concession. Il contient l'expression des termes de la concession elle-même et des clauses et conditions auxquelles elle est faite : il est imposé par le ministre des travaux publics. L'autre est la série des conditions que la compagnie elle-même impose aux divers entrepreneurs qui traitent avec elle. Lorsque c'est l'État lui-même qui construit le chemin de fer, il peut traiter directement avec des entrepreneurs pour l'exécution de tout ou partie de ses travaux. Dans ce cas, ceux-ci sont soumis, outre le cahier des charges particulier à chaque marché, à un cahier de charges général dont on verra plus loin l'analyse.

Pour faire connaître l'esprit et les principales dispositions des cahiers des charges de la première catégorie, je vais analyser celui qui est relatif à l'une des dernières lignes concédées. Ce cahier se compose de 65 articles.

L'article 1er spécifie le délai dans lequel la compagnie s'engage à exécuter à ses frais, risques et périls, et à terminer tous les travaux nécessaires à l'établissement et à la confection du chemin de fer de manière que ce chemin soit praticable dans toutes ses parties.

L'article 2 est consacré à une description sommaire du tracé ; il fixe en outre le maximum des pentes que l'on ne devra pas dépasser.

L'article 3 indique les époques auxquelles la compagnie devra faire connaître à l'administration les diverses parties de son tracé définitif, ainsi que la position des gares de stationnement et d'évitement, et des lieux de chargement et de déchargement. Les pièces à produire pour satisfaire à cet article sont : un plan à l'échelle de un à cinq mille, un profil en long suivant l'axe du tracé, un certain nombre de profils en travers, un tableau des pentes et rampes et un devis explicatif contenant la description des ouvrages.

L'article 4 indique le nombre de voies que doit avoir le chemin de fer et dit, lorsqu'il y en a plus d'une, si la seconde doit être immédiatement posée.

L'article 5 fixe la largeur de la voie, la distance à conserver entre deux voies, la largeur des accotemens et enfin la largeur totale du chemin, suivant qu'il est en levée ou en tranchée, en viaduc ou en souterrain.

L'article 6 spécifie le rayon minimum des courbes suivant lesquelles devront être rattachés les divers alignemens du chemin de fer.

L'article 7 est relatif aux gares d'évitement, dont il indique la ongueur, la position et la distance. Il impose à la compagnie l'obligation d'établir, pour les localités traversées ou situées dans le voisinage de la ligne, des lieux de stationnement dont le nombre, l'emplacement et la surface doivent être ultérieurement déterminés.

Les articles 8, 9, 10, 11, 12, 13, 14, 15, 16, 17 sont relatifs au passage des cours d'eau et voies de communication existantes.

L'article 8 autorise les croisements de niveau des routes royales et départementales et des chemins vicinaux, ruraux et particuliers, toutes les fois qu'il ne sera pas possible de faire autrement.

L'article 9 spécifie les dimensions des ponts à construire pour le passage au dessus des routes royales et départementales et des chemins vicinaux.

L'article 10 fixe ces dimensions pour le passage au-dessous de ces mêmes voies.

L'article 11 fixe les dimensions des ponts à construire au-dessus des rivières, canaux ou cours d'eau et laisse à l'administration le soin de déterminer, dans chaque cas particulier, l'ouverture du débouché et la hauteur sous clef au-dessus des eaux.

L'article 12 indique les matériaux à employer dans la construction des ponts sur les routes royales ou départementales et sur les rivières ou canaux de navigation et de flottage.

L'article 13 fixe le maximum d'inclinaison des pentes ou rampes à donner aux routes royales ou départementales et aux chemins vicinaux qu'on est obligé de déplacer.

L'article 14 rappelle les enquêtes et autres formalités administratives à accomplir, avant l'exécution des travaux relatifs au passage des routes royales ou départementales et des rivières ou canaux de navigation et de flottage.

L'article 15 fixe la hauteur des rails par rapport aux routes et chemins traversés de niveau : cette hauteur ne peut dépasser trois centimètres soit au-dessus, soit au-dessous du sol. Des barrières doivent en outre être tenues fermées de chaque côté du chemin de fer, partout où l'administration le juge convenable. Un gardien payé par la compagnie est constamment préposé à la garde et au service de ces barrières.

L'article 16 oblige la compagnie à rétablir et assurer à ses frais l'écoulement de toutes les eaux dont le cours serait arrêté, suspendu ou modifié par ses travaux.

L'article 17 oblige la compagnie à prendre à ses frais toutes les mesures nécessaires pour que, pendant l'exécution de ses travaux, le service de la navigation et du flottage ainsi que le parcours des routes et chemins publics n'éprouvent, de son fait, ni interruption ni entrave.

L'article 18 fixe les dimensions des percées ou souterrains, et les dispositions à prendre contre les chances d'éboulement et de filtration.

L'article 19 ordonne que les puits d'airage et de construction des souterrains soient entourés d'une margelle en maçonnerie de deux mètres de hauteur. Il interdit leur ouverture sur la voie publique.

L'article 20 indique les matériaux que la compagnie pourra employer dans la construction du chemin de fer.

L'article 21 est le relatif aux clôtures et séparations du chemin de fer et des propriétés particulières.

Les articles 22 et 23 transfèrent à la compagnie tous les droits, comme aussi toutes les obligations, qui dérivent pour l'administration de la loi d'expropriation, ainsi que des lois et réglemens relatifs à l'extraction, au transport et au dépôt des terres et matériaux pour les travaux de l'État.

L'article 24 met à la charge de la compagnie les indemnités à payer pour tout dommage quelconque, temporaire ou définitif, résultant de ses travaux.

L'article 25 soumet la compagnie au contrôle et à la surveillance de l'administration pendant la durée des travaux, qu'elle peut exécuter d'ailleurs par des moyens et avec des agens de son choix.

L'article 26 autorise la réception par parties des travaux du chemin de fer, au fur et à mesure de leur exécution, ainsi que la mise en service desdites parties, avec perception des droits de péage et de transport après ces réceptions partielles. Toutefois ces réceptions ne deviennent définitives qu'après la réception générale et définitive du chemin.

L'article 27 ordonne le bornage contradictoire et le plan cadastral de toutes les parties du chemin de fer et de ses dépendances à faire aux frais de la compagnie après l'achèvement des travaux, ainsi qu'un état descriptif de tous les ouvrages d'art établis, et enfin le dépôt d'une expédition de ces pièces dans les archives de l'administration des ponts-et-chaussées.

L'article 28 oblige la compagnie à entretenir le chemin de fer et toutes ses dépendances constamment en bon état. Il la soumet sous ce rapport au contrôle et à la surveillance de l'administration et autorise celle-ci à pourvoir, d'office et aux frais de la compagnie, aux négligences dans l'entretien et les réparations.

L'article 29 met à la charge de la compagnie les frais de visite, surveillance et réception des travaux, et à la disposition de l'administration le règlement de ces frais.

L'article 30 stipule les conditions financières à remplir par la compagnie avant qu'elle ne puisse commencer aucuns travaux, ni poursuivre aucune expropriation : il indique le délai dans lequel ces conditions doivent être remplies sous peine de déchéance du droit de concession.

L'article 31 autorise l'administration à prononcer la déchéance de la compagnie dans les cas où elle ne remplirait pas les obligations qui lui sont imposées par le cahier de charges, notamment celle d'avoir entièrement exécuté les travaux dans le délai fixé par l'art. 1er; et faute aussi par elle d'avoir imprimé à ses travaux une activité telle qu'ils soient parvenus à la moitié de leur achèvement dans un certain laps de temps.

Dans les cas de déchéance résultant de cet article, les travaux restant à faire sont adjugés au soumissionnaire qui offre la plus forte somme pour les travaux déjà exécutés, terrains achetés, matériaux approvisionnés, et portions de chemin déjà mises en exploitation.

L'article 32 est relatif à l'établissement de la contribution foncière et à l'impôt dû au trésor sur le prix des places.

L'article 33 prévoit les règlemens d'administration publique à rendre, après que la compagnie aura été entendue, pour assurer la police, la sûreté, l'usage et la conservation du chemin de fer et de ses dépendances. Il autorise la compagnie à faire, sous l'approbation de l'administration, les règlemens qu'elle jugera utiles pour le service et l'exploitation du chemin de fer. Il rend ces deux espèces de règlemens obligatoires pour toutes les compagnies qui obtiendraient ultérieurement l'autorisation d'établir des lignes de chemin de fer d'embranchement ou de prolongement, et en général pour toutes les personnes qui emprunteraient l'usage du chemin de fer.

L'article 34 ordonne que les locomotives employées aux transports consument leur fumée.

L'article 35 autorise la compagnie, en retour de ses sacrifices, à percevoir des droits de péage et des prix de transports déterminés, sur les voyageurs et les marchandises ; il fixe la durée pendant laquelle cette autorisation de percevoir est concédée, ainsi que les diverses conditions de la perception.

L'article 36 fixe le poids du bagage que chaque voyageur pourra porter avec lui, sans aucun supplément, pour le prix de sa place.

L'article 37 prévoit les classifications à intervenir, et les droits à percevoir par assimilation pour les objets non désignés dans le tarif.

L'article 38 place en dehors du tarif les masses indivisibles ou voitures chargées, dont les poids dépasseraient des sommes déterminées. Il règle les exigences de la compagnie à leur égard.

L'article 39 place en dehors du tarif, les bijoux, pierreries et métaux précieux, ainsi que les objets présentant un grand volume pour un faible poids. Il règle aussi les exigences de la compagnie à leur égard.

L'article 40 autorise les militaires en service et leurs bagages à ne payer que la moitié de la taxe du tarif ; il oblige la compagnie à mettre à la disposition du gouvernement tous les moyens de transports à ce même taux, lorsqu'elle en sera requise, pour diriger des troupes et un matériel militaire sur un point desservi par la ligne concédée.

L'article 41 oblige la compagnie à transporter gratuitement les lettres et dépêches convoyées par un agent du gouvernement.

L'article 42 rappelle les obligations que la compagnie contracte à l'égard des transports qui lui sont confiés, en retour de la concession du tarif : il remet à un règlement approuvé par l'administration le soin de fixer les frais accessoires non mentionnés au tarif.

L'article 43 autorise le gouvernement à racheter la concession avant l'expiration du terme fixé par l'article 35. Il fixe l'époque à partir de laquelle il pourra user de cette faculté, et les conditions du rachat.

L'article 44 est relatif aux conditions qui doivent précéder la prise de possession du gouvernement à l'expiration de la concession, lorsque cette dernière n'est pas perpétuelle.

L'article 45 prémunit la compagnie contre tout préjudice qui pourrait résulter pour elle de la construction de nouvelles voies de communication qui traverseraient le chemin de fer, sans toutefois que la compagnie puisse s'opposer au fait de ces traversées.

L'article 46 interdit à la compagnie toute réclamation d'indemnité dans le cas d'exécution ultérieure de route, canal, chemin de fer ou travaux de navigation dans la contrée où son chemin est situé, ou dans toute autre contrée voisine ou éloignée.

L'article 47 réserve au gouvernement le droit d'accorder toutes concessions de chemin de fer en embranchement ou prolongement, sans que la compagnie puisse y mettre obstacle. Il stipule la réciprocité des tarifs entre les compagnies concessionnaires des diverses lignes, autorise la circulation des machines, voitures et wagons des autres compagnies sur le chemin de fer projeté, après examen de la part de la première compagnie, et sauf recours à un tribunal arbitral en cas de contestation. Enfin, il ordonne que les compagnies s'arrangent entre elles, de manière que le service ne soit pas interrompu aux points extrêmes, dans le cas où elles ne s'entendraient pas pour la circulation réciproque de leurs véhicules.

L'article 48 met à la charge de la compagnie les travaux de consolidation à exécuter dans l'intérieur des exploitations de mines déjà concédées, dont le chemin de fer traverserait le périmètre.

L'article 49 met également à la charge de la compagnie les travaux que l'administration reconnaîtrait nécessaires pour le passage d'un chemin dans des terrains à carrières.

L'article 50 autorise l'assimilation aux gardes-champêtres des agens de la compagnie chargés de la perception des droits et de la police du chemin : dans ce cas ils doivent être assermentés.

L'article 51 oblige la compagnie à désigner l'un de ses membres pour recevoir les notifications et significations qu'il y aurait lieu de lui adresser : elle fixe l'élection de domicile de ce membre. Et en cas de non-désignation de ce membre, ou de non-élection de domicile de sa part, il indique la préfecture, au secrétariat général de laquelle toute signification, faite à la compagnie collectivement, sera adressée pour être valable.

L'article 52 attribue à la juridiction administrative la connaissance de toutes les contestations qui s'élèveraient entre l'administration et la compagnie : c'est-à-dire qu'elles doivent être portées au conseil de préfecture du département désigné dans l'article précédent, qui les jugera sauf recours au conseil d'état.

L'article 53 détermine la nature et la quotité du cautionnement que la compagnie doit déposer pour garantie de sa concession, ainsi que les conditions dans lesquelles ce cautionnement lui sera rendu.

L'article 54 affranchit le cahier des charges de tout autre droit que le droit fixe d'un franc.

L'article 55 et dernier déclare que la concession ne sera valable et définitive qu'après la ratification de la loi ou de l'ordonnance royale, selon qu'il y a lieu.

Des cahiers de charges particuliers sont imposés par l'administration et par les compagnies à leurs entrepreneurs, selon leur objet et les localités où ils doivent être mis en vigueur. Ils participent tous jusqu'à un certain point de la nature du cahier de charges général que l'administration des ponts-et-chaussées impose à tous ses entrepreneurs. Celui qui régit les entreprises actuelles a été publié par l'administration le 25 août 1833 : il se compose, comme celui qui avait été adopté en 1811 et dont il n'est que la reproduction amendée, de 42 articles que je vais analyser.

L'article 1er règle les formalités préalables à l'adjudication. Il exige un certificat de capacité délivré dans les trois ans qui précèdent l'adjudication, toutes les fois qu'il s'agit de travaux autres que fournitures de matériaux pour entretien de routes ou de terrassemens d'une valeur estimée à plus de 15,000 francs. Il exige également une promesse valable de cautionnement.

L'article 2 est relatif au cautionnement. Il doit ne pas dépasser le trentième de l'estimation des travaux proprement dits, et être fourni soit en effets publics ayant cours sur la place, soit en immeubles.

L'article 3 oblige l'entrepreneur à se conformer aux changemens qui ne dénatureraient pas fortement le projet et que l'administration reconnaîtrait nécessaire d'introduire en homologuant l'adjudication.

L'article 4 interdit à l'entrepreneur de céder tout ou partie de son entreprise, sous peine de résiliation de son marché et de réadjudication à sa folle enchère.

L'article 5 oblige l'entrepreneur à résider sur le lieu des travaux et à ne s'en éloigner, pendant toute la durée de l'entreprise, que pour affaires relatives à son marché et avec autorisation spéciale. Pendant ces absences il doit être remplacé par un représentant choisi par lui et agréé par l'administration.

L'article 6 ordonne à l'entrepreneur de mettre la main à l'œuvre, à l'époque fixée par l'adjudication pour le commencement des travaux, et à y entretenir constamment un nombre d'ouvriers suffisant.

L'article 7 interdit à l'entrepreneur de faire aucun changement au projet, sans un ordre donné par écrit et sous la responsabilité de l'ingénieur qui le surveille.

L'article 8 oblige l'entrepreneur entrant, dans le cas d'adjudication en continuation d'ouvrages, à accepter les matériaux, outils et équipages de l'entrepreneur sortant, s'il convient à ce dernier de les céder. Les matériaux seront payés au prix de la nouvelle adjudication ; les outils et équipages, de gré à gré ou à dire d'experts.

L'article 9 est relatif à l'exploitation des carrières, et met à la charge de l'entrepreneur toutes les indemnités y relatives. Il autorise l'exploitation de carrières autres que celles prévues aux devis et présentant des matériaux de qualité égale. Il interdit à l'entrepreneur tout commerce des matériaux extraits de carrières qui ne lui appartiendraient pas.

L'article 10 met à la charge de l'entrepreneur tous les faux frais et menues dépenses pour tracés d'ouvrages, ainsi que les magasins, équipages, voitures, ustensiles et outils, sauf les exceptions qui peuvent être prévues au devis.

L'article 11 est relatif à l'application des prix consentis : il interdit à l'entrepreneur toute réclamation sous prétexte d'erreur ou omission dans la composition des prix de sous-détail : mais il admet celles qui seraient basées sur des erreurs dans les métrés ou dimensions d'ouvrages.

L'article 12 attribue à l'administration le droit de connaître des contestations élevées entre l'entrepreneur et l'ingénieur, au sujet des matériaux, dans le cas où ce dernier aurait rebuté ceux fournis pour cause de surprise, mauvaise qualité ou mal-façon.

L'article 13 autorise les ingénieurs à faire démolir et reconstruire, aux frais de l'entrepreneur, les ouvrages qui leur paraîtraient présenter des vices de construction. Il attribue également à l'administration le droit de statuer sur les contestations qui s'élèveraient à ce sujet.

L'article 14 interdit à l'entrepreneur d'employer des matériaux de poids et de dimensions autres que ceux portés au devis, sans autorisation écrite de l'ingénieur, et ne lui attribue aucune indemnité pour les pièces de dimensions plus fortes que celles du devis, dont l'emploi aurait été toléré.

L'article 15 autorise le paiement d'à-comptes, jusqu'à concurrence des quatre cinquièmes de la valeur des matériaux approvisionnés et déposés sur l'atelier.

L'article 16 ordonne que, dans le cas de démolition d'anciens ouvrages, les vieux matériaux soient déplacés avec soin, de manière à être remis en œuvre s'il y a lieu.

L'article 17 stipule que, dans le cas de remploi de matériaux de démolition ou autres appartenant à l'état non prévu au devis, il ne sera payé à l'entrepreneur que les frais de main-d'œuvre et de façon.

L'article 18 ordonne à l'entrepreneur de ne choisir pour agens et ouvriers que des hommes probes, capables et intelligens, et le rend d'ailleurs personnellement responsable de leurs faits et gestes.

L'article 19 attribue à l'ingénieur le droit d'exiger le renvoi des agens et ouvriers de l'entrepreneur, pour cause d'incapacité, insubordination ou défaut de probité.

6.

L'article 20 ordonne à l'entrepreneur de remettre à l'ingénieur, périodiquement et aux époques fixées par ce dernier, la liste nominative de ses ouvriers.

L'article 21 ordonne que, dans le cas où les travaux langulraient par la faute de l'entrepreneur, celui-ci soit mis en demeure, par un arrêté du préfet, de satisfaire à ses engagemens, sous peine d'une mise en régie à ses frais qui peut être transformée, par l'administration supérieure, en résiliation de marché, avec réadjudication sur folle enchère.

L'article 22 stipule que les travaux non prévus dans le devis seront payés par assimilation d'après les prix l'adjudication.

L'article 23 est relatif aux épuisemens non prévus dans le devis et dont le prix devra être remboursé à l'entrepreneur.

L'article 24 alloue à l'entrepreneur un quarantième en sus de ses avances, pour les épuisemens et autres dépenses non prévues au devis, et deux quarantièmes pour le cas où il aurait eu à fournir des outils, équipages et autres objets.

L'article 25 excepte des dispositions ci-dessus les dépenses imprévues qui ne donneraient pas lieu à une avance de fonds de la part de l'entrepreneur.

L'article 26 oblige l'entrepreneur à faire connaître, dans le délai de dix jours, les cas de force majeure qui peuvent donner lieu à des indemnités en sa faveur.

L'article 27 oblige l'entrepreneur à visiter ses travaux, soit par lui-même, soit par ses commis, aussi souvent que le bien du service le réclame : il doit en outre accompagner l'ingénieur toutes les fois qu'il en est requis.

L'article 28 est relatif à des contraventions de voirie qui sont sans intérêt ici.

L'article 29 attribue à l'ingénieur en chef le soin de faire tous les réglemens d'ordre et d'exécution du devis, sous l'approbation du préfet.

L'article 30 interdit à l'entrepreneur d'invoquer en sa faveur les us et coutumes pour les métrages et applications de prix, lesquels seront faits selon les règles de l'administration.

L'article 31 ordonne l'application exclusive du système légal des poids et mesures.

L'article 32 ordonne la communication des métrages et états de situation et de dépenses à l'entrepreneur, qui devra présenter ses réclamations dans le délai de dix jours au cas où il ne les accepterait pas.

L'article 33 autorise l'entrepreneur à faire prendre copie de ces diverses pièces, par ses commis, dans les bureaux de l'ingénieur en chef ou de la préfecture.

L'article 34 autorise le paiement d'à-comptes sur travaux faits, jusqu'à concurrence des neuf dixièmes de la valeur. L'entrepreneur ne pourra d'ailleurs prétendre à aucun intérêt pour cause de retard de paiement, sauf le cas où les travaux seraient définitivement reçus et le délai de garantie expiré.

L'article 35 reporte le paiement du dernier dixième, après le délai fixé pour la garantie des ouvrages et la production de quittances constatant que l'entrepreneur ne peut être inquiété par des tiers, pour indemnités ou dommages résultant d'exploitation de carrières. Le délai de garantie, à l'expiration duquel la réception provisoire des travaux devient définitive, est fixé à trois mois pour les travaux d'entretien, à six mois pour les terrassemens et chaussées d'empierrement, à un ou deux ans pour les ouvrages d'art.

L'article 36 autorise l'entrepreneur à requérir la réception des ouvrages exécutés, dans le cas où l'administration ordonnerait la cessation ou la suspension indéfinie des travaux.

L'article 37 permet de stipuler que la retenue de garantie ne sera pas égale au dixième de la dépense.

L'article 38 ordonne que les réceptions soient faites par l'ingénieur en présence de l'entrepreneur, ou après qu'il aura été dûment appelé par écrit.

L'article 39 autorise l'une ou l'autre des parties contractantes à demander la résiliation du marché, dans le cas où les prix subiraient de trop fortes variations dans le cours de l'entreprise.

L'article 40 est relatif à l'acquisition des outils et matériaux de l'entrepreneur par l'administration, dans le cas où ce serait elle qui aurait proposé la résiliation du marché.

L'article 41 met à la charge de l'entrepreneur les frais d'adjudication.

L'article 42 et dernier attribue à la juridiction administrative le droit de statuer sur toutes les difficultés qui pourraient s'élever entre l'entrepreneur et l'administration ; c'est-à-dire qu'elles doivent être portées au Conseil de préfecture, et en cas d'appel, au Conseil d'État.

La plupart des clauses et conditions générales, qui viennent d'être analysées, servent également de base aux cahiers de charges que les compagnies de chemins de fer imposent à leur entrepreneurs. Seulement il faut observer que les tribunaux administratifs sont incompétens pour juger les contestations qui s'élèvent entre les Compagnies particulières et leurs entrepreneurs. Le droit de statuer appartient aux tribunaux ordinaires.

CAILLOUTAGE, CAILLOUTIS. Sur les chemins de fer où la traction est faite par des chevaux, il est nécessaire d'empierrer l'espace compris entre les deux rails qui forment la voie. Cet empierrement devient une véritable petite chaussée, construite et entretenue à la manière des routes ordinaires en empierrement. Mais s'il est toujours nécessaire que les matériaux formant l'empierrement soient bien reliés entre eux, tant pour l'asséchement que pour la conservation de la chaussée, c'est surtout sur les chemins de fer qu'il importe de prendre cette précaution. En effet, les chevaux, en trottant sur une surface couverte de matériaux sans liaison, font jaillir sur les rails des fragmens de pierre qui nuisent à la traction et peuvent occasionner quelquefois des accidens.

On ne saurait donc trop recommander l'emploi du cylindre de compression utilisé avec succès sur quelques-unes de nos routes; les rechargemens partiels de cailloux, unis par une certaine quantité de détritus de la chaussée, arrosés au besoin d'un peu d'eau pour en faciliter la liaison et pilonnés avec soin; et en général toutes les précautions destinées à assurer le bon état de la voie et la propreté des rails.

La dépense du cailloutage sur les chemins de fer desservis par des chevaux est assez grande : on l'évite presque complétement sur ceux où les machines sont exclusivement employées pour la traction.

CAISSON. Grande caisse en charpente dont on se sert pour la construction des ouvrages hydrauliques en maçonnerie, tels que les piles et culées d'un pont, les murs de quai, d'écluse, etc. Les caissons sont de deux espèces, ouverts ou fermés par le fond. Les caissons ouverts par le fond se construisent sur l'emplacement même où doit être fondée la maçonnerie. Lorsqu'ils sont achevés, on drague dans l'intérieur à une profondeur suffisante et l'on coule ensuite une masse de béton sur laquelle on élève l'édifice.

Les caissons fermés par le fond sont disposés de manière à pouvoir flotter. On les construit à terre , à proximité de l'endroit où ils doivent être posés définitivement, pour pouvoir les lancer à l'eau facilement. Avant de les lancer on élève dans leur intérieur une portion de la maçonnerie qui doit former la pile ou la culée du pont à construire. Pendant ce temps on prépare le sol sur lequel elle devra échouer, soit en y battant des pieux, soit en le draguant et y coulant du béton pour former un sol artificiel. Lorsque tout est prêt, le caisson est mis à flot et amené dans l'emplacement de la fondation ; là on le fait échouer, en le laissant se remplir d'eau, et on enlève les parois latérales, celle du fond restant seule à demeure sous la maçonnerie qu'elle supporte ; ensuite on achève d'élever la maçonnerie sur place. L'emploi des caissons a pour but d'éviter les épuisemens dispendieux et quelquefois impossibles à exécuter dans la construction des ouvrages hydrauliques. On peut par leur moyen construire à sec toute la partie de la maçonnerie qui doit être ensuite plongée dans l'eau.

Cette méthode a été mise en pratique sur une grande échelle par Labely, ingénieur suisse, dans la construction du pont de Westminster à Londres, en 1738. Elle a été perfectionnée par M. de Voglie et surtout par Decessart, ingénieurs français, pour la reconstruction du pont de Saumur sur la Loire commencée en 1757, et pour d'autres grands ouvrages dont l'histoire nous a été laissée par Decessart.

Calage. Opération qui consiste à maintenir dans une position de rapprochement ou d'écartement convenable deux pièces de machines qui doivent rester solidaires. On se sert à cet effet de cales et coins en bois ou en fer, ou de clavettes, que l'on chasse avec force dans une double rainure pratiquée dans les deux pièces. C'est ainsi que l'on réunit à leurs essieux les moyeux des roues de chemins de fer et que l'on fixe sur leurs arbres les pièces d'excentriques. Le mot calage sert plus particulièrement à désigner l'opération du montage des roues d'engrenage et autres sur des arbres carrés ou à pans.

Calcaire. On comprend sous ce nom générique tous les minéraux à base de chaux répandus avec tant de profusion dans la nature et qui forment des montagnes considérables. Le plâtre ou gypse (sulfate de chaux), la craie et le marbre (carbonates de chaux), etc. sont des calcaires.

Les argiles calcaires donnent des briques fusibles à une température d'autant moins élevée que la proportion du calcaire y est plus considérable, elles ne peuvent être employées dans le revêtement intérieur des foyers soumis à un feu violent, tels que les hauts fourneaux et fours à puddler.

Les carbonates de chaux, sous le nom de castine, sont employés comme fondans dans le traitement des minerais de fer.

La plus grande partie des dépôts terreux, qui se forment dans les chaudières et conduites d'eau, provient de sels calcaires que les eaux tiennent en suspension ou même en dissolution et qui

se déposent, au fur et à mesure de la vaporisation de l'eau qui
en était chargée.

CALE. Les cales ou coins en bois ou en fer sont employées dans
la pose des rails pour les fixer dans les coussinets.

Dans la maçonnerie on appelle cales, de petits supports en bois
mince destinés à mettre d'aplomb les diverses pièces d'une construction. Pour poser sur cales la maçonnerie de pierre de taille,
on présente chaque bloc de pierre à sa place en le faisant reposer
à sec sur des cales qui portent sur l'assise inférieure ; ensuite on
introduit le mortier liquide dans le joint horizontal resté ouvert.
Cette pose, beaucoup plus facile dans l'exécution que celle dite à
bain de mortier, doit être sévèrement proscrite, surtout dans les
grandes constructions. En effet, dans la pose à bain de mortier on
commence par enduire la surface de l'assise inférieure d'une petite couche de mortier liquide, et c'est là-dessus qu'on pose la pierre,
qui porte ainsi sur toute sa surface. Dans la pose sur cale il n'y a
réellement que les cales en bois qui portent la charge, quel que soit
le soin avec lequel on coule ensuite le mortier dans le joint. Ceci
diminue considérablement la stabilité de la maçonnerie et l'expose
à des ruptures. La pose à bain de mortier exige plus de soin dans
la taille de la pierre pour que les deux faces en soient bien parallèles, et c'est pour cela que les entrepreneurs cherchent souvent à
s'y soustraire. Mais c'est précisément une raison de plus pour y
tenir rigoureusement.

CALIBRES. Modèles ou profils en bois qui servent à régler le
bombement d'une chaussée, l'inclinaison d'un talus, etc. Ce mot
s'emploie dans la coupe des pierres dans le même sens que *panneau*. (*Voyez* PANNEAU.)

Calibre s'entend aussi de la largeur du vide ou de l'épaisseur
d'une pièce de machine. Ainsi le calibre d'un arbre de roue est son
épaisseur ou son diamètre. Le calibre d'un cylindre est la largeur
de son ouverture.

CALORIE. Unité qui sert à mesurer le pouvoir calorifique des
corps : c'est la quantité de calorique nécessaire pour élever d'un
degré du thermomètre centigrade la température d'un kilogramme
d'eau distillée. La quantité de calories développée par la combustion est loin d'être la même pour tous les corps. D'après les expériences de MM. Clément et Désormes la combustion de

Un kilogr. d'hydrogène développe .... 22,125 calories
   —   charbon de bois sec........................... 7,050   »
   —   charbon de bois ordin. contenant 15 p. 100 d'eau 6,046   »

Un kilogr. coke pur.. 7,050 calories
— coke donnant 10 pour 100 de cendres .... 6,345 »
— houille donnant 2, 5 pour 100 de cendres..... 7,050 »
— houille donnant 20 pour 100 de cendres......... 5,932 »
— bois sec contenant 52 pour 100 de charbon,.... 3,666 »
— bois séché à l'air contenant 20 pour 100 d'eau 2,945 »
— tourbe de bonne qualité .... 2,000 »

CALORIQUE. Cause inconnue, quant à son essence, de la sensation appelée chaleur. On a émis deux hypothèses sur la nature du calorique. Suivant la première, on le considère comme une matière impondérable dont les molécules, d'une ténuité extrême, s'accumulent en quantité plus ou moins grande dans les corps et passent des uns aux autres avec une grande vitesse : c'est ce qu'on appelle la théorie de l'*Emission*. Dans l'autre hypothèse, on admet qu'il existe dans tout l'espace un fluide impondérable appelé *Éther*, dont les vibrations ou ondulations plus ou moins rapides produisent les phénomènes caloriques : cette hypothèse, que l'on a généralisée en l'appliquant à la lumière, à l'éctricité et au magnétisme, s'appelle la théorie des *Ondes*. Ces deux hypothèses prises dans leur sens absolu et exclusif l'une de l'autre divisent encore les savans. Il est probable que ni l'une ni l'autre ne contient la vérité tout entière, et que la science ne sera complétement satisfaite que le jour où l'on sera parvenu à les réunir dans une seule théorie.

Le calorique se présente sous deux états, le calorique *sensible* et le calorique *latent*.

On entend par calorique sensible celui qui produit sur nos organes la sensation de chaleur et dont les effets peuvent être mesurés par le thermomètre. Le calorique latent est celui qui est absorbé par les corps dans leur changement d'état, et qui ne redevient sensible que lorsque les corps le perdent, en revenant à leur état primitif.

Lorsqu'un corps est retiré d'un milieu où il avait une température déterminée, et transporté dans un autre lieu dont la température est différente, pendant un certain temps la température primitive du corps s'élève ou s'abaisse progressivement, jusqu'à ce qu'elle soit en équilibre avec celle des corps environnans : dans ce cas on dit que le calorique a *rayonné*. Le calorique rayonnant se meut en ligne droite avec une très grande vitesse et se réfléchit contre les surfaces polies : le rayon incident et le rayon réfléchi sont tous deux dans un plan perpendiculaire à la surface réfléchissante, et l'angle d'incidence est égal à l'angle de réflexion.

Lorsque le calorique traverse un milieu transparent, sa direction primitive est déviée, il éprouve un phénomène de réfraction semblable à celui de la lumière. Sa déviation est d'autant plus considérable, que la surface du milieu qu'il rencontre est plus oblique par rapport à sa direction. En se servant de surfaces courbes on peut faire converger un grand nombre de rayons réfractés vers un même point et produire un foyer artificiel de chaleur d'une grande intensité, de la même manière que l'on produit un foyer de lumière en recueillant sur un miroir courbe les rayons lumineux épars dans l'espace. C'est la théorie des verres ardens.

Le calorique se propage dans le vide, aussi bien qu'à travers les gaz, les liquides et les solides, mais avec des vitesses différentes suivant la nature des corps.

On dit qu'un corps est bon conducteur de la chaleur, quand la chaleur se propage facilement dans sa masse. Les métaux sont en général bons conducteurs; il n'en est pas de même des gaz et des liquides.

L'effet le plus général de la présence du calorique dans les corps est leur dilatation. C'est en observant les lois de la dilatation sur diverses substances et notamment sur le mercure, l'alcool et les métaux, que l'on est arrivé à construire les instrumens qui permettent de mesurer le calorique apparent : ce sont, pour les températures ordinaires les *thermomètres*, et pour les températures élevées les *pyromètres*. Par une ingénieuse combinaison du thermomètre avec d'autres appareils dont la description ne saurait trouver place ici, on est parvenu même à évaluer le calorique latent des corps. Ces instrumens sont les *calorimètres*. C'est ainsi que l'on a pu déterminer le *calorique spécifique* ou *capacité calorifique* des corps. On entend par cette expression la quantité absolue de calorique ou le nombre de calories nécessaires pour élever la température d'un corps d'un nombre de degrés donné.

En comparant entre eux différens corps on a trouvé que, la capacité calorifique de l'eau distillée étant prise pour unité,

$$
\begin{aligned}
\text{celle du fer était de} &\ldots\ldots\ 0,1218 \\
\text{zinc} &\ldots\ldots\ldots 0,1015 \\
\text{cuivre} &\ldots\ldots\ldots 0,1013 \\
\text{étain} &\ldots\ldots\ldots 0,0575 \\
\text{plomb} &\ldots\ldots\ldots 0,0293, \text{etc.}
\end{aligned}
$$

Je ne cite ici que les métaux les plus communément employés dans la construction des chemins de fer et machines à vapeur.

La capacité calorifique de la vapeur d'eau rapportée à la même unité est de 6. 50, c'est-à-dire, que le nombre de calories nécessaires pour maintenir un kilogramme d'eau à l'état de vapeur est égal à celui qui élèverait un kilogramme d'eau de 6 degrés et demi du thermomètre centigrade, ou bien encore que cette quantité de calorique élèverait d'un degré la température d'une masse d'eau pesant 6 kilogrammes et demi. C'est cette donnée expérimentale qui sert à calculer la quantité d'eau qu'il faut fournir à une machine à condensation, pour condenser la vapeur aussitôt qu'elle a produit son effet voulu sur le piston. Il suffit pour cela de connaître la quantité de vapeur que dépense la machine, la température de l'eau qui est amenée pour la condensation, et la température à laquelle on vent la ramener par l'absorption de la vapeur, pour produire derrière le piston un vide suffisant.

CALQUE. Lorsque l'on a besoin d'avoir plusieurs exemplaires d'un même dessin, on se sert d'un papier transparent que l'on applique sur la minute et à travers lequel on voit tous les traits à reproduire. En les suivant exactement avec la pointe d'un crayon, on obtient promptement une copie qui sans cela aurait pris beaucoup de temps. C'est ce que l'on appelle un calque. Cette méthode est très usitée des géomètres et des ingénieurs. Bien qu'elle ne présente pas autant d'exactitude que la copie faite à la règle et au compas en employant des mesures précises, elle n'a pas d'inconvéniens pour les objets auxquels on l'applique. Ce sont, par exemple, des plans d'ensemble, ou des profils cotés, dont les chiffres peuvent rectifier les erreurs de détail qui proviendraient du retrait du papier. Les dessins qui accompagnent les projets de chemins de fer, soumis aux enquêtes d'utilité publique ou d'expropriation, et à l'examen de l'administration, sont ordinairement des calques collés sur toile ou sur du papier fort.

Au lieu de se servir de papier transparent posé sur la minute, on place quelquefois sous celle-ci une feuille de papier ordinaire et l'on se contente de déterminer les extrémités des lignes à reproduire, en les piquant au moyen d'une pointe fine qui traverse à la fois les deux feuilles de papier; on achève ensuite le dessin de la manière ordinaire.

On peut encore noircir le dos de la minute avec du crayon tendre et suivre les contours du dessin avec une pointe à tracer qui fixe ce crayon sur la feuille de papier placée dessous. Ces deux procédés, sans être plus exacts que le premier, ont l'inconvénient de gâter promptement les minutes qui ne peuvent guère servir qu'une ou deux fois pour cet usage, tandis que le calque ordinaire permet de les utiliser un grand nombre de fois sans les altérer.

Camion. Petite voiture à bras qui sert à transporter les matériaux dans les ateliers. On donne aussi ce nom à une espèce de tombereau à un cheval que l'on emploie dans les travaux de terrassemens au transport des déblais. Sa caisse a la forme d'un prisme triangulaire dont la pointe est en bas, et elle peut basculer autour d'un axe pour le déversement des terres. Ce camion a été inventé par Perronet.

Camme. Lorsque les dents d'une roue de machine sont en petit nombre et séparées par de grands intervalles, elles n'agissent pas d'une manière continue, mais par intermittences. Dans ce cas on les appelle des cammes. Ce sont de véritables excentriques qui ont la forme d'une développante de cercle. Leur usage le plus fréquent consiste à mettre en mouvement des pilons ou des marteaux qui sont soulevés par une première camme, retombent pendant le temps que dure le passage d'une camme à l'autre, se relèvent par l'action de la suivante pour retomber encore quand elle est passée, et ainsi de suite. On se sert aussi des cammes, dans les machines à détente, pour intercepter l'entrée de la vapeur dans le cylindre avant la fin de la course du piston.

Campagne. C'est la saison favorable aux travaux. En ce sens ce mot est fréquemment employé par les ingénieurs comme synonyme de saison. Ainsi on dit que la campagne a été bonne quand on a pu y exécuter avec fruit beaucoup de travaux. Ce terme a été emprunté à l'art militaire.

Canal. Cours d'eau artificiel creusé par la main des hommes pour satisfaire aux besoins d'agriculture, de fabrication et d'échange.

Il y a quatre espèces de canaux, savoir : *canaux d'irrigation*, ils servent à arroser les terres; *canaux d'usine*, ils amènent à une usine l'eau destinée à faire tourner les roues motrices; *canaux de flottage*, ils servent à transporter les bois qu'on abandonne à leur cours; *canaux de navigation*, ils remplacent les rivières dont le cours est irrégulier et le parcours difficile pour les bateaux, et joignent entre eux des cours d'eau naturels qui, sans cela, eussent été privés de communications directes.

Lorsqu'un chemin de fer rencontre un canal d'irrigation ou un canal d'usine, il peut, moyennant indemnité, en altérer les conditions d'existence ou le supprimer. Mais il n'en est pas de même pour les canaux de navigation et de flottage : il peut les traverser soit en dessus, soit en dessous, mais sans que le service de ceux-ci en souffre. Lorsque la traversée a lieu au-dessus du canal, mais assez bas pour gêner le passage des bateaux, elle se fait au moyen d'un pont tournant qui reste ouvert, pour la navigation, dans l'intervalle des convois. On doit, autant que possible, éviter ce genre de ponts qui présente toujours quelque danger et tout au moins gêne le service, en obligeant les convois à ralentir leur marche aux abords pour s'assurer que toutes les précautions nécessaires à la sécurité ont été prises.

CANTONNIERS. Ouvriers qui restent constamment distribués sur toute la longueur d'un chemin de fer en exploitation. Ils sont fort multipliés sur les lignes où le service est très actif. Après le passage de chaque convoi, le cantonnier parcourt toute l'étendue de la ligne confiée à ses soins, et s'assure s'il n'y est survenu aucun dégât capable de compromettre la marche du convoi suivant. Si un rail se trouve rompu ou dérangé, il le répare immédiatement avec les moyens et ouvriers à sa disposition, et arbore pendant son travail le signal convenu pour prévenir les accidens. Si le dégât commis par le passage d'un convoi est trop grave pour pouvoir être réparé par les moyens ordinaires, il se hâte de le faire connaître au chef de service. Les cantonniers, dans leur intérêt personnel, doivent avoir le plus grand soin de s'écarter de la voie dès qu'ils entendent un convoi approcher. Ils doivent également débarrasser la voie de tous instrumens, outils ou dépôts de matériaux qui pourraient occasionner des accidens. Ils sont chargés, sous ce rapport, de la police du chemin de fer, ainsi que d'empêcher toute personne étrangère au service d'en franchir les barrières et d'y pénétrer. Ce sont eux qui, au passage des convois, font au conducteur de la locomotive les signaux convenus, pour lui apprendre si la voie est libre ou embarrassée et s'il doit s'arrêter, continuer sa course ou la ralentir. Les cantonniers des chemins de fer peuvent être assermentés et assimilés, pour la police du chemin, aux gardes-champêtres.

CAPITAL, CAPITAUX. Masse de valeurs accumulées qui permettent de faire des avances à la production en alimentant les travailleurs. Les espèces monnayées ne sont que le signe représentatif et facilement transmissible des capitaux, mais ce ne sont pas les capitaux eux-mêmes. Les bâtimens consacrés à une usine, ses outils et machines, les ouvrages de toute nature que nécessite la construction et la mise en exploitation d'un chemin de fer sont les véritables capitaux industriels dans ces sortes d'entreprises. On y ajoute toujours une certaine somme destinée à parer aux premières dépenses courantes et à alimenter le travail : cette portion du capital prend le nom particulier de *fonds de roulement*. Une entreprise industrielle bien conçue et bien dirigée, doit donner des produits suffisans, non-seulement pour payer son travail journalier et l'intérêt du capital engagé, mais encore pour reconstituer et rembourser plus ou moins rapidement la valeur de ce capital à ceux qui en ont fait l'avance. La prudence exige que l'entreprise ne se dessaisisse pas de la totalité des fruits excédans du travail ainsi obtenus, mais qu'elle en garde une portion disponible pour les circonstances imprévues et l'accroissement progressif du travail. Cette portion du capital de l'entreprise s'appelle le *fonds de réserve*.

CARBONE. Corps simple, plus connu dans le langage usuel sous le nom de *charbon*. Le diamant est du carbone pur cristallisé : on le trouve à l'état naturel; mais jusqu'à présent les efforts de la science, pour le produire artificiellement, ont été impuissans. Le carbone est un des corps que la chimie appelle *fixes*, c'est-à-dire qu'on ne connaît pas de moyen de le volatiliser. Lorsqu'on le soumet à une haute température, il s'unit à l'oxigène de l'air pour se transformer en gaz carburés, appelés *oxide de carbone* et *acide carbonique*. La chaleur qu'il développe par la combustion est considérable. Le bois, le charbon ordinaire, la houille donnent d'autant plus de chaleur qu'ils sont plus riches en carbone pur. L'anthracite est du carbone presque pur. La transformation de la houille en coke a pour but de lui enlever, par une première combustion incomplète, les matières étrangères avec lesquelles le carbone est mélangé dans sa composition, et d'obtenir ce dernier aussi pur que possible. La torréfaction et la carbonisation du bois ont le même but.

CARBURE. Nom générique des corps dans lesquels le carbone entre à l'état de mélange intime ou de combinaison chimique. La fonte et l'acier sont des carbures de fer. Le gaz qui sert à l'éclairage est un carbure d'hydrogène. L'hydrogène seul en brûlant produit une lumière très faible : c'est la présence du carbone en quantité convenable qui lui donne de l'éclat.

CARNEAUX. Conduits qui portent du foyer à la cheminée l'air chaud, la fumée et les autres gaz produits par la combustion. Dans les machines à terre les carneaux sont en briques ; sur les bateaux on les fait en fonte revêtue d'une chemise de briques, afin de diminuer le poids et la place qu'ils occupent. Dans les locomotives les carneaux sont remplacés par les tubes.

Les carneaux ont pour but de faire circuler le long des parois de la chaudière, qui ne sont pas en contact direct avec le foyer, la chaleur développée par la combustion et de l'utiliser beaucoup plus complétement que si on la laissait s'échapper immédiatement par la cheminée. Leur bonne disposition est donc une des parties les plus délicates de l'art du constructeur de fourneaux.

La section des carneaux doit être égale à celle de la cheminée, et ménagée de manière à être en rapport avec la surface de la grille du foyer. Il faut qu'ils donnent à l'air chaud un passage suffisant pour que la vitesse du tirage ne soit point altérée, et en même temps ils doivent suivre des lignes telles qu'ils puissent déverser le mieux possible dans la chaudière la chaleur qu'ils recueillent par le passage des gaz brûlés. D'un autre côté cependant, leur longueur ne doit pas être assez grande pour que les gaz brûlés aient le temps de se dépouiller complétement de leur chaleur pendant le trajet entre le foyer et la cheminée ; car il faut pour l'activité du tirage qu'ils soient notablement plus légers que l'air extérieur. Sans cela ils monteraient difficilement dans la cheminée, et l'appel de l'air dans le foyer se trouvant ralenti, le feu pourrait diminuer ou même s'éteindre tout à fait. On a reconnu par la pratique qu'au-delà de 12 à 15 mètres de développement, les carneaux ralentissent trop le tirage, et que le peu de chaleur qu'ils peuvent encore donner à la chaudière est loin de compenser la perte éprouvée par la diminution de combustion. Enfin on doit dans leur tracé éviter les coudes trop brusques et arrondir intérieurement les angles qui seraient de nature à briser le courant de la fumée.

CARNET. Livret sur lequel les ingénieurs et leurs agens inscrivent, immédiatement et sur le terrain même, les résultats de leurs opérations et observations. L'ordre et la bonne tenue des carnets sont de la plus haute importance, car ce sont eux qui contiennent tous les élémens servant de base soit à la rédaction d'un projet, soit à l'évaluation d'un travail fait. Les ingénieurs doivent donc s'assurer fréquemment de la manière dont les carnets sont tenus par leurs employés.

CARREAU. Le carreau d'une mine de houille ou autre est le lieu situé près des puits et galeries d'exploitation où l'on dépose les produits, à mesure qu'ils sont amenés au jour.

En maçonnerie on appelle *carreaux* ou *panneresses* les pierres qui ont plus de largeur au parement vu, que de longueur ou de queue dans le mur. On les pose alternativement avec les *boutisses* pour faire liaison.

CARRIÈRES. Lieux d'extraction de pierres de toute nature, soit de celles qu'on emploie directement dans les constructions, soit de celles que l'on doit transformer préalablement en chaux ou en plâtre, lorsque leur qualité les en rend susceptibles.

L'exploitation des carrières peut avoir lieu soit à ciel ouvert, soit par galeries souterraines. Elles sont régies par la loi du 21 avril 1810 relative aux mines, minières ou carrières, et par les réglemens spéciaux à chaque localité. Ces réglemens sont loin d'être complets pour toute la France, et il serait à désirer que la loi de 1810, qui s'exprime dans des termes assez vagues, fût modifiée, ou tout au moins commentée par une ordonnance royale applicable à toutes les parties du territoire.

« L'exploitation des carrières à ciel ouvert, dit la loi de 1810
« (articles 81 et 82), a lieu sans permission et sous la simple sur-
« veillance de la police, et avec l'observation des réglemens géné-
« raux ou locaux.

« Quand l'exploitation a lieu par galeries souterraines, elle est sou-
« mise à la surveillance de l'administration, comme il est dit au tit. V. »

Un réglement, arrêté par décret du 22 mars 1813 pour l'exploitation des carrières, plâtrières, glaisières, sablonnières, marnières
et crayères des départemens de la Seine et de Seine-et-Oise, et
qui peut être rendu applicable par une simple décision ministérielle aux localités où le nombre et l'importance des carrières en
rendent l'exécution nécessaire, a déterminé les formalités à remplir par les exploitans, les règles à suivre pendant l'exploitation,
les cas de suspension, de cessation et d'interdiction de travaux.
Une des dispositions de ce réglement stipule qu'une autorisation
est nécessaire pour exploiter les carrières à ciel ouvert, ce qui est
formellement contraire au texte de la loi de 1810. Aussi dans la pratique l'administration n'exige-t-elle point des exploitans cette autorisation : elle se contente d'une simple déclaration au sous-préfet.

Dans le but d'assurer la solidité du sol qui forme la voie publique, il est défendu de pratiquer toute fouille ou galerie souterraine pour extraction de matériaux, à moins de 58^m 47 (30 toises)
du pied des arbres ou du bord extérieur des fossés d'une route :
cette distance a été réduite par quelques réglemens locaux. Cette
prohibition qui résulte de réglemens antérieurs à la révolution
française, constitue une véritable servitude toujours obligatoire;
car la loi des 19-22 juillet 1791 a confirmé les anciens réglemens
de voirie. C'est en vertu de ces mêmes réglemens que les entre-
teneurs de travaux publics ont le droit de prendre les matériaux
propres à l'exécution des ouvrages dont ils sont adjudicataires,
partout où le sol en recèle.

Cependant ce droit est soumis à certaines restrictions. D'abord il est nécessaire que les lieux d'extraction soient désignés dans les devis : de nouvelles désignations peuvent être faites postérieurement, lorsqu'il y a insuffisance ou pour toute autre cause légitime ; mais cette désignation ne saurait résulter du fait de l'ingénieur. Celui-ci ne peut que donner un avis, et c'est le préfet, ou, en cas de contestation, le ministre seul, qui a le droit de faire cette désignation. Sont exemptées de la servitude relative à l'exploitation des carrières, les propriétés fermées de murs ou autres clôtures équivalentes en usage dans le pays. Cependant on ne considère comme suffisantes que les clôtures en bauge, en pisé, en pieux, planches ou palissades, les haies vives continues et tout au plus des espèces de grands parapets ou remparts en terre. On ne regarde point comme clôtures équivalentes à des murs, de simples fossés dont la largeur et la profondeur accusent évidemment de la part du propriétaire l'intention de se clore pour échapper à la servitude des carrières. La jurisprudence du Conseil d'État ne semble même comprendre dans l'exemption, qui résulte de l'ordonnance du bureau des finances du 17 juillet 1784, que les cours et jardins, les vergers et autres possessions de ce genre. Elle en exclut les terres labourables, herbages, prés, bois, vignes et autres terres de la même nature, quoique closes.[1]

Il est dû au propriétaire, dont le terrain est entamé par une exploitation de carrière, une indemnité à la charge de l'entrepreneur. Elle ne doit pas être basée sur la valeur des matériaux extraits, mais sur le dommage causé à la propriété. Comme il n'est guère possible d'apprécier à l'avance ce dommage, cette indemnité ne peut se régler définitivement qu'après l'achèvement des fouilles et transports faits par l'entrepreneur. Il suffit que le propriétaire ait été prévenu à l'avance et mis en demeure de faire régler cette indemnité. En cas de contestation, les réclamations et demandes d'indemnités sont de la compétence des tribunaux administratifs, c'est-à-dire du conseil de préfecture, sauf recours au Conseil d'État. Cependant s'il était constant que l'entrepreneur a excédé la limite des terrains indiqués dans le devis, ou qu'il ne s'est point renfermé dans les termes de son contrat, le jugement des difficultés qui naissent appartient aux tribunaux ordinaires.

Le Code forestier, sans déroger au droit que possède l'administration des ponts et chaussées de désigner les lieux d'extraction de matériaux pour les travaux publics, défend sous peine d'amende toute extraction non autorisée dans les bois et forêts régis par l'administration forestière. Les articles 169 à 175 de l'ordonnance royale rendue le 1er août 1827 pour l'exécution du Code forestier règlent les formes à observer dans ce cas.

Les lois et réglemens, qui autorisent l'extraction des matériaux dans les propriétés privées pour cause d'utilité publique, constituent une véritable expropriation ; mais c'est seulement sous le rapport du trouble apporté dans la jouissance de la superficie du sol. Ceci résulte clairement des lois et réglemens, puisqu'ils déclarent que l'indemnité à allouer au propriétaire du terrain excavé ne doit point être calculée en raison de la valeur des matériaux extraits, mais seulement en raison du dommage superficiel. La propriété de ces matériaux n'est point considérée comme inhérente à celle du sol, mais comme résultant uniquement du fait de l'extraction ; en effet, c'est une nouvelle valeur créée par un travail spécial, et il semble juste d'en attribuer la propriété à celui de qui elle provient. S'il est expressément interdit aux exploitans, qui ne travailleraient point sur un sol à eux appartenant, d'extraire des matériaux au-delà des besoins du travail pour lequel le droit d'exploitation leur a été conféré et d'en faire l'objet d'un commerce, c'est que le législateur n'a pas voulu que la spéculation privée tournât à son profit un droit, toujours onéreux pour le propriétaire du sol, et qui n'est conféré que dans les limites de l'utilité publique.

L'utilité publique, qui peut motiver l'application du droit d'exploiter les carrières, ne s'applique pas seulement à la construction et à l'entretien des voies de communication et édifices publics. L'administration, se fondant sur la loi du 28 juillet 1791, prétend que les carrières peuvent aussi, dans certaines circonstances, être exploitées par les propriétaires d'établissemens et manufactures d'utilité générale. Ce caractère est d'ailleurs assez difficile à déterminer.

CARTES. Dessins représentant la projection horizontale de la surface entière ou partielle du globe terrestre. Il n'est pas question ici des cartes astronomiques qui représentent la projection de tout ou partie de la sphère céleste.

Les cartes qui représentent le globe entier prennent le nom de *mappemonde*. Lorsqu'elles n'en représentent qu'une partie, leur dénomination varie avec l'usage auquel elles sont destinées. Ainsi on distingue les cartes *géographiques*, les cartes *militaires*, les cartes *marines*, etc.

Les cartes géographiques donnent la description plus ou moins détaillée d'un pays, selon la grandeur de l'échelle à laquelle elles sont construites. Lorsqu'on y figure les accidens de terrain elles prennent le nom particulier de cartes topographiques. La carte topographique de France la plus justement célèbre est celle de l'Académie des sciences, dite carte de Cassini du nom des deux savans auteurs de ce grand travail. Elle forme un atlas de 183 feuilles dessinées à l'échelle de $\frac{1}{86400}$. Malgré les imperfections dont a dû se resssentir ce travail exécuté en peu d'années et avec peu d'appui de la part du gouvernement, ce n'en est pas moins le plus beau monument élevé à la science géographique par ses auteurs. Il n'est pas un ingénieur qui n'ait eu mainte fois l'occasion d'en apprécier l'utilité pour la détermination préliminaire des tracés de voies de communication qu'il avait à étudier. Jusqu'à présent les cartes de départemens, et celles de la France tout entière sur lesquelles on figure les accidens de terrain, ne sont à fort peu de chose près que des réductions de la carte de Cassini. Cependant les besoins de la politique et les progrès de la science ont fait reconnaître la nécessité d'avoir une carte plus parfaite. Tel est le but que le gouvernement s'est proposé de remplir par la construction d'une nouvelle carte de France dont la rédaction est confiée aux officiers d'état-major. Cette carte qui laissera bien peu de chose à désirer, lorsqu'elle sera terminée, s'exécute au moyen d'opérations géodésiques et de triangulations générales dont les détails sont remplis par les levers de plan du cadastre. On y indique, comme dans les cartes de Cassini, mais avec des procédés graphiques perfectionnés, les centres de population importans et les habitations disséminées dans les campagnes, tous les cours d'eau et les accidens de terrain; on y ajoute les natures de culture, les routes et chemins de toute espèce, les canaux et chemins de fer exécutés; enfin des cotes multipliées donnent la hauteur de la plupart des points au-dessus du niveau de la mer. Cette carte est gravée à l'échelle d'un 80,000ᵉ et se composera de deux cents feuilles dont plusieurs sont déjà publiées.

D'autres cartes de France ont été publiées par les soins des diverses administrations publiques. On doit aux Ponts-et-chaussées la carte des routes en six feuilles projetée en 1805 par M. Cretet, directeur général des ponts-et-chaussées, et exécutée sous la direction de ses successeurs, MM. de Montalivet et Molé : elle est à l'échelle de $\frac{1}{864000}$, c'est-à-dire le dixième de la carte de Cassini d'après laquelle elle a été réduite. Une seconde carte des routes royales, à l'échelle de $\frac{1}{1904702}$ a été gravée en 1824 par ordre de M. Becquey, directeur général des ponts-et-chaussées, et annexée à son rapport au Roi sur la statistique des routes royales : elle n'a pas été livrée au commerce. Avant cette époque, en 1820, M. Becquey avait publié une carte de la navigation intérieure de la France à la même échelle, jointe à son rapport au Roi sur les canaux. En même temps il faisait achever la publication de la grande carte hydrographique de France à l'échelle de $\frac{1}{500\,000}$ commencée sous la direction de M. de Prony, au bureau du cadastre. Cette carte se compose de douze feuilles : elle est divisée en vingt-et-un bassins principaux, limités par les chaînes de montagnes qui les circouscrivent. Les désignations des canaux et cours d'eau naturels ont été empruntées à la carte de Cassini, corrigée par les renseignemens fournis ultérieurement par les localités. Une réduction de cette carte en deux feuilles, à l'échelle de $\frac{1}{1\,200\,000}$, a été livrée au commerce en 1832 : elle contient en outre l'indication des routes royales et chemins de fer alors exécutés. D'autres cartes analogues ont été publiées dans des buts spéciaux par les particuliers.

Les cartes militaires, outre l'indication des voies de communication, cours d'eau et chaînes de montagnes, ont pour but spécial de faire connaître les places fortifiées, lignes de défense et lieux d'étape d'un pays.

Les cartes marines représentent la configuration des côtes et des îles, les différens points qui servent de guide aux navigateurs, les écueils, bancs de sable et profondeurs d'eau, les embouchures des fleuves et rivières, la limite des marées, les rhumbs de vent, les directions à suivre par les bâtimens de mer. Dans cette catégorie on peut ranger la carte des phares, indiquant la position exacte des phares et autres feux des côtes et entrées de port. Une carte des phares, à l'échelle de $\frac{1}{1\,550\,000}$ a été publiée en 1826 par l'administration des ponts-et-chaussées, mais non livrée au commerce. Il sera bon de la compléter lorsque le système général d'éclairage de nos côtes aura reçu son entière exécution.

L'administration des mines a publié récemment une carte géologique de la France. Cette carte est à l'échelle de $\frac{1}{500\,000}$: elle est accompagnée d'un texte descriptif, et contient, outre le périmètre des grandes divisions géologiques, l'indication du périmètre de chaque concession de mines, les minières, tourbières, principaux groupes de carrières et toutes les usines métallurgiques.

Les diverses cartes dont je viens de parler sont les seules qui se rattachent d'une manière plus ou moins directe à l'art des chemins de fer et des machines à vapeur. Il n'en est pas une qu'il ne soit important de consulter lorsque l'on veut provoquer l'établissement d'un chemin de fer, d'une machine à vapeur ou d'une usine métallurgique, ou lorsque l'on veut tracer la marche que doit suivre un bateau à vapeur soit sur mer, soit dans l'intérieur d'un pays. Les plus importantes de toutes sont les cartes topographiques à grande échelle, les cartes marines et la carte géologique.

Cassinoïde. Courbe qui ressemble à une demi-ellipse, en ce qu'elle a comme celle-ci deux foyers, mais qui en diffère en ce que ses foyers sont plus rapprochés du centre : il en résulte qu'elle est plus ouverte aux extrémités du grand axe, et que par conséquent elle renferme un plus grand espace. Les anciens ingénieurs se servaient quelquefois de la cassinoïde pour tracer les voûtes des ponts en pierre, dont ils voulaient augmenter le débouché sans changer leur ouverture : elle est abandonnée aujourd'hui. Il est certain cependant que, dans des conditions déterminées de largeur et de hauteur, la cassinoïde est de toutes les courbes la plus avantageuse pour obtenir un grand débouché.

Castine. Pierres calcaires employées comme fondant dans le traitement des minerais de fer. La castine ne peut être que du carbonate de chaux, car un de ses principaux objets est d'absorber les élémens sulfureux qui se dégagent dans la cuisson du minerai et qui sont si nuisibles à l'existence de la fonte et du fer. On conçoit qu'il serait impossible d'attendre du sulfate de chaux le même effet.

Catalane (forge). Forge dans laquelle le minerai de fer est converti directement en fer ductile, sans passer par l'état de fonte comme dans les autres procédés de fabrication. Ce procédé est exclusivement employé dans le département de l'Arriège faisant partie de l'ancienne Catalogne : et c'est à cette circonstance qu'il doit son nom. La composition d'une forge catalane est excessivement simple. Un *foyer* ou feu dans lequel s'effectue la conversion du minerai, une *soufflerie* ou *trompe* pour lui donner le vent et un *marteau* pour étirer le fer en constituent tout l'attirail.

Cautionnement. Valeur mobilière ou immobilière dont le dépôt sert de garantie pour la bonne exécution d'une entreprise. Ce dépôt préalable, qui est tout à fait fondé en raison dans les travaux d'une importance secondaire, paraît peu utile dans le cas d'une concession de chemin de fer. Car de deux choses l'une : ou le cautionnement n'a pas une valeur proportionnée à l'importance de la concession; ou bien s'il a été proportionné à cette importance, il n'est pas probable que l'état le retienne en cas de non-exécution des engagemens pris par le concessionnaire. Dans l'un et l'autre cas il est donc illusoire et devrait être supprimé.

CAVALIER. Masse de terre composée d'un excédant des déblais sur les remblais. Dans les grands ouvrages de terrassement on n'est pas toujours libre de disposer le projet de manière à balancer exactement les déblais avec les remblais. S'il y a un fort excédant de déblais, les terres surabondantes sont déposées par masses en dehors du chemin : ces masses se nomment cavaliers.

CENDRIER. Espace situé sous la grille du foyer d'une machine à vapeur et par lequel s'introduit l'air nécessaire à la combustion. C'est dans le cendrier que tombent les cendres et escarbilles qui n'ont pas pu être absorbées par la combustion. Dans les machines fixes ou de navigation, le cendrier se ferme à volonté au moyen d'une porte ou mieux d'un registre qui règle la quantité d'air que l'on veut laisser entrer dans le foyer. Toutefois ce mode de réglement ne vaut pas à beaucoup près celui que l'on obtient par le registre de la cheminée.

Dans les locomotives (*planches VI et VII*), le cendrier est fermé de toutes parts, excepté à l'avant, par des plaques de tôle : les deux faces latérales sont planes , la face d'arrière et celle de dessous forment une surface courbe continue. D'autres constructeurs (*planche VIII*) font ces deux faces plates également, et le cendrier est carré. Le cendrier ne doit pas descendre trop bas, car il risquerait de rencontrer le sable que les cantonniers relèvent dans les parties de la voie qui sont en réparation. Ce sable en remplissant une partie du cendrier nuirait au tirage , s'introduirait dans le foyer et pourrait être entraîné dans les tubes de la chaudière qu'il userait par le frottement. Il produirait un effet non moins funeste sur les pièces du mécanisme, sur lesquelles il serait nécessairement projeté par le mouvement rapide de la marche.

CENTRE DE GRAVITÉ. La pesanteur agit sur tous les points de la masse d'un corps, comme le ferait une série de forces verticales égales entre elles et indépendantes les unes des autres. La mécanique apprend qu'il est toujours possible de considérer ces forces comme ramenées à une seule, égale à la somme de toutes les autres. Cette dernière est leur *résultante* et les forces primitives prennent par rapport à elle le nom de *composantes*. L'effet produit par la résultante est le même que celui des composantes, pourvu que son point d'application soit convenablement choisi. Ce point est ce que l'on appelle le centre de gravité du corps. Il est facile de comprendre qu'il doit se trouver vers le lieu où la quantité de matière, dont est formé le corps, est la plus condensée.

Lorsqu'un corps est posé sur un plan par un point, de manière que la verticale passant par son centre de gravité passe également par le point sur lequel il repose, le corps reste en équilibre. S'il y a deux ou un plus grand nombre de points d'appui, il faut, pour que la position du corps soit stable, que la verticale passant par son centre de gravité tombe entre les points d'appui. Si elle tombait en dehors, le corps ne pourrait pas rester en place, et il tomberait lui-même pour atteindre la position d'équilibre. Lorsque le centre de gravité d'un corps est très élevé, il suffit, pour que la verticale tombe en dehors des points d'appui, d'une déviation beaucoup moins considérable que dans le cas où le centre de gravité est très bas. Ceci explique pourquoi les voitures montées sur des roues élevées, ou chargées par le haut, sont plus versantes que les autres.

Centrifuge (force). Lorsqu'un corps est assujetti à parcourir une ligne courbe, il se trouve à chaque instant dévié de la direction que la force d'impulsion à laquelle il obéit lui avait imprimée, car s'il était entièrement libre d'obéir à cette force, il suivrait une ligne droite. La résistance, que l'on est obligé de vaincre pour assujettir le corps à rester sur la courbe, s'appelle force centrifuge. Ce nom lui a été donné parce que son action tend à projeter le corps en dehors de la courbe, loin du centre et précisément dans la direction prolongée de son rayon de courbure. La force centrifuge est d'autant plus grande que le rayon de courbure est plus petit ; en outre, elle augmente avec la vitesse du corps en mouvement ; son accroissement est proportionnel au carré de cette vitesse, c'est-à-dire que pour une vitesse double, elle devient quadruple ; pour une vitesse triple, elle est neuf fois aussi grande, etc. C'est pour cela qu'elle est si puissante sur les chemins de fer, et que l'on cherche, autant que possible, à les faire en ligne droite ou du moins à raccorder leurs alignemens par des courbes d'un très grand rayon.

L'effet de la force centrifuge sur des voitures qui parcourent une courbe est fort dangereux ; il tend à les renverser et à les jeter hors de la voie. On peut sur les chemins de fer contre-balancer cet effet, jusqu'à un certain point, en surélevant le rail extérieur de la courbe, ce qui produit une inclinaison en sens inverse de celle qui serait due à la force centrifuge. Mais ce moyen est toujours incomplet et insuffisant ; car, si l'on peut calculer la surélévation à donner au rail en raison du rayon de la courbe, on ne peut pas la calculer en raison de la vitesse, puisque pour chaque vitesse de marche il faudrait une surélévation particulière. Il y a d'ailleurs de graves inconvéniens à donner une inclinaison transversale trop forte ; au-delà d'un certain point, la charge des voitures, en se portant d'un même coté, fatigue les roues et les ressorts, une des parois de la chaudière de la locomotive se trouve dégarnie d'eau et risque de se brûler et peut-être de faire explosion lorsque la machine reprend sa position normale. Tous les systèmes plus ou moins ingénieux, par lesquels on a cherché à combattre l'effet de la force centrifuge sur les chemins de fer, sont impuissans à résoudre complétement le problème. Ils peuvent bien diminuer les frottemens latéraux, mais ce serait vainement qu'ils chercheraient à atteindre un autre but dans la marche à grande vitesse. D'ailleurs ce sont ordinairement des mécanismes assez compliqués, ce qui est peu propre à accroître la sécurité des voyageurs. Plus le système de locomotion deviendra rapide, plus on devra chercher à en simplifier les élémens. On peut dire hardîment que là est le progrès dans l'art des chemins de fer, ce qui entraîne comme conséquence le rejet de courbes multipliées ou à faibles rayons dans leurs tracés.

Dans les machines, la force centrifuge tend à désunir les parties dont sont composées leurs roues, lorsqu'elles ne sont pas solidement assemblées. On a vu sous cet effort des jantes de volans animés d'une grande vitesse voler en éclats et causer de graves accidens par suite d'imperfection ou de détérioration dans leurs assemblages.

CENTRIPÈTE (FORCE). C'est la force qui s'oppose à ce qu'un mobile parcourant une courbe quitte la ligne sur laquelle on veut le maintenir. Dans les roues de machines cette force réside dans la solidité des assemblages qui réunissent leurs pièces et s'opposent à leur séparation. Dans les chemins de fer, elle consiste dans la pression du rebord de la roue à gorge contre la saillie du rail. La force centripète est directement contraire à la force centrifuge ; elle doit lui être égale pour la contre-balancer.

CERCLE. Surface plane circonscrite par une courbe fermée dont tous les points sont à égale distance d'un point intérieur appelé centre. La courbe limite s'appelle circonférence. Dans la pratique on confond souvent ces deux mots et l'on prend ordinairement le cercle pour sa circonférence.

CHAINAGE, CHAINE D'ARPENTEUR. La chaîne d'arpenteur, instrument qui sert à mesurer les longueurs sur le terrain, est ordinairement en fer et quelquefois en cuivre. Sa longueur est de dix ou de vingt mètres. Elle se compose de chaînons de dix centimètres de longueur, y compris les anneaux qui les réunissent. Les anneaux de dix en dix chaînons sont en cuivre pour marquer les divisions métriques. Le milieu de la chaîne est indiqué par un anneau plus fort que les autres.

Pour faire l'opération du chaînage, deux hommes prennent la chaîne chacun par un bout et la tendent dans toute sa longueur aussi horizontalement que possible. Celui qui marche le premier porte avec lui un paquet de dix fiches en fer : il en place une à l'extrémité que la chaîne vient de marquer et se porte ensuite en avant, en tirant la chaîne après lui. L'homme placé à l'arrière le suit, en gardant dans sa main l'autre bout de la chaîne, et marche jusqu'à ce qu'il soit arrivé au point où la première fiche a été placée : là il s'arrête. La chaîne est tendue de nouveau à partir de ce point, comme dans la station précédente : le premier marque l'extrémité d'avant par une nouvelle fiche, et se remet en marche ; le second, avant de partir, ramasse la première fiche qui avait été déposée, et l'opération se continue de même jusqu'à ce que le premier homme ait épuisé sa dizaine de fiches. Si le second n'en a pas oublié, il doit alors les avoir toutes dans les mains : il les restitue au premier, et l'opération recommence comme ci-dessus, jusqu'à ce que l'on ait parcouru toute la longueur de la ligne à chaîner. Le géomètre, qui suit l'opération, marque sur un carnet les dizaines de fiches ainsi relevées, lesquelles équivalent à cent mètres lorsque la chaîne dont on se sert a dix mètres de longueur, et à deux cents mètres quand la chaîne en a vingt.

Chaine sans fin. Chaîne dont les deux bouts se rejoignent et qui forme une ligne fermée continue. Cet appareil est usité dans les communications de mouvement. Il sert à transmettre le mouvement de rotation d'une roue à une autre trop éloignée pour que l'on emploie des engrenages à cet effet. Les chaînes ne sont guère en usage que pour certaines machines à épuisement appelées chapelets. Dans les machines on les remplace par des cordes aussi appelées cordes sans fin ou mieux par des courroies.

Chainette. Courbe qu'affecte une chaîne formée de maillons égaux, ou une corde homogène dont les deux extrémités sont fixes et séparées par une distance moindre que la longueur absolue de la chaîne. Quel que soit le soin avec lequel on tende une chaîne ou une corde, son poids la force toujours à prendre une certaine courbure qui devient très sensible à l'œil lorsque la corde est un peu longue.

La chaînette tracée dans une position renversée peut servir à déterminer la forme d'une voûte et donne un genre d'appareil très solide. Cependant on l'emploie rarement parce que ses naissances n'étant pas verticales se raccordent mal avec les pieds-droits, ce qui produit un effet désagréable.

Chainon. C'est le nom que l'on donne aux anneaux dont se compose une chaîne en métal. Quelquefois ces anneaux sont isolés et constituent seuls une espèce de petite chaîne. Sur les chemins de fer le tender et la locomotive sont unis ensemble par deux chaînons parallèles ; aux extrémités de ces chaînes sont fixés deux manchons dans lesquels passent les chevilles ouvrières des deux voitures. Ce mode d'assemblage permet au tender d'obéir à de légères oscillations dans le sens latéral, mais sans qu'il puisse s'éloigner ou se rapprocher de la locomotive, condition essentielle à remplir pour éviter les chocs et ne pas fatiguer les tuyaux des pompes alimentaires.

Chair. Mot anglais qui signifie siége ou chaise, et que l'on emploie quelquefois en français comme synonyme de coussinet pour désigner les pièces de fonte par l'intermédiaire desquelles les rails reposent sur les dés ou traverses (*Voyez* Coussinet).

Chaleur. Sensation produite sur les organes par la présence du calorique apparent. Ce mot est souvent employé comme synonyme de *calorique*. Ainsi, on dit la chaleur rayonnante, la chaleur apparente ou sensible, la chaleur latente. De toutes ces expressions la plus impropre est sans contredit la dernière ; car le mot chaleur ayant été employé jusqu'ici pour désigner une sensation toute particulière, c'est introduire dans le discours une véritable confusion que de l'employer concurremment avec une épithète qui implique sa négation.

Chambres consultatives des arts et manufactures. Leur création date de l'époque de la révolution. Leurs fonctions consistent suivant la loi à faire connaître les besoins et les moyens d'améliorer les manufactures, fabriques, arts et métiers. A cet effet, des mémoires sont adressés par les membres de ces chambres et transmis au ministre du commerce par l'intermédiaire des préfets. Ces chambres sont composées chacune de six membres, et présidées par le maire, ou par le préfet dans les communes où il y a plusieurs maires. Pour en être membre il faut être manufacturier, fabricant ou directeur de fabrique et avoir exercé cette profession pendant cinq ans au moins.

Chambres de commerce. Elles existent dans les chefs-lieux de préfecture et autres centres de population importans; leurs fonctions n'ont de différence avec les fonctions des précédentes qu'en ce que leurs efforts tendent spécialement à l'amélioration du commerce. Elle correspondent directement avec le ministre du commerce. Elles sont particulièrement chargées de présenter des vues sur les moyens d'accroître la prospérité commerciale du pays, de faire connaître au gouvernement les causes qui en arrêtent le progrès, d'indiquer les ressources qu'on peut se procurer, de surveiller l'exécution des travaux publics relatifs au commerce, tels que le curage des ports, la navigation des rivières, et l'exécution des lois et arrêtés concernant la contrebande. Les chambres de commerce existent quelquefois simultanément avec les chambres consultatives des arts et manufactures; leurs fonctions sont alors entièrement distinctes. D'autres fois l'une des deux seulement existe, alors elles se substituent l'une à l'autre, et les fonctions des deux chambres sont remises entre les mains d'une seule.

Les chambres de commerce sont composées de quinze commerçans dans les villes où la population excède 50 000 âmes et de neuf dans toutes les autres villes, indépendamment du préfet qui en est membre né, et qui en a la présidence toutes les fois qu'il assiste aux séances. Le maire remplace le préfet dans les villes qui ne sont pas des chefs-lieux de préfecture. Pour être membre d'une chambre de commerce il faut avoir fait le commerce en personne au moins pendant dix ans.

Chambre des députés. Réunion des députés élus en France par les colléges électoraux conformément aux lois. La chambre des députés exerce, collectivement avec le roi et la chambre des pairs, la puissance législative. C'est à elle que sont toujours présentés en premier lieu les projets de loi relatifs à la construction des chemins de fer, ces lois étant considérées comme lois d'impôts, soit à cause des dépenses qu'elles entraînent pour le trésor public, soit à cause des tarifs qu'elles donnent lieu de percevoir et qui sont considérés comme de véritables impôts indirects, quelles que soient les mains entre lesquelles ils sont versés par le public.

Chambre d'emprunt. Lorsque les déblais faits sur la ligne même d'un chemin de fer ne suffisent pas pour compenser les remblais à déposer sur d'autres points, ou, lorsque les parties à remblayer sont trop éloignées de ces déblais, on emprunte aux terrains à proximité les masses de terre nécessaires. Les lieux où l'on extrait ces terres s'appellent chambres d'emprunt. Ordinairement quand on est obligé de faire ces emprunts dans des terres cultivées, on a soin de retrousser la couche supérieure de terre végétale et de la mettre de côté ; on la répand à son ancienne place, lorsque les fouilles sont terminées, et l'on rend ainsi le sol à la culture.

Chambre des pairs. C'est un des trois pouvoirs de l'État. Ses fonctions et attributions sont réglées par la charte constitutionnelle du royaume. Les attributions législatives de la chambre des pairs sont les mêmes que celles de la chambre des députés. Néanmoins

toute loi d'impôt devant être d'abord votée par la chambre des députés, ce n'est jamais à la chambre des pairs que les lois relatives
à la construction des chemins de fer sont d'abord portées.

CHAMBRE DE VAPEUR. Espace compris entre la paroi supérieure de la chaudière et la surface du liquide. La vapeur s'y
rassemble avant de passer dans les tuyaux de distribution qui la
conduisent aux cylindres. Comme il importe que la vapeur arrive
bien sèche dans les cylindres, il ne faut pas craindre de donner à
la chambre une assez forte capacité pour que la vapeur puisse s'y
dépouiller des globules d'eau avec lesquels elle se trouve mêlée au
moment de sa formation. On calcule en conséquence le volume
des chaudières de manière que la chambre de vapeur en occupe
à peu près le tiers, sans inconvénient pour la force de la machine.

CHAMP (DE). Expression employée pour indiquer qu'un objet est
posé sur sa face la plus étroite. Il ne faut pas confondre la position *de
champ* avec la position *de bout*. Dans celle-ci l'objet est posé sur la
face la plus petite et de manière que sa plus longue dimension soit
en l'air. Dans la pose de champ au contraire l'objet est couché,
mais, ainsi que je viens de le dire, il repose sur la face la plus
étroite : si, étant couché, il reposait sur sa face la plus large, on
dirait qu'il est posé à *plat*.

On peut se faire une idée de ces diverses expressions en examinant les trois positions qu'il est possible de donner à une brique,
un madrier, une planche, etc. Il n'y a pas de position de champ
pour les objets qui ont autant d'épaisseur que de largeur.

CHANGEMENT DE VOIE. On a souvent besoin dans les chemins
de fer de faire passer les voitures qui y circulent d'une voie sur
une autre. Par exemple, lorsqu'on veut les transporter de la voie
d'aller sur celle de retour; lorsqu'on veut les envoyer dans les remises et ateliers pour le repos et les réparations; ou enfin, dans les
chemins à une seule voie, lorsque deux convois se rencontrent et
que l'un doit se placer sur une des gares situées de distance en
distance le long de la ligne, pour laisser circuler l'autre librement.

Les divers procédés employés pour les changemens de voie
peuvent tous se rapporter à deux espèces, les simples croisemens
et les plates-formes mobiles. On en trouvera la description aux
mots : AIGUILLES, CROISEMENT, EXCENTRIQUE et PLATE-FORME.

CHANTIER. Lorsque les ateliers de construction sont établis en
plein air, on leur donne aussi le nom de chantiers. Ce mot s'applique également aux lieux situés soit auprès, soit loin des ouvrages en
construction et où l'on prépare le bois, la pierre et les autres ma-

tériaux qui y sont approvisionnés. A Paris, lorsque les chantiers sont clos de planches pour en empêcher l'accès au public, on les nomme *théâtres*.

Chape. Dans le langage mécanique on appelle ainsi les deux étriers en fer formant mâchoire et portant le petit arbre sur lequel tourne une poulie. Cette expression s'emploie aussi pour désigner le recouvrement qui entoure les grains ou coussinets d'une tête de bielle ou de manivelle, et les fixe au corps de la pièce.

Les constructeurs appellent chape l'enduit imperméable dont ils recouvrent l'extrados d'une voûte en maçonnerie pour la préserver de l'infiltration des eaux. Cette chape se fait ordinairement en béton ou en ciment hydraulique : depuis quelques années on a commencé à appliquer avec succès les asphaltes naturels ou artificiels au même usage.

Chapeau. Couvercle supérieur d'une boîte à étoupes, d'une boîte à graisse, d'un coussinet, d'une chapelle de pompe, etc. Le chapeau s'assemble, avec le siége ou corps principal de la pièce à laquelle il appartient, au moyen de boulons et écrous qui servent à régler son serrage. Dans les boîtes à étoupes, le serrage doit être très énergique pour empêcher que des fuites ne se manifestent à travers l'étoupe entre le chapeau et le siége de la boîte. Dans les boîtes à graisse et les coussinets, le chapeau doit être serré de manière à permettre aux arbres qui le traversent de s'y mouvoir à frottement doux.

En terme de charpente on appelle chapeau une pièce de bois horizontale, soutenue par d'autres pièces verticales avec lesquelles elle s'assemble à tenons et mortaises.

Chapelets. *Voyez* **Épuisement.**

Chapelle. Petite chambre dans laquelle s'élève la soupape d'une pompe. Ses dimensions sont plus grandes que celles du tuyau principal, afin que l'eau, arrivant par l'ouverture que lui offre la soupape en se soulevant, puisse s'élancer librement au-dessus sans rencontrer d'obstacle. On en voit un exemple dans la figure qui accompagne la description de la soupape conique (*Voyez* Soupape).

Charbon. Corps simple connu par les chimistes sous le nom de *carbone*. On distingue dans les arts deux espèces de charbon : le charbon végétal produit artificiellement par la combustion incomplète du bois, et le charbon minéral que l'on trouve à l'état de nature et connu aussi sous les noms de *lignite*, *houille* ou *charbon de terre* et *anthracite*. Aucun de ces charbons n'est ordinairement parfaitement pur, il est facile de s'en assurer par la combustion.

Le carbone pur en brûlant ne laisse aucun résidu et se transforme tout entier en acide carbonique et oxide de carbone. Quand on brûle les charbons, on reconnaît au contraire qu'il se dégage avec les gaz carburés simples, de la vapeur d'eau, des huiles empyreumatiques, de l'hydrogène, etc., et enfin qu'il reste un résidu terreux plus ou moins considérable connu sous le nom de cendres. N'ayant à considérer ici le charbon que comme combustible, j'ai peu de chose à dire sur le charbon végétal ou charbon de bois. Il n'est pas employé pour le chauffage des appareils à vapeur. Son usage ne se rattache qu'indirectement à l'objet de ce livre par l'emploi que l'on en fait dans certaines méthodes de fabrication du fer. (*Voyez* AFFINAGE).

Quant au charbon de terre on trouvera aux mots ANTHRACITE, COKE, HOUILLE et LIGNITE les notions qui le concernent.

CHARNIÈRE. Espèce d'articulation qui permet à une pièce mobile de prendre un mouvement de rotation autour d'une autre pièce avec laquelle elle est assemblée, sans pouvoir toutefois accomplir un tour entier. L'articulation d'une tige de piston avec une bielle est une charnière : mais on ne saurait se servir de cette expression pour désigner l'articulation d'une bielle avec une manivelle. Une charnière se compose de deux parties, appelées *fourchette mâle* et *fourchette femelle*, entrant l'une dans l'autre et réunies par un goujon formant tourillon, autour duquel s'accomplit le mouvement de rotation des deux pièces l'une par rapport à l'autre. (*Voyez* FOURCHETTE).

CHARPENTE, CHARPENTERIE. Art d'employer les bois dans les constructions. La charpenterie s'occupe plus particulièrement de l'emploi des gros bois; elle a principalement pour objet l'établissement des pans de bois ou fortes cloisons servant de murs dans les bâtimens, les planchers, combles, échafaudages, cintres pour la construction des voûtes et arches de ponts, fortes barrières de clôture, escaliers, ponts en bois, beffrois et bâtis de machines fixes, coques et mâtures de navires, etc. L'emploi des bois de petites dimensions appartient à la *menuiserie* et à l'*ébénisterie*. Celui des bois destinés à la construction des roues, caisses et trains de voitures rentre dans l'art du *charronnage*.

On donne le nom de charpente à un assemblage de pièces de bois mises en œuvre et formant une construction. Ainsi on dit la charpente d'un pont, d'un bateau, etc. Cette expression s'applique aussi aux ouvrages en fer et fonte qui remplissent le même objet : seulement dans ce cas on a soin de désigner la matière dont la charpente est composée, et l'on dit une charpente en fer, en fonte, etc.

CHARPENTIER. Ouvrier qui coupe, taille, assemble et pose les bois destinés aux ouvrages de charpente. Les chefs ouvriers parmi les charpentiers s'appellent *gâcheurs*.

Les *scieurs de long* rentrent dans la classe des charpentiers, quoique leurs travaux n'embrassent qu'une très faible portion de l'art de la charpenterie.

CHARRONAGE. Art de construire les roues, caisses et trains de voitures : il participe à la fois de la charpente et de la ferronnerie. Les bois préférés pour le charronage sont d'abord l'orme, puis le frêne, le chêne et quelques autres essences liantes et fermes. Ces deux qualités sont indispensables à réunir dans la construction d'objets qui doivent être sans cesse exposés à des chocs et à des secousses. Bien que la fabrication des roues fasse partie du charronage ordinaire, elle en est détachée dans les ateliers où l'on construit les locomotives, diligences et autres véhicules employés sur les chemins de fer. On ne comprend, dans le charronage relatif à cette nouvelle espèce de voies de communication, que les caisses et trains de voitures, les cadres et leurs ressorts de suspension.

CHASSIS. Ce mot est employé dans les machines comme synonyme de CADRE ou de BATIS (*Voyez* ces mots). On lui réserve plus souvent la première acception, surtout lorsqu'il s'agit des locomotives et autres véhicules employés sur les chemins de fer.

CHATEAU D'EAU. Réservoirs d'eau placés dans les gares et ateliers des chemins de fer pour l'alimentation des machines. La communication entre le château d'eau et la caisse à eau du tender s'établit au moyen de tuyaux de conduite aboutissant à des grues ou potences mobiles établies de distance en distance dans la gare.

CHAUDIÈRE. Vase ou récipient métallique dans lequel on place un liquide pour le soumettre à l'action du feu, soit qu'il s'agisse de le vaporiser, ou simplement d'élever sa température. Je ne m'occuperai ici que des chaudières de machines à vapeur, c'est-à-dire de celles qui contiennent l'eau destinée à être convertie en vapeur et à communiquer, par son échappement sous cette forme, la force et le mouvement nécessaires au jeu des différentes pièces de la machine.

La chaudière d'une machine étant le lieu où se forme cette vapeur prend aussi le nom de *générateur*, et on la désigne dans les arts indifféremment par l'un ou l'autre nom.

Les chaudières se fabriquent en fonte, en tôle de fer ou en cuivre. La fonte est à peu près abandonnée aujourd'hui: la grande épaisseur que l'on est obligé de lui donner, rend le passage de la chaleur plus difficile et la pose première des chaudières plus chère. Cependant, dans un fourneau bien entretenu, la fonte offre l'avantage de durer plus longtemps que la tôle. La tôle de fer est la matière la plus généralement employée pour les chaudières : elle est moins chère que le cuivre, et bien qu'elle dure moins longtemps que celui-ci, elle est, en dernière analyse, plus économique. Le cuivre n'est employé que dans les cas où, le foyer devant être d'une grande légèreté, on y supprime la maçonnerie, et les parois de la chaudière servent elles-mêmes de boîte à feu. C'est le cas des chaudières tubulaires des locomotives et de quelques bateaux à vapeur. La tôle ne résisterait pas à l'action directe du combustible dans un foyer où la température est portée à un degré très élevé, il faut nécessairement lui substituer le cuivre.

On peut diviser les chaudières en trois classes suivant le degré de pression auquel la vapeur s'y produit, savoir : les chaudières à basse pression, qui produisent de la vapeur à une tension égale ou peu supérieure à celle de l'atmosphère ; les chaudières à moyenne pression, dans lesquelles la vapeur a une tension de deux à quatre athmosphères ; et enfin les chaudières à haute pression, où la vapeur ne se développe que sous une pression supérieure à quatre atmosphères, et qui va souvent dans la pratique jusqu'à huit athmosphères et au-dessus.

Quelle que soit la forme des chaudières, elles sont toujours munies d'un certain nombre de pièces communes à toutes, ce sont, 1° les tuyaux qui apportent l'eau d'alimentation ; 2° les indicateurs d'eau qui font connaître à chaque instant la hauteur du liquide pendant la marche de la machine ; 3° les soupapes de sûreté qui règlent la tension de la vapeur ; 4° le manomètre qui indique cette tension ; 5° les robinets de vidange qui donnent issue à l'eau quand on veut nettoyer la chaudière ; 6° le trou d'homme, orifice assez large pour qu'un homme puisse pénétrer dans le corps de la chaudière et la visiter.

La disposition la plus avantageuse pour l'application de la chaleur du foyer à une chaudière consiste à les faire à fond plat. Car la chaleur qui produit le plus d'effet est celle qui, au moment où elle est produite par la combustion, arrive directement sur la chaudière. Cependant on ne donne presque jamais cette forme aux chaudières des machines à vapeur. Cela vient de ce que, dans la construction de ces appareils, on est obligé de satisfaire à d'autres conditions que celles d'obtenir la surface de chauffe directe la plus grande possible. Cependant, comme la condition d'utiliser la chaleur développée par le combustible est la plus importante de toutes, on cherche toujours à travers les formes les plus variées à y satisfaire. Si l'on s'en écarte, c'est principalement pour obéir aux règles de la stabilité que doivent présenter des appareils soumis à des efforts souvent très considérables : ou bien encore c'est parce que l'on est gêné par le défaut d'espace. Ce dernier cas est celui des chaudières de locomotives et de bateaux à vapeur.

Les chaudières à basse pression ont ordinairement la forme d'un carré long ; leur partie supérieure est cylindrique et le dessous concave. La concavité de la face inférieure a pour but de présenter la plus grande surface possible à l'action directe du feu, en restant plus solide qu'une face plane qui ne tarderait pas à se voiler et peut-être à se rompre sous la double action du feu et de l'eau en ébullition. Quand la chaudière est grande, on y pratique intérieurement un ou deux conduits horizontaux, dans lesquels on fait circuler la fumée, avant de l'envoyer dans la cheminée, afin de la dépouiller de la plus grande partie de sa chaleur. Ces conduits ou carneaux intérieurs doivent être assez larges pour ne pas gêner le passage de la fumée. Ils ont l'inconvénient de s'engorger assez promptement de suie et de diminuer l'énergie du tirage et la capacité de la chaudière. Aussi ne les emploie-t-on pas lorsque les chaudières doivent avoir plus de 5 à 6 mètres de longueur, leur largeur correspondante étant de 1^m 50. Au-delà de ces dimensions il convient d'adopter une autre forme de chaudière, qui est généralement employée pour les pressions moyennes et que je décrirai tout à l'heure. Quelquefois on creuse aussi les flancs des chaudières à basse pression pour leur donner plus de résistance.

La figure ci-dessous représente la coupe transversale d'une chaudière ainsi construite. Sa forme est dite forme de *tombeau*

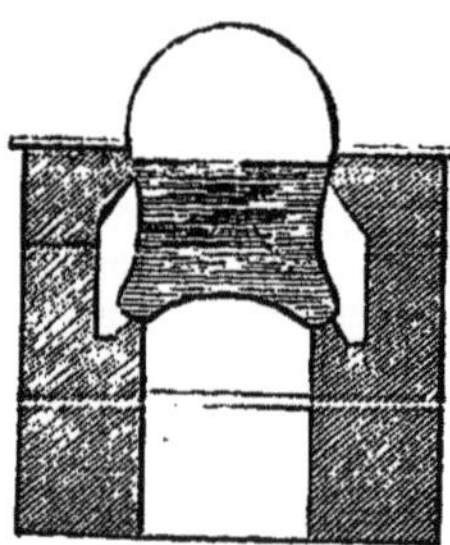

Les chaudières à moyenne pression ayant besoin d'une plus grande résistance que les premières, sont cylindriques et leurs extrémités sont terminées par des calottes sphériques. Cette forme est également celle que l'on emploie pour les chaudières à haute pression. C'est celle qui présente le plus de solidité en même temps qu'elle permet d'avoir une grande surface de chauffe directe. Il convient pour cela de leur donner un petit diamètre et une grande longueur. Quand on est obligé de dépasser le diamètre de 1^m 20 à 1^m 30, auquel correspond une longueur cinq à six fois plus grande, il est préférable d'employer deux chaudières au lieu d'une. La dimension que je viens d'indiquer est celle de la chaudière d'une machine de la force de trente-cinq à quarante chevaux. Les chaudières cylindriques, comme les chaudières planes ou concaves, ont l'inconvénient d'exiger pour leurs réparations la démolition du fourneau sur lequel elles reposent, ce qui rend ces opérations extrêmement dispendieuses. De plus, malgré l'avantage que présente la forme cylindrique sur toute autre plus compliquée, pour la production de la vapeur, il est certain qu'elles reçoivent moins bien la chaleur directe du foyer et consomment par conséquent, pour un même effet, plus de combustible que les chaudières à fond plat ou concave. On a réussi à parer à ces deux inconvéniens en ajoutant aux chaudières cylindriques des tubes *bouilleurs*, placés parallèlement au corps de la chaudière dans le foyer et unis avec elle par de courts tuyaux appelés *culottes*. Les bouilleurs sont seuls exposés à l'action directe du feu et aux avaries qui en résultent; on peut les démonter facilement sans détruire aucune partie essentielle du fourneau.

Les *planches IV* et *V*, représentent la coupe en long et la coupe en travers d'une chaudière à bouilleurs avec son fourneau. Cette chaudière et ses bouilleurs sont en fonte, matière peu employée aujourd'hui pour cet usage et généralement remplacée par la tôle de fer.

A B, sont les deux segmens de la chaudière, mastiqués ensemble à queue d'hironde et boulonnés;

CC, bouilleurs dont le col E est mastiqué à queue dans la tubulure de la chaudière;

D, cheminée munie d'un registre q servant à régler le tirage du fourneau;

EE, culottes des bouilleurs;

F G H J K L M, carneaux dans lesquels circule la fumée avant de se rendre à la cheminée D;

N, foyer où l'on place la houille;

O, cendrier ;

SS, supports en fonte de la chaudière ;

VV, cintres en briques réservés dans la maçonnerie, devant et derrière le fourneau, pour le démontage des bouilleurs et le nettoyage des carneaux ;

XX, armatures du fourneau ;

a, bourrelet de l'un des segmens de la chaudière, dans lequel s'ajuste l'autre segment ;

b, support de fer en forme de croissant, sur lequel repose la queue des bouilleurs ;

c, seuil en fonte de la porte du fourneau ;

d, autel en briques réfractaires, qui empêche l'entraînement de la houille et des cendres dans le premier carneau L ;

e, traverse en fonte ou en fer qui supporte la tête des bouilleurs ;

f, g, traverses en fer unies par un boulon h, qui relient les bouilleurs au corps de la chaudière ;

ii, tampons des bouilleurs ;

l, porte du fourneau ;

m, cloison horizontale en briques, fermant sur toute sa longueur l'intervalle qui sépare les bouilleurs ;

n, murs verticaux en briques élevés sur chacun des bouilleurs et divisant l'espace compris sous la chaudière en un carneau central M et deux carneaux latéraux J K ;

o, barreaux de la grille ;

p, dés en pierre dans lesquels sont entaillés les supports en fonte de la chaudière ;

q, registre de la cheminée ;

r, balancier du flotteur, reposant sur la colonne avec son contre-poids ;

ss, traverses et bouchons du trou d'homme ;

t, tuyau d'échappement de la vapeur ;

u, tuyau de décharge de la chemise du cylindre à vapeur ;

v, tuyau d'injection de la pompe alimentaire ;

x, pierre du flotteur ;

y, soupapes de sûreté ;

z, fil de cuivre qui soutient la pierre du flotteur ;

Il n'entre point dans mon plan de décrire toutes les diverses formes que les constructeurs ont cherché à donner aux chaudières des machines à vapeur. De tout temps on a été frappé de l'énorme quantité de chaleur dépensée en pure perte pour la réduction de l'eau en vapeur. Aujourd'hui les meilleurs appareils ne donnent guère que 6 à 7 kilogrammes de vapeur à 100 degrés, pour un kilogramme de houille, c'est-à-dire que la perte est de 35 à 45 pour 100. En comptant un dixième de cette perte pour le refroidissement du fourneau, il reste encore 30 à 40 pour 100 qui représentent le prix du meilleur tirage des cheminées. On a cherché à diminuer cette dépense, en portant le foyer au centre de la masse d'eau, en donnant aux carneaux dans lesquels circule la fumée un plus grand développement, et enfin en variant les formes des générateurs. Mais quelque ingénieuses que soient les inventions qui sont résultées des recherches des ingénieurs, elles n'ont rien produit jusqu'à ce jour dont l'art ait pu s'emparer avec succès sur une grande échelle. Il faut en excepter cependant les chaudières qui portent le nom de M. Beslay, et dont l'invention appartient à M. Frimot, ingénieur en chef des ponts-et-chaussées : ce sont des espèces de cornues verticales placées au centre du foyer et de la cheminée.

Les chaudières dont je viens de parler sont celles employées pour les machines fixes et pour la plupart des bateaux à vapeur. Dans ces derniers les carneaux sont disposés de manière à diviser les chaudières en plusieurs chambres longues, étroites et hautes communiquant entre elles. Cette forme est surtout nécessaire dans les bateaux de mer, pour éviter de trop grandes variations dans le niveau de liquide, lorsque le navire donne de la bande par les mouvemens du roulis.

Il me reste à parler d'une forme particulière de chaudière à foyer intérieur, appelée chaudière *tubulaire* et qui est exclusivement employée dans les locomotives. Dans ces appareils le défaut d'espace a forcé de supprimer les carneaux ordinaires et de les remplacer par un certain nombre de tubes qui portent, du foyer à la cheminée, les gaz brûlés. Le foyer lui-même, plus ordinairement désigné sous le nom de boîte à feu, au lieu d'être placé sous le récipient principal, est situé à l'arrière et complétement entouré d'eau : il forme une portion tellement intime de la chaudière, qu'il n'est pas possible de parler de l'un sans l'autre. C'est à l'adoption de la chaudière tubulaire que l'on doit la solution du problème de la traction rapide sur les chemins de fer : son introduction sur les bateaux à vapeur est destinée à produire le même résultat. L'invention de cette forme d'appareil est due à l'un de nos compatriotes, M. Marc Séguin, ingénieur et manufacturier d'Annonay, qui fut breveté pour cet objet en 1828 : son adoption assura le prix à M. Robert Stéphenson, dans le mémorable concours ouvert, le 6 octobre 1829, par les directeurs du chemin de fer de

Liverpool à Manchester, entre les différens systèmes de locomotives pour le service de leur ligne. Telle qu'elle est aujourd'hui, avec les perfectionnemens introduits depuis cette époque dans sa construction, elle se compose des parties suivantes (*Planches VI et VII*) : une portion cylindrique AA nommée plus particulièrement la chaudière ; le coffre à double enveloppe BB qui entoure le foyer et communique avec l'intérieur de la chaudière ; le foyer proprement dit ; les tubes DD qui établissent la communication du foyer avec la boîte à fumée E et enfin les tuyaux N, OO, servant à la distribution de la vapeur. De même que les chaudières des machines fixes, elle est munie de soupapes de sûreté, robinets de vidange, trou d'homme, tuyaux d'arrivée pour l'eau d'alimentation et de sortie pour la vapeur, et indicateurs d'eau. Souvent elle porte un sifflet : mais elle n'a pas de manomètre.

La partie cylindrique de la chaudière AA a de 2 mètres à 2^m 50 de longueur et environ 1 mètre de diamètre. Elle est composée de feuilles de tôle de fer posées à recouvrement l'une sur l'autre et jointes ensemble par des rivets en fer. Pour éviter la déperdition du calorique dans l'air, le corps de la chaudière est enveloppé d'une chemise en bois, formée de douves longitudinales maintenues par des cercles en fer.

Le coffre B qui entoure le foyer est une boîte à peu près carrée, ayant environ 1^m 25 de largeur extérieure et 1^m 10 de longueur dans le sens du cylindre de la chaudière. Il est plus large que la chaudière, afin que la boîte, formée par son enveloppe intérieure et dans laquelle on place le combustible, occupe toute la largeur de la paroi plane qui ferme la partie cylindrique. L'enveloppe extérieure du coffre est en tôle de fer ; son enveloppe intérieure est en cuivre, parce que ce métal résiste mieux que le fer à l'action directe de la flamme et des gaz brûlés. L'enveloppe extérieure du coffre qui entoure le foyer, affecte dans sa partie supérieure une forme cylindrique comme celle de la chaudière, mais, au lieu de se fermer en dessous, elle reste ouverte pour le tirage du foyer, et ses parois latérales sont planes. L'enveloppe intérieure est plate dans sa partie supérieure, elle est fermée sur le devant par la plaque dans laquelle sont encastrés les tubes qui traversent le cylindre de la chaudière dans le sens de sa longueur. Ses parois latérales sont également plates et se raccordent, par le bas, avec l'enveloppe extérieure. L'arrière du coffre est plat et fermé par la continuation de sa double enveloppe. C'est dans cette face qu'est pratiquée la porte C du foyer. Les faces opposées de l'enveloppe intérieure et de l'enveloppe extérieure du coffre, sont jointes ensemble par des rivets en cuivre : le couvercle de la boîte intérieure est consolidé par des arcs en fer. L'espace compris entre les deux enveloppes du coffre étant en communication avec la chaudière, le foyer se trouve ainsi entouré d'eau de toutes parts.

Le cylindre de la chaudière est fermé à sa partie antérieure par une plaque de tôle. Cette plaque, comme celle d'arrière, est percée de trous pour recevoir les tubes DD, qui traversent la chaudière. C'est par ces tubes que la flamme et les gaz brûlés se rendent dans la boîte à fumée E, après avoir échauffé l'eau de la chaudière dans leur trajet. Ces tubes font en même temps l'effet de tirans qui consolident les deux parois extrêmes de la chaudière.

La chaudière est entretenue d'eau par deux pompes alimentaires mises en mouvement par le jeu de la machine et communiquant avec le réservoir du tender par deux tuyaux FF. Le tube de verre, qui sert à indiquer la hauteur de l'eau dans la chaudière, est placé sous les yeux du mécanicien, sur la paroi d'arrière de la boîte à feu. Comme la vapeur en s'introduisant dans le tube pourrait induire en erreur sur la vraie hauteur de l'eau, de petits robinets d'épreuves g g sont fixés sur le côté du foyer à des hauteurs différentes, le plus bas étant un peu au-dessus du couvercle du foyer. Le mécanicien les ouvre de temps en temps pendant la marche de la machine, pour s'assurer que l'eau ne descend jamais au niveau du plus bas, et régler, par suite de cette inspection, le jeu des pompes alimentaires.

La tension de la vapeur dans la chaudière est réglée par deux soupapes de sûreté HH. L'une est contenue dans une boîte fermée à clef ; l'accès en est interdit au mécanicien : l'autre au contraire est à sa portée, et il peut la régler à volonté. Leur position sur la chaudière est indifférente ; quelquefois la soupape variable se place sur le dôme où se fait la prise de vapeur.

L'ouverture circulaire Z, appelée trou d'homme, par laquelle on s'introduit dans le corps de la chaudière pour la nettoyer et la visiter, est fermée par un couvercle mastiqué et boulonné. Deux petites ouvertures circulaires pratiquées de chaque côté au bas du foyer et fermées également par des plaques boulonnées servent à ce nettoyage, quand on veut le faire complet. Deux autres robinets de décharge J, fixés aussi le long du coffre près du fond du foyer, servent aux nettoyages journaliers. Pour cela, on attend que la machine ait fini son service et que l'on ait jeté le feu ; pendant qu'elle est encore chaude, on ouvre les robinets et l'eau qui s'échappe avec force, sous la pression de la vapeur, forme des jets rapides qui entraînent les sédimens.

L'eau ne doit pas remplir complétement la chaudière ; LL indique son niveau supérieur. Il reste dans la partie haute un certain espace dans lequel se rassemble la vapeur produite par l'ébullition : c'est la chambre de vapeur. De là elle s'élève dans une espèce de dôme métallique M, où elle rencontre un tube évasé N dans lequel elle est entraînée pour passer par le tuyau de distribution OO qui la conduit aux cylindres P.

CHAUDRONNERIE. Art de construire les chaudières destinées aux machines à vapeur. On désigne aussi sous ce nom l'atelier dans lequel a lieu cette construction. La confection des chaudières en fonte n'appartient pas aux ateliers de chaudronnerie proprement dits : elle fait partie du travail des fonderies.

Les matières que la chaudronnerie met en œuvre sont la tôle de fer et celle de cuivre, qui lui sont livrées par le commerce à l'état de feuilles. La première chose à faire pour cette mise en œuvre est d'apprêter les feuilles, c'est-à-dire de les découper au moyen de cisailles, suivant la forme plane développée correspondant à celle qu'elles auront en place; ensuite on les courbe en les appliquant sur des moules convexes ou concaves qui affectent la forme des diverses parties de la chaudière, et on les bat sur ces moules avec le marteau jusqu'à ce qu'elles soient suffisamment courbées : ce battage se fait à froid pour la tôle de cuivre et à chaud pour celle de fer. Après cette opération on achève, au moyen des cisailles et de la lime, d'enlever aux feuilles les petites parties que le premier découpage avait laissées, et qui sont reconnues excédantes après leur courbage; les feuilles étant ainsi préparées, et posées les unes à côté des autres dans la place qui leur convient définitivement, on perce les trous des rivets qui doivent servir à leur assemblage, on pose les rivets, et on achève de *parer* la chaudière en faisant disparaître avec le ciseau et le marteau toute trace de joints et de bavures, provenant tant des bords des feuilles que des trous et têtes des rivets.

Les principaux outils employés dans la chaudronnerie sont le marteau, les cisailles, la lime, le ciseau et le perçoir.

CHAUFFE (SURFACE DE). Quelle que soit la forme d'une chaudière, il n'y a jamais qu'une portion de sa surface qui reçoive l'action de la chaleur développée dans le foyer ; cette portion est ce que l'on nomme sa surface de chauffe. Afin d'obtenir un magasinage de vapeur suffisant, les constructeurs sont dans l'habitude de disposer les chaudières et les fourneaux, de manière que la surface de chauffe occupe environ les trois cinquièmes de la surface totale de la chaudière. La force de la chaudière, c'est-à-dire la quantité de vapeur qu'elle peut fournir dans un temps donné, s'estime en raison de sa surface de chauffe. On calcule qu'il faut environ un mètre carré de surface de chauffe par force de cheval. Ainsi une chaudière qui aura cinq, dix, quinze, vingt mètres carrés de surface de chauffe sera une chaudière de cinq, dix, quinze, vingt chevaux. Pour faire ce calcul on divise la surface de chauffe en deux parties, que l'on appelle la surface *directe* et la surface *indirecte*. La première se compose de la partie de la chaudière qui est exposée à l'action directe du combustible. La seconde ne reçoit cette action que par le courant de fumée et de gaz brûlés qui se rendent du foyer à la cheminée : ce sont les parois des carneaux ou tubes dans lesquels circule ce courant.

La puissance de vaporisation de la surface de chauffe directe est beaucoup plus considérable que celle de la surface indirecte. Dans les chaudières cylindriques à bouilleurs bien construites, on estime que la quantité de vapeur, produite par un mètre carré de surface directe, est sept ou huit fois aussi considérable que celle donnée par la même étendue de surface indirecte. Dans les chaudières tubulaires, où la petite dimension de la boîte à feu et la rapidité du tirage entraîne la flamme jusque dans les tubes et y maintient une température for' élevée, la production de la surface indirecte s'élève, proportion gardée, au tiers de celle de la surface directe. Ainsi l'on tient compte de la surface indirecte pour un septième ou un huitième de son développement, dans les chaudières à bouilleurs et à carneaux, et pour un tiers dans les chaudières tubulaires.

Chauffeur. Ouvrier chargé de veiller à l'alimentation du foyer et de la chaudière d'une machine à vapeur. Le choix d'un chauffeur intelligent et probe est extrêmement important pour le propriétaire d'une machine à vapeur : il ne saurait être à cet égard trop scrupuleux et trop sévère ; comme aussi il ne doit pas hésiter à rémunérer convenablement le chauffeur qui a justement conquis sa confiance et à se l'attacher par tous les liens possibles. En effet, sans parler des accidens terribles auxquels peut exposer l'incurie ou l'ignorance d'un chauffeur, à quelle énorme dépense de combustible, à quelle détérioration continue des appareils générateurs n'exposent pas la négligence et la fraude dans ce genre de travail ! Un chauffeur probe et expérimenté, qui connaît bien la machine confiée à ses soins, peut seul juger de la valeur relative des divers charbons employés au chauffage. Cette remarque a surtout de l'importance pour les usines situées loin des lieux d'extraction de la houille, tels que Paris, et qui s'approvisionnent à des sources différentes. Il est rare que les charbons n'arrivent pas au consommateur mélangés, falsifiés peut-être. Or, qui pourra le reconnaître, sinon le chauffeur qui a la conduite du feu, qui possède seul les élémens de comparaison, et qui peut les faire varier à son gré?

Chaufournier. Celui dont la profession est de fabriquer la chaux. (*Voyez* **Chaux**).

Chaussée. Portion de la surface d'un chemin spécialement destinée à la circulation des voitures. On réserve plus particulièrement ce nom à la partie bombée du milieu que l'on construit avec le plus de soin. Les bandes longitudinales du terrain de la route, qui bordent la chaussée, sont les *accotemens*. On donne aussi le nom de chaussée à des levées en terre que l'on pratique dans les lieux bas et humides, soit pour y asseoir un chemin, soit simplement pour les préserver des eaux.

Chaux. La chaux pure est composée d'oxigène et de calcium, corps simples dont la combinaison donne une base extrêmement caustique, avide d'eau et s'unissant facilement avec un grand nombre d'acides pour former des sels. Les pierres calcaires sont des sels à base de chaux. Ceux qui sont répandus le plus abondamment dans la nature sont le carbonate de chaux (craie, marbre, etc.) et le sulfate de chaux (plâtre, gypse, albâtre). La chaux est employée dans l'art des constructions pour former le mortier. On ne la trouve pas à l'état naturel; il faut l'extraire des pierres calcaires. Celles qui sont employées à cet usage sont les carbonates de chaux. En les calcinant on force l'acide carbonique qu'elles contiennent à se dégager et à laisser libre la chaux pure ou mélangée avec les autres substances étrangères que contenaient les pierres calcaires soumises à la cuisson. Cette cuisson se fait dans des fours de diverses formes; elle doit être uniforme, graduée et non interrompue, et dure de deux à cinq jours, suivant la nature de la pierre et celle du combustible, et selon les procédés particuliers que l'on emploie.

Les constructeurs distinguent deux espèces de chaux : la chaux *grasse* et la chaux *maigre*. La chaux grasse est à peu près pure, elle absorbe deux fois et demie à trois fois et demie son poids d'eau et augmente beaucoup de volume lorsqu'on la mélange avec cette eau pour la réduire en pâte ayant la consistance du beurre. Cette transformation de la chaux calcinée et pulvérulente en pâte s'appelle l'*extinction* de la chaux. La chaux maigre est mélangée de matières étrangères; elle n'absorbe guère qu'une fois à deux fois et demie son poids d'eau et acquiert beaucoup moins de volume par l'extinction. On peut sans inconvénient éteindre les chaux grasses longtemps avant de les employer à la fabrication du mortier. Il n'en est pas de même de la chaux maigre : une extinction prématurée lui ferait perdre ses qualités et la rendrait inerte.

On divise encore les chaux en chaux *hydraulique* et chaux *non hydraulique*. La première a la propriété, lorsqu'elle a été réduite à l'état de pâte, de se durcir dans l'eau : elle communique au mortier cette qualité. La chaux non hydraulique au contraire se délaie dans l'eau indéfiniment et ne se durcit bien qu'à l'abri de l'humidité. La propriété de durcir dans l'eau est communiquée à la chaux par la présence d'une certaine proportion de quelques matières étrangères et notamment d'argile ; aussi les chaux hydrauliques sont-elles toujours plus ou moins maigres. Mais de ce qu'une chaux est maigre, on ne doit pas en conclure qu'elle est nécessairement hydraulique : le contraire a lieu très souvent. On trouve dans la nature beaucoup de calcaires argileux qui peuvent, en raison de leur composition, donner par la calcination des chaux plus ou moins hydrauliques. On peut aussi fabriquer artificiellement des chaux hydrauliques, en pétrissant de la chaux pure en poudre avec une certaine quantité d'argile grise ou brune, que l'on fait ensuite calciner. Le ciment romain, celui de Pouilly et en général les matières connues sous le nom de cimens, ne sont autre chose que des chaux éminemment hydrauliques.

CHEMIN. Longue bande de terrain réservée pour établir la communication entre des points éloignés. Chemin est le nom générique de toutes les voies de communication. En ce sens on peut dire que la mer est le grand chemin par lequel les nations communiquent entre elles : les rivières et les canaux de navigation sont aussi des chemins. Cependant la dénomination de chemin est restée plus particulièrement affectée aux voies de terre.

Le bon état de la viabilité dans un pays a toujours été considéré avec raison comme une marque de prospérité et de civilisation. Dans l'état sauvage en effet, en l'absence de la propriété privée, il n'y a pas de chemins proprement dits. On passe partout sans s'inquiéter des dégâts que l'on peut commettre. Mais, à mesure que la civilisation se perfectionne, les hommes comprennent la nécessité d'établir, pour leurs communications et leurs échanges, des voies régulières, d'un parcours facile, et qui, au lieu de porter atteinte aux propriétés, servent à les limiter et à en faciliter l'accès. La création, le perfectionnement et l'entretien des chemins est un des principaux objets sur lesquels un gouvernement doit porter son attention. Aussi voyons-nous par l'histoire et par les vestiges dont le sol porte encore l'empreinte, quelle importance y attachaient les Romains, le plus grand peuple de l'antiquité connue. En France, depuis l'époque de la domination romaine, les chemins n'ont jamais manqué de se ressentir des vicissitudes politiques du pays. Les Capitulaires de Dagobert Ier portent que celui qui mettra quelque empêchement à la voie publique sera tenu de l'ôter et en outre sera condamné à une amende. Ces prescriptions, qui remontent, comme on le voit, à la première race de nos rois, eurent peu d'effet : elles furent promptement paralysées par les troubles intérieurs et les guerres dont notre malheureux pays était le théâtre. Un des soins de Charlemagne, au faîte de sa puissance, fut d'améliorer notre système de viabilité : il fit travailler aux chemins publics, releva les voies militaires des Romains et les mit sous la sauvegarde d'une législation sévère. Cet exemple fut imité par Louis-le-Débonnaire et par quelques uns de ses successeurs qui rendirent de sages ordonnances sur la matière. Mais il y eut ensuite un abandon presque général qui dura jusqu'à Philippe-Auguste. Ce prince, auquel la ville de Paris doit son pavage, commença à rétablir la police des grands chemins et en confia l'inspection à des magistrats spéciaux. Depuis cette époque, l'organisation d'abord incomplète de la voirie n'a pas cessé de se perfectionner. A travers des transformations qu'il serait trop long de rapporter ici, elle a fini par être confiée à des ingénieurs réunis en un seul corps et formant l'administration des ponts-et-chaussées. Cependant deux classes de chemins échappent à l'action de ce corps et sont régies à part : ce sont les chemins vicinaux et les chemins ruraux ou particuliers.

Les chemins vicinaux sont placés sous l'action directe des administrations départementales et municipales et confiés à des agens nommés par ces administrations. Ils sont dans les attributions du ministère de l'intérieur qui les administre conformément à la loi du 21 mai 1836 et aux ordonnances réglementaires qui en dérivent.

On appelle chemins ruraux ou particuliers ceux qui ne sont pas d'un intérêt général et qui appartiennent à un ou plusieurs particuliers. Quelques-uns de ces chemins sont publics en tout temps, d'autres ne servent qu'à leurs propriétaires. Mais dans tous les cas ils échappent complétement à l'action de l'administration. Les contestations auxquelles ils peuvent donner lieu sont jugées par les tribunaux ordinaires conformément aux règles du droit commun.

Les chemins dont la construction, la police et l'entretien sont dévolus à l'administration des ponts-et-chaussées sont les routes royales
et départementales et les chemins de fer.

CHEMIN DE FER. Nouvelle espèce de voie de communication formée d'une chaussée garnie de deux bandes de fer parallèles sur lesquelles portent les roues des voitures qui la parcourent, au lieu d'être
en contact immédiat avec le sol. Il ne faut pas confondre avec les
chemins de fer les chemins dits *ferrés*. Ces derniers sont ceux dont
le fond est ferme et pierreux et où les roues des voitures n'enfoncent
pas. On les appelle vulgairement ferrés parce que leur surface semble
présenter la dureté du fer.

Le but que l'on s'est proposé dans l'origine par la construction
des chemins de fer, était de diminuer les frottemens des roues et d'alléger d'autant l'effort nécessaire pour la traction des voitures. Mais
les diverses transformations qu'ils ont subies dans leur construction
et dans l'aménagement de leur matériel, et notamment l'application
de la vapeur, jointe à l'invention de la chaudière tubulaire, ont fait
des transports à grande vitesse leur but principal. Envisagés sous
cet aspect, qui leur appartient définitivement, les chemins de fer ne
sont plus réduits à un simple rôle commercial. Ce sont encore et
par dessus tout de puissans agens de politique et de civilisation.
Leur établissement, en abolissant les distances et économisant le
temps, cette étoffe précieuse dont la vie est faite, comme disait
Franklin, aura pour conséquence nécessaire une diffusion générale
des lumières, un rapprochement entre les provinces les plus éloignées, un accroissement des échanges de toutes sortes entre les
peuples. Une nation, qui veut conserver dans l'échelle de la civilisation un rang élevé, ne peut plus désormais y prétendre qu'à la condition de créer et d'avoir à sa disposition un réseau de chemins de fer
proportionné aux ressources et à l'étendue de son territoire. C'est
pour elle une nécessité qui devient chaque jour de plus en plus impérieuse, et qui dès aujourd'hui ne l'est pas moins que l'entretien d'une
marine et d'une armée respectables. Aussi voyons-nous tous les
états Européens et ceux de l'Amérique du nord, c'est-à-dire tous
les états qui sont placés à la tête du mouvement de la civilisation,
provoquer à l'envi la création de grandes lignes de chemins de fer
qui les sillonnent dans tous les sens. Ce mouvement date à peine
de quinze à dix-huit années, et déjà la masse de travaux accomplis pour la construction des chemins de fer a dépassé les ouvrages
les plus fameux qui nous avaient été légués par l'antiquité. Je ne
crois pas trop m'avancer en exprimant ici l'espoir que, dans une

période de temps égale à celle que nous venons de parcourir depuis leur introduction, ces résultats seront au moins doublés. En effet, s'il est quelques pays tels que l'Angleterre et la Belgique où les directions les plus importantes sont déjà livrées à la circulation, l'existence de ces premières lignes provoquera certainement, dans un très prochain avenir, l'établissement d'autres non moins utiles. D'ailleurs, chez plusieurs grandes nations et parmicelles-ci, il m'en coûte de le dire, la France occupe eu égard à sa population, sa richesse et l'étendue de son territoire, une place tristement remarquable, le nombre des chemins de fer construits est loin de répondre aux besoins les plus urgens. Heureusement une grande détermination vient enfin d'être prise par le gouvernement français : il ne veut pas plus longtemps se laisser devancer par ses rivaux. Par la loi du 11 juin 1842 il a décrété la construction d'environ 4000 kilomètres de chemins de fer qui devront être achevés dans un intervalle de douze à quinze années. L'essor est pris, et d'ici à peu de temps nos ingénieurs doivent ne plus rien nous laisser envier à nos voisins.

Les chemins de fer exécutés en France jusqu'à ce jour sont ceux

De Saint-Etienne à Andrezieux dont la longueur est de	18 000 mètres
De Saint-Etienne à Lyon	58 000 —
D'Andrezieux à Roanne	67 000 —
D'Épinac au canal de Bourgogne	28 000 —
De Montbrison à Montrond	15 550 —
D'Alais à Nismes	47 226 —
De Nismes à Beaucaire	22 723 —
De Paris à Saint-Germain	18 500 —
De Montpellier à Cette	27 500 —
D'Alais à la Grand'Combe	46 750 —
De Paris à Versailles (rive droite)	23 000 —
— — (rive gauche)	46 889 —
De Mulhouse à Thann	19 000 —
De Paris à Corbeil	31 000 —
De Strasbourg à Bâle	140 000 —
De Bordeaux à la Teste	51 000 —
Du Creusot au canal du Centre	10 000 —
De Bert et Montcombry à la Loire	25 000 —
De Villers-Cotterets au Port-aux-Perches	8 455 —

A reporter 643 293 —

	Report 643 293 mètres.
De Saint-Waast à Anzin	885 —
D'Abscon à Denain	5 940 —
De Denain à Saint-Waast	8 900 —
De Paris à Orléans	144 000 —
— à Rouen	128 059 —
De Lille à la frontière belge	44 150 —
De Valenciennes à la frontière belge	43 125 —
De Nismes à Montpellier	54 000 —
Total	982 352 mètres

Toutes ces lignes, à l'exception des trois dernières, ont été concédées à des compagnies. Il ne reste sur ce nombre à livrer à la circulation que les chemins de fer de Paris à Orléans et à Rouen dont on annonce l'ouverture prochaine, et celui de Nismes à Montpellier dont les travaux sont un peu moins avancés.

Avant de faire connaître quelles sont les principales lignes de chemins de fer dans les autres pays, je crois nécessaire de donner ici le texte de la loi du 11 juin 1842. Cette loi complétera la nomenclature des chemins de fer Français, en y ajoutant toutefois, la ligne de Rouen au Havre, qui a été concédée à la même époque par une loi spéciale, à une compagnie, et qui s'exécute en ce moment. Cette dernière ligne forme le prolongement de celle de Paris à Rouen, et sa longueur est de 89 kilomètres.

Voici le texte de la loi du 11 juin 1842 : on y trouvera non-seulement la liste des chemins de fer dont elle a décrété l'exécution, mais encore le mode financier suivant lequel cette exécution doit avoir lieu, et les ressources qui leur ont été immédiatement affectées.

LOI relative à l'établissement de grandes lignes de chemins de fer.

TITRE Ier. — *Dispositions générales.*

ART. 1er. — Il sera établi un système de chemins de fer se dirigeant,

1° De Paris

Sur la frontière de Belgique, par Lille et Valenciennes :

Sur l'Angleterre, par un ou plusieurs points du littoral de la Manche, qui seront ultérieurement déterminés ;

Sur la frontière d'Allemagne, par Nancy et Strasbourg ;

Sur la Méditerranée, par Lyon, Marseille et Cette ;

Sur la frontière d'Espagne, par Tours, Poitiers, Angoulême, Bordeaux et Bayonne ;

Sur l'Océan, par Tours et Nantes ;

Sur le centre de la France, par Bourges ;

2° De la Méditerranée sur le Rhin, par Lyon, Dijon et Mulhouse ;

De l'Océan sur la Méditerranée, par Bordeaux, Toulouse et Marseille.

Art. 2. — L'exécution des grandes lignes de chemins de fer définies par l'article précédent aura lieu par le concours

De l'Etat, — Des départemens traversés et des communes intéressées, — De l'industrie privée, —Dans les proportions et suivant les formes établies par les articles ci-après.

Néanmoins, ces lignes pourront être concédées en totalité ou en partie à l'industrie privée, en vertu de lois spéciales et aux conditions qui seront alors déterminées.

Art. 3. —Les indemnités dues pour les terrains et bâtimens dont l'occupation sera nécessaire à l'établissement des chemins de fer et de leurs dépendances seront avancées par l'Etat, et remboursées à l'État, jusqu'à concurrence des deux tiers, par les départemens et les communes.

Il n'y aura pas lieu à indemnité pour l'occupation des terrains ou bâtimens appartenant à l'Etat.

Le Gouvernement pourra accepter les subventions qui lui seraient offertes par les localités ou les particuliers, soit en terrains, soit en argent.

Art. 4. —Dans chaque département traversé, le conseil général délibérera ;

1° Sur la part qui sera mise à la charge du département dans les deux tiers des indemnités, et sur les ressources extraordinaires au moyen desquelles elle sera remboursée en cas d'insuffisance des centimes facultatifs ; 2° Sur la désignation des communes intéressées et sur la part à supporter par chacune d'elles, en raison de son intérêt et de ses ressources financières.

Cette délibération sera soumise à l'approbation du Roi.

Art. 5. — Le tiers restant des indemnités de terrains et bâtimens, — Les terrassemens, — Les ouvrages d'art et stations,

Seront payés sur les fonds de l'État.

Art. 6. — La voie de fer, y compris la fourniture du sable,

Le matériel et les frais d'exploitation,

Les frais d'entretien et de réparation du chemin , de ses dépendances et de son matériel ,

9

Resteront à la charge des compagnies auxquelles l'exploitation du chemin sera donnée à bail.

Ce bail réglera la durée et les conditions de l'exploitation, ainsi que le tarif des droits à percevoir sur le parcours ; il sera passé provisoirement par le ministre des travaux publics, et définitivement approuvé par une loi.

ART. 7. — A l'expiration du bail, la valeur de la voie de fer et du matériel sera remboursée, à dire d'experts, à la compagnie par celle qui lui succédera, ou par l'État.

ART. 8. — Des ordonnances royales régleront les mesures à prendre pour concilier l'exploitation des chemins de fer avec l'exécution des lois et réglemens sur les douanes.

ART. 9. — Des réglemens d'administration publique détermineront les mesures et les dispositions nécessaires pour garantir la police, la sûreté, l'usage et la conservation des chemins de fer et de leurs dépendances.

TITRE II. — *Dispositions particulières.*

ART. 10.—Une somme de quarante-trois millions (43 000 000 f.) est affectée à l'établissement du chemin de fer de Paris à Lille et Valenciennes, par Amiens, Arras et Douai.

ART. 11. — Une somme de onze millions cinq cent mille francs (11 500 000 f.) est affectée à la partie du chemin de fer de Paris à la frontière d'Allemagne, comprise entre Hommarting et Strasbourg.

ART. 12.—Une somme de onze millions (11 000 000 fr.) est affectée à l'établissement de la partie commune aux chemins de fer de Paris à la Méditerranée et de la Méditerranée au Rhin, comprise entre Dijon et Châlons.

ART. 13. — Une somme de trente millions (30 000 000 fr.) est affectée à la partie du chemin de Paris à la Méditerranée, comprise entre Avignon et Marseille, par Tarascon et Arles.

ART. 14. — Une somme de dix-sept millions (17 000 000 fr.) est affectée à l'établissement de la partie commune aux chemins de fer de Paris à la frontière d'Espagne et de Paris à l'Océan, comprise entre Orléans et Tours.

ART. 15. — Une somme de douze millions (12 000 000 fr.) est affectée à l'établissement de la partie du chemin de fer de Paris au centre de la France, comprise entre Orléans et Vierzon.

ART. 16. — Une somme de un million cinq cent mille francs (1 500 000 fr.) est affectée à la continuation et à l'achèvement des études des grandes lignes de chemins de fer.

Art. 17. — Sur les allocations mentionnées aux articles précédens, et s'élevant ensemble à la somme de cent vingt-six millions de francs (126 000 000 fr.), il est ouvert au ministre des travaux publics, sur l'exercice 1842, un crédit de, savoir :

Pour le chemin de fer de Paris à la frontière de la Belgique, dans la partie comprise entre Paris et Amiens .... 4 000 000 f.

Pour la partie du chemin de Paris à la frontière d'Allemagne, entre Strasbourg et Hommarting.......... 1 500 000

Pour la partie commune aux chemins de Paris à la Méditerranée, et de la Méditerranée au Rhin, entre Dijon et Châlons.................................... 1 000 000

Pour la partie du chemin de Paris à la Méditerranée, comprise entre Avignon et Marseille............... 2 000 000

Pour la partie commune aux chemins de Paris à la frontière d'Espagne, et de Paris à l'Océan, entre Orléans et Tours 2 000 000

Pour la partie du chemin de Paris au centre de la France, comprise entre Orléans et Vierzon 1 500 000

Pour la continuation des études 1 000 000

Total égal.............13 000 000

Et sur l'exercice de 1843, un crédit de, savoir :

Pour le chemin de Paris à la frontière de Belgique .... 8 000 000 f.

Pour la partie du chemin de Paris à la frontière d'Allemagne, entre Strasbourg et Hommarting 3 500 000

Pour la partie commune aux chemins de Paris à la Méditerranée, et de la Méditerranée au Rhin, entre Dijon et Châlons 2 000 000

Pour la partie du chemin de Paris à la Méditerranée, entre Avignon et Marseille 6 000 000

Pour la partie commune aux chemins de Paris à la frontière d'Espagne et de Paris à l'Océan, entre Orléans et Tours 6 000 000

Pour la partie du chemin de Paris au centre de la France, entre Orléans et Vierzon 3 500 000

Pour la continuation des études 500 000

Total égal...........29 500 000 f

TITRE III. — *Voies et moyens.*

Art. 48. — Il sera pourvu provisoirement, au moyen des ressources de la dette flottante, à la portion des dépenses autorisées par la présente loi, qui doivent demeurer à la charge de l'Etat ; les avances du trésor seront définitivement couvertes par la consolidation des fonds de réserve de l'amortissement, qui deviendront libres après l'extinction des découverts des budgets des exercices 1840, 1841, 1842.

TITRE IV. — *Disposition finale.*

Art. 49. — Chaque année, il sera rendu aux Chambres, par le ministre des travaux publics, un compte spécial des travaux exécutés en vertu de la présente loi.

GRANDE-BRETAGNE. — Les chemins de fer du Royaume-Uni de la Grande-Bretagne, comprenant l'Angleterre, l'Ecosse et l'Irlande, présentent une longueur totale de 4 482 kilomètres dont les quatre cinquièmes sont livrés à la circulation. Ils sont concédés à 108 sociétés particulières distinctes. Les lignes les plus importantes sont :

En **Angleterre** :

	Kilom.
De Londres à Yarmouth (*Eastern Counties*)	204,0
— à Greenwich (tout entier sur arcades)	6,0
— à Croydon	14,0
— à Blakwall (*Commercial railway*), tout entier dans Londres	5,0
— à Douvres, en empruntant les chemins de Greenwich et de Croydon et le *South Eastern*	139,0
— à Brighton, par les chemins de Greenwich, Croydon, portion du *South Eastern*, et le Brighton	81,0
— à Southampton et Portsmouth (*South Western*)	148,5
— à Bristol (*Great Western*)	183,5
De Bristol à Exeter	122,0
De Londres à Birmingham	180,5
De Birmingham à Newton sur le chemin de Liverpool à Manchester (*Grand-Junction*)	133,0
De Liverpool à Manchester	49,5
De Newton à Preston	40,0
De Preston à Lancastre	32,0

De Rugby (sur le chemin de Londres à Birmingham),
à Derby et Nottingham (*Midland Counties*)... 92,0
De Derby à Leeds (*North Midland*)......... 446,5
De Metley, près Leeds sur le *North Mitland*, à Sel-
by et York.................... 44,0
De York à Newcastle (*Great-North of England*).. 449,5
De Derby à Hampton in Arden sur le chemin de
Londres à Birmingham............. 62,5
De Leicester à Swannington............ 426,0
De Cramford à High-Peack............. 53,0
De Manchester à Sheffield............. 65,5
De Stratfort à Bishop-Stortfort (*Northern and Ea-
stern*).................... 47,0
De Manchester à Leeds............. 96,0
De Leeds à Selby................. 32,0
De Selby à Hull................. 49,0
De Maryport à Carlisle............. 45,0
De Carlisle à Newcastle............. 400,0
De Newcastle à North-Shields.......... 44,3
De Newcastle à South-Shields et à Sunderland
(*Brandling Junction*).............. 40,0
De Cheltenham à Swindon sur le *Great-Western* . 66,0
De Birmingham à Gloucester par Cheltenham... 82,5
De Stockton à Darlington, autorisé en 4824 et ou-
vert en 4825, le premier qui ait été livré au
public en Angleterre............. 74,0
De Clarence, dont la longueur avec les embran-
chemens est de................ 58,0
D'Hartlepool.................. 32,0
De Stockton à Hartlepool............. 43,0
Du Durham à Sunderland et embranchemens... 32,0
De Stanhope sur le Wear à South Shields sur la
Tyne..................... 55,0
De Durham Junction.............. 46,0
En Écosse :
D'Édimbourg à Glascow............. 64,0
De Glascow à Greenock............. 36,0
De Paisley sur le précédent à Ayr......... 65,0
Le groupe de Dundee, réunissant les villes de For-
far, Arbroath, Dundee, Newtyle, Cupar-Angus
et Glammis................. 87,5

En Irlande :

	kilom.
De Dublin à Kingstown.	9,0
De Belfast à Armagh (*Ulster railway*)	55,0
De Dundalk à Ballybay	85,0

Un réseau général de chemins de fer pour l'Irlande a été en outre projeté par le gouvernement anglais : mais rien n'annonce qu'il doive être mis prochainement à exécution.

ALLEMAGNE. — Un décret impérial publié le 19 décembre 1841, a divisé les chemins de fer de l'Autriche en deux catégories, les chemins de l'État et les chemins particuliers. Parmi les premiers sont classés le chemin de Vienne à Dresde par Prague, celui de Vienne à Trieste, celui qui traverse le royaume Lombard-Vénitien et celui qui doit se diriger vers les frontières Bavaroises.

Les lignes qui sont livrées à la circulation ou doivent se construire dans les états Autrichiens en vertu des décrets rendus jusqu'à ce jour , sont celles

	kilom.		kilom.
De Budweiss à Lintz , longueur...	124,1;	portion exploitée	124,1
De Pilsen à Prague	106,2	—	54,0
De Lintz à Gmunden	67,6	—	67,6
De Milan à Monza.	14,6	—	14,6
De Presbourg à Tyrnau.	47,4	—	22,6
De Vienne aux frontières de Prusse et de Pologne jusqu'à Bochnia (*Ferdinand's Nord Bahn*).	450,6	—	210,3
Embranchement sur Stockerau , Brünn, Olmutz, Troppau, Presbourg	450,2	—	90,2
De Vienne à Trieste	602,0	—	75,5
Embranchement sur Œdenburg, Laxenburg , et Schuttwein	38,4	—	»
De Stockerau à Lintz, de Gmunden à Salzburg	222,0	—	»
De Venise à Milan	305,0	—	»
Du chemin du Nord à Prague	294,0	—	»
De Pilsen à Budweiss	127,0	—	»
De Vienne à Presbourg et à Raab.	136,0	—	»
D'Œdenburg à Raab.	70,0	—	»
Totaux	2755,1	—	658,9

En **Bavière** les lignes décrétées ou concédées sont celles

	kilom.		kilom.
De Nuremberg à Furth , longueur.	7,6	portion exploitée	7,6
D'Augsbourg à Munich..........	59,8;	—	59,8
— à Nuremberg	128,0	—	»
De Nuremberg à Hof	150,0	—	»
Embranchement sur Cobourg	45,0	—	»
Totaux........	390,4	—	67,4

En **Saxe** et dans le duché de **Hesse** :

	kilom.		kilom.
De Leipzig à Dresde	115,0	portion exploitée	115,0
— à la frontière prussienne vers Magdebourg.	41,6	—	41,6
— à Hof et Zwickau.	132,7	—	40,0
De Chemnitz à Riésa	67,0	—	»
De Nauemburg à Cassel par Eisenach......................	198,0	—	»
De Francfort sur le Mein à Heidelberg par Darmstadt.........	68,0	—	»
Totaux........	627,3	—	166,6

En **Prusse** :

	kilom.		kilom.
De Berlin à Postdam	26,4;	portion exploitée	26,4
— à la frontière de Saxe...	151,0	—	151,0
— à Stettin.	135,5	—	45,2
— à Francfort-sur-Oder ...	79,0	—	79,0
De Francfort-sur-Oder à Breslau...	257,0	—	»
De Breslau à la front. autrichienne.	240,8	—	26,5
De Magdebourg à la frontière de Saxe vers Leipzig............	140,0	—	140,0
De Magdebourg à la frontière du duché de Brunswick, avec embranchement sur Oschersleben.	57,5	—	»
De Dusseldorf à Elberfeld........	28,6	—	28,6
De Cologne à la frontière belge vers Liège.............	85,7	—	70,5
— à Bonn..............	23,0	—	»
De Hall à Naumburg.	40,0	—	»
De Breslau à Freiburg, avec embranchement sur Schweidnitz..	60,0	—	»
Totaux........	1464,5	—	532,3

Dans le **Hanovre**, les duchés de **Brunswick** et de **Mcklembourg** et les **Villes Anséatiques**.

	kilom.		kilom.
De Hanovre à Brunswick.........	74,5; portion exploitée		»
— à Minden............	60,5	—	»
— à Brême.............	116,7	—	»
— à Haarburg,.........	150,6	—	»
De Hambourg à Bergedorf........	16,0	—	16,0
De Braunsweig à Harzburg et à Goslar.....................	58,4	—	49,0
De Braunsweig à la frontière prussienne vers Magdebourg........	56,5	—	»
Totaux........	530,2	—	65,0

Dans les **duchés de Bade** et de **Nassau**, le royaume de **Wurtemberg** et la ville libre de **Francfort**.

	kilom.		kilom.
De Francfort à Wiesbaden........	43,0, portion exploitée		43,0
De Manheim à Bâle..............	248,0	—	19,0
De la frontière Badoise à Ulm par Stuttgard....................	120,0	—	»
D'Ulm à Friedrichshafen.........	105,0	—	»
Totaux........	516,0	—	62,0

Pour compléter la liste des chemins de fer Allemands, il faut ajouter, à ceux que je viens d'énumérer, quatre petits chemins d'usine présentant ensemble une longueur d'environ 28 kilomètres, ce qui forme un total de 6,300 kilomètres sur lesquels 1,585 sont livrés à la circulation. C'est environ le quart de la totalité des lignes décrétées ou concédées dans ce pays.

Mais il s'en faut de beaucoup que la construction des trois autres quarts soit aussi assurée que sembleraient les faire croire les actes publics dont ils ont été l'objet. Des difficultés sérieuses d'exécution, la nécessité de modifier des plans conçus un peu à la hâte, et en écoutant plutôt les sentimens de vanité nationale et les exigences stratégiques, que la configuration du sol et les ressources financières, forceront l'Allemagne à supprimer plusieurs des lignes qu'elle a tracées sur le papier. Déjà en Autriche la grande ligne du nord (*Ferdinand's Nord Bahn*) a renoncé à atteindre Bochnia : elle s'arrêtera à Cracovie et se contentera de rejoindre le réseau prussien à Ratibor, sans même jeter un embranchement vers Prague. La ligne de Vienne à Raab et l'embranchement de Raab à Œden-

burg sont supprimés : il ne doit pas se construire au midi de
Vienne d'autre ligne que celle de Trieste , dont le tracé n'est pas
même complétement déterminé. En Bavière les lignes qui ne sont
pas encore construites paraissent d'une exécution au moins douteuse ; j'en dirai autant de la ligne de Francfort-sur-le-Mein à Hei-
delberg par Darmstadt, de celles de Hanovre à Minden et à Brême,
et enfin de celles d'Ulm à la frontière Badoise par Stuttgard, et à
Friederichsafen. Il est donc probable que l'Allemagne verra réduire
d'environ un quart la longueur totale de ses chemins de fer projetés
ou exécutés en ce moment. Peut-être sera-ce pour les remplacer
par d'autres; mais en attendant, cette remarque subsiste et il m'a
paru nécessaire de la consigner ici, car après avoir longtemps oublié que les pays de l'Europe centrale s'occupaient de chemins de
fer, la France s'est tout à coup exagéré de beaucoup l'importance
du réseau Allemand et la perfection avec lequel on le disait tracé.

Belgique. — Le réseau des chemins de fer belges construit aux
frais de l'Etat se compose de quatre directions principales, partant
de la station centrale de Malines, savoir :

kilom.

Ligne du Nord , sur Anvers 25,5
Ligne de l'Ouest, sur Ostende, avec embranchement de
  Gand à la frontière française 202,5
Ligne de l'Est, vers Aix-la-Chapelle, par Liège avec em-
  branchement sur Saint-Trond 147,5
Ligne du Nord, vers la frontière française par Bruxelles et
  vers Namur 186,0

Total 564,5

Près de 400 kilomètres sont achevés et livrés en ce moment à la
circulation.

Pays-Bas. — Une ligne d'Amsterdam sur Arnheim par Utrecht a
été décidée par arrêté royal du 1er mai 1838. Un autre chemin est
destiné à mettre Amsterdam et Rotterdam en communication avec les
réseaux prussiens et belges par le canal Willem et à desservir les
houillères du domaine public au moyen d'un embranchement dirigé
sur Kerkraede.

Deux-Siciles. — Un chemin de fer de 28 kilomètres de longueur y
a été construit par des ingénieurs français. Il unit Naples à Castel-
lamare : un embranchement de 16 kilomètres concédé à la même
compagnie desservira la ville de Nocera.

Danemark. — Le gouvernement de ce pays a concédé à une com-

9..

pagnie une ligne de 100 kilomètres de longueur destinée à unir Hambourg, Altona et Kiel et à éviter aux voyageurs le passage du Sund.

Pologne. — Un chemin de fer de 370 kilomètres de longueur, partant de Varsovie, doit rejoindre le chemin de fer autrichien du Nord aux environs d'Oswieczim et jeter un embranchement sur Cracovie. Il a été concédé à une compagnie : 60 kilomètres environ sont déjà construits.

Russie. — Elle ne possède encore qu'une ligne de 27 kilomètres de longueur entre Saint-Pétersbourg, Tsarkoïsélo et Pawlowsk. Un ukase de l'empereur de Russie, en date du 13 février 1844, a décrété la construction d'un chemin de fer d'environ 640 kilomètres de longueur, destiné à réunir Moscou et Saint-Pétersbourg.

États-Unis. — D'après les tableaux publiés par la *Revue d'architecture et des Travaux publics* en juillet et en août 1844, le nombre des chemins de fer, aux États-Unis de l'Amérique du Nord, était à cette époque de 179 formant ensemble une longueur de 15 077 kilomètres, dont 5 872 étaient livrés à la circulation et 3 200 étaient prêts à recevoir les rails. Sur vingt-six États dont se compose l'Union américaine, vingt-quatre possèdent des chemins de fer ; ceux de Missouri et d'Arkansas seuls en manquent.

Sur les 179 lignes achevées ou en voie d'exécution, 16 ont été entreprises par les gouvernemens des États et se distribuent ainsi : Pennsylvanie, 2 ; Géorgie, 1 ; Indiana, 1 ; Michigan, 3 ; Illinois, 9. Les autres lignes ont été concédées à des associations particulières avec ou sans le concours du crédit public.

La première concession de chemin de fer en Amérique date de 1826 ; c'est celle de la ligne d'Albany à Schenectady dans l'État de New-York : elle réunit le Mohawk à l'Hudson ; sa longueur est de 29 kilomètres; elle a deux plans inclinés et n'a été ouverte qu'en 1832. Le premier chemin qui ait été livré à la circulation est celui de Quincy dans la Nouvelle Angleterre : ouvert en 1827, il n'a que 6 kilomètres et demi de longueur, la traction y a lieu par des chevaux. Il y eut encore deux chemins livrés à la circulation avant 1830 dans l'État de Pennsylvanie ; en 1827, celui de Mauch Chunc qui a 14 kilomètres et demi de longueur et qui est desservi par des mules, et en 1829 celui de Carbondale à Honesdale qui a 26 kilomètres et demi de longueur, neuf plans inclinés et où la traction se fait par des chevaux. Toutes les autres lignes ont été ouvertes ou entreprises depuis 1830.

La plus longue ligne entreprise par une seule compagnie est celle de New-York à Érié dans l'État de New-York. Elle commence à Tappon sur l'Hudson et se termine à Dunkirk, sur le lac Érié; sa longueur est de plus de 730 kilomètres, elle n'est point achevée. La ligne la plus longue, achevée par une seule compagnie, est celle de Wilmington à Raleig dans la Caroline du Nord; elle a 259 kilomètres et part de Wilmington pour aboutir à Weldon sur le Roanoke.

Les chemins de fer, entrepris par plusieurs compagnies aux États-Unis, forment quelquefois des lignes continues d'une longueur considérable : ainsi la ligne de Boston à Buffalo, qui est à peu près terminée, a 845 kilomètres de longueur ; celle de New-York à Wilmington, interrompue seulement par une navigation à vapeur de 96 kilomètres et demi sur le Potomac, a un développement de 875 kilomètres entièrement terminés.

Cheminées. Tuyaux verticaux par lesquels s'échappent dans l'air, la fumée et les autres gaz produits dans un foyer par la combustion. Les cheminées des machines à terre sont presque exclusivement en briques. Quelquefois cependant on les fait en fonte, en tôle de fer ou en cuivre. Pour les bateaux et les locomotives on emploie exclusivement la tôle de fer et quelquefois le cuivre. Ce dernier métal est beaucoup plus cher que la tôle, mais il n'est pas aussi rapidement détruit par le feu et la rouille. Lorsqu'on emploie la tôle, il est bon de la galvaniser, pour la préserver de l'oxidation. Sur les bateaux à vapeur destinés à la navigation en rivières, les cheminées sont mobiles autour d'un axe horizontal placé à leur base. Cette disposition a pour but de permettre de les baisser pour le passage des ponts. Sur les locomotives les cheminées sont fixes comme pour les machines à terre. Il n'aurait pas été possible d'admettre que, dans ces appareils déjà si compliqués, on fût obligé de baisser la cheminée à chaque instant au rapide passage des convois sous les nombreux travaux d'art que nécessite la construction des chemins de fer. Mais pour ne pas exagérer la hauteur des ponts sous lesquels la locomotive doit passer, on a réduit autant que possible la hauteur de sa cheminée en s'adressant à des procédés particuliers pour produire le tirage dans le foyer.

La largeur de la cheminée a la plus grande influence sur l'activité de la combustion. On a reconnu que pour brûler de la houille de la manière la plus avantageuse, on devait donner à l'ouverture de la cheminée autant de fois 10 décimètres carrés que l'on veut brûler de fois 30 à 36 kilogrammes de houille par heure : cette ouverture doit d'ailleurs être le vingtième de la surface de chauffe de la chaudière supposée à fond plat. Ceci suppose la cheminée construite en briques ; si elle est en fonte, la section, pour la même quantité de houille à consommer, n'a pas besoin de dépasser six décimètres carrés, et sept et demi, si elle est en tôle ou en cuivre. Cela tient à ce que le frottement étant moindre contre les surfaces métalliques que contre la brique, la fumée et l'air chaud montent plus librement. Quant à la hauteur de la cheminée, elle n'a pas à beaucoup près la même influence que sa largeur sur le tirage du foyer. Sans doute, lorsqu'on ne veut pas donner aux cheminées toute la largeur que je viens d'indiquer, on peut jusqu'à un certain point y suppléer par un accroissement de hauteur. Cependant, au-delà de 4 à 5 mètres, la hauteur des cheminées devient sans effet sur le tirage, parce que l'appel résultant de la surélévation est compensé par le frottement de la fumée et de l'air chaud le long des parois. Ce n'est donc pas pour augmenter le tirage que l'on donne aux cheminées des machines à vapeur cette grande hauteur qui les fait ressembler à des obélisques, mais pour porter et répandre au loin dans l'atmosphère la fumée qui gênerait les habitations placées dans le voisinage des usines. Les cheminées métalliques sont rondes, celles en briques sont rondes ou carrées ; le choix de la forme paraît indifférent pour le tirage et dépend du goût du constructeur. Les cheminées rondes ont l'avantage de produire à l'œil un meilleur effet et de donner moins de prise au vent que les cheminées carrées. Lorsque la largeur va en diminuant de bas en haut, on ne doit compter pour le tirage que sur la plus petite section, celle du haut. La forme conique ou pyramidale n'a d'autre but que de donner à la cheminée plus de stabilité en élargissant sa base. Cette précaution est inutile dans les cheminées auxquelles on donne la largeur et la hauteur normales que j'ai indiquées.

Les cheminées doivent être surmontées d'un chapeau en tôle qui laisse à la fumée un passage de 30 à 40 centimètres de hauteur et qui est destiné à la préserver du refroidissement et du ralentissement de tirage occasionné par la pluie : tout autre appareil gêne le tirage sans utilité. On place toujours au bas de la cheminée, ou sur le derrière du carneau qui vient y déboucher, un registre en fonte ou en tôle qui se manœuvre à la main. Son but est de régler la marche du feu, de la réduire ou de l'arrêter complétement à volonté. Les cheminées en tôle ou en fonte sont munies de clefs semblables à nos clefs de poêle pour produire le même effet. Quelquefois on place ces registres à la partie supérieure de la cheminée et lorsqu'ils sont ouverts, ils remplacent le chapeau en tôle dont j'ai parlé tout à l'heure. Mais ils ne peuvent pas remplir complétement le but de ce dernier : cette complication dans leur objet laisse à désirer et doit porter à préférer les registres placés dans le bas de la cheminée, et les chapeaux en tôle fixes et indépendans du registre.

Chemise. Ce terme s'emploie souvent dans les machines, comme synonyme d'enveloppe. Il s'applique plus particulièrement au cas d'une double enveloppe, et alors il sert à désigner l'enveloppe extérieure. Ainsi on dit la chemise d'un cylindre de machine à vapeur, la chemise du condenseur, la chemise de bois qui enveloppe la chaudière de la locomotive, etc.

En termes de bureaux une chemise est une feuille de papier dans laquelle on place le dossier ou une partie des pièces du dossier d'une affaire. Les chemises doivent être étiquetées ou numérotées avec soin pour éviter la confusion des pièces.

Cheval-vapeur. On évalue souvent la force d'une machine en chevaux, par analogie avec le travail que peuvent développer ces animaux. Cependant il s'en faut de beaucoup que ces deux espèces de forces soient absolument comparables. En effet ce qui distingue les animaux de la vapeur, c'est que celle-ci peut agir avec une continuité presque indéfinie, tandis que les premiers ont besoin de repos fréquens. En outre, la vitesse que peut directement produire une machine à vapeur dépasse tout ce qu'il est permis d'attendre du cheval. Pour la locomotion, par exemple, la plus grande rapidité de marche qu'on obtienne du cheval à l'état normal est celle de 16 kilomètres à l'heure ; encore ne peut-il soutenir cette marche que pendant un temps fort court et en ne transportant pas le tiers du poids qu'il entraîne à la vitesse de quatre kilomètres. Or, la vitesse de 16 kilomètres est la moindre que l'on demande aux locomotives des chemins de fer pour le transport des marchandises ; quant à celle qui concerne les voyageurs elle varie de 30 à 60 kilomètres par heure, et on sait qu'il est possible de la porter au-delà. Ainsi, bien loin de pouvoir comparer entre eux, sous le rapport de la vitesse, le cheval et la vapeur, il serait peut-être plus exact de dire que le domaine de celle-ci commence là où le premier vient à manquer.

Cependant le travail de toute espèce de moteur peut s'estimer en mesures communes : il est toujours permis de le considérer comme s'il était destiné à vaincre l'action de la pesanteur et le mesurer par le temps pendant lequel il élèverait une masse connue à une hauteur déterminée. C'est ainsi que l'on se rend compte de la force du cheval en disant qu'elle équivaut à l'effort nécessaire pour élever un poids de 50 à 60 kilogrammes à un mètre de hauteur en une seconde. La force du cheval de la nature est extrêmement variable : peu d'ingénieurs sont d'accord sur son évaluation. Elle dépend de sa taille, de son âge, de son état de santé, du climat, de la race particulière à laquelle il appartient, des soins qu'on lui donne et enfin de la longueur de sa journée de travail. Quelques auteurs ne l'évaluent pas à plus de 27 kilogrammes élevés à 1 mètre par seconde, tandis que d'autres la portent à 75 kilogrammes élevés à la même hauteur dans le même temps. La valeur que l'on attribue au cheval-vapeur est précisément cette dernière. Dans son expression entrent trois quantités : le poids, l'espace que ce poids parcourt, et le temps que ce poids emploie à parcourir cet espace. Quelle que soit la valeur numérique de chacun de ces élémens dans une machine, il sera toujours possible de les ramener à un multiple de cette unité de mesure de sa force absolue. Je vais en donner un exemple. Supposons que l'on demande d'exprimer en chevaux-vapeur la force d'une machine d'épuisement qui élève 500 hectolitres d'eau à 50 mètres de hauteur dans une heure. Je remarque d'abord que chaque litre d'eau pèse un kilogramme, et que par conséquent 1 hectolitre en pèse 100. Les 500 hectolitres représentent donc un poids de 50 000 kilogrammes. Elever ce poids à une hauteur de 50 mètres, c'est la même chose que l'élever cinquante fois à la hauteur de 1 mètre. Je fais donc pour un moment abstraction de la hauteur : je suppose qu'elle n'est que de 1 mètre. Seulement, quand je serai parvenu au résultat, je saurai que, pour l'avoir complet je dois le multiplier par 50. Le problème se réduit donc à trouver le nombre de chevaux nécessaires pour élever 50 000 kilogrammes à 1 mètre de hauteur en une heure. Si j'avais une seconde au lieu d'une heure, je n'aurais qu'à diviser 50 000 par 75 et le quotient 666,67 exprimerait le nombre de chevaux cherché. Mais comme il y a 3 600 secondes dans une heure, ce résultat est 3,599 fois trop considérable : pour avoir la vérité il faut que je divise 666,67 par 3 600 et le quotient 0,185 sera le résultat vrai. Maintenant je me rappelle que ce résultat doit être multiplié par 50, parce que j'ai fait abstraction de la hauteur à laquelle l'eau est portée. Le produit de cette multiplication est 9,25, c'est-à-dire, que la force de la machine produisant l'effet proposé est de *neuf chevaux-vapeur et un quart.*

L'unité de mesure appelée cheval-vapeur paraît devoir être

abandonnée à mesure que les arts mécaniques feront plus de progrès; déjà beaucoup d'ingénieurs lui ont substitué la Dynamie (*Voyez* ce mot). Et en effet, c'est déjà bien assez des incertitudes qui régnent dans l'évaluation de la force absolue ou de la force réelle d'une machine, sans compliquer encore le problème par l'introduction d'une dénomination arbitraire et qui ne rappelle à l'esprit rien d'exact. Ainsi l'on entend dire que le cheval-vapeur anglais est d'un quart plus fort que le nôtre, qu'une machine anglaise vendue comme étant de la force de 80 chevaux en comporte réellement 100. Cette incertitude, fort préjudiciable aux acquéreurs et quelquefois aux vendeurs de machines, n'existera plus lorsque tous auront adopté l'usage de mesurer la quantité de travail d'une manière uniforme et de la rapporter à une unité simple telle que la dynamie.

CHEVILLE. Il y a quelques années on se servait beaucoup de chevilles en fer pour fixer les rails des chemins de fer dans leurs coussinets. Mais ce procédé avait l'inconvénient grave de faire souvent éclater la joue du coussinet, soit pendant la pose, soit par suite de la dilatation. On y a renoncé pour leur substituer des coins en bois.

Les chevilles en fer sont employées pour fixer les coussinets sur les dés ou sur les traverses. Quelquefois dans la pose sur dés en pierre on se sert aussi de chevilles en bois.

CHEVILLE-OUVRIÈRE. Forte cheville verticale en fer, autour de laquelle peut tourner l'avant-train d'une voiture et qui le réunit à l'arrière-train. Le tender est uni à la locomotive par deux chevilles-ouvrières, dont l'une traverse le plancher d'arrière de la locomotive et l'autre le plancher du tender. Ces deux chevilles sont unies par un double chaînon en fer qui maintient l'écartement de ces deux voitures.

CHOC. Toutes les fois qu'un corps en mouvement vient en rencontrer un autre à l'état de repos ou animé d'un mouvement différent du sien, il y a choc entre eux. De ce choc résulte une modification brusque et instantanée dans les conditions de mouvement ou de repos de l'un et de l'autre. Dans une machine où tous les mouvemens doivent être doux, réguliers et uniformes, tout choc occasionne une déperdition de force nuisible à l'effet utile de l'appareil. Mais ce motif n'est pas le seul qui doive les faire éviter. En effet le trouble brusquement apporté dans les conditions de relation des diverses pièces d'un appareil ne se fait jamais qu'aux dépens de la stabilité des pièces elles-mêmes : il tend à les désunir et à les briser, et cette tendance est d'autant plus forte que les chocs sont plus violens. Sans même parler ici des terribles effets qui peuvent résulter du choc de véhicules lancés à grande vitesse, comme ceux qui circulent sur les chemins de fer, on peut comprendre combien les effets des chocs sont funestes en songeant que celui d'un piston contre le fond de son cylindre peut le briser et causer de graves accidens. Au reste, il est impossible d'éviter les chocs d'une manière absolue dans les machines : le grand art de l'ingénieur consiste à les diminuer autant que possible, mais il en subsiste toujours quelques-uns. Ils sont d'abord faibles et peu fréquens dans une machine bien construite. Mais à la longue, quels que soient les soins que l'on prenne, le frottement en usant les parties en contact, multiplie les premiers, en crée de nouveaux, et c'est ainsi que la destruction de la machine s'accélère par ces deux causes simultanées, les chocs et les frottemens.

Sur les chemins de fer, le passage des roues de voitures de chaque rail au suivant donne lieu à un choc aussi nuisible à la conservation du matériel qu'à celle de la voie. Plus la vitesse des roues est grande, plus les voitures sont pesantes, et plus le choc est considérable. C'est pour cela que les convois pesamment chargés et marchant à grande vitesse sont les plus destructeurs.

Cinglage. Opération qui consiste à frapper avec de lourds martinets la loupe (fer sortant des feux d'affinerie), pour en faire jaillir le laitier et l'étirer en barres propres à être livrées au commerce.

Cisailles. Gros et fort ciseaux à longues branches, avec lesquels on découpe à froid les métaux. Les cisailles à main servent à découper les feuilles de tôle et de cuivre d'une faible épaisseur. Pour découper celles qui sont plus épaisses et pour couper le bout des rails au sortir du laminoir, on emploie des cisailles beaucoup plus fortes, montées sur bâtis fixe et dont une seule branche est mobile. Cette branche se manœuvre comme un levier ; quelquefois on aide son effet au moyen d'un contre-poids.

Ciseau. Outil de fer plat, tranchant et acéré dans sa partie inférieure. Il sert à tailler la pierre, le bois et les métaux. On l'emploie dans les opérations de tournage en l'appuyant contre l'objet que l'on veut tourner. Dans les opérations d'ajustage proprement dit, on s'en sert pour enlever des fragmens de matière de la pièce à ajuster, en frappant sur sa tête à coups de marteau.

Clapet. Petite porte tournant autour d'un de ses côtés comme charnière et qui sert à fermer un orifice destiné à débiter de l'eau, de la vapeur, et en général toute espèce de gaz et de liquides. Une soupape mobile autour d'une charnière fixe, dans un corps de pompe, s'appelle une soupape à clapet. Un clapet ne peut s'ouvrir que dans un seul sens et sous un certain effort : abandonné à lui-même il se referme naturellement.

Clavette et contre-clavette. Une clavette est une espèce de boulon carré sans écrou qui sert à réunir deux pièces de fer en

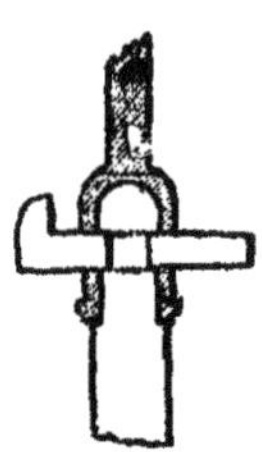

passant dans un œil commun à toutes deux. La clavette est quadrangulaire : une de ses faces est légèrement oblique de manière que son épaisseur augmente de la pointe à la tête comme celle d'un clou. On la chasse à coups de marteau jusqu'à ce qu'elle remplisse parfaitement le trou. La figure ci-dessous montre deux tiges de fer réunies par une clavette. La tige supérieure se bifurque en forme de fourchette dans laquelle vient se loger l'extrémité de la tige inférieure. Cette tige inférieure est percée d'un trou carré auquel correspondent deux trous de même forme et de même grandeur taillés dans les deux branches de l'autre tige. C'est dans ces trous que l'on introduit la clavette à coups de marteau, comme je viens de le dire. La clavette est plus longue que l'épaisseur réunie des deux tiges : son extrémité dépasse du côté opposé à sa tête et lorsqu'on veut la retirer on frappe à coups de marteau sur cette extrémité pour la repousser. Si au contraire on s'apercevait qu'elle prît du jeu, on l'enfoncerait en frappant de nouveau sur la tête ; c'est pourquoi il est bon de la choisir assez grosse et assez longue, pour qu'en la mettant en place la première fois elle n'enfonce pas jusqu'à la tête. La saillie de la tête a pour but de l'empêcher de se noyer dans le trou quand on l'enfonce, si par hasard on ne l'avait pas prise d'une assez forte dimension. Les clavettes sont employées pour réunir des pièces qui, bien que soumises à certains mouvemens, doivent conserver leur rigidité et leur position respective. Telles sont les tringles de fer mises bout à bout pour former la tige d'un piston de pompe. Si on les réunissait par des boulons, ceux-ci étant ronds, les tringles pourraient tourner les unes autour des autres, tandis qu'elles doivent conserver la forme rectiligne et se mouvoir comme si la tige était formée d'une seule pièce. La forme carrée de la clavette remplit parfaitement ce but.

Lorsque les pièces qu'il s'agit de réunir ainsi bout à bout sont très fortes, l'assemblage est renforcé par un *contre-clavette*. C'est une espèce de clavette à double tête que l'on place dans le trou que la clavette ordinaire doit occuper. Sa dimension est telle qu'elle laisse encore autant de vide à remplir par la clavette qu'elle en remplit elle-même. L'emploi de la contre-clavette a pour but d'augmenter les dimensions de l'appareil de serrage sans que l'on soit obligé pour cela de recourir à des clavettes que leur poids rendrait difficiles à manier. La figure ci-dessous représente la jonction d'une bielle de machine à vapeur avec le balancier.

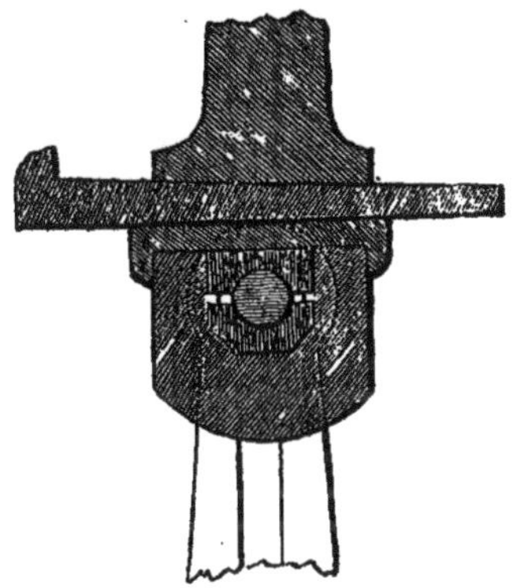

Dans les pièces soumises à des efforts de torsion et à des chocs, on ajoute à la contre-clavette une queue qui se retourne d'équerre et porte un œil dans lequel vient passer le petit bout de la clavette; ce petit bout est taraudé en forme de vis et reçoit des écrous au moyen desquels on règle la pression des deux pièces l'une contre l'autre, et l'énergie de leur serrage. Ce moyen a été employé avec succès dans les locomotives par quelques constructeurs pour réunir la tête de la bielle avec la manivelle de l'essieu coudé. On ajoute à la fixité du système en pressant les clavettes latéralement au moyen de vis de serrage.

Les clavettes sont employées aussi dans la pose des rails. On en voit un exemple dans la manière dont le rail de la figure 17 (*Voyez* RAIL) est assemblé avec sa longrine.

CLEF. Outil dont on se sert pour serrer les écrous. Il y a deux espèces de clefs : La clef simple se compose d'un manche de fer portant à son extrémité un œil dont la forme et la dimension sont précisément celles de l'écrou que l'on veut serrer. Cette forme de clef est la plus puissante, parce qu'elle prend l'écrou sur toutes ses faces et l'empêche de glisser quand on le tourne.

L'autre espèce de clef, appelée *clef anglaise*, se compose d'un manche terminé par un bec en forme de marteau dont la face inférieure est plane. Un autre bec, dont la face supérieure est plane également, forme mâchoire avec le premier. Il peut monter et descendre le long du manche au moyen d'une vis et se rapprocher à volonté du premier. Lorsqu'on veut se servir de la clef anglaise pour tourner un écrou, on la présente à l'écrou et on rapproche les deux mâchoires de la clef jusqu'à ce qu'elles le saisissent par deux de ses faces, et l'on tourne dans le sens voulu, soit pour serrer, soit pour desserrer. Cette clef a l'avantage de pouvoir être adaptée à des écrous de diverses grandeurs. Mais comme elle n'agit que sur deux faces elle est moins puissante que l'autre. Aussi ne s'en sert-on guère que pour des écrous qui ne demandent pas un serrage très énergique. Il vaut mieux avoir des clefs simples adaptées à chacun d'eux.

Le mot *clef* s'emploie aussi comme synonyme de *clavette*.

Les registres tournans qui servent à fermer un tuyau de cheminée s'appellent aussi des clefs.

Dans l'architecture on appelle clef, la pierre placée au milieu d'une voûte qui sert à la fermer et contre laquelle viennent s'appuyer toutes les autres.

CLOISONS. Minces parois qui servent à diviser un espace en deux ou plusieurs parties. Dans les chaudières des bateaux de mer les parois des carneaux qui traversent la masse d'eau sont fort élevées et forment des cloisons, qui séparent la chaudière en plusieurs compartimens régnant sur presque toute sa hauteur. Leur but est d'arrêter les oscillations de l'eau, dans les mouvemens de roulis et du tangage du navire, et d'empêcher une partie de la surface du foyer de rester quelques momens à sec et de chauffer trop fortement, ce qui entraînerait nécessairement des accidens fort graves.

Dans les grands navires les soutes à charbon sont partagées aussi en compartimens par des cloisons en tôle.

Clotures. Les clôtures des chemins de fer sont ordinairement formées de légers treillages placés des deux côtés de la voie à la limite des terrains qui leur appartiennent. Les premiers chemins de fer que l'on a construits en France, ceux du département de la Loire, ne sont point pourvus de clôtures; le public et les animaux peuvent y entrer librement, ce qui donne lieu à de fréquens accidens. Sur les nouvelles lignes que l'on construit les clôtures sont de rigueur.

Clous. Petits morceaux de fer rond ou carré, quelquefois de cuivre, et plus rarement de tout autre métal, que l'on enfonce à coups de marteau dans deux objets que l'on veut réunir. A cet effet l'extrémité du clou sur laquelle on doit frapper est aplatie en forme de tête, tandis que l'autre extrémité est effilée en forme de pointe.

Code. Ce mot pris dans son acception étymologique signifie en général collection. On l'applique particulièrement aux recueils de lois rassemblées par un acte de l'autorité législative. Dans le langage habituel on entend aussi par code une collection de lois et ordonnances réunies d'une manière aussi complète que possible par de simples particuliers et ayant trait à un sujet spécial. Il n'y a pas encore de code des chemins de fer et machines à vapeur, quel que soit le sens dans lequel on veuille prendre ce mot. Cela n'a rien d'étonnant quand on songe à la nouveauté de l'objet. Cette lacune ne peut manquer d'être comblée plus tard : jusque-là il faudra se contenter de chercher la législation et la jurisprudence qui leur sont applicables dans les ouvrages épars où la matière a été accidentellement traitée. L'ouvrage publié en 1844 par M. Nogent Saint-Laurent sous le nom de *Traité de la législation et de la jurisprudence des chemins de fer*, ne peut pas s'appeler un code. L'auteur s'est contenté de réunir quelques lois, ordonnances et réglemens dont le petit nombre, s'il était complet, confirmerait précisément ce que j'avance et ne servirait qu'à montrer les profondes lacunes de notre droit public à cet égard.

Coin. Prisme triangulaire en bois ou en fer, dont on se sert pour soulever un corps ou pour le séparer en deux parties : il s'introduit, soit par pression, soit à coups de marteau, entre les deux objets qu'il s'agit de séparer. Le coin est une des machines connues en mécanique sous le nom de machines *simples* ou *élémen-*

taires, parce que c'est de leur combinaison que résultent les machines complexes.

Les clous et clavettes sont des espèces de coins : seulement au lieu de les frapper jusqu'à ce qu'ils fassent éclater les pièces dans lesquelles on les enfonce, on s'arrête au moment où l'on estime que la pression des parois du trou, dans lequel on les a introduits, est suffisante pour les maintenir en place, sans qu'ils puissent céder aux efforts habituels qui tendent à désunir les pièces en question. On se sert de coins en chêne pour fixer les rails dans leurs supports : ils sont fabriqués à la mécanique et reviennent à un prix très peu élevé.

Coke. Le coke ou charbon de houille est le résultat d'une carbonisation de la houille analogue à celle par laquelle on fabrique le charbon de bois. C'est un charbon plus pur que la houille, contenant peu de gaz, ce qui fait qu'il brûle sans flamme et assez difficilement. Il est dur, tenace, léger, d'une couleur gris de fer et d'une porosité variable. Les plus poreux et en même temps les plus légers sont les cokes *boursouflés* : ils occupent un volume près d'une fois et demie aussi considérable que celui de la houille qui les a produits. Les cokes *frittés* sont moins poreux que les premiers et conservent à peu près la forme de la matière première. Enfin les cokes *pulvérulens*, les moins poreux de tous, occupent beaucoup moins d'espace que la houille dont ils proviennent. Le poids d'un mètre cube de coke varie de 380 à 450 kilog. Son pouvoir calorifique (*Voyez* CALORIE) est de 6 500.

Le coke se fabrique de trois manières : 1° par la distillation de la houille dans des vases clos, dans les usines à gaz ; 2° par la combustion en meules à l'air libre ou dans des fours découverts ; 3° par la combustion dans des fours fermés de toutes parts et analogues aux fours à briques. La fabrication du coke en grand coûte environ 2 francs la tonne, elle donne lieu à la perte d'environ un tiers du combustible primitif.

Le coke est employé comme combustible dans certaines méthodes de fabrication de la fonte et du fer : on l'utilise également pour le chauffage des appareils à vapeurs. La forte chaleur qu'il développe et l'avantage qu'il a de ne produire que peu ou point de fumée et d'étincelles, l'ont fait adopter presque exclusivement pour le chauffage des machines locomotives en Europe. On sait qu'une des dispositions des cahiers de charges imposés aux chemins de fer français est que les locomotives doivent consumer leur fumée.

Col. Dépression qui se trouve dans les hautes sommités d'une chaîne de montagnes. Ce nom s'applique également aux dépressions que présente la ligne de partage des eaux qui se rendent dans deux vallées secondaires et séparées l'une de l'autre par la surélévation du sol. La connaissance des cols situés sur le parcours possible d'un chemin de fer est de la plus grande importance pour la détermination d'un tracé. En effet, les cols sont généralement situés au sommet des vallées qui permettent d'atteindre avec les pentes les plus douces les lieux élevés qu'un tracé doit franchir. En outre, le fait même de leur dépression diminue d'autant la différence de niveau à racheter pour passer d'une vallée dans une autre. Néanmoins souvent ces pentes naturelles, bien que plus douces que celles des vallées voisines, ne le sont pas encore assez pour les chemins de fer, et il faut employer de profondes tranchées et même des souterrains pour franchir la ligne de partage des eaux. Cette condition particulière rend le problème des tracés beaucoup plus compliqué pour les chemins de fer que pour les routes ordinaires. En effet, il est assez remarquable qu'en général les cols se présentent comme si la dépression avait été produite par la descente d'une certaine quantité de matières qui auraient élargi la base de la montagne. Si donc on voulait suivre les lignes de pente les plus douces sur les deux versans et passer dans le lieu même du col le plus bas, il arriverait souvent qu'on allongerait beaucoup le parcours, et en outre on risquerait d'attaquer la chaîne de montagnes dans sa plus grande épaisseur. Dans ce cas, lorsque l'on se décide à franchir un faîte par un souterrain, il vaut souvent mieux ne pas diriger le tracé précisément sur le point le plus bas, mais sur celui où le faîte présente la moins grande épaisseur.

COLLET. Saillie cylindrique, pratiquée à l'extrémité du tourillon d'un arbre de transmission de mouvement et destinée à l'empêcher de varier dans le support. Le tourillon placé à l'extrémité de l'arbre peut n'avoir qu'un collet : mais lorsque l'arbre tourne dans plusieurs supports distribués sur sa longueur, chacun des tourillons qui portent sur ces supports intermédiaires est garni d'un collet à chaque bout.

COLLIER. Espèce d'anneau ou frette circulaire qui entoure une pièce cylindrique, telle qu'un arbre de machine. Le levier de l'excentrique, qui sert à donner le mouvement aux tiroirs à vapeur, se termine par un collier dans lequel tourne à frottement doux l'excentrique calé sur l'arbre.

COMBLE. Assemblage de pièces de bois ou de fer que l'on recouvre de tuiles d'ardoises, de feuilles de plomb, de zinc, de fer ou de cuivre, ou enfin de paille et de chaume pour former la toiture d'un édifice. Les combles des hangars ou autres édifices ouverts doivent présenter une plus grande solidité que ceux des édifices fermés, parce que le vent s'engouffrant sous la toiture, ils peuvent être soumis à des efforts considérables, qui tendent à les arracher et à les renverser.

COMBUSTIBLES. Matières destinées à être brûlées pour produire la chaleur nécessaire à la réduction de l'eau en vapeur ou à tout autre usage. On distingue dans les arts deux espèces de combustibles, les combustibles *végétaux* et les combustibles *minéraux*. Les premiers sont le *bois* et son *charbon*, la *tourbe* et son *charbon*, et la *tannée* dont l'usage est encore peu répandu. Les combustibles minéraux sont les *lignites*, la *houille*, le *coke* et l'*anthracite*.

En voyant avec quelle rapidité se détruisent les chaudières dans les machines où le feu est très violent et surtout dans les locomotives, on serait volontiers tenté de classer parmi les combustibles le métal dont elles sont formées. Il est certain que le phénomène de la destruction des métaux soumis à une forte chaleur a besoin d'être étudié par la science sous ce nouvel aspect. Mais ces considérations appartiennent à un ordre d'idées qui ne saurait trouver place ici.

Il est peu d'opérations industrielles qui ne nécessitent une grande consommation de combustible. La chaleur en effet est l'agent le plus puissant que nous ayons jusqu'ici à notre disposition pour accroître nos forces et y suppléer. Si l'on joint aux besoins de l'industrie ceux du service journalier des individus, on est effrayé de l'énorme quantité de combustible qui se consomme chaque jour dans les pays civilisés. C'est donc un problème de la plus haute importance que celui des combustibles. Il ne regarde pas seulement le chauffeur et le propriétaire d'une machine, mais encore les hommes d'état. Il ne suffit pas en effet de construire un fourneau de manière à ce que le combustible y développe son plus grand effet utile ; il faut encore s'occuper des sources d'où proviennent les combustibles. Pour les combustibles minéraux, il faut connaître la production actuelle et la production possible du pays, savoir ce qui lui manque, jeter les yeux sur les pays qui peuvent le plus avantageusement y suppléer et faciliter avec eux certains échanges dans ce but, veiller à ce que les méthodes d'extraction ne soient point un gaspillage de ces gîtes précieux, et enfin aider à leur développement par une salutaire protection. S'il s'agit des bois, le gouvernement doit en régler les abattages, arrêter les défrichemens irréfléchis, provoquer et faire le reboisement des montagnes et des lieux arides ou trop humides,qui ne peuvent convenir à d'autres cultures, et se créer ainsi de riches et puissantes réserves pour l'avenir. Sans doute la science peut conduire à des moyens nouveaux pour la production de la chaleur et à la découverte d'autres agens mécaniques que le vent, les chutes d'eau et le feu. Mais il n'en est pas moins vrai que ceux-ci joueront encore longtemps le principal rôle dans les arts. Or, le nombre des combustible et leur quantité dans notre pays étant fort bornés, chacun d'eux mérite la plus sérieuse attention.

COMBUSTION. C'est l'acte par lequel les corps animaux et végétaux, et certaines substances minérales se transforment au moyen de l'oxigène en eau, en acide carbonique et autres gaz, et en cendres. La combustion n'étant autre chose que la combinaison de l'oxigène avec les divers élémens qui constituent les combustibles, on comprend pourquoi la présence de l'air lui est nécessaire : c'est l'air en effet qui en renferme un des élémens principaux et indispensables. A proprement parler, toute fixation de l'oxigène sur un corps, toute oxidation est une combustion : ainsi la rouille qui s'attache au fer est une combustion lente de ce métal.

Lorsque la combustion est rapide, comme dans les foyers, elle développe une chaleur considérable et d'autant plus forte que la combustion est plus active. C'est cette chaleur que l'on cherche à utiliser dans les arts, soit pour la réduction de l'eau en vapeur, soit pour certaines fabrications. Il s'en faut de beaucoup toutefois qu'elle le soit complétement : la quantité absorbée par la cheminée, soit pour le tirage, soit en pure perte, est énorme. Ainsi, dans les foyers des chaudières à basse pression, la quantité de chaleur absorbée par le tirage s'élève à 40 pour 100 de celle qui est produite par la combustion. Dans les foyers des chaudières à haute pression, telles que celle des locomotives, la perte va jusqu'à près de 50 pour 100. Dans les poèles des habitations, les calorifères ou les cheminées à la Désarnod, le tirage absorbe 45 à 50 pour 100 de la chaleur produite par le combustible. Dans les cheminées ouvertes ordinaires la perte va de 80 à 90 pour 100. Dans les chaudières en plomb employées à la concentration de l'acide sulfurique, la perte est de 65 pour 100 : on l'estime à 80 pour 100 dans la fusion de la fonte, à 95 dans le puddlage et le chauffage des fers et tôles, et enfin à 98 pour 100 dans les fours à verreries, poteries et porcelaines. En partant de ces données, quelques ingénieurs ont cherché à estimer la perte du combustible brûlé dans les cheminées par les diverses industries en France, en Angleterre et en Belgique. Ils ont trouvé

que, pour la houille seulement, la perte annuelle était d'environ
188 millions de quintaux métriques valant au moins 115 millions de
francs. On ne doute pas que cette perte ne puisse être diminuée d'un
tiers. Déjà des essais ont été faits avec succès pour utiliser la chaleur perdue des hauts fourneaux en l'employant au chauffage de
l'air, à la mise en mouvement des souffleries, à la torréfaction du
bois et même à l'affinage de la fonte.

COMMANDITAIRES (ASSOCIÉS). Noms que prennent les actionnaires, autres que le gérant, dans une société en commandite. Les
associés commanditaires ne sont en rien responsables des opérations
de la société au-delà du montant des actions qu'ils ont souscrites.

COMMANDITE (SOCIÉTÉ EN). Une des espèces de sociétés commerciales reconnues par les lois. Dans la société en commandite il
n'y a de responsables qu'un ou plusieurs associés portant le nom de
gérans, lesquels sont chargés d'entreprendre et de suivre les opérations de la société. Les autres associés, appelés *commanditaires*, sont
de simples bailleurs de fonds et ne peuvent être passibles des pertes
de la société que jusqu'à concurrence des sommes mises ou promises
par eux. Mais aussi ils ne peuvent, à quelque titre que ce soit, s'immiscer dans la gestion, sous peine de devenir également responsables.
Le rôle que jouent les conseils de surveillance et autres délégués
des commanditaires, pour examiner les actes de la gérance, n'entraîne aucune responsabilité, pourvu qu'il se borne à un contrôle
des livres et à une vérification des faits et écritures.

COMMISSAIRES DE POLICE. Agens chargés de veiller au maintien du bon ordre et de la sécurité des citoyens, et à l'observation des
lois et réglemens de l'autorité publique y relatifs. A chaque chemin de fer sont attachés au moins deux commissaires de police
spéciaux nommés par le ministre de l'intérieur sur la présentation
du ministre des travaux publics. Leurs bureaux sont placés dans
l'intérieur des bâtimens dépendans du chemin de fer. Ils ont sous
leurs ordres le nombre d'agens convenable pour la surveillance et
l'exécution des mesures que leurs fonctions réclament: ces agens
sont assermentés. Les commissaires de police des chemins de fer
doivent intervenir dans toutes les contestations qui s'élèvent soit
entre les voyageurs, soit entre ceux-ci et les agens de l'entreprise. Ils reçoivent les réclamations et y font droit en tant que
de raison. Ils dressent procès-verbal de toute contravention et accidens survenus, ainsi que des détériorations auxquelles il ne serait
pas immédiatement pourvu par les soins des gérans du chemin de
fer. Ils correspondent avec les préfets des départemens traversés

par le chemin, et dans le département de la Seine avec le préfet de police.

Commission. Réunion d'hommes choisis pour examiner une affaire et déposer le résultat de leurs délibérations dans un rapport. Lorsqu'un projet de loi est présenté à l'une des deux chambres législatives, il est examiné d'abord dans les bureaux, et après cette première délibération sommaire, chaque bureau délègue un membre chargé de l'examen spécial du projet. Les membres ainsi choisis sont des commissaires et leur réunion forme la commission. La commission nomme son président et son secrétaire, et lorsqu'elle a fini ses délibérations elle confie à l'un de ses membres le soin d'en faire connaître le résultat dans un rapport. C'est le rapporteur qui est spécialement chargé de soutenir la discussion du projet dans les séances publiques de la chambre.

La chambre peut décider que chacun de ses bureaux nommera deux membres au lieu d'un : alors le nombre des commissaires est double de ce qu'il est dans les cas ordinaires.

L'usage de nommer des commissions spéciales pour toutes les affaires importantes s'est singulièrement multiplié dans notre pays. Tous les corps délibérans l'ont adopté, et il est rare que les ministres eux-mêmes, indépendamment des conseils permanens établis autour d'eux, ne confient pas à des commissions le soin d'examiner les mesures graves que réclame l'intérêt du pays. Cette méthode, bonne en elle-même, parce qu'elle est une garantie de sagesse et de lumières dans les déterminations, peut dégénérer en abus et est souvent fort préjudiciable à la promptitude de l'expédition des affaires.

Deux commissions ont été créées par M. le ministre des travaux publics pour l'exécution de la loi générale des chemins de fer du 11 juin 1842. L'une, dite *commission supérieure des chemins de fer*, est spécialement chargée de donner son avis sur les tracés définitifs des lignes à construire. L'autre, dite *commission administrative*, a pour mission d'examiner les données statistiques recueillies par les agens de l'administration, et de donner son avis sur les dépenses à faire et sur les projets de baux et cahiers de charges à imposer aux compagnies qui soumissionnent l'achèvement et l'exploitation des diverses lignes indiquées dans la loi.

Commission mixte des travaux publics. Commission chargée de donner son avis sur les travaux qui intéressent à la fois les départemens des travaux publics, de la guerre et de la marine. Elle se compose d'un ministre président, de trois conseillers d'état, de deux inspecteurs généraux du génie, de deux inspecteurs généraux des ponts-et-chaussées et d'un secrétaire archiviste. Aucun travail compris dans la zone militaire des frontières ou des places de guerre ne peut être entrepris sans lui avoir été soumis préablablement.

COMMUNICATIONS DE MOUVEMENT. Les mécaniciens désignent par cette expression les organes de machines qui servent à transmettre, à distribuer et à modifier le mouvement du moteur. Tels sont les engrenages, les poulies et tambours avec leurs cordes ou courroies, les bielles et manivelles, etc.

COMPAGNIE. Ce mot dans le sens commercial est synonyme de *société*. On emploie indifféremment l'un ou l'autre, bien que la dénomination de société soit la seule admise dans le code civil et le code commerce.

COMPOSANTE. *Voyez* l'article suivant.

COMPOSITION DES FORCES. Opérations d'analyse et de géométrie par lesquelles on ramène à une ou à deux forces ou à un *couple*, ou enfin à une ou à deux forces combinées avec un couple, toutes les forces qui agissent sur un point ou sur un système de points invariablement liés entre eux. La force unique capable de produire le même effet que plusieurs autres s'appelle leur *résultante* et les forces primitives sont ses *composantes*.

Lorsque toutes les forces peuvent être ramenées à une seule, elles impriment au corps qui leur est soumis un mouvement rectiligne. S'il est impossible de les réduire à moins de deux, ce qui arrive lorsque par leur composition on tombe sur deux forces dirigées suivant des droites qui ne se rencontrent pas, le corps prend un mouvement de translation suivant une courbe dont la courbure est déterminée par l'intensité respective des deux forces. Si par la composition des forces on arrive à deux forces égales, parallèles et dirigées en sens contraire, ce sera ce qu'on appelle un *couple*, et le corps sera animé d'un mouvement de rotation autour du point milieu de la droite qui unit les points d'application des forces.

Lorsque la composition des forces auxquelles un corps est soumis amène en dernière analyse à une force et un couple, le corps est animé à la fois d'un mouvement de translation en ligne droite et d'un mouvement de rotation sur lui-même. Enfin si l'on arrive à deux forces et un couple, le corps se déplace suivant une ligne courbe, en même temps qu'il tourne sur lui-même.

CONCESSION. Acte par lequel le gouvernement accorde à un particulier ou à une compagnie l'autorisation de percevoir des droits de péage et des prix de transport sur un chemin de fer. Cette concession a pour but d'indemniser la compagnie ou le particulier des travaux et dépenses qu'il s'engage à faire pour construire à ses frais, risques et périls, tout ou partie du chemin et l'entretenir.

Le tarif que le concessionnaire est autorisé à percevoir peut être libre ou limité par le cahier de charges. Ce dernier cas est à peu près exclusivement celui dans lequel se trouvent tous les chemins de fer français. S'il y en a, tels que celui de Saint-Etienne à Lyon, où le tarif des voyageurs n'est pas déterminé, c'est par suite d'une imprévoyance dans l'acte de concession, car le tarif des marchandises est rigoureusement limité ; mais à l'époque où cette ligne fut concédée on ne prévoyait pas qu'elle dût servir au transport des voyageurs.

La concession peut être faite pour un temps déterminé, ou elle peut être perpétuelle. Dans aucun cas elle n'entraîne aliénation du domaine public entre les mains du concessionnaire. Ce qui lui est concédé, c'est la jouissance du chemin de fer, mais non sa propriété. Il ne peut en user que dans les limites posées par l'acte de concession, et il lui est interdit d'en altérer partiellement ou généralement la nature, comme il serait libre de le faire pour une chose lui appartenant en propre.

La concession suit l'acceptation des clauses d'un cahier de charges ; mais elle a besoin, pour être valable, d'être homologuée par une loi, ou par une simple ordonnance royale lorsqu'il s'agit d'un embranchement de moins de 20 mille mètres de longueur. Quelquefois on se contente d'une ordonnance royale pour des lignes de cette longueur qui ne sont pas des embranchemens sur des chemins de fer existans, mais qui ont peu d'importance. Toutefois cette interprétation du texte de la loi du 3 mai 1841 (*Voyez* Expropriation) est contraire à son esprit. Il arrive aussi que l'administration refuse d'user du droit de concéder par ordonnance royale, pour des lignes ou embranchemens de moins de 20 mille mètres. C'est ce qui est arrivé pour les chemins de Versailles dont l'un a 19 kilomètres et l'autre moins de 17, et pour lesquels on a cru devoir recourir à une loi.

La concession peut être faite directement à un soumissionnaire. Elle peut être le résultat d'une adjudication faite avec publicité et concurrence sur les conditions de la jouissance. Dans tous les cas elle entraîne substitution du concessionnaire à l'état. pour tout droit résultant des lois et ordonnances relatives à la recherche et à l'extraction des matériaux, ainsi qu'à l'expropriation pour cause d'utilité publique. Mais ce n'est point, comme pourraient le croire quelques personnes, dans la jouissance de ces droits, c'est dans le péage seul que réside la concession.

L'exploitation des gîtes minéraux ne peut avoir lieu qu'en vertu d'une concession. La loi de 1810 a décrété que toutes ces concessions seraient perpétuelles.

Concours de l'état. Plusieurs modes financiers peuvent être suivis dans l'exécution des chemins de fer; ou bien ils sont exécutés et exploités par le gouvernement seul, ou bien ils sont exécutés et exploités par des sociétés particulières livrées à leurs seules ressources, ou bien enfin ils sont concédés à des compagnies avec l'appui du trésor public. Ce dernier mode d'exécution donne lieu à des combinaisons qui diffèrent suivant la part réservée à l'état. Je parlerai seulement ici des moyens qui ont été proposés ou adoptés pour l'exécution des chemins de fer français. Il sera facile d'après cela de se faire une idée de ceux qui ont obtenu quelque faveur dans d'autres pays.

1° *Subvention.* C'est le mode de concours le plus simple de tous. Il consiste à remettre gratuitement à la compagnie, chargée d'exécuter et d'exploiter un chemin de fer une certaine somme destinée à compléter le capital requis pour l'achèvement de ses travaux. Une subvention est nécessaire lorsque l'état précaire du crédit de la compagnie ou les profits trop faibles qu'elle espère tirer de son entreprise ne lui permettent pas de réunir des fonds suffisans.

2° *Prêt.* La seule différence entre ce mode de concours et le précédent consiste en ce que la somme comptée par l'état à la compagnie doit être remboursée avec intérêts dans un temps convenu. Dans ce cas, l'état suppose l'entreprise assez bonne par elle-même pour couvrir tous les frais que nécessite sa mise en exploitation; mais sa conviction n'étant point partagée à un degré suffisant par les capitalistes, il se substitue en leur lieu et place pour aider la compagnie à franchir les circonstances difficiles.

3° *Prise d'actions.* Un troisième mode de concours, adopté quelquefois aux États-Unis de l'Amérique du Nord, a été proposé en France sans succès. Il consiste à faire participer l'état aux chances de l'entreprise en l'incorporant avec la compagnie à titre d'actionnaire, jusqu'à concurrence d'une certaine quotité du capital.

4° *Garantie d'intérêt.* Dans ce système l'état garantit aux actionnaires d'une compagnie, qu'ils recevront toujours au moins un certain intérêt déterminé en retour de leurs avances. Le taux de cet intérêt peut être de 3, 4, 5 pour 0/0, etc. Il peut comprendre une certaine quotité applicable à l'amortissement du capital. Ainsi l'état a garanti, à la compagnie qui exécute le chemin de fer de Paris à Orléans, un intérêt minimum de 4 p. 0j0 par an sur son capital de 40 millions de francs. Dans ces 4 p. 0j0 se trouve compris 4 p. 0j0 applicable à l'amortissement, en sorte qu'au bout de 46 ans et 324 jours le capital se trouvant remboursé par le fait de l'amortissement, la garantie d'intérêt cessera de plein droit.

Ces divers modes de concours peuvent entraîner des conditions particulières telles qu'une diminution, soit dans la valeur des tarifs que la compagnie est autorisée à percevoir, soit dans la durée de sa concession. S'il s'agit d'un prêt ou d'une prise d'actions, l'intérêt des sommes fournies par l'état peut être privilégié ou au contraire placé après le service des capitaux privés. La garantie d'intérêt peut porter sur un capital fixe ou sur un capital indéterminé ; elle peut admettre la faculté pour la compagnie d'emprunter les sommes nécessaires pour compléter son capital s'il est plus tard reconnu insuffisant : elle peut aussi limiter ou refuser cette faculté d'emprunt. La loi, qui règle la garantie d'intérêt accordée au chemin de fer de Paris à Orléans, limite à 40 millions le capital garanti et autorise la compagnie à prélever sur les produits bruts l'intérêt des emprunts qu'elle serait obligée de contracter pour achever ses travaux.

Il me reste à parler d'un dernier mode de concours que l'on pourrait appeler *subvention en nature* : c'est celui qui a été créé par la loi du 44 juin 4842 (*Voyez* CHEMIN DE FER). Il consiste en ce que l'état fournit aux compagnies qui doivent exploiter les chemins, le sol tout préparé pour recevoir la voie de fer, *c'est-à-dire les terrains*, terrassement, ouvrages d'art et stations. Les compagnies ne sont chargées que de fournir la voie proprement dite, y compris l'ensablement, et le matériel nécessaire à l'exploitation. L'état lui-même est aidé dans ses dépenses par les départemens et les communes, qui doivent lui rembourser les deux tiers du montant des indemnités dues pour les terrains et bâtimens dont l'occupation a été reconnue nécessaire à l'établissement du chemin de fer et de ses dépendances.

Cette espèce de concours est appelé triple concours, parce qu'en effet il réunit dans une même opération trois espèces de ressources financières distinctes, celles du trésor public, des administrations locales et du crédit privé. Il serait peut-être plus exact de l'appeler quadruple concours, car le budget des départemens et celui des communes sont distincts l'un de l'autre, bien que le droit de délibérer sur la part afférente à chacun ait été dévolu par la loi au conseil général du département.

Aucune ligne n'ayant encore été concédée jusqu'à ce jour, en vertu de la loi du 11 juin 1842, il n'est pas possible de dire quelles conditions seront imposées aux compagnies en retour du concours que leur apporteront l'état et les localités.

CONDENSATION. L'effet de la chaleur sur les corps est de les dilater. Au contraire, lorsque leur température s'abaisse leurs molécules tendent à se rapprocher. Ce dernier phénomène s'appelle la contraction ou condensation. Le mot de *condensation* s'applique plus particulièrement au cas où, par suite du refroidissement, le corps passe de l'état gazeux à l'état liquide. Ainsi lorsque de la vapeur d'eau se liquéfie par un abaissement de température, on dit qu'elle se condense. L'espace qu'elle occupait se trouve diminué dans une proportion considérable, car on sait que la vapeur à cent degrés remplit un espace 1704 fois aussi grand que l'eau à la température ordinaire. C'est sur cette propriété remarquable qu'est fondé le jeu de la machine à vapeur à condensation. Voici en quoi il consiste. La vapeur produite par l'ébullition de l'eau dans une chaudière est amenée dans un cylindre. Par sa force d'expansion elle soulève le piston qui remplit ce cylindre. Lorsqu'il est arrivé à l'extrémité de sa course, on arrête l'introduction de la vapeur. Si les choses devaient rester dans cet état, le système, après ce premier mouvement, demeurerait immobile : ou plutôt, si l'on suppose que toute issue est fermée à la vapeur, celle-ci se refroidissant peu à peu diminuerait de plus en plus de volume, et le piston redescendrait insensiblement par son propre poids au fur et à mesure de la condensation. Lorsque toute la vapeur serait condensée et réduite en eau, le piston serait ramené jusqu'au bas du cylindre, sauf le petit espace occupé par la légère couche de liquide qui se serait déposée. Mais si l'on suppose qu'au moment où l'on arrête l'introduction de la vapeur, on refroidisse brusquement, par un moyen artificiel, celle qui est contenue dans le cylindre, la condensation s'opérera instantanément et le piston pourra retomber aussi vite qu'il s'est élevé. Ce refroidissement rapide est facile à opérer; il suffit pour cela d'injecter, dans le cylindre plein de vapeur, une quantité d'eau froide capable d'absorber tout l'excès de calorique qui maintient l'eau à l'état de vapeur. Pour que la course du piston puisse toujours avoir la même amplitude il faut, aussitôt que cette condensation a été opérée, ouvrir une issue à l'eau qui se trouve dans le cylindre. Sans cela elle le remplirait promptement, et d'ailleurs sa présence absorberait inutilement une certaine portion de la vapeur provenant de la

chaudière, qu'elle condenserait à son arrivée dans le cylindre.
C'est ainsi que l'on opérait dans les premières machines, mais on
n'a pas tardé à reconnaître qu'il y avait un inconvénient grave
à condenser la vapeur dans le corps même du cylindre. En effet,
l'injection d'eau froide à chaque coup de piston maintenait les
parois à une température assez basse, qui absorbait continuellement une certaine portion de vapeur perdue pour la force de l'appareil. On a donc songé à faire la condensation de la vapeur dans
un vase séparé, totalement distinct du cylindre, et ne communiquant avec lui que par un tube étroit. Ce vase est le condenseur,
dont on verra la description dans l'article suivant : l'invention en
appartient à Watt, et c'est peut-être la plus importante de toutes
celles que la machine à vapeur doit à ce célèbre ingénieur.

Condenseur. Récipient dans lequel se rend la vapeur, après
avoir agi sur le piston d'une machine à condensation, et où elle
est ramenée à l'état liquide par un jet d'eau froide. Une condensation rapide et aussi complète que possible de la vapeur qui a agi
sur une face du piston est extrêmement importante pour permettre
à celle qui arrive sur la face opposée de produire tout son effet.
Aussi les mécaniciens se sont-ils exercés à résoudre ce problème
de la manière la plus avantageuse. On voit dans la *planche XI*
la coupe d'un condenseur. Il se compose d'un premier cylindre *aa*,
plongé dans une grande bâche *o*, remplie d'eau froide, et d'un autre cylindre intérieur *n* dans lequel se meut un piston *bb*. Ce cylindre intérieur et son piston forment ce que l'on appelle la *pompe
à air (Voyez* ce mot). La vapeur au sortir du grand cylindre *ll*
de la machine, arrive par le tuyau *c*, dans l'espace compris entre
les deux cylindres. A chaque coup de piston un jet d'eau froide,
fourni par une pompe que la machine met en mouvement, arrive
dans le même récipient par le tuyau *e*. Cette eau froide, augmentée
de la quantité de liquide fournie par la condensation de la vapeur, se
rend au fond du récipient où elle est aspirée par la pompe à air et
rejetée dans la cuvette *c'*. Le trop-plein de la cuvette s'écoule librement par l'orifice *v*, et la quantité d'eau nécessaire à l'alimentation
de la chaudière sort par le tube *i* qui la conduit à la pompe alimentaire. Les machines à condensation offrent ainsi l'avantage que
leurs chaudières sont alimentées par de l'eau que la condensation
de la vapeur a déjà échauffée.

Conducteur. Nom que l'on donne dans les chemins de fer aux
agens préposés au service des voitures pendant la marche des convois.

Dans le langage physique le mot *conducteur* sert à désigner les corps qui se laissent facilement traverser par la chaleur ou l'électricité. On dit qu'un corps est bon conducteur ou mauvais conducteur, suivant qu'il possède cette qualité à un degré plus ou moins élevé.

Conductibilité. Propriété que possèdent les corps de se laisser traverser plus au moins facilement par la chaleur et l'électricité. Les métaux sont de tous les corps ceux qui la possèdent au plus haut degré : on dit qu'ils sont bons conducteurs. Il n'en est pas de même du bois, des liquides et des gaz : ils sont en général mauvais conducteurs. La facilité avec laquelle la chaleur se transmet à toute une masse de gaz ou de liquide n'est pas due à leur conductibilité, mais au mouvement que les molécules échauffées prennent par suite de la dilatation et qui leur permet, en se transportant sur tous les points, de communiquer aux molécules qu'elles rencontrent sur leur passage la chaleur qu'elles ont absorbée. On peut s'en convaincre par une expérience bien simple. Que l'on chauffe par sa partie supérieure un vase rempli d'eau, la partie inférieure du liquide sera fort long-temps avant de s'échauffer. Si au contraire on place le feu sous le vase, la chaleur, en dilatant les molécules de la couche inférieure du liquide, les rend plus légères ; elles tendent par conséquent à s'élever en vertu de la loi des densités qui veut que, dans un liquide non homogène, les couches les plus légères montent à la partie supérieure. Pendant que les molécules devenues plus légères par l'échauffement s'élèvent, celles qui sont encore froides descendent pour les remplacer. Elles s'échauffent à leur tour, sont remplacées par d'autres, et ainsi de suite. Il s'établit un double courant qui rapproche du foyer et met en contact les unes avec les autres successivement toutes les molécules, en sorte que la masse entière s'échauffe rapidement sans que ce phénomène doive être attribué à sa conductibilité.

Les physiciens sont parvenus, par une série d'expériences fort délicates, à déterminer le degré de conductibilité d'un grand nombre de corps et notamment des métaux.

Conduite des travaux. Chapitre du Détail estimatif dans lequel on comprend les frais de surveillance et d'administration que nécessite l'exécution d'un projet.

Cone. Espace limité par la surface qu'engendrerait une ligne droite passant par un point fixe et glissant sur une courbe. Si l'on suppose la droite indéfiniment prolongée de chaque côté du point fixe, elle décrira deux surfaces semblables et symétriquement placées par rapport à ce point. Ces surfaces s'appellent les *nappes* du cône. Suivant que l'on en considère une seule ou toutes les deux, on dit que le cône en question est à une ou à deux nappes. La ligne droite qui décrit le cône est sa *génératrice*, la courbe sur laquelle elle s'appuie en est la *directrice* ou la base, et le point fixe par lequel elle passe en est le *sommet*. Les *arêtes* du cône sont les diverses positions de sa génératrice que l'on suppose tracées sur sa surface. Son *axe* est la droite passant par le sommet et par le centre de la courbe directrice. On appelle arêtes *opposées* celles qui sont symétriquement placées par rapport à l'axe.

Une pyramide n'est qu'un cas particulier du cône à une nappe, dans lequel la directrice est un polygone dont les côtés sont des lignes droites. Les faces latérales de la pyramide peuvent être considérées comme engendrées par le mouvement d'une droite, qui glisserait sur chacun des côtés de la base, en passant toujours par le sommet.

Chaque cône tire son nom particulier de sa courbe directrice : ainsi il y a des cônes circulaires, elliptiques, paraboliques, hyperboliques, etc. On appelle cônes droits ceux dont l'axe est perpendiculaire au plan de la courbe directrice : le plus remarquable de tous est le cône droit à base circulaire. Les courbes auxquelles il donne lieu, quand on le coupe par des plans, sont connues sous le nom de *sections coniques* : l'étude de leurs propriétés a exercé de tout temps l'esprit des géomètres et des algébristes, et forme une des branches les plus importantes des mathématiques. Ces courbes sont le *cercle*, l'*ellipse*, la *parabole* et l'*hyperbole*.

Les trois premières s'obtiennent par la section d'une seule nappe du cône.

Le cercle est donné par l'intersection du cône et d'un plan parallèle à sa base, c'est-à-dire perpendiculaire à son axe. Le rayon du cercle obtenu par cette intersection est d'autant plus petit que le plan sécant est plus rapproché du sommet. Si le plan passait par ce sommet même, le cercle se réduirait à un point.

L'ellipse est donnée par l'intersection du cône avec un plan oblique par rapport à son axe et qui rencontre toutes les arêtes du cône sur la même nappe. Les surfaces des ellipses obtenues par des plans parallèles entre eux sont d'autant plus petites que ces plans rencontrent l'axe du cône plus près du sommet. Si le plan sécant passait par ce sommet même, l'ellipse se réduirait à un point. Le cercle peut être considéré comme un cas particulier de l'ellipse, car, comme elle, il est produit par l'intersection du cône avec un plan qui rencontre toutes ses arêtes sur la même nappe : seulement pour le cercle ce plan est perpendiculaire à l'axe. L'ellipse et le cercle sont des courbes fermées.

La parabole est donnée par l'intersection du cône avec un plan oblique par rapport à l'axe, mais parallèle à l'une des arêtes. Il résulte de cette disposition que, le plan sécant ne pouvant pas rencontrer cette arête, la courbe n'est pas fermée et s'étend indéfiniment dans le sens opposé à celui où le plan entre dans le cône. Le point de la courbe, situé sur l'arête *opposée* à celle à laquelle le plan sécant est parallèle, est le plus rapproché du sommet du cône, on l'appelle le *sommet* de la parabole. Les ouvertures des paraboles, obtenues par des plans parallèles entre eux, sont d'autant plus petites que ces plans sont plus rapprochés du sommet du cône. Si le plan sécant passait par ce sommet même, les deux côtés de la courbe se confondraient en une seule ligne droite avec l'arête du cône à laquelle le plan est parallèle, et le plan deviendrait tangent au cône suivant cette arête. La parabole peut être considérée comme un cas particulier de l'ellipse, car, comme cette dernière, elle est produite par l'intersection du cône avec un plan oblique à son axe. Seulement ce plan est parallèle à l'une des arêtes, et la courbe n'est pas fermée des deux côtés.

L'hyperbole est donnée par l'intersection du cône avec un plan qui n'est pas parallèle à la base, mais dont l'inclinaison est telle qu'il ne rencontre que sur la seconde nappe du cône les arêtes opposées à celles qu'il coupe sur la première nappe. La courbe pour être complète doit donc être considérée sur les deux nappes du cône. Elle se compose de deux branches parfaitement symétriques et complétement séparées. Ces branches sont indéfinies, chacune de leur côté, puisque le plan sécant est disposé de telle façon qu'il ne peut pas couper toutes les arêtes du cône sur la même nappe. Chacune de ces branches a un sommet, situé au point le plus rapproché du sommet du cône où le plan entre dans le cône. De même que dans la parabole, les ouvertures des branches des hyperboles, obtenues par des plans parallèles entre eux, sont d'autant plus petites que ces plans sont plus rapprochés du sommet du cône. Si le plan sécant passait par ce sommet même, les deux branches de la courbe se toucheraient et deviendraient des lignes droites, se confondant avec les arêtes mêmes du cône sur les deux nappes.

On appelle *tronc de cône* une portion de cône dont on a enlevé le sommet et qui est comprise entre deux plans perpendiculaires ou obliques par rapport à son axe, mais coupant toutes les arêtes d'une même nappe.

Dans les chemins de fer les jantes des roues des voitures, au lieu d'être cylindriques comme dans les routes ordinaires, sont tournées extérieurement en forme de tronc de cône raccordé avec le rebord par une gorge cylindrique.

Dans les transmissions de mouvement des machines qui ont lieu par des courroies ou des cordes plates, on se sert quelquefois de poulies en forme de tronc de cône pour obtenir une variation de diamètre et par suite une variation de vitesse de l'arbre qui porte la poulie, suivant que l'on fait porter la courroie sur une partie de la poulie ou sur une autre. Lorsqu'une transmission de mouvement a lieu au moyen de courroies entre deux arbres verticaux, les tambours de ces arbres sont en forme de troncs de cône tournés en sens opposés. Si la courroie est suffisamment tendue, elle ne peut pas se déranger de sa position parce qu'elle tend à monter à la fois sur les deux cônes.

CONIQUE (PENDULE). Espèce de modérateur employé dans les machines à vapeur pour régler l'ouverture du tuyau qui envoie la vapeur dans les cylindres. On le voit désigné par la lettre r' dans la *planche X*. Il se compose de deux doubles tiges articulées entre elles et avec deux douilles qui embrassent un axe fixe. Ces tiges portent à leur extrémité des boules pesantes en métal ; la douille inférieure peut monter et descendre le long de l'axe fixe. Voici comment a lieu le jeu de cet appareil. La douille inférieure du pendule porte une roue horizontale qui reçoit de la machine un mouvement de rotation, soit par un engrenage, soit par une corde de renvoi. Plus le mouvement de la machine est rapide, plus le pendule tourne avec vitesse. Les boules, cédant à la force centrifuge que produit ce mouvement, tendent à s'écarter horizontalement et soulèvent la douille inférieure le long de l'axe fixe. Une tige de renvoi est fixée d'une part à cette douille et de l'autre à une espèce de soupape ou registre qui règle l'ouverture du tuyau de vapeur. A mesure que la douille du pendule s'élève, elle tend à diminuer et même à fermer tout à fait cette ouverture, ce qui empêche la machine de prendre une accélération inutile ou dangereuse.

CONSEILS. Légistes et ingénieurs qui, sans remplir un rôle actif dans l'administration d'une entreprise, sont appelés à l'éclairer de leurs conseils dans les cas difficiles et même dans les circonstances ordinaires.

CONSEIL D'ADMINISTRATION. On appelle ainsi dans une société anonyme, la réunion d'un certain nombre d'actionnaires nommés par l'assemblée générale pour administrer la société. Ce conseil est investi à cet égard des pouvoirs les plus étendus pour agir et transiger, sans s'écarter des statuts. Le nombre des membres qui composent ce conseil, les conditions qu'ils doivent remplir pour en faire partie, la durée de leurs fonctions, les droits et devoirs qui y sont attachés sont réglés par les statuts.

Il n'y a pas de conseil d'administration dans la société en commandite. Le gérant y agit librement et sous sa responsabilité personnelle. Quiconque s'immiscerait aux actes de la gérance encourrait la même responsabilité. Or, on sait qu'elle ne s'arrête pas à la valeur des actions dont le gérant est porteur, mais qu'elle s'étend à toutes ses propriétés mobilières et immobilières : il répond de ses actes même par corps. Il n'en est pas ainsi dans la société anonyme où les administrateurs ne sont pas responsables vis-à-vis des tiers et de la société, autrement que pour les engagemens qu'ils ont souscrits sous forme d'actions.

Conseil d'état. Réunion de magistrats et d'administrateurs, choisis par le roi pour donner leur avis sur toutes les matières qui intéressent l'administration. Le conseil d'état se compose des princes de la famille royale, lorsque le roi le préside et qu'il juge à propos de les y appeler, des ministres et sous-secrétaires d'état, de conseillers en service ordinaire et en service extraordinaire, de maîtres des requêtes et d'auditeurs. Il se subdivise en comités spéciaux pour préparer les projets de lois ou d'ordonnances portant réglement d'administration publique, qui doivent ensuite être délibérés par le conseil tout entier. Les conseillers, maîtres des requêtes et auditeurs en service extraordinaire, sont des fonctionnaires publics auxquels le roi confère ces titres, sans qu'il leur donne pour cela le droit de participer aux délibérations du conseil : ils peuvent néanmoins y être appelés dans des circonstances déterminées. Les avis du conseil d'état en matière contentieuse prennent force de jugement, lorsqu'ils sont revêtus de l'approbation royale. Le conseil d'état remplit par rapport aux conseils de préfecture l'office de cour d'appel. En ce qui concerne les arrêts de la cour des comptes, il prononce comme cour de cassation.

Les statuts des sociétés anonymes, devant être revêtus de la sanction royale, sont soumis aux délibérations du conseil d'état.

Conseil général. Il y a en France trois espèces de conseils généraux qui peuvent intéresser les chemins de fer et machines à vapeur. Ce sont les conseils généraux des départemens, le conseil général des mines et celui des ponts-et-chaussées.

Conseil général de département. Dans chaque département il y a un conseil général chargé de faire connaître les vœux des administrés et de représenter leurs intérêts. Organisé en vertu de la loi du 22 juin 1833, il est composé d'autant de membres qu'il y a de cantons dans le département, sans pouvoir excéder le nombre de 30 ; les membres sont élus dans chaque canton par les électeurs inscrits sur la liste électorale du jury. Aucune dépense départementale ordinaire ou extraordinaire, en dehors du budget de l'état, ne peut être autorisée, si elle n'est librement votée et consentie par le conseil général.

La nouvelle loi des chemins de fer, en mettant à la charge des départemens traversés, les deux tiers de la dépense nécessaire pour les acquisitions de terrains et propriétés bâties, a décidé que, dans chaque département traversé, le conseil général délibérerait : 1° sur la part qui serait mise à la charge du département, et sur les ressources extraordinaires au moyen desquelles elle serait remboursée en cas d'insuffisance des centimes facultatifs ; 2° sur la désignation des communes intéressées et sur la part à supporter par chacune d'elles, en raison de son intérêt et de ses ressources financières. Ces délibérations doivent être soumises à l'approbation du roi.

CONSEIL GÉNÉRAL DES MINES. Ce conseil est composé des inspecteurs généraux des mines : les autres ingénieurs du corps peuvent y être appelés avec voix consultative. Il donne son avis sur les demandes en concession de mines, sur les travaux d'art auxquels il convient d'assujettir les concessionnaires, et sur tous les autres objets qui se rattachent au fait des concessions. C'est à lui que sont soumises les questions qui ont trait à l'emploi et au perfectionnement des procédés relatifs à la machine à vapeur.

CONSEIL GÉNÉRAL DES PONTS-ET-CHAUSSÉES. C'est la réunion des inspecteurs généraux et inspecteurs divisionnaires appartenant au corps des ponts-et-chaussées. Ce conseil est appelé à donner son avis sur toutes les questions contentieuses et les objets d'art qui intéressent les travaux des ponts-et-chaussées. C'est à lui que sont soumis les avant-projets et projets définitifs de chemins de fer, avant d'être revêtus de l'approbation ministérielle. La haute position des membres qui le composent, leurs lumières et leur expérience donnent un grand poids à ses décisions. Bien qu'en matière de projets ce ne soient que des avis, elles ont ordinairement une valeur telle, qu'elles servent presque toujours de base aux arrêtés ministériels , lois et ordonnances royales qui s'y rapportent. On a souvent reproché au conseil général des ponts-et-chaussées de se laisser dominer dans ses délibérations par des considérations d'art exclusives, et de ne pas tenir assez compte des intérêts commerciaux, dans la solution des questions qui lui sont soumises. Cette observation est fondée : il est impossible que dans l'examen d'un tracé et des travaux d'art qu'il entraine, des ingénieurs ne soient pas dominés avant tout par les considérations de topographie ou de méthodes de construction, qui ont fait toute leur vie l'objet de leurs préoccupations.

C'est pour éviter cet inconvénient que M. le ministre des travaux publics a créé des commissions spéciales chargées de donner leur avis sur l'exécution des diverses parties de la loi des chemins de fer du 11 juin 1842. On ne pouvait songer à altérer la composition du conseil des ponts-et-chaussées : mais il n'y avait aucun danger à le maintenir dans son véritable rôle par la création de ces commissions nouvelles. Ses délibérations mieux définies, ramenées à leur véritable but n'en auront que plus de poids. Il est à désirer que les commissions récemment instituées s'acquittent avec le même zèle et les mêmes lumières, de la part qui leur a été dévolue : ce sera difficile, car leur constitution éphémère et leurs réunions peu fréquentes ne sauraient être comparées à la vieille et forte organisation qu'elles sont destinées à compléter.

CONSEIL DE SURVEILLANCE. Nom que l'on donne dans les sociétés commerciales à la réunion d'un certain nombre d'actionnaires choisis par l'assemblée générale pour contrôler les actes de l'administration, et faire connaître à ceux qui les ont délégués le résultat de leurs investigations. Les fonctions du conseil de surveillance sont ordinairement temporaires ; elles peuvent être permanentes lorsque les statuts l'exigent; dans tous les cas elles se réduisent à un simple rôle d'examen, et n'entraînent aucune qualité ni responsabilité administrative.

CONSERVATOIRE DES ARTS ET MÉTIERS. Cet établissement est situé rue Saint-Martin à Paris ; ce ne fut d'abord qu'un musée contenant des modèles de machines et des spécimens d'invention, public pour tout le monde à certains jours de la semaine. Plus tard des cours relatifs aux principales connaissances nécessaires à l'industrie y furent créés. La première destination du Conservatoire des arts et métiers remonte au règne de Louis XVI. La collection du célèbre Vaucanson fournit le premier noyau de son musée. Peu à peu il s'enrichit des inventions de Jacquart et des principaux modèles des machines qu'on voulait bien lui envoyer. Cependant cet établissement, qui devait toujours se tenir à la tête de l'industrie, voyait ses modèles vieillir et se trouvait fort arriéré par rapport aux améliorations qui surgissaient de toutes parts, lorsqu'en 1834, le gouvernement lui accorda des sommes considérables, que l'administration employa à rajeunir et à augmenter sa collection. De magnifiques modèles des meilleures machines nouvelles furent construits à cette époque sous la direction de M. Leblanc

Ce fut seulement vers 1814 que l'on s'occupa, dans cet établissement, de l'enseignement public des principales connaissances nécessaires dans l'industrie. D'abord on y créa une école de filature ; en 1819, Chaptal, ministre de l'intérieur, y institua trois chaires, l'une de mécanique, confiée à M. Charles Dupin; l'autre de chimie industrielle, confiée à M. Clément Désormes; la troisième d'économie industrielle, confiée à J.-B. Say. Depuis, le Conservatoire s'est accru d'un plus grand nombre de professeurs distingués. M. Pouillet, professeur de physique industrielle, en fut nommé le directeur et enrichit le Conservatoire d'un magnifique cabinet de physique. Tout récemment, grâce aux soins de M. Péligot, le Conservatoire a été doué d'un très beau laboratoire de chimie. Maintenant le tableau des cours que l'on professe est le suivant :

Cours d'agriculture professé par MM. Moll.—Chimie, MM. Payen et Péligot. — Économie politique, M. Blanqui. — Géométrie, M. Ch. Dupin. —Géométrie descriptive, M. Olivier. — Législation industrielle, M. L. Wolowski. — Mécanique, M. A. Morin. — Physique, M. Pouillet.

CONSTRUCTEUR. Ce nom appartient à tout ingénieur ou entrepreneur qui exécute des travaux d'architecture civile ou militaire et de terrassement. On l'a étendu aux fabricans de machines: ils prennent aujourd'hui le titre de constructeurs. Ils se sont réunis sous cette dénomination en association libre et volontaire pour faire prévaloir près des chambres et de l'administration, et dans l'opinion publique, les mesures propres à assurer le développement et les progrès de la construction des machines en France. Les membres formant l'union des constructeurs ont délégué à un comité choisi dans leur sein la mission de les représenter.

CONTRACTION. Lorsque la température d'un corps s'abaisse, ses molécules se rapprochent les unes des autres, en sorte que plus il se refroidit, moins il occupe d'espace. Ce phénomène est l'opposé de celui de la *dilatation* (*Voyez* ce mot).

On appelle *contraction de la veine fluide*, le resserrement qu'éprouve une colonne de fluide qui s'échappe d'un vase par un orifice, et qui fait qu'elle semble s'en détacher complétement sur les côtés. Plus la paroi par laquelle s'échappe le fluide est mince, plus la contraction est considérable. Elle diminue, si la paroi dans laquelle est pratiqué l'orifice a une certaine épaisseur, ou si l'on y ajoute un ajutage conique ou cylindrique.

La contraction de la veine fluide oppose à sa sortie une certaine résistance, et diminue par conséquent la dépense théorique; si l'on calcule cette dépense d'après les lois de la dynamique, on trouve que dans le cas le plus favorable, c'est-à-dire celui d'un orifice garni d'un ajutage, la dépense réelle n'est que les trois quarts de celle que donne ce calcul. Dans ce cas, le plus défavorable, elle est des trois cinquièmes.

On appelle *force de contraction* la propriété, dont jouissent certains corps à un haut degré, de revenir à leur premier état après qu'on les a étendus par un effort. Telles sont les cordes à boyau et la gomme élastique, autrement dite caoutchouc.

Contre-bas, Contre-haut. Expressions employées par les ingénieurs dans le sens de *plus bas* et *plus haut*. Ainsi on dit qu'un point est *en contre-bas* d'un autre pour exprimer qu'il est à un niveau inférieur : et réciproquement.

Contre-clavette. *Voyez* **Clavette**.

Contre-pente. *Voyez* **Rampe**. Ces deux mots sont synonymes.

Convoi. Suite de voitures reliées les unes aux autres par des chaînes ou autres attaches, et marchant ensemble en vertu de la même impulsion. Les convois peuvent être composés d'un nombre de voitures considérable. Ainsi sur le chemin de Saint-Étienne à Lyon, les convois de houille qui descendent vers Rive-de-Gier sont ordinairement de dix-huit wagons. Sur les chemins de fer des environs de Paris, les jours où il y a une grande affluence de promeneurs, les convois sont quelquefois de vingt-cinq à trente voitures, non compris les locomotives et leurs tenders. On est alors obligé, au lieu d'une seule locomotive, d'en mettre deux pour remorquer le convoi. Elles peuvent être placées, soit à la suite l'une de l'autre, soit en tête et en queue, l'une tirant les voitures et l'autre les poussant, ce qui revient au même. Car, sous le rapport de l'impulsion à donner à une file de voitures, il importe peu que la locomotive soit placée à l'avant ou à l'arrière. Le seul motif déterminant pour la placer à l'avant, c'est qu'il faut que le mécanicien voie devant lui quel est l'état de la voie, et qu'il soit prévenu à temps de toutes les circonstances particulières, par les signaux des cantonniers. Or, s'il était masqué par les voitures, ce serait difficile ou même impossible. Mais quand il y a deux locomotives appliquées à un même convoi, il suffit qu'une seule soit en avant pour cet objet. Cependant un arrêté ministériel récent a interdit l'usage des locomotives placées

simultanément en tête et en queue des convois de voyageurs ;
cette précaution a pour but d'éviter la complication des dangers
qui pourraient résulter d'un accident survenu à l'un des remorqueurs, les voyageurs se trouvant dans ce cas pris pour ainsi dire
entre deux feux.

Les convois trop longs sont sujets à plusieurs inconvéniens. Leur
grande masse ne permet pas de leur imprimer très promptement
toute la vitesse qu'ils doivent acquérir ; et quand ils ont acquis cette
vitesse, il est nécessaire de ralentir leur marche d'assez loin avant
d'arriver aux stations. Ces deux causes font perdre aux voyageurs,
qui ne vont qu'à de petites distances, une partie du temps qu'ils espé-
raient économiser en prenant la voie du chemin de fer pour se
rendre à leur destination. En outre, il est certain que le passage
d'une longue file de voitures ébranle beaucoup plus la voie, que
si le même nombre de voitures la parcourait, distribué en plusieurs
convois. Chaque voiture communique aux rails une oscillation, qui
n'est point terminée lorsque la voiture qui lui succède vient en imprimer une autre : ces oscillations successives viennent s'ajouter les
unes aux autres, et on conçoit que plus elles sont nombreuses, plus
elles acquièrent d'amplitude aux dépens de la stabilité du système.
Les secousses et le mouvement de lacet sont bien plus fatigans
dans les dernières voitures d'un convoi, que dans celles qui sont
placées à l'avant. C'est sans doute pour cela que sur les chemins
de fer français les voitures de première classe sont placées en tête
des convois, immédiatement derrière la locomotive et le tender.
On prend seulement la précaution de les faire précéder par deux
voitures vides ou chargées de bagages et marchandises, afin de les
mettre à l'abri des chocs et des explosions de la machine. En Angleterre on porte la précaution beaucoup plus loin, contre les chances d'accident, pour les voyageurs de la première classe : contrai-
rement à l'usage français on les met à la queue du convoi. Les
accidens des locomotives sont si rares que cette précaution me
paraît au moins superflue, et je crois que l'on doit préférer la mé-
hode de notre pays, comme étant plus en harmonie avec les règles
du confortable auquel ont droit les voyageurs de la première catégorie. Quand on paie plus cher, c'est pour être mieux de toutes les
manières ; mais s'il y avait réellement du danger à une place plutôt
qu'à une autre, ce n'est pas avec une différence de prix qu'on pourrait la racheter.

On doit voir par ce qui précède qu'il paraît peu important de
chercher à augmenter la force actuelle des locomotives destinées à

parcourir des chemins d'une faible longueur avec une grande vitesse. Augmenter leur force, ce serait accroître en même temps la masse des convois, ce qui d'ailleurs n'est pas sans quelques inconvéniens. Si le problème le plus important à résoudre pour les chemins de fer est la grande vitesse, il entraîne comme conséquence une limite assez restreinte dans les poids à transporter. Ce sont là deux termes qui se tiennent essentiellement. Pour dépasser à la fois la vitesse actuelle et la masse moyenne des convois, sans compromettre la sécurité des voyageurs, il faudrait changer le système de construction de la voie et surtout la rendre plus large. Au reste, sauf des cas exceptionnels, tels que ceux que présentent des chemins de fer de promenade à certains jours de l'année, bien loin que la force des locomotives soit insuffisante pour remorquer les convois, il n'est pas rare qu'une bonne partie en soit dépensée en pure perte, et ce n'est pas une des préoccupations les moins délicates d'un bon directeur de chemin de fer, que la recherche de l'utilisation la plus complète de la force de ses appareils locomoteurs. Le public n'y songe guère ; il y voit même un avantage, celui de trouver toujours de la place quand il se présente aux bureaux pour partir. En effet les voitures sont-elles pleines? on en accroche une de plus au convoi, et il part.

Coque. Corps d'un navire considéré indépendamment de son gréement et des objets qui le remplissent.

On dit aussi dans un sens analogue la coque d'une chaudière.

Coquille (Moulage en). Dans cette espèce de moulage, la fonte, au lieu d'être coulée dans des moules en sable ou en terre, est coulée dans des moules en fonte. Elle s'y refroidit beaucoup plus promptement à cause de la conductibilité du moule. On a remarqué que lorsqu'on coule de la fonte grise en coquille, ce refroidissement rapide la transforme en fonte blanche sur une épaisseur d'autant plus grande que le moule est lui-même plus épais. En la remettant au feu et la laissant refroidir lentement, elle repasse à l'état de fonte grise.

Cordes. Les cordes sont quelquefois employées dans les machines pour les transmissions de mouvement. Lorsqu'elles forment une ligne fermée on les appelle *cordes sans fin*. Elles donnent toujours des frottemens assez considérables, parce que, pour les empêcher de s'échapper, on est obligé de les faire marcher dans des poulies à gorge triangulaire et profonde, où elles sont serrées des deux côtés. Cependant leur surface utile de frottement, c'est-à-dire à plat, n'ayant lieu que sur une arête, il faut les tendre fortement pour les empêcher de glisser. Quelquefois pour éviter cet inconvénient on se sert de poulies dont la gorge est à fond plat, et on substitue aux cordes rondes des cordes plates également. Mais les unes et les autres ne valent jamais les courroies, car elles sont trop sujettes à s'allonger et à se raccourcir suivant l'état hygrométrique de l'atmosphère. Cependant elles sont d'un bon usage pour les mouvemens légers et rapides, et surtout quand il faut les croiser.

Les cordes sont plus spécialement employées dans les arts mécaniques pour les treuils, et dans les mines pour l'extraction des caisses qui servent à monter les minerais ou les eaux d'épuisement. On s'en sert avec succès pour la manœuvre des plans inclinés des chemins de fer. Le poids de la corde et son frottement dans les poulies qui la supportent le long du plan, absorbent une notable portion de la force du moteur : on doit les calculer avec soin pour déterminer la puissance de la machine destinée à faire le service du plan incliné.

Cornière. Lorsque l'on a besoin d'assembler solidement deux feuilles de tôle qui se rencontrent sous un angle droit ou très prononcé, on forme souvent le raccordement en forgeant et en rétreignant une des plaques de tôle. Mais il est rare que ce travail n'altère pas la solidité de la tôle, qui se prête peu au travail à chaud en conservant toute sa qualité. Il vaut beaucoup mieux employer, pour les réunir, de fortes équerres en fer que l'on rive sur place aux deux feuilles. Ces équerres sont ce que l'on appelle des corniè-

res. On s'en sert aussi pour renforcer les assemblages en bois ; elles sont alors simplement boulonnées.

Corps. Nom sous lequel on désigne la partie principale d'une machine ou d'une pièce de machine. Ainsi on appelle corps de pompe le cylindre dans lequel se meut le piston d'une pompe qui sert à élever l'eau ; corps d'un arbre ou essieu, la partie de l'arbre comprise entre les tourillons ; corps de la chaudière, le récipient où s'engendre et se recueille la vapeur, considéré indépendamment de ses accessoires, etc.

Cote. Nombre qui désigne la hauteur d'un point donné par rapport à un plan horizontal arbitrairement choisi, tel, par exemple, que la surface de la mer en un point déterminé du littoral, l'étiage d'une rivière en un lieu fixe, comme le passage d'un pont, etc. Dans les constructions les cotes sont les nombres qui indiquent les dimensions des diverses parties de l'ouvrage, leurs longueur, largeur, épaisseur, saillie, etc.

Couche (arbre de). C'est celui qui reçoit directement l'action du moteur transformé en mouvement de rotation. Dans les machines à vapeur, le mouvement est imprimé à l'arbre de couche par la manivelle sur laquelle agit le piston. Dans les machines fixes, l'arbre de couche porte le volant et les principales roues d'engrenage, qui transmettent à leur tour le travail du moteur aux diverses pièces de l'appareil. C'est l'arbre de couche qui porte les roues à palettes des bateaux. Dans les locomotives, l'arbre de couche n'est autre chose que l'essieu coudé sur lequel sont montées les roues menantes.

Coude. Toutes les fois qu'un conduit d'eau, de vapeur ou de fumée change brusquement de direction il forme ce qu'on appelle un coude. Ces coudes produisent toujours dans le mouvement du fluide un ralentissement, par suite du frottement contre les parois, et il en résulte une certaine perte de force. On peut la diminuer en arrondissant les angles des coudes.

Dans l'essieu de la machine qui porte les roues menantes, on appelle coudes les portions à angle droit avec la direction générale de l'arbre, et qui remplissent l'office de manivelles. Ces manivelles sont taillées à plein avec l'arbre dans un seul morceau de fer forgé.

Coudé (arbre ou essieu). Essieu qui porte les grandes roues de la locomotive. Cet essieu se nomme aussi arbre à manivelles, parce

que ses coudes font fonction de manivelles pour transformer le mouvement de va-et-vient du piston, en un mouvement circulaire qui entraîne les roues. Les manivelles, ou coudes de l'essieu, sont au nombre de deux et placées à égale distance du milieu de sa longueur dans des directions perpendiculaires l'une à l'autre ; c'est pourquoi on n'en voit qu'une dans la figure ci-dessus : celle de gauche est masquée par le corps de l'arbre. Chaque manivelle se compose de deux bras réunis par un collet parallèle à la direction générale de l'essieu et dont le centre est dans le prolongement de l'axe du cylindre à vapeur correspondant. C'est à ce collet qu'est attachée la bielle par laquelle se termine la tige du piston de ce cylindre, et qui par son mouvement réagit sur la manivelle. La longueur des bras de ces manivelles est déterminée par la condition d'avoir un jeu libre sous la chaudière ; elle ne peut guère dépasser 20 à 25 centimètres. L'essieu coudé porte aussi les excentriques qui transmettent aux tiroirs les mouvemens de va-et-vient nécessaires à l'introduction et à la sortie de la vapeur dans les cylindres. Cet arbre supporte un effort considérable : c'est par son intermédiaire que toute la force destinée à faire avancer la locomotive et le convoi se transmet des pistons aux roues menantes. On ne saurait donc prendre trop de précaution pour assurer sa solidité. Il a environ deux mètres de longueur : on le forme d'un seul morceau du meilleur fer forgé appelé *étoffe* ou *fer de riblon*, dans lequel on le taille à plein. Dans une machine qui pèse 10 tonnes, lorsque la chaudière est vide, le poids de l'essieu coudé entre pour un quart de tonne ou 250 kilogrammes.

COUP DE PISTON. C'est la course entière accomplie par un piston dans un corps de pompe pour se rendre d'une extrémité à l'autre. Dans la transformation du mouvement de va-et-vient en mouvement de rotation, à chaque coup de piston correspond un demi-tour de la roue : il faut deux coups de piston pour que le tour soit entier. On peut donc estimer la vitesse d'une machine en comptant le nombre de ses coups de piston. Supposons, par exemple, que l'on veuille connaître la marche d'une machine locomotive. Il n'est pas nécessaire pour cela de suivre des yeux la tige du piston : la rapidité de son mouvement permettrait difficilement à l'œil de compter le nombre des coups de piston, et il y a un moyen plus simple. A chaque coup de piston correspond l'introduction d'un jet de vapeur dont le bruit est très net et s'entend distinctement. On peut facilement, au moyen d'une montre, compter le nombre de coups que l'on entend dans une minute. Maintenant, si on connaît le diamètre des roues menantes, et par conséquent la longueur développée de leur circonférence, on n'aura qu'à compter autant de fois cette longueur qu'on a entendu de doubles coups de piston, et on aura la longueur parcourue en une minute, c'est-à-dire la vitesse de marche de la locomotive. Ceci suppose que les roues de la locomotive tournent en avançant toujours régulièrement sans glisser; ce qui est à-peu-près vrai, quand le poids remorqué n'est pas trop considérable, que la pente du chemin est faible et que les rails sont en bon état. On pourrait obtenir de même la vitesse de marche d'un bateau à vapeur. Mais ici la surface sur laquelle portent les roues n'offre pas une résistance absolue; c'est au contraire un liquide qui fuit devant le choc des palettes et fait perdre par conséquent une portion du chemin parcouru. En outre, la quantité dont les roues plongent dans l'eau est variable avec les oscillations du bateau, surtout à la mer : on ne peut donc connaître qu'approximativement le diamètre réel de la circonférence sur laquelle marche la roue motrice. En supposant qu'on le considère comme déterminé par une moyenne prise entre les différentes positions du bateau, le nombre des coups de piston servira à faire connaître la vitesse propre du bateau. Si d'un autre côté, en mesurant directement l'espace que le bateau a parcouru dans un temps donné, on connaît sa vitesse de marche absolue, le nombre des coups de pistons pourra servir à mesurer la quantité de marche perdue, dans une eau tranquille, par la mobilité du liquide qui fuit devant les roues. Si le bateau est sur une rivière, la même observation fera connaître la quantité d'action absorbée à la remonte ou ajoutée à la descente par l'effet du courant.

Coupé. Caisse de voiture fermée et à une seule banquette pour les voyageurs. Sur les chemins de fer comme sur les routes ordinaires, les coupés des diligences sont des places de luxe payant le tarif le plus élevé. Comme les voitures des chemins de fer peuvent aller aussi bien en avant qu'en arrière, celles qui ont des coupés en portent un à chaque bout.

Couple. *Voyez* **Composition des forces.**

Couplées (roues). Dans les machines locomotives, les roues des divers essieux sont ordinairement indépendantes les unes des autres, c'est-à-dire que chaque paire de roues tourne avec son essieu. Le mouvement de la vapeur ne se communique directement qu'aux deux grandes roues motrices, et les autres tournent par suite de l'impulsion générale donnée à tout le système. Cette disposition est très favorable à la grande vitesse, car les frottemens particuliers à chaque paire de roues ne se répétant pas sur les autres, elles peuvent tourner avec toute la célérité qui leur est propre. Mais en même temps cette disposition diminue un peu l'adhérence sur les rails, et ce que l'on gagne en vitesse se trouve compensé par une certaine perte de force dans le remorquage des convois.

Dans le transport des marchandises, le principal but à atteindre est moins une vitesse excessive que le meilleur emploi de la puissance du moteur pour entraîner une forte charge : un des moyens pour y parvenir est d'augmenter l'adhérence de la machine sur les rails. Pour cela on réunit deux à deux les roues de chaque côté de deux essieux consécutifs, au moyen de fortes bielles en fer terminées à chaque extrémité par des manivelles agissant, en dehors du corps de la machine, sur les essieux des roues. Les roues ainsi réunies sont dites *couplées* ou *accouplées*. Les roues couplées étant solidaires et devant accomplir leur révolution dans le même temps les unes que les autres, il est indispensable qu'elles soient exactement du même diamètre. Sans cela, pendant que la plus grande ferait un tour, la plus petite glisserait constamment d'une certaine quantité et occasionnerait par son frottement sur le rail une grande perte de force. Dans les machines à six roues, dont les trois essieux sont indépendans les uns des autres, les roues sont de deux diamètres différens : les grandes roues, ou roues motrices à jantes plates, sont au milieu ; les quatre petites roues, ou roues conductrices à gorge, sont placées deux par deux à l'avant et à l'arrière de la machine. Lorsque la machine à six roues a deux paires de roues couplées, les petites roues à gorge sont placées indifféremment à l'avant ou à l'arrière, et les deux autres roues conductrices sont du même diamètre que les grandes roues motrices : quelquefois ces dernières, au lieu d'être à jantes plates, sont également à gorge.

L'emploi des roues couplées est fort utile pour remorquer les convois sur des pentes raides, à cause de l'augmentation d'adhérence sur les rails.

Dans les machines américaines à huit roues (*Planche IX*), les deux paires de grandes roues, placées à l'arrière sous la boîte à feu, sont couplées. Les bielles, servant de chaque côté à l'accouplement des roues, viennent s'articuler d'une part avec le rayon de la roue motrice au même point que la bielle du piston, et d'autre part en un point semblablement placé sur un rayon de la seconde roue du couple.

Les cylindres des machines à roues couplées ne sont pas parfaitement horizontaux : ils sont un peu inclinés vers le corps de la machine, l'avant étant plus élevé que l'arrière.

COURBE. Si l'on suppose un point en mouvement dont la direction change à chaque instant, la ligne représentant le chemin qu'il parcourt est ce qu'on appelle une courbe.

Les courbes géométriques sont celles qui suivent des lois déterminées et susceptibles d'être calculées et représentées par des formules analytiques. On peut les classer de diverses manières : 1° Par *degrés*, d'après le nombre maximum de points suivant lesquels elles peuvent être rencontrées par une droite convenablement tracée. Ainsi l'on appelle courbe du second degré celle qui ne peut pas être rencontrée par une droite en plus de deux points, courbe du troisième degré, celle qui peut être rencontrée en trois points, et ainsi de suite. En ce sens une droite est une courbe du premier degré ; elle ne peut être rencontrée par une autre droite qu'en un point, car une droite qui aurait seulement deux points communs avec une autre se confondrait avec elle dans toute son étendue. Les sections coniques (*Voyez* CÔNE) sont des courbes du second degré.

2° Les courbes se classent encore en courbes *à simple courbure* et courbes *à double courbure*. La courbe à simple courbure est celle qui a tous ses points contenus dans un même plan. Au contraire la courbe à double courbure a ses points situés dans des plans différens. La plus remarquable dans ce genre est l'hélice.

3° On divise encore les courbes en courbes *algébriques* et courbes *transcendantes*. Les premières sont celles qui peuvent être exprimées par des équations où les exposans sont des quantités connues d'avance, et qui ne sont ni des logarithmes, ni des expressions d'arc de cercle. Les courbes transcendantes, au contraire, sont représentées par des équations où les exposans sont des logarithmes, des expressions d'arc de cercle ou les inconnues elles-mêmes. On voit un exemple de cette dernière dans la spirale logarithmique.

Parmi toutes les courbes géométriques, il n'y en a qu'une seule dont la courbure soit constante, c'est le cercle : dans toutes les autres la courbure varie constamment d'un point à l'autre, suivant des lois déterminées, mais différentes pour chaque courbe. Pour estimer la courbure d'une courbe quelconque en un point donné, on suppose qu'elle se confond en ce point avec un cercle qui aurait précisément la même courbure que la courbe en ce point. La détermination de ce cercle, appelé par les géomètres cercle *osculateur*, est un problème d'analyse supérieure dont la solution ne saurait trouver place ici.

COUR DE CASSATION. Tribunal suprême dans la hiérarchie judiciaire. Le résultat de ses délibérations porte le nom d'arrêt : il est sans appel. La cour de cassation ne connaît pas du fond des affaires : elle ne statue que sur les moyens de droit. Lorsqu'elle casse les arrêts ou jugemens qui lui sont déférés, ce n'est que pour incompétence, excès de pouvoir, violation des formes ou de la loi. Elle ne connaît point des jugemens rendus par un tribunal administratif dans la sphère de ses attributions. Ceux-ci sont déférés au conseil d'état qui remplit à la fois à leur égard l'office de cour d'appel et de cassation, statuant sur la forme et sur le fond.

Couronne, couronnement. C'est la partie supérieure d'une construction. Dans les maçonneries on donne ce nom à l'assise supérieure qui les termine. Dans les chemins de fer et dans les chaussées en général, on entend par couronne la ligne supérieure qui détermine leur profil transversal : ainsi, lorsqu'on dit que la largeur *en couronne* d'un chemin de fer à deux voies est fixée à 8 m. 90 dans les parties en levées et à 7 m. 40 dans les tranchées, les nombres ainsi déterminés expriment la longueur de l'arête qui termine le sol de la voie soit au-dessus du remblai, soit au-dessus des fossés destinés à l'écoulement des eaux.

Courroies. Longues bandes de cuir souvent employées dans les machines pour les communications de mouvement à de grandes distances. Elles sont préférables aux cordes partout où il est possible de les employer, car elles donnent des frottemens moins considérables et sont moins sensibles aux variations de l'humidité atmosphérique. Pour qu'elles jouissent au plus haut degré de cette dernière propriété, on ne saurait apporter trop de soin dans le choix des cuirs destinés à faire les courroies. Aussi, quoique les cuirs noirs et tannés soient plus chers que les cuirs blancs simplement pénétrés de sel et de graisse, on ne doit pas hésiter à les préférer à ces derniers. Lorsque les courroies ne doivent pas être démontées souvent, on en coud ensemble les extrémités : autrement, pour ne pas déchirer trop fréquemment la courroie, on emploie des boucles à deux ou trois ardillons dont la pointe est placée en bas, afin d'éviter qu'elles n'accrochent les vêtemens des ouvriers et ne les entraînent autour des tambours.

Les courroies pour bien marcher ne doivent pas être trop tendues : une tension trop forte pourrait casser les arbres des tambours. Il faut qu'elles soient assez lâches pour conduire la poulie par leur propre poids. La vitesse nécessaire pour qu'elles ne glissent pas est celle d'au moins un mètre par seconde. Elles doivent être fréquemment graissées : sans cela elles glisseraient sur le bois, s'échaufferaient promptement et ne tarderaient par à casser.

Lorsque, malgré toutes ces précautions, les courroies glissent en dehors de leurs poulies, on peut être assuré que cela tient à un défaut de parallélisme entre les arbres des poulies sur lesquelles elles passent. Il faut bien se garder de chercher à les retenir par des rouleaux ou des morceaux de bois, contre lesquels elles s'useraient promptement par le frottement : la seule chose à faire est de rétablir le parallélisme des arbres. Si cependant on est obligé de marcher avant d'avoir pu faire cette réparation, on n'a qu'à clouer sur le tambour, exactement en face du milieu de la poulie, une petite lanière de cuir. Cette lanière forme un bourrelet sur lequel la courroie se met à cheval et qu'elle ne quitte plus.

Lorsqu'on emploie les courroies pour la transmission du mouvement entre deux arbres verticaux, les tambours de ces arbres doivent être coniques et les deux cônes sont tournés en sens contraire. La courroie tendant à monter en même temps sur les deux cônes ne saurait se déranger.

Course. On nomme course dans les machines la longueur parcourue par une pièce qui a un mouvement rectiligne. Ainsi on dit la course d'un piston, pour exprimer le chemin qu'il fait en se transportant d'une extrémité à l'autre de son cylindre. Lorsque les tiges de plusieurs pistons sont attachées à un même balancier, leurs courses ne sont pas égales, quoiqu'elles s'accomplissent dans le même temps. La plus longue est celle du piston qui correspond au point le plus éloigné du centre de mouvement du balancier.

Coussinet. Dans les chemins de fer on appelle coussinets ou *chairs* les pièces de fontes sur lesquelles le rail porte directement, et qui servent d'intermédiaire entre lui et le support proprement dit. Dans les diverses formes que présentent les coussinets, le but que l'on se propose est toujours de les rendre parfaitement solidaires avec le rail, et d'élargir artificiellement la base par laquelle celui-ci s'appuie sur le support. Les coussinets ne sont pas employés pour les formes de rails 13, 14, 15 et 16 (*Voyez* RAILS) qui ne sont destinés qu'à la pose sur longrine. Les figures 1, 2 et 3 ci-dessous représentent une

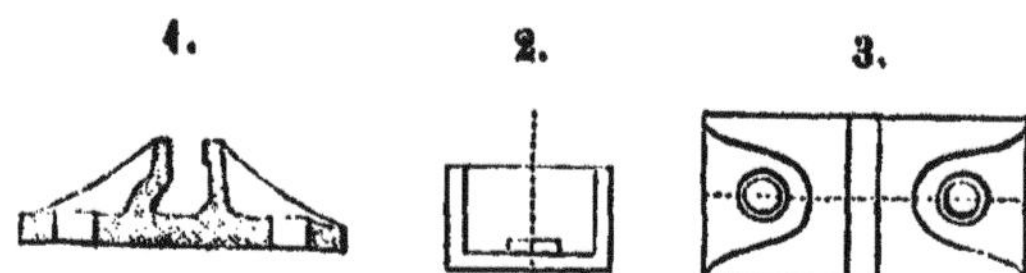

des premières formes de coussinet que l'on ait employé. La figure 1 est la coupe, la figure 2 l'élévation ou vue latérale et la figure 3 le plan. Le rail y entre librement et y est ensuite fixé par une cale en bois ou en fer qui remplit le vide intérieur.

Les figures 4, 5 et 6 représentent le plan, l'élévation latérale et l'élévation de face d'une autre forme de coussinet qui se rapproche

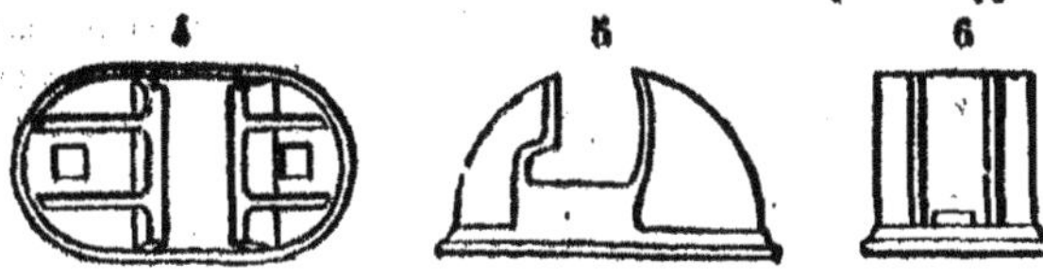

beaucoup de la première. Elle en diffère en deux points : 1° par la forme des contre-forts latéraux qui sont convexes, au lieu d'être concaves ; 2° par la différence de longueur des deux empattemens. L'empattement extérieur est plus long que l'empattement intérieur à la voie. On a été amené à cette forme en observant que la tendance au déversement des rails, par suite du mouvement de lacet, était toujours du dedans en dehors, et que c'était contre elle qu'il fallait opposer l'effort le plus énergique. C'est aussi dans le même but que la cale qui sert à fixer le rail dans le coussinet a été placée en dehors. Elle est d'ailleurs plus facile à visiter et à remettre en place dans cette position, quand elle prend du jeu.

Les autres formes de coussinets se rapprochant toutes plus ou moins de celles-ci, je ne crois pas nécessaire de les décrire. Les différences les plus notables qu'on y remarque sont dans le vide intérieur, dont la figure varie avec celle du rail que l'on veut y introduire. On en verra d'ailleurs quelques-uns avec leurs rails en place dans les figures qui accompagnent le mot RAIL.

Dans les jonctions et croisemens de voies qui se rencontrent aux embranchemens et aux points d'arrivée et de départ sur toutes les lignes, on se sert de doubles coussinets qui peuvent recevoir deux rails à la fois.

Les coussinets sont ordinairement en fonte de seconde fusion : ils se fixent sur leurs supports au moyen de boulons en fer ou de chevilles en bois.

Dans les machines on appelle coussinets, les pièces sur lesquelles portent les axes ou arbres animés d'un mouvement de rotation.

Ces coussinets prennent aussi le nom de *paliers* ou *grains.*

Dans les voitures des chemins de fer les essieux sont solidaires avec les roues et tournent avec elles. Les pièces qui supportent leurs extrémités sont des coussinets. J'en ai donné la description au mot *boîte à graisse.*

CRAMPON. Morceau de fer plat, coudé par les deux bouts en forme d'équerre et se terminant en pointe à chaque extrémité comme un clou. On s'en sert quelquefois pour fixer un coussinet de chemin de fer sur sa traverse, lorsque le boulon s'est cassé dans le trou et que l'on ne veut pas pour cela renouveler complétement la pose.

Crapaudine. Morceau de fer ou de fonte, et quelquefois d'acier ou de cuivre, dans lequel tourne un pivot. Par extension on a appliqué ce mot au pivot lui-même. On le désigne dans ce cas par la qualification de crapaudine *mâle* ; l'autre pièce, pour la distinguer, s'appelle crapaudine *femelle*.

Crasse. Les matières terreuses contenues dans la houille et les autres combustibles restent sur les grilles des foyers sous forme de crasse, et elles y diminueraient promptement le tirage si on n'avait soin de piquer le feu et de le retourner pour les faire tomber dans le cendrier. Ces crasses contiennent souvent, mélangée avec elles, une assez forte proportion de combustible: on les appelle alors escarbilles.

Crémaillère. Barre de métal, le plus ordinairement en fer ou en fonte, dentelée de manière à pouvoir engrener avec une roue d'engrenage ordinaire. Avant que l'on eût découvert que l'adhérence des roues de la locomotive sur les rails suffisait pour qu'elles pussent tourner sans glisser, on se croyait obligé de recourir à des moyens artificiels pour forcer la machine à avancer. L'un de ces moyens, pour lequel il fut pris une patente en 1811 en Angleterre par M. Blenkinsop, consistait dans une espèce de crémaillère fixée sur le sol le long de l'un des rails et avec les dents de laquelle engrenait une roue dentée appartenant à la machine locomotive. Ce système a été appliqué pour le transport de la houille sur le chemin de fer de Middleton à Leeds.

Creuset. Vase en terre réfractaire et quelquefois en métal infusible ou même en fonte de fer, dans lequel on fait fondre les métaux.

Cric. Espèce de machine simple qui sert à soulever des fardeaux. Il se compose d'une barre de fer verticale portant à sa tête une partie plate que l'on place sous l'objet à soulever. La barre de fer est taillée sur une de ses faces en forme de crémaillère engrenant avec un pignon au moyen duquel on la fait monter ou descendre à volonté. Dans les crics destinés à soulever des fardeaux considérables , la barre verticale, au lieu d'être armée d'une crémaillère, est taillée en forme de vis à filets carrés engrenant également avec un pignon.

On se sert de crics pour soulever les caisses des voitures, quand on veut visiter les boîtes des roues, ou enlever les roues pour les réparer et les remplacer.

Croisement. Il arrive souvent que l'on a besoin de faire passer les voitures d'un chemin de fer, d'une voie sur une autre. Lorsque ce passage se fait par une voie diagonale, c'est un croisement. On en voit un exemple dans la figure ci-dessous dont l'explication a été donnée au mot AIGUILLE.

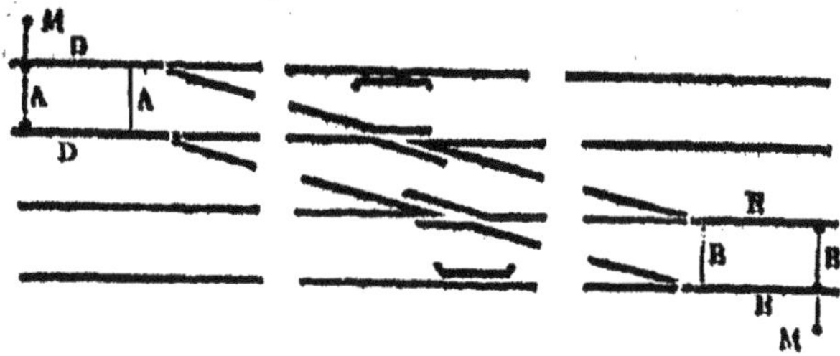

CROISIÈRES. Lorsque deux chemins de fer indépendans l'un de l'autre se croisent de niveau, ils donnent lieu à ce qu'on appelle une croisière. Les rails des deux voies doivent être interrompus, pour que les rebords des roues passent librement dans cette traversée sans pouvoir changer de direction.

CUIVRE. Métal facile à distinguer à cause d'une couleur rouge particulière et d'une odeur bien caractéristique qu'il prend lorsqu'on le frotte. Il a une grande ductilité, se réduit facilement en feuilles et en fils très minces, et est susceptible d'un beau poli : sa densité est 8,84 à 16°, l'eau étant prise pour unité. Il est fusible à la température rouge cerise. Ce métal est inaltérable dans un air qui ne contient pas de vapeurs acides, parce qu'il n'est attaqué ni par l'eau ni par l'oxigène : cependant l'huile rance le ronge assez promptement. Aussi, malgré son prix élevé, on le préfère à la tôle pour les parties de chaudière qui doivent être exposées à un feu violent, telles que la boîte à feu dans les locomotives, les entretoises destinées à lier entre elles les parois latérales de la boîte intérieure et de la boîte extérieure, et les tubes conducteurs de la fumée. Mélangé avec un contième de potassium, le cuivre donne un alliage qui se travaille très facilement et est employé avec succès dans la chaudronnerie.

Le cuivre du commerce, surtout depuis quelques années, est rarement pur : les matières étrangères qu'il contient sont le protoxide de cuivre (cuivre qui a déjà subi un commencement d'oxidation) le fer, le carbone, l'antimoine et le plumb. La France produit peu de cuivre; les mines de Chessy et Saint-Bel (Rhône), les seules que nous possédions, suffisent à peine à la consommation du midi. Les principales localités qui nous en fournissent sont la Russie, l'Angleterre qui le tire elle-même du Mexique et du Pérou où nous ferions beaucoup mieux d'aller le prendre directement, la Suède, la Belgique et l'Espagne.

Outre l'alliage de cuivre et de potassium dont je viens de parler, le cuivre s'unit au zinc pour former le laiton, à l'étain pour former le bronze et le métal de cloches, et enfin au zinc et aux nickel réunis pour former le maillechort. Le laiton et le bronze sont les seuls alliages employés dans les machines à vapeur.

CULOTTE. Terme fréquemment employé dans les machines pour désigner des tubes verticaux ou légèrement inclinés qui mettent en communication deux récipiens. Dans les chaudières cylindriques à bouilleurs (*Planches IV et V*), les culottes sont les tubes verticaux EE par lesquels les bouilleurs CC communiquent avec le corps de la chaudière. C'est dans les culottes que s'établit le double courant, d'eau froide qui descend dans le bouilleur, et d'eau bouillante qui remonte dans le corps de la chaudière pour se transformer en vapeur. Il est donc nécessaire qu'ils aient un assez grand diamètre pour que la marche de l'eau ne soit pas gênée. On leur donne ordinairement au moins trente centimètres. Dans la locomotive on appelle culottes les tubes recourbés, situés dans la boîte à fumée (*page* 79), qui portent la vapeur de chaque cylindre au tuyau commun d'échappement dans la cheminée, après qu'elle a produit son action.

CYCLOÏDE. Courbe que décrit un point pris sur la circonférence d'un cercle roulant sur une ligne droite. Le cercle s'appelle cercle *générateur* de la cycloïde, et la droite sur laquelle il roule en est la *base*. La cycloïde a la forme d'un demi-ovale, dont le grand diamètre ou la base a pour longueur la circonférence développée et rectifiée du cercle générateur. Chacun des points de la jante d'une roue de voiture qui se meut sur le sol, décrit une série de cycloïdes dont le cercle générateur est la jante de la roue, et dont la base a pour longueur la circonférence de cette jante rectifiée. Supposons que le cercle générateur tourne sur lui-même autour de son centre sans avancer, et que ce soit la ligne droite qui se meuve avec une vitesse égale à celle de la circonférence du cercle, et considérons deux points pris, l'un sur cette circonférence, l'autre sur la droite en mouvement. Les choses se passeront entre eux absolument de la même manière que si la droite était restée fixe et que le cercle eût avancé en tournant sur lui-même, c'est-à-dire que le point pris sur la droite décrira, par rapport au point pris sur le cercle, une cycloïde.

Ce cas est celui d'une crémaillère engrenant avec un pignon qu'elle fait tourner lorsqu'on la monte et la descend. Si donc on veut que le mouvement respectif du pignon et de la crémaillère ait lieu sans frottement, on devra tailler les dents de celle-ci en forme de portion de cycloïde.

CYLINDRE. Dans son acception la plus générale ce mot sert à désigner un espace d'une longueur indéfinie et limité dans le sens de sa largeur par la surface qu'engendrerait une ligne droite en glissant parallèlement à elle-même autour d'une courbe. Cette ligne droite est la *génératrice* de la surface et la courbe sur laquelle elle s'appuie en est la *directrice* ou la base. Les *arêtes* du cylindre, sont les diverses positions de la génératrice que l'on supposerait tracées sur la surface. L'*axe* du cylindre, est la droite passant par le centre de sa courbe directrice et parallèle à ses arêtes.

Chaque cylindre tire son nom particulier de sa courbe directrice : ainsi il y a des cylindres circulaires, elliptiques, hyperboliques, paraboliques, etc. La génératrice peut être perpendiculaire ou oblique par rapport au plan de la courbe directrice : le cylindre est dit perpendiculaire ou oblique, suivant l'un ou l'autre cas. On peut couper un cylindre perpendiculaire par un plan oblique à sa génératrice, et considérer ce nouveau plan comme la base du cylindre. Un cylindre circulaire coupé par un plan oblique donne pour section une ellipse. Les cylindres les plus fréquemment employés dans les arts sont les cylindres circulaires : tels sont ceux dans lesquels se meuvent les pistons des machines à vapeur et des pompes de toute nature.

On réserve dans les machines à vapeur le nom particulier de cylindre, à celui dans lesquels se meuvent les pistons sous l'action de la vapeur. La forme circulaire leur convient mieux que toute autre, parce que c'est celle qui comprend le plus grand volume sous la plus petite surface. C'est par conséquent celle qui donne pour le piston le moins de frottement, en même temps qu'elle laisse le moins de prise possible au refroidissement de la vapeur. Ces cylindres sont en fonte, coulés d'un seul morceau et alésés intérieurement : ils sont fermés à leurs deux extrémités par des couvercles bien mastiqués et boulonnés, afin de ne laisser place à aucune fuite de vapeur. Ils sont munis d'orifices nécessaires à l'entrée et à la sortie de la vapeur, de chaque côté du piston dans les machines à double effet : dans celles à simple effet il n'y a d'orifice que d'un seul côté du piston. Le couvercle supérieur est percé d'un trou portant une boîte à étoupes, à travers laquelle passe la tige du piston. Dans les locomotives, il y a deux cylindres indépendans l'un de l'autre et placés dans la boîte à fumée pour éviter la déperdition de la chaleur. Dans les autres machines, le cylindre est enveloppé d'une chemise dans laquelle on fait circuler la vapeur pour empêcher le refroidissement. Il y a des machines à un seul cylindre et des machines à deux et même trois cylindres qui se commandent, c'est-à-dire où la vapeur après avoir agi dans un premier cylindre passe dans le second. Ces dernières sont à moyenne et à haute pression et à double effet.

Dans les machines à deux cylindres, dites aussi machines de Woolf du nom de leur inventeur, la vapeur agit à pleine pression dans un premier cylindre, et passe ensuite dans un autre plus grand où le piston reçoit l'effort de cette même vapeur qui se détend. Le but du premier cylindre est de s'opposer aux irrégularités de la marche de l'appareil, car l'emploi de la détente dans le cylindre principal fait que le piston, poussé seulement pendant la première partie de sa course par la vapeur à pleine pression, marche beaucoup plus vite au commencement qu'à la fin. L'emploi du premier cylindre, où la vapeur agit avec toute sa pression pendant toute la course du piston, atténue beaucoup cet effet.

Dans les machines à trois cylindres, il y en a deux petits et un grand. La vapeur agit à pleine pression alternativement dans les deux petits cylindres, et passe de là dans le grand où elle agit par détente. L'emploi des deux petits cylindres remédie à un inconvénient des machines de Woolf, où l'effort à vaincre par le petit piston n'est pas le même que celui du grand piston. En effet, lorsque la vapeur arrive dans le grand cylindre, le piston qu'elle chasse ne trouve devant lui que le vide du condenseur, tandis que le petit piston a comme arrière-pression toute la vapeur qui se détend dans le grand cylindre. Dans la machine à trois cylindres, le vide du condenseur s'obtient en même temps derrière le petit piston poussé par la vapeur à pleine pression, et derrière le grand piston poussé par la vapeur qui se détend.

Dans les machines à balancier et à bielles pendantes, le cylindre à vapeur est vertical. Il y a aussi des machines à cylindre horizontal ou fortement incliné, et même à cylindre vertical, dans lesquelles la tige du piston communique le mouvement de rotation à une manivelle en agissant directement sur une bielle. C'est le cas des cylindres de locomotives. Enfin il y a des machines, dites à *cylindres oscillans*, où le cylindre, au lieu d'être fixe se termine à sa partie inférieure par une calotte sphérique autour de laquelle il peut osciller.

D

DALLE. Dans les chemins de fer dont les rails sont posés sur dés en pierre, les coussinets qui supportent les aiguilles et croisemens de voie reposent sur de grosses et longues dalles, qui assurent la fixité et la solidarité de tout le système.

DAME. Gros pilon en bois qui sert à tasser les terres employées en remblais. On se sert aussi de dames pour assurer la stabilité des gros pavés. Cet instrument porte aussi le nom de *damoiselle* ou *demoiselle*.

On appelle dames ou *témoins*, des cônes en terrain naturel qu'on laisse sans les attaquer dans une tranchée pour en mesurer la profondeur (*Voyez* DÉBLAIS).

DÉS. Gros quartiers de pierre dure que l'on place sous les rails pour les y faire reposer par l'intermédiaire des coussinets. Les coussinets sont fixés sur les dés par de fortes chevilles de bois ou de fer qui entrent dans des trous pratiqués à cet effet.

Il y a deux manières de poser les dés : ou bien on laisse entre eux une certaine distance et ils ne forment pas une surface continue : ou bien au contraire on les rapproche assez pour qu'ils se touchent bout à bout. Dans tous les cas le sol destiné à les recevoir doit être bien pilonné et damé avec soin. Quelquefois on se sert du dé lui-même pour damer le sol, en le soulevant au moyen d'une petite sonnette, et le laissant tomber à diverses reprises.

Les dés ont ordinairement une forme rectangulaire : on les dispose carrément par rapport à la voie. Mais souvent, quand on veut qu'ils se touchent bout à bout, au lieu de les placer carrément, on les met en diagonale pour gagner de l'espace en longueur.

Les dés ont l'inconvénient de donner de la dureté à la voie. Ils rendent les secousses des voitures plus brusques, et nuisent par conséquent à la stabilité des rails et à la conservation du matériel. Il est bien peu d'ingénieurs qui les préfèrent aujourd'hui aux traverses en bois : on ne s'en sert plus guère que dans les localités où l'adoption des traverses nécessiterait une dépense première trop forte pour les ressources dont on peut disposer.

DÉBARCADÈRE. On désigne sous ce nom dans les chemins de fer, les lieux qui reçoivent à leur arrivée les voyageurs et les marchandises. En ce sens il s'emploie comme synonyme de station, quoiqu'il n'en désigne qu'un des usages. Car les stations servent aussi bien à embarquer qu'à débarquer. C'est pourquoi on les appelle aussi *embarcadères*.

Ces termes sont empruntés à la navigation.

DÉBITER. Terme de charpentier et de tailleur de pierre. On dit que l'on débite un arbre, une pièce de bois, un bloc de pierre, lorsqu'on le partage en fragmens propres à remplir les divers usages auxquels on les destine.

Débiter ne s'étend pas de la taille complète et définitive, mais du premier dégrossissement de la matière.

DÉBLAIS. Terres extraites d'une tranchée pour être transportées dans un autre lieu. La construction des chemins de fer exige des déblais considérables : la nécessité d'y avoir de faibles pentes et des courbes d'un grand rayon, oblige de préparer à la voie un sol artificiel souvent fort différent de la disposition naturelle du terrain. Une des principales préoccupations de l'ingénieur, qui rédige un projet de chemin de fer, est de faire en sorte que les déblais, autant que possible, soient compensés par les remblais à exécuter sur la ligne, soit par leur quantité, soit par leur disposition. Il n'est cependant pas toujours possible de satisfaire à cette condition d'une manière rigoureuse. Lorsqu'il y a excédant de déblais, les terres provenant des fouilles sont déposées en dehors de la voie en *banquettes* ou en *cavalier*.

Lorsque des terres ont été extraites nouvellement d'une tranchée, elles occupent un plus grand volume que dans leur état naturel. Cet accroissement de volume, que l'on appelle *foisonnement*, est variable selon la nature des terres et selon le tassement auquel elles sont soumises. C'est pourquoi on est dans l'habitude de compter les quantités, pour le paiement, en raison du déblai et non en raison du remblai. A cet effet on lève d'avance des profils exacts du terrain à l'endroit de la fouille pour la mesurer. On laisse même de distance en distance dans la tranchée de petits prismes ou cônes en terrain naturel sans les attaquer, et ils servent à en mesurer la profondeur. Ces cônes portent le nom de *témoins* ou *dames*.

DEBOUT. On dit qu'un objet est posé debout, lorsqu'il s'appuie sur le sol ou sur un plan horizontal par sa face la plus petite. Cette règle souffre quelques exceptions. Ainsi, quel que soit le rapport entre les trois dimensions d'une pièce de bois, on dit qu'elle est posée debout quand ses fibres sont verticales. De même pour les pierres dont on peut reconnaître le lit de carrière : elles sont dites debout, quand elles sont posées de manière que la face suivant laquelle elles étaient couchées dans la terre soit verticale.

DÉCALAGE. Opération qui consiste à enlever les cales et clavettes servant à assujettir ensemble deux pièces d'une machine (*Voyez* CALAGE, CALE). Le décalage fortuit de deux pièces d'un mécanisme est une circonstance grave, et qui force à suspendre son mouvement.

J'ai rangé dans la catégorie des accidens qui obligent à arrêter un convoi, le décalage des bielles qui agissent sur l'essieu coudé de la locomotive.

DÉCAPAGE. Opération qui consiste à enlever la couche plus ou moins considérable d'oxide qui recouvre un métal. Le décapage se fait soit en frottant la surface du métal avec une poudre dure et humide, soit au moyen d'agens chimiques tels que l'ammoniaque et les acides. Les pièces destinées à être soudées ou étamées doivent être décapées avec soin.

DÉCARBURER. Enlever le carbone mêlé dans un corps à d'autres substances. Le principal effet de l'affinage sur la fonte de fer, est de la décarburer pour la transformer en fer ductile.

DÉCLANCHEMENT. Opération qui consiste à séparer deux pièces unies par enclanchement (*Voyez* ENCLANCHEMENT et EXCENTRIQUE).

Les excentriques qui communiquent le mouvement au tiroir à vapeur dans certaines machines, et notamment dans les locomotives, sont unies aux tiges de ces tiroirs par des enclanchemens. Le déclanchement a lieu par la volonté du mécanicien toutes les fois qu'il veut arrêter la machine ou changer le sens de son mouvement. Le déclanchement fortuit d'une barre d'excentrique, dans la marche à grande vitesse d'une locomotive, est un des accidens que j'ai signalés comme pouvant momentanément ralentir la marche d'un convoi.

DÉGAGEMENT. Lorsque la vapeur a fonctionné dans le cylindre de la machine à vapeur, elle sort par un tuyau qui la conduit, soit au condenseur, soit à l'air libre, suivant que la machine est ou n'est pas à condensation. Ce tuyau de sortie s'appelle tuyau de dégagement ou d'échappement.

On appelle encore tuyau de dégagement le conduit par lequel on laisse sortir la vapeur pendant que la machine ne fonctionne pas. Souvent on dirige ce tuyau vers le réservoir de la pompe alimentaire; la vapeur en s'y introduisant échauffe l'eau; celle-ci arrive dans la chaudière à une température assez élevée, ce qui procure une certaine économie de combustible.

DEGRÉ. Dénomination employée dans divers sens pour désigner une division de longueur. On l'indique dans l'écriture par le signe o placé en haut à droite du chiffre : ainsi 5° veut dire cinq *degrés*.

Dans le système sexagésimal, la circonférence du cercle est divisée en 360 degrés. Dans le système décimal le nombre des degrés dont se compose la circonférence est de 400. Ce dernier système est peu usité dans les arts : quand on indique le nombre de degrés par lequel on mesure un arc de cercle ou l'angle qui le soustend, il est toujours question de degrés sexagésimaux, à moins d'une désignation spéciale. Le degré sexagésimal, comme le degré centésimal, se subdivise en minutes, secondes, etc.

Les divisions tracées sur les appareils destinés à mesurer la chaleur, l'humidité ou la pression d'un gaz s'appellent des degrés (*Voyez* MANOMÈTRE, THERMOMÈTRE et PYROMÈTRE).

DENSITÉ. On entend par densité ou pesanteur spécifique d'un corps, le poids d'un volume déterminé de ce corps, comparé au poids du même volume d'un autre corps pris pour unité. Supposons, par exemple, que l'on prenne pour unité l'eau distillée : si l'on met dans le plateau d'une balance un décimètre cube (un litre) de cette eau, on trouve qu'il faudra placer dans l'autre plateau de la balance un poids d'un kilogramme pour lui faire équilibre. Si maintenant on remplace cette eau par un décimètre cube de mercure, on trouve que ce n'est plus un kilogramme, mais 13 kil. 60 qu'il faudra placer dans l'autre plateau de la balance pour faire équilibre au mercure. Traduisant ce résultat en densités, on dira que celle de l'eau étant un, celle du mercure est 13,60.

Les densités des liquides et des solides sont ordinairement prises par rapport à celle de l'eau ; c'est toujours ainsi qu'on l'entend quand elles sont indiquées par un nombre sans désignation spéciale.

Voici la liste des densités des matériaux qui sont le plus communément employés dans la construction des chemins de fer et machines à vapeur.

Granit vert des Vosges	2,85
— gris de Bretagne	2,74
— de Normandie / de Cornouailles	2,66
— gris des Vosges	2,64
— bleu d'Aberdeen	2,62
Grès très dur roussâtre	2,52
— blanc	2,48
— tendre	2,49
Pierres siliceuses de Dundee	2,53
— siliceuses près de Leyde	2,54
— siliceuses de Derby	2,32
Marbre noir de Flandre	2,72
— blanc veiné	2,70

Pierre de Caserte, près Naples 2,72
— noire de Saint-Fortunat, près Lyon. . 2,68
Liais de Bagneux, près Paris, très dur et d'un
grain fin 2,44
Travertino de Rome. 2,36
Roche de Chatillon, près Paris, dure 2,29
La même, douce 2,08
Roche d'Arcueil près Paris 2,30
Pierre de Saillancourt près Pontoise; 1re qua-
lité 2,44
2e qualité 2,29
3e qualité 2,40
Pierre ferme de Conflans. 2,07
Pierre tendre ou lambourde de Conflans,
1re qualité 1,82
Lambourde de qualité inférieure 1,56
Vergelée près Paris 1,83
Pierre de Portland 2,43
Pierre à chaux noire et compacte de Limorick 2,60
Pierre à plâtre de Paris 1,92
Pierre argileuse, dite de porc ou puante . . 2,66
Pierre argileuse grise de Florence 2,56
Basalte de Suède 3,06
— d'Auvergne 2,88
Lave du Vésuve près Pouzzol 2,60
Lave grise près Rome 1,92
Lave tendre de Naples. 1,72
Tuf de Rome. 1,22
Scorie de volcan 0,86
Pierre ponce. 0,60
Brique rouge. 2,17
— pâle 2,08
Mortier de chaux et sable de rivière 1,63
Le même battu 1,89
Mortier de chaux et sable de mine 1,59
Le même battu 1,90
Mortier de ciment ou tuileaux pilés 1,46
Le même battu. 1,66
Mortier en grès pilé 1,68
Mortier de pouzzolane 1,46
Le même battu 1,68

Enduit d'une conserve antique près Rome	1,55
Enduit en ciment des démolitions de la Bastille	1,49
Chêne	1,17
Hêtre	0,85
Frêne	0,84
Orme	0,80
Sapin	0,66
Peuplier blanc d'Espagne	0,53
Peuplier ordinaire	0,38
Mercure à 0°	13,60
Plomb fondu	11,35
Cuivre en fil	8,88
Cuivre rouge fondu	8,70
Acier	7,82
Fer en barre	7,79
Fonte de fer	7,21
Étain	7,29
Zinc	6,86
Anthracite	1,80
Houille compacte	1,33

La densité des gaz se prend ordinairement par rapport à celle de l'air. Ainsi la densité de l'air étant 1,00, celle de la vapeur d'eau est de 0,62.

Pour ramener ces chiffres à la même unité que ceux de la liste précédente, il suffit de savoir que la densité de l'air est $\frac{1}{770}$ de celle de l'eau, ou ce qui revient au même $\frac{1}{10466}$ de celle du mercure.

: **DENT.** Dans les machines on appelle dents, les aspérités pratiquées sur la circonférence d'une roue destinée à communiquer son mouvement à une autre roue par voie d'engrenage. Lorsque deux roues mobiles autour de leurs axes sont en contact, si l'on met l'une d'elles en mouvement, les aspérités naturelles des deux surfaces produiront un engrenage naturel qui entraînera la seconde roue dans le mouvement de la première. Mais si l'on se contentait de cette action pour réaliser la communication de mouvement, il arriverait que le frottement des deux surfaces ne tarderait pas à écraser ces petites aspérités, et la première roue, n'ayant plus de prise sur la seconde, tournerait sans l'entraîner. C'est pour obvier à cet inconvénient que l'on a imaginé de garnir la circonférence des deux roues d'aspérités artificielles, ayant des dimensions finies, et qui par conséquent ne sont point susceptibles de s'écraser par le frottement. Ces aspérités sont ce que l'on appelle les dents des roues, et les roues qui en sont garnies s'appellent roues *dentées* ou *dentelées*. La forme des dents n'est point indifférente à la régularité de la communication du mouvement. Le but que l'on doit se proposer en les déterminant est de faire en sorte qu'elles appuient l'une contre l'autre sans glisser, car de ce glissement résulte une certaine déperdition de force pour vaincre le frottement des deux surfaces, et une irrégularité dans la marche du mécanisme.

Les formes par lesquelles on peut approcher plus ou moins de ce résultat sont assez variées : il n'y en a point qui résolvent le problème d'une manière absolue ; aussi est-on toujours obligé dans la pratique de se contenter de solutions approximatives. Un des meilleurs moyens employés consiste à faire les dents aussi petites que possible, sans dépasser la limite de solidité nécessaire pour l'effort qu'elles ont à supporter pendant leur travail.

Lorsque les roues dentées sont en fonte et de petites dimensions, leurs dents sont également en fonte et font corps avec elles. Mais dans les grandes roues, qui ont à supporter des efforts considérables, les dents de l'une d'elles étant en fonte, celles de l'autre doivent être en bois. Les dents de bois s'appellent aussi *alluchons*. Les meilleurs bois pour les dents sont le gayac, le sorbier, l'alisier, le charme et le bois de fer, s'il était moins rare : le bois de hêtre que l'on emploie très souvent à cause de son bon marché, donne aussi d'excellentes dents ; mais il s'altère promptement à l'humidité. Tous ces bois doivent être employés bien secs et durs ; lorsqu'ils sont trop nouveaux, il est bon de les faire bouillir dans l'huile.

La meilleure forme à donner aux mortaises, dans lesquelles on fait entrer les dents de bois pour les fixer sur le cercle d'une roue, est la forme de coins, qui les empêche de passer au travers et de tomber lorsqu'elles se dessèchent.

Les opérations nécessaires pour diviser un engrenage à dents de bois sont au nombre de sept. Il faut après avoir placé les dents dans leurs mortaises, 1° remplir les intervalles avec des morceaux de bois et mettre la roue sur le tour pour déterminer la forme extrême des dents ;

2° Tracer la *ligne de portée* sur les dents de l'anneau en bois, à la même distance du bord que sur les dents de la roue de fonte avec lesquelles elles doivent engrener ;

3° Diviser les dents de milieu en milieu, en prenant le pas sur la roue à dents de fonte ;

4° Marquer leur épaisseur de chaque côté des centres des dents;

5° Reporter cette épaisseur sur le flanc des dents;

6° Refendre les dents à la scie;

7° Les rectifier et leur donner la courbure voulue au ciseau, et à l'aide d'un calibre où les dents sont coupées en creux.

Après cela on fait marcher les roues à bras d'homme pendant quelques instans, et si l'on s'aperçoit de quelques légers défauts dans les dents, on leur donne un coup de râpe pour les achever.

DÉPUTÉ. Le pouvoir législatif en France est exercé collectivement par le roi et deux chambres. L'une de ces chambres est composée de 459 députés nommés par les départemens conformément à la loi électorale. Le mandat d'un député lui est conféré pour cinq ans, à moins que le roi, usant de sa prérogative, ne dissolve la chambre avant ce terme, auquel cas il doit en convoquer une nouvelle avant trois mois. Aucun député ne peut être admis dans la chambre s'il n'est âgé de trente ans, et s'il ne réunit quelques autres conditions déterminées par la loi du 19 avril 1831, et dont la principale est la possession, antérieure aux premières opérations de la révision annuelle des listes électorales, de propriétés ou d'industries payant ensemble au moins cinq cents francs d'impositions directes.

DÉRAILLER, SORTIR DES RAILS. Se dit d'une voiture ou d'un convoi qui par suite d'une secousse ou du mauvais état de la voie, quitte les rails sur lesquels il circulait. Cet accident est un des plus graves qui puissent arriver sur un chemin de fer, lorsque les convois sont lancés à grande vitesse. En effet, si le chemin est en remblai, les voitures risquent d'être entraînées dans un précipice; si le chemin est en tranchée, le choc des voitures contre les talus peut les renverser, les briser, et compromettre également la vie des voyageurs. Grâce aux précautions avec lesquelles la voie de fer est toujours entretenue en bon état de solidité et nette de tout corps étranger qui pourrait occasionner des secousses, les cas de déraillement sont extrêmement rares. Ils peuvent être causés par la rupture d'un essieu.

DÉSEMBRAYER. Dans une machine on a besoin quelquefois d'intercepter momentanément la communication du mouvement entre deux pièces qui se commandent. Lorsqu'elles sont séparées l'une de l'autre, on dit qu'elles sont désembrayées (*Voyez* EMBRAYER).

DÉTACHÉS (PIÈCES). L'importation en France des pièces détachées de machines quelconques est prohibée par la loi des douanes. Elle les désigne sous le nom de *fontes moulées sous quelques formes qu'elles soient* et *fers ouvrés ou ouvrages en fer, tôle et fer-blanc.*

La loi du 24 avril 1818 stipule que les machines à vapeur, *attirail complet*, paieront un *droit de* 30 *pour* 0/0 et que les parties détachées ne seront admises que sur les demandes du ministre de l'intérieur. Depuis la création d'un ministère spécial du commerce cette dernière partie des attributions du ministre de l'intérieur est passée dans les mains du ministre du commerce. Le but de la loi en accordant cette faculté à l'administration a été de permettre de demander à l'étranger des pièces de machines étrangères importées en France, qui auraient été perdues sur mer ou avariées dans la traversée ou le transport. On a voulu encore qu'en cas de rupture d'une pièce principale, difficile à faire en France, on pût la demander au constructeur de la machine. Cependant, par une interprétation aussi fausse que funeste à la fabrication française, les lovées de prohibition ont été souvent étendues à des ouvrages qui n'en avaient nul besoin. C'est ainsi que l'on a vu la douane tolérer l'introduction de gazomètres, d'arbres forgés, d'essieux et de chaudières pris en Angleterre, et que nos ateliers de construction étaient parfaitement à même de fournir. Ces abus ont été signalés, et l'on a lieu d'espérer que s'ils ne sont pas absolument supprimés, au moins ils seront beaucoup moins nombreux. N'est-il pas exorbitant de voir, par exemple, un bateau à vapeur muni de machines françaises aller remplacer ses chaudières à l'étranger? Outre l'illégalité flagrante d'un pareil acte, il y a là pour nos ateliers et principalement pour ceux de nos ports de mer une cause de ruine. Car il est de nature à les priver de toutes commandes importantes, et c'est effectivement ce qui a lieu au grand détriment de notre industrie nationale.

DÉTAIL ESTIMATIF. C'est l'état de l'estimation des diverses dépenses relatives à l'exécution d'un travail projeté : les dimensions et natures d'ouvrages sont données par le devis. Lorsque celui-ci est terminé, l'ingénieur se rend compte des dépenses qu'il entraîne par une analyse des prix que coûte chaque objet : le résumé de cette analyse, appliquée aux divers articles dont se compose le projet, est ce qu'on nomme le *détail estimatif*. Dans le *langage du monde* et en dehors des hommes de l'art ce terme est peu employé, on le confond avec celui de *Devis*. Cependant, ainsi qu'on le verra au mot DEVIS, si celui-ci contient l'état des dépenses d'un projet, ce ne peut être que par suite d'une méthode vicieuse, ou au moins peu régulière.

DÉTENTE. La vapeur, après avoir agi dans le cylindre d'une machine, conserve encore presque toute sa force au moment où elle se rend soit dans le condenseur, soit dans l'atmosphère : cette force est donc perdue. Il y a plus ; bien que la vapeur trouve à ce moment ouverte devant elle l'issue par laquelle elle doit s'échapper, elle n'en forme pas moins, jusqu'à un certain point, obstacle à la marche de la machine en réagissant sur le piston, car on sait que la pression des fluides élastiques se fait sentir dans tous les sens également. L'emploi de la détente a pour but d'obvier à ce double inconvénient : voici en quoi elle consiste. La vapeur s'introduit librement et à pleine pression dans le cylindre au commencement de la course du piston : mais quand celui-ci a accompli une portion déterminée de sa course, on arrête brusquement l'introduction de la vapeur. Le piston continue à marcher, tant en raison de sa vitesse acquise que par l'effet de la vapeur déjà introduite, qui le pousse en occupant un espace de plus en plus grand, c'est-à-dire en se *détendant*. Lorsque le piston est parvenu à la fin de sa course, la vapeur est arrivée à son minimum de pression ; elle s'échappe alors sans nuire au même degré que précédemment à la marche de la machine, puisque sa force est devenue moindre que celle qui agit sur l'autre face du piston. En outre, une plus grande partie de la force élastique de la vapeur a été utilisée, puisque après avoir agi d'abord en vertu de la pression initiale, elle n'a pas cessé d'agir en se détendant. Suivant que l'introduction de la vapeur cesse d'avoir lieu à la moitié, au tiers, au quart, au cinquième de la course, la détente est dite à moitié , au tiers, au quart, au cinquième, etc. Elle est *fixe* si l'introduction de la vapeur est toujours nécessairement interceptée au même point de la course ; elle est *variable* lorsque la disposition de la machine est telle que l'on puisse à volonté changer ce point. Il est évident que la force de la vapeur est d'autant plus complétement utilisée, que son arrivée dans le cylindre est plus tôt interceptée. Mais l'utilisation de cette force ne se fait qu'aux dépens du travail absolu de l'appareil. Le seul avantage que l'on retire de l'emploi de la détente, et il est considérable , c'est une économie de combustible pour la production d'un effet déterminé.

Les premières machines auxquelles on ait songé à appliquer la détente sont les machines à haute pression. Ce sont celles en effet où la perte de force due à l'absence de détente se fait le plus sentir. Mais la détente peut s'appliquer avec autant de succès aux machines à basse pression qu'aux machines à moyenne et à haute pression. Seulement pour les premières il ne paraît pas qu'il y ait avantage à la porter au-delà de la moitié de la course du piston : l'économie de combustible obtenue dans ce cas est d'un quart par rapport aux machines sans détente. Dans les autres machines, la vapeur peut commencer à être interceptée avec succès au cinquième et même au huitième de la course, et l'effet utile de la même quantité de vapeur croît de plus en plus. Il convient dans ce cas d'employer la vapeur, à l'origine de la course, à des pressions extrêmement élevées : on n'est limité à cet égard que par la force qu'il est possible de donner aux chaudières pour résister à la tension de la vapeur.

Jusqu'à ces derniers temps la détente n'avait guère été employée que dans les machines fixes. Cependant depuis quelque temps on a commencé à l'appliquer avec succès aux locomotives. L'*avance* du tiroir (*Voyez* ce mot) a été le premier pas fait dans cette voie. Depuis lors on avait introduit dans quelques-uns de ces appareils un système de détente dont j'aurai occasion de parler tout à l'heure.

Dans les machines à deux et à trois cylindres, la vapeur agit toujours avec détente. Pour cela elle arrive d'abord à la pression entière de trois à quatre atmosphères dans un petit cylindre, et passe de là dans le grand cylindre, où elle agit sur un second piston, en se détendant à quatre fois son volume primitif.

Dans les machines fixes à un seul cylindre, on arrête l'introduction de la vapeur dans la boîte à tiroirs, au moyen d'une soupape semblable à celle du régulateur. Cette soupape est mise en mouvement par des cammes fixées sur l'arbre du volant et agissant sur une tige de renvoi liée à la soupape, de manière à la maintenir ouverte pendant le temps convenable au commencement de chaque course du piston. On peut employer pour arriver au même but d'autres moyens : un des meilleurs, dû à M. J. F. Saulnier, consiste dans l'emploi d'un tiroir mû par un excentrique circulaire et analogue à celui qui règle l'entrée définitive de la vapeur dans le cylindre d'une locomotive. On en voit un exemple dans la *planche XI*.

La vapeur arrive de la chaudière par le tuyau q dans lequel se trouve la soupape régulatrice. Elle entre dans une première boîte f où elle rencontre le tiroir de détente t, et elle ne peut passer dans la seconde boîte d, où se meut le tiroir de distribution t', qu'autant que le tiroir t laisse libre l'orifice par lequel communiquent les boîtes f et d. La communication de mouvement est arrangée de façon que le tiroir de la détente agit une fois complétement, pendant que le tiroir de distribution et le piston ne font qu'une demi-course. Cette communication se fait au moyen de roues d'engrenages qui se commandent, et dont les arbres portent des manivelles liées aux tiges des tiroirs. En faisant varier le point auquel s'engrène la roue qui mène le tiroir de détente, on conçoit facilement que l'on fait varier le point auquel est interceptée l'introduction de la vapeur dans le cylindre.

Une autre disposition, due à M. Edwards, a été essayée dans les machines à cylindres horizontaux, et appliquée avec succès aux locomotives. Elle consiste à donner au tiroir de distribution un grand recouvrement et à y pratiquer deux petits conduits verticaux, communiquant avec la boîte à vapeur. Un registre est posé librement sur le tiroir et seulement maintenu dans sa position par son propre poids et par des guides. Il suit le tiroir dans sa marche ; mais des arrêts, placés de chaque côté dans la boîte à vapeur, l'empêchant d'accompagner le tiroir jusqu'au bout de sa course, lui font fermer les lumières de communication du tiroir avec la vapeur arrivant de la chaudière. Suivant que l'on rapproche ces arrêts plus ou moins, on fait varier le point auquel s'arrête l'introduction de la vapeur dans le cylindre, et l'on produit par conséquent une détente plus ou moins considérable. Ces deux arrêts sont liés à cet effet avec une tige de renvoi placée sous la main du mécanicien, qui peut ainsi régler la détente à volonté. La détente appliquée dans ces derniers temps par M. Meyer aux locomotives qu'il a construites pour le chemin de Strasbourg à Bâle, diffère peu de celle de la *planche XI*. C'est un système de doubles tiroirs, dont le jeu relatif peut être réglé pendant la marche par le mécanicien : les ingénieurs paraissent beaucoup se louer de ses résultats.

DEVIS. Description détaillée et circonstanciée de toutes les parties d'un travail projeté. On ne doit pas confondre avec le devis le mémoire qui l'accompagne, dans lequel sont énumérés les motifs qui ont servi de base au projet et les avantages que l'on se propose d'en tirer. Il faut aussi distinguer du devis le détail estimatif qui donne l'évaluation des dépenses. Les diverses pièces qui accompagnent le devis d'un projet doivent toujours en être distinctes et séparées. Le devis ne contient que la description des dimensions et quantités des ouvrages, de la nature des dépenses et des matériaux à employer, en un mot, l'énumération des obligations particulières auxquelles se soumet l'entrepreneur qui se charge d'exécuter le projet. En cela il se distingue, dans les travaux de l'état, du cahier de charges général imposé aux entrepreneurs ; mais il comprend le cahier de charges particulier à l'entreprise dont il s'agit.

Souvent il arrive que le devis et le détail estimatif sont confondus en une seule pièce sous le nom de *devis estimatif*. M. Tarbé de Vauxclairs, dans son Dictionnaire des travaux publics, blâme avec raison cette méthode, comme pouvant exposer les ingénieurs à des contestations avec l'entrepreneur. En effet, lorsqu'une adjudication est passée sur un devis estimatif, s'il contient des erreurs dans les appréciations de détail, l'entrepreneur peut en arguer pour obtenir des indemnités, puisque le devis est la base de son contrat. Cependant il est certain qu'en passant un marché avec lui, l'ingénieur a entendu traiter sur les quantités et dimensions d'ouvrages à exécuter, et non sur les prix. Ces derniers sont laissés aux risques et périls de l'entrepreneur qui est censé en avoir, par devers lui et indépendamment des recherches personnelles de l'ingénieur, une connaissance complète. La confusion du devis avec le détail estimatif n'a pourtant d'inconvéniens que dans les projets définitifs prêts à être exécutés. Elle est loin d'avoir la même importance dans les avant-projets; car sous le rapport des dépenses, ceux-ci ne donnent qu'un premier aperçu destiné à être rectifié par des études ultérieures.

DIAMÈTRE. Ligne droite qui passe par le centre d'une figure géométrique. Ce nom est plus spécialement réservé aux surfaces qu'aux volumes : dans ceux-ci le diamètre s'appelle ordinairement axe. Cependant on dit le diamètre d'une sphère, d'un ellipsoïde, etc. ; mais lorsqu'on parle du diamètre d'un cylindre, on entend par là le diamètre de la courbe qui lui sert de base ou de directrice.

Le cercle est la seule figure dont tous les diamètres soient égaux. Dans toute autre courbe ils peuvent être égaux deux à deux, quatre à quatre, lorsqu'ils sont symétriquement placés, et ils prennent alors le nom de diamètres conjugués. Dans l'ellipse les diamètres sont égaux deux à deux, sauf le plus grand et le plus petit appelés *grand axe* et *petit axe*, et qui n'ont pas de similaires.

DIAPHRAGME. Légère cloison, ordinairement mobile, au moyen de laquelle on intercepte la communication entre deux parties d'un récipient.

Dans les locomotives, le régulateur, qui sert à modérer le passage de la vapeur de la chaudière au tuyau de distribution, s'ouvre et se ferme au moyen d'un diaphragme que l'on manœuvre à la main (*Voyez* RÉGULATEUR).

DILATATION. L'effet de la chaleur sur tous les corps de la nature est d'écarter plus ou moins leurs molécules : ce phénomène est ce que l'on appelle la dilatation.

Il arrive un moment où la dilatation produite par la chaleur devient telle que le corps ne peut plus la supporter sans que son état change; alors de solide il devient liquide, et si la chaleur continue à s'accroître il passe à l'état gazeux. Réciproquement, lorsque la chaleur abandonne un corps, ses molécules se rapprochent, et si l'abaissement de température est suffisant, il repasse de l'état gazeux à l'état liquide et enfin il se solidifie. On sait que les points de solidification, de liquéfaction et de gazéification sont loin d'être les mêmes pour tous les corps.

A l'exception de l'eau, de la fonte et du bismuth, tous les corps se dilatent en passant de l'état solide à l'état liquide. Il n'y a point d'exception au phénomène de la dilatation qui s'opère dans le passage de l'état liquide à l'état gazeux.

La dilatation n'a pas la même valeur dans tous les corps. En considérant l'allongement que prennent certaines substances sous l'action de la chaleur, deux illustres savans, Laplace et Lavoisier, ont reconnu que depuis le terme de la congélation de l'eau jusqu'à celui de son ébullition :

$$L'acier\ non\ trempé\ s'allonge\ de = \frac{1}{987}$$
$$Argent\ de\ coupelle = \frac{1}{893}$$
$$Cuivre\ rouge = \frac{1}{582}$$
$$Cuivre\ jaune\ ou\ laiton = \frac{1}{533}$$
$$Etain\ de\ Falmouth = \frac{1}{462}$$
$$Fer\ doux\ forgé = \frac{1}{819}$$
$$Fer\ rond\ passé\ à\ la\ filière = \frac{1}{812}$$
$$Flint\text{-}glass\ anglais = \frac{1}{1248}$$
$$Or\ de\ départ = \frac{1}{682}$$
$$Or\ au\ titre\ de\ Paris = \frac{1}{643}$$
$$Platine = \frac{1}{1167}$$
$$Plomb = \frac{1}{356}$$
$$Verre\ de\ Saint\text{-}Gobain = \frac{1}{1122}$$

Des expériences multipliées ont appris qu'entre les mêmes limites de température :

$$Le\ mercure\ se\ dilate\ en\ volume\ de = \frac{100}{5550}$$
$$L'eau\ de = \frac{1}{23}$$
$$L'alcool\ de = \frac{1}{9}$$
$$Tous\ les\ gaz\ de = \frac{100}{267}$$

La construction des thermomètres et pyromètres est fondée sur la dilatation des corps.

Dans les appareils soumis à des températures élevées, tels que les chaudières des machines à vapeur, les effets de la dilatation peuvent être fort nuisibles. Les métaux qui y sont employés, sans cesse tourmentés par l'action de la chaleur, tendent à se voiler, à se disjoindre, et même à se rompre. Cet effet est d'autant plus dangereux que toutes les parties de la chaudière n'ont pas une épaisseur absolument uniforme, qu'elles ne sont pas en contact avec le foyer, et que par conséquent, n'étant pas à la même température, elles ne se dilatent pas au même degré. D'ailleurs, dans les locomotives, par exemple, la boîte à feu est en cuivre et le corps de la chaudière est en tôle de fer, métaux dont la dilatation, comme on vient de le voir, suit des lois très différentes.

Ce n'est qu'en les reliant solidement qu'on peut jusqu'à un certain point contrebalancer ces effets. Cela même ne suffit pas, et il est nécessaire de visiter souvent l'appareil, pour savoir si les effets de la dilatation n'ont pas altéré ses conditions de stabilité.

DILIGENCES. Voitures employées au transport des voyageurs sur les chemins de fer. Les diligences sont de diverses classes et plus ou moins confortables selon le prix que paient les voyageurs. Celles des dernières classes gardent le nom particulier de *wagons*. Sur les chemins de fer français les diligences sont ordinairement divisées en trois à quatre caisses ou compartimens, dont chacun peut contenir huit à dix voyageurs. Sur quelques-unes sont en outre des banquettes qui peuvent recevoir le même nombre de voyageurs que les compartimens intérieurs. Dans les diligences de première classe, la caisse d'avant et celle d'arrière sont de simples coupés. Les diligences sont portées sur quatre roues au moyen de ressorts d, d (*Planche XII*). Elles sont attachées les unes à la suite des autres par de forts chaînons en fer a qui leur transmettent l'impulsion du moteur. De chaque côté, à l'avant et à l'arrière sont placés de forts tampons en bois, garnis de cuir N, N. Lorsque les voitures s'arrètent ou que par l'effet du ralentissement de la marche, elles viennent buter l'une contre l'autre, elles ne se touchent que par l'intermédiaire de ces tampons. Ceux-ci, placés à l'extrémité de fortes barres de fer M, M, transmettent le choc à des ressorts intérieurs L, L qui l'amortissent, et évitent aux voyageurs une secousse désagréable.

Par un excès de précaution contre les imprudences que pourraient commettre les voyageurs, en ouvrant eux-mêmes la porte des caisses de diligences, quelques administrations de chemins de fer avaient adopté l'usage de fermer les portières au moyen d'une clef que le conducteur portait avec lui. Cette mesure avait été prise sur le chemin de fer de Paris à Versailles (rive gauche) d'après un ordre émanant, dit-on, de la Police : celle-ci s'en est vivement défendue, à une époque où l'on put croire que la fermeture à clef des diligences avait contribué à rendre plus terrible l'accident dont cette ligne a été le théâtre, le 8 mai 1842. Mais s'il est vrai que dans un premier moment de confusion, lorsque quelques-uns des conducteurs, porteurs de clefs, étaient eux-mêmes victimes de cette effroyable secousse, les malheureux voyageurs aient eu de la peine à sortir des voitures où ils se trouvaient enfermés, on ne saurait raisonnablement attribuer leur mort à cette cause. Ceux qui se sont vus dévorer tout vivans par l'incendie, avaient évidemment été mis. hors d'état de fuir par le premier choc. Cependant quelle que soit la part qui doive être attribuée à la fermeture des portières dans l'accident du 8 mai, et bien qu'il soit peu probable qu'un accident semblable, inouï dans les fastes des chemins de fer, vienne jamais à se reproduire, la vie des voyageurs est trop précieuse, on ne saurait entourer leur sécurité de trop de précautions pour que désormais l'on ferme à clef les diligences sur les chemins de fer. Si, malgré toutes les recommandations que les compagnies ne cessent d'adresser au public, quelques imprudens trouvent, dans la facilité d'ouvrir eux-mêmes les portières, une cause d'accident, ils ne pourront en accuser qu'eux-mêmes.

DIRECTEUR. Nom que l'on donne dans les sociétés anonymes à l'agent supérieur chargé de représenter la compagnie dans ses relations avec le gouvernement et avec les particuliers, et d'exécuter les délibérations du conseil d'administration. Les fonctions du directeur sont celles d'un pouvoir exécutif : elles sont définies par les actes de société. Il est chargé de l'exécution des marchés, des achats de terrains et immeubles de toute nature, matériaux, machines, etc. Il fait, sous l'approbation du conseil d'administration, les réglemens de régime intérieur et extérieur de l'entreprise, pourvoit à l'emploi des fonds, effectue les recettes et dépenses ; la nomination et la révocation des agens de la compagnie appartient au directeur, sauf les restrictions particulières que les statuts peuvent apporter dans l'exercice de cette partie de ses fonctions. Il intente et suit toutes actions et poursuites exercées devant les tribunaux, soit à la requête de la société, soit contre elle.

Dans quelques compagnies les attributions du directeur sont partagées entre plusieurs directeurs spéciaux formant un comité de direction. Dans d'autres il n'y a pas de directeur proprement dit : les fonctions attachées à ce titre sont dévolues à un ou plusieurs membres du conseil d'administration délégués à cet effet.

Lorsqu'un ministère comprend dans ses attributions plusieurs branches d'une grande importance, les chefs de ces divers services, placés immédiatement sous les ordres du ministre, prennent le nom de directeurs ou même de directeurs généraux. Avant la récente création d'un ministère spécial des travaux publics, l'administration des ponts-et-chaussées et celle des mines étaient réunies dans la main d'un seul fonctionnaire supérieur qui portait le titre de directeur général. Depuis la formation du ministère du 12 mai 1839, le titre de directeur général des ponts-et-chaussées et des mines a été supprimé. M. Legrand, député de la Manche, qui en était revêtu, a conservé les mêmes fonctions et même de plus étendues sous le nom de sous-secrétaire d'État des travaux publics.

Disque. Morceau de fer, de bois, de pierre ou de toute autre matière, plat et rond, qui sert à fermer un orifice. Les rondelles fusibles des chaudières sont des disques. Il en est de même du diaphragme en fonte qui sert à régler l'ouverture du régulateur dans certaines machines, par exemple, dans les locomotives.

Distribution. On comprend sous ce nom l'ensemble des pièces qui composent l'appareil destiné à conduire la vapeur depuis la chaudière où elle se forme, jusqu'à sa sortie des cylindres où elle agit sur les pistons. La distribution se compose d'un premier tuyau, appelé *tuyau de distribution*, dans lequel passe la vapeur au sortir de la chambre de vapeur de la chaudière. Ce tuyau est muni d'un régulateur, espèce de robinet que l'on manœuvre à la main et qui ouvre, ferme ou règle l'ouverture par laquelle la vapeur entre dans ce tuyau. Le pendule conique et les autres appareils régulateurs employés dans les machines fixes ont pour but de substituer au réglement à la main, un réglement spontané résultant de la marche même de la machine.

Dans les locomotives, le tuyau de distribution prend son origine dans le dôme qui surmonte la chaudière, parcourt une portion plus ou moins longue de la chambre de vapeur et entre dans la boîte à fumée (*page* 79), où il se bifurque en deux branches pour aboutir dans les boîtes à tiroir. Ces deux branches sont recourbées de chaque côté, afin d'éviter de passer devant les orifices des tubes de sortie du foyer : disposition essentielle pour permettre l'approche des tubes quand on a besoin de les visiter, pour éviter que le tuyau de distribution ne forme obstacle au courant de gaz brûlés qui active la combustion, et enfin pour empêcher que ce tuyau ne soit rapidement détruit par le contact direct de ces gaz sortant du foyer à une très haute température.

Du tuyau de distribution, la vapeur se rend dans un premier récipient, où elle rencontre les tiroirs qui règlent son admission

dans le cylindre. Le jeu des tiroirs, dans une machine à double
effet, est calculé de façon à ce que la vapeur entre dans le cylindre tantôt en dessus, tantôt en dessous du piston, dans la proportion convenable à l'effet que l'on doit obtenir de la machine.
Ils ouvrent et ferment alternativement les orifices d'introduction
de la vapeur dans le cylindre : ces orifices ou *lumières* servent aussi à la sortie de la vapeur après qu'elle a produit son
effet. Celle-ci s'échappe alors par un dernier tuyau qui est en
communication, soit avec le condenseur, soit avec l'atmosphère
suivant que la machine est ou n'est pas à condensation. Telle est
la marche générale de la vapeur dans une machine à double effet.
La forme et la disposition des diverses pièces, notamment celles
des tiroirs, sont variables suivant les divers systèmes adoptés par
les constructeurs.

Lorsque la machine est à simple effet, la vapeur arrive toujours
dans le cylindre d'un même côté du piston et d'une manière intermittente. La disposition du tiroir est donc plus simple pour l'introduction : la sortie présente aussi des circonstances particulières
que l'on trouvera au mot MACHINE A VAPEUR.

DIVISION. Les différentes branches de service qui relèvent d'un
même ministère sont classées dans l'administration centrale par divisions, à la tête de chacune desquelles est placé un agent portant
le titre de chef de division, et qui peut avoir sous ses ordres un ou
plusieurs chefs de bureaux. Au ministère des travaux publics, depuis
une organisation récente, les chemins de fer forment une division
spéciale, composée de deux bureaux.

DOME. Dans les chaudières tubulaires, le conduit qui porte la vapeur aux cylindres prend son origine dans une espèce de dôme
métallique placé au-dessus du corps de l'appareil. La vapeur, obligée de s'élever dans ce dôme pour entrer dans le tuyau de distribution, s'y dépouille en grande partie des globules d'eau dont une
ébullition tumultueuse l'avait surchargée et qui seraient fort nuisibles à la marche des pistons : l'orifice du tube dans lequel entre la
vapeur est évasé dans le même but.

Le dôme est indiqué par la lettre M dans la locomotive des
Planches VI et *VII*. La coupe de la *Planche VII* fait voir le retour
N du tuyau de distribution OO qui monte dans ce dôme. Il y a deux
dômes dans la locomotive de la *Planche VIII*, parce que cette machine a deux PRISES DE VAPEUR (*Voyez* ce mot).

Quelquefois l'une des soupapes de sûreté se place à la partie supérieure du dôme. La locomotive de la *planche IX* en offre un exemple.

L'emploi du dôme n'est pas seulement utile dans les chaudières des locomotives, mais dans tous les générateurs à haute pression et surtout dans les bateaux où le mouvement de la marche tend à mélanger sans cesse l'eau avec la vapeur déjà formée.

Dossier. Réunion de plusieurs pièces et écritures relatives à une même affaire. Ces pièces sont ordinairement contenues dans une feuille de papier appelée *chemise* qui porte une étiquette, et sont accompagnées d'un bordereau. Lorsqu'un dossier devient trop considérable, on le subdivise en plusieurs autres afférens chacun à une partie spéciale de l'affaire. Ainsi le dossier d'un chemin de fer se subdivise en dossiers de plans, de nivellemens, de marchés pour l'acquisition des immeubles, etc. ; ou encore en dossiers de la première, de la deuxième, de la troisième section, etc.

Douanes (administration des). Cette administration relève du ministère des finances ; elle est chargée d'examiner, tant à leur entrée qu'à leur sortie du territoire, toutes les denrées qui se présentent pour passer la frontière. Elle leur applique les tarifs déterminés par les lois : ces tarifs s'appellent droits de douanes.

Le droit de douane sur les machines à vapeur a été fixé à 30 pour 0/0 de leur valeur par la loi du 6 mai 1841. L'introduction des pièces détachées ne formant pas une machine complète est prohibée, sauf certains cas exceptionnels. *Voyez* Détachées (Pièces). Les machines étrangères construites pour la navigation internationale sont affranchies de tous droits. Par compensation la construction nationale est encouragée par une prime équivalente au droit sur les machines ordinaires, c'est-à-dire de 30 pour 0/0 *ad valorem*, laquelle, décime compris, s'élève à 33 pour 0/0.

Par une singulière anomalie, les machines locomotives n'ont pas été considérées par le législateur comme étant des machines à vapeur. Elles ont été rangées dans la classe des *machines à dénommer* qui ne paient à leur entrée en France qu'un droit de 15 pour 0/0. Dans la pensée d'encourager la construction des chemins de fer on avait voulu par là leur accorder une immunité, et l'on a prétendu que, parce qu'une locomotive était accompagnée de son train et de ses roues, elle perdait son caractère de machine à vapeur. Cette erreur volontaire a eu le déplorable résultat de déshériter presque complétement les ateliers français de la construction des locomotives au profit des constructeurs anglais.

Double enveloppe. On est dans l'usage pour éviter la déperdition de chaleur dans les cylindres des machines à vapeur, d'entourer leur première paroi d'une espèce de chemise ou double enveloppe, qui laisse entre les deux un certain intervalle, dans lequel circule la vapeur avant d'entrer dans le tiroir de distribution. On voit un exemple *d'd'*, *d'd'* de cette double enveloppe qui entoure le cylindre à vapeur dans la *Planche XI*.

L'espace compris entre les deux parois du cylindre communique ordinairement avec la chaudière par un tuyau de décharge *u* (*Planche IV*) qui y ramène l'eau produite par la condensation de vapeur. Mais comme cette eau est souvent trouble, à cause des matières terreuses que la vapeur entraîne dans la chemise du cylindre, beaucoup de constructeurs préfèrent la perdre, en la renvoyant directement dans le condenseur.

On doit éviter avec soin qu'aucun courant d'air froid ne vienne frapper la chemise du cylindre, car la vapeur s'y condenserait subitement, et si le tuyau de décharge était en communication avec la chaudière, il pourrait laisser remonter l'eau jusque dans les boîtes de distribution et les cylindres.

Lorsqu'on est obligé d'arrêter une machine en hiver pendant plusieurs jours, les mécaniciens ont grand soin de vider complétement la chemise du cylindre, parce que l'eau qui pourrait y rester venant à se geler, la chemise serait fendue infailliblement.

Double fond. Dans les machines de grandes dimensions, telles que celles des bateaux de 450 chevaux, les cylindres à vapeur, ayant près de deux mètres de diamètre, offrent par leurs fonds une grande surface au refroidissement, c'est-à-dire à la condensation de la vapeur. Pour éviter cet effet si nuisible à la force de l'appareil, ou tout au moins pour le diminuer, on fait les couvercles du cylindre à double paroi et creux. On sépare ainsi par une couche d'air invariable l'intérieur du cylindre de l'extérieur, ce qui le préserve d'une perte assez notable de chaleur par le rayonnement.

Douelle. Petite planche mince qui sert à la confection des tonneaux et autres récipiens cylindriques. La chemise en bois qui enveloppe la chaudière d'une locomotive, est formée de douelles assemblées à rainures et languettes, et renforcées par des brides en fer.

Dans les grandes machines de navigation, le cylindre intérieur de la pompe à air est en bronze : la difficulté de l'obtenir d'un seul morceau, mince, sans soufflures et s'assemblant bien avec le corps extérieur, a engagé quelques constructeurs à le former de douelles fondues séparément. Ce procédé, qui permet de rejeter toutes les douelles mal venues à la fonderie, a parfaitement réussi.

Douille. Morceau de fer creux et cylindrique destiné à recevoir une pièce fixe et à assurer sa position. Les manches en bois des pelles, pioches et autres instrumens analogues s'assemblent avec la pièce principale de l'outil dans des douilles.

D'autres fois la pièce introduite dans la douille peut s'y mouvoir sur elle-même, mais sans en sortir. La douille devient alors un véritable grain de coussinet. Mais on lui conserve son premier nom quand le mouvement ne doit pas être rapide et continu comme celui d'un arbre de roue. Ainsi les bras du pendule r' (*Planche X*), qui sert à régler l'entrée de la vapeur dans le tuyau de distribution d'une machine fixe, sont assemblés par des douilles avec la tige verticale autour de laquelle ils tournent.

La tige t *(Planche VII)* du régulateur de la machine locomotive passe dans une douille, pour se prolonger à l'arrière de la chaudière et se terminer par la manette m qui sert à la manœuvrer. Cette douille est fixée dans la paroi même de la chaudière, et garnie d'une boîte à étoupes pour empêcher toute issue de vapeur.

Douve. Ce mot s'emploie comme synonyme de *douelle (Voyez* Douelle).

Drague. Instrument qui sert à tirer des rivières ou des lieux couverts d'eau, les terrains qui se laissent facilement fouiller tels que la vase, la terre franche, les sables et graviers. La drague est formée d'une espèce de poche ou auget quadrangulaire en forte tôle ; la face antérieure de cet auget est enlevée, et la face postérieure est armée d'une douille qui reçoit un manche en bois fort long : la direction de ce manche forme avec le fond de la drague un angle assez aigu, de manière que l'ouvrier, placé dans un bateau et la tirant à lui, puisse facilement la faire entrer dans le sol et la ramener chargée. Dans les travaux considérables on se sert comme machine à draguer, d'une espèce de chapelet, armé de distance en distance de dragues semblables à celle que je viens de décrire. Ce chapelet peut être mû par des hommes ou par des chevaux, et même par une machine à vapeur.

Dresser. Dresser une surface, c'est l'aplanir et lui donner le poli nécessaire pour l'usage auquel elle est destinée. Ainsi la surface intérieure d'un cylindre, d'un corps de pompe doit être dressée, c'est-à-dire qu'il faut enlever toutes les aspérités de sa surface intérieure qui pourraient laisser du jour, ou occasionner un frottement du piston contre la paroi. Cette opération pour les cylindres s'appelle aussi *alésage* (*Voyez* ce mot).

Droits. Contributions particulières créées dans un but spécial et qui ne frappent que des objets déterminés : on les appelle aussi *tarifs*. Dans cette classe de contributions il convient de ranger : les sommes perçues par le trésor public, ou par les villes, à l'entrée ou à la sortie du territoire sur certaines denrées ; ce sont les droits de *douanes* et d'*octroi* : les redevances auxquelles sont assujettis les bâtimens de mer ou de rivière pour leur séjour dans les ports ou leur parcours sur les fleuves, rivières et canaux ; ce sont les droits de *tonnage*, de *navigation*, d'*ancrage*, etc. : et enfin les *tarifs* établis sur certaines voies de terre, tels que les ponts et les chemins de fer.

Les tarifs peuvent être concédés à temps ou à perpétuité à des compagnies. Ils sont destinés à couvrir les frais et les dépenses que nécessitent la construction et l'entretien des travaux. Ceux qui sont perçus sur les chemins de fer se composent de deux parties appelées droit de *péage* et droit de *transport*. La première doit représenter l'intérêt et l'amortissement du capital primitif, les frais généraux d'administration, de surveillance et d'entretien, et le juste bénéfice qui est la rémunération des peines et des risques de l'entreprise. Le droit de transport est considéré comme le remboursement de la dépense de traction proprement dite, comprenant le salaire des agens qui y sont affectés, et l'usure de la voie et du matériel. La proportion entre ces deux parties du droit total, est fixée par les cahiers de charges, annexés aux lois et ordonnances qui ratifient la concession.

On peut regretter qu'un article spécial des cahiers de charges votés jusqu'à ce jour, n'ait pas stipulé une révision périodique de ces tarifs, en ce qui concerne la proportion entre les droits de péage et de transport. Rien ne prouve que la proportion, établie aujourd'hui d'après des données résultant d'expériences récentes et encore peu nombreuses, soit réellement la plus convenable. On en sentira les inconvéniens, lorsque les chemins de fer auront pris en France un grand développement. J'en citerai un exemple : certaines lignes, déjà concédées doivent accorder à celles qui seront établies en prolongement, des immunités proportionnelles à la longueur de ces dernières. Ces immunités sont des dégrèvemens sur la valeur du *péage* : on conçoit qu'il ne puisse pas y en avoir sur la portion dite *transport*, puisque ce n'est qu'un remboursement de frais. Cependant si la proportion a été mal établie, il peut arriver de deux choses l'une : ou la somme allouée pour le transport est trop faible et alors la compagnie primitive est lésée, car en fait, le dégrèvement qu'elle est obligée d'accorder aux concessionnaires de son prolongement, bien qu'il n'atteigne nominalement que le péage', affecte le transport ; ou bien au contraire la somme stipulée pour le droit de transport est trop considérable, et c'est la compagnie du prolongement qui ne jouit pas de toute l'immunité que le législateur a voulu lui accorder.

DUCTILITÉ. Propriété de certains métaux de s'étirer au marteau sans se rompre. Les métaux purs sont tous plus ou moins ductiles. Celui qui possède cette propriété au plus haut degré est l'or: ensuite viennent par ordre de ductilité l'argent, le cuivre, l'étain, le platine, le plomb, le zinc, le fer, etc. La fonte n'est pas ductile, et c'est là ce qui constitue entre elle et le fer pur la plus grande différence au point de vue industriel.

DYNAME. Grande unité dynamique proposée par quelques savans pour servir à mesurer le travail des machines. Elle équivaut à la force nécessaire pour élever un poids de mille kilogrammes à mille mètres de hauteur.

DYNAMIE, DYNAMODE. Unité adoptée depuis quelque temps par les savans et les mécaniciens pour mesurer la puissance d'une machine. Cette unité est égale à un poids de mille kilogrammes élevés à 1 mètre de hauteur en une seconde. Le mot *Dynamie* paraît devoir l'emporter sur celui de *Dynamode* dans l'usage.

DYNAMIQUE. Partie de la science mécanique dans laquelle on étudie les lois qui régissent le mouvement des corps, sous l'action des diverses forces auxquelles ils peuvent être soumis.

DYNAMOMÈTRE. Instrument qui sert à mesurer directement la force réelle d'une machine.

La force d'une machine, ou plutôt l'effet utile qu'elle est capable de produire, peut se calculer d'avance d'après les dimensions respectives de ses diverses pièces, et en tenant compte des frottemens et résistances que ces pièces ont à vaincre pour se maintenir en mouvement. L'effet utile ainsi calculé est ce que l'on nomme l'effet *théorique*. Il diffère toujours notablement de l'effet *pratique* ou *réel*, car une foule de circonstances dues à l'imperfection des organes de l'appareil, aux chocs et aux frottemens qui en résultent, échappent au calcul et viennent diminuer d'autant la force disponible pour l'industrie.

Il est donc du plus haut intérêt d'avoir un moyen de reconnaître et de mesurer cette force disponible, afin de savoir jusqu'à quel point on peut porter le travail d'une machine. Tel est le but du dynamomètre, autrement appelé par les ingénieurs *frein dynamométrique*. Cet instrument, employé pour la première fois par feu Prony et perfectionné par M. A. Morin, se compose d'un collier formé de plaques de tôle articulées entre elles comme les maillons d'une chaîne, et portant un fort levier en bois à l'extrémité duquel on suspend un plateau de balance. Pour mesurer la force d'un moteur, on commence par fixer au moyen de vis, sur son arbre de couche, un manchon en bois parfaitement centré avec cet arbre ; puis on serre fortement le collier de tôle autour de ce manchon, en sorte qu'ils adhèrent ensemble pour l'effet du frottement. Cette adhérence suffit pour que l'arbre de couche entraîne dans son mouvement de rotation tout le système. Mais si l'on charge d'un poids suffisant le plateau de balance suspendu à l'extrémité du levier, on pourra faire équilibre à l'adhérence qui unit le collier et le manchon, et le levier se maintiendra horizontal en oscillant légèrement. Si l'on a mesuré la vitesse de rotation de l'arbre de couche et la longueur du bras de levier à l'extrémité duquel est suspendu le plateau, il suffira pour avoir toutes les données nécessaires à la solution du problème, de connaître le poids dont ce levier est chargé au moment où l'équilibre a lieu, en y comprenant le poids du levier lui-même et celui du plateau. Alors on dira que la force du moteur réellement disponible, son effet utile pratique, est égal au produit de cette charge multiplié par la vitesse qu'aurait le point de suspension si le levier tournait avec l'arbre de couche : on voit que le frein dynamométrique peut s'appliquer à toute espèce de moteur. On l'emploie aussi fréquemment pour mesurer la force d'une roue hydraulique que celle d'une machine à vapeur.

La dénomination du dynamomètre s'applique à tous les appareils qui ont pour but de mesurer, directement et autrement que par le calcul, les forces employées dans les arts mécaniques et les résistances qu'elles rencontrent. Ces appareils sont très variés : ils s'étendent depuis la simple balance jusqu'aux instrumens ingénieux inventés par M. Morin, et tellement perfectionnés qu'ils peuvent, non-seulement mesurer le travail d'une machine en un point quelconque de ses organes, mais encore l'inscrire eux-mêmes sur une feuille de papier avec toutes ses variations successives.

E

EAU. S'il était possible de se procurer facilement et à peu de frais une eau complétement pure de toutes matières étrangères, aucune autre ne serait préférable pour l'alimentation des chaudières à vapeur. On n'aurait pas à combattre par des procédés compliqués et souvent insuffisans les incrustations qui se forment dans les chaudières et les exposent à se brûler ou même à éclater quelquefois. J'indiquerai au mot NETTOYAGE les moyens employés pour s'opposer aux effets de ces incrustations. Je me contenterai de dire ici que, de toutes les eaux appliquées à la production de la vapeur, les plus avantageuses sont celles qui contiennent en suspension une certaine quantité de matières terreuses, parce que les dépôts qu'elles forment sont moins adhérens que tout autre aux parois des chaudières.

L'eau de mer est employée avec succès pour la production de la vapeur : seulement il faut avoir soin, pour empêcher des dépôts de sel trop considérables, de faire plonger dans la chaudière un tuyau qui va jusque vers le fond et par lequel on aspire l'eau saturée de sel marin pour la remplacer par celle que fournit la pompe alimentaire. Car, indépendamment des incrustations auxquelles elle donne lieu, l'eau saturée de sel marin présente un autre inconvénient, c'est d'exiger, pour se réduire en vapeur, une température plus élevée que l'eau pure.

ÉBOULEMENT. Chute subite d'une masse de terre ou de rocher, ou d'une maçonnerie qui n'est pas suffisamment soutenue. Les éboulemens sont à craindre dans les excavations souterraines et dans les tranchées profondes. Ils se manifestent principalement dans les terrains traversés par des sources et des nappes d'eau, et dans ceux qui contiennent des couches d'argile. On ne saurait prendre trop de précautions contre les éboulemens dans les ateliers de terrassemens. Malheureusement les soins des chefs sont souvent déjoués par l'imprudence des ouvriers. Dans la vue d'obtenir un résultat plus rapide ils creusent par le pied des masses de terres ou de rochers qui restent suspendues au-dessus de leur tête dans des conditions d'équilibre que la moindre circonstance peut rompre, et s'exposent ainsi aux plus grands dangers.

ÉBULLITION. Mouvement de déplacement rapide des molécules, qui s'établit dans un liquide soumis à l'action de la chaleur, lorsqu'il est parvenu à un certain degré. L'ébullition se distingue parfaitement à la vue par l'état tumultueux du liquide : elle s'annonce, pour l'eau, par une espèce de frémissement qui commence à agiter toute la masse, jusqu'au moment où la vapeur, qui se forme et cherche à se dégager dans l'atmosphère, achève de la troubler complétement. Une propriété extrêmement remarquable des liquides, c'est que lorsqu'ils sont arrivés au point d'ébullition, on a beau activer le feu, leur température ne s'élève plus : seulement la production de vapeur devient de plus en plus considérable. Mais ceci suppose que la pression à laquelle ils sont soumis ne varie pas ; car à chaque degré de pression différent correspond une température particulière d'ébullition, et cette température est d'autant plus élevée que la pression est plus forte. Ainsi, l'eau pure qui bout à 100° sous la pression ordinaire de l'atmosphère, ne bout plus qu'à 134°,7 sous la pression de trois atmosphères : au contraire, si cette pression n'était que d'un tiers d'atmosphère, l'ébullition aurait lieu à la température d'environ 70°. La table ci-après donne les températures d'ébullition de l'eau, correspondantes aux pressions mesurées en kilogrammes par centimètre carré. Je rappellerai seulement ici que la pression d'une atmosphère équivaut à 1 k.,033 par centimètre carré.

Pression en kilogrammes par centimètre carré.	Température correspondante d'ébullition.
0, 10	45°, 9
1.	99, 0
2.	120, 1
3.	133, 6
4.	143, 7
5.	154
6.	158, 9
7.	165, 2
8.	170, 7
9.	175, 7
10.	180, 3

La température d'ébullition des liquides ramenés à une même pression est loin d'être la même pour tous. Ainsi, tandis que sous la pression ordinaire de l'atmosphère,

L'eau pure bout à	100°
La même eau saturée d'acétate de plomb, bout à	102, 04
— de sel marin	106, 86
— de nitre	114, 10
L'éther sulfurique	37, 8
Soufre carburé	45, 0
Alcool	79, 7
Phosphore	290, 0
Huile de térébenthine	293, 0
Soufre	299, 0
Acide sulfurique	310, 0
Huile de lin	316, 0
Mercure	349, 0

L'ébullition des liquides offre encore un phénomène digne d'être noté ici, et qui n'a pas encore été suffisamment expliqué, c'est qu'elle n'a pas lieu précisément au même degré de température et de la même manière dans tous les vases. Ainsi dans les vases métalliques, elle est plus régulière et son degré est moins élevé que dans les vases de verre ou de porcelaine.

ÉCHAFAUD. Plancher volant, soutenu par des tréteaux et autres pièces de bois appelées perches et boulins, qui sert à supporter les ouvriers travaillant à des constructions élevées. Lorsque les échafauds ne sont maintenus que par des moyens de suspension, on les nomme échafauds volans. Un des exemples les plus remarquables dans ce genre par sa légèreté, sa solidité et l'économie de sa construction est le système proposé par M. Journet, et dont on doit s'étonner de ne pas voir de plus fréquentes applications.

ÉCHAPPEMENT (TUYAU D'). Celui par lequel la vapeur s'échappe après avoir agi dans le cylindre. Dans les machines à condensation, le tuyau d'échappement *o* (*Planche XI*) communique avec le condenseur. Dans celles qui ne sont pas à condensation, il débouche dans l'atmosphère directement.

L'échappement de la vapeur dans les locomotives est utilisé pour activer le tirage du foyer. A cet effet le tuyau qui la reçoit au sortir des cylindres se rend dans la cheminée, où sa sortie produit un appel d'air très puissant dans le foyer. On le voit très distinctement avec ses deux culottes et son tuyau de décharge, dans la figure qui accompagne la BOITE A FUMÉE (*page* 79). Il est marqué dans la *Planche VII* par la lettre *t*.

ÉCHELLES. Appareils qui servent à monter et descendre pour atteindre les diverses hauteurs auxquelles doivent être élevées des constructions.

On entend par *échelle*, dans le langage géométrique, une ligne sur laquelle sont tracées des divisions qui servent à prendre des mesures de longueur. Tous les dessins géométraux relatifs à un chemin de fer ou à une machine, tels que plans, profils, coupes et élévations, sont construits dans des dimensions dont le rapport avec l'unité générale des mesures est constant pour un même dessin. Ainsi un plan de machine sera au dixième de sa grandeur réelle d'exécution; le tracé d'un chemin de fer sera au dix millième de sa grandeur vraie, etc. L'échelle consiste en une ligne droite tracée au bas de la feuille de dessin ou dans toute autre partie apparente, et sur laquelle on trace les divisions qui ont servi à déterminer les dimensions des différentes parties du dessin. Cette échelle sert en même temps à vérifier si les longueurs ont été bien prises à la règle et au compas, elle permet de faire des comparaisons et des rapprochemens. Elle est donc d'une grande utilité, et l'on doit recommander aux dessinateurs de ne pas se contenter d'indiquer en chiffres ou en toutes lettres le rapport des dimensions du plan à une mesure connue, mais encore de tracer l'échelle dont ils se sont servis.

Les échelles en usage en France sont toutes des parties décimales du mètre qui est notre unité générale de mesure. Pour en donner une idée, je transcris ici le tableau adopté pour le service des ponts-et-chaussées.

N°s des échelles	Leur rapport avec l'objet représenté		Leur usage	
	en chiffres.	en mesures métriques.	pour les modèles.	pour les plans.
1	$\frac{1}{1}$	cent. cont. 1 pour 1	La fonte.	Les panneaux, les profils et détails de construction.
2	$\frac{1}{2}$	1— 2	Les petits outils, les petites pièces de machines.	Idem.
3	$\frac{1}{5}$	1— 5	Les petites machines ou celles qui sont composées de petites pièces (crics, machines à recéper, etc.).	Idem. Et pour les détails relatifs aux ferrures pivots, etc., des portes d'écluses,
4	$\frac{1}{10}$	décim. 1— 1	Les machines d'une grandeur moyenne et dont les pièces sont sensiblement fortes, (cabestans, etc.).	Idem. ponts-tournans, etc.
5	$\frac{1}{20}$	1— 2	Les grandes machines dont les pièces sont délicates (machines à vapeur, etc.); les portes d'écluses, les palées et piles des ponts, les cintres et les ferrures, etc.	Idem. Et pour les épures relatives à la coupe des pierres et des bois.
6	$\frac{1}{50}$	1— 5	Les grandes machines, mais formées de fortes pièces (grues, sonnettes, etc.), les ponceaux, ainsi que les ponts, les arches et les écluses à un seul passage dont la longueur ou ouverture, entre les piles ou bajoyers, n'excède pas 25 mètres.	Idem. Et pour les détails des écluses d'une plus grande largeur et pour ceux d'architecture.
7	$\frac{1}{100}$	mètr. 1— 1	Les ponts et les écluses dont la longueur totale est entre 25 et 50 mètres.	Idem.
8	$\frac{1}{200}$	1— 2	Les ponts et les écluses dont la longueur totale excède 50 mètres.	Idem, sauf à joindre au plan général sur une échelle quadruple, le dessin de quelque partie, comme d'une arche, d'une travée, d'un passage d'écluse. Les profils en travers des routes, des canaux, des rivières; les plans des traverses des communes, les projets d'architecture.
9	$\frac{1}{500}$	1— 5	. . . . . .	Les plans des communes dont la longueur n'excède pas 500 mètres; les plans d'arpentage.

N°s des échelles	Leur rapport avec l'objet représenté		Leur usage	
	en chiffres.	en mesures métriques.	Pour les modèles.	Pour les plans.
10	$\frac{1}{1000}$	cent. mèt. 1 pour 10	. . . . .	Les profils en longueur des routes pour les traverses des communes ainsi que pour les lits des rivières; les plans des communes depuis 500 jusqu'à 1,000 mètres.
11	$\frac{1}{2000}$	1 — 20	. . . . .	Les profils en longueur des projets de route, canaux et redressemens des rivières; les plans des projets de canaux, ainsi que ceux des communes depuis 1,000 jusqu'à 2,000 mètres de longueur.
12	$\frac{1}{5000}$	1 — 50	. . . . .	Les plans des projets de route, les plans des communes depuis 2,000 jusqu'à 5,000 mètres de longueur.
13	$\frac{1}{10000}$	1 — 100	. . . . .	Carte itinéraire des rivières et canaux. — Plans des communes au-dessus de 5,000 mètres de longueur.
14	$\frac{1}{20000}$	1 — 200	. . . . .	Carte itinéraire des routes et des grandes rivières. — Carte générale d'un canton.
15	$\frac{1}{50000}$	1 — 500	. . . . .	Carte topographique d'un ou plusieurs cantons dont la longueur n'excède pas 50,000 mètres.
16	$\frac{1}{100000}$	kilom. 1 — 1	. . . . .	Carte topographique de plusieurs cantons dont la longueur n'excède pas 100,000 mètres.
17	$\frac{1}{200000}$	1 — 2	. . . . .	Carte topographique d'un département.
18	$\frac{1}{500000}$	1 — 5	. . . . .	Carte topographique de plusieurs départemens dont la longueur n'excède pas 500,000 mètres. — Grande carte générale de la France.
19	$\frac{1}{1000000}$	myri. 1 — 1	. . . . .	Petite carte générale de la France.

Pour les chemins de fer qui s'exécutent en vertu de la loi du 11 juin 1842, l'administration a imposé les échelles suivantes pour les pièces à fournir par ses ingénieurs.

AVANT-PROJETS. — Carte d'ensemble . . . . $\frac{1}{80000}$

— Profil général en long $\begin{cases} \text{longueurs} \dots \dots & \frac{2}{80000} \\ \text{hauteurs} \dots \dots & \frac{1}{8000} \end{cases}$

— Plans généraux. . . . . $\frac{1}{10000}$

— Profils en long { longueurs.		$\frac{1}{10000}$
{ hauteurs .		$\frac{1}{1000}$
— Profils en travers .		$\frac{1}{200}$
— Types d'ouvrages d'art .		$\frac{1}{100}$
PROJETS DÉFINITIFS. — Plan général .		$\frac{1}{5000}$
— Profils en long . { longueurs .		$\frac{1}{5000}$
{ hauteurs .		$\frac{1}{500}$
— Profils en travers .		$\frac{1}{200}$
OUVRAGES D'ART. { Longueur au-dessous de 10 mètres .		$\frac{1}{50}$
{ — de 10 à 100 mètres .		$\frac{1}{100}$
{ — au-dessus de 100 mètres .		$\frac{1}{200}$
— Plans parcellaires par communes pour les enquêtes d'expropriation .		$\frac{1}{1000}$

ÉCOLES. Il y a en France plusieurs espèces d'écoles, dans lesquelles les jeunes gens qui se destinent à la carrière des travaux publics et des arts mécaniques peuvent puiser leur instruction. Les ingénieurs des ponts-et-chaussées et ceux du corps royal des mines ne reçoivent de l'état ce titre et les avantages qui y ont été attachés, qu'après avoir passé par deux écoles. La première est l'*École Polytechnique*, dans laquelle les uns et les autres sont admis après des examens qui supposent déjà de sérieuses études dans les lettres et dans les sciences physiques et mathématiques. Après deux années, au sortir de l'école Polytechnique, lorsque les élèves ont fait preuve d'une instruction et d'une capacité suffisantes, ils sont admis, sur leur demande et en raison des besoins de l'état, dans les divers services publics qui s'alimentent à cette école. Parmi ces services se trouvent ceux des ponts-et-chaussées et des mines pourvus chacun d'une école spéciale : *l'École des Ponts-et-Chaussées* et *l'École des Mines*; comme l'école polytechnique, elles sont établies à Paris. Les élèves y passent trois années avant d'être définitivement chargés d'un service public sous leur responsabilité. Si l'on ajoute à ces trois années les deux ans, ou trois ans au plus, que les élèves ont passés à l'école Polytechnique, on arrive à un total de cinq à six ans pour la durée des épreuves que doivent subir les ingénieurs des ponts-et-chaussées et des mines, à partir de leur admission à l'école Polytechnique.

Indépendamment des élèves sortis de l'école Polytechnique, l'école spéciale des mines de Paris admet à suivre ses cours, en qualité d'élèves externes, un nombre de jeunes gens égal à celui des élèves classés. L'instruction qu'ils y puisent ne leur donne aucun droit d'admission dans le corps royal des mines. La même faculté n'existe pas pour l'école des ponts-et-chaussées.

Il existe d'autres écoles dépendantes du ministère des travaux publics, dans lesquelles les élèves puisent les connaissances relatives à l'art de l'ingénieur, sans qu'elles leur donnent entrée dans les services publics. L'une est l'*École des Mineurs de Saint-Étienne*, fondée en vertu d'une ordonnance royale du 2 août 1816, et définitivement organisée par l'ordonnance du 7 mars 1831 et par le réglement du 28 mars de la même année. Les élèves sortant de cette école, après avoir subi d'une manière satisfaisante les examens sur les matières d'enseignement, reçoivent des brevets d'ingénieurs civils. C'est pour eux un excellent titre lorsqu'ils cherchent à se placer dans des entreprises particulières et à se livrer à des spéculations industrielles.

Les autres écoles publiques destinées à former des hommes propres à l'exécution des travaux publics sont les *Écoles des Arts et Métiers d'Angers et de Châlons-sur-Marne*. Leur but spécial est de former des contre-maîtres d'ateliers, possédant certaines connaissances théoriques et ayant de plus une habitude de la pratique des arts manuels. Le corps des ponts-et-chaussées y a souvent puisé d'excellens conducteurs. On doit regretter que le nombre de ces écoles ne soit pas plus considérable. Leur utilité serait encore augmentée, si les brevets que l'on délivre aux élèves à leur sortie n'étaient pas de simples certificats de capacité, et s'ils leur donnaient le droit d'être admis dans les services publics en raison des besoins du personnel secondaire. Il est probable que le grand développement promis aux chemins de fer amènera comme conséquence forcée quelque mesure de cette nature.

D'autres écoles ont été fondées dans le même but par de simples particuliers : elles sont d'une grande utilité pour le progrès des arts, mais quel que soit le titre qu'elles confèrent aux élèves qui ont profité de l'instruction qui leur est offerte, ce titre n'a pas le caractère public attaché aux diplômes délivrés par les autres écoles reconnues et organisées par les soins du gouvernement. La plus remarquable de toutes par la nature des cours qui y sont professés et par les excellens sujets qu'elle fournit, est l'*École centrale des Arts et Manufactures* établie à Paris depuis 1829, rue Thorigny, au Marais, dans l'ancien hôtel Juigné. Les études y durent trois années et embrassent les sciences physiques, chimiques et mécaniques dans tout leur développement et dans leurs principales applications. Les élèves qui en sortent, après avoir satisfait aux examens sur les matières de l'enseignement, reçoivent des diplômes d'ingénieurs civils que l'on peut considérer comme des brevets de capacité réelle, et par conséquent comme les meilleurs titres à la confiance des propriétaires d'établissemens industriels.

Écrou. Morceau de fer ou de cuivre, percé d'un trou taraudé en forme de pas de vis, et dans lequel on fait entrer l'extrémité d'un boulon pour l'empêcher de sortir du trou où il est logé et serrer l'une contre l'autre les deux pièces que le boulon réunit.

Effet utile. C'est la portion de la force primitive d'un agent mécanique que peut transmettre un moteur sans altération. Jusqu'à présent les moteurs hydrauliques les plus perfectionnés n'ont jamais donné un effet utile qui dépassât, dans un travail courant, 70 à 80 pour 0/0 de la force primitive. Le reste est absorbé par les frottemens, chocs et autres pertes qui accompagnent toujours l'impulsion donnée au moteur. Dans les machines à vapeur l'effet utile est extrêmement variable avec le système du moteur, la vitesse à laquelle il marche, la charge qu'on lui impose, etc. Cependant on est dans l'usage de l'estimer au minimum à 50 pour 0/0, soit la moitié de la force produite par la vapeur. Toute machine dont l'effet utile serait moindre doit être considérée comme mauvaise : celles même qui ne donnent pas davantage sont défectueuses. L'effet utile d'une machine se mesure sur son arbre de couche au moyen du frein dynamométrique, et comprend toute la force absorbée ultérieurement par les transmissions de mouvement. Aussi arrive-t-il que lorsqu'on peut comparer le travail définitif d'une machine à la puissance du moteur, on trouve une somme beaucoup moindre que celle indiquée par la mesure de l'effet utile sur l'arbre de couche: une portion a été absorbée par les frottemens des diverses pièces du mécanisme.

Élasticité. Propriété en vertu de laquelle un corps revient à sa forme primitive après que celle-ci a été changée par un certain effort. La première et la plus importante conséquence de l'élasticité d'un corps, c'est que lorsqu'il est soumis à un choc, à une compression ou à un étirement qui ne dépasse point la limite de son élasticité, l'effet se répartit dans toute la masse, et toutes les molécules du corps se prêtent un secours mutuel pour résister à l'effort auquel quelques-unes seulement ont été directement soumises. L'élasticité est loin d'être la même pour tous les corps. Ceux qui possèdent cette propriété au plus haut degré sont les gaz, autrement appelés *fluides élastiques*, par opposition aux liquides dont l'élasticité est à-peu-près nulle. Le jeu de la machine à vapeur est fondé tout entier sur l'élasticité de la vapeur d'eau. La facilité avec laquelle ses molécules cèdent à un effort de compression, et leur tendance continuelle à reprendre leur état primitif d'écartement, aussitôt que la compression a cessé d'agir sur elles, tel est tout le secret de l'énorme puissance qu'elle développe. C'est parce que les autres gaz jouissent de la même propriété que la vapeur d'eau, que l'on a essayé d'en substituer quelques-uns à celle-ci : telle est l'origine du *railway atmosphérique* (*Voyez* ATMOSPHÉRIQUE), ainsi que des essais faits pour l'emploi de l'*air comprimé* qui dernièrement ont fixé l'attention de quelques personnes. Il n'y avait pas lieu de douter que le problème ne pût être mécaniquement résolu ; mais sa solution, au point de vue industriel, ne paraît pas à beaucoup près aussi certaine. Jusqu'à présent elle a été tentée sans succès, malgré tout ce que semblait offrir d'économique la substitution de l'air à la vapeur. Il n'y a rien là toutefois qui doive surprendre, car l'air répandu dans l'atmosphère à son état ordinaire n'est pas plus un agent mécanique que l'eau froide et tranquille d'un marais. Pour éveiller la force élastique de l'air, comme pour réduire l'eau en vapeur, il faut se servir de moyens artificiels dont l'emploi se traduit toujours en une dépense d'argent, et rien ne prouve qu'elle doive être plus faible d'un côté que de l'autre. En outre, dans l'application à la locomotive, il peut arriver que le poids et l'agencement des appareils destinés à transporter et à utiliser l'air comprimé, constituent une dépense plus considérable que le transport du coke, de l'eau et du mécanisme de la locomotive à vapeur. C'est au moins ce qui paraît avoir lieu dans les divers systèmes proposés jusqu'à ce jour pour l'emploi de l'air comprimé.

Les corps solides sont tous plus ou moins élastiques. Ainsi parmi les métaux, l'acier l'est plus que le plomb : on s'en aperçoit facilement en courbant une lame d'acier et une lame de plomb. La première peut revenir à son premier état après qu'on lui a donné une courbure beaucoup plus prononcée que celle qui aurait suffi pour déformer la seconde. L'élasticité de l'acier est utilisée dans la fabrication des ressorts de voitures.

Les propriétés opposées à l'élasticité sont celles de la *ductilité* et de la *malléabilité*, en vertu desquelles un corps soumis à l'action du laminage ou du martelage s'étend sans se rompre et conserve ensuite l'extension qui lui a été donnée. Toutefois, de ce qu'un corps est peu élastique il ne faudrait pas en conclure qu'il est très ductile : on en voit un exemple dans la fonte de fer dont l'élasticité est comprise dans des limites très restreintes et qui cependant n'est pas ductile.

Le bois est beaucoup plus élastique que la pierre ou la terre. Les terres légères et celles qui ont été remuées conservent pendant long-temps, jusqu'à ce que leur tassement soit complet, un certain degré d'élasticité. C'est ce qui fait que le roulage des voitures est plus doux sur un remblai que dans une tranchée.

Ellipse. Courbe plane et fermée qui ressemble à un cercle aplati. C'est une de celles appelés *Sections Coniques*, parce qu'on l'obtient en coupant un cône par un plan. Elle est du second degré, c'est-à-dire qu'une droite ne peut la rencontrer en plus de deux points. Le plus grand diamètre de l'ellipse s'appelle son *grand axe*; le plus petit est perpendiculaire au premier et s'appelle le *petit axe*. Les autres diamètres, considérés dans des positions symétriques, par rapport au grand ou au petit axe, sont égaux deux à deux et s'appellent *diamètres conjugués*. Si de l'une des extrémités du petit axe comme centre, et avec un rayon égal à la moitié du grand axe, on décrit un cercle, sa circonférence coupera le grand axe en deux points également éloignés du centre à droite et à gauche. Ces deux points sont les *foyers* de l'ellipse : leur distance au centre est ce que l'on appelle *l'excentricité* de la courbe.

On conçoit que plus la différence de longueur entre le grand axe et le petit axe est grande, c'est-à-dire plus l'ellipse est aplatie, plus la distance des foyers au centre est considérable. Dans le cercle, où tous les rayons sont égaux, les foyers se confondent avec le centre et l'excentricité est nulle.

Les foyers de l'ellipse jouissent de plusieurs propriétés remarquables : je n'en citerai qu'une seule qui sert quelquefois à définir l'ellipse, c'est que la somme des distances d'un point quelconque de la circonférence aux deux foyers est constante et égale au grand axe : ces distances aux foyers s'appellent les *rayons vecteurs* du point. Il résulte de cette propriété que, si l'on prend sur un plan deux points pour y fixer les extrémités d'un fil dont la longueur soit plus grande que la distance de ces deux points, et que l'on promène sur le plan une pointe à tracer qui tienne toujours le fil parfaitement tendu, on tracera une ellipse dont toutes les parties seront parfaitement déterminées.

Embase. Renflement en forme d'anneau ménagé autour d'un corps cylindrique. Dans un arbre de machine l'embase se place auprès du point qui doit recevoir une roue : elle sert à le renforcer et à empêcher la roue de glisser en dehors de son tourillon. Un piston de petite dimension peut être monté sur sa tige au moyen d'une embase. Alors la tige est terminée en forme de vis, et porte un écrou qui serre le plateau du piston contre l'embase.

EMBRANCHEMENT. Nom que prend un chemin de fer qui se détache d'une autre ligne avec laquelle il a une origine et une portion de parcours communes. Ainsi le chemin de fer de Paris à Versailles (rive droite) est un embranchement de celui de Paris à Saint-Germain, dont il se détache au-delà du pont d'Asnières, après un parcours commun d'environ quatre kilomètres.

L'article 3 de la loi d'expropriation du 3 mai 1841 laisse au gouvernement la faculté d'autoriser par ordonnance royale la construction des embranchemens ou prolongemens de chemins de fer qui ont moins de vingt kilomètres de longueur. Cette disposition existait déjà dans la loi du 7 juillet 1833 que celle de 1841 a remplacée.

Il semble donc qu'une loi soit toujours nécessaire pour la construction d'un chemin de fer qui ne s'embranche pas sur une voie de même nature déjà existante, et quelle que soit sa longueur. Cependant jusqu'à ce jour on n'a fait nulle difficulté d'autoriser par simple ordonnance royale des lignes de fer de moins de 20 kilomètres, bien qu'elles ne fussent pas placées en prolongement ou embranchement d'autres chemins de fer déjà existans. Peut-être est-ce parce qu'on les considère comme des embranchemens par rapport aux routes, canaux ou rivières auxquels ils aboutissent. Mais cette interprétation est forcée, et a l'inconvénient d'exposer à de graves difficultés dans le cas où un propriétaire, qui se trouverait sur la ligne ainsi autorisée, refuserait de se laisser exproprier en s'appuyant sur le texte de la loi. On doit donc regretter que le mot d'*embranchement* n'ait pas été retranché du texte de la loi du 3 mai 1841. Cette modification, réclamée par beaucoup de bons esprits dans l'intérêt de la jurisprudence et pour la sécurité des travaux d'utilité publique, eût été sans inconvéniens.

D'un autre côté, le droit d'autoriser des chemins de fer d'embranchement de moins de vingt mille mètres de longueur est facultatif et nullement obligatoire. L'administration n'en use pas toujours; on en a vu un exemple dans l'adjudication du chemin de fer de Paris à Versailles (rive droite) qui a eu lieu en vertu d'une loi, bien que cette ligne s'embranchât sur celle de Paris à Saint-Germain et qu'elle n'eût pas vingt kilomètres. L'importance des intérêts engagés dans l'exécution de cette ligne avait fait penser avec raison que l'acte de déclaration d'utilité publique ne pouvait être entouré de formes trop solennelles. Pour le chemin de fer de Paris à Versailles (rive gauche) qui a été adjugé le même jour, comme ce n'était pas un embranchement, il n'y a pas lieu de s'étonner que l'on soit resté dans le texte rigoureux de la loi, puisque sa longueur n'est que de 46 à 47 kilomètres.

EMBRAYER. Mettre en communication deux pièces de machines qui se commandent, c'est-à-dire dont l'une doit communiquer à l'autre l'impulsion du moteur. Il y a plusieurs modes d'embrayage, j'en citerai quelques-uns. Supposons par exemple qu'une communication de mouvement doive avoir lieu entre deux poulies au moyen de cordes ou de courroies, l'embrayage se fera en plaçant à la main, ou au moyen d'un levier, la courroie sur ces deux poulies. Pour désembrayer l'appareil, il suffira de faire quitter à la courroie le tambour de l'une des deux poulies. Si l'on veut qu'elle reste tendue et continue à marcher avec la poulie de commande, on a à côté de la poulie commandée une autre poulie montée sur le même arbre, mais qui peut tourner sans l'entraîner, c'est ce que l'on appelle une *poulie folle*. Lorsque la courroie porte sur cette poulie folle, elle la fait tourner sans qu'il y ait de communication entre les deux parties du mécanisme; elles sont désembrayées. Si au contraire la courroie porte sur la poulie qui est calée sur l'arbre, elle entraîne tout le système dans son mouvement : il y a embrayage. On peut aussi désembrayer la courroie en continuant à la laisser porter sur la poulie commandée et en la retirant simplement de la poulie de commande.

L'embrayage entre deux roues dentées, dont les arbres peuvent à volonté s'écarter ou se rapprocher, se fait en les rapprochant de manière que leurs dents engrènent.

Il arrive souvent qu'un arbre de machine, qui porte plusieurs roues, est divisé en deux ou un plus grand nombre de parties dans le sens de la longueur. Ces diverses parties sont réunies entre elles par des manchons d'accouplement formés de deux pièces emboîtant l'une dans l'autre. Lorsqu'on veut communiquer aux deux parties de l'arbre le mouvement du moteur, on rapproche les manchons de manière à les faire emboîter : alors il y a embrayage entre eux. Lorsqu'on veut désembrayer on les écarte et la première portion de l'arbre peut tourner sans entraîner l'autre dans son mouvement. Les moyens d'embrayage et désembrayage sont indispensables dans les machines à vapeur et surtout dans les locomotives, pour changer la direction de leur mouvement et les faire marcher tantôt en avant, tantôt en arrière.

EMPATTEMENT. Largeur occupée par la base d'une construction, d'une pièce de machine ou de tout autre objet. Ainsi on dit l'empattement d'un talus pour exprimer sa largeur prise dans le sens horizontal, l'empattement d'un rail, d'un coussinet, etc. On donne aussi le nom d'empattement à certaines pièces que l'on ajoute au pied d'un objet pour élargir sa base et lui donner plus d'assiette. Les oreilles sur lesquelles s'appuient les rails des figures 9, 10, 11, 12, 14, 15 et 16 (*Voyez* RAIL), et qui servent à les fixer sur les traverses ou longrines, sont des empattemens.

EMPIERREMENT. Assemblage de pierres de diverses grosseurs qui forment le sol supérieur d'une chaussée. Dans les chemins de fer desservis par des chevaux, la voie doit être empierrée. Cette précaution n'est pas nécessaire sur ceux où la traction s'opère au moyen de locomotives : on se contente d'y répandre, comme sur tout le reste de la surface, une couche de gros sable ou de gravier.

EMPRUNT. Il y a deux manières d'emprunter les fonds nécessaires à l'exécution des travaux publics et pour lesquels les ressources ordinaires du budget ne suffisent pas. L'une consiste à user du crédit direct du gouvernement. Les sommes provenant de cette opération sont versées au trésor public qui en paie l'intérêt et les rembourse, conformément aux conditions du contrat passé avec les prêteurs.

L'autre moyen consiste à faire un appel au crédit privé. On lui accorde certains avantages, tels que le droit de percevoir des tarifs sur ceux qui profiteront des travaux exécutés. Cette concession, faite à perpétuité ou pour un temps limité, est la rémunération des soins, risques et périls des entrepreneurs ainsi substitués aux droits de l'état. De là naissent les sociétés commerciales qui font appel aux capitaux en émettant des actions, c'est-à-dire des titres en vertu desquels ceux qui leur fournissent de l'argent sont appelés à participer aux avantages qui leur ont été conférés. Envisagée sous ce point de vue, la construction des chemins de fer et autres entreprises d'utilité publique par les compagnies particulières est un véritable emprunt, qui a sur le premier l'avantage d'une affectation spéciale et que rien ne peut détourner de son but, garantie que n'offrent pas les emprunts directement contractés par l'état dans la forme ordinaire.

EMPYREUMATIQUE (HUILE). La distillation des matières organiques, soumises à une température assez élevée pour les décomposer, donne naissance à divers produits parmi lesquels on distingue une huile d'une odeur particulière très prononcée. C'est l'huile empyreumatique qui communique au goudron son odeur.

ENCLANCHEMENT. Espèce d'embrayage. Il y a embrayage par

enclanchement entre deux pièces d'un mécanisme, lorsque l'une d'elles porte un levier qui s'introduit dans une fourchette ou une profonde encoche pratiquée dans l'autre pièce. Dans cette position il est évident que si la première pièce se met en mouvement, elle entraînera la seconde. Le déclanchement a lieu lorsque l'on fait sortir le levier de l'encoche dans laquelle son extrémité était engagée. Les barres des excentriques, qui font mouvoir les tiroirs à vapeur des locomotives et de quelques autres machines, s'assemblent avec les tiges de ces tiroirs par enclanchement : ces barres portent à cet effet à leurs extrémités une espèce de fourchette, appelée aussi *pied de biche*, qui saisit un levier fixé à la tige du tiroir et lui imprime le mouvement de va et vient. La faculté d'engager, au moyen d'une manette, le pied de biche avec l'une ou l'autre extrémité du levier qui commande la tige du tiroir, permet de changer le sens de son mouvement et par conséquent celui de la marche de l'appareil.

Enclume. Masse de fer trempée sur laquelle on bat le fer et les autres métaux. Il y en a de toutes les formes et de toutes les dimensions. Celles sur lesquelles on forge des pièces un peu fortes sont solidement fixées en terre. Pour les petites pièces on a des enclumes portatives, montées sur un billot de bois et non scellées en terre. On les appelle aussi *enclumeaux* ou *enclumettes*.

Engrenage. C'est une des espèces de communications de mouvement les plus répandues dans les machines. Deux roues armées de dents et placées l'une auprès de l'autre, de manière que les dents de la première entrent dans les intervalles des dents de la seconde, constituent un engrenage. Si les deux roues sont situées dans le même plan, l'engrenage prend le nom d'*engrenage plan*. Lorsque les deux roues sont situées dans des plans différens, leurs jantes sont taillées en forme de troncs de cône qui se touchent, et l'engrenage s'appelle *engrenage conique*. L'engrenage à vis est celui qui a lieu entre une roue et une vis sans fin dont les filets engrènent avec les dents de la roue.

Examinons ce qui se passe dans une communication de mouvemens par engrenage et pour cela appelons A et B les deux roues que nous considérons. Si l'on imprime à la roue A un mouvement de rotation, elle entraînera la roue B qui engrène avec elle et lui communiquera ainsi l'impulsion du moteur. La vitesse que prendra l'arbre sur lequel est montée la roue B par rapport à l'arbre de la roue A, sera en raison inverse du rayon des deux roues, c'est-à-dire que si le rayon de la roue B est moitié de celui de la roue A,

l'arbre de B tournera deux fois plus vite que l'arbre de A ; et au
contraire si le rayon de la roue B est double de celui de la roue A,
la vitesse de rotation de l'arbre de B sera moitié de la vitesse de
l'arbre de A. C'est ce que l'on comprendra facilement par ce qui
va suivre.

Lorsqu'un cercle tourne sur lui-même autour de son centre, la
vitesse d'un point quelconque de sa circonférence peut être envisagée de deux manières : premièrement, sous le rapport du temps
que ce point met à parcourir une certaine longueur d'arc qui, dé-
veloppé en ligne droite, peut se mesurer au compas ; c'est ce que
que l'on appelle la *vitesse linéaire* du point : secondement, le chemin parcouru par ce même point peut s'évaluer par le nombre de
degrés, minutes, secondes, etc., qu'il franchit dans un temps donné
en tournant autour du centre ; c'est ce que l'on appelle la *vitesse
angulaire*. Dans une roue en mouvement, la vitesse angulaire est la
même pour tous les points, à quelque distance qu'ils soient du
centre ; mais il n'en est pas ainsi de la vitesse linéaire. Cette dernière est la même pour tous les points de la circonférence ; mais
sur une autre circonférence tracée du même centre, avec une ouverture de compas plus petite, la vitesse linéaire est moins grande. En
effet, le temps que met un point de cette nouvelle circonférence pour
accomplir sa révolution autour du centre est le même que pour un
point de la première, et cependant le chemin qu'il décrit, mesuré
au compas, est plus court. On comprend que par la même raison
un point que l'on suppose lié au mouvement de la roue, mais situé
plus loin du centre que la première circonférence, aurait une vitesse linéaire plus considérable qu'un point pris sur celle-ci, puisque le chemin qu'il parcourt est plus long. Les vitesses linéaires
ou absolues des points choisis à différentes distances du centre sur
une roue qui tourne sur elle-même, sont en proportion de la longueur développée des circonférences que l'on supposerait tracées
avec des rayons égaux aux distances respectives de ces points au
centre du mouvement. Et comme les circonférences des cercles sont
proportionnelles à leurs rayons, il s'ensuit que les vitesses absolues
des points sont proportionnelles à leurs distances au centre, la
vitesse angulaire restant la même pour tous.

Si l'on considère au contraire deux roues dont les rayons sont
différens, mais tournant de telle manière que leurs circonférences
extrêmes aient la même vitesse linéaire, leurs vitesses angulaires
seront en raison inverse de leurs rayons, c'est-à-dire, que la plus
grande vitesse appartiendra à la roue dont le rayon est le plus pe-

tit, et réciproquement. Supposons en effet, que les rayons des roues soient dans le rapport de 1 à 4, c'est-à-dire, que le plus grand rayon soit quatre fois aussi long que le plus petit : la même proportion subsistera entre les deux circonférences quant aux longueurs, puisque les circonférences sont proportionnelles à leurs rayons. Sur le cercle de la plus grande roue chaque degré, minute ou seconde est représenté par un arc quatre fois aussi grand que celui qui mesure le même angle sur le cercle de la petite, ou en d'autres termes, chaque longueur d'arc du petit cercle mesure un angle quatre fois aussi grand que celui qui a pour mesure un arc de même longueur sur le grand cercle. Si donc deux mobiles, assujettis à se mouvoir suivant chacun de ces cercles, partent ensemble et parcourent dans le même temps des longueurs d'arc égales, celui qui aura suivi la circonférence du petit cercle aura embrassé un angle quadruple de l'autre. Or, que ce soit le cercle qui soit fixe et parcouru par un mobile, ou que ce soient les cercles eux-mêmes qui soient animés d'un mouvement de rotation autour de leur centre, le résultat est le même pour un point pris sur chacune des circonférences. Voici les conséquences de ce fait dans les communications de mouvement par engrenage.

Lorsqu'une roue dentée en commande une autre, la vitesse qu'elle transmet à la seconde est celle de sa circonférence, et la partie de la seconde roue à laquelle elle transmet cette vitesse est également la circonférence. Les choses se passent donc de circonférence à circonférence. Si l'on suppose les dents bien construites et en bon état, c'est-à-dire, les frottemens peu considérables, la communication sera régulière, et la vitesse de la seconde circonférence sera exactement celle de la première. Il en résulte que si les roues ont le même rayon, leurs vitesses angulaires seront égales et leurs arbres tourneront avec la même rapidité. Mais si la seconde roue est plus petite que la première, on voit que par suite de l'égalité de vitesse linéaire des deux circonférences, les vitesses angulaires seront inégales, celle de la petite roue sera la plus grande et son arbre tournera avec plus de rapidité que celui de la première roue. L'inverse aurait lieu si la seconde roue était plus grande que la première. Il est facile de calculer d'avance dans quel rapport seront ces vitesses angulaires, puisqu'elles sont proportionnelles aux rayons des roues ; il suffit pour cela de mesurer la longueur de ceux-ci et de les comparer.

Cette importante propriété sert de base à la construction des engrenages dans les machines. Quelle que soit la vitesse imprimée à la première roue par la bielle du piston d'une machine à vapeur; on peut, en choisissant convenablement le rayon d'une roue engrenant avec elle, la transformer en la vitesse dont on a besoin. Cette nouvelle vitesse à son tour peut être modifiée autant de fois que l'on voudra par une série d'engrenages, et c'est ainsi que le même moteur peut communiquer aux diverses pièces du mécanisme toutes les vitesses dont on a besoin pour leur meilleur effet. On conçoit que l'on peut aussi, sans multiplier la série des roues qui se commandent les unes les autres, obtenir directement diverses vitesses, au moyen de plusieurs roues de rayons différens fixées sur le même arbre. Cette disposition s'emploie de préférence à la première, toutes les fois que l'objet de la machine s'y prête commodément, car les transmissions successives de mouvement absorbent toujours par le frottement une portion notable de la force initiale du moteur, et il est d'une bonne économie de réduire autant que possible ces déperditions inutiles.

ENQUÊTES. L'établissement d'une usine qui nécessite l'emploi d'une machine à vapeur, comme celui d'un chemin de fer, doit être précédé d'enquêtes.

Lorsqu'un manufacturier veut établir une machine à vapeur, il adresse au préfet de son département une demande d'autorisation dans les formes voulues par les réglemens. Le préfet renvoie cette demande au maire de la commune qui la fait afficher, ouvre une enquête *de commodo et incommodo*, c'est-à-dire sur les conséquences qui peuvent en résulter pour le voisinage, et en retourne le résultat au préfet. Celui-ci accorde l'autorisation, après un rapport de l'ingénieur des mines ou de l'ingénieur des ponts-et-chaussées chargé du service des machines à vapeur dans le département.

L'établissement d'un chemin de fer donne lieu à deux espèces d'enquêtes, ordonnées par la loi sur l'expropriation. Une première enquête est ouverte dans les départemens que doit traverser la ligne. C'est l'enquête dite administrative et dont les formes sont déterminées par l'ordonnance royale du 18 février 1834. Elle porte sur l'ensemble du projet et a pour but de s'assurer si le chemin de fer projeté est d'utilité publique. C'est pourquoi ces enquêtes portent aussi le nom d'enquêtes *d'utilité publique.* Les pièces à produire pour ces enquêtes sont : Une carte générale du chemin de fer et de ses abords, un profil en long suivant l'axe du tracé, un certain nombre de profils en travers sur la ligne, une description sommaire du chemin et de ses principaux ouvrages et l'évaluation de la dépense. Ces pièces constituent ce que l'on appelle un avant-projet.

Elles doivent être accompagnées d'un mémoire descriptif indiquant le but de l'entreprise et les avantages qu'on peut s'en promettre, ainsi que du tarif des droits dont le produit serait destiné à couvrir les frais des travaux projetés, si le chemin devait devenir l'objet d'une concession.

Des registres destinés à recevoir les observations du public sur le projet, restent ouverts dans les chefs-lieux de préfecture et de sous-préfecture pendant un temps qui ne peut être moindre de trente jours et qui peut aller jusqu'à quatre mois. Le préfet, en prescrivant l'ouverture de l'enquête par son arrêté, doit en même temps désigner une commission composée de neuf à treize membres, chargée de donner son avis sur le projet et sur les observations qui peuvent être présentées : les personnes qui auraient des intérêts particuliers dans le projet ne peuvent faire partie de la commission d'enquête. Les enquêtes sont annoncées par voie d'affiches. La commission doit clore son procès-verbal dans le délai d'un mois et le préfet le transmet à l'administration supérieure avec son avis, dans les quinze jours qui suivent la clôture du procès-verbal de la commission. Les chambres de commerce, les chambres consultatives des arts et manufactures, les conseils généraux et d'arrondissemens et les conseils municipaux peuvent être appelés à donner leur avis sur la convenance et l'utilité du projet.

La seconde enquête à laquelle donne lieu un chemin de fer est celle qu'on appelle enquête *locale* ou enquête *d'expropriation*. Elle est relative à l'application des plans aux propriétés particulières ; elle ne peut s'ouvrir que sur un projet définitif d'exécution, après que l'autorisation de construire le chemin de fer a été donnée par la loi. Les formes de cette enquête sont prescrites par la loi du 3 mai 1841 sur l'expropriation pour cause d'utilité publique. Un plan dressé par les ingénieurs chargés de l'exécution, et auquel on joint ordinairement un état parcellaire, indique le nom de chacun des propriétaires des terrains ou édifices dont on réclame la cession. Ce plan reste déposé pendant huit jours au moins à la mairie de la commune où sont situés les biens à exproprier ; le dépôt est préalablement annoncé par un avertissement du maire publié à son de caisse ou de trompe, affiché à la porte principale de l'église du lieu, ainsi qu'à celle de la maison commune, et inséré dans l'un des journaux des chefs-lieux d'arrondissement et de département. Les fêtes et dimanches ne comptent dans le délai de huit jours que si l'administration consent à donner communication des plans ces jours-là. L'omission de quelqu'une des formalités de publication peut motiver de la part des tribunaux un refus de prononcer l'expropriation, à moins qu'il soit constaté que cette omission n'a pu porter aucun préjudice.

Le maire certifie ces publications et affiches : il mentionne sur un procès-verbal, signé des parties qui ont comparu, les réclamations verbales, et y annexe celles qui lui sont transmises par écrit ; à moins que les parties n'aiment mieux inscrire elles-mêmes leurs réclamations et déclarations au procès-verbal.

A l'expiration du délai de huitaine, une commission se réunit à la sous-préfecture de l'arrondissement : elle est présidée par le sous-préfet et composée de quatre membres du conseil général du département ou du conseil d'arrondissement, du maire de la commune et de l'un des ingénieurs chargés de l'exécution des travaux. Les propriétaires qu'il s'agit d'exproprier ne peuvent en faire partie. L'ingénieur en chef du département peut y être appelé avec voix consultative.

La commission reçoit les observations des propriétaires, les appelle lorsqu'elle le juge convenable, reçoit leurs moyens respectifs et donne son avis. Elle ne peut délibérer valablement en l'absence d'un de ses membres. Sa délibération doit être spéciale pour chaque commune, et chaque maire ne peut prendre part qu'aux opérations de la commune qu'il représente. Le procès-verbal doit être terminé dans le délai d'un mois, et adressé immédiatement par le sous-préfet, avec toutes les pièces de l'enquête, au préfet, qui les laisse déposés pendant huit jours au secrétariat général, où les parties peuvent en prendre communication sans déplacement de pièces et sans frais. Après ce délai de huitaine, le préfet détermine, par un arrêté motivé, les propriétés qui doivent être cédées, et indique l'époque à laquelle il sera nécessaire d'en prendre possession. Ici commence une autre série d'actes qui constituent les formes de l'expropriation (*Voyez* EXPROPRIATION). Les enquêtes sont terminées ; mais si la commission réclamait dans les plans des modifications auxquelles il serait adhéré par l'auteur du projet et qui reporteraient le tracé sur des propriétés non comprises au plan parcellaire, elle devrait d'abord appeler devant elle les propriétaires nouvellement atteints pour recueillir leurs observations. Dans le cas où il y aurait de la part de ces derniers opposition ou désir de se placer sous la sauvegarde des formalités légales, l'administration serait obligée de recourir à de nouvelles publications.

D'après ce qui précède il doit être facile de distinguer le caractère des deux espèces d'enquêtes auxquelles donne lieu l'établissement d'un chemin de fer. La première est uniquement destinée à constater la convenance et l'utilité publique de la ligne projeté. Ce qu'il importe d'examiner c'est son but, ce sont ses conditions principales d'art, de dépenses et la manière dont elle dessert les localités situées sur son parcours et celles auxquelles elle prétend aboutir. Ce que l'on doit y examiner encore, ce sont les immunités que réclame l'exécution du projet et les charges qui doivent en résulter pour le public. C'est pour cela qu'un avant-projet tel que je l'ai décrit, accompagné de la proposition du tarif des droits à percevoir a paru suffisant pour cette première enquête. On a craint qu'une plus grande quantité de détails, qui n'iraient pas droit au but de l'enquête, ne tendît à en ralentir la marche et à en contrarier l'esprit, en provoquant intempestivement les réclamations des propriétaires susceptibles d'être traversés. C'est au moment de la seconde enquête seulement que doivent être produites les déclarations relatives au passage sur les propriétés privées : jusque-là elles ne peuvent être prises en considération qu'autant qu'elle se rattacheraient directement à la question d'utilité publique de la ligne projetée.

Sans vouloir ici discuter la forme de ces deux espèces d'enquêtes, je dois dire que l'on a objecté avec raison que les avant-projets, sur lesquels s'ouvre l'enquête d'utilité publique, laissent trop souvent à désirer sous le rapport de l'exactitude. Ils se tiennent dans un vague qui ne permet pas toujours d'apprécier suffisamment la convenance de l'entreprise projetée, car ordinairement rien ne ressemble moins au projet définitif sur lequel portent les enquêtes locales que l'avant-projet qui a servi de base aux enquêtes d'utilité publique. Il y a là dans notre législation une lacune que les progrès de l'opinion publique permettront sans doute plus tard de combler.

Enrochemens. Lorsqu'on veut se dispenser de faire des épuisemens pour la fondation des ouvrages hydrauliques, tels que ponts, barrages, etc., on se contente de jeter dans l'eau une certaine quantité de grosses pierres que l'on charge jusqu'à ce qu'elles viennent affleurer la hauteur de l'étiage. A partir de ce point on commence la maçonnerie proprement dite. Lorsque l'on craint qu'un talus de remblai situé le long d'une rivière ne soit attaqué par les eaux, on en défend aussi le pied par des pierres jetées sans ordre, qui forment ce qu'on appelle des enrochemens. La même précaution est ordinairement nécessaire pour préserver les fondations des piles et culées des ponts, contre l'action des courants qui pourraient les affouiller et les renverser.

Ensablement. Couche de sable ou de gravier dont on recouvre

14.

la chaussée sur laquelle doit être posé un chemin de fer. Le sable employé à cet usage doit remplir deux conditions principales : 1° Il doit être complétement exempt d'argile pour permettre aux eaux pluviales de s'écouler facilement ; 2° il ne doit pas être trop fin, parce que le vent et même le simple courant d'air produit par le passage des convois, le soulèverait et le porterait sur les pièces du mécanisme qu'il userait par le frottement. Cependant, dans les localités où le gros sable serait trop cher, on peut sans inconvénient composer l'ensablement de deux couches : l'une, inférieure, en sable fin, et la couche supérieure en gros sable ou gravier. Sur les chemins de fer à grande vitesse l'épaisseur totale de l'ensablement est de 50 à 60 centimètres.

Entrepreneur. C'est celui qui se charge de la construction d'un ouvrage conformément à un devis et suivant des conditions déterminées dont la principale est ordinairement le remboursement de ses avances. Celui qui pour prix de ses déboursés accepte le paiement d'une redevance ou la jouissance de certains droits, tels que la perception d'un tarif sur un chemin de fer, s'appelle plutôt concessionnaire qu'entrepreneur.

Entretien. Les dépenses d'entretien sur les chemins de fer sont considérables. Et c'est pour ne s'en être pas fait tout d'abord une juste idée que l'on a été exposé à tant de mécomptes dans l'exploitation de ces nouvelles voies de communication. Ces dépenses comprennent non-seulement la conservation des terrassemens, des ouvrages d'art et de la voie proprement dite, mais encore du matériel employé à l'exploitation. Or la grande vitesse en produisant des ébranlemens profonds et répétés dans toutes les parties du système tend à le détruire rapidement, et de là naissent des dépenses d'entretien considérables. On est dans l'habitude aujourd'hui de les évaluer à la moitié environ de la recette brute : mais on conçoit combien une telle évaluation est arbitraire, car le rapport entre la recette brute et les dépenses d'entretien dépend de la quantité de voyageurs et de marchandises qui parcourent la ligne, et du prix fixé pour le tarif. Or il peut très bien se faire que tous ces élémens soient combinés de telle sorte que le bénéfice excédant la dépense soit très minime, comme il peut aussi être fort considérable. C'est en partie à l'idée peu exacte que l'on se faisait de la dépense d'entretien des chemins de fer que l'on doit la fausse proportion établie entre le *péage* et le *transport* dans le *tarif* (*Voyez* **Tarif**).

Entretoise. Pièce de bois ou de fer destinée à maintenir d'autres pièces dans une position invariable d'écartement ou de rapprochement. Dans les ponts en bois ou en fer on donne particulièrement le nom d'entretoises, aux pièces qui relient entre elles les ferrures dans le sens latéral. Les châssis sur lesquels reposent les caisses des wagons où l'ensemble de la locomotive sont consolidés par des entretoises horizontales.

Entre-voie. Espace compris entre deux voies d'un chemin de fer. Sa largeur doit être assez grande pour que les voitures qui circulent sur les deux voies puissent passer les unes auprès des autres sans se rencontrer. Dans nos chemins français cette largeur est portée d'après les cahiers de charges au moins à 1^m 80. On en profite pour faire les voitures plus larges que la voie. Celle-ci en effet n'a que 1^m 50, tandis que les locomotives, wagons et diligences ont jusqu'à 2^m 30; c'est-à-dire qu'elles dépassent le rail de chaque côté de 40 centimètres. Cette circonstance, jointe au mouvement de lacet qui fait osciller les voitures, ne laisse guère que 90 à 95 centimètres de jeu entre deux convois qui se croisent. Cette quantité est suffisante, mais elle n'a rien d'exagéré.

Sur quelques-uns des chemins de fer qui se construisent en ce moment la largeur de l'entre-voie a été augmentée. On a voulu par là prévoir le moment où l'on donnnerait plus d'écartement aux deux cours de rails qui forment la voie elle-même. Mais si dès aujourd'hui on commence à reconnaître que la voie de 1^m 50 est trop étroite, pourquoi ne pas adopter de suite une largeur plus considérable? Le jour où on voudra le faire il faudra créer tout un matériel nouveau, qui rendra inutile la dépense du matériel adapté à la voie de 1^m 50.

Épicycloïde. Lorsqu'un cercle roule autour d'un autre sans glisser, en lui restant continuellement tangent, chacun de ces points décrit une courbe appelée *Épicycloïde*, dont le cercle mobile est le *générateur*, et auquel le cercle fixe sert de *base*. La *cycloïde* (*Voyez* ce mot) est un cas particulier de l'épicycloïde, dans laquelle le cercle fixe est remplacé par une ligne droite.

Si le cercle générateur roule en dedans du cercle de base, l'épicycloïde prend le nom d'épicycloïde *intérieure*; s'il roule en dehors, c'est une épicycloïde *extérieure*.

L'épicycloïde est la forme qu'il convient de donner aux faces latérales des dents des roues d'engrenage, pour qu'elles tournent l'une contre l'autre sans glisser. Dans la pratique on s'en rapproche le plus possible en remplaçant l'épicycloïde par un arc de cercle qui est beaucoup plus facile à tracer.

Épreuve. L'ordonnance royale du 29 octobre 1823 a décidé que les chaudières des machines où la pression de la vapeur doit s'élever à deux atmosphères et au-dessus, ne pourront être mises dans le commerce, ni employées dans un établissement, sans que, préalablement, leur force ait été soumise à l'épreuve de la presse hydraulique. La pression d'épreuve doit être cinq fois plus forte que celle que la chaudière est appelée à supporter dans le travail habituel de la machine. Cet essai fait à froid paraît peu concluant : il a d'ailleurs l'inconvénient de fatiguer le métal des chaudières en le soumettant à une épreuve trop forte. Il est considéré comme inapplicable dans toute sa rigueur aux chaudières des locomotives.

ÉPUISEMENT. Lorsqu'on veut établir les fondations d'un ouvrage hydraulique, le procédé qui semble le plus naturel consiste à débarrasser des eaux l'emplacement que doivent occuper ces fondations. Pour cela on l'entoure d'une enceinte imperméable appelée batardeau et on procède à l'enlèvement des eaux au moyen de pompes, chapelets, norias ou autres machines à épuisement qui les rejettent au dehors. La difficulté de rendre les batardeaux complétement imperméables, l'impossibilité où l'on est souvent d'empêcher les eaux de jaillir du fond même des travaux, les masses énormes d'eau qu'il faut enlever, rendent les dépenses d'épuisement considérables, et les font rentrer dans la classe de celles dites imprévues. Aussi dans les adjudications de travaux, l'habitude est de ne pas les comprendre dans la somme fixe sur laquelle porte le rabais de l'entrepreneur. Ces travaux d'épuisemens sont faits en régie par les soins de l'administration ou par ceux de l'entrepreneur, auquel dans ce dernier cas on alloue, en sus du remboursement de ses avances, un léger bénéfice. On évite les épuisemens dans la fondation par *caisson* (*Voyez* CAISSON).

L'épuisement des eaux qui gênent les travaux souterrains dans les exploitations de mines, nécessite des appareils d'une grande force pour mettre en mouvement les pompes employées à cet usage. C'est à la recherche de moteurs d'une grande puissance et d'une énergie constante que sont dues les premières applications de la vapeur aux arts mécaniques, et les perfectionnemens les plus remarquables que son emploi dans les machines fixes ait reçus jusqu'à ce jour.

ÉPURE. Dessin tracé sur le papier, sur un mur ou sur toute autre aire unie, et représentant la projection exacte des formes d'un ouvrage en pierre de taille, bois, fer, etc.

L'épure tracée sur le papier est rarement de grandeur naturelle, excepté pour les détails d'ouvrages en métaux. Pour les ouvrages en pierre et en bois, l'épure sur le papier se dessine à une échelle réduite; elle doit être ensuite répétée en grandeur naturelle sur une aire plus grande et enfin sur la surface même de la pièce à tailler. Le tailleur de pierre et le charpentier qui tracent l'épure sur la pièce se nomment *appareilleurs* : le charpentier s'appelle aussi *gâcheur*.

ÉQUERRE. Petite planchette en bois et quelquefois en métal, ayant la forme d'un triangle rectangle. Les dessinateurs et les ouvriers s'en servent pour élever des perpendiculaires. Lorsqu'on fait glisser un des côtés de l'équerre le long d'une règle fixe, les positions successives de chacun des autres côtés déterminent des parallèles.

Les architectes et ingénieurs, et les ouvriers en bois, en pierre et en métaux se servent aussi d'une autre espèce d'équerre composée seulement de deux branches en bois ou en métal qui se rencontrent à angle droit et que l'on applique sur les angles saillans pour vérifier l'inclinaison de leurs faces. Les deux branches de l'équerre peuvent ne pas être à angle droit et même être mobiles autour d'une charnière comme les branches d'un compas. Cet instrument porte alors le nom de *fausse équerre* et sert à mesurer des angles de diverses ouvertures.

On donne le nom d'*équerre d'arpenteur* à un instrument employé dans les opérations d'arpentage et de levée de plan, et qui sert à tracer des perpendiculaires sur le terrain. Il se compose d'un petit prisme ou cylindre en bois ou en cuivre, monté sur un pied que l'on fiche en terre dans une position verticale, en un point de la ligne sur laquelle il s'agit d'élever des perpendiculaires. Ce petit prisme porte quatre fentes verticales qui se correspondent deux à deux, et sont situées dans deux plans parfaitement perpendiculaires entre eux. Si l'on tourne l'équerre de manière que la première paire de fentes coïncide avec une ligne déjà tracée et jalonnée sur le terrain, et que l'on vise à travers les deux autres, l'œil déterminera de chaque côté de cette ligne une ligne qui lui sera perpendiculaire. Pour plus de précision chaque fente du prisme porte ordinairement un fil de soie très délié ou un cheveu bien tendu verticalement qui la divise en deux parties égales. Ce sont alors de véritables pinules.

Les arpenteurs se servent aussi d'équerres en cuivre dont le cylindre est partagé en deux à la moitié de la hauteur, la portion d'en bas restant fixe et la portion supérieure pouvant tourner autour de son axe. Un cercle gradué permet de mesurer la quantité dont on fait tourner la partie supérieure, pour pouvoir diriger les pinules

alternativement sur la ligne et sur un point situé en dehors. L'é-
querre ainsi construite s'appelle *équerre divisée*, et permet de lever
tous les angles comme un graphomètre. Seulement, comme elle
n'est pas munie de lunettes et que la ligne droite déterminée par
les deux pinules à une faible longueur, il convient de ne pas s'en
servir pour de trop longues distances.

Les équerres d'arpenteur sont utilisées dans les tracés de chemins de fer pour déterminer la position des profils en travers qu'on
lève à droite et à gauche de la ligne d'opération.

ESCARBILLES. Particules de charbon mélangé de cendres, résultant d'une combustion incomplète de la houille ou du coke. Les
houilles les moins pures sont celles qui donnent la quantité d'escarbilles la plus considérable. Les matières terreuses mélangées avec
le carbone, rendent sa combustion de plus en plus difficile à mesure
que la proportion des premières devient plus considérable, et
finissent même par l'arrêter tout à fait si le tirage du foyer n'est
pas très actif.

Les escarbilles débarrassées des cendres par un triage grossier,
peuvent avec succès être replacées de nouveau dans un fourneau
garni de combustible frais : il est donc d'une bonne économie de ne
pas les rejeter comme complétement inutiles.

ESSIEU. Dans les voitures destinées aux routes ordinaires, l'essieu est une pièce droite en fer ou en fonte, affectant la forme ronde,
carrée ou elliptique et terminée à ses deux extrémités par deux parties, tournées en cône tronqué et nommées *fusées*. Ces fusées entrent dans le centre du moyeu des roues qui leur servent de
coussinets : le frottement est adouci au moyen de graisses, de plombagine ou d'huile. Pour que les roues soient maintenues verticalement, les fusées sont terminées à leurs extrémités par un pas de vis,
et un écrou taraudé, en sens inverse du mouvement en avant de la
voiture, maintient les roues dans leur position. Cette espèce d'essieu convient peu aux voitures destinées à circuler sur les chemins
de fer. D'abord les voitures étant exposées à aller aussi souvent en
arrière qu'en avant, l'écrou sortirait facilement de son pas de vis
et ne présenterait aucune sécurité. Aussi dans les voitures de chemins de fer dont les essieux sont fixes, on ménage à l'extrémité de la
fusée une encoche rectangulaire à travers laquelle passe un goujon
qui maintient les roues. Ce moyen lui-même ne peut guère être
employé que dans le cas de faible résistance; et l'on se sert, à
peu près exclusivement, de roues calées sur leurs essieux au moyen
d'une clavette nommée autrement *prisonnier*. Ces essieux sont ronds;

ils tournent dans des supports fixés au bâtis de la voiture et entretenus de graisse (Voyez Boîte a graisse).

Le fer est le métal exclusivement employé pour la fabrication des essieux des voitures des chemins de fer. La fonte est trop fragile et ne résisterait pas aux chocs résultant de la grande vitesse. La rupture d'un essieu est trop dangereuse et déjà trop difficile à éviter, même avec le meilleur fer, pour qu'on en augmente les chances par l'emploi d'un métal aussi peu résistant que la fonte.

Les essieux des voitures ordinaires étant fixes sont des *axes*; mais les essieux des voitures de chemins de fer étant mobiles avec les roues sont de véritables *arbres*.

Pour les essieux coudés des locomotives, *voyez* Coudé (essieu).

Établi. Forte table en bois, dont le dessus particulièrement appelé *table*, est d'une épaisseur plus forte que celle des tables ordinaires. L'établi sert aux ouvriers pour poser les objets qu'ils ont à travailler. Il est garni à cet effet d'étaux, de griffes et autres appareils compris sous la dénomination générale de *machines-outils*. Les bois employés pour la construction d'un établi sont le hêtre, le chêne, l'orme, le noyer, selon les professions auxquelles il est destiné : ils doivent dans tous les cas être bien nets, solides et homogènes.

Établissemens insalubres. On comprend sous ce nom certains établissemens industriels dont la constitution présente quelque danger, soit par les appareils qui y sont employés, soit par les matières qu'ils mettent en œuvre. Un décret du 16 octobre 1810 divise ces établissemens en trois classes, et soumet leur construction et leur exploitation à certaines règles.

La première classe comprend les établissemens qui doivent être éloignés des habitations particulières. Leur construction ne peut être autorisée que par une ordonnance royale rendue en Conseil d'État et contre-signé par le ministre du commerce. La demande en autorisation doit être adressée au préfet et affichée pendant un mois dans les communes situées à 5 kilomètres de rayon du lieu où doit être formé l'établissement.

La seconde classe comprend les établissemens dont l'éloignement des habitations n'est pas rigoureusement nécessaire, mais dont importe de s'assurer que les opérations ne seront pas gênantes ou nuisibles pour le voisinage. La demande en autorisation doit en être adressée au sous-préfet et soumise à la formalité de l'enquête. Leur construction est autorisée par un arrêté du préfet.

La troisième classe comprend les établissemens qui peuvent sans inconvénient rester au milieu des habitations, en se soumettant toutefois à la surveillance de la police. La demande en autorisation doit être adressée au sous-préfet auquel appartient le droit de statuer sur leur construction. La formalité de l'enquête n'est pas exigée pour ces établissemens.

La liste des établissemens insalubres est fort considérable et s'augmente chaque jour, à mesure que les arts manufacturiers font de nouveaux progrès. J'en extrais seulement ceux qui par leur destination se rapportent à l'objet de ce livre.

Première classe.

Affinage de métaux au fourneau à réverbère.

Carbonisation du bois à air libre dans des établissemens permanens, ailleurs que dans les forêts et en rase campagne.

Fabrication du coke à vases ouverts.

Fabrication et travail en grand des goudrons.

Fabrication d'huiles de lin, de pied de bœuf, de poisson, de térébenthine et d'aspic.

Carbonisation de la tourbe à vases ouverts.

Deuxième classe.

Fabriques d'acier.

Fabrication de charbon de bois en vases clos.

Magasins particuliers pour la vente du charbon de bois dans Paris.

Fabrication du coke en vases clos.

Fours à chaux permanens.

Fonte et laminage du cuivre.

Décrochage du cuivre par l'acide nitrique.

Fabrication et dépôts de gaz hydrogène pour l'éclairage.

Machines à vapeur à haute pression (au-dessus de deux atmosphères).

Fours à plâtre permanens.

Carbonisation de la tourbe en vases clos.

Laminage du zinc.

Troisième classe.

Dépôts de charbon de bois dans les villes.

Lieux destinés à leur vente à la petite mesure dans Paris.

Fours à chaux ne travaillant pas plus d'un mois par année.

Fabrication des feuilles d'étain.

Fabriques de fer-blanc.

Machines à vapeur à basse pression.

Fours à plâtre ne travaillant pas plus d'un mois par année.

ÉTAIN. Métal ressemblant au plomb, mais qui en diffère toutefois sous plusieurs rapports. Il est plus ductile que ce dernier et pèse beaucoup moins, car sa densité n'est que de 7,29, tandis que celle du plomb est de 11,35. Ce métal est peu élastique : lorsqu'on plie une lame ou une baguette d'étain, si on l'approche de son oreille on entend comme un bruit de déchirement intérieur d'une nature particulière et connu sous le nom de *cri de l'étain*. Cet indice sert à reconnaître sa pureté. Dans les machines à vapeur l'étain s'emploie quelquefois comme soudure; allié au cuivre, il donne le *bronze* et le *métal de cloches*.

ÉTANCHE. On dit qu'un vase est étanche lorsqu'il ne laisse échapper par aucune fente, ni joint, l'eau qu'il contient. Le plomb, le mastic de plomb, celui de fonte et le chanvre sont employés avec succès pour rendre les joints étanches. Lorsque de légères fuites se manifestent dans des générateurs en tôle ou en cuivre, on peut les étancher en faisant bouillir dans l'eau de la chaudière vingt à vingt-cinq litres de son gras auxquels on ajoute une petite quantité de chaux. Ce mélange forme un mastic qui se dépose dans les joint et les bouche, en sorte que l'écoulement de l'eau s'arrête. Lorsque les fuites ont été supprimées, on a soin de vider la chaudière et de la nettoyer pour enlever le dépôt de son et de chaux excédant, qui sans cela s'attacherait aux parois et ne tarderait pas à les faire brûler.

ÉTATS. Pièces dressées périodiquement et dans des formes déterminées, pour faire connaître la situation des travaux d'une entreprise, la quotité de ses recettes et dépenses lorsqu'elle est en cours d'exploitation, le personnel qui lui est attaché, etc.

ÉTAU. Machine-outil composée de deux mâchoires entre lesquelles se place la pièce que l'on veut buriner, limer ou percer. Ces deux mâchoires peuvent se rapprocher ou s'écarter au moyen d'une vis de serrage passant à travers un œil et généralement à filet carré : un ressort placé entre les deux branches des mâchoires facilite leur écartement. Cet appareil est fixé à l'établi dans une position invariable, au moyen d'une patte retenue par des vis à bois.

ÉTIAGE. État d'une rivière au moment des plus basses eaux. Ce mot vient d'*été* et signifie littéralement *eaux d'été*, parce qu'en effet c'est ordinairement pendant les chaleurs de l'été que les eaux sont les plus basses. Cependant le fait n'est pas toujours vrai pour tous les cours d'eau. Le moment de l'étiage peut coïncider avec le printemps ou avec l'automne. Ceci a lieu surtout pour les fleuves d'un cours assez étendu qui sont principalement alimentés par les fontes de neige. Ces fontes commençant sur une grande échelle lorsque la température est déjà fort radoucie, le lit du fleuve se remplit au moment précisément de la sécheresse des plaines.

La ligne d'étiage d'une rivière est ordinairement à un niveau à peu près invariable. Cependant elle peut être sérieusement affectée par le déboisement des montagnes où elle prend sa source, car l'humidité de l'atmosphère se ressent de la présence ou de l'absence des bois. Aussi a-t-on remarqué que, dans les lieux où des défrichemens inconsidérés ont privé le sol des forêts qui le recouvraient, le régime des rivières qui en descendent devient torrentiel, c'est-à-dire que, dans le cours de l'année, la hauteur des eaux y subit de fortes et fréquentes variations : les crues deviennent considérables et l'étiage descend au-dessous du niveau auquel on était habitué à le voir. Il n'est malheureusement pas une rivière en France sur laquelle on n'ait occasion d'observer chaque jour ces fâcheux changemens.

ÉTINCELLES. Les étincelles qui s'échappent de la cheminée d'une machine à vapeur, lorsque le tirage est très rapide, peuvent occasionner des incendies. On a peu à craindre ce danger dans les machines fixes, parce qu'il est toujours possible de donner à la cheminée une assez grande hauteur pour que les particules enflammées soient éteintes avant d'avoir atteint l'orifice supérieur; mais avec les bateaux à vapeur et les locomotives on ne s'en garantit pas toujours complétement. Lorsque les foyers sont alimentés avec du bois, comme cela arrive souvent en Amérique, les étincelles peuvent porter le feu sur les champs et les habitations situées le long du parcours, et elles sont dans tous les cas fort incommodes pour les voyageurs. Le coke donne moins d'étincelles que la houille et le bois : cependant on a jugé convenable, même dans les locomotives d'Europe qui ne consomment pas d'autre combustible, de terminer la cheminée par une espèce de chapeau en toile métallique ouvert seulement à sa partie supérieure et qui arrête les étincelles et escarbilles au passage. Ce chapeau a l'inconvénient de briser le courant d'air et de diminuer l'énergie du tirage : aussi plusieurs constructeurs ont-ils cru devoir le supprimer.

ÉTOUPES. Dans les machines à vapeur à basse pression où le piston n'a pas un mouvement très rapide, on se sert d'étoupe de chanvre ou de filasse pour en garnir le pourtour et obtenir une juxta-position parfaite avec le cylindre. Cette étoupe doit être graissée et tournée en forme de tresse : on la fait entrer dans le piston avec force, parce que le frottement ne tarde pas à lui donner du jeu et que si on n'en avait pas mis en excès à l'origine il s'établirait promptement des passages de vapeur d'un côté à l'autre du cylindre. Les pistons à étoupes ont l'inconvénient d'user beaucoup de graisse et de demander des remaniemens fréquens pour le remplacement de l'étoupe que la chaleur développée par le frottement brûle en peu de temps. Ils sont maintenant à peu près abandonnés au moins dans les grandes machines : on leur substitue des pistons entièrement métalliques. Le frottement de ceux-ci est beaucoup plus doux, ils absorbent moins de graisse et compensent amplement par leur durée l'accroissement de dépense première.

Les étoupes sont employées également pour la garniture des boîtes à travers lesquelles passent les tiges des diverses pièces du mécanisme d'une machine à vapeur. Ces boîtes s'appellent BOITES A ÉTOUPES (Voyez ce mot).

ÉTRIER. Bride métallique employée comme support pour tenir rapprochés deux objets, en suspendant l'un à l'autre.

ÉTUDES. Recherches auxquelles se livre un ingénieur chargé de la rédaction d'un projet de chemin de fer ou de machine à vapeur. Ces études ne doivent pas seulement embrasser les questions d'art proprement dites : aucune considération ne doit y rester étrangère. Car, pour bien juger la convenance et l'utilité d'un travail, il faut se rendre compte des besoins politiques et commerciaux auxquels il est appelé à satisfaire, aussi bien que des dépenses qu'il entraîne. Les avantages publics et particuliers qu'il est possible d'en retirer, forment un élément essentiel de la question, et peuvent avoir sur l'appréciation de la dépense, la plus grande influence. La science de l'économiste ne peut pas être séparée de celle de l'ingénieur. Les deux sciences se prêtent un mutuel secours et doivent peser également ment dans la balance.

EXCENTRICITÉ. Dans une ellipse, c'est la distance du foyer au centre. Lorsqu'une pièce de machine est animée d'un mouvement de rotation sur elle-même et que l'axe autour duquel elle tourne n'est pas placé à son centre, la position de son point de rotation partage en deux parties inégales le diamètre auquel il appartient : la différence de longueur entre ces deux parties est l'excentricité de la pièce. Il peut arriver aussi que la pièce ne soit pas circulaire et qu'elle tourne cependant autour de son centre ; son contour présente alors des parties plus éloignées du centre les unes que les autres. Dans ce cas on appelle excentricité la différence de longueur qui existe entre son plus grand et son plus petit rayon.

EXCENTRIQUE. Organe de machine qui sert à transformer un

15.

mouvement de rotation en un mouvement de va et vient. Le plus simple et le plus répandu de tous est un disque circulaire dont le point de rotation est situé dans l'intérieur de la circonférence, mais à une plus ou moins grande distance du centre. On a vu dans l'article précédent comment se mesure dans ce cas *l'excentricité*. Voici maintenant comment s'emploie cette pièce. On calle sur un arbre de machine le disque circulaire évidé, de manière que la position de son centre diffère du centre de l'arbre de la quantité voulue. La jante de ce disque est entourée d'un anneau ou collier libre dans lequel le disque peut tourner à frottement doux. A ce collier est fixée une barre, dont l'extrémité s'articule avec la tige à laquelle doit être communiqué le mouvement de va et vient. On conçoit que si l'arbre est animé d'un mouvement de rotation, le disque de l'excentrique tournant avec lui présentera alternativement du côté de la barre le côté le plus saillant et celui qui l'est le moins : au moyen du collier qui l'entoure et qui est obligé de l'accompagner dans ce mouvement il fera donc alternativement avancer et reculer la barre et par conséquent la tige avec laquelle elle est articulée. L'excentrique s'applique avec succès dans les transmissions de mouvement qui ont besoin d'être très régulières et n'exigent pas une grande force : il remplace alors avantageusement la manivelle. On l'emploie pour communiquer le mouvement de va et vient aux tiroirs à vapeur, notamment dans les locomotives. Dans ces dernières machines l'excentrique est callé sur l'arbre à manivelle : la barre se termine par un pied de biche qui vient s'enclancher avec un petit balancier, dont l'autre extrémité est articulée avec la tige du tiroir.

Outre l'excentrique circulaire, on emploie encore à divers usages des excentriques qui affectent d'autres formes. Le plus commun de tous est *l'excentrique en cœur* ou *courbe de Vaucanson*, dont le contour est celui d'un triangle sphérique et qui donne, pour une révolution, trois fois le maximum de la course, au passage des trois angles. Si le triangle est équilatéral et que le point de rotation soit au centre, les trois courses maxima sont égales entre elles. Mais si le triangle n'est pas équilatéral, ou si le point de rotation n'est pas au centre, les trois courses maxima sont inégales entre elles.

EXPERT, EXPERTISE. La loi veut que, dans certaines affaires, le tribunal, avant de rendre son jugement, ait recours à l'avis d'hommes spéciaux qui, après avoir examiné les pièces et les lieux contentieux, font un procès-verbal relatant l'objet de leur visite, leur examen et les dire des parties. Les affaires qui exigent l'intervention des experts sont celles relatives à l'enregistrement, au dessèchement des marais et aux expropriations. Dans ce cas, la décision des experts oblige les juges, qui doivent se conformer aux conclusions posées dans le rapport. Dans d'autres affaires, où l'examen de certains faits ou de certains objets rend utile l'intervention des experts, ceux-ci dressent un procès-verbal semblable au précédent; mais ce procès-verbal ne sert qu'à titre d'avis ou de renseignement, et ne lie en aucune façon le tribunal qui les a commis. Les experts sont nommés, soit à l'amiable par les parties, soit en vertu d'un jugement qui doit contenir l'énonciation claire et précise des différens chefs de mission, l'obligation ou la dispense du serment et le temps que doit durer l'opération. L'expertise est conférée soit à un seul, soit à trois experts qui relatent l'avis de la majorité. Généralement on ne nomme qu'un seul expert, à moins que l'affaire ne soit difficile ou qu'il s'agisse d'une licitation ou d'une estimation importante. Le serment n'est imposé que quand les parties l'exigent; elles peuvent dispenser les experts, du serment si elles le jugent à propos pour diminuer les frais ou les délais.

Les parties peuvent récuser les experts; mais quand ceux-ci sont nommés d'office, la récusation doit avoir lieu dans les trois jours de la nomination, et si la récusation n'est pas accueillie, comme ne reposant pas sur des motifs valables, l'expert récusé peut réclamer et obtenir des dommages-intérêts.

Le procès-verbal peut être ouvert en présence des parties, mais la portion qui contient l'avis doit être rédigée hors de la présence des plaideurs, parce qu'on doit le considérer comme une sorte de jugement. Quand le procès-verbal est clos, l'expert le dépose au greffe du tribunal par lequel il a été commis.

EXPLOITATION. Lorsqu'un chemin de fer est terminé dans toutes ses parties et que l'état de son matériel permet d'y organiser régulièrement le service des transports, on dit qu'il est en état d'exploitation. L'exploitation d'un chemin de fer d'une certaine longueur peut être ouverte sur les portions terminées, avant que la construction de la ligne tout entière ne soit achevée. C'est ce qui a lieu dans la plupart des cas.

L'exploitation d'une mine ou d'une carrière s'entend des travaux que l'on y fait pour en extraire les minerais et matériaux qu'elles recèlent.

On appelle chemins d'exploitation, ceux qui appartiennent à des particuliers et dont l'accès est généralement interdit au public. Ils sont construits dans le but spécial de desservir une mine, une carrière ou tout autre établissement industriel ou agricole.

J'ai dit ailleurs (*Voyez* Embranchement) que le gouvernement avait cru pouvoir autoriser par simple ordonnance royale des chemins de fer de moins de 20 kilomètres de longueur, bien qu'ils ne fussent pas des *embranchemens*. Ces lignes étaient des chemins de fer d'exploitation, non destinées au transport des voyageurs.

Expropriation. La charte a déclaré que toutes les propriétés étaient inviolables sans aucune exception: Cependant elle a admis que l'état pouvait exiger le sacrifice d'une propriété pour cause d'intérêt public légalement constaté, mais avec une indemnité préalable. C'est cette exception qui donne lieu à l'expropriation pour l'occupation des terrains et propriétés bâties, nécessaires à l'établissement d'un chemin de fer.

Les formes qui doivent accompagner cette expropriation sont définies par la loi du 3 mai 1841 dont je donne le texte ci-après. Cette loi, sauf quelques articles destinés à abréger les formalités préalables et à garantir l'état contre les prétentions exagérées de quelques propriétaires, n'est à fort peu de chose près que la reproduction de la loi rendue le 7 juillet 1833 dans le même but et qu'elle a remplacée.

Des ordonnances royales rendues en exécution de la loi du 7 juillet 1833 ont réglé les formalités qui doivent précéder l'acte de déclaration d'utilité publique en vertu duquel peut s'opérer une expropriation. Parmi elles je citerai en première ligne celle du 18 février 1834 dont j'ai fait connaître l'esprit et les principaux termes au mot Enquête. Ces ordonnances tout à fait conformes à l'esprit de la loi du 3 mai 1841, continuent à être en vigueur.

Voici le texte de la loi du 3 mai 1841.

Titre Iᵉʳ. *Dispositions préliminaires.*

Article 1ᵉʳ. L'expropriation pour cause d'utilité publique s'opère par autorité de justice.

Art. 2. Les tribunaux ne peuvent prononcer l'expropriation qu'autant que l'utilité en a été constatée et déclarée dans les formes prescrites par la présente loi.

Ces formes consistent :

1° Dans la loi ou l'ordonnance royale qui autorise l'exécution des travaux pour lesquels l'expropriation est requise ;

2° Dans l'acte du préfet qui désigne les localités ou territoires sur lesquels les travaux doivent avoir lieu, lorsque cette désignation ne résulte pas de la loi ou de l'ordonnance royale ;

3° Dans l'arrêté ultérieur par lequel le préfet détermine les propriétés particulières auxquelles l'expropriation est applicable.

Cette application ne peut être faite à aucune propriété particulière qu'après que les parties intéressées ont été mises en état d'y fournir leurs contredits, selon les règles exprimées au titre ii.

Art. 3. Tous grands travaux publics, routes royales, canaux, chemins de fer, canalisation des rivières, bassins et docks, entrepris par l'État, les départemens, les communes, ou par compagnies particulières, avec ou sans péage, avec ou sans subside du trésor, avec ou sans aliénation du domaine public, ne pourront être exécutés qu'en vertu d'une loi, qui ne sera rendue qu'après une enquête administrative.

Une ordonnance royale suffira pour autoriser l'exécution des routes départementales, celles des canaux et chemins de fer d'embranchement de moins de vingt mille mètres de longueur, des ponts et de tous autres travaux de moindre importance.

Cette ordonnance devra également être précédée d'une enquête.

Ces enquêtes auront lieu dans les formes déterminées par un règlement d'administration publique.

Titre ii. *Des Mesures d'administration relatives à l'Expropriation.*

Art. 4. Les ingénieurs ou autres gens de l'art chargés de l'exécution des travaux lèvent, pour la partie qui s'étend sur chaque commune, le plan parcellaire des terrains ou des édifices dont la cession leur paraît nécessaire.

Art. 5. Le plan desdites propriétés particulières, indicatif des noms de chaque propriétaire, tels qu'ils sont inscrits sur la matrice des rôles, reste déposé, pendant huit jours, à la mairie de la commune où les propriétés sont situées, afin que chacun puisse en prendre connaissance.

Art. 6. Le délai fixé à l'article précédent ne court qu'à dater de l'avertissement, qui est donné collectivement aux parties intéressées, de prendre communication du plan déposé à la mairie.

Cet avertissement est publié à son de trompe ou de caisse dans la commune, et affiché tant à la principale porte de l'église du lieu qu'à celle de la maison commune.

Il est en outre inséré dans l'un des journaux publiés dans l'arrondissement, ou, s'il n'en existe aucun, dans l'un des journaux du département.

Art. 7. Le maire certifie ces publications et affiches ; il mentionne sur un procès-verbal qu'il ouvre à cet effet, et que les parties qui comparaissent sont requises de signer, les déclarations et réclamations qui lui ont été faites verbalement, et y annexe celles qui lui sont transmises par écrit.

Art. 8. A l'expiration du délai de huitaine prescrit par l'article 5, une commission se réunit au chef-lieu de la sous-préfecture.

Cette commission, présidée par le sous-préfet de l'arrondissement, sera composée de quatre membres du conseil général du département ou du conseil de l'arrondissement désignés par le préfet, du maire de la commune où les propriétés sont situées, et de l'un des ingénieurs chargés de l'exécution des travaux.

La commission ne peut délibérer valablement qu'autant que cinq de ses membres au moins sont présens.

Dans le cas où le nombre des membres présens serait de six, et où il y aurait partage d'opinions, la voix du président sera prépondérante.

Les propriétaires qu'il s'agit d'exproprier ne peuvent être appelés à faire partie de la commission.

Art. 9. La commission reçoit, pendant huit jours, les observations des propriétaires.

Elle les appelle toutes les fois qu'elle le juge convenable. Elle donne son avis.

Ses opérations doivent être terminées dans le délai de dix jours, après quoi le procès-verbal est adressé immédiatement par le sous-préfet au préfet.

Dans le cas où lesdites opérations n'auraient pas été mises à fin dans le délai ci-dessus, le sous-préfet devra, dans les trois jours, transmettre au préfet son procès-verbal et les documens recueillis.

Art. 10. Si la commission propose quelque changement au tracé indiqué par les ingénieurs, le sous-préfet devra, dans la forme indiquée par l'article 6, en donner immédiatement avis aux propriétaires que ces changemens pourront intéresser. Pendant huitaine, à dater de cet avertissement, le procès-verbal et les pièces resteront déposés à la sous-préfecture ; les parties intéressées pourront en prendre communication sans déplacement et sans frais, et fournir leurs observations écrites.

Dans les trois jours suivans, le sous-préfet transmettra toutes les pièces à la préfecture.

Art. 11. Sur le vu du procès-verbal et des documens y annexés, le préfet détermine, par un arrêté motivé, les propriétés qui doivent être cédées, et indique l'époque à laquelle il sera nécessaire d'en prendre possession. Toutefois, dans le cas où il résulterait de l'avis de la commission qu'il y aurait lieu de modifier le tracé des travaux ordonnés, le préfet surseoira jusqu'à ce qu'il ait été prononcé par l'administration supérieure.

L'administration supérieure pourra, suivant les circonstances, ou statuer définitivement, ou ordonner qu'il soit procédé de nouveau à tout ou partie des formalités prescrites par les articles précédens.

Art. 12. Les dispositions des articles 8, 9 et 10 ne sont point applicables au cas où l'expropriation serait demandée par une commune, et dans un intérêt purement communal, non plus qu'aux travaux d'ouverture ou de redressement des chemins vicinaux.

Dans ce cas, le procès-verbal prescrit par l'article 7 est transmis, avec l'avis du conseil municipal, par le maire au sous-préfet, qui l'adressera au préfet avec ses observations.

Le préfet, en conseil de préfecture, sur le vu de ce procès-verbal, et sauf l'approbation de l'administration supérieure, prononcera comme il est dit en l'article précédent.

Titre III. — *De l'Expropriation et de ses suites, quant aux priviléges, hypothèques et autres droits réels.*

Art. 13. Si des biens de mineurs, d'interdits, d'absens, ou autres incapables, sont compris dans les plans déposés en vertu de l'article 7, ou dans les modifications admises par l'administration supérieure, aux termes de l'article 11 de la présente loi, les tuteurs, ceux qui ont été envoyés en possession provisoire, et tous représentans des incapables, peuvent, après autorisation du tribunal donnée sur simple requète, en la chambre du conseil, le ministère public entendu, consentir amiablement à l'aliénation desdits biens.

Le tribunal ordonne les mesures de conservation ou de remploi qu'il juge nécessaires.

. Ces dispositions sont applicables aux immeubles dotaux et aux majorats.

Les préfets pourront, dans le même cas, aliéner les biens des départemens, s'ils y sont autorisés par délibération du conseil général ; les maires ou administrateurs pourront aliéner les biens des communes ou établissemens publics, s'ils y sont autorisés par délibération du conseil municipal ou du conseil d'administration, approuvée par le préfet en conseil de préfecture.

Le ministre des finances peut consentir à l'aliénation des biens de l'Etat, ou de ceux qui font partie de la dotation de la couronne, sur la proposition de l'intendant de la liste civile.

A défaut de conventions amiables, soit avec les propriétaires des terrains ou bâtimens dont la cession est reconnue nécessaire, soit avec ceux qui les représentent, le préfet transmet au procureur du roi dans le ressort duquel les biens sont situés la loi ou l'ordonnance qui autorise l'exécution des travaux, et l'arrêté mentionné en l'article 11.

ART. 14. Dans les trois jours, et sur la production des pièces constatant que les formalités prescrites par l'article 2 du titre 1er, et par le titre II de la présente loi, ont été remplies, le procureur du roi requiert et le tribunal prononce l'expropriation pour cause d'utilité publique des terrains ou bâtimens indiqués dans l'arrêté du préfet.

Si, dans l'année de l'arrêté du préfet, l'administration n'a pas poursuivi l'expropriation, tout propriétaire dont les terrains sont compris audit arrêté peut présenter requête au tribunal. Cette requête, sera communiquée par le procureur du roi au préfet, qui devra, dans le plus bref délai, envoyer les pièces, et le tribunal statuera dans les trois jours.

Le même jugement commet un des membres du tribunal pour remplir les fonctions attribuées par le titre IV, chapitre 2, au magistrat directeur du jury chargé de fixer l'indemnité, et désigne un autre membre pour le remplacer au besoin.

En cas d'absence ou d'empêchement de ces deux magistrats, il sera pourvu à leur remplacement par une ordonnance sur requête du président du tribunal civil.

Dans le cas où les propriétaires à exproprier consentiraient à la cession, mais où il n'y aurait point accord sur le prix, le tribunal donnera acte du consentement, et désignera le magistrat directeur du jury, sans qu'il soit besoin de rendre le jugement d'expropriation, ni de s'assurer que les formalités prescrites par le titre II ont été remplies.

ART. 15. Le jugement est publié et affiché, par extrait, dans la commune de la situation des biens, de la manière indiquée en l'article 6. Il est en outre inséré dans l'un des journaux publiés dans l'arrondissement, ou, s'il n'en existe aucun, dans l'un de ceux du département.

Cet extrait, contenant les noms des propriétaires, les motifs et le dispositif du jugement, leur est notifié au domicile qu'ils auront élu dans l'arrondissement de la situation des biens, par une déclaration faite à la mairie de la commune où les biens sont situés ; et, dans le cas où cette élection de domicile n'aurait pas eu lieu, la notification de l'extrait sera faite en double copie au maire et au fermier, locataire, gardien ou régisseur de la propriété.

Toutes les autres notifications prescrites par la présente loi seront faites dans la forme ci-dessus indiquée.

ART. 16. Le jugement sera, immédiatement après l'accomplissement des formalités prescrites par l'article 45 de la présente loi, transcrit au bureau de la conservation des hypothèques de l'arrondissement, conformément à l'article 2181 du Code civil.

ART. 17. Dans la quinzaine de la transcription, les priviléges et les hypothèques conventionnelles, judiciaires ou légales, seront inscrits.

A défaut d'inscription dans ce délai, l'immeuble exproprié sera affranchi de tous priviléges et hypothèques de quelque nature qu'ils soient, sans préjudice des droits des femmes, mineurs et interdits, sur le montant de l'indemnité, tant qu'elle n'a pas été payée ou que l'ordre n'a pas été réglé définitivement entre les créanciers.

Les créanciers inscrits n'auront, dans aucun cas, la faculté de surenchérir, mais ils pourront exiger que l'indemnité soit fixée conformément au titre IV.

ART. 18. Les actions en résolution, en revendication, et toutes autres actions réelles, ne pourront arrêter l'expropriation ni en empêcher l'effet. Le droit des réclamans sera transporté sur le prix, et l'immeuble en demeurera affranchi.

ART. 19. Les règles posées dans le premier paragraphe de l'article 45 et dans les articles 46, 47 et 18, sont applicables dans le cas de conventions amiables passées entre l'administration et les propriétaires.

Cependant l'administration peut, sauf les droits des tiers, et sans accomplir les formalités ci-dessus tracées, payer le prix des acquisitions dont la valeur ne s'élèverait pas au-dessus de cinq cents francs.

Le défaut d'accomplissement des formalités de la purge des hypothèques n'empêche pas l'expropriation d'avoir son cours ; sauf pour les parties intéressées, à faire valoir leurs droits ultérieurement, dans les formes déterminées par le titre IV de la présente loi.

ART. 20. Le jugement ne pourra être attaqué que par la voie du recours en cassation, et seulement pour incompétence, excès de pouvoir ou vices de forme du jugement.

Le pourvoi aura lieu, au plus tard, dans les trois jours, à dater de la notification du jugement, par déclaration au greffe du tribunal. Il sera notifié dans la huitaine, soit à la partie, au domicile indiqué par l'article 15, soit au préfet ou au maire, suivant la nature des travaux ; le tout à peine de déchéance.

Dans la quinzaine de la notification du pourvoi, les pièces seront adressées à la chambre civile de la cour de cassation, qui statuera dans le mois suivant.

L'arrêt, s'il est rendu par défaut, à l'expiration de ce délai, ne sera pas susceptible d'opposition.

TITRE IV. *Du Réglement des Indemnités.*

CHAPITRE Ier. *Mesures préparatoires.*

ART. 21. Dans la huitaine qui suit la notification prescrite par l'article 15, le propriétaire est tenu d'appeler et de faire connaître à l'administration les fermiers, locataires, ceux qui ont des droits d'usufruit, d'habitation ou d'usage, tels qu'ils sont réglés par le Code civil, et ceux qui peuvent réclamer des servitudes résultant des titres mêmes du propriétaire ou d'autres actes dans lesquels il serait intervenu ; sinon il restera seul chargé envers eux des indemnités que ces derniers pourront réclamer.

Les autres intéressés seront en demeure de faire valoir leurs droits par l'avertissement énoncé en l'article 6, et tenus de se faire connaître à l'administration dans le même délai de huitaine, à défaut de quoi ils seront déchus de tous droits à l'indemnité.

ART. 22. Les dispositions de la présente loi relatives aux propriétaires et à leurs créanciers sont applicables à l'usufruitier et à ses créanciers.

ART. 23. L'administration notifie aux propriétaires et à tous autres intéressés qui auront été désignés ou qui seront intervenus dans le délai fixé par l'article 21, les sommes qu'elle offre pour indemnités.

Ces offres sont, en outre, affichées et publiées conformément à l'article 6 de la présente loi.

ART. 24. Dans la quinzaine suivante, les propriétaires et autres intéressés sont tenus de déclarer leur acceptation, ou, s'ils n'acceptent pas les offres qui leur sont faites, d'indiquer le montant de leurs prétentions.

ART. 25. Les femmes mariées sous le régime dotal, assistées de leurs maris, les tuteurs, ceux qui ont été envoyés en possession provisoire des biens d'un absent, et autres personnes qui représen-

tent les incapables, peuvent valablement accepter les offres énon-
cées en l'article 23, s'ils y sont autorisés dans les formes prescrites
par l'article 13.

Art. 26. Le ministre des finances, les préfets, maires ou administrateurs, peuvent accepter les offres d'indemnité pour expropriation des biens appartenant à l'Etat, à la Couronne, aux départemens, communes ou établissemens publics, dans les formes et
avec les autorisations prescrites par l'article 13.

Art. 27. Le délai de quinzaine, fixé par l'article 24, sera d'un
mois dans les cas prévus par les articles 25 et 26.

Art. 28. Si les offres de l'administration ne sont pas acceptées
dans les délais prescrits par les articles 24 et 27, l'administration
citera devant le jury, qui sera convoqué à cet effet, les propriétaires et tous autres intéressés qui auront été désignés, ou qui
seront intervenus, pour qu'il soit procédé au réglement des indemnités de la manière indiquée au chapitre suivant. La citation contiendra l'énonciation des offres qui auront été refusées.

Chapitre II. Du Jury spécial chargé de régler les Indemnités.

Art. 29. Dans sa session annuelle, le conseil général du département désigne, pour chaque arrondissement de sous-préfecture, tant
sur la liste des électeurs que sur la seconde partie de la liste du
jury, trente-six personnes au moins, et soixante et douze au plus,
qui ont leur domicile réel dans l'arrondissement, parmi lesquelles
sont choisis, jusqu'à la session suivante ordinaire du conseil général,
les membres du jury spécial appelés, le cas échéant, à régler les indemnités dues par suite d'expropriation pour cause d'utilité publique.

Le nombre des jurés désignés pour le département de la Seine
sera de six cents.

Art. 30. Toutes les fois qu'il y a lieu de recourir à un jury spécial, la première chambre de la cour royale, dans les départemens
qui sont le siége d'une cour royale, et, dans les autres départemens,
la première chambre du tribunal du chef-lieu judiciaire, choisit en
la chambre du conseil, sur la liste dressée en vertu de l'article précédent pour l'arrondissement dans lequel ont lieu les expropriations,
seize personnes qui formeront le jury spécial chargé de fixer définitivement le montant de l'indemnité, et, en outre, quatre jurés
supplémentaires; pendant les vacances, ce choix est déféré à la
chambre de la cour ou du tribunal chargée du service des vacations.

En cas d'abstention ou de récusation des membres du tribunal, le choix du jury est déféré à la cour royale.

Ne peuvent être choisis,

1° Les propriétaires, fermiers, locataires des terrains et bâtimens désignés en l'arrêté du préfet pris en vertu de l'article 11, et qui restent à acquérir :

2° Les créanciers ayant inscription sur lesdits immeubles ;

3° Tous autres intéressés désignés ou intervenant en vertu des articles 21 et 22.

Les septuagénaires seront dispensés, s'ils le requièrent, des fonctions de juré.

Art. 31. La liste des seize jurés et des quatre jurés supplémentaires est transmise par le préfet au sous-préfet, qui, après s'être concerté avec le magistrat directeur du jury, convoque les jurés et les parties, en leur indiquant, au moins huit jours à l'avance, le lieu et le jour de la réunion. La notification aux parties leur fait connaître les noms des jurés.

Art. 32. Tout juré qui, sans motifs légitimes, manque à l'une des séances ou refuse de prendre part à la délibération, encourt une amende de cent francs au moins et de trois cents francs au plus.

L'amende est prononcée par le magistrat directeur du jury.

Il statue en dernier ressort sur l'opposition qui serait formée par le juré condamné.

Il prononce également sur les causes d'empêchement que les jurés proposent, ainsi que sur les exclusions ou incompatibilités dont les causes ne seraient survenues ou n'auraient été connues que postérieurement à la désignation faite en vertu de l'article 30.

Art. 33. Ceux des jurés qui se trouvent rayés de la liste par suite des empêchemens, exclusions ou incompatibilité prévus à l'article précédent, sont immédiatement remplacés par les jurés supplémentaires, que le magistrat directeur du jury appelle dans l'ordre de leur inscription.

En cas d'insuffisance, le magistrat directeur du jury choisit, sur la liste dressée en vertu de l'article 29, les personnes nécessaires pour compléter le nombre des seize jurés. .

Art. 34. Le magistrat directeur du jury est assisté, auprès du jury spécial, du greffier ou commis-greffier du tribunal, qui appelle successivement les causes sur lesquelles le jury doit statuer, et tient procès-verbal des opérations.

Lors de l'appel, l'administration a le droit d'exercer deux récusations péremptoires ; la partie adverse a le même droit.

Dans le cas où plusieurs intéressés figurent dans la même affaire, ils s'entendent pour l'exercice du droit de récusation, sinon le sort désigne ceux qui doivent en user.

Si le droit de récusation n'est point exercé, ou s'il ne l'est que partiellement, le magistrat directeur du jury procède à la réduction des jurés au nombre de douze, en retranchant les derniers noms inscrits sur la liste.

Art. 35. Le jury spécial n'est constitué que lorsque les douze jurés sont présens.

Les jurés ne peuvent délibérer valablement qu'au nombre de neuf au moins.

Art. 36. Lorsque le jury est constitué, chaque juré prête serment de remplir ses fonctions avec impartialité.

Art. 37. Le magistrat directeur met sous les yeux du jury,

1° Le tableau des offres et demandes notifiées en exécution des articles 23 et 24 ;

2° Les plans parcellaires et les titres ou autres documens produits par les parties à l'appui de leurs offres et demandes.

Les parties ou leurs fondés de pouvoir peuvent présenter sommairement leurs observations.

Le jury pourra entendre toutes les personnes qu'il croira pouvoir l'éclairer,

Il pourra également se transporter sur les lieux, ou déléguer à cet effet un ou plusieurs de ses membres.

La discussion est publique ; elle peut être continuée à une autre séance.

Art. 38. La clôture de l'instruction est prononcée par le magistrat directeur du jury.

Les jurés se retirent immédiatement dans leur chambre pour délibérer, sans désemparer, sous la présidence de l'un d'eux, qu'ils désignent à l'instant même.

La décision du jury fixe le montant de l'indemnité ; elle est prise à la majorité des voix.

En cas de partage, la voix du président du jury est prépondérante.

Art. 39. Le jury prononce des indemnités distinctes en faveur des parties qui les réclament à des titres différens, comme propriétaires, fermiers, locataires, usagers et autres intéressés dont il est parlé à l'article 24.

Dans le cas d'usufruit, une seule indemnité est fixée par le jury, eu égard à la valeur totale de l'immeuble ; le nu-propriétaire et l'usufruitier exercent leurs droits sur le montant de l'indemnité au lieu de l'exercer sur la chose.

L'usufruitier sera tenu de donner caution; les père et mère ayant l'usufruit légal des biens de leurs enfans en seront seuls dispensés.

Lorsqu'il y a litige sur le fond du droit ou sur la qualité des réclamans, et toutes les fois qu'il s'élève des difficultés étrangères à la fixation du montant de l'indemnité, le jury règle l'indemnité indépendamment de ces litiges et difficultés, sur lesquels les parties sont renvoyées à se pourvoir devant qui de droit.

L'indemnité allouée par le jury ne peut, en aucun cas, être inférieure aux offres de l'administration, ni supérieure à la demande de la partie intéressée.

Art. 40. Si l'indemnité réglée par le jury ne dépasse pas l'offre de l'administration, les parties qui l'auront refusée seront condamnées aux dépens.

Si l'indemnité est égale à la demande des parties, l'administration sera condamnée aux dépens.

Si l'indemnité est à la fois supérieure à l'offre de l'administration, et inférieure à la demande des parties, les dépens seront compensés de manière à être supportés par les parties et l'administration, dans les proportions de leur offre ou de leur demande avec la décision du jury.

Tout indemnitaire qui ne se trouvera pas dans le cas des articles 25 et 26 sera condamné aux dépens, quelle que soit l'estimation ultérieure du jury, s'il a omis de se conformer aux dispositions de l'article 24.

Art. 41. La décision du jury, signée des membres qui y ont concouru, est remise par le président au magistrat directeur, qui le déclare exécutoire, statue sur les dépens, et envoie l'administration en possession de la propriété, à la charge par elle de se conformer aux dispositions des articles 53, 54 et suivans.

Ce magistrat taxe les dépens, dont le tarif est déterminé par un réglement d'administration publique.

La taxe ne comprendra que les actes faits postérieurement à l'offre de l'administration; les frais des actes antérieurs demeurent, dans tous les cas, à la charge de l'administration.

Art. 42. La décision du jury et l'ordonnance du magistrat directeur ne peuvent être attaquées que par la voie du recours en cassation, et seulement pour violation du premier paragraphe de l'article 30, de l'article 34, des deuxième et quatrième paragraphes de l'article 34, et des articles 35, 36, 37, 38, 39 et 40.

Le délai sera de quinze jours pour ce recours, qui sera d'ailleurs formé, notifié et jugé comme il est dit en l'article 20; il courra à partir du jour de la décision.

Art. 43. Lorsqu'une décision du jury aura été cassée, l'affaire sera renvoyée devant un nouveau jury, choisi dans le même arrondissement.

Néanmoins la cour de cassation pourra, suivant les circonstances, renvoyer l'appréciation de l'indemnité à un jury choisi dans un des arrondissemens voisins, quand même il appartiendrait à un autre département.

Il sera procédé, à cet effet, conformément à l'article 30.

Art. 44. Le jury ne connaît que des affaires dont il a été saisi au moment de sa convocation, et statue successivement et sans interruption sur chacune de ces affaires. Il ne peut se séparer qu'après avoir réglé toutes les indemnités dont la fixation lui a été ainsi déférée.

Art. 45. Les opérations commencées par un jury, et qui ne sont pas encore terminées au moment du renouvellement annuel de la liste générale mentionnée en l'article 29, sont continuées, jusqu'à conclusion définitive, par le même jury.

Art. 46. Après la clôture des opérations du jury, les minutes de ses décisions et les autres pièces qui se rattachent auxdites opérations sont déposées au greffe du tribunal civil de l'arrondissement.

Art. 47. Les noms des jurés qui auront fait le service d'une session ne pourront être portés sur le tableau dressé par le conseil général pour l'année suivante.

Chapitre III. *Des Règles à suivre pour la fixation des Indemnités.*

Art. 48. Le jury est juge de la sincérité des titres et de l'effet des actes qui seraient de nature à modifier l'évaluation de l'indemnité.

Art. 49. Dans le cas où l'administration contesterait au détenteur exproprié le droit à une indemnité, le jury, sans s'arrêter à la contestation, dont il renvoie le jugement devant qui de droit, fixe l'indemnité comme si elle était due, et le magistrat directeur du jury en ordonne la consignation, pour, ladite indemnité, rester déposée jusqu'à ce que les parties se soient entendues ou que le litige soit vidé.

Art. 50. Les bâtimens dont il est nécessaire d'acquérir une portion pour cause d'utilité publique seront achetés en entier, si les propriétaires le requièrent par une déclaration formelle adressée au magistrat directeur du jury, dans les délais énoncés aux articles 24 et 27.

Il en sera de même de toute parcelle de terrain qui, par suite du morcellement, se trouvera réduite au quart de la contenance totale, si toutefois le propriétaire ne possède aucun terrain immédiatement contigu, et si la parcelle ainsi réduite est inférieure à dix ares.

ART. 51. Si l'exécution des travaux doit procurer une augmentation de valeur immédiate et spéciale au restant de la propriété, cette augmentation sera prise en considération dans l'évaluation du montant de l'indemnité.

ART. 52. Les constructions, plantations et améliorations ne donneront lieu à aucune indemnité, lorsque, à raison de l'époque où elles auront été faites ou de toutes autres circonstances dont l'appréciation lui est abandonnée, le jury acquiert la conviction qu'elles ont été faites dans la vue d'obtenir une indemnité plus élevée.

TITRE V. *Du Paiement des Indemnités.*

ART. 53. Les indemnités réglées par le jury seront, préalablement à la prise de possession, acquittées entre les mains des ayant-droit.

S'ils se refusent à les recevoir, la prise de possession aura lieu après offres réelles et consignations.

S'il s'agit de travaux exécutés par l'État ou les départemens, les offres réelles pourront s'effectuer au moyen d'un mandat, égal au montant de l'indemnité réglée par le jury : ce mandat, délivré par l'ordonnateur compétent, visé par le payeur, sera payable sur la caisse publique qui s'y trouvera désignée.

Si les ayans-droit refusent de recevoir le mandat, la prise de possession aura lieu après consignation en espèces.

ART. 54. Il ne sera pas fait d'offres réelles toutes les fois qu'il existera des inscriptions sur l'immeuble exproprié, ou d'autres obstacles au versement des deniers entre les mains des ayans-droit; dans ce cas, il suffira que les sommes dues par l'administration soient consignées, pour être ultérieurement distribuées ou remises, selon les règles du droit commun.

ART. 55. Si, dans les six mois du jugement d'expropriation, l'administration ne poursuit pas la fixation de l'indemnité, les parties pourront exiger qu'il soit procédé à ladite fixation.

Quand l'indemnité aura été réglée, si elle n'est ni acquittée ni

consignée dans les six mois de la décision du jury, les intérêts
courront de plein droit à l'expiration de ce délai.

TITRE VI. *Dispositions diverses.*

ART. 56. Les contrats de vente, quittances et autres actes relatifs à l'acquisition des terrains, peuvent être passés dans la forme
des actes administratifs ; la minute restera déposée au secrétariat
de la préfecture : expédition en sera transmise à l'administration des
domaines.

ART. 57. Les significations et notifications mentionnées en la présente loi sont faites à la diligence du préfet du département de la
situation des biens.

Elles peuvent être faites tant par huissier que par tout agent de
l'administration dont les procès-verbaux font foi en justice.

ART. 58. Les plans, procès-verbaux, certificats, significations,
jugemens, contrats, quittances et autres actes faits en vertu de la
présente loi, seront visés pour timbre et enregistrés gratis, lorsqu'il
y aura lieu à la formalité de l'enregistrement.

Il ne sera perçu aucuns droits pour la transcription des actes au
bureau des hypothèques.

Les droits perçus sur les acquisitions amiables faites antérieure-
ment aux arrêtés de préfet seront restitués, lorsque, dans le délai
de deux ans, à partir de la perception, il sera justifié que les immeubles acquis sont compris dans ces arrêtés. La restitution des
droits ne pourra s'appliquer qu'à la portion des immeubles qui aura
été reconnue nécessaire à l'exécution des travaux.

ART. 59. Lorsqu'un propriétaire aura accepté les offres de l'administration, le montant de l'indemnité devra, s'il l'exige et s'il n'y
a pas eu contestation de la part des tiers dans les délais prescrits
par les articles 24 et 27, être versé à la caisse des dépôts et consignations, pour être remis ou distribué à qui de droit, selon les règles
du droit commun.

ART. 60. Si les terrains acquis pour des travaux d'utilité publique ne reçoivent pas cette destination, les anciens propriétaires ou
leurs ayans-droit peuvent en demander la remise.

Le prix des terrains rétrocédés est fixé à l'amiable, et, s'il n'y a
pas accord, par le jury, dans les formes ci-dessus prescrites. La
fixation par le jury ne peut, en aucun cas, excéder la somme
moyennant laquelle les terrains ont été acquis.

ART. 61. Un avis, publié de la manière indiquée en l'article 6,

fait connaître les terrains que l'administration est dans le cas de re-
vendre. Dans les trois mois de cette publication, les anciens propriétaires qui veulent réacquérir la propriété desdits terrains sont
tenus de le déclarer; et, dans le mois de la fixation du prix, soit
amiable, soit judiciaire, ils doivent passer le contrat de rachat et
payer le prix : le tout à peine de déchéance du privilége que leur
accorde l'article précédent.

ART. 62. Les dispositions des articles 60 et 61 ne sont pas applicables aux terrains qui auront été acquis sur la réquisition du
propriétaire, en vertu de l'article 50, et qui resteraient disponibles
après l'exécution des travaux.

ART. 63. Les concessionnaires des travaux publics exerceront
tous les droits conférés à l'administration, et seront soumis à toutes
les obligations qui lui sont imposées par la présente loi.

ART. 64. Les contributions de la portion d'immeuble qu'un propriétaire aura cédée, ou dont il aura été exproprié pour cause d'u-
tilité publique, continueront à lui être comptées pendant un an,
à partir de la remise de la propriété, pour former son cens élec-
toral.

TITRE VII. *Dispositions exceptionnelles.*

CHAPITRE Ier.

ART. 65. Lorsqu'il y aura urgence de prendre possession des
terrains non bâtis qui seront soumis à l'expropriation, l'urgence
sera spécialement déclarée par une ordonnance royale.

ART. 66. En ce cas, après le jugement d'expropriation, l'ordonnance qui déclare l'urgence et le jugement seront notifiés, conformément à l'article 45, aux propriétaires et aux détenteurs, avec
assignation devant le tribunal civil. L'assignation sera donnée à
trois jours au moins ; elle énoncera la somme offerte par l'administration.

ART. 67. Au jour fixé, le propriétaire et les détenteurs seront
tenus de déclarer la somme dont ils demandent la consignation
avant l'envoi en possession.

Faute par eux de comparaître, il sera procédé en leur absence.

ART. 68. Le tribunal fixe le montant de la somme à consigner.

Le tribunal peut se transporter sur les lieux, ou commettre un
juge pour visiter les terrains, recueillir tous les renseignemens
propres à en déterminer la valeur, et en dresser, s'il y a lieu, un
procès-verbal descriptif. Cette opération devra être terminée dans
les cinq jours, à dater du jugement qui l'aura ordonnée.

Dans les trois jours de la remise de ce procès-verbal au greffe, le tribunal déterminera la somme à consigner.

Art. 69. La consignation doit comprendre, outre le principal, la somme nécessaire pour assurer, pendant deux ans, le paiement des intérêts à cinq pour cent.

Art. 70. Sur le vu du procès-verbal de consignation, et sur une nouvelle assignation à deux jours de délai au moins, le président ordonne la prise de possession.

Art. 71. Le jugement du tribunal et l'ordonnance du président sont exécutoires sur minutes et ne peuvent être attaqués par opposition ni par appel.

Art. 72. Le président taxera les dépens, qui seront supportés par l'administration.

Art. 73. Après la prise de possession, il sera, à la poursuite de la partie la plus diligente, procédé à la fixation définitive de l'indemnité, en exécution du titre IV de la présente loi.

Art. 74. Si cette fixation est supérieure à la somme qui a été déterminée par le tribunal, le supplément doit être consigné dans la quinzaine de la notification de la décision du jury, et, à défaut, le propriétaire peut s'opposer à la continuation des travaux.

Chapitre II.

Art. 75. Les formalités prescrites par les titres I et II de la présente loi ne sont applicables ni aux travaux militaires ni aux travaux de la marine royale.

Pour ces travaux, une ordonnance royale détermine les terrains qui sont soumis à l'expropriation.

Art. 76. L'expropriation ou l'occupation temporaire, en cas d'urgence, des propriétés privées qui seront jugées nécessaires pour des travaux de fortification, continueront d'avoir lieu conformément aux dispositions prescrites par la loi du 30 mars 1831.

Toutefois, lorsque les propriétaires ou autres intéressés n'auront pas accepté les offres de l'administration, le réglement définitif des indemnités aura lieu conformément aux dispositions du titre IV ci-dessus.

Seront également applicables aux expropriations poursuivies en vertu de la loi du 30 mars 1831, les articles 16, 17, 18, 19 et 20, ainsi que le titre VI de la présente loi.

Titre VIII. — *Dispositions finales.*

Art. 17. Les lois des 8 mars 1810 et 7 juillet 1833 sont abrogées.

EXTRADOS. Surface extérieure d'une voûte. C'est celle qui reçoit la chape destinée à garantir la voûte de l'infiltration des eaux. Dans un pont l'extrados n'apparaît pas à l'extérieur : il est couvert par le tablier et par la maçonnerie de remplissage dont on charge les reins de la voûte, pour combler l'intervalle compris entre ses naissances et le tablier.

F

FAÎTE. Ligne culminante d'un édifice, telle que l'arête supérieure d'une toiture. Par analogie on a donné, dans le langage topographique, le nom de faîte à la ligne de partage des eaux qui descendent d'une montagne ou d'un plateau sur ses deux versans.

FARDIER. Grande voiture destinée à transporter des objets d'un poids et d'un volume considérables, qui ne peuvent être divisés, tels que de grands troncs d'arbres, ou de grosses pierres de taille. Les fardiers peuvent être à deux ou à quatre roues. Lorsqu'ils n'en ont que deux on les appelle aussi *Diables*.

FAUSSER. Lorsqu'une pièce métallique a été déformée par suite d'un choc ou d'une compression excessive, sans qu'il y ait une rupture, on dit qu'elle est *faussée*.

FENDERIE. Opération qui consiste à diviser des barres de fer carré pour les transformer en fer plat. Le fer ainsi préparé prend le nom de *fer de fenderie.*.

Cette opération est à peu près abandonnée aujourd'hui que le laminage est assez perfectionné pour produire directement des fers plats, sans les faire passer préalablement par l'état de fers carrés.

FENTE, FISSURE. Déchirement qui se manifeste dans les faces d'une maçonnerie, lorsqu'elle éprouve des tassemens inégaux. Si une fissure ne s'élargit pas de manière à former une véritable lézarde, elle est peu inquiétante.

Les variations de température et les mouvemens, auxquels est soumis le métal dont sont formées les chaudières des machines à vapeur, les rendent sujettes à se fendre. Si les fentes sont considérables il ne faut pas hésiter à arrêter le travail et à les réparer, car, outre les accidens auxquels elles exposent les ouvriers, leur premier inconvénient est de laisser perdre une certaine quantité d'eau qui se répand dans le foyer et consomme en pure perte du combustible. Si c'est un bouilleur qui est fendu et que la fente soit peu importante, il arrive souvent que la chaleur du foyer, dilatant le métal, en rapproche les bords et empêche la déperdition d'eau d'être sensible pendant le travail. Néanmoins il vaut mieux ne pas s'y fier, car on ne peut jamais affirmer que la fente soit assez petite pour ne laisser échapper aucune goutte d'eau dans le foyer. En effet, cette eau, au fur et à mesure qu'elle s'écoule, peut très bien se transformer en vapeur sans que l'on s'en aperçoive, et influer ainsi d'une manière fâcheuse sur la consommation du combustible. Quelquefois on se contente d'intercepter la communication entre le bouilleur brisé et la chaudière, en fermant ses tubulures avec du mastic ou avec une pierre qui n'éclate pas au feu et l'on travaille avec un bouilleur de moins. Je n'ai pas besoin de dire combien ce procédé a d'inconvéniens: il faut être bien pressé par les circonstances, pour se résoudre à l'employer. Outre la diminution qui en résulte pour la vaporisation effective de la chaudière, il n'est pas sans danger pour les ouvriers. D'ailleurs le bouilleur déjà avarié, soumis à une forte chaleur sans être rempli d'eau, achève de se brûler, et il devient impossible de le réparer.

FER. Métal d'un gris bleuâtre, d'une texture grenue, présentant dans sa cassure des pointes crochues, infusible si ce n'est à une température tellement élevée qu'elle est indifférente dans les arts. Sa densité est de 7,79. De tous les métaux employés en grand dans la construction des machines à vapeur et des chemins de fer, le fer est le plus léger, celui qui coute le moins cher: aussi est-ce celui dont l'emploi est le plus considérable.

Le fer ne se rencontre jamais pur à l'état naturel que dans les aérolithes. Il est toujours combiné et mélangé avec des matières étrangères dont il faut l'extraire pour l'obtenir pur. Les minerais de fer sont répandus en abondance dans toutes les parties du globe et se rencontrent dans toutes les formations géologiques, depuis les terrains de transition jusqu'à ceux d'alluvion. Les plus importans, parce qu'ils peuvent être exploités sur une grande échelle, et les seuls qui intéressent sérieusement l'industrie métallurgique, sont les minerais *oxigénés*, les minerais *silicés* et les minerais *carbonés*, ainsi nommés parce que la substance étrangère qui domine, parmi celles avec lesquelles le fer y est combiné, est l'oxigène, la silice ou le carbone.

Le traitement de ces minerais et leur conversion en fer, fonte et acier constituent l'art si important de la métallurgie du fer. J'ai indiqué au mot Affinage les principales méthodes employées dans la fabrication du fer proprement dit. Mais le plus ou moins d'habileté des fabricans, la nature variée des combustibles, des minerais et de leurs fondans, les diverses opérations que les fers subissent pour être amenés aux formes demandées par les consommateurs donnent des produits qui sont loin d'être identiques et qu'il faut savoir distinguer dans le commerce en raison des usages auxquels ils sont destinés. De là résultent pour les fers diverses méthodes de classement.

Premièrement, on les divise, en raison de leur dureté, en fers *forts*, fers *métis*, fers *tendres*, fers *rouverins* ou *de couleur* et fers *aigres*.

Les fers forts se subdivisent en fers *tenaces et durs*, et fers *tenaces et mous*. Les premiers sont particulièrement recherchés pour les pièces soumises à de grands frottemens, telles que les bandages des roues et les tourillons d'arbres de machines ; leur qualité s'annonce par un nerf d'un blanc très pur dans les petits échantillons et par un grain fin et serré dans les pièces d'un grand volume. Les fers tenaces et mous possèdent au plus haut degré la faculté d'être malléables et ductiles, c'est-à-dire de pouvoir se plier et s'étirer sans se rompre. Ils présentent, comme les premiers, un nerf blanc et pur, mais sans finesse.

Les fers métis jouissent des mêmes propriétés que les fers forts, mais à un moindre degré.

Les fers tendres présentent encore moins de dureté ; l'impureté de leur composition les rend susceptibles de peu de résistance. Leur couleur est légèrement bleuâtre et leur texture présente des facettes. Ils se traitent bien à chaud et se soudent facilement, mais ils sont cassans à froid. Leurs défauts proviennent de la présence d'une certaine quantité de phosphore ou de silice.

Les fers rouverins sont mous et assez tenaces ; ils sont d'une couleur foncée et sans éclat. Leur texture est fibreuse : ils se traitent assez bien à froid, mais se soudent difficilement et sont cassans à chaud. On ne les emploie guère que pour la fabrication des gros objets, tels que les rails et barreaux de grille. Ils contiennent du soufre ou du cuivre.

Les fers aigres sont les plus mauvais de tous et proviennent d'un affinage incomplet. Leur couleur est terne et foncée, leur cassure présente de gros grains à facettes ou bien un nerf court et grossier. Ils sont cassans à froid et à chaud.

Les défauts que peuvent présenter tous les fers proviennent, soit de la nature du minerai dont le traitement n'est pas toujours facile, soit d'un manque de soin dans l'affinage, soit enfin d'un défaut de chaleur pendant le soudage et l'étirage des pièces. A l'intérieur, ces défauts se manifestent par des grains durs parsemés dans la masse et qui arrêtent les outils quand on travaille le métal à froid ou qu'on le polit, et par de petits vides, appelés aussi *cendrures*, qui laissent des taches noires sur la surface du métal quand on le polit. A l'extérieur, ce sont des fentes sur les faces ou arêtes, appelées *criques*, ou des lamelles qui se détachent de la surface et que l'on appelle *pailles* ou *doublures*.

On a vu au mot AFFINAGE que les fers, au sortir des feux d'affineries ou des fours à puddler, pouvaient recevoir la forme marchande de deux manières, savoir : par l'action des marteaux ou martinets, et par celle des laminoirs. Il en résulte un nouveau mode de classemens des fers en deux espèces, le fer *martelé* et le fer *laminé*.

Les fers martelés portent aussi le nom de fers *marchands* et se divisent en trois classes. Les *gros* fers, les *moyens* fers et les *petits* fers. Chacune de ces classes se subdivise en *fers plats*, *bandages*, *maréchal* et *fers carrés*, excepté la dernière qui ne donne pas de bandages. Leurs dimensions suivant la classe à laquelle ils appartiennent sont :

Les fers *plats*
$$0,^m06 \text{ à } 0,^m15 \text{ sur } 0,^m040 \text{ à } 0,^m020.$$
$$0, 04 \text{ à } 0, 06 \quad -0, 008 \text{ à } 0, 012$$
$$0, 03 \text{ à } 0, 04 \quad -0, 007 \text{ à } 0, 009.$$

Les *bandages*
$$0, 06 \text{ à } 0, 08 \quad -0, 015 \text{ à } 0, 030.$$
$$0, 054 \text{ à } 0, 07 \quad -0, 010 \text{ à } 0, 045.$$

Le *maréchal*
$$0, 035 \text{ à } 0, 040 -0, 014 \text{ à } 0, 016.$$
$$0, 030 \text{ à } 0, 035 -0, 010 \text{ à } 0, 014.$$
$$0, 025 \text{ à } 0, 030 -0, 008 \text{ à } 0, 012.$$

Les fers *carrés*
$$0, 025 \text{ à } 0, 06.$$
$$0, 020 \text{ à } 0, 025.$$
$$0, 015 \text{ à } 0, 020.$$

Les fers laminés se divisent en fer n° 1, n° 2, n° 3, et n° 4. — Le fer n° 1 ou fer *dégrossi* est celui qui a été amené à l'état de barres au sortir des feux d'affinerie. Lorsqu'il provient de fontes fabriquées au bois, il est généralement d'une assez bonne qualité pour être directement transformé en fer n° 3 ; mais s'il a été fabriqué avec des fontes au coke, ou s'il est d'une qualité inférieure, on le transforme d'abord en fer n° 2 ou fer *ballé*. L'opération du ballage consiste en un réchauffage des barres de fer mises en paquet et un laminage. Le fer qui en sort a la même forme que le précédent ; mais il est d'une composition plus pure et d'une texture plus serrée. La fabrication du fer n° 3 se fait ordinairement par un mélange de fer n° 1 en fer n° 2 que l'on traite d'une manière analogue à la précédente. Les échantillons de ce groupe portent aussi le nom de *billettes* ou *bidons*. Enfin le fer n° 4 ou fer *fini* comprend les différens fers marchands, que l'on obtient par le réchauffage et le corroyage des produits des trois groupes précédens.

Au point de vue de la forme, les fers laminés se partagent en trois divisions correspondantes aux fers *carrés*, *ronds* et *méplats*.

Indépendamment de ces produits généraux, le fer laminé est encore livré au commerce sous certaines formes qui exigent, pour pouvoir être obtenues, des opérations spéciales, quoique faites en grand dans les usines à fer. Parmi ces formes on distingue, les fers de *fenderie* ou fers *feuillards*, les fers *ronds à guides* ou petits fers ronds de 4 à 9 millimètres de diamètre, la *tôle*, les *rails*, les *cornières* et fers à *rebords*, et enfin les fers *creux*.

FERME. Assemblage de pièces de bois ou de fer disposées en forme de comble ou de cintre, pour supporter la toiture d'un édifice ou le tablier d'un pont en charpente. Un pont se compose toujours de plusieurs fermes reliées entre elles par des entretoises qui vont de l'une à l'autre, pour résister à la poussée horizontale, car la ferme ne résiste que dans le sens vertical. L'espacement des fermes est calculé d'après la longueur de leur portée et le poids qui doit peser sur elles.

FERRONNERIE. Gros ouvrages en fer et en cuivre, autres que ceux de chaudronnerie, taillanderie, serrurerie et quincaillerie fine.

FEU (MACHINE ou POMPE A). Nom sous lequel on désigne souvent la machine à vapeur. Cette dénomination est exacte, puisque la production de la vapeur, qui met en mouvement la machine, est due à l'action du feu. Toutefois elle est moins rigoureuse que celle de *machine à vapeur*, puisqu'elle peut aussi bien s'appliquer à d'autres moteurs où le feu serait employé, par exemple, à développer les propriétés élastiques de l'air atmosphérique ou de tout autre gaz.

FEUILLARD (FER). On appelle ainsi le fer livré au commerce en bandes larges et plates, tel que celui qui est propre à faire les lames de scies ou les cercles dont sont garnies les jantes des roues de voiture.

FICHE. Petite tringle en fer que l'on enfonce en terre pour marquer les longueurs mesurées avec la chaîne d'arpenteur (*Voyez* CHAINAGE).

On appelle aussi fiche la quantité dont on enfonce dans le sol un pieu de fondation. Ainsi, quand on dit qu'un pieu a un mètre, deux mètres de fiche, cela signifie qu'il pénètre dans le sol à une profondeur d'un ou deux mètres.

FIL DE FER, DE CUIVRE, DE LAITON, etc. Les métaux ductiles passés à la filière peuvent être réduits à l'état de fils en conservant encore une assez grande ténacité pour être utilisés dans les arts. L'application la plus importante du fil de fer sur une grande échelle est celle des ponts suspendus. Dans les machines les fils métalliques sont employés comme ligatures. On en fait aussi des ressorts à boudin (*Voyez* BOUDIN).

FILET DE VIS. Saillie ronde, carrée ou triangulaire qui monte en forme d'hélice autour d'un cylindre. C'est elle qui constitue à proprement parler la vis qui sans cela ne serait qu'un clou ordinaire. L'écrou dans lequel s'engage une vis est taraudé intérieurement en forme de filet semblable à celui de la vis qu'il doit recevoir, le creux du filet de l'écrou correspondant au plein du filet de la vis. La saillie du filet doit être calculée en raison de la grosseur de la vis et de son *pas*. (*Voyez* PAS DE VIS.)

FILIÈRE. Machine qui sert à pratiquer sur une vis ou sur un boulon les filets de vis. C'est une forte tringle de fer rond, renflée à son centre d'une partie plate percée d'un trou carré, dans lequel se placent deux mâchoires ou coussinets d'acier taraudés à l'intérieur en filet de vis de la forme de ceux que doit avoir le boulon. Ces coussinets sont maintenus en place au moyen de joues rapportées du dehors : on y introduit le boulon contre lequel ils peuvent se serrer à volonté au moyen de vis. Le boulon est maintenu fixe dans une position verticale et son pas de vis est préparé d'avance au tour, jusqu'à la moitié de la profondeur qu'il doit avoir définitivement. Lorsque les coussinets ont été serrés contre le boulon, on fait tourner la filière depuis le bas jusqu'en haut, puis on redescend en serrant la vis et en huilant ; on remonte de même et ainsi de suite, jusqu'à ce que le filet soit achevé.

On appelle aussi filières des plaques de fer ou de fonte percées de trous à travers lesquels on fait passer les barres de fer rond que l'on veut ramener à l'état de fer à guides ou de fil de fer. Les fils de laiton et autres reçoivent également leur forme dans des filières de cette espèce.

FINAGE. Première opération de l'affinage à la houille : on la fait subir aux fontes au coke, lorsqu'elles sont chargées de matières siliceuses ou phosphorées (*Voyez* AFFINAGE).

FINISSAGE. *Voyez* AJUSTAGE.

FIN MÉTAL. Nom que prend la fonte lorsqu'elle est purifiée par la première des deux opérations qui constituent le *puddlage* ou affinage à la houille (*Voyez* AFFINAGE).

FLASQUES. Grandes parois latérales des bâtis de machines de fortes dimensions. On en voit un exemple dans la *Planche III* qui représente la vue de côté d'une machine des bateaux de 450 chevaux qui se construisent pour la marine royale. Ces flasques sont en fonte et découpées en ogive, forme qui réunit à la fois l'élégance et une grande solidité. Elles supportent les paliers des arbres des roues et sont reliées entre elles par des traverses en fer et en fonte. Les premières s'opposant à l'écartement et les autres au rapprochement, maintiennent le système dans une position invariable.

FLUVIATILE (BASSIN). Bassin hydrographique dont le réservoir commun est un fleuve ou une rivière (*Voyez* BASSIN).

FOISONNEMENT. Propriété commune à toutes les terres d'occuper, quand elles ont été remuées, un volume plus considérable que leur cube primitif. Dans les calculs de déblais et remblais, il faut toujours tenir compte de ce phénomène en raison de la nature des terres. Plus une terre est naturellement meuble ou légère, moins elle donne de foisonnement ; dans les terres fortes, au contraire, le foisonnement est considérable. On l'évalue à un dixième du cube primitif pour les terres légères, à un huitième pour les terres moyennes, et à un sixième pour les terres fortes. Le foisonnement disparaît en partie quand les terres sont tassées, soit artificiellement, soit naturellement par l'effet du temps.

FOND. Paroi inférieure d'un récipient. La forme la plus avantageuse que l'on puisse donner aux chaudières pour le chauffage de l'eau à réduire en vapeur est le fond plat. Malheureusement cette forme manque de solidité ; aussi est-elle rarement employée. On lui préfère les formes convexes ou concaves.

Le fond d'un cylindre à vapeur doit être solidement mastiqué et boulonné pour éviter toutes les fuites et s'opposer aux ruptures, dans le cas où le piston viendrait à le frapper, accident des plus graves parmi ceux auxquels sont exposées les machines, et qui provient toujours du relâchement ou de la rupture de quelque pièce principale de la communication de mouvement. Le fond du cylindre doit être muni d'un robinet que l'on ouvre à volonté pour faire écouler l'eau que la condensation de la vapeur peut y amasser.

FONDERIE. Opération qui a pour but de convertir les lingots de fontes de fer ou de cuivre en pièces brutes de machines. L'atelier dans lequel se fait cette opération porte aussi le nom de fonderie, et doit être accompagné d'un atelier de modeleurs où l'on exécute en bois les pièces telles qu'elles doivent être reproduites par le métal en fusion : ces modèles sont réunis dans un magasin.

La fonderie de fer, comme celle de cuivre, se fait de deux manières : en *sable d'étuve* ou en *sable vert*.

Le sable d'étuve est un sable argileux qui possède assez de consistance pour qu'étant séché il conserve la forme qu'on lui a donnée en l'appliquant contre les modèles, et qu'il se brise comme de la terre cuite. Après qu'il a été moulé on le laisse sécher toute une nuit et quelquefois même vingt-quatre heures. Ces moules sont montés sur des châssis qui assurent la solidarité de toutes leurs parties. La fonte se coule dans les moules au moyen de grandes cuillers.

La fonderie en sable vert ne diffère de la précédente qu'en ce que l'on coule dans ces moules lorsqu'ils sont encore frais et sans leur laisser le temps de sécher. Ce procédé accélère le travail et il est plus économique ; mais le peu de consistance des moules ne permet guère de l'appliquer qu'à des pièces de petites dimensions : il est d'ailleurs plus difficile que le moulage en sable d'étuve et exige des ouvriers très exercés.

La fonderie en sable se combine pour le fer avec un autre genre de fonderie appelé fonderie ou fonte *en coquille* (*Voyez* Coquille) pour les portions de la pièce qui doivent avoir une grande dureté. Dans les roues de wagons, par exemple, les rayons et le moyeu se fondent en sable vert, et la jante se fond en coquille.

Le sable, qui a servi à faire un moule et dans lequel on a coulé, est en gros fragmens durs et incapables de servir si on ne les soumet à une préparation. Cette préparation consiste à le broyer entre deux meules, dans une chambre appelée *moulin à sable*.

FONTE. Combinaison de fer et de carbone, ordinairement accompagnée de silice et de quelques autres matières étrangères contenues dans les minérais de fer dont on l'extrait, ou dans les fondans employés au traitement de ces minerais. Le nom de fonte lui a été donné pour la distinguer du fer qui est à peu près infusible, puisqu'il ne se liquéfie qu'à 130 ou 150 degrés du pyromètre de Wedgwood, tandis que la fonte entre en fusion à la température de 9 à 10 degrés de ce pyromètre (1 100 à 1 200 degrés du thermomètre centigrade). Les particules de carbone contenues dans la fonte s'y trouvent à l'état de simple mélange ou de *graphite*, et à l'état de combinaison chimique avec le fer. La quantité en est peu considérable et varie de 2 à 5 pour 0/0 de la masse. Dans l'état actuel de la fabrication du fer, la fonte est le résultat immédiat du travail des hauts-fourneaux dans lesquels on traite les minerais : c'est pourquoi on l'appelle aussi *fer cru*, parce qu'elle a besoin d'être recuite de nouveau pour se transformer en fer *ductile* (*Voyez* Affinage).

Les fontes n'ont pas toutes des qualités identiques, et ne sont pas indifféremment applicables à tous les usages auxquels elles peuvent être destinées. Comme les fers, elles admettent différens modes de classement. Premièrement, on peut les distinguer par leur apparence extérieure, et sous ce rapport elles se divisent en trois classes : la fonte *grise*, la fonte *blanche* et la fonte *truitée*.

La fonte grise doit sa couleur à une certaine quantité de carbone répandu dans la masse à l'état de graphite. Elle entre en liquéfaction de 1100 à 1200°, sa densité moyenne est de 7, 20. Elle présente trois variétés : la fonte *grise* proprement dite dont la texture est grenue et écailleuse ; la fonte *grise claire*, dont la cassure est homogène, compacte et à grains fins ; et la fonte *noire* moins homogène que les deux précédentes, plus tendre, plus fragile, dont les grains plus gros et moins serrés contiennent une grande quantité de parcelles de graphite.

La fonte blanche est plus dure, plus fragile que les précédentes ; elle raie le verre et résiste aux outils d'acier fondu le plus dur. Elle entre en liquéfaction de 1050 à 1100°. Sa densité moyenne est de 7,50. Sa cassure présente des cristaux assez volumineux en forme de pyramides quadrangulaires. Lorsqu'elle est parfaitement pure elle ne contient point de carbone à l'état de graphite. On en distingue quatre variétés : la fonte *blanche argentine*, la plus brillante, la plus pure de toutes appelée en Allemagne *floss lamelleux*, et qui présente une texture ordinairement lamelleuse, quelquefois grenue ; la fonte *esquilleuse* ou *striée* qui a une couleur d'un blanc mat ou bleuâtre accompagné de taches grises ; la fonte à *cassure compacte* ou *conchoïde*, qui affecte une couleur tirant sur le gris avec beaucoup d'éclat ; et la fonte *caverneuse*, qui se distingue à sa texture crochue, entremêlée de cavités, et à sa couleur bleuâtre.

La fonte truitée provient d'un mélange de fonte blanche et de fonte grise : elle prend le nom de fonte *truitée blanche* ou fonte *truitée grise*, suivant que l'une ou l'autre domine dans la cassure. Une variété de la fonte truitée est la fonte *rubannée* : elle se forme quelquefois à la sortie du haut-fourneau, lorsque la fonte blanche, qui est la plus lourde, s'écoule du creuset la première, et que la fonte grise vient s'unir à elle par une simple superposition.

On voit par ce qui précède que, depuis le blanc argentin jusqu'au noir, les fontes passent d'une classe à l'autre par degrés insensibles. La quantité absolue de carbone qu'elles contiennent n'est pas ce qui les distingue, elle est à peu près la même pour toutes ; seulement dans la plus blanche le carbone est tout entier à l'état de combinaison chimique avec le fer, et dans la plus noire les quatre cinquièmes quelquefois du carbone restent à l'état de simple mélange. Un fait qui paraîtra au premier aspect assez extraordinaire, c'est que, passé la température nécessaire pour la réduction des minerais de fer dans les hauts-fourneaux, un degré de chaleur plus élevé, au lieu de favoriser la combinaison chimique du carbone avec le fer, l'arrête et même la détruit en partie, en sorte que les fontes les plus noires sont celles qui proviennent des fourneaux dont l'allure est relativement la plus chaude. Cette propriété du carbone d'échapper aux combinaisons qui nécessitent une forte chaleur ne semblerait-elle pas indiquer, que, si l'homme doit parvenir un jour à fabriquer du diamant, ce n'est point par des températures excessivement élevées qu'il doit chercher à en découvrir le procédé?

Un second mode de classement divise les fontes en fontes de *forge* et fontes *de moulage*, suivant qu'elles sont plus ou moins propres à l'un ou l'autre usage. En thèse générale, et sauf les matières étrangères qu'elles peuvent recéler, les fontes truitées sont celles qui conviennent le mieux pour la forge, c'est-à-dire pour la fabrication du fer ductile. Quant aux fontes de moulage, leur qualité est indifférente, à moins qu'il ne s'agisse d'en obtenir des pièces destinées à être finies à la main ou à supporter de grands efforts. Dans ces deux cas la qualité préférable est la fonte grise, tant parce qu'elle se laisse plus facilement entamer par les outils, que parce qu'elle est moins fragile. En Angleterre, où la distinction se fait toujours dans les usines entre les fontes de moulage et les fontes de forge, on divise chacune d'elles en trois variétés portant les numéros 1, 2 et 3. La fonte de moulage n° 1 est la plus noire de toutes; le n° 2 l'est moins; le n° 3 de la fonte de moulage et le n° 1 de la fonte de forge se confondent à peu près et peuvent s'employer l'un pour l'autre; le n° 2 de la fonte de forge est de la fonte truitée, et le n° 3 est de la fonte blanche lamelleuse qui donne généralement de mauvais fer.

Enfin les fontes se classent en raison des combustibles qui ont servi à les extraire des minerais. Ces combustibles, comme on le sait, se divisent en deux grandes classes : le bois vert, desséché, torréfié ou carbonisé; et la houille réduite à l'état de coke ou même crue. Je ne parle pas de la tourbe et de l'anthracite, dont l'usage dans les hauts fourneaux est encore peu répandu. De là naissent deux grandes divisions : la fonte *au bois* et la fonte *au coke*. Celles-ci à leur tour se subdivisent en fontes *à l'air chaud* ou *à l'air froid*, selon que le vent qui alimente la combustion dans les hauts-fourneaux y arrive chauffé ou non. Je me contente d'indiquer ces variétés sans entrer dans des détails qui mèneraient le lecteur plus loin que ne le comporte l'objet de ce livre.

Avant de terminer je dois dire quelques mots sur les usages de la fonte dans les machines à vapeur et les chemins de fer. Ce métal (car il est permis de lui donner ce nom, quoiqu'il ne soit pas pur) s'oxide beaucoup moins facilement que le fer : il est peu élastique et résiste mal à des efforts de torsion ou de flexion, mais il résiste bien à l'écrasement. On l'emploie donc de préférence dans les pièces qui ne sont pas soumises à des mouvemens rapides ou à des chocs multipliés, et dans celles qui étant soumises à des efforts de ce genre n'ont pas besoin d'une grande légèreté. Il peut servir à faire de gros arbres de machines fixes, des poulies, des flasques et colonnes de bâtis, des entablemens, paliers et coussinets de chemins de fer, des cylindres à vapeur, etc., mais il est soigneusement rejeté dans la construction des petits arbres, essieux de voitures et locomotives, tiges de piston, etc. On l'emploie avec succès dans la fabrication des chaudières, bien que la plus grande épaisseur qu'on doive lui donner rende les chaudières en fonte plus chères que celles en tôle et moins faciles à se laisser traverser par la chaleur. Lorsqu'elles sont directement exposées au feu, les chaudières en fonte sont sujettes à éclater ; mais elles ne brûlent pas comme celles de tôle et durent plus longtemps, si l'on a soin de les nettoyer convenablement et de bien entretenir la maçonnerie du fourneau.

Forage. Opération d'ajustage qui a pour but de pratiquer un trou rond ou ovale dans une pièce de bois, de pierre ou de métal. Le forage des pièces de métal diffère de l'alésage en ce que le trou n'est pas préparé et se fait tout entier par cette opération. Il faut pour cela que le trou à percer n'ait pas plus de cinq centimètres de diamètre. L'instrument employé pour le forage s'appelle *machine à percer*. Il consiste en une plate-forme horizontale sur laquelle on pose la pièce dans laquelle on veut pratiquer le trou. Au-dessus de la plate-forme est un arbre vertical garni d'un *mèche* en acier à laquelle on imprime un mouvement de rotation, en même temps que l'on fait peu à peu descendre l'arbre vertical à mesure que la mèche mord dans la pièce.

Force. On entend par force ou puissance mécanique toute cause capable de mettre un corps en mouvement. L'intensité d'une force se mesure par la vitesse du mouvement qu'elle imprime à un corps d'une masse déterminée. La vitesse et la masse du corps sont deux quantités qui se tiennent essentiellement dans cette circonstance, et il n'est pas permis de négliger l'une ou l'autre, quand on veut se faire une idée de la force qui agit sur un corps. Si, par exemple, on considère deux corps en mouvement dont les masses soient égales, c'est-à-dire qui soient égaux en poids, et que l'un marche deux fois aussi vite que l'autre, on dira que la force à laquelle est soumis celui qui marche le plus vite, est double de la force qui agit sur l'autre. Si au contraire les deux corps se mouvent avec la même vitesse, mais que la masse de l'un soit double de celle de l'autre, la force nécessaire pour imprimer le mouvement au plus lourd sera double de celle qui imprime le même mouvement à l'autre. De là résulte ce principe si simple de mécanique : pour connaître la force agissant sur un corps, il faut multiplier sa masse par la vitesse dont il est animé, et le produit donnera l'effet total, c'est-à-dire la mesure de la force.

De même que toutes les autres quantités que l'on veut soumettre au calcul, les diverses forces qui existent dans la nature, ou que l'homme produit artificiellement, ne peuvent être comparées entre elles qu'autant qu'elles sont rapportées à une unité.

L'unité de force est celle qui imprime l'unité de vitesse à un corps dont la masse ou le poids est pris pour unité. Ainsi, par exemple, supposons que l'on prenne pour unité de vitesse celle qui fait parcourir à un corps une longueur d'un mètre par seconde, et pour unité de poids un kilogramme, l'unité de force sera celle qui fera avancer d'un mètre par seconde un corps pesant un kilogramme. Le choix de l'unité de force est arbitraire ; mais il faut toujours avoir soin de désigner clairement dans les discours celle dont on se sert. Je renvoie aux mots CHEVAL-VAPEUR, DYNAME, DYNAMIE et KILO-GRAMMÈTRE pour l'explication des différentes unités employées dans le calcul de l'effet des machines.

Bien que la conséquence de toute force soit de produire un mouvement, leur résultat apparent se traduit souvent par l'immobilité. Telle est la force connue sous le nom de *cohésion*, en vertu de laquelle les molécules constituantes d'un corps restent agrégées. Toutefois il ne faut pas se laisser tromper par cette apparence, car si le résultat de la cohésion est d'immobiliser les molécules d'un corps, c'est parce qu'elle fait équilibre à toutes les autres causes qui tendent à séparer ces molécules les unes des autres. L'immobilité est ici le résultat de l'équilibre de plusieurs forces qui se contre-balancent ; car si l'une d'elles, la cohésion par exemple, existait seule et sans contre-poids, les molécules se précipiteraient les unes vers les autres et chercheraient à se pénétrer avec d'autant plus de rapidité que la force de cohésion de ce corps serait plus considérable. Ainsi l'immobilité d'un corps peut tout aussi bien provenir de l'absence de forces qui le sollicitent, que de la présence de deux ou plusieurs forces dont les effets se contre-balancent. A la surface de la terre et en général dans l'univers, tel que la science le comprend aujourd'hui, il n'y a de repos en aucun point par absence de force; tous les corps de la nature sont doués d'une puissance d'attraction désignée sous le nom d'*attraction universelle*, et en vertu de laquelle ils s'attirent réciproquement en raison directe de leurs masses et en raison inverse du carré de la distance qui les sépare. L'attraction particulière à la terre s'appelle la *pesanteur*. C'est en vertu de cette force que tous les corps situés dans la sphère d'action de la planète sont poussés ou attirés en ligne droite vers son centre : il faut la présence d'autres forces pour modifier ce mouvement que tous tendent à prendre, ou les maintenir à l'état de repos.

Une force peut agir de deux manières bien distinctes. Ou bien elle agit une première fois et abandonne ensuite le corps à l'impulsion qu'elle lui a donnée : ou bien elle continue à agir sur lui constamment. J'ai indiqué au mot Accéléré (Mouvement) les conséquences qu'entraînent pour le mouvement ces deux modes d'action.

Les machines sont des instrumens destinés à transmettre les forces et à leur imprimer des directions convenables pour les usages industriels, mais elles ne créent point de force : bien loin de là, elles en consomment toujours une certaine quantité qui est absorbée par les frottemens et le poids de leurs diverses pièces au détriment de l'effet industriel. Aussi lorsqu'on évalue la force créée par un moteur, on trouve une grande différence avec celle qui reste disponible après les transformations de mouvement. La comparaison de ces deux quantités, ou recherche de l'Effet utile (*Voyez* ce mot), est indispensable quand on veut se rendre compte de la dépense et du produit d'un appareil mécanique et le comparer à d'autres.

Forfait. On appelle marchés à forfait les contrats en vertu desquels on s'oblige à fournir un travail pour un prix déterminé d'avance et qui, dans aucun cas, ne peut être dépassé. Une adjudication est un marché à forfait passé avec un entrepreneur. L'idée de forfait n'exclut nullement, comme quelques personnes semblent le croire, le droit de contrôle pendant l'exécution. C'est là un droit dont celui qui paie ne doit jamais se départir, surtout lorsqu'il est le gardien des deniers de l'Etat et que les constructions dont il s'agit, comme celle d'un chemin de fer, intéressent la sécurité publique.

Forge. Lieu où l'on travaille le fer. Cette expression s'entend de deux manières : 1° C'est l'usine dans laquelle se trouvent réunis tous les appareils propres à fabriquer le fer lui-même et à le mettre sous la forme marchande; 2° c'est l'atelier dans lequel le fer ou l'acier pris en barres dans le commerce sont convertis en pièces de machines ébauchées. Cette dernière espèce de forge, la seule dont je m'occuperai ici, porte aussi le nom de forge de *marechalerie* ou forge *à la main.* Elle se compose d'un foyer, d'un soufflet, d'une enclume, de marteaux et tenailles, et de divers outils accessoires sur lesquels je reviendrai tout-à-l'heure.

Le foyer, appelé feu de forge, consiste en une plate-forme en briques ou en fonte, légèrement creusée pour recevoir le combustible (ordinairement de la houille menue) et placée sous la hotte de la cheminée par laquelle s'échappent les gaz produits par la combustion. Cette hotte porte d'un côté sur un mur vertical en fonte ou en briques percé à sa partie inférieure d'un trou par lequel la tuyère du soufflet lance le vent dans le foyer. Le soufflet est mû à la main, à moins que plusieurs forges ne soient réunies dans un même atelier, auquel cas il est plus avantageux de leur appliquer un moteur mécanique. Les feux de forge sont alors accouplés deux à deux donnant dans la même cheminée.

Les tenailles servent à saisir les pièces de fer que l'on forge, et les marteaux à leur donner la forme convenable sur l'enclume après qu'elles ont été chauffées. Il y a deux espèces de marteaux : le petit, tenu par le maître du feu ou forgeron, et le gros qui est manié par le *frappeur;* il y a un ou plusieurs frappeurs selon la dimension des pièces que l'on forge. Lorsqu'elles sont trop considérables on se sert d'un martinet du poids de 200 à 250 kilogrammes mû par un moteur mécanique.

Les outils accessoires d'une forge sont : le *dégorgeoir* ou *chasse ronde* qui sert à faire des congés ou quarts de rond concaves; la *chasse carrée* qui sert à préparer une surface plane et à relier les congés avec ces faces; la *chasse à parer* qui sert à finir une surface plane, c'est-à-dire à faire disparaître les inégalités produites par les coups de marteaux ; la *tranche* qui sert à couper les pièces; l'*étampe* qui sert à les arrondir : son effet est inverse de celui du dégorgeoir ; et les *mandrins* qui servent à travailler intérieurement les pièces.

Une forge doit être en outre munie de gros et petits étaux : les gros servent à courber les pièces à chaud et les petits à les maintenir en position quand on veut leur donner le premier fini avant de les envoyer à l'atelier d'ajustage.

Pour les travaux de forge qui exigent un déplacement continuel, tel que le chauffage des pièces sur place, par exemple dans la pose des rails, on se sert de petites forges à la main appelées forges *volantes* ou forges de *campagne*, composées d'un foyer portatif avec son soufflet et d'une enclume légère.

Fossés. Les fossés qui bordent les chemins de fer ont pour but de faciliter l'asséchement de la chaussée en donnant l'écoulement aux eaux pluviales ou à celles des sources qu'on rencontre souvent dans les tranchées. Ils servent aussi à limiter la propriété du chemin de fer par rapport aux riverains. Ils doivent être établis sur le sol appartenant au chemin, et la surface nécessaire pour leur emplacement doit être acquise en même temps que celle de la chaussée proprement dite. Les talus des fossés se règlent d'après la stabilité des terrains dans lesquels ils sont pratiqués. Lorsque les terres sont trop coulantes ou faciles à enlever par les eaux, on les revêt d'un perré et quelquefois même d'une maçonnerie ordinaire.

Fourchette. Ce mot s'emploie comme synonyme de charnière, pour désigner le mode d'assemblage de deux pièces de machines qui peuvent prendre l'une par rapport un mouvement sans cesser d'être unies. Tels sont les assemblages des têtes de bielle avec les manivelles ou leviers qu'elles font tourner. Tantôt la fourchette est simple, et la tige qu'elle embrasse lui sert de tourillon. Tantôt elle est double et alors elle prend le nom de fourchette *femelle* : la pièce à laquelle elle doit communiquer le mouvement porte aussi une fourchette appelée fourchette *mâle*, qui s'introduit entre les deux branches de la fourchette femelle. Un fort goujon ou tourillon unit les deux pièces en passant dans le vide des fourchettes, et c'est elle qui sert d'axe de rotation au système.

On appelle aussi fourchette une simple bifurcation d'une tige qui s'assemble d'une manière fixe avec une autre au moyen d'une clavette ou d'une contre-clavette (*Voyez* CLAVETTE).

Une fourchette dont les deux branches restent ouvertes, sans être réunies par une clavette, se nomme *Pied de biche.*

Fourgon. Chariot destiné à porter exclusivement des marchandises et plus particulièrement les approvisionnemens nécessaires pendant un voyage. C'est pourquoi sur les chemins de fer on désigne quelquefois sous ce nom l'allège ou tender qui porte l'eau et le charbon destinés à l'alimentation de la locomotive (*Voyez* ALLÈGE).

Fourneau. Ensemble des pièces qui composent un appareil destiné à produire de la chaleur par la consommation d'un combustible. Je ne parlerai ici que des fourneaux propres à échauffer l'eau pour la réduire en vapeur. Les conditions auxquelles doit satisfaire un bon fourneau de machine sont : 1° de pouvoir brûler une quantité de combustible suffisante pour fournir à la machine plus de vapeur qu'elle n'en consomme habituellement ; 2° d'avoir un tirage assez vif pour brûler son combustible à une température très élevée et produire ainsi le plus grand effet possible ; 3° de brûler complétement le combustible sans donner de fumée, excepté dans les momens où on le charge : 4° d'être facile à réparer et à nettoyer ; 5° d'avoir des parois assez épaisses pour ne perdre que peu de chaleur ; 6° d'être muni de moyens faciles pour régler le tirage et la quantité de combustible à brûler ; 7° de ne laisser échapper la fumée et les gaz produits par la combustion que quand ils sont refroidis à quatre ou cinq cents degrés et qu'ils ne peuvent plus perdre de leur température sans diminuer le tirage.

Un fourneau se compose de quatre élémens distincts. Le *foyer* proprement dit et la *grille* sur laquelle on brûle le combustible ; le *cendrier* dans lequel tombent les résidus du combustible ; les *carneaux* ou tuyaux de conduite qui promènent le long des parois de la chaudière la flamme et l'air chauffé, et y versent ainsi la majeure portion de la chaleur produite ; la *cheminée* qui reçoit les gaz en partie refroidis, mais encore assez chauds et par conséquent assez légers pour établir un courant ascensionnel à grande vitesse, et appeler dans le foyer, à travers la grille et le combustible, une colonne régulière d'air froid qui entretient la combustion. La quantité de combustible qui peut brûler dans un temps donné, sur la grille, dépend de la quantité d'air qui la traverse, c'est-à-dire de la vitesse du courant produit par la cheminée. De là résulte la nécessité d'établir entre la surface de la grille et l'espacement de ses barreaux, et les dimensions des carneaux et de la cheminée certaines proportions que la pratique a appris aux constructeurs à déterminer (*Voyez* Carneaux et Cheminées).

Dans les machines à terre les fourneaux sont construits généralement en maçonnerie de briques. Cependant quelques-unes de leurs parties, les cheminées par exemple, peuvent être en tôle ou en fonte. On emploie des briques réfractaires pour les portions directement exposées à l'action du feu. La même précaution n'est pas nécessaire pour les parties éloignées, telles que la cheminée.

Le même mode de construction est employé sur les bateaux à vapeur. Mais dans les locomotives où l'une des conditions essentielles était la réduction de poids et de volume de l'appareil, les fourneaux sont entièrement métalliques, dans toutes leurs parties.

Le foyer étant la partie principale du fourneau, ces deux mots sont souvent employés comme synonymes.

Foyer. Partie du fourneau dans laquelle a lieu la combustion.

La forme et la dimension des foyers varient suivant la nature du combustible employé. Ceux qui sont destinés à brûler du bois ou de la tourbe doivent avoir beaucoup plus de hauteur et de capacité que ceux où l'on brûle de la houille. La raison en est que l'air circule plus facilement à travers le bois qu'à travers la houille, et que, si la couche n'était pas plus épaisse, il n'y aurait de brûlé qu'une quantité d'air trop petite. D'ailleurs ces combustibles ne soutiennent pas aussi longtemps le feu que la houille : le bois surtout a une flamme très longue. Il est donc indispensable d'en accumuler une grande quantité dans le foyer et d'avoir un espace assez grand pour que la flamme se développe, et qu'on se mêlant à l'air elle produise tout son effet utile. On doit toujours donner à la grille du foyer la longueur du bois employé dans la localité, pour pouvoir bien le ranger et éviter tout sciage. Dans les locomotives, où l'espace à donner au foyer était très resserré, le foyer a beaucoup de hauteur : cette disposition convient d'ailleurs parfaitement à l'emploi du coke. Lorsque le foyer n'est pas en métal comme dans les locomotives, on le construit en briques réfractaires. Cette précaution ne serait pas nécessaire si l'on était sûr que le feu fût toujours conduit et piqué régulièrement : la bonne brique de Bourgogne suffirait. La maçonnerie doit être assez épaisse, tant pour supporter le poids de la chaudière, que l'on fait reposer dessus, que pour éviter la déperdition de chaleur par les parois. Sur les bateaux, où l'on doit viser à rendre les appareils légers, l'épaisseur de la maçonnerie est remplacée par une double chemise entre laquelle circule une couche d'air qui empêche la déperdition du calorique. Le combustible est introduit dans le foyer par une porte placée en avant de la grille. Les portes sont en tôle ou en fonte : elles doivent être au moins à 30 centimètres du feu, et il n'est pas mal de les garnir intérieurement de briques pour les empêcher de rougir, quand la combustion doit être très active. On peut aussi composer la porte du foyer de deux feuilles de tôles réunies ensemble par des rivets et laissant entre elles un certain espace qui forme matelas d'air. Cette espèce de porte est employée dans les locomotives. Dans les foyers en briques, la maçonnerie forme, derrière la brique, une marche que l'on nomme l'*autel* : elle sert à retenir dans le foyer les cendres et les fragmens de combustible et à les empêcher de passer dans le conduit de la fumée qu'elles obstrueraient.

La position du foyer, par rapport à la chaudière d'une machine à vapeur, dépend tout à fait de la forme de celle-ci et du système auquel elle appartient. Généralement le foyer est placé sous la chaudière : il l'enveloppe latéralement, ou il enveloppe seulement les tubes bouilleurs qui plongent dans la flamme. D'autres fois le foyer est placé au centre de la masse d'eau de la chaudière et celle-ci l'enveloppe de toutes parts. D'autres fois enfin, comme dans la locomotive, le foyer est placé à une extrémité de la chaudière : bien qu'il soit enveloppé d'eau de toutes parts, comme la couche la plus épaisse est située contre la paroi du fond du foyer, il n'est pas permis de ranger celui-ci dans la classe des foyers situés au centre de la masse d'eau. Le foyer d'une machine à vapeur doit être placé toujours à 60 centimètres au moins plus bas que le niveau inférieur du cylindre de la machine. Cette précaution a pour but de permettre le retour facile de l'eau condensée dans la chemise du cylindre, quand la machine en possède une, et surtout d'empêcher les bouillonnemens subits de la chaudière d'entraîner dans les tiroirs et jusque dans les cylindres l'eau chargée de dépôts terreux.

Dans les machines à terre il est bon d'enfoncer les foyers dans le sol. On rend par là les pertes de chaleur moins considérables que dans les foyers à l'air, et les accidens moins graves en cas d'explosion de la chaudière ; on évite aussi les surépaisseurs de maçonnerie et les quantités de ferrures dont il faut envelopper les fourneaux lorsqu'ils ne sont pas maintenus par la terre.

On emploie encore dans les arts d'autres formes de foyers destinés à d'autres usages que la production de la vapeur : tels sont les foyers à flamme renversée avec grille, les foyers à flamme renversée sans grille ou *alandiers*, les fours pour la fabrication du gaz, le puddlage du fer, etc. Mais ces diverses formes s'écartant de l'objet de ce livre, je crois devoir les passer sous silence.

FRAISIL. Mélange de particules de charbon et de cendres qui résulte de la combustion de la houille. Ce nom est particulièrement réservé aux résidus des feux de forge. Ceux qui proviennent des foyers de machines s'appellent plus volontiers *escarbilles*. Le fraisil est un mauvais conducteur de la chaleur : on l'emploie avec succès pour garnir l'intervalle qui sépare la chemise intérieure et la chemise extérieure de la maçonnerie d'un haut-fourneau. Il permet d'augmenter à peu de frais la masse de l'ouvrage, condition essentielle pour empêcher la déperdition du calorique par les parois latérales.

17.

Frein. Mécanisme dont on se sert pour enrayer les voitures des chemins de fer, lorsqu'on veut les empêcher de prendre une trop grande vitesse sur les pentes, ou faciliter l'arrêt d'un convoi à l'approche des stations. Le frein peut être aussi fort utile pour enrayer les voitures à la remonte d'un plan incliné et les empêcher de redescendre lorsque le câble qui les remorque vient à casser ; quel que soit le mécanisme dont on se serve pour faire agir le frein, son effet se réduit toujours à l'application d'une pièce de bois circulaire embrassant un arc plus ou moins long de la jante de la roue contre laquelle il vient s'appliquer, et produisant sur cette jante un frottement qui ralentit et même arrête tout à fait son mouvement de rotation. Plus le serrage est énergique, plus l'action du frein est puissante ; toutefois il ne faudrait pas croire que l'énergie et la promptitude du serrage soient les seules conditions que doive remplir un frein. Il faut surtout pouvoir le régler à volonté, afin qu'il n'agisse que graduellement. Un frein qui empêche brusquement une roue de tourner, cause à la voiture une secousse d'autant plus dangereuse que la vitesse est plus grande. D'ailleurs il ne peut pas arrêter instantanément son mouvement, et si la voiture continue à marcher sans que sa roue tourne, celle-ci glisse sur le rail en s'usant par le frottement. Sa jante se creuse et la roue de circulaire devient polygonale; elle se *polygone*, comme disent les praticiens.

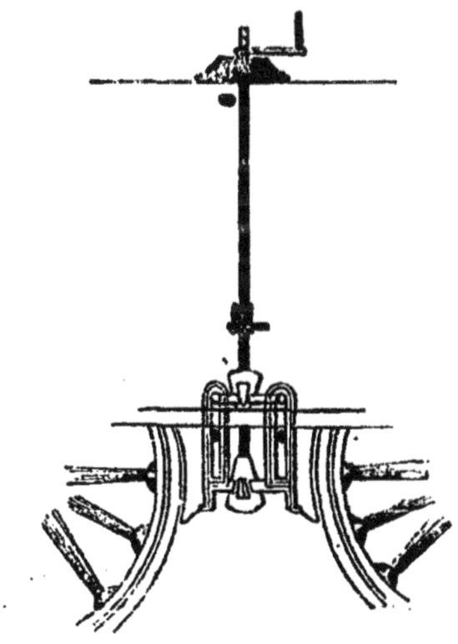

Les mécanismes employés pour faire agir les freins sont extrêmement nombreux, car ils varient selon le goût de chacun des constructeurs. Le frein dont on voit la figure ci-contre se compose de deux fortes plaques de bois circulaires destinées à s'appuyer contre les roues et réunies par deux montans verticaux, qui peuvent tourner autour des deux points noirs de la figure. Entre ces deux montans, en haut et en bas sont deux coins réunis par une longue tige verticale terminée à sa partie supérieure par un pas de vis qui s'engage dans un écrou fixe. Une manivelle fixée en haut de la tige sert à la faire monter et descendre en tournant dans cet écrou : lorsqu'elle monte, le coin inférieur, en se relevant, écarte les deux montans par le bas, ils tournent autour de leurs points de rotation et font appuyer les deux segmens de bois contre les roues, ce qui les enraie. Au contraire, lorsque la tige descend, le coin inférieur en s'abaissant laisse les deux montans libres d'obéir à la pression du coin supérieur qui les fait tourner en sens inverse et dégage les roues.

Ce système de frein est employé pour enrayer les tenders : celui que l'on aperçoit entre les roues dans l'élévation de la *Planche I* agit d'une manière analogue.

On ne fait jamais agir le frein directement sur les roues de la locomotive, mais bien sur le tender qui la suit. Quant aux diligences et wagons, il n'est pas nécessaire, lorsqu'on veut les arrêter, de faire agir le frein sur toutes les roues. Le frottement produit par l'enrayage de deux ou quatre roues suffit pour modérer la vitesse d'un grand nombre de voitures et même pour la supprimer tout à fait. Au chemin de fer de Saint-Etienne à Lyon, les convois de dix-huit wagons descendent la pente de 13 à 14 millièmes qui sépare Saint-Etienne de Rive-de-Gier avec des freins qui ne portent que sur deux wagons.

On donne aussi le nom de *frein dynamométrique* à un appareil destiné à mesurer la force d'une machine, la résistance d'un obstacle mécanique, etc. (*Voyez* DYNAMOMÈTRE).

FRETTE. Bande de fer ou de cuivre dont on entoure un corps cylindrique ou prismatique, pour lui donner de la solidité et augmenter sa résistance aux efforts auxquels il peut être exposé. Telles sont les frettes dont on arme la tête des pieux battus comme pilotis. Les deux extrémités de la frette sont réunies bout à bout par une soudure, ou par un rivet, ou repliées sur elles-mêmes et reliées par un boulon et un écrou. Les frettes sont de petites armatures.

FROTTEMENT. Action mécanique qu'exercent l'une sur l'autre les surfaces de deux corps qui se touchent, lorsque l'un des deux ou tous les deux sont en mouvement. Le frottement résulte de la rencontre des aspérités des deux surfaces, lesquelles se choquant les unes contre les autres opposent au mouvement une certaine résistance. On conçoit que, plus les surfaces sont rugueuses, plus ces résistances doivent être considérables ; même lorsqu'elles sont polies avec le plus grand soin, elles présentent toujours des aspérités. Et c'est pour en diminuer l'effet que l'on enduit de substances grasses les surfaces des corps qui doivent se mouvoir en restant en contact.

On distingue deux espèces de frottemens ; l'un, dit de première espèce ou frottement *de glissement*, a lieu lorsque le corps en mouvement glisse sur l'autre par un simple mouvement de translation ; l'autre, dit de seconde espèce ou frottement de *roulement*, a lieu lorsque le corps tourne sur lui-même en avançant : tel est le mouvement d'une roue de voiture sur un chemin. Le frottement de glissement est beaucoup plus fort que celui de roulement. On peut s'en faire une idée par l'exemple suivant. Le frottement de roulement d'une roue de wagon sur un chemin de fer ne dépasse guère 4 à 5 millièmes du poids qui porte sur la roue. Si la roue était complétement enrayée et qu'on voulût la faire avancer sans tourner, la résistance à vaincre s'élèverait à 18 ou 20 centièmes du poids, c'est-à-dire qu'elle serait environ quarante fois aussi considérable. Ce fait suffit pour faire comprendre combien doit être énergique l'action d'un frein qui enraie une voiture.

Il semble résulter des expériences qui ont été faites par les plus habiles ingénieurs, que le frottement de glissement est indépendant de la vitesse du mouvement, ainsi que de l'étendue de la surface de contact, mais qu'il est proportionnel à la pression et variable selon la nature des corps. On a remarqué également que le frottement était plus considérable entre deux corps lorsque leurs surfaces avaient été pendant quelque temps en contact à l'état de repos, qu'il l'était plus aussi entre deux objets de la même nature qu'entre deux objets de natures différentes, et enfin que si l'un des deux corps était à l'état de repos, il n'était pas indifférent pour la valeur du frottement que ce fût l'un ou l'autre qui fût en mouvement.

FRUIT. Légère inclinaison par rapport à la verticale, donnée à la paroi d'un mur pour assurer sa stabilité. Lorsque le mur est isolé on lui donne du fruit sur ses deux faces. S'il fait partie d'une construction dont les diverses parties sont reliées entre elles, il n'est nécessaire de lui donner du fruit qu'en dehors.

FUITE. Échappement d'un gaz ou d'un liquide qui sort d'un réciplent lorsque les parois présentent quelque imperfection, soit par un défaut dans les joints, soit par quelque fente, rupture ou déchirure.

Les fuites de toute espèce doivent toujours être soigneusement évitées, parce qu'elles représentent une perte absolue. Dans les machines à vapeur, celles contre lesquelles on doit le plus se mettre en garde sont les fuites de vapeur qui proviendraient du cylindre et les fuites d'eau provenant de la chaudière. Si des fuites de vapeur se manifestent au cylindre, il n'y a pas d'autre parti à prendre que d'arrêter le travail pour le réparer. Quant aux fuites d'eau de la chaudière, j'ai indiqué au mot FENTE comment on pouvait provisoirement y remédier, si elles n'étaient pas considérables.

FUMÉE. Les combustibles employés dans les arts donnent en brûlant une certaine quantité de fumée, composée de particules de carbone et d'huile empyreumatique mêlés avec les gaz produits dans le foyer, et s'échappant dans l'air avec eux. Un des inconvéniens de la fumée est d'entraîner en pure perte une certaine quantité de combustible ; aussi remarque-t-on qu'elle est d'autant plus considérable que la combustion est moins active, soit par défaut d'air, soit par suite de la présence d'une trop grande quantité de combustible dans le foyer. D'un autre côté la mauvaise odeur et la malpropreté qu'engendre la fumée, notamment celle du charbon de terre, ont fait longtemps chercher des appareils *fumivores*, c'est-à-dire qui consumassent toute leur fumée. C'est aussi, pour obvier à l'inconvénient de la fumée au milieu des habitations que l'on donne une hauteur plus grande que ne l'exige la combustion, aux cheminées des usines placées dans les centres de population. Les recherches auxquelles se sont livrés les ingénieurs sur les appareils fumivores les ont amenés à construire des fourneaux qui satisfaisaient pleinement à la condition requise : mais ils ont dû reconnaître que l'économie de combustible qui en résultait, par rapport à la consommation dans des fourneaux bien construits, était peu considérable et plus que compensée d'ailleurs par la perte de chaleur résultant de la plus grande activité qu'il fallait donner au tirage. On a donc renoncé à ces appareils et l'on se contente aujourd'hui de disposer les passages d'air, de manière que le foyer ne produise de fumée sensible qu'au moment où on y charge de la houille fraîche.

Sur les chemins de fer français les locomotives, d'après les prescriptions ordinaires des cahiers de charges, doivent consumer leur fumée : là en effet on ne peut obvier par la surélévation de la cheminée aux inconvéniens de la fumée retombant sur les voyageurs. Le seul moyen efficace était d'employer un combustible qui n'en donnât pas : le coke satisfait à cette condition ; aussi est-il exclusivement adopté pour ce genre de machines.

Fusée. Partie tournée en forme de tronc de cône par laquelle se termine à chaque extrémité un essieu fixe et qui lui sert de tourillons (*Voyez* Essieu).

G

Galeries. Dans l'exploitation des mines on donne le nom de galeries aux voies souterraines, horizontales ou peu inclinées, par lesquelles on va chercher le minerai pour l'amener au jour. Les galeries servent aussi à l'écoulement des eaux qu'on manque rarement de rencontrer quand on pénètre dans le sol à une certaine profondeur. Le plus souvent les galeries aboutissent à des puits verticaux par lesquels se fait l'extraction du minerai ou l'épuisement des eaux. Quelquefois elles aboutissent directement au jour, lorsque l'exploitation a lieu dans l'intérieur d'une montagne, proche de ses flancs. On donne le nom des *fendues* à des galeries fortement inclinées qui remplacent dans certains cas les puits verticaux, lorsque la disposition des couches du terrain permet de les employer avec avantage.

Les souterrains que l'on est souvent obligé de pratiquer pour le passage des chemins de fer s'appellent aussi des galeries.

Galets. Roues d'un très petit diamètre, que l'on intercale entre deux surfaces qui glissent l'une contre l'autre, pour en adoucir le frottement. Les roues sur lesquelles portent les plates-formes tournantes, employées pour les changemens de voie dans les chemins de fer, sont des galets. Dans les machines sans balancier, le mouvement rectiligne de la tige du piston est conservé au moyen d'oreilles qui courent le long des glissoirs. Ces oreilles sont munies de galets qui roulent sur ces glissoirs et diminuent ainsi le frottement qui sans cela serait considérable. On a cherché dans quelques machines à diminuer le frottement des arbres dans les coussinets en les faisant porter sur des galets. Mais la cherté de ce système et les dérangemens fréquens auxquels il est exposé n'en ont pas rendu jusqu'ici l'application générale, au moins pour les pièces chargées d'un grand poids et tournant à une faible vitesse.

Quelques inventeurs ont proposé de placer à l'avant et à l'arrière de la machine locomotive des galets inclinés et portant contre les rails, pour la guider dans son mouvement au passage des courbes. On en voit un exemple dans le système proposé par M. Arnoux pour diminuer les frottemens des roues des voitures contre les rails, et les rendre aussi peu sensibles dans les courbes d'un faible rayon que dans les lignes droites.

GARDE. Sur quelques chemins de fer les roues des locomotives sont protégées par un appareil destiné à déblayer la voie des corps étrangers qui pourraient les choquer et faire dérailler la machine. Cet appareil, appelé garde, se compose d'une forte charpente en bois fixée à l'axe d'avant de la machine et portant au-dessus de chaque rail une patte garnie en fer et qui rase le sol à deux ou trois centimètres au-dessus du rail : on en voit un exemple dans la locomotive de la *Planche IX*. Dans quelques locomotives américaines le garde est supporté par deux petites roues de 60 centimètres de diamètre placées à 90 centimètres en avant de la machine. On a eu souvent occasion d'éprouver l'utilité de cet appareil, surtout sur les chemins qui ne sont pas entourés de clôture et sur lesquels les bestiaux peuvent librement pénétrer.

GARDE-CROTTE. Dans les machines locomotives, la partie supérieure des roues est couverte d'une chemise métallique, à laquelle on donne le nom de garde-crotte par analogie avec ces légers châssis garnis en cuirs qui, dans les voitures de luxe des routes ordinaires, défendent les personnes de la crotte que lancent les roues par l'effet de la force centrifuge. Les garde-crottes des locomotives sont principalement conçus dans le but de permettre au mécanicien de se promener en toute sécurité sur le châssis de la machine pour la visiter d'un bout à l'autre. Sans la chemise qui enveloppe les roues il risquerait d'être saisi et blessé ou renversé. Dans la locomotive de la *Planche VIII* les roues sont vues en élévation, couvertes de leurs garde-crottes. Les roues des wagons et diligences, étant placées sous les caisses de ces voitures, n'ont pas besoin de garde-crottes.

GARDE-ROUES. Ce sont les tambours qui recouvrent les roues à palettes des bateaux à vapeur et empêchent l'eau, entraînée par leur mouvement, d'être projetée sur le pont du navire.

GARDIEN. Les gardiens préposés au service des stations, des barrières et de la police de la voie d'un chemin de fer peuvent être assermentés et comme tels, assimilés aux gardes champêtres. Ils peuvent en cette qualité constater les délits et contraventions par voie de procès-verbaux, et arrêter les délinquans pour les remettre aux mains de l'autorité compétente. Ces agens se trouvent ainsi revêtus d'un caractère public, et on ne saurait trop louer le législateur d'avoir autorisé cette assimilation pour un service où la surveillance la plus rigoureuse et la stricte observation des réglemens de police généraux et particuliers, intéressent à un si haut degré la sécurité des voyageurs.

GARE. Lorsqu'un chemin de fer est à une seule voie, il est nécessaire de pratiquer de distance en distance, et sur une certaine longueur, une seconde voie. Lorsque deux convois se rencontrent, l'un d'eux quitte la voie principale et se range momentanément dans la seconde voie pour laisser passer l'autre. Ces portions de voie supplémentaire sont ce que l'on appelle des gares d'évitement. Par un excès de précaution, qui paraît sans objet, on impose même aux chemins de fer à deux voies la condition d'avoir des gares d'évitement de distance en distance. D'après les règles ordinaires des cahiers de charges, elles ne doivent pas être espacées de plus de vingt mille mètres. Il serait plus simple et plus rationnel d'exiger qu'à tous les lieux de station il y ait une voie supplémentaire en dehors des deux voies principales. Ces stations n'étant jamais à vingt mille mètres de distance l'une de l'autre, cette prescription serait tout à fait suffisante.

Les stations ou lieux d'embarquement et de débarquement des voyageurs et des marchandises sur les chemins de fer s'appellent aussi gares.

GLACE. Plateau de verre blanc qui sert à former les panneaux de voitures pour préserver les voyageurs des intempéries de l'air, sans gêner la vue du dehors. Sur les chemins de fer français les voyageurs de première classe seuls ont le droit d'exiger, aux termes des cahiers de charges, que les voitures qui leur sont consacrées soient fermées à glace. Celles de seconde classe doivent être simplement couvertes. Cependant les compagnies exploitantes ont généralement adopté, pour ces dernières voitures, les fermetures à glaces, mais seulement pour les panneaux des portières ; elles ne laissent ouvertes que celles qui sont destinées aux transports de la belle saison.

GARNITURE. Nom sous lequel on désigne la substance qui remplit l'intervalle compris entre les deux faces planes d'un piston. C'est celle qui frotte contre les parois du cylindre dans lequel se meut le piston. Les garnitures sont de deux espèces : en étoupes ou en métal. Ces dernières sont aujourd'hui préférées, comme donnant moins de frottement et demandant des réparations moins fréquentes. On appelle garniture, les tresses de chanvre dont on remplit l'intérieur d'une boîte à étoupes.

GÉNÉRATEUR. Mot employé comme synonyme de chaudière,

parce que c'est dans ces récipiens que s'engendre la vapeur qui communique le mouvement à une machine.

GLISSOIR, GUIDE. Les pièces de machines, qui ont un mouvement rectiligne, ont besoin d'être guidées dans leur course pour ne pas dévier du chemin qu'elles ont à parcourir. Les plus remarquables parmi les pièces de cette nature dans les machines à vapeur sont les tiges de piston. Lorsque la machine est à balancier supérieur, la masse de ce dernier suffit pour guider les tiges avec lesquelles il est articulé, sans qu'il soit besoin d'appareils particuliers. Il n'en est pas de même dans les machines sans balancier et dans celles où la tige du piston communique le mouvement à un balancier inférieur, au moyen de bielles pendantes. On se sert dans ce cas de guides ou glissoirs, le long desquels se meuvent des oreilles ou bras transversaux fixés à la tige du piston. Ces glissoirs forment partie intégrante du châssis de la machine, et sont parallèles à la tige qu'elles doivent guider. On en voit un exemple dans les deux figures ci-dessous qui représentent la vue de face A, et la vue de côté B, d'un glissoir de locomotive.

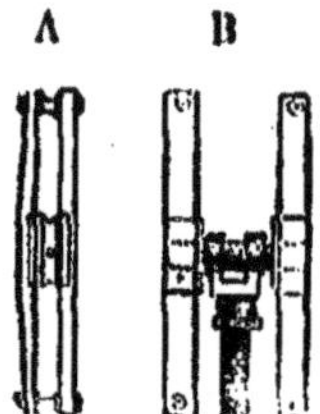

La vue de face fait voir que les guides sont évidés dans le but de les rendre plus légers : un galet sert à adoucir le frottement. La vue de côté montre les deux guides et la tige du piston courant entre eux : sa tête est garnie de deux oreilles, qui s'appuient contre les guides par l'intermédiaire des galets.

D'autres dispositions ont été adoptées par quelques constructeurs, mais elles se rapprochent toutes plus ou moins de celle que je viens de décrire.

GODET. Petit récipient percé par le fond, et dans lequel on verse l'huile destinée au graissage d'un coussinet, d'un essieu ou de toute autre pièce mobile dans une machine. On en voit un exemple aux deux extrémités de la bielle X, dans la coupe de la locomotive de le *Planche VII.*

GORGE. Dans la langage géologique, on appelle gorge une portion de vallée, étroite et resserrée entre des flancs de rochers à peu près parallèles.

Dans les machines, on appelle gorge d'une poulie le creux de la jante qui l'entoure et sur laquelle passe la corde qui la met en mouvement. En général on appelle roues à gorge toutes les roues à jante creuse. Les premières roues employées sur les rails saillans des chemins de fer étaient des roues à gorge. Aujourd'hui que l'on a supprimé un des rebords de la jante il n'est plus permis de leur donner ce nom : on les appelle simplement roues à rebord.

Goujon. Broche de fer dont on se sert pour assurer la solidarité de pièces que l'on veut réunir. C'est une espèce de gros clou, sans tête ni pointe et dont l'usage est analogue à celui des chevilles de bois. Quelquefois les goujons servent d'arbres de rotation, par exemple pour les poulies : ou bien ils réunissent les deux portions mâles et femelles d'une charnière en passant dans leur vide. Dans ce dernier cas le goujon est ordinairement rivé à ses deux extrémités, pour empêcher que le mouvement de la charnière ne le fasse sortir de sa position.

Goupille. Petit goujon employé comme cheville.

Grains. Coussinets dans lesquels tournent les divers arbres et tourillons d'une machine. Ainsi les trous que l'on perce dans un balancier de machine à vapeur pour recevoir les tourillons de suspension de la bielle et des tiges des pistons sont des grains.

Lorsque les grains sont en cuivre jaune ou laiton, ils ont l'inconvénient de s'échauffer promptement et d'être mangés en peu d'instans, pour peu qu'on les laisse frotter à sec. On emploie le plus souvent pour leur composition un alliage composé de 66 à 90 p. 0/0 de cuivre rouge, le reste étant en étain. Cette espèce d'alliage est un bronze analogue au métal des cloches et des canons. Les grains sont toujours percés à leur partie supérieure d'un petit trou appelé lumière, par lequel on verse l'huile de graissage.

Les grains de bronze s'usent encore assez vite par le frottement des tourillons de fer ou de fonte. Lorsque cet effet a lieu le tourillon se charge d'une couche de cuivre. Il faut pour réparer l'appareil remettre les tourillons sur le tour pour enlever cette couche de cuivre, parce que le frottement de deux pièces d'un même métal donne toujours une résistance plus considérable que lorsqu'elles sont de métaux différens. Si le tourillon était trop affaibli par ce grattage, on le rechargerait avec une virole de fer mise à chaud. Quant au grain usé, on le nettoie bien, on dresse sa surface intérieure et on y entaille à queue d'hironde la place nécessaire pour y introduire une feuille de cuivre jaune que l'on soude à l'étain et dont on alèse la surface avec le plus grand soin.

L'entretien des grains d'une machine est de la plus haute importance, surtout pour le balancier : car lorsqu'ils s'usent, non-seulement ils donnent lieu à des frottemens considérables, mais ils changent le niveau des pièces qu'ils supportent et exposent la machine à des secousses et à des tiraillemens très pernicieux.

Quelquefois les grains, au lieu d'être en bronze ou en laiton sont en bois dur comme le gayac ou le sorbier ; ils durent alors plus longtemps, mais ils ont le grave inconvénient de manger le tourillon de l'arbre. Or celui-ci ne se remplace pas aussi facilement et à aussi peu de frais que le grain : aussi n'emploie-t-on guère les grains en bois que lorsque la charge doit être légère et la vitesse très petite.

D'autres fois au contraire lorsque les arbres des roues sont en fonte et chargés d'un grand poids, on emploie utilement des paliers entièrement en fonte, parce que les grains de bronze s'écraseraient sous la charge. Ces grains se font aussi en acier fondu trempé très dur. Ce métal convient particulièrement pour le fond des crapaudines qui reçoivent des arbres verticaux. Il donne un frottement doux, régulier, peu susceptible d'échauffement et d'usure.

GRAISSAGE, GRAISSE. Le graissage des pièces de machines qui frottent les unes contre les autres est une des parties les plus importantes de leur entretien. Il a pour but de diminuer considérablement les frottemens et d'empêcher l'échauffement, le grippement et l'usure qui résulteraient nécessairement de ce frottement, sans la présence d'un corps intermédiaire qui tient les surfaces en contact dans un état constant d'onctuosité. Les graissages doivent être très fréquens. Une machine à vapeur a besoin d'être graissée deux fois par vingt-quatre heures. Pour cette opération, on arrête la machine et l'on introduit la graisse partout où il y a des frottemens, en ayant soin de desserrer les clavettes qui gêneraient son introduction.

Les graisses employées sont le suif ou graisse animale de porc, de bœuf ou de mouton, la graisse des os , l'huile de pied de bœuf, celle d'olive, de lin , etc., seules ou mélangées. Un mélange qui réussit fort bien est celui de 15 à 20 parties de plombagine réduite en poudre très fine et 85 à 80 de graisse animale.

La graisse employée pour les essieux des locomotives et autres voitures des chemins de fer n'est pas fluide à la température ordinaire. Mais le mouvement de l'essieu lui communique une chaleur qui la fait fondre et couler sur les fusées au fur et à mesure des besoins, par les lumières des *boîtes à graisses* (*Voyez* ce mot).

Graphomètre. Instrument d'optique employé dans les levers de plan pour déterminer les angles que font entre elles des lignes tracées sur le terrain.

Il se compose d'un cercle ou même souvent d'un simple demi-cercle horizontal gradué, portant deux alidades, passant par son centre. L'une de ces alidades est fixe et l'autre mobile autour du centre. Dans les graphomètres perfectionnés les alidades sont remplacées par des lunettes. Le cercle est monté sur un pied à trois branches, que l'on fiche en terre pour assurer sa position. Quelques graphomètres portent outre leur cercle gradué et leurs lunettes, une petite boussole et un ou deux petits niveaux à bulle d'air. La boussole permet d'orienter les directions des lignes dont on lève les angles, et les niveaux servent à donner au cercle gradué une position parfaitement horizontale.

Pour se servir du graphomètre on place son pied de manière que le centre du cercle soit précisément au-dessus du point d'intersection des deux lignes dont on veut lever l'angle. On s'en assure au moyen du fil à plomb. On tourne ensuite l'instrument de manière à diriger la lunette fixe sur un jalon situé dans un des alignemens ; on fixe le cercle dans cette position et on dirige l'autre lunette vers un jalon placé sur l'autre ligne. Cette lunette porte une aiguille munie d'un vernier qui parcourt la circonférence du cercle gradué. En examinant le point auquel le vernier s'est arrêté, on lit le nombre de degrés, minutes, etc., compris entre la lunette fixe et la lunette mobile, c'est-à-dire par conséquent l'angle que forment entre eux les deux alignemens.

La boussole, outre l'orientation des lignes, donne encore une vérification des angles mesurés au graphomètre. Mais cette vérification n'a de valeur que pour les degrés et tout au plus pour les dizaines de minutes, car le cercle que parcourt l'aiguille de la boussole étant d'un diamètre beaucoup moins grand que celui du graphomètre, il ne saurait donner la mesure des fractions que le vernier permet de lire sur ce dernier.

Grille. Partie du foyer sur laquelle on dépose le combustible. Elle est composée de barreaux de fonte ou de fer forgé et à claire voie, pour laisser passage à l'air qui vient du dehors alimenter la combustion.

L'espacement des barreaux de la grille dépend de la nature et de la qualité du combustible que l'on veut employer. Les foyers alimentés avec du bois peuvent avoir des barreaux plus espacés que ceux où l'on brûle de la houille, du coke, de la tourbe et de l'anthracite. Pour la houille grasse et très collante, il est bon d'espacer davantage les barreaux que pour la houille maigre et le coke. Le total du vide que laissent entre eux les barreaux peut aller, dans le premier cas, jusqu'au tiers de la surface de la grille ; il ne doit pas dépasser un quart dans le second. Dans tous les cas, et surtout dans le dernier, il importe de tenir la grille très propre, pour ne pas laisser s'y accumuler les crasses qui l'obstrueraient rapidement. Les barreaux des grilles peuvent être en fonte ou en fer forgé. Le fer est préférable lorsque la chaleur du fourneau doit être très intense, comme dans les locomotives. Le nettoyage des barreaux exige qu'ils soient mobiles : cette mobilité a aussi pour but de permettre d'éteindre subitement le feu de la machine en le faisant tomber par terre. Pour cela on dispose quelquefois la grille de façon qu'elle puisse tourner autour d'un des côtés de son cadre quand on décroche l'autre, et tous les barreaux tombent à la fois.

On a cherché à régulariser l'alimentation du foyer des machines à vapeur en évitant d'ouvrir la porte du fourneau chaque fois que l'on veut y introduire du combustible, ce qui produit toujours de la fumée et refroidit la portion de la chaudière qui se trouve ainsi exposée au contact de l'air. Pour cela on a employé des grilles circulaires tournant autour d'un axe vertical, recevant la houille versée d'une manière continue par une trémie. On a fait usage aussi de grilles fixes sur lesquels un moulinet projetait régulièrement la houille. Il ne paraît pas que l'on ait jusqu'à présent beaucoup à se féliciter de ce genre d'appareils. Ils nécessitent une dépense de force assez considérable et ne répondent pas au besoin que l'on éprouve souvent d'activer le feu d'une machine pour forcer par momens la production de vapeur.

Grippement. Lorsque deux surfaces métalliques frottent l'une contre l'autre, si elles ne sont pas parfaitement polies et surtout bien graissées, leurs aspérités produisent l'effet de la lime. Elles s'usent et se déforment rapidement en absorbant, dans cet inutile travail de corrosion, une force considérable. Cet effet est ce qu'on appelle le grippement. Quelque bien poli que soit le métal il ne manque jamais de se gripper, s'il n'est pas suffisamment graissé et c'est pour cela que le graissage forme une partie si importante de l'entretien des machines de toute espèce.

Grue. Système de charpente en bois, en fer ou en fonte, destiné à soulever de lourds fardeaux et disposé en porte-à-faux par rapport à un axe vertical autour duquel il est mobile. Les grues sont employées à transporter les fardeaux entre deux points peu

éloignés, par exemple, d'un bateau ou d'une voiture sur un quai et
réciproquement , à monter des matériaux dans une construction, etc. La partie de la grue qui est en porte-à-faux se nomme
la *volée* : elle donne à l'appareil la forme d'une potence. Quelquefois les grues ont deux volées. A l'extrémité de la volée est une
poulie verticale sur laquelle passe une corde ou une chaîne à laquelle on attache le fardeau à soulever. Cette corde s'enroule sur
un tambour. Quand on veut élever le fardeau, on fait d'abord descendre la corde jusqu'au point où elle doit le saisir, puis au moyen
d'une manivelle on les soulève, en faisant tourner le tambour autour
duquel s'enroule la corde. Lorsque le fardeau est parvenu à une
hauteur suffisante, on arrête son ascension et l'on fait pivoter la
grue sur son axe vertical jusqu'à ce que le fardeau soit arrivé au-
dessus du point où il doit être déchargé : on lâche alors le tambour, la corde se déroule et le fardeau descend au point voulu,
où on le décroche.

Dans les grues destinées à soulever de très lourds fardeaux , les
communications de mouvemens ont besoin d'une grande force. Elles
ont lieu, soit au moyen d'engrenages, soit par de grandes roues
pour l'enroulement de la corde autour du tambour. Un déclic ou
roue à rochet l'empêche de redescendre si les hommes s'arrêtaient
pendant que le fardeau monte, et un frein empêche le fardeau de
redescendre trop rapidement lorsqu'on lâche le déclic pour le déchar-
ger. Outre le pivot qui supporte l'axe vertical autour duquel pivote la
grue, le bâtis est supporté par des roues, et on le fait tourner également
ment au moyen d'engrenages.

On donne le nom de grues dans les chemins de fer, à des appareils
d'une forme analogue à celle que je viens de décrire, mais qui sont
destinés à un usage tout à fait différent. Ils servent à amener l'eau
des châteaux d'eau dans la gare pour remplir les tenders. On en
voit un exemple représenté dans la figure ci-dessous.

Cette grue se compose d'un tuyau vertical en fonte présentant la
forme d'une colonne creuse et terminée à sa partie supérieure par
le tuyau coudé qui déverse l'eau directement dans le tender. Le
tuyau vertical se prolonge horizontalement dans sa partie inférieure pour se raccorder avec les tuyaux de communication du réservoir principal. Il est muni d'un robinet que l'on ouvre et que l'on
ferme avec la main à volonté. A sa partie supérieure une soupape,
maintenue par un contre-poids, empêche la communication avec le
tuyau coudé. Une chaînette, attachée à la queue de la soupape,
permet de l'ouvrir au besoin, pour laisser arriver l'eau dans le ten-

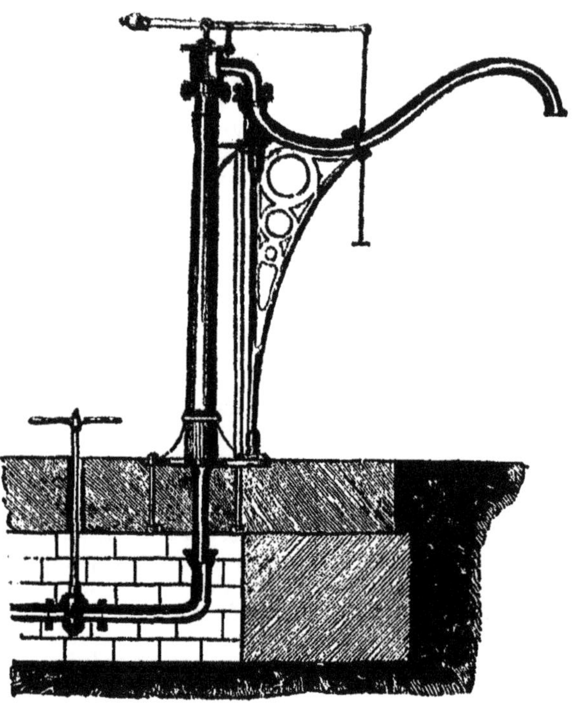

der. Le tuyau coudé, qui déverse l'eau amenée du château d'eau,
porte sur une potence mobile fixée le long du tuyau vertical. Le
tuyau coudé se compose de deux parties, l'une fixe faisant corps avec
le tuyau vertical, l'autre mobile autour de la première et reposant
sur la potence mobile. Par ce moyen on peut amener directement
l'eau au-dessus du tender, quelle que soit sa position sur le chemin
et quelle que soit aussi la distance du château d'eau. Il suffit pour
que l'eau s'écoule, que le réservoir du château d'eau soit plus élevé
que le tuyau vertical par lequel monte l'eau pour se rendre dans le
tuyau coudé. L'assemblage des deux parties du tuyau coudé doit être
fait avec le plus grand soin pour ne pas laisser échapper l'eau, incon-

vénient auquel il est exposé par la mobilité de l'une des deux pièces.

GUÉRITE. Légère cabane en charpente qui sert de retraite en cas de mauvais temps, aux cantonniers et autres gardes répandus le long d'un chemin de fer pour veiller à sa police et à sa conservation.

GUEULARD. *Voyez* HAUT-FOURNEAU.

GUEUSE. Une des formes sous lesquelles la fonte est livrée brute au commerce au sortir des hauts fourneaux. Les gueuses sont des lingots du poids de 1000 à 1500 kilogrammes en forme de longs prismes triangulaires. On les obtient en recevant le métal en fusion dans des rigoles creusées dans le sable de l'usine où se fabrique la fonte. Les gueuses sont principalement employées dans la fabrication du fer au charbon de bois. Pour le moulage ou le puddlage la fonte est mise sous une autre forme de lingot appelée *Saumon* (*Voyez* ce mot).

GUIDE. *Voyez* GLISSOIR.

H

HACHE. Outil de charpentier, composé d'un tranchant en fer acéré, placé en retour d'équerre à l'extrémité d'un manche. Il sert à couper vivement au moyen de la force qui lui est imprimée par l'élan : c'est à proprement parler un marteau tranchant.

HAUTS-FOURNEAUX. Grand fourneau d'une forme élevée dans lequel se fait la transformation des minerais de fer en fonte. Un haut-fourneau se compose de trois parties principales : le *creuset* placé dans le bas où vient se réunir le métal à l'état de fusion ; la *cuve* dans laquelle se placent le minerai et les matières nécessaires à sa réduction, et le *gueulard*, ouverture supérieure par laquelle se charge le haut-fourneau et par où s'échappent les gaz produits par la combustion. La cuve se compose de deux portions de cônes tronqués, assemblés par leur base la plus large : le cône supérieur est le plus long et porte particulièrement le nom de cuve ; les surfaces du cône inférieure s'appellent les *étalages*. On donne le nom d'*ouvrage* au vide intérieur par lequel les étalages communiquent avec le creuset. Pour activer la combustion il est nécessaire de lancer dans le haut-fourneau une grande quantité d'air : on y parvient au moyen de *buses*, arrivant dans le bas du haut-fourneau par des tuyères, et apportant l'air froid ou chaud que leur fournit une machine soufflante.

Sans entrer dans des détails, du plus haut intérêt à la vérité, mais étrangers à l'objet de ce livre, je me contenterai de dire que les efforts considérables auxquels est soumis un haut-fourneau, par suite des fortes températures nécessaires à la fabrication de la fonte, réclament une maçonnerie très solide, bien établie sur le sol et renforcée par des armatures en fer.

HECTARE. Mesure de superficie qui remplace, dans le nouveau système métrique, l'*arpent*, le *journal* et autres mesures locales employées autrefois en France pour évaluer la surface des terrains. L'hectare vaut cent ares : il équivaut à dix mille mètres carrés ou autrement dit à un carré qui aurait cent mètres de côté. C'est environ le triple de l'ancien arpent de Paris ou le double de celui des eaux et forêts.

HECTOGRAMME. Poids de cent grammes.

HECTOLITRE. Mesure de capacité qui contient cent litres, c'est-à-dire cent décimètres cubes. L'hectolitre est le dixième du mètre cube. Il remplace pour la mesure des grains, des liquides, de la houille, etc., le boisseau, le setier, la velte, etc.

HECTOMÈTRE. Longueur de cent mètres.

HÉLICE. Courbe tracée sur la surface d'un cylindre ou d'un cône et qui monte en tournant autour de sa surface, de manière que son inclinaison par rapport à la base soit constante. Cette courbe est *à double courbure*, c'est-à-dire qu'elle n'est pas contenue dans un plan. On peut la considérer comme produite par l'application d'une ligne droite que l'on aurait enroulée autour de la surface courbe, sans faire varier son inclinaison à l'horizon. En effet, quand on développe le cylindre ou le cône sur un plan, après avoir coupé sa surface par un plan passant par son axe, la trace de l'hélice sur le plan de développement est une droite dont l'inclinaison sur la ligne de base est la même que celle de l'hélice. On appelle *pas de l'hélice*, la distance entre deux de ses points situés sur une même arête du cylindre : cette distance est constante. Le pas de l'hélice sert à mesurer son inclinaison : plus cette inclinaison se rapproche de l'horizontale, plus le pas est petit. L'hélice est la courbe qui suivent les filets d'une vis et de son écrou.

HIRONDE (QUEUE D'). En terme de charpente on donne le nom d'assemblage à queue d'hironde, à un mode de liaison de deux pièces de bois, dans lequel le tenon et la mortaise ont la forme d'une queue d'hirondelle. Cet assemblage est extrêmement solide et résiste aux efforts longitudinaux, sans avoir besoin de chevilles. Quand on veut obtenir entre les deux pièces une plus grande solidarité, on les assemble à mi-bois, chacune d'elles portant à son extrémité un tenon en forme de queue d'hironde qui occupe la moitié de son épaisseur et entre dans une mortaise de même forme et de même profondeur, pratiquée en arrière du tenon de l'autre pièce.

HOUILLE. Combustible minéral d'une couleur noire, plus ou moins foncée et éclatante, à cassure lamelleuse, esquilleuse, conchoïde, présentant parfois l'apparence d'une cristallisation en prismes allongés. Ses gisemens sont fort nombreux : chaque jour dans les terrains tertiaires on en découvre de nouveaux, répandus à peu de distance de la surface du sol et venant souvent l'affleurer. La houille est le résultat de la carbonisation de masses immenses de végétaux qui couvraient la terre à une époque antérieure aux temps historiques. Les causes et les circonstances de cette carbonisation n'ont pas été suffisamment expliquées jusqu'à ce jour. Les gisemens de houille se présentent, tantôt comme de grands amas d'alluvions qui se seraient déposés dans des bassins géologiques comme au fond d'une cuvette : tantôt au contraire ils semblent affecter la forme de courans arrêtés dans leur course par une cause inconnue. Des circonstances postérieures à la formation des dépôts houillers sont encore venues compliquer la forme sous laquelle ils se présentent. Les terrains sur lesquels ils se trouvaient ont été soulevés, bouleversés ; et il est souvent difficile de suivre l'allure des couches de houille et de les exploiter avec succès dans cette situation.

Les gisemens de houille sont riches et nombreux en Angleterre et en Belgique. En France ils sont relativement moins nombreux. Les principaux bassins houillers qu'on y remarque sont: celui de Valenciennes (Nord) qui fait suite aux bassins de la Belgique ; ceux de Decize (Nièvre), du Creuzot, Blanzy et Epinac (Saône-et-Loire) ; de Fins, le Montet et Commentry (Allier), de Brassac (Puy-de-Dôme et Haute-Loire), de Saint-Etienne et Rive-de-Gier (Loire), d'Alais (Gard), de Saint-Gervais (Hérault), de Carmeaux (Tarn), d'Aubin et Rhodez (Aveyron), de Vouvant (Vendée), de Layon et Loire (Maine-et-Loire), de Mittry (Calvados), de la Loire-Inférieure, etc.

La houille est loin d'être la même dans tous ces bassins. Tantôt elle est dure, compacte, à cassure brillante et irisée ; tantôt elle est friable, lamelleuse, esquilleuse, terne, mélangée de pyrites de fer et autres matières étrangères. Sa densité varie de 1,40 à 1,50, suivant la quantité de carbone et autres matières étrangères qu'elle contient. Elle absorbe toujours à l'air une certaine quantité d'eau, qui ne dépasse guère 3 pour 100 dans la houille en gros morceaux, mais qui peut aller jusqu'à 15 à 20 pour 100 dans la houille menue exposée à l'humidité. Bien que la houille pèse spécifiquement plus que l'eau, les vides que laissent entre eux les morceaux font qu'au mesurage l'hectolitre de houille en gros morceaux ne pèse que 70 à 80 kilogrammes, et celui de houille menue 80 à 85, soit en moyenne pour les deux 80 kilogrammes.

On divise la houille dans les arts en trois classes : la houille *grasse*, la houille *maigre* et la houille *sèche*.

La houille grasse s'allume facilement, produit une longue flamme, colle et s'agglutine sur les grilles et laisse un coke boursouflé. Ses variétés sont la houille *grasse maréchale*, ainsi nommée parce qu'elle convient parfaitement pour le travail du fer ; la houille *grasse* et *dure* plus carbonée que la précédente et très convenable pour les hauts-fourneaux et les foyers de chaudières ; la houille *compacte* qui a l'apparence du jais et dont la cassure est droite et très noire. Elle est légère, tendre, résistante et particulièrement propre à la fabrication du gaz, usage auquel toutes les houilles grasses se prêtent d'ailleurs très bien.

La houille maigre tient le milieu entre la houille grasse et la houille sèche. C'est celle qui convient le mieux sur les grilles pour le chauffage des chaudières. Suivant qu'elle est plus ou moins riche en carbone, sa flamme est plus ou moins courte et elle donne plus ou moins de chaleur. Elle s'allume d'autant moins facilement que le carbone y est plus abondant : il est bon dans ce cas de la mélanger avec des houilles grasses pauvres en carbone. Le coke produit par la houille maigre est dense, fritté et applicable à tous les usages.

La houille sèche ne peut guère être employée avec succès pour la grille que mélangée avec une forte proportion de houille grasse. Le coke qu'elle produit est pulvérulent et de peu de valeur. L'*anthracite* (*Voyez* ce mot) peut être considéré comme une variété de houille très sèche et riche en carbone.

Les matières étrangères que l'on trouve le plus communément mélangées avec les houilles et qui modifient leurs qualités, sont l'argile, le carbonate de chaux et le sulfure de fer. Cette dernière substance est celle dont la présence est la plus funeste, à cause des produits acides qu'elle donne par la combustion et qui attaquent le métal des chaudières : il n'y a pas de houille qui en soit absolument exempte.

La houille en brûlant donne des produits solides, liquides et gazeux. Lorsque la combustion est complète, les produits solides sont les cendres formées des matières terreuses qui entraient dans la composition de la houille. Si la combustion est incomplate, le produit solide est le coke (*Voyez* ce mot). Les produits liquides sont des huiles de diverses natures, et de l'eau chargée de sels ammoniacaux ; enfin les produits gazeux sont l'hydrogène pur, carboné et sulfuré, l'oxide de carbone, l'acide carbonique, l'azote, et quelques vapeurs huileuses et ammoniacales. C'est ce mélange, dans lequel domine l'hydrogène carboné, qui forme le gaz d'éclairage : on l'obtient par la distillation de la houille en grande masse dans des vases clos ; il a besoin d'être purifié avant d'être livré à la consommation.

Le pouvoir calorifique de la houille, c'est-à-dire la quantité de calories que contient un kilogramme, varie de 6 à 7000 ; la quantité d'eau que peut vaporiser un kilogramme de houille varie, d'après les expériences de divers ingénieurs, entre 5 kil. 35 et 6 kil. 60.

HUILE. Matière grasse, fluide à la température ordinaire. On en distingue de deux espèces, en raison des substances dont elles proviennent, savoir : les huiles végétales et les huiles animales. Parmi les premières, les plus répandues dans le commerce sont les huiles d'olive, de noix, de faîne, de navette, de colza, de chenevis, etc. Parmi les secondes celle qui est le plus fréquemment employée au graissage des machines est l'huile de pied de bœuf (*Voyez* GRAISSAGE).

On donne le nom d'huile *empyreumatique* à une huile d'une odeur particulière qui se produit dans la distillation des matières végétales, telles que le bois.

HYDROGÈNE. L'un des deux gaz simples dont la combinaison forme l'eau. L'hydrogène se combine avec une grande quantité d'autres corps, tels que le soufre, le phosphore, le charbon, etc., et donne naissance à des gaz qui peuvent à leur tour se combiner avec d'autres corps. Le gaz d'éclairage est de l'hydrogène carboné, mélangé de quelques matières étrangères entraînées avec lui dans la distillation de la houille dont on l'extrait. Ce sont ces matières étrangères, parmi lesquelles domine l'hydrogène sulfuré, l'hydrogène phosphoré, des oxides de carbone et quelques gaz ammoniacaux, qui lui communiquent cette odeur désagréable par laquelle se manifeste la présence d'une fuite de gaz ; car l'hydrogène carboné par lui-même est complétement inodore. Pour le purifier on le fait passer sur un lit de chaux qui absorbe ces substances et enlève au gaz ses qualités délétères. Malheureusement cette purification ne se fait pas toujours avec le plus grand soin, et c'est pour cela que le gaz est souvent si incommode dans les habitations et même dans les rues et sur les places publiques où on l'emploie.

HYPERBOLE. Courbe plane du second degré, c'est-à-dire qui ne peut être rencontrée par une droite en plus de deux points. Elle est formée de deux branches distinctes et indéfinies, placées symétriquement en dehors du centre de la courbe. C'est une de celles appelées *Sections coniques*, parce qu'on l'obtient en coupant un cône par un plan. L'hyperbole jouit de cette propriété singulière qu'il est possible de faire passer par son centre deux droites symétriquement placées par rapport à l'axe de la courbe et qui s'approchent indéfiniment des deux branches de la courbe de chaque côté, sans pouvoir les rencontrer qu'à une distance infinie. Ces droites s'appellent les *asymptotes* de l'hyperbole. Cette courbe ne donnant guère lieu à des applications dans les arts mécaniques, il ne me paraît pas nécessaire de développer plus longuement ses propriétés qui n'auraient ici qu'un intérêt de curiosité géométrique.

I

IMPÔTS. Nom sous lequel on comprend toute espèce de contribution due au Trésor public. Les tarifs dont la jouissance est dévolue aux compagnies concessionnaires de chemins de fer ne comprennent jamais dans leur énonciation l'impôt dû au Trésor. Cet impôt n'est pas applicable aux bestiaux et marchandises. Il ne porte que sur les places des voyageurs : sa valeur est du dixième de la partie désignée sous le nom de *transport*.

On a souvent demandé sans succès que la construction des chemins de fer fût encouragée par une exemption de toute contribution financière pendant un certain nombre d'années. Aujourd'hui qu'il est bien reconnu qu'en France l'industrie privée, livrée à ses seules ressources, ne peut se charger de ces immenses entreprises, de semblables immunités auraient allégé de beaucoup le concours qu'elles réclament du gouvernement et l'auraient rendu plus efficace.

INCLINÉ (PLAN). Toutes les fois qu'un chemin de fer n'est pas horizontal, on peut dire qu'il est en plan incliné. Cependant cette dénomination a été particulièrement réservée aux fortes inclinaisons qui nécessitent des machines fixes pour le remorquage des voitures. Les autres portent le nom général de pentes.

Il arrive quelquefois que les plans inclinés d'un chemin de fer sont assez heureusement disposés pour que les transports à charge aient tous lieu à la descente, et que les wagons ne remontent presque jamais qu'à vide. Cela se rencontre assez fréquemment dans les chemins de fer qui desservent des exploitations de houille. Le système que l'on emploie dans ce cas porte le nom d'*automoteur* : il consiste à abandonner les wagons à l'action de la gravité pour la descente du plan, et à faire servir leur poids à remonter les wagons vides sans autre force motrice. Il faut, pour pouvoir employer ce système avec succès, que l'inclinaison du plan soit au moins de quatre à cinq contièmes et qu'il ne soit pas trop long, à cause de la résistance opposée à la descente par les frottemens de la corde à laquelle sont attachés les wagons. Lorsque les chemins sur lesquels ce système est employé sont à une seule voie, voici comment les rails sont disposés pour le service : Une seule voie dans la moitié basse du plan ; une partie à double voie dans le milieu pour le croisement des deux trains de wagons ; deux voies dans la moitié supérieure avec un rail commun dans le milieu, et enfin deux portions à deux voies séparées en haut et en bas pour le stationnement des trains.

Le mécanisme consiste dans une corde un peu plus longue que le plan, aux extrémités de laquelle sont attachés les deux trains de wagons, et qui est soutenue de distance en distance sur de petites poulies verticales, placées dans le milieu de la voie. Cette corde s'enroule sur un tambour vertical ou horizontal, ou sur une grande poulie à gorge en fonte, placée en haut du plan sous un palier dans une cage en maçonnerie. Lorsque le mouvement des wagons s'accélère trop, on modère la vitesse de la grande poulie au moyen d'un frein, et si ce moyen paraît insuffisant, un homme placé sur le dernier wagon descendant agit sur les roues au moyen d'un autre frein. Quelquefois on donne au plan, dans sa partie inférieure, une légère contre-pente dans le même but.

Lorsque ce sont les voitures chargées qui doivent remonter le plan incliné, on les remorque au moyen d'une machine à vapeur fixe placée en haut du plan et qui met en mouvement un tambour horizontal sur lequel vient s'enrouler la corde à l'extrémité de laquelle est attaché le train des voitures. L'axe de ce tambour doit être perpendiculaire à la direction de la voie, et assez élevé pour que les voitures puissent librement passer dessous. Lorsque le chemin est à une seule voie, les voitures vides en descendant ramènent la corde au bas du plan. Lorsque le chemin est à deux voies on emploie deux tambours qui tournent en même temps et dans le même sens ; mais l'une des cordes passe en dessus et l'autre en dessous, en sorte que l'une descend quand l'autre monte, et réciproquement: on peut également au lieu de tambours se servir, comme pour le plan automoteur, de grandes poulies mues par la machine à vapeur au moyen de roues d'angle. Si l'inclinaison du plan n'est pas assez forte pour que les wagons descendans entraînent la corde par leur propre poids, on ajoute au bas du plan incliné une grande poulie de renvoi, sur laquelle passe une seconde corde que l'on attache à l'arrière du convoi montant et à l'avant du convoi descendant. De cette manière la même machine à vapeur les entraîne tous deux. Au lieu de deux cordes on peut n'avoir qu'une seule corde sans fin, comme au grand plan incliné de Liverpool. Comme sa longueur est sujette à varier avec l'humidité et avec les efforts que la traction exerce sur ses fibres, elle est maintenue dans un degré constant de tension par un contre-poids qui descend librement dans un puits.

S'il se rencontre sur la ligne d'un chemin de fer un seuil qui n'ait pas une grande largeur, et que les pentes des deux versans soient assez fortes pour que les wagons vides puissent entraîner la corde à la descente, on peut n'employer qu'un seul tambour mu par une machine à vapeur servant alternativement pour l'un et l'autre plan. Mais le plus souvent, pour descendre la corde, on est obligé de recourir à un procédé analogue à celui que je viens d'indiquer pour les plans inclinés isolés, c'est-à-dire à de grandes poulies de renvoi placées au bas de chacun des plans.

Les manœuvres auxquelles obligent la remonte et la descente des convois sur les plans inclinés, nécessitent l'emploi de signaux pour avertir d'une extrémité à l'autre si la voie est libre ou embarrassée. De simples télégraphes suffisent, lorsque du sommet on peut apercevoir la partie inférieure : mais lorsque des obstacles intermédiaires s'opposent à la transmission directe des signes, on a recours à d'autres moyens. Aux plans inclinés de Liverpool, dont il n'est pas possible de voir les deux extrémités à-la-fois, à cause des souterrains dans lesquels ils sont pratiqués, l'avertissement pour le départ est donné d'en bas au moyen d'un tuyau qui parcourt toute la longueur du plan. L'extrémité inférieure de ce tuyau est en communication avec une caisse remplie d'air et sur laquelle porte un chapeau semblable à celui des gazomètres. L'extrémité supérieure est terminée en forme de sifflet et débouche dans le bâtiment de la machine à vapeur. En pesant sur le chapeau de la caisse, on refoule l'air dans le tuyau, et il sort par le haut en donnant un coup de sifflet qui avertit le mécanicien que le train est disposé pour monter et que la machine peut fonctionner.

Il n'est pas possible de dire d'une manière précise quelle est l'inclinaison de la pente d'un chemin de fer au-delà de laquelle le plan doit prendre le nom de plan incliné proprement dit, si l'on entend par là un plan sur lequel la traction se fait nécessairement avec des appareils fixes. La limite varie avec la longueur de la pente et la vitesse que l'on veut imprimer aux transports. Ainsi, sur des pentes de 15 millièmes assez courtes, et pour un chemin où l'on n'aurait pas besoin de dépasser une vitesse de 18 à 20 kilomètres par heure, l'emploi des machines fixes est inutile. On peut même pour cette vitesse modérée et sur des pentes fort longues, adopter un système de locomotives à petites roues, comme sur plusieurs lignes aux États-Unis de l'Amérique du Nord. On voit un remarquable exemple de la puissance que peuvent avoir des locomotives de cette espèce sur le chemin de fer de Birmingham à Gloucester, en Angleterre. Une différence de niveau d'environ cent mètres est rachetée sur cette ligne par un plan dont l'inclinaison est de 27 millimètres par mètre et la longueur de trois à quatre kilomètres. Une locomotive à petites roues y remorque, à la vitesse moyenne de 25 kilomètres par heure, un convoi de cinq voitures de voyageurs ou un train de marchandises portant 52 tonnes. Afin d'augmenter l'adhérence des roues de la locomotive, on a supprimé le tender, et la machine porte elle-même l'eau et le coke destinés à son alimentation. Cependant beaucoup d'ingénieurs pensent que sur les chemins de fer à grande vitesse, dès qu'une pente doit dépasser le point où les voitures peuvent descendre sans le secours d'aucune impulsion, il devient convenable d'employer les machines fixes. Sur le chemin de Londres à Bristol, M. l'ingénieur Brunel n'a pas hésité à le faire pour une pente qui ne dépasse pas neuf millièmes et demi.

Ce serait une erreur de considérer comme plus dangereux que les pentes faibles, les plans à câbles dont l'inclinaison ne dépasse pas une certaine limite. La seule crainte que l'on puisse avoir en effet c'est que le câble venant à se rompre, les voitures abandonnées à elles-mêmes ne descendent avec une rapidité compromettante pour la vie des voyageurs. Ce danger existe sur les plans à câbles dont l'inclinaison s'élève à plus de trois à quatre centièmes, et dont la longueur est fort grande. Mais sur des plans dont l'inclinaison ne dépasse pas 12 à 15 millièmes, et surtout sur ceux qui n'ont pas à racheter une différence de niveau de plus de 25 mètres, la vitesse que peut prendre un convoi à la descente abandonné à lui-même, n'équivaut jamais à celle qu'on lui imprime en toute sécurité sur les parties horizontales ou sur les pentes faibles avec les locomotives.

Une rupture du câble n'est guère à craindre pour les convois de voyageurs toujours beaucoup plus légers que ceux de marchandises : elle supposerait d'ailleurs une négligence inadmissible dans le service du chemin. En outre, il faut remarquer que l'action des freins dans le cas d'une vitesse de 3 à 4 mètres par seconde, comme celle du parcours sur les plans inclinés, est tellement sûre, qu'il faudrait admettre un dessein criminel de la part des conducteurs d'un train, pour qu'il pût être emporté avec une grande vitesse par le pouvoir de la gravité. Le seul inconvénient des plans inclinés est donc dans le retard qu'ils apportent dans la marche des convois ; car il est certain qu'on ne peut les franchir avec la même vitesse que les pentes faibles. Cependant si le terrain est disposé de telle sorte qu'il soit possible de maintenir le chemin sous des inclinaisons très faibles et qui ne dépassent pas quatre millièmes, et d'accumuler sur un petit nombre de points les fortes différences de niveau à racheter, l'adoption des plans inclinés est souvent préférable à une répartition de pentes plus uniformes qui élèverait l'inclinaison générale du chemin au-dessus de quatre millièmes. L'accélération, que l'on peut donner aux convois facilement et sans danger sur les pentes faibles, compense dans ce cas la légère perte du temps absorbé par le ralentissement sur les plans à câbles. Il n'en serait pas de même sur une longue pente de sept à huit millièmes par exemple. La descente peut s'y accélérer par l'effet de la gravité, d'une façon qui rende difficile l'emploi des freins ; la remonte y sera toujours plus lente et plus pénible même avec une locomotive de renfort, et elle fatiguera beaucoup plus le chemin. Malheureusement on n'est pas toujours maître de répartir ainsi les pentes d'un chemin de fer. Celles-ci sont souvent commandées impérieusement par la disposition du sol : et d'ailleurs les ingénieurs ne sont pas tous également habiles dans l'art de résoudre les difficultés que présente le tracé d'un chemin de fer.

Les résistances énormes auxquelles donne lieu l'emploi des câbles sur les plans inclinés ont fait penser que le nouveau système de remorquage connu sous le nom de chemin de fer *atmosphérique* (*Voyez* ATMOSPHÉRIQUE) pourrait être appliqué avec succès à leur service. Cette question n'a pas encore été complétement résolue par la pratique.

INCRUSTATIONS. Toutes les eaux employées à l'alimentation des chaudières contiennent une quantité plus ou moins grande de sels terreux qui tendent à se déposer par l'évaporation et à former des amas le long des parois inférieures. Ce sont précisément ces parois qui sont le plus exposées à l'action du feu. Les dépôts formant des croûtes épaisses, lorsqu'on ne les enlève pas fréquemment, sont extrêmement dangereux; car, en s'interposant entre l'eau et la paroi métallique, ils s'opposent à la transmission de la chaleur, augmentent la dépense de combustible, et exposent la chaudière à se rougir et à brûler. On verra au mot *Nettoyage* les procédés employés pour prévenir la formation des incrustations et les enlever.

INDEMNITÉ. Somme d'argent, ou toute autre compensation, équitablement accordée à celui auquel on occasionne un préjudice. L'expropriation des terrains et propriétés bâties, à laquelle donne lieu la construction d'un chemin de fer est un cas d'indemnité. Des indemnités sont dues également à un propriétaire qui, sans être définitivement exproprié, a été temporairement troublé dans sa jouissance par le fait des travaux. Les indemnités qu'entraîne l'exécution d'un chemin de fer doivent, autant que possible, se régler en argent ou en travaux dont la dépense est une fois payée, mais jamais en servitudes. Ainsi, par exemple, il arrive fréquemment qu'on traversant une propriété close on obtient du propriétaire de lui payer pour la perte et la dépréciation de son terrain une moins forte somme, à la condition de lui rétablir ses clôtures et de lui donner, soit au-dessus, soit au-dessous du chemin de fer, des passages au moyen do ponts. De semblables transactions sont fort acceptables en l'espèce : mais il n'en serait pas de même s'il s'agissait de consentir à quelque servitude telle qu'un passage de niveau ou le parcours libre sur une certaine longueur du chemin. On doit être très sobre de passages de niveau : quant au consentement au parcours en long, je ne le conseillerai jamais.

INDICATEURS D'EAU. Petits robinets placés sous la main du mécanicien à différentes hauteurs sur la paroi de la chaudière d'une machine. Il les ouvre de temps en temps pour s'assurer à quelle hauteur s'élève l'eau dans l'intérieur de l'appareil. Ces petits robinets sont destinés à suppléer aux indications quelquefois incertaines du niveau d'eau, qui est aussi un *indicateur*. Ils sont surtout utiles dans les locomotives : on en voit deux désignés par les lettres *g g* dans la locomotive de la *Planche VI*.

INGÉNIEUR. C'est celui qui trace et qui dirige l'exécution des travaux qui se rapportent aux constructions ou qui exigent l'emploi des arts mécaniques. La dénomination d'ingénieur est extrêmement vague. Aussi, bien qu'elle ait été réservée pour certains services publics tels que ceux des ponts-et-chaussées et des mines, et en général pour la plupart de ceux qui s'alimentent à l'Ecole Polytechnique, on ne doit nullement s'étonner de la voir adopter par un grand nombre d'autres savans et artistes de professions libres et dont les travaux ont de l'analogie avec ceux des ingénieurs des corps constitués. De là est venue en France la qualification d'*ingénieur civil* par assimilation avec l'Angleterre, où les travaux civils ne sont pas confiés à un corps spécial comme dans notre pays. Je suis loin de nier que l'on ait abusé de cette qualification : c'était la conséquence inévitable de la liberté que chacun avait de la prendre, sans être astreint à justifier de ses titres. Mais d'un autre côté il faut reconnaître que souvent les ingénieurs des corps constitués, par suite d'une vanité puérile ou d'un esprit de morgue toujours déplacé chez le vrai talent, ont refusé la qualité d'ingénieur à des hommes qui avaient fait leurs preuves d'une manière éclatante.

La variété des travaux auxquels se livrent les hommes désignés sous le nom d'ingénieurs permet de les classer de la manière suivante :

Ingénieurs *géographes*. Ce sont ceux qui lèvent la carte d'un pays. Ces fonctions sont remplies en France par le corps royal d'état-major auquel les ingénieurs géographes ont été réunis.

Ingénieurs *hydrographes*. Ils forment un corps à part placé dans les attributions du ministère de la marine : ils sont chargés de la reconnaissance et de la description des côtes maritimes, ports, rades, îles, etc.

Ingénieurs du *cadastre*. On les appelle aussi géomètres du cadastre : leurs fonctions consistent dans le lever des plans détaillés du territoire (*Voyez* CADASTRE).

Ingénieurs *militaires*. Ils sont chargés des reconnaissances militaires, de la construction, de l'entretien des fortifications, routes stratégiques, ponts et autres moyens de communication destinés à assurer les mouvemens d'une armée. Ces fonctions sont remplies en France par les officiers du génie militaire, et quelquefois pour les travaux de campagne par les officiers d'artillerie.

Ingénieurs *constructeurs de vaisseaux*. Leur nom indique suffisamment la nature de leurs attributions.

Ingénieurs des *ponts-et-chaussées*. Ils forment un corps royal dont les sujets sont pris parmi les élèves de l'École Polytechnique : ils sont chargés de la construction et de l'entretien des voies de communication de toute espèce placées dans le domaine de l'État, telles que routes royales et départementales, ponts, bacs, rivières, canaux et chemins de fer. La construction et l'entretien des places et ports maritimes leur appartiennent également. Ce corps forme la plus importante section du ministère des travaux publics. Les ingénieurs des ponts et chaussées se divisent hiérarchiquement en inspecteurs généraux, inspecteurs divisionnaires, ingénieurs en chef de 1re et 2e classe, ingénieurs ordinaires de 1re et de 2e classe, aspirans-ingénieurs et élèves-ingénieurs. Il y a aussi des inspecteurs divisionnaires adjoints et des ingénieurs en chef *directeurs*. Ces derniers sont des ingénieurs en chef auxquels on donne temporairement ce titre lorsque, par suite de l'importance du service dont ils sont chargés, ils ont des ingénieurs en chef sous leurs ordres. D'après le budget des dépenses du ministère des travaux publics, l'effectif des ingénieurs et élèves de tout grade en service actif, dans le corps royal des ponts-et-chaussées, doit être de 639 en 1843 et de 653 en 1844.

Ingénieurs *des mines*. De même que les précédens, ils forment un corps royal dont les sujets sont pris parmi les élèves de l'École Polytechnique. Ils sont chargés de lever les cartes géologiques et minéralogiques du pays, de surveiller l'emploi des machines à vapeur, et les exploitations de mines, minières et carrières. La composition hiérarchique du corps royal des mines est la même que celle du corps royal des ponts-et-chaussées; seulement il n'admet pas d'inspecteurs divisionnaires. La surveillance générale du matériel d'exploitation des chemins de fer a été placée entre les mains d'un ingénieur du corps royal des mines. L'État ne possédant point d'exploitations minéralurgiques, les ingénieurs du corps des mines n'ont jamais lieu d'exploiter par eux-mêmes, à moins qu'ils ne quittent momentanément ou pour toujours le service public : leur rôle se réduit à une simple surveillance. Les exploitations des mines, minières, etc., sont faites par des ingénieurs libres qui prennent aussi le nom d'ingénieurs civils. L'effectif du corps royal des mines se compose d'environ 100 ingénieurs et élèves de tout grade.

Ingénieurs *des chemins vicinaux*. On les appelle aussi agens voyers; leurs fonctions à l'égard des chemins vicinaux sont les mêmes que celles des ingénieurs des ponts-et-chaussées par rapport aux routes royales et départementales. Ils sont placés dans les attributions du ministère de l'intérieur et ne forment point un corps constitué pour tout le royaume : ils sont hiérarchisés entre eux par départemens ou par arrondissemens.

Ingénieurs *mécaniciens*. Ce sont des ingénieurs civils qui se livrent à l'étude et à la pratique des arts mécaniques : ils se confondent dans certains cas avec les ingénieurs *manufacturiers* qui sont quelquefois plutôt chimistes que mécaniciens. Les fabricans de machines ou d'instrumens et outils de précision prennent le nom d'ingénieurs et peuvent rentrer dans la classe des ingénieurs mécaniciens. Il convient toutefois d'en distraire les ingénieurs *opticiens* qui se livrent plus particulièrement à la fabrication des instrumens d'optique, comme l'indique leur nom. Une importante variété des ingénieurs mécaniciens, sont les ingénieurs *hydrauliciens* qui s'occupent spécialement de l'art de conduire et de distribuer les eaux, pour les utiliser soit comme agent mécanique, soit comme moyen d'agrément et de salubrité.

INSPECTEUR. Celui qui est chargé d'examiner un travail et le personnel qui y est attaché, et de faire connaître le résultat de cet examen à l'autorité compétente.

Il y a actuellement dans le corps royal des ponts-et-chaussées sept inspecteurs généraux, seize inspecteurs divisionnaires, et six inspecteurs divisionnaires adjoints. Dans le corps royal des mines, il n'y a que des inspecteurs généraux : ils sont au nombre de huit.

Tous ces inspecteurs résident à Paris. La réunion de ceux qui appartiennent aux ponts-et-chaussées forme, sous la présidence du ministre des travaux publics, et en son absence sous celle du sous-secrétaire d'état de ce département, le conseil général des ponts-et-chaussées. Ceux du corps des mines forment de même le conseil général des mines.

Le territoire français est partagé, pour le service des ponts-et-chaussées, en quinze divisions comprenant chacune un certain nombre de départemens. Chaque année ces divisions sont visitées par des inspecteurs divisionnaires chargés de s'assurer de l'état des travaux et de la situation du personnel des ingénieurs. Le service des mines est partagé également en six divisions, dont les circonscriptions sont tout à fait indépendantes de celles des ponts-et-chaussées, et qui ont été établies dans un but analogue. Comme il n'y a dans le corps des mines que des inspecteurs généraux, ce sont eux qui sont chargés de la surveillance des travaux dans ces divisions.

Sur les six inspecteurs divisionnaires adjoints du corps des ponts-et-chaussées, l'un est chargé du service des phares : les cinq autres sont chargés de l'exécution de la loi du 11 juin 1842 relative aux grandes lignes de chemins de fer. Le territoire a été partagé entre eux de la manière suivante :

1re inspection : Lignes de Paris au Havre, en Belgique et sur l'Angleterre par le littoral de la Manche ;

2° inspection : Lignes de Paris à Strasbourg et à Dijon, et de Dijon à Mulhouse.

3° inspection : Lignes de Paris à Orléans, Tours et Nantes ;

4° inspection : Lignes de Tours à Bordeaux et à Bayonne, de Bordeaux à Toulouse, et de Paris sur le centre de la France, à partir d'Orléans ;

5° inspection : Lignes de Dijon à Marseille et de Toulouse à Marseille.

INSTRUMENT. Nom sous lequel les ingénieurs désignent certains outils perfectionnés destinés à suppléer par leur précision à la faiblesse ou à l'incertitude des organes humains. Tels sont les instrumens de mathématiques qui comprennent les règles, équerres, compas, tire-lignes, cercles, rapporteurs, pantographes, etc., et qui servent à tracer sur le papier ou sur toute autre surface des figures précises et régulières. Tels sont encore les instrumens d'optique qui comprennent les niveaux de toute espèce, boussoles, graphomètres, planchettes, mires, etc., et qui servent à déterminer les formes d'un terrain, son étendue, et les travaux à y exécuter.

INTÉRÊT. Somme payée au prêteur pour le loyer d'un capital. L'intérêt légal est fixé en France pour les transactions civiles à cinq pour cent, et pour les transactions commerciales à six pour cent. Ces dispositions sont ordinairement éludées dans les contrats de prêt : l'intérêt perçu par le prêteur est dissimulé sous forme de primes, commissions, etc., qui le portent à un taux beaucoup plus élevé.

Le Conseil d'État a admis comme jurisprudence habituelle que les actionnaires des sociétés anonymes de chemins de fer (*Voyez* ACTION) recevraient pendant le temps des constructions, c'est-à-dire avant que l'entreprise ne donnât aucun produit, un certain intérêt pour les avances faites par eux contre remise des titres d'action.

J

JALONS. Grandes perches ou piquets dont on se sert pour tracer sur le terrain les lignes d'opération de nivellement, d'arpentage, etc. Dans les tracés d'exécution des chemins de fer, les grands alignemens sont déterminés de distance en distance et aux extrémités par de forts jalons. Ce sont de véritables mâts surmontés d'une flamme et assujettis dans un petit massif en maçonnerie. Les personnes qui par malveillance ou pour toute autre cause arracheraient ces jalons ou les déplaceraient, s'exposent à être poursuivies devant les tribunaux de police.

JAMBES DE FORCE. Pièces de bois verticales ou peu inclinées qui servent à consolider une charpente et à l'assurer contre les poussées latérales qui tendraient à la renverser. On fait aussi des jambes de force en fer ou en fonte.

On donne aussi le nom de *jambes* à des piliers verticaux en pierre qui supportent un bâtiment.

JANTE. Cercle extérieur qui réunit les bras ou rayons d'une roue et par lequel celle-ci s'appuie sur le sol. On distingue dans les roues de voitures deux espèces de jantes, les jantes plates et les jantes creuses. Sur les routes ordinaires les jantes des roues sont formées d'un cercle en bois assemblé avec les rayons de la roue, et garni d'un cercle en fer plat fixé au cercle en bois par des boulons à tête noyée dans l'épaisseur du métal.

Les jantes creuses à un seul rebord sont exclusivement employées pour les roues des voitures des chemins de fer, à l'exception des grandes roues motrices de la locomotive que l'on fait souvent à jantes plates, les rebords des autres roues étant considérés comme suffisans pour guider la machine sur les rails.

La figure ci-dessous donne la coupe faite, suivant l'axe d'une roue

motrice de locomotive à jante plate. La jante se compose de deux parties : la jante proprement dite et sa frette. La jante, dans laquelle viennent s'assembler les rayons de la roue, est en fonte et évidée tout autour à sa partie inférieure pour diminuer son poids.

La frette est un cercle de fer plat assemblé à chaud avec la jante et fixé sur elle par des boulons à tête noyée. Cette roue ne diffère de la roue à rebord que par la frette en fer forgé qui dans cette dernière porte un rebord au lieu d'être plate.

JET. C'est par l'introduction du jet de vapeur dans la cheminée des locomotives que l'on parvient à obtenir dans le foyer un tirage puissant. La vapeur, en sortant du tuyau d'échappement à une grande vitesse, forme un courant qui entraîne avec lui les gaz sortant du foyer et appelle une masse d'air qui se précipite à travers la grille et active la combustion.

JEU. Nom sous lequel on désigne le mouvement d'une machine ou de quelqu'une de ses parties. Cette expression dans ce dernier cas s'applique plus ordinairement à des pièces dont le mouvement est alternatif. Ainsi on dit le jeu des tiroirs, le jeu d'un piston, etc.

JOINT. Dans les constructions, un joint est l'espace étroit compris entre les surfaces de contact de deux pièces juxta-posées. Les joints de maçonnerie sont remplis avec du mortier dans le but d'assurer l'adhérence, la liaison et la solidarité de toutes les parties de l'ouvrage. Les surfaces de contact des pierres de taille sont généralement plates, ou taillées suivant des courbes régulières, selon la nature de l'appareil. Après que la pose première de la maçonnerie est terminée, il est bon de regratter le mortier qui affleure à l'extérieur des joints, et de les garnir ensuite de ciment. C'est l'objet du RE-JOINTOIEMENT (*Voyez* ce mot). Dans la maçonnerie de moellons, les joints sont larges, irréguliers et beaucoup plus nombreux que dans la maçonnerie de pierre de taille.

Les joints de charpente sont ordinairement garnis de tenons et mortaises de diverses formes qui servent à unir les pièces. Dans les ouvrages délicats on ne se contente pas de cette précaution, on assure encore l'union des pièces en introduisant dans le joint de la colle forte.

On donne le nom de *joints* en mécanique aux articulations de diverses formes qui unissent entre elles les pièces destinées à prendre l'une par rapport à l'autre un certain mouvement, sans cesser d'être solidaires. Telles sont les fourchettes, charnières, manchons d'assemblage, joints sphériques, coniques, etc. On appelle joint ou *jointure universelle*, un mode d'assemblage qui permet à un arbre de machine de transmettre un mouvement de rotation à un autre arbre dont l'axe est situé dans un plan différent, sans avoir besoin d'employer l'engrenage conique. C'est une espèce de levier coudé.

JOUES DE COUSSINET. Dans les coussinets des chemins de fer les joues sont les parois latérales entre lesquelles le rail est maintenu au moyen de coins. Dans les coussinets d'arbres de machines ou autres, les joues sont les deux parties du coussinet que l'on réunit et que l'on serre au moyen de boulons contre la pièce qu'elles doivent embrasser.

Journée. La connaissance du nombre d'heures dont se compose la journée de travail d'un ouvrier, le prix que l'usage a consacré pour ce temps, la quantité d'ouvrage que l'ouvrier peut faire dans sa journée sont des élémens indispensables à connaître pour baser l'évaluation d'un travail. Ces divers élémens varient selon les localités, selon l'habileté de l'ouvrier, et selon la nature de son travail. Il est rare que l'on trouve avantage à payer les ouvriers à la journée, même lorsqu'ils sont bien surveillés. A moins qu'il ne s'agisse d'ouvrages délicats dans lesquels on craint par-dessus tout les malfaçons, il vaut toujours mieux traiter à la tâche. On peut cependant sans inconvénient payer les ouvriers à la journée lorsque leur travail est impérieusement réglé par le mouvement d'une machine indépendante de leur volonté. Ce dernier cas est celui des usines où la vapeur est employée comme moteur.

Juridiction. Le soin d'appliquer les lois est dévolu à un certain nombre de tribunaux de différentes espèces. Les faits qui peuvent être portés devant les uns, ne peuvent pas l'être devant les autres : d'après la division de leurs attributions, ils n'auraient pas le droit d'en connaître. En outre, il y a entre les tribunaux chargés de veiller à l'exécution de chaque partie de la législation, une hiérarchie en vertu de laquelle on peut appeler, dans des formes déterminées, de la décision d'un tribunal au tribunal supérieur. Ces diverses catégories constituent la juridiction. Dans les matières civiles et criminelles, la juridiction se partage en juridiction ordinaire et en juridiction extraordinaire. Les tribunaux ordinaires pour le civil sont les justices de paix, les tribunaux de première instance et les cours royales ; les tribunaux extraordinaires ou d'exception sont les conseils de prud'hommes, tribunaux de commerce, conseils de préfecture, la cour des comptes, la cour de cassation et le conseil d'état. Les tribunaux ordinaires pour le criminel sont les tribunaux de simple police, ceux de police correctionnelle et les cours d'assises : les tribunaux extraordinaires ou d'exception sont les tribunaux militaires ou maritimes et la cour des pairs.

La juridiction administrative s'exerce, pour les mesures réglementaires et de police, par les maires, sous-préfets, préfets et ministres, enfin par le roi qui est le chef suprême de toute administration. En matière contentieuse la juridiction administrative est exercée par les conseils de préfecture, et dans certains cas exceptionnels par des commissions extraordinaires nommées par les préfets ou les ministres, sauf appel au roi en son conseil d'état jugeant sur le fond et sur la forme.

JURISPRUDENCE. C'est l'habitude d'interpréter, conformément à leur esprit, des lois et ordonnances dont le texte est incomplet ou insuffisant, et de les appliquer convenablement en vertu d'arrêts et de décisions antérieures à toutes les espèces qui se présentent. La jurisprudence est le complément de la législation : dans les matières nouvelles, c'est elle qui la provoque, qui la crée et qui lui sert de base. La jurisprudence n'a rien d'absolument fixe en elle-même : elle peut varier par suite d'un examen plus approfondi des questions à juger. Mais lorsqu'un tribunal modifie sa jurisprudence, il a le plus grand soin d'en déduire les motifs avec détail, pour qu'ils soient bien compris.

JURY. Le réglement des indemnités, dues par suite d'expropriation pour cause d'utilité publique, a lieu, en cas de contestation entre les parties, par un jury spécial institué à cet effet. La composition de ce jury, ses attributions et son mode d'action sont spécifiés par le titre IV de la loi du 3 mai 1841 sur l'expropriation (*Voyez* EXPROPRIATION).

K

KILOGRAMME. Poids de mille grammes. Le kilogramme équivaut à un peu plus de deux livres anciennes : il sert d'unité de poids pour les usages ordinaires.

KILOGRAMMÈTRE. Unité qui sert à mesurer la valeur d'une force. Elle équivaut à un kilogramme élevé à la hauteur d'un mètre.

KILOLITRE. Mesure de capacité qui équivaut à mille litres, ou autrement dit, à un mètre cube.

KILOMÈTRE. Longueur de mille mètres. Le kilomètre équivaut à peu près au quart de la lieue ancienne. Il sert d'unité pour la mesure des distances géographiques. Les tarifs de voyageurs et marchandises sur les chemins de fer sont établis par kilomètre. Un kilomètre entamé se paie comme s'il était parcouru entièrement.

L

LACET (MOUVEMENT DE). Oscillations transversales auxquelles sont sujettes les voitures des chemins de fer, et qui sont très fatigantes pour les voyageurs. Ces oscillations proviennent en grande partie du jeu que l'on est obligé de donner aux roues à rebord entre les rails, pour que ces rebords ne frottent pas continuellement des deux côtés, ce qui donnerait un tirage énorme. Elles sont encore augmentées, sur les chemins dont le matériel n'est pas bien entretenu, par le jeu que les essieux peuvent prendre dans le sens de leur longueur, dans leurs coussinets. Enfin, elles proviennent aussi d'une imperfection dans la pose de la voie. Les chemins dont les rails sont posés sur longrines, surtout lorsqu'ils sont en outre reliés de distance en distance par des traverses, donnent lieu à un mouvement de lacet beaucoup moins considérable que les autres. On a remarqué également que ce mouvement était singulièrement diminué sur les chemins dont la voie était plus large que celle qui a été généralement adoptée en France et en Angleterre. Il est à peu près nul sur le chemin de Londres à Bristol et Exeter (*Great-Western railway*), dont la voie a 2^m, 13 de largeur.

LACUSTRE. Bassin hydrographique dont le réservoir commun est un lac ou une mer.

LAITIERS. Scories qui s'écoulent à l'état de fusion, des fourneaux où l'on fabrique la fonte et le fer. Lorsqu'ils sont bien fluides on peut s'en servir pour la fabrication des briques, pourvu toutefois qu'ils ne contiennent pas de sulfures. Certains laitiers donnent des briques assez réfractaires pour pouvoir être employées avec succès au revêtement de l'intérieur des hauts-fourneaux.

LAITON ou CUIVRE JAUNE. Alliage de cuivre et de zinc : il contient ordinairement environ un tiers de zinc et deux tiers de cuivre. Cet alliage, quoique plus dur que le cuivre rouge, est malléable, aigre à la lime et au travail du tour, et convient parfaitement pour la confection d'objets façonnés. On s'en sert avec succès pour les boîtes à étoupes et coussinets. Les tubes de la chaudière de la locomotive sont ordinairement en laiton. Il est assez ductile pour pouvoir s'étirer en fil comme le fer, en conservant une assez grande ténacité. Le laiton jouit de cette singulière propriété que la trempe, au lieu de le durcir comme l'acier, le rend très mou. Il reprend sa dureté lorsqu'après l'avoir fortement chauffé on le laisse refroidir lentement.

LAMINAGE, LAMINOIR. La réduction des métaux ductiles en lames minces peut se faire de deux manières : 1° par le martelage ; 2° en les faisant passer entre deux cylindres placés parallèlement l'un contre l'autre, et assujettis à se mouvoir en sens inverse deux à deux. Suivant que ces cylindres laissent entre eux un intervalle plus ou moins grand, la lame obtenue par le passage du métal entre leurs arêtes est plus ou moins épaisse.

Cette dernière méthode, qui constitue le *laminage* proprement dit, est la seule employée aujourd'hui pour la fabrication des lames métalliques : Les cylindres dont je viens de parler sont les *laminoirs*. Mais les laminoirs ne s'appliquent pas seulement à la réduction d'un métal en feuilles. Employé pour la première fois il y a un demi-siècle en Angleterre dans la fabrication du fer (*Voyez* FER), le laminage s'est beaucoup répandu en France dans ces dernières années. Plus expéditif que l'étirage au marteau, donnant des formes plus régulières et des déchets moins considérables, il a été adopté par un grand nombre d'usines pour la production du fer en barres de toutes formes. Il est même aujourd'hui certaines formes que l'on n'obtient pas autrement : tels sont les rails en fer forgé. Les cylindres entre lesquels on fait passer la *loupe* à sa sortie des feux d'affinerie pour lui donner la forme de barre, sont de deux espèces et portent le nom de cylindres *dégrossisseurs* et cylindres *étireurs*. Ils sont en fonte truitée, et on les coule en coquille, pour leur donner une grande dureté.

Les cylindres dégrossisseurs ont des cannelures ovales et quelquefois rectangulaires, à angles arrondis : ils servent à réduire la loupe en grosses barres que l'on porte ensuite aux cylindres étireurs, où elles reçoivent leur forme définitive en passant successivement par une série de cannelures de plus en plus petites et dont la forme se rapproche de plus en plus de celle que doit avoir la barre amenée à l'état de rail. La longueur des rails ainsi obtenue est ordinairement de 4 à 5 mètres.

LÉGISLATION. Ensemble des lois, ordonnances, décrets et règlemens qui régissent une matière donnée, d'une manière générale et applicable à tous les objets de l'espèce. Ainsi, indépendamment des prescriptions particulières qui accompagnent l'autorisation d'établir uu chemin de fer ou une machine à vapeur dans un lieu déterminé, il y a des règles générales auxquelles cet établissement est soumis et dont il n'est permis dans aucun cas de s'écarter. L'indication de ces règles forme un des objets de ce livre. Quelque désirable qu'il soit d'avoir une législation complète et à l'abri de grandes variations, il n'est pas possible de l'obtenir dès aujourd'hui pour les chemins de fer et machines à vapeur. Chaque jour les progrès de l'industrie font naître des circonstances imprévues, créent de nouveaux besoins, et c'est en cherchant à y satisfaire que la jurisprudence et la législation, qui sont intimement liées, se développent à leur tour. C'est ainsi qu'après avoir modifié une première fois en 1833 la loi d'expropriation pour cause d'utilité publique, qui avait régi la matière sous la restauration, on s'est vu forcé huit ans après, en 1841, d'y ajouter des prescriptions nouvelles et plus favorables à un rapide développement des travaux industriels.

LEVIER. Une des machines connues dans les arts sous le nom de *machines simples*, parce que c'est de la combinaison de ces machines que résultent les appareils plus compliqués qui sont destinés à transmettre et à appliquer les forces. Le levier se compose d'une verge inflexible, droite ou courbe, mobile autour d'un de ses points rendu fixe au moyen d'un obstacle quelconque. Ce point fixe se nomme le *point d'appui* du levier. Outre ce point il y en a deux autres à considérer dans le levier, ce sont : le point d'application de la résistance qu'il s'agit de vaincre, et le point d'application de la force destinée à vaincre cette résistance.

On distingue trois espèces de levier, suivant les positions respectivement occupées par ces trois points; mais, quelles que soient ces positions, l'énergie avec laquelle la *puissance* et la *résistance*, appliquées à un levier, agissent l'une par rapport à l'autre, s'estime en raison des distances respectives de leurs points d'application au point d'appui du levier. Supposons, par exemple, qu'il s'agisse d'un levier rectiligne de quatre mètres de longueur, dont le point d'appui soit situé à un mètre de l'une des extrémités et par conséquent à trois mètres de l'autre. Supposons en outre que ce soit la résistance qui soit appliquée à l'extrémité la plus rapprochée du point d'appui et que cette résistance soit équivalente à un poids de trois kilogrammes : il suffira pour faire équilibre à cette résistance d'appliquer à l'autre extrémité du levier un poids d'un kilogramme.

Il semble au premier aspect que le levier échappe à la définition générale, en vertu de laquelle les machines sont considérées comme des agens destinés à transmettre la force, mais incapables de la créer. Il n'en est rien cependant, et si le lecteur veut se reporter à ce que j'ai dit ailleurs sur l'évaluation d'une *force*, il se rappellera que sa mesure n'est pas donnée seulement par la masse qu'elle met en mouvement, mais par la vitesse du mouvement qu'elle imprime à cette masse, et que c'est le produit de ces deux quantités multipliées l'une par l'autre, qui donne sa mesure réelle. Or, en reprenant l'exemple ci-dessus, on remarquera que le levier considéré est une espèce de fléau de balance, dont un des bras aurait un mètre de longueur, et l'autre trois mètres. Pour arriver à la position d'équilibre, ces deux bras formant ensemble une seule verge rigide, doivent osciller autour du point d'appui du levier. Ce point d'appui peut donc être considéré comme le centre commun de deux cercles dont l'un aurait un mètre et l'autre trois mètres de rayon, c'est-à-dire dont tous les élémens linéaires seraient dans le rapport d'un à trois. Ainsi quand le plus petit bras du fléau décrira un certain arc de cercle, l'extrémité de l'autre bras en décrira un trois fois aussi considérable dans le même temps; il marchera donc trois fois aussi vite. Nous aurons donc pour mesure de la *résistance* une masse de *trois* kilogrammes multipliée par la vitesse *un*, et pour mesure de la *puissance* une masse d'*un* kilogramme multipliée par la vitesse *trois* : produits qui sont numériquement égaux.

Ainsi que je l'ai dit tout à l'heure, on distingue trois espèces de levier, en raison des positions respectives du point d'appui, et des points d'application de la puissance et de la résistance.

Le levier de première espèce est celui dont il a été question dans l'exemple précédent. Le point d'application de la puissance est à une de ses extrémités; celui de la résistance, à l'autre extrémité; et le point d'appui entre les deux. On en voit un exemple dans la balance ordinaire : les ciseaux sont aussi un levier de la première espèce, dans lequel le clou qui joint les deux branches est le point d'appui.

Le levier de seconde espèce est celui dans lequel, la puissance étant toujours appliquée à l'une des extrémités, le point d'appui occupe l'autre, et la résistance s'applique entre les deux. Les pinces dont on se sert pour soulever les fardeaux, les couteaux de formiers dont une extrémité est fixée à un anneau, sont des exemples de leviers de la seconde espèce.

Enfin le levier de troisième espèce est celui dans lequel, la résistance étant appliquée à une des extrémités, le point d'appui est à l'autre, et le point d'application de la puissance entre les deux. On en voit un exemple dans les pincettes ordinaires de nos foyers.

LIEUE. Ancienne mesure de longueur dont l'usage est défendu par la loi. Elle a été remplacée par le kilomètre et le myriamètre (*Voyez* ces mots). On distinguait deux espèces de lieues : la lieue de canal qui avait cinq mille mètres de longueur et formait ce que l'on appelle une distance; et la lieue de poste ou de quatre mille mètres.

Il en fallait deux de celle-ci pour faire une poste. Dans le langage habituel on se sert encore du mot lieue, et même le cahier des charges du chemin de fer de Paris à Rouen désigne en lieues la vitesse minimum à imprimer aux convois de voyageurs payant les prix portés au tarif. Cependant la concession de cette ligne étant postérieure à l'époque où l'usage du système métrique est devenu de rigueur dans les actes publics, on comprend peu cette anomalie. La lieue dont il est question, toutes les fois qu'on parle de chemins de fer, est la lieue de poste ou de quatre mille mètres:

Ligne d'un chemin de fer. C'est à proprement parler l'axe, à droite et à gauche duquel sont placés les ouvrages dont il se compose. Par extension on substitue souvent dans le langage habituel le mot de ligne à celui de chemin de fer. Ainsi on dit la ligne de Paris à Orléans, la ligne de Saint-Etienne à Lyon, et ainsi des autres, pour dire le chemin de fer de Paris à Orléans, celui de Saint-Etienne à Lyon, etc.

Ligne de partage des eaux. *Voyez* Faîte.

Lignes de plus grande pente. Directions que suivent les eaux pour descendre d'un faîte à un réservoir inférieur, tel qu'un fleuve, une rivière, un lac ou une mer. Les lignes de plus grande pente sont toujours celles que suivent les eaux dans l'état de nature. Ce n'est que par des moyens artificiels, et en leur creusant des rigoles assez profondes pour qu'elles ne puissent en surmonter les bords, que l'on parvient à les soutenir contre la direction que leur imprime l'action de la gravité. Les lignes de plus grande pente jouissent de la propriété d'être toujours normales aux courbes horizontales que l'on tracerait sur le terrain qu'elles sillonnent. Elles ne sont donc point droites, mais elles affectent des courbes variées suivant les accidens du sol.

L'usage s'est introduit dans les cartes topographiques de représenter la configuration du sol par des hachures, qui ne sont autre chose que le dessin des lignes de plus grande pente. Plus un terrain est accidenté, plus la projection horizontale des lignes de plus grande pente se raccourcit. Dans les portions à pic cette projection se réduit à un point, puisque la ligne de plus grande pente devient verticale. Pour construire ces lignes de plus grande pente sur les cartes, on commence par lever sur le terrain des courbes horizontales à diverses hauteurs. On reporte fidèlement sur le papier leurs positions respectives et leurs sinuosités, et c'est alors que l'on trace entre elles les lignes de plus grande pente, en vertu de la propriété qu'elles ont d'être normales aux courbes entre lesquelles elles sont situées. Pour aider à la représentation des diverses inclinaisons du terrain sur une carte, on est dans l'usage de faire les hachures de plus en plus grosses à mesure que les courbes horizontales sont plus rapprochées en plan, c'est-à-dire suivant que les pentes sont plus raides. Telle est la méthode suivie exclusivement aujourd'hui pour les cartes du Dépôt de la guerre.

Ligne d'opération. Dans les tracés de chemin de fer, la ligne d'opération est celle que l'on jalonne sur le terrain et qui sert de base aux nivellemens et levés de plan. Dans l'exécution des travaux, la ligne d'opération se confond avec celle du chemin de fer lui-même.

Lime. Instrument qui sert à ajuster et à donner le dernier poli aux pièces métalliques destinées à être en contact dans les machines ; c'est une barre plate en acier fin et bien trempé, portant des cannelures faites au moyen d'un ciseau. Ces cannelures sont quelquefois simples et quelquefois croisées ; on les appelle les dents de la lime. Suivant qu'elles sont plus ou moins profondes et espacées, la lime est dite lime dure ou lime douce. La lime agit par frottement sur les pièces que l'on veut ajuster et polir.

Liquidation. Apurement des comptes d'une opération commerciale qui a cessé de fonctionner. La dissolution d'une société formée pour l'exploitation d'un chemin de fer ou d'une usine entraîne nécessairement une liquidation. Le mode de liquidation et les personnes par lesquelles elle doit être faite sont souvent prévus par les statuts. Quelquefois aussi on laisse à l'assemblée générale des actionnaires le soin d'aviser à cet égard. A moins de dissolution par suite de faillite, déconfiture, malversation, le mieux est de remettre le soin de la liquidation à celui ou à ceux qui ont administré la société pendant sa période d'activité.

Litre. Unité de mesure de capacité. Elle équivaut à un décimètre cube, c'est-à-dire à un cube qui aurait un décimètre de côté. C'est donc la millième partie d'un mètre cube. Le litre d'eau distillée pèse un kilogramme.

Livre. Ancienne unité de mesure française pour les poids : elle est abandonnée aujourd'hui et remplacée par le kilogramme qui pèse un peu plus de deux livres anciennes.

En Angleterre on se sert de la livre comme unité de poids. On en distingue de deux espèces : la livre *avoir du poids*, la plus communément usitée, qui pèse 453,4 grammes ; et la livre *troy* qui ne pèse que 373 grammes.

Locomoteurs (appareils). On désigne sous ce nom les appareils mécaniques qui servent aux transports en produisant eux-mêmes la force nécessaire à la traction. Tels sont les locomotives et les bateaux à vapeur. Les machines à vapeur fixes, qui remorquent les convois sur les plans inclinés des chemins de fer, rentrent, au point de vue de leur objet, dans la classe des appareils locomoteurs.

LOCOMOTION. Action de se transporter d'un lieu à un autre. On appelle art de la locomotion, l'art de transporter les hommes et les marchandises sur les voies de communication. Cet art, on le voit, est fort étendu : il exige l'étude de toute espèce de moteurs et de véhicules et de leurs appropriations aux diverses natures de voie, tels que routes, chemins de fer, canaux et rivières. Les progrès accomplis depuis l'introduction de la vapeur dans l'art de la locomotion, en ont fait une des parties les plus importantes de la science de l'ingénieur.

LOCOMOTIVE (MACHINE). Voiture qui porte le mécanisme et le moteur nécessaires pour la faire avancer sans le secours d'aucune autre impulsion. Le seul moteur, employé jusqu'ici avec un succès incontestable pour la propulsion d'une locomotive, est la vapeur. Cependant des essais ont été tentés dans ces dernières années pour remplacer la vapeur par l'air comprimé et par l'électricité ; mais il n'est pas encore possible de prévoir quels résultats pourront être obtenus à l'aide de ces deux moteurs, surtout du dernier.

Faire l'histoire de la locomotive à vapeur serait faire l'histoire presque tout entière des chemins de fer. Il n'y a lieu d'en excepter que cette période assez longue pendant laquelle les routes à rails, desservies par des chevaux, ont fait peu de progrès et sont restées affectées aux transports de quelques houillères anglaises. C'est du moment où la locomotive s'est introduite sur les chemins de fer que leur utilité pour les transports publics à grande vitesse a pu être comprise. Ce sont ses progrès qui résument et provoquent tous les perfectionnemens dont nous sommes témoins chaque jour dans l'art de la locomotion sur ces nouvelles voies.

On a essayé à diverses reprises d'appliquer la locomotive aux routes de terre ; mais jusqu'à présent les résultats n'ont pas répondu d'une manière complétement satisfaisante aux efforts et au génie des inventeurs. Il y a en effet une difficulté très grande à vaincre, c'est celle de l'irrégularité de la surface que présentent les routes ordinaires. Elles auraient besoin avant tout d'être grandement améliorées, pour que la locomotive en les parcourant ne risquât pas de se détraquer par les chocs et les soubresauts. Les moteurs animés, tels que le cheval, peuvent se plier à une grande variété de résistance. Mais il n'en est pas de même des mécanismes sortis de la main de l'homme, ils présentent toujours une rigidité peu compatible avec des chocs qui viennent rompre un mouvement continu.

, L'idée d'appliquer la vapeur au mouvement des voitures à roues a pris naissance en Angleterre; elle date de près d'un siècle. Le docteur Robinson, en 1759, à l'époque où il étudiait à l'université de Glascow, l'avait déjà conçue. En 1784, Watt, après avoir fait sur la force expansive de la vapeur des expériences fort remarquables, donna la description d'une machine fondée sur ce système, en indiquant le moyen de l'appliquer aux voitures. Toutefois, ce fut seulement en 1802, il n'y a guère plus de quarante ans, qu'un premier brevet fut pris par Tréwithick et Vivian, pour une locomotive applicable aux chemins de fer et aux routes ordinaires. Plusieurs obstacles s'opposèrent pendant longtemps aux progrès de cet appareil. Le premier fut la croyance où l'on était que l'adhérence des roues sur les rails serait insuffisante pour les empêcher de tourner sur elles-mêmes sans avancer; on chercha à y remédier par des clous à têtes saillantes, dont on garnissait leurs jantes, par des crémaillères placées le long des rails et avec lesquelles s'engrenaient des roues dentées, par des patins articulés qui tour à tour s'appuyaient sur le sol et se relevaient à la manière des jambes de l'homme et des animaux. Cette difficulté disparut le jour où M. Blackett (vers 1812) constata par des expériences décisives que l'adhérence des roues sur les rails était suffisante pour faire avancer la machine. Une autre difficulté était d'arriver, sans augmenter le poids et la masse de l'appareil d'une façon démesurée, à obtenir une grande puissance de vaporisation. Pour cela deux conditions étaient à remplir : avoir une grande surface de chauffe, et produire dans le foyer un tirage assez énergique pour entretenir une combustion très active, sans donner à la cheminée une grande élévation. Après une foule d'essais de toutes sortes sur la forme des chaudières et sur la disposition de leurs carneaux intérieurs, la première partie du problème fut résolue par l'adoption de la chaudière tubulaire, dont l'invention est due à M. Séguin aîné (*Voyez* CHAUDIÈRE). Enfin, la seconde condition fut remplie par l'introduction du jet de la vapeur dans la cheminée : cette disposition appartient à M. Robert Stephenson.

Telle qu'elle est aujourd'hui, la locomotive est une machine à vapeur à haute pression et sans condensation, munie d'une chaudière tubulaire fournissant la vapeur à deux cylindres horizontaux ou fortement inclinés, dans chacun desquels se meut un piston dont la tige communique un mouvement de rotation à un arbre à manivelles. Le foyer est placé à l'arrière de la chaudière, et la cheminée est fort courte, située à l'avant, au-dessus de la boîte à fumée ; elle reçoit aussi le jet de vapeur qui s'échappe des cylindres et dont le mouvement produit le tirage nécessaire à la combustion. Le foyer de la machine, sa chaudière, sa cheminée et le mécanisme nécessaire au jeu de la vapeur et aux transmissions du mouvement, sont portés par un grand cadre ou châssis qui repose sur deux, trois ou même quatre paires de roues. L'arbre à manivelles sert d'essieu à une de ces paires de roues, qui en tournant avec lui font avancer tout le système. L'eau et le combustible nécessaires à l'alimentation de la locomotive sont ordinairement portés sur un chariot d'approvisionnement qui la suit immédiatement et que l'on nomme *allége* ou *tender* (*Voyez* ALLÉGE).

Chacune des pièces dont se compose la locomotive formant l'objet d'une description détaillée dans ce livre, il me suffira de présenter ici une énumération sommaire des plus importantes, en priant le lecteur de se reporter aux *planches* VI et VII, auxquelles se rapportent les lettres indicatives qui vont suivre :

AA, corps principal de la chaudière cylindrique ;

BB, foyer ou boîte à feu ;

C, porte du foyer ;

DD, tubes qui traversent la chaudière dans toute sa longueur et portent à la cheminée la fumée et les autres gaz produits par la combustion ; leur nombre varie de 80 à 150 et au-delà ;

E, boîte à fumée ;

FF, pompe alimentaire et tuyaux qui amènent l'eau au tender ;

HH, soupapes de sûreté ;

J, robinets de décharge pour le nettoyage de la chaudière ;

K, cendrier ;

LL, niveau de l'eau dans la chaudière ;

M, dôme dans lequel se fait la prise de vapeur ;

N, tuyau de prise de vapeur ;

O, tuyau de distribution qui porte la vapeur aux tiroirs des cylindres ;

P, cylindres à vapeur dans lesquels se meuvent les pistons sous l'action de la vapeur ;

Q, cheminée de la locomotive ;

R, tuyère ou tuyau d'échappement, par lequel la vapeur s'élance dans la cheminée à la sortie des cylindres ;

S, boîtes à vapeur dans lesquelles se meuvent les tiroirs qui règlent son admission dans les cylindres ,

19..

T, arbre à manivelles ou essieu coudé qui porte les roues motrices, et sur lequel agissent les tiges Y de pistons par l'intermédiaire des bielles XX;

U, roues motrices de la locomotive; elles peuvent ne pas être à rebord;

V, roues montantes à rebord, qui maintiennent la machine sur les rails;

XX, bielles qui communique le mouvement de rotation à l'essieu coudé des roues motrices;

Y, tige des pistons, articulée avec la bielle qui agit sur l'essieu coudé;

Z, trou d'homme, par lequel un ouvrier peut s'introduire dans la chaudière pour la visiter et la nettoyer;

gg, robinets indicateurs de la hauteur de l'eau dans la chaudière;

ll, levier de changement de distribution de la vapeur;

m, manette du régulateur de la prise à vapeur;

m', régulateur de la prise de la vapeur;

n, manette qui commande le levier de changement de distribution de l'excentrique;

p, excentrique callé sur l'essieu coudé et qui communique le mouvement aux tiroirs à vapeur;

q, plongeur de la pompe alimentaire de la chaudière;

r, robinet servant à régler l'ouverture du tuyau qui amène l'eau du tender à la pompe alimentaire;

s, boîte à vapeur et tiroirs qui règlent son admission dans le cylindre;

tt, cadre ou châssis de la locomotive;

uu, guides faisant partie du cadre, entre lesquels peuvent monter et descendre les essieux, pour obéir aux oscillations des ressorts *c'c'*;

a', tirans en fer qui relient entre eux les guides des roues;

b'b', supports de la chaudière;

c'c', ressorts par l'intermédiaire desquels la machine porte sur les roues;

d', coussinets de cuir garnis de crin, pour amortir les chocs quand la locomotive rencontre une autre voiture;

e', galerie qui entoure le plancher sur lequel se tient le mécanicien pour régler le feu et les mouvemens de la machine.

On distingue trois espèces de locomotives : celles à quatre roues (*Planches* VI et VII), celles à six roues (*Planche* VIII) et celles à huit roues (*Planche* IX. Cette classification est la seule qui ait quelque importance pour les personnes étrangères aux arts mécaniques;

mais aux yeux des ingénieurs les locomotives se distinguent entre elles par beaucoup d'autres points. J'indique les principaux :

1° Par l'indépendance ou par l'accouplement des roues ; les deux paires de roues d'arrière dans la locomotive de la planche IX sont couplées ;

2° Par la forme du cadre qui supporte tout le système, par la position de ce cadre par rapport aux roues, et par la matière dont il est formé. Les locomotives représentées par les quatre planches VI, VII, VIII et IX, sont toutes trois à cadres ou châssis rectilignes en bois et placés en dehors des roues. J'ai indiqué au mot CADRE (*page* 92) une autre forme adoptée par MM. Sharp et Roberts, dans laquelle les jumelles du cadre sont ondulées. Quelques constructeurs, au lieu de placer le cadre en dehors des roues, le placent en dedans ; ils voient dans cette disposition un moyen de diminuer les chances de déraillement, en cas de rupture d'un essieu. Enfin le cadre, au lieu d'être en bois, peut être en fer, ce qui donne à la machine une certaine apparence de légèreté ;

3° Par la position des cylindres à vapeur : tantôt ils sont placés dans l'intérieur de la boîte à fumée (*Pl.* VI, VII et VIII) qui les garantit du contact de l'air extérieur ; tantôt ils sont placés en dehors (*Pl.* IX) et préservés du refroidissement seulement par une double enveloppe. Lorsque les roues de la machine sont couplées, les cylindres, au lieu d'être horizontaux, sont ordinairement inclinés. On en voit un exemple dans la planche IX.

4° Par la disposition des manivelles de l'essieu qui porte les roues motrices : cette disposition est la conséquence de la position des cylindres à vapeur. Lorsque ces cylindres sont placés dans l'intérieur de la boîte à fumée, les manivelles sont taillées à plein dans le corps de l'essieu entre ses fusées ; elles en font un arbre *coudé* (*Pl.* VII). Au contraire lorsque les cylindres sont en dehors, les bielles viennent s'articuler avec des manivelles placées à chaque extrémité de l'essieu, en dehors des fusées (*Pl.* IX) ;

5° Par la dimension de leurs cylindres, dont le diamètre varie de 23 à 40 centimètres et au-delà.

6° Par le mode de distribution de la vapeur, dont la prise se fait tantôt à l'avant, tantôt à l'arrière de la chaudière et quelquefois dans ces deux points en même temps. Les excentriques qui mettent les tiroirs en mouvement sont tantôt fixes, tantôt mobiles, tantôt au nombre de quatre et tantôt au nombre de deux seulement. La vapeur s'emploie avec ou sans détente. S'il y a détente, tantôt elle est fixe, tantôt elle peut se manœuvrer à volonté pendant la marche même de la machine ;

7° Par le nombre des tubes de la chaudière, par leur longueur, circonstances qui influent sur la dimension de la surface de chauffe de la machine, et par conséquent sur sa puissance de vaporisation.

Longrine. Pièce de charpente posée horizontalement dans le sens de la longueur d'un ouvrage. Les planchers des ponts en bois qui ont besoin d'une grande solidité, reposent sur les traverses ou *pièces de pont* par l'intermédiaire de longrines. Quelques ingénieurs emploient les longrines en bois pour y faire reposer les rails des chemins de fer au lieu les établir seulement sur des dés ou traverses. Ces longrines sont en outre reliées de distance en distance par des traverses. Ce système, dont la supériorité sur tous les autres ne saurait être niée, n'a d'autre inconvénient que d'être plus cher à cause de la grande quantité de bois qu'il absorbe. C'est le seul motif qui s'oppose à son adoption générale dans notre pays.

Lopins. Lorsque la fonte soumise à l'action du feu dans les fours à puddler est déjà parvenue à un certain degré de purification, la masse en fusion passe à l'état pâteux. A ce moment on la divise en gros fragmens dans l'intérieur même du four, afin de mettre toutes ses parties mieux en contact avec l'action des scories et du courant d'air qui achèvent de la purifier. Ce sont ces fragmens auxquels on donne le nom de lopins.

Loupe. Masse de fer provenant des feux d'affinerie et ayant la forme d'une grosse pelote. Elle a besoin d'être soumise au cinglage pendant qu'elle est encore chaude, pour que l'action du marteau en fasse jaillir le laitier (*Voyez* AFFINAGE).

Lumière. Ce mot est employé dans les machines comme synonyme de petit orifice ou conduit. Ainsi on appelle lumières les petits conduits par lesquels l'huile et la graisse des boîtes et récipiens descendent sur les tourillons qu'ils doivent entretenir dans un état d'onctuosité (*Voyez* BOÎTE A GRAISSE). On appelle aussi lumières les orifices par lesquels la vapeur entre dans le cylindre d'une machine et en sort après avoir agi sur le piston.

Lunette. La lunette employée dans les niveaux à bulle d'air et graphomètres, a pour but d'augmenter la portée de la vue ordinaire et de permettre de viser sur des objets placés à une grande distance, dont on veut déterminer avec précision la hauteur et la position. Elle se compose d'un tube métallique dans lequel sont enchâssées des lentilles de verre, disposées de manière à faire converger les rayons lumineux partant d'objets éloignés. La lentille placée à l'extrémité qui regarde l'objet se nomme l'*objectif*; les rayons lumineux, après avoir traversé l'objectif, viennent se croiser en un point situé en arrière et que l'on nomme son *foyer*. C'est en ce point, au centre même de l'image réelle, que l'on place deux fils d'araignée très fins et extrêmement déliés, faisant entre eux un angle droit et dont le point d'entre-croisement est dans l'axe de la lunette. Une autre lentille de verre placée du côté de l'œil de l'observateur porte le nom d'*oculaire*, et sert à recueillir et à porter à l'œil les rayons qui partent de l'image formée au foyer de l'objectif. Il résulte du croisement des rayons lumineux à ce foyer que l'image se peint dans l'œil renversée. Il suffit à la rigueur de deux lentilles, l'oculaire et l'objectif, pour composer une lunette. Mais comme les rayons, en passant à travers ces lentilles subissent un phénomène de diffusion des couleurs, on est obligé de former l'oculaire de deux lentilles placées à une distance convenable qui font disparaître les bandes colorées produites par cette réfraction.

LUTER. Garnir de terre grasse ou de toute autre matière imperméable ou réfractaire, les joints d'un appareil pour préserver de la déperdition de la chaleur ou du contact de l'air les matières soumises à une opération chimique.

M

MACHINE. Ensemble de pièces destinées à transmettre les effets d'une force et à leur faire produire un résultat utile. Quel que soit le nombre des pièces dont se compose un appareil conçu dans ce but, il a droit à la dénomination générique de machine. Cependant lorsque ces pièces se réduisent à une seule ou à un très petit nombre, on donne à l'appareil le nom particulier d'*outil*. De cette distinction résulte une première classification des machines, savoir : les machines proprement dites, les outils, et une classe intermédiaire, peu nombreuse autrefois, mais qui devient chaque jour plus importante par le perfectionnement des arts industriels; c'est celle des *machines-outils*. Dans la première classe rentrent les machines à vapeur, les machines hydrauliques, les manéges à chevaux, moulins, etc.; dans la seconde, les marteaux, haches, ciseaux, limes, etc.; et dans la troisième, les appareils plus compliqués destinés à faire sur une grande échelle le travail des outils : tels sont les tours, les machines à percer, à raboter, etc.

D'après la définition que je viens de donner des machines, il n'est pas possible de les confondre avec les moteurs. Ceux-ci engendrent la force ; celles-là la transmettent seulement, sans rien lui ajouter : elles en consomment même toujours une certaine portion qui échappe à l'effet utile, par suite des chocs et des frottemens des pièces dont se compose l'appareil. Cependant il arrive souvent que, dans le langage usuel, on confond les dénominations de *machine* et de *moteur*. Ainsi on dit qu'une usine a pour *moteur* une machine à vapeur, une turbine, un manége à chevaux, etc. C'est là tout simplement une locution abrégée, par laquelle on désigne à la fois le moteur réel et la machine qui reçoit directement et transmet son action. D'ailleurs, à proprement parler, par rapport aux pièces de détail qu'elle commande dans l'usine, la machine à vapeur ou la turbine est une véritable source de force, un moteur.

Indépendamment de la classification relative au nombre de leurs pièces et à l'importance de leurs organes, les machines se distinguent de plusieurs manières :

1° Par la nature du moteur qui les met en jeu. Les principaux moteurs employés dans les arts sont : l'homme, les animaux, le vent, l'eau et la vapeur. Les machines qui se rapportent aux trois premiers moteurs ne portent pas de noms particuliers; celles qui sont mues par le moyen de l'eau se nomment machines *hydrauliques*, et les dernières, machines *à vapeur*;

2° Par leur objet. Cette classification est extrêmement nombreuse et s'augmente chaque jour. Il serait impossible d'en donner ici la nomenclature. La seule qui intéresse mes lecteurs est la nomenclature des diverses espèces de machines à vapeur; on la trouvera dans l'article suivant. Je me contenterai de dire ici que, sous le point de vue de leur objet, ces dernières se partagent en trois classes : les machines fixes, les machines locomotives et les machines de navigation;

3° Par l'agencement de leurs organes. Cette classification n'est pas moins nombreuse que la précédente et tout aussi impossible à rapporter ici. Qui ne comprend en effet qu'étant donné un moteur et l'objet auquel on veut l'appliquer, il y a une foule de manières de disposer les pièces de transmission du mouvement pour en obtenir un plus ou moins bon effet, et même souvent des effets identiques? Je n'en citerai qu'un exemple; il sera facile à chacun d'en imaginer d'autres. Les roues hydrauliques destinées à utiliser la force d'une chute d'eau peuvent être horizontales ou verticales. Dans le premier cas, ce sont des turbines ; dans le second, ce sont des roues à palettes, des roues à augets, suivant que leur circonférence exté-

rieure est garnie de palettes ou d'augets ; ce sont des roues en dessus, des roues en dessous ou des roues de côté, suivant que l'eau
qui les met en mouvement vient les frapper en dessus, en dessous
ou en un point intermédiaire de leur circonférence, etc. Or, quelle
que soit la nature de ces roues, les effets qu'elles produisent peuvent
s'appliquer au même objet, à la mouture du blé, par exemple, et
même avec un égal succès.

MACHINE A VAPEUR. Machine qui reçoit son mouvement du jeu
de la vapeur d'eau. Elle se compose d'une chaudière entretenue
d'eau par des pompes, et soumise à l'action d'un foyer qui réduit
cette eau en vapeur. A fur et à mesure de sa formation, la vapeur
sort de la chaudière par un tuyau qui la conduit dans un récipient
où elle rencontre un obstacle mobile qu'elle chasse devant elle,
et après avoir agi elle s'échappe pour se condenser, soit à l'air libre,
soit dans un récipient séparé et rempli d'eau froide. L'obstacle mobile, contre lequel agit la vapeur à sa sortie de la chaudière, est ordinairement un piston qui peut aller et venir dans un cylindre, et
dont la tige est liée aux mécanismes destinés à utiliser la force motrice produite par la vapeur.

L'invention de la machine à vapeur ne remonte pas à une époque très reculée. Il résulte d'une excellente notice publiée par
M. Arago dans l'*Annuaire du bureau des longitudes* que ce fut en 1615
seulement, qu'un Français, Salomon de Caus, songea pour la première
fois à se servir de la force élastique de la vapeur d'eau dans la construction d'une machine hydraulique propre à opérer des épuisemens. Près de soixante années s'écoulèrent entre ce moment et
celui où un autre Français, Denis Papin, reprit cette idée pour l'appliquer à la construction d'une machine à piston. En 1682, cet il-
lustre ingénieur avait inventé la soupape de sûreté : mais ce ne fut
qu'en 1690 (il y a à peine un siècle et demi) que ses travaux ayant
pris une direction suivie, il put indiquer nettement la manière dont
il concevait la construction de la machine et ses principales applications. De cette époque, datent : la combinaison, dans un même appareil, de la force élastique de la vapeur d'eau et de la propriété dont
jouit cette vapeur de se précipiter par le froid, l'application de la
machine à vapeur au mouvement de rotation d'un arbre ou d'une
roue, l'invention des bateaux à vapeur et celle de la première machine à double effet. Vingt années après, Papin inventa la première
machine à vapeur à haute pression sans condensation, et le robinet
à quatre voies qui joue un si grand rôle dans ces machines.

Toutefois les inventions de Papin n'avaient été exécutées qu'en petit. C'était à un Anglais, le capitaine Savery, qu'il était réservé de construire sur une échelle pratique la première machine à vapeur à épuisement. Ses premiers travaux sont un peu postérieurs à ceux de l'ingénieur français. A partir de ce moment, c'est en Angleterre que nous devons chercher l'histoire des principaux perfectionnemens de la machine à vapeur. Un demi-siècle s'écoula, pendant lequel on ne connut guère que la machine atmosphérique, c'est-à-dire, celle dans laquelle la vapeur n'est employée qu'à une pression égale ou peu supérieure à celle de l'atmosphère. La condensation continua à s'opérer dans le corps même du cylindre à vapeur, mais au lieu d'obtenir le refroidissement en retirant le foyer à chaque coup de piston, ou en faisant passer autour de la chemise du cylindre un courant d'eau froide, Newcomen, Cawley et Savery imaginèrent le procédé beaucoup plus expéditif d'une injection d'eau en forme de pluie, dans le corps même du cylindre. Ces trois inventeurs, et après eux, Brighton, Fitzgerald et Wuhsbrough apportèrent encore dans le même temps divers perfectionnemens au mode d'admission de la vapeur et à la transformation du mouvement rectiligne du piston en mouvement de rotation. Enfin parut Watt, dont les longs et glorieux travaux laissèrent si loin derrière lui tous ses devanciers, et donnèrent à la machine à vapeur un tel élan que beaucoup de personnes le regardent avec raison comme le principal inventeur de cet appareil. Les premiers travaux de Watt datent de 1759, et précèdent de quelques années ceux de Wuhsbrough, qui imagina en 1776 d'appliquer la manivelle à la transformation du mouvement rectiligne du piston en mouvement de rotation. C'est à Watt que l'on doit le remplacement de la condensation, qui s'opérait avant lui dans le corps de pompe, par la condensation dans un vase séparé : cet important perfectionnement date de 1769. Le premier, il signala le parti que l'on pouvait tirer de la détente de la vapeur : il construisit la première machine à double effet et à un seul cylindre, inventa le parallélogramme articulé qui transmet le mouvement de la tige du piston au balancier, appliqua le pendule conique (régulateur à force centrifuge) à la distribution de la vapeur, et introduisit dans les diverses pièces de détail de la machine beaucoup de perfectionnemens dont ses nombreux travaux lui permirent de reconnaître l'utilité. A partir de Watt, la machine à vapeur est introduite dans les arts comme un des moteurs les plus connus et les plus puissans. Pour la suivre dès lors dans ses divers perfectionnemens, il faudrait ajouter aux noms que je viens de citer ceux de presque tous les mécaniciens qui s'en sont occupés d'une manière spéciale en France, en Angleterre et en Amérique. J'ai indiqué aux mots BATEAUX A VAPEUR et LOCOMOTIVE, quelle part revient à ceux qui se sont occupés avec le plus de succès de ces deux applications de la machine à vapeur. Cependant, je ne dois pas terminer ce qui regarde l'histoire de ces machines en général sans nommer Olivier Evans, sur lequel je reviendrai plus loin, Trówithick et Vivian auxquels l'Angleterre doit la première machine à haute pression et à double effet sans condensation, A. Woolf qui proposa en 1804, deux ans après, la première machine à haute ou moyenne pression et à double effet, à deux cylindres et à condensation, et M. Cavé auquel est due, sinon l'invention, au moins la meilleure manière dont on ait construit les machines à cylindres oscillans.

Ainsi, c'est à la France et à l'une de ses époques les plus glorieuses, le XVIIe siècle, que revient l'honneur de l'invention de la machine à vapeur; mais c'est à l'Angleterre, à son activité féconde et éminemment pratique, qu'il a été réservé de faire passer dans le domaine des arts la précieuse découverte de nos compatriotes.

Quel est celui des deux peuples auxquels l'humanité devra le plus de reconnaissance? Je n'hésite pas à dire que c'est l'Angleterre. Salomon de Caus, Denis Papin naquirent en France, il est vrai; mais ils durent peu de chose à leur pays pour leurs inventions restées sans application : tandis que Newcomen, Cawley, Savery, Watt, Woolf appartiennent bien réellement à l'Angleterre qui encouragea leurs travaux et leur fit trouver dans son sein même les moyens d'appliquer leurs précieuses découvertes.

Les machines à vapeur peuvent être classées de plusieurs manières :

1° En raison de la pression à laquelle la vapeur y est employée : elles se divisent en machines à *basse pression*, machines à *moyenne pression* et machines à *haute pression*. Les premières se subdivisent en machines *à simple effet* et machines *rotatives* ou *à double effet :* les deux autres sont toujours *à double effet*.

2° En raison de la manière dont la vapeur est traitée après son action mécanique : elles se divisent en machines *à condensation* et machines *sans condensation*.

3° En raison de l'emploi ou de l'absence de détente de la vapeur : elles se divisent en machines *à détente* et machines *sans détente*.

4° En raison du nombre et de la position de leurs cylindres : elles se divisent en machines à *un*, *deux* et *trois cylindres*, machines à *cylindres fixes* et machines à *cylindres oscillans :* les machines à cylindres fixes se subdivisent en machines à *cylindres verticaux*, machines à *cylindres horizontaux* ou *machines horizontales*, et machines à *cylindres inclinés*.

5° En raison du mode de transformation du mouvement de la tige du piston : elles se divisent en machines *à balancier*, machines *sans balancier* et machines *à traverses et à bielles pendantes*.

6° En raison de leur objet : elles se divisent en machines *à terre* ou machines *fixes*, machines *locomotives* et machines *de navigation*.

Ces diverses subdivisions s'expliquent d'elles-mêmes, et les descriptions placées dans les autres parties de cet ouvrage suffisent pour en donner l'intelligence. Je m'arrêterai seulement à la première, en ajoutant toutefois d'abord un mot à ce que j'ai dit ailleurs sur les machines à deux cylindres (*Voyez* CYLINDRES). Ce nom ne convient pas seulement aux machines dans lesquelles la vapeur passe successivement d'un premier cylindre dans un plus grand en se détendant, comme dans les machines de Woolf. On appelle encore machines à deux cylindres, un système composé de deux machines entièrement séparées, mais qui ont une chaudière commune, et dont les bielles agissent sur le même arbre de couche. Ce système est celui que l'on emploie sur les locomotives et sur quelques bateaux à vapeur pour régulariser le mouvement sans le secours du volant, dont l'installation serait impossible ou au moins très difficile. Les deux cylindres, dans ce cas, sont parallèles et la distribution de la vapeur est réglée de manière que l'un des pistons soit au milieu de sa course pendant que l'autre est à l'extrémité de la sienne. Par ce moyen l'arbre de couche, sur lequel agissent ces deux pistons, reçoit une impulsion constamment égale.

Machines à basse pression. Ce sont celles dans lesquelles la vapeur agit sur le piston à une pression égale ou peu supérieure à celle de l'atmosphère. Elles se subdivisent en machines à simple effet et machines à double effet, et sont dans tous les cas à balancier et à condensation. Dans les machines à simple effet, la vapeur n'agit que d'un côté du piston, l'effet utile se produit par intermittence et seulement pendant sa course descendante dans le cylindre. C'est de là que leur est venu le nom de machine à simple effet.

Ces machines à simple effet ne sont guères employées que pour élever de l'eau par le moyen de pompes : elles ont été inventées pour l'épuisement des galeries de mines. Elles se composent d'un cylindre à vapeur dans lequel se meut un piston dont la tige est fixée à l'une des extrémités d'un balancier. L'autre bras de ce balancier porte à son extrémité un contre-poids : en un point intermédiaire convenablement choisi entre l'axe et cette extrémité, vient s'attacher la tige du piston de la pompe d'épuisement. Une chaudière avec sa pompe alimentaire mue par le même balancier, et quelquefois un condenseur séparé complètent l'appareil.

Il y a deux espèces de machines à basse pression et à simple effet : celles dites machines atmosphériques et celles appelées machines de Watt du nom de leur inventeur.

Dans les premières la vapeur arrive dans le cylindre en dessous du piston. Elle le soulève et fait descendre en même temps le contrepoids attaché à l'autre extrémité du balancier, ainsi que la tige de la pompe d'épuisement. L'introduction de la vapeur est arrêtée un peu avant que le piston ne soit parvenu en haut du cylindre. La résistance de l'atmosphère qui presse sur le piston, devient peu-à-peu supérieure à la force motrice, et le piston s'arrête sans choc et par degrés insensibles. Il commence ensuite à redescendre, tant par l'effet de cette résistance, que par le vide produit artificiellement par la condensation de la vapeur. Cette condensation s'opère, soit dans le corps même du cylindre en y injectant de l'eau, soit dans un condenseur séparé. Dans tous les cas, on suspend la condensation avant que le piston ne soit arrivé tout à fait au bas du cylindre pour qu'il ne vienne pas en frapper le fond. On voit que, dans la machine atmosphérique, l'effet utile, c'est-à-dire le soulèvement de l'eau dans la pompe, a lieu par suite de l'action directe de l'atmosphère, et c'est de là que lui vient son nom.

Dans la machine de Watt à simple effet, la vapeur est appliquée sur la face supérieure du piston, et condensée en dehors du cylindre. Pour que la machine se mette en mouvement, la communication de la chaudière avec la partie supérieure du cylindre est ouverte. La vapeur arrive, et pressant de toute sa force sur le piston, le fait descendre. Lorsque le piston a parcouru une partie de sa course, l'introduction de la vapeur est tout à coup interceptée. Le piston continue encore pendant quelque temps son mouvement en vertu de sa vitesse acquise, et par suite de la détente de la vapeur. Mais lorsqu'il est parvenu vers le bas du cylindre, une soupape, appelée soupape d'équilibre, pratiquée dans le piston, se soulève et établit la communication de la vapeur entre la portion supérieure et la portion inférieure du cylindre. La vapeur se répand sur les deux faces du piston, et celui-ci se trouve en équilibre par rapport à elle. La force motrice cessant d'agir, tandis que la résistance produite par la charge que le piston avait à soulever, reste la même, il s'arrête bientôt. Mais la résistance que le piston avait à vaincre pendant sa course descendante ne consistait pas seulement dans l'eau d'épuisement : elle se composait en outre d'un contrepoids situé à l'autre extrémité du balancier, et qui a été enlevé en même temps que la charge d'eau. L'action de la vapeur ayant cessé, le piston est sans effet sur le contre-poids. Celui-ci tend à redescendre, et par contre-coup il entraîne le piston au sommet du cylindre. Le contre-poids n'a d'autre résistance à vaincre que le frottement propre de la machine, et si on a eu soin de lui donner une masse suffisante, rien ne l'arrêtera dans sa marche. La soupape d'équilibre du piston restant ouverte pendant tout le temps qu'il remonte dans le cylindre, toute la vapeur passe en dessous, et elle trouve au bas du cylindre l'orifice du tuyau d'échappement qui la conduit au condenseur. Pendant tout ce temps, la communication entre la chaudière et la partie supérieure du cylindre est restée fermée. Mais lorsque la course ascendante du piston est terminée, la soupape d'équilibre se ferme, la communication avec la chaudière se rétablit, et le jeu de l'appareil recommence. Bien que la vapeur commence à s'écouler vers le condenseur aussitôt que la soupape d'équilibre lui permet de passer au-dessous du piston, néanmoins c'est surtout pendant la course descendante qu'elle y est refoulée. A cet effet, l'orifice du tuyau d'échappement reste constamment ouvert.

Les machines à double effet sont celles dans lesquelles la vapeur agit alternativement sur chaque face du piston. Pour cela, elle est admise, tantôt par le haut, tantôt par le bas du cylindre. Son action a lieu de même que dans la machine à simple effet; après qu'elle a agi, elle se rend dans un condenseur séparé du cylindre. Les machines à basse pression et à double effet sont ordinairement à balancier, elles pourraient être aussi bien à traverses et à bielles pendantes. On les appelle *rotatives*, parce que le mouvement rectiligne de la tige du piston est ordinairement employé à transmettre un mouvement circulaire, au moyen d'une bielle articulée avec une manivelle.

Machines à moyenne pression. Ce sont celles dans lesquelles la vapeur agit à une pression de deux à quatre atmosphères. Ce sont les plus répandues : elles admettent la plus grande variété de formes, soit dans leurs dimensions et dans la distribution de la vapeur, soit dans leurs communications de mouvement. La machine de la *Planche X* est une machine fixe à moyenne pression et à deux cylindres verticaux, avec balancier et condenseur. L'énumération des pièces dont elle se compose, servira non-seulement à l'intelligence de la figure, mais encore à faire comprendre de quelle manière la plupart des machines d'un autre système sont agencées.

a, est le massif des cylindres à vapeur ;

b, massif des colonnes qui supportent l'entablement du balancier ;

c, perron et escalier qui conduisent à la machine. La chaudière et son fourneau sont à gauche ; le défaut d'espace a empêché de les représenter sur la planche ;

d, massif de la manivelle de l'arbre premier moteur qui porte le volant ;

f, porte conduisant dans les ateliers ;

g, tuyau qui porte la vapeur de la chaudière aux cylindres ;

h, grand cylindre à vapeur ;

i, petit cylindre. Ces deux cylindres sont enveloppés d'une chemise commune, dans l'intérieur de laquelle circule la vapeur ;

k k, plateaux du petit et du grand cylindre ;

l l, robinets de graissage des plateaux ;

m m, boîtes à étoupes des plateaux, à travers lesquelles passent les tiges des pistons ;

n n, tringles de l'excentrique qui commande les tiroirs de distribution de la vapeur ;

o, grande manivelle des soupapes à vapeur ;

p, petite manivelle des soupapes à vapeur ;

q, tige du grand piston ;

r, tige du petit piston ;

s, robinet de décharge de la chemise pour l'écoulement de l'eau provenant de la vapeur condensée ;

t, colonne qui supporte le parallélogramme articulé ;

u, bras qui réunit la colonne du parallélogramme au bâtis du balancier ;

v, traverse de la colonne du parallélogramme ;

x, bras du grand piston ;

y, bras du petit piston ;

z, bras de la tige du piston de la pompe à air du condenseur ;

a', tringle du piston de la pompe à air ;

b', clavette et tige du piston de la pompe à air ;

c', corps de la pompe à air ;

e', tuyau d'écoulement de l'eau de condensation ;

f', bache du condenseur ;

g', déversoir de la bache du condenseur ;

h', tuyau qui porte la vapeur au condenseur, après qu'elle a agi dans les cylindres ;

i', balustre, manivelle et équerre du robinet d'injection d'eau froide dans le conducteur ;

k' k', chapeaux du balancier ;

l' l', boules du balancier ;

m' m', balancier ;

n', supports et palier du balancier ;

o', entablement du balancier ;

p', colonnes de l'entablement du balancier ;

q', grande plaque des cylindres et des colonnes du balancier ;

r', pendule conique ou modérateur à force centrifuge ;

s', bielle ;

t', tête de la bielle ;

u', manivelle commandée par la bielle ;

v', arbre de couche ou premier moteur qui porte le volant ;

x', prisonnier de la manivelle, avec sa clavette ;

y', grands boulons qui relient la grande plaque et le palier de la manivelle aux massifs de maçonnerie ;

z', palier de la manivelle ;

a" volant ;

b", pompe alimentaire de la chaudière qui prend l'eau dans la chemise du condenseur ;

c", tuyau d'aspiration de la pompe alimentaire ;

d", tuyau d'injection de la pompe alimentaire ;

e", arbre de commande de l'excentrique des tiroirs à vapeur ;

f' f', tringles et tiges de la pompe de puits ;

g", pompe de puits qui fournit l'eau froide au condenseur ;

h", piston de la pompe de puits ;

i", tuyau d'aspiration de cette pompe ;

k" tuyau de refoulement ;

l", chapelle de la pompe de puits ;

n" n", planches qui ferment le puits ;

o" puits ;

p" plancher de la chambre de la machine ;

q" murs du puits.

Machines à haute pression. Sous ce nom général on désigne toutes les machines dans lesquelles la vapeur agit à une pression supérieure à celle de l'atmosphère. Elles comprennent donc les machines que j'ai distinguées sous le nom de machines à moyenne pression, et qui n'en sont à proprement parler qu'une subdivision. J'ai dit plus haut que la première idée de l'emploi de la vapeur à une haute pression dans les machines, appartenait à Papin ; mais c'est aux États-Unis que son usage a été le plus répandu, pendant qu'au contraire l'Angleterre continuait à engager des capitaux immenses dans les machines à basse pression. Les avantages que présentent les machines à haute pression consistent dans une grande économie des frais de premier établissement et de combustibles, circonstances qui devaient avoir peu d'influence sur le choix du système dans un pays où le fer et la houille sont abondans et à bon marché, comme en Angleterre. En France il n'en est pas de même, et les ingénieurs les plus expérimentés pensent que, sans les perturbations jetées dans l'industrie par notre système douanier, les machines à haute et à moyenne pression s'y seraient généralement répandues comme aux États-Unis. L'Angleterre elle-même, semble devoir céder au mouvement général, et le moment n'est peut-être pas éloigné où, dans ce pays comme ailleurs, les machines à basse pression finiront par céder tout à fait la place aux autres.

Un des constructeurs qui ont le plus contribué à répandre, aux États-Unis, les machines à haute pression, est Olivier Evans. Il conçut dès l'année 1772, l'idée qu'elles pouvaient être appliquées au mouvement des voitures et des bateaux aussi bien que dans les usines : ses travaux sont de la même époque que ceux de Watt et de Woolf en Angleterre. Le principal avantage qu'Olivier Evans, et après lui, les autres constructeurs, reconnaissent aux machines à haute pression, est de pouvoir être débarrassées d'une grande partie de l'attirail qui accompagne les machines de l'ancien système : la suppression du balancier, du condenseur, et de la pompe à air, tel fut le motif qui engagea d'abord cet habile constructeur à les préférer. Plus tard vint s'y ajouter l'emploi de la détente sur une grande échelle et une grande vitesse dans le jeu de toutes les parties de l'appareil.

Ce n'est pas que les machines à haute pression n'admettent également l'usage du balancier et du condenseur ; mais ce système est le seul qui en permette la suppression sans inconvénient. Sans l'emploi de la vapeur à haute pression, la locomotive serait restée sans application possible, et jamais on n'aurait eu sur l'eau les grandes vitesses obtenues par les bateaux des États-Unis, et récemment égalées par les constructeurs français.

D'après les comptes rendus, publiés par l'administration des mines, la France, en 1844, possédait 5 605 chaudières à vapeur dont 4 857 étaient sorties des ateliers français et 748 des ateliers étrangers. 1 747 chaudières étaient employées à divers usages et 3 858 fournissaient de la vapeur à 2 807 machines représentant une force totale de 37 296 chevaux. Sur ce nombre de machines, 584 étaient à basse pression, et 2 223 étaient à haute ou moyenne pression.

Ce relevé ne comprend que les machines fixes ; il faudrait pour en avoir le total y ajouter 169 locomotives et 227 bateaux montés par 199 machines à basse pression et 92 à haute pression, soit en tout 291 machines de navigation représentant ensemble 11 866 chevaux-vapeur.

MACHINE-OUTIL. *Voyez* MACHINE.

MÂCHOIRE. Ce mot s'emploie quelquefois comme synonyme de *joue* pour désigner les deux parties d'un coussinet. On s'en sert plus volontiers pour désigner les extrémités de deux pièces mobiles qui peuvent se rapprocher pour saisir un objet. Ainsi, on dit les mâchoires d'un étau, d'une tenaille, d'une clef anglaise, etc.

MAÇONNERIE. On donne ce nom dans les constructions aux portions exécutées en pierre de taille, moellons, briques ou autres matériaux analogues, réunis entre eux par du plâtre ou du mortier de chaux. Le plâtre n'est employé que pour les enduits, hourdis, aires, etc., ou pour les murs qui n'ont pas de grands efforts à supporter. Aussi réserve-t-on exclusivement pour ce dernier objet dans les constructions industrielles, la maçonnerie à mortier de chaux. Chaque maçonnerie de cette dernière catégorie tire son nom de l'espèce de pierre qui y est employée. Ainsi il y a la maçonnerie de pierre de taille, la maçonnerie de moellon, la maçonnerie de brique, etc.

Parmi les ouvriers qu'emploie la maçonnerie sont d'abord les maçons proprement dits, que l'on distingue à Paris en *plâtriers* et *limousins*, suivant qu'ils font la maçonnerie au plâtre ou au mortier. De ce nom de limousins, donné à ces ouvriers à cause du pays qui les fournit en grande quantité, on a fait *limosinage* et *limosinerie*, pour désigner la maçonnerie au mortier autre que celle de pierre de taille. Les maçons proprement dits emploient avec eux des aides-maçons, appelés aussi *garçons* ou *manœuvres* qui approchent les matériaux, les préparent, etc.

Pour l'exécution de la maçonnerie en pierre de taille il faut des *scieurs, tailleurs, bardeurs* et *poseurs de pierre.*

Les principaux outils employés par les maçons proprement dits sont pour le plâtre : l'*auget*, dans lequel ils gâchent ce plâtre avec l'eau ; la *truelle* en cuivre ; la *hachette*, espèce de marteau tranchant d'un côté ; le *marteau* proprement dit, qui a une pointe au lieu d'un tranchant ; la *taloche*, espèce de plateau en bois qui sert à lisser et à masser les enduits ; la *truelle à deux tranchans* en forme de racloir, dont un des côtés est dentelé ; le *riflard*, autre espèce de racloir plus petit à un seul tranchant ; le *guillaume* ou *rabot*, qui sert à ébaucher les retours d'angle, le *niveau* en bois ; le *fil à plomb* ; les *gouges* pour remplir les onglets de plâtre ; les *règles* en bois pour dresser les surfaces ; les *calibres* en bois garnis de tôles, découpés suivant les profils des diverses moulurés ; et enfin les *balais de bouleau* qui servent à jeter le plâtre nécessaire pour l'achèvement des enduits.

Les outils des limousins sont à peu près les mêmes. Leurs truelles sont en fer, plus effilées et plus petites ; leurs augets, appelés aussi *ciseaux*, sont plus petits et armés de manches : ils servent seulement à approcher le mortier. Celui-ci se fabrique en masse à terre en mélangeant la chaux, le sable et l'eau avec de grands rabots.

MADRIERS. Planches épaisses et solides en bois. Les planches employées dans la construction des batardeaux et des enceintes de fondations hydrauliques sont de fort madriers. Pour les faire pénétrer dans le sol on les effile par le bas comme des pieux, et si le sol présente une grande résistance, on les garnit de sabots en fer.

MAILLECHORT. Alliage de cuivre, de nickel et de zinc, d'une couleur blanc argenté, moins éclatante que celle de l'argent. Il est très dur, non cassant et assez malléable. Le zinc qui entre dans cet alliage est destiné à diminuer sa dureté, qui sans cela serait au moins égale à celle du bronze, si le nickel était seul mélangé au cuivre. Le prix élevé du maillechort est le seul obstacle qui s'oppose à son emploi dans les machines, où il remplacerait avantageusement le laiton.

MANCHONS. Pièces destinées à assembler les diverses parties d'un arbre de machine d'une grande longueur. On en distingue de deux espèces : les manchons *fixes* et les manchons à *embrayage*. Les premiers, comme l'indique leur nom, ne se démontent pas ; les seconds au contraire sont susceptibles d'être embrayés ou désembrayés à volonté, et permettent ainsi d'établir ou de supprimer la communication entre les deux parties dont se compose l'arbre.

Les manchons à embrayage sont formés de deux pièces portées chacune sur le bout de l'un des deux arbres que l'on veut mettre en communication. L'une est fixe, et l'autre est mobile au moyen d'un levier qui se manœuvre à la main. On la fait glisser le long de l'arbre auquel elle appartient, pour l'embrayer avec la partie fixe ou la désembrayer. Les faces de contact des deux manchons sont garnies de pleins et de vides égaux entre eux, et qui, entrant les uns dans les autres lorsque les deux manchons sont embrayés, s'opposent à ce qu'ils se séparent pendant le mouvement de rotation des arbres. La forme de ces dents varie selon le goût des constructeurs, mais elle présente d'assez grandes difficultés pour la précision de l'embrayage. Aussi leur préfère-t-on généralement aujourd'hui l'assemblage rond à *prisonnier*. Cet assemblage est moins susceptible de jeu et se prête mieux d'ailleurs au remplacement, car il suffit pour le changer d'aléser le cylindre qui forme la partie creuse du manchon et d'y pratiquer une rainure pour l'engagement du prisonnier.

MANDRIN. Grand plateau de fonte fixé à l'extrémité d'un arbre de tour et qui sert à recevoir les pièces que l'on veut tourner. Le mandrin, appelé aussi par les ouvriers *emprunt*, s'emploie généralement pour tourner les pièces qui ont peu de longueur par rapport à leur diamètre, telles que les roues de wagons et locomotives.

On donne aussi le nom de mandrin à des moules cylindriques en fer faits avec la plus grande précision, sur lesquels on contourne des ferrures auxquelles on veut donner diverses formes.

MANETONS. Petits leviers sur lesquels agissent les barres ou tiges d'excentrique qui communiquent aux tiroirs à vapeur le mouvement de va et vient. Les manetons remplissent par rapport aux petits balanciers qui portent les tiges des tiroirs, le même office que les manettes elles-mêmes par rapport aux barres d'excentrique.

MANETTE. Manche en fer ou en bois que l'on fait mouvoir à la main pour faire varier la position d'un mécanisme. Dans les machines à vapeur fixes ou locomotives (*Pl. VI, VII et VIII*) on donne ce nom particulièrement à deux espèces de tiges placées à portée du mécanicien. L'une sert à changer le mouvement des tiroirs qui introduisent la vapeur alternativement des deux côtés du piston, et à faire marcher la machine soit en avant, soit en arrière, suivant les besoins du service. L'autre manette ne se retrouve pas dans toutes les machines : elle a pour but de faire marcher l'appareil à la main dans le premier moment, jusqu'à ce que le mouvement, communiqué à toutes les pièces par le jeu de la vapeur, permette au piston de prendre de lui-même le mouvement de va et vient. On conçoit en effet que lorsque la vapeur, affluant d'abord d'un côté du piston le pousse devant elle jusqu'au fond du cylindre, il faut un certain effort pour changer le sens de sa course et le faire revenir sur ses pas. Lorsque la machine est tout à fait en action, le mouvement de rotation, imprimé à la manivelle que commande le piston, suffit pour lui faire dépasser le *point mort* en vertu de la vitesse acquise. Mais avant d'en être arrivé à l'accumulation de force vive nécessaire pour la continuité du mouvement, c'est-à-dire pendant les premières courses du piston, il faut lui imprimer à la main ce double jeu, et tel est le but de la seconde manette placée à la portée du mécanicien.

MANIVELLE. Barre ou tige fixée par l'une de ses extrémités à un point autour duquel elle peut faire une révolution complète, lorsqu'on applique à son autre extrémité une force perpendiculaire à sa direction. L'extrémité de la manivelle à laquelle la force est appliquée s'appelle sa *tête*. Cette tête porte ordinairement un bras en retour d'équerre par lequel on la saisit pour la faire tourner. Les treuils, tours, etc., et en général toutes les machines animées d'un mouvement circulaire, sont mues par des manivelles.

Dans les machines à vapeur cette pièce est fixée à l'arbre principal, et c'est sur elle que la bielle agit pour transmettre à tout le mécanisme le mouvement de va et vient du piston transformé en mouvement de rotation. On voit la manivelle indiquée par la lettre *t'* dans la machine fixe de la *Planche X*, *v'* est l'arbre du volant que la manivelle entraîne dans son mouvement de rotation, et *n'* est sa tête qui est assemblée avec celle de la bielle *s'* au moyen d'un prisonnier autour duquel les têtes des deux portions du mécanisme sont serrées par une clavette. Le prisonnier fait ici fonction du bras en retour d'équerre, nécessaire pour imprimer à la manivelle le mouvement de rotation. On voit la coupe détaillée de l'assemblage d'une bielle avec sa manivelle au mot **CLAVETTE**, *page 162.*

Dans la machine de navigation de la *Planche III*, la manivelle de l'arbre des grandes roues est désignée par la lettre J.

Pour les manivelles des locomotives, voyez **COUDÉ** (**ARBRE OU ESSIEU**).

MANOMÈTRE. Instrument qui sert à indiquer la tension de la vapeur dans la chaudière d'une machine. Dans les machines à basse pression, cette tension peut se mesurer par la hauteur de la colonne de mercure que la vapeur est capable de soutenir. Dans les machines à moyenne et à haute pression, la tension de la vapeur s'élevant à 3, 4, 5 et 6 atmosphères, la colonne de mercure à laquelle elle pourrait faire équilibre aurait jusqu'à 4 mèt. 50 de longueur ; l'emploi du mercure nécessiterait dans ce cas des appareils difficiles à monter et à maintenir à cause de leur grande hauteur. Aussi les tensions élevées se mesurent-elles ordinairement au moyen de la compression d'un certain volume d'air renfermé dans un tube de verre. De là résultent deux espèces de manomètres : le manomètre à air libre et le manomètre à air comprimé.

Le manomètre à air libre, ou manomètre à basse pression, se compose le plus souvent d'un tube en verre recourbé dont une des extrémités s'ajuste avec du mastic sur un des tuyaux de vapeur, ou sur la chaudière même : l'autre extrémité est ouverte. On remplit le tube de mercure à moitié ; quand la vapeur presse dans la branche du tube qui est en communication avec elle, le mercure descend dans cette branche et remonte dans l'autre. La pression de la vapeur est mesurée par la différence de niveau du mercure dans les deux branches. On trace sur une planche, placée derrière le tube, une échelle graduée à partir du point où le mercure est de niveau dans les deux branches. Il faut faire attention que chaque division indique une pression double de celle qui est nécessaire pour faire descendre ou monter le mercure dans cet intervalle, parce que, quand le mercure monte, par exemple, d'un centimètre dans la branche graduée, il descend d'une quantité égale dans l'autre, de manière que la différence de niveau est en réalité double de celle indiquée par l'échelle. Dans beaucoup d'ateliers, on construit les manomètres en fonte : ils sont moins exposés à se briser. Afin de pouvoir lire la marche du mercure dans le tube de fonte, on y ajoute un tube en verre court, et on met dans le tube en fonte un petit flotteur en bois dont le haut est garni de cire rouge, pour indiquer facilement sa marche. Ce flotteur monte et descend le long de l'échelle graduée, et la cire rouge indique les variations de hauteur du mercure sous la pression de la vapeur.

Le manomètre à air comprimé ou à haute pression se construit de même que le précédent. Seulement la branche du tube, qui ne communique point avec la vapeur, est fermée et contient de l'air qui se comprime en raison de la pression de la chaudière. La graduation de l'échelle se fait d'une manière analogue. Elle est basée sur ce principe de physique que les volumes des gaz sont en raison inverse des pressions qu'ils subissent sous une température donnée. Ainsi, le volume étant un pour une atmosphère, sera un demi pour deux atmosphères, un tiers pour trois, et ainsi de suite. Il est essentiel, pour que la division soit exacte dans l'une ou l'autre espèce de manomètre, que le tube soit calibré bien cylindriquement.

Il est nécessaire de placer un petit robinet au-dessous du manomètre, car si un accident venait à briser le tube de verre d'un manomètre privé de robinet, il serait difficile de maîtriser la vapeur qui sortirait par le tuyau. Il faudrait peut-être arrêter la machine et laisser échapper dans l'air toute la vapeur de la chaudière. Au lieu qu'au moyen d'un robinet, que l'on ferme au besoin, la communication de la chaudière avec le tuyau est interceptée ; on peut alors raccommoder immédiatement le manomètre, sans aucune perte de vapeur, et sans arrêter le travail de la machine. Les manomètres sont sujets à quelques erreurs que je dois indiquer. D'abord la graduation se faisant à l'air froid, et la température d'une chambre où se trouve la machine s'élevant en été jusqu'à 40 et 45 degrés, l'air renfermé dans le tube se dilate en raison de cette chaleur et résiste à la pression de la vapeur. Il en résulte que les pressions indiquées sont moindres que les pressions réelles. Mais cette cause d'erreur ne se présente que le premier jour, car dès que l'on a cessé le feu et arrêté une seule fois la machine, le vide qui se produit dans la chaudière appelle à travers le mercure l'excès d'air dilaté, et le manomètre se trouve ainsi réglé de lui-même pour la température de la salle tant que celle-ci ne change pas, ce qui a lieu à peu de différence près, pendant le temps du travail. Quand on arrête la machine plusieurs jours de suite en hiver, il peut arriver que la température de la salle baissant considérablement, l'air précédemment dilaté se comprime et laisse monter le mercure dans le tube : mais ce fait est sans importance parce que, quand le travail reprend, la température ne tarde pas à s'élever de nouveau, et le manomètre est toujours bon lorsqu'à la température de la salle échauffée il marque zéro, avant que la vapeur ne se développe. Néanmoins il est bon de s'en assurer.

Une autre cause d'erreur peut provenir de la vapeur qui passe quelquefois à travers le mercure et vient se mêler à l'air comprimé dont elle change la loi de dilatation. Cet effet se corrige de même que le précédent, de lui-même ; il est d'ailleurs compensé par une autre variation que subit la quantité d'air comprimé contenu dans le manomètre. Cette variation est due à l'absorption d'une portion d'air, soit par le mercure avec lequel il est en contact, soit par l'huile que l'on place sur le mercure pour l'empêcher d'adhérer au tube de verre.

Ces causes d'erreur nécessitent une vérification fréquente et minutieuse des manomètres. On a cherché à s'en affranchir, au moins pour les chaudières à moyenne pression, par la construction d'une autre espèce de manomètre qui serait exempt des défauts ci-dessus. Ce nouveau manomètre, dont on trouve la description détaillée dans les *Mémoires de la Société de Mulhouse*, n'est sujet à aucun dérangement, ni accident, et peut, en même temps, servir de soupape de sûreté, soit contre l'excès de pression de vapeur, soit pour empêcher le vide de se produire dans les chaudières par leur refroidissement. Il est entièrement en fer et composé de tubes vissés et soudés ensemble sur une hauteur suffisante. Le sommet des tuyaux est ouvert et communique à l'air libre : le mode d'action de la vapeur est donc le même que dans le manomètre à basse pression. Comme on sait que le poids d'une atmosphère est équivalent à une colonne de mercure de 76 centimètres de hauteur, on devra donner à la colonne de tubes autant de fois 76 centimètres de hauteur que l'on veut obtenir d'atmosphères de pression dans la chaudière. Pour les machines à moyenne pression, telles que celles de Woolf, où la tension de la vapeur ne s'élève jamais au-delà de quatre atmosphères au-dessus de la pression ordinaire, le tuyau du manomètre doit avoir environ 3 mètres de longueur. Une boîte de fonte bien fermée et ajustée dans la partie inférieure contient le mercure destiné à monter dans le tube. Sa capacité doit être telle que la quantité de mercure soit suffisante pour remplir complétement le tube sans laisser le pied à sec, tant que la pression de la vapeur ne dépasse pas le maximum voulu. Au-delà de ce point, la vapeur se fraie un passage à travers le mercure et s'échappe dans l'air. Les variations de la tension de la vapeur sont indiquées au moyen d'un petit flotteur en fer équilibré par un contrepoids, portant un indicateur qui court le long d'une échelle graduée. Quelquefois on adapte à ce flotteur une détente qui met en liberté une sonnerie à ressort, aussitôt que la pression dépasse un niveau déterminé, et donne ainsi un signal utile au conducteur de la machine.

On voit que le manomètre est fondé sur le même principe que le baromètre, et qu'il n'en est qu'une extension. L'emploi de cet instrument est ordonné par les règlemens de l'administration sur les machines à vapeur.

Le manomètre n'est employé que dans les machines fixes; on n'en fait point usage pour les locomotives. Il ne faut pas le confondre avec le tube de verre placé contre la chaudière, sous les yeux du mécanicien, et dont le but est d'indiquer le niveau de l'eau dans l'appareil (*Voyez* NIVEAU D'EAU).

MARCHEPIED. Dans les voitures des chemins de fer, les marchepieds sont fixes. Ce sont de petits plateaux de bois ou de fer, *gg*, *Planche XII*, suspendus au corps de la voiture par des tringles de fer devant chaque portière et sur lesquels les voyageurs posent le pied pour y monter. Sur quelques chemins de fer, en Belgique par exemple, les marchepieds, au lieu d'être isolés les uns des autres, forment une surface continue qui règne sur toute la longueur de la voiture et sur laquelle peuvent circuler les conducteurs, pendant le trajet, pour s'assurer de l'état des voyageurs dans les voitures.

MARÉCHAL. Forgeron dont les fonctions consistent principalement dans le ferrage des animaux. Il doit ajouter aux connaissances ordinaires de son état, certaines notions de l'art du vétérinaire, surtout en ce qui concerne le pied des bêtes confiés à ses soins.

On donne le nom de fer *maréchal* à une certaine qualité de fer doux et martelé que les usines à fer livrent au commerce, en barres dont la largeur varie de 25 à 40 millimètres sur 8 à 16 d'épaisseur.

La houille *maréchale* est une espèce de houille grasse, ainsi nommée parce qu'elle convient parfaitement pour le travail du fer.

MARTEAU. Outil formé d'une masse de fer acéré à ses deux extrémités, ayant à peu près la forme d'un coin, percée d'un trou dans lequel vient s'adapter un manche en bois perpendiculaire à sa direction. Le marteau sert à frapper un objet soit que l'on veuille l'enfoncer dans un autre, le briser ou seulement le déformer. Sa dimension et sa forme sont très variées. Ceux qui sont trop pesans pour être maniés à la main se nomment *martinets*. On s'en sert dans les grandes forges pour donner au fer la forme marchande au sortir des feux d'affinerie. Dans les ateliers de construction de machines, les martinets sont employés à la confection des grosses pièces de fer, telles que les arbres à manivelles, arbres premiers moteurs, et en général pour toutes celles qui obligent à souder ensemble plusieurs barres de fer carré ou rond.

MARTINET (*Voyez* MARTEAU).

MASTIC. Espèce de ciment employé pour garnir les joints de pièces qui ne doivent laisser aucun passage à des infiltrations ou transsudations. La composition des mastics varie avec l'emploi spécial auquel ils sont destinés. Les seuls qui nous intéressent sont ceux employés dans les maçonneries et dans les machines à vapeur.

Les mastics employés dans les maçonneries sont : le ciment pour les rejointemens, le mastic de pierre, le mastic de Dihl et les bitumes naturels ou artificiels. Ces mastics diffèrent de ceux employés dans les machines à vapeur en ce qu'ils ne résisteraient pas à une forte chaleur : ils se fendraient ou se liquéfieraient sous son action. Les bitumes sont dans ce dernier cas.

Le plomb est employé comme mastic dans les maçonneries pour le scellement des pièces en fer : il sert aussi dans les machines pour les parties qui ne sont pas exposées à de fortes températures.

Les mastics employés le plus communément dans les machines à vapeur sont le *mastic de fonte*, le *mastic rouge* et le *blanc de céruse en pâte*.

Le mastic de fonte est composé de 25 à 30 parties de limaille de fonte, une de sel ammoniac, une de fleur de soufre et quelquefois une de sulfure d'antimoine. Mais l'addition de cette dernière substance ne paraît pas donner de résultats qui doivent la faire recommander. Le mastic de fonte s'emploie, soit à chaud, soit à froid, et toujours aussi sec que possible. Il faut avoir soin de ne pas le préparer d'avance, parce qu'il perd toute son énergie. Il sert pour les ajustemens que l'on ne démonte presque jamais et pour les pièces exposées à l'action du feu. Il est bon de le laisser sécher doucement pendant un jour ou deux avant de l'exposer à une forte chaleur.

Le mastic de fonte est employé pour le masticage des cylindres et des chaudières.

Le mastic rouge est composé de parties égales de céruse et de minium bien mélangés, réduits en poudre très fine et imbibés d'huile de lin ou de chenevis ou de toute autre huile siccative. Pour le rendre plus économique on peut sans inconvénient y ajouter une quantité de terre de pipe en poudre égale à la quantité de minium et de céruse réunis. Ce mastic s'emploie dans les mêmes circonstances que le précédent, bien qu'à la longue il soit décomposé par l'action combinée de l'huile et de la vapeur qui revivifie le plomb. Toutefois il ne résiste pas à l'action du feu, aussi ne s'en sert-on que pour les cylindres, boîtes et tuyaux à vapeur. Il a l'avantage de permettre à la machine de travailler aussitôt qu'il a été employé : il sèche promptement à la chaleur. On peut le conserver quelque temps sous l'eau, ce qui permet d'en avoir toujours une certaine quantité préparée d'avance pour arrêter les fuites peu importantes qui se manifestent pendant le travail de la machine.

Le blanc de céruse en pâte s'emploie dans les mêmes circonstances que le mastic rouge, mais seulement pour les machines à basse pression; il ne résisterait pas à la vapeur d'une tension élevée.

MATÉRIAUX. On entend par ce mot tous les élémens autres que les outils, engins et machines qui entrent dans les constructions. Sous ce nom générique se trouvent donc compris le fer, la fonte, le bois, les pierres, la chaux, le sable, le plâtre, les briques, ardoises, zinc, cuivre, etc. Le choix et l'approvisionnement des matériaux nécessaires à un ouvrage sont réglés par les devis et cahiers de charges imposés aux entrepreneurs, soit par l'administration, soit par les compagnies. L'administration impose d'une manière générale aux compagnies concessionnaires de chemins de fer, le choix des matériaux qui doivent entrer dans la construction de leurs ouvrages d'art. Les règles relatives à l'approvisionnement des matériaux, dans les travaux faits pour le compte de l'État, sont tracées d'une manière générale, sauf les circonstances particulières, dans le cahier des clauses et conditions générales imposées aux entrepreneurs des ponts-et-chaussées, et dont j'ai donné l'analyse (*Voyez* CAHIER DE CHARGES).

« Pour assurer la prompte et bonne exécution des travaux, dit « M. Tarbé de Vauxclair, dans son *Dictionnaire des Travaux Pu-* « *blics*, un entrepreneur doit approvisionner d'avance les maté- « riaux nécessaires, faute de quoi le travail est exposé à de fré- « quentes interruptions, non moins préjudiciables à l'entrepreneur « lui-même qu'à l'administration, surtout lorsqu'il s'agit de fonda- « tions dans l'eau. L'absence d'une pièce de charpente ou d'un « bloc de pierre peut compromettre le succès d'une campagne. Si, « à force de poursuites et de menaces, on parvient enfin à se les « procurer, après un long délai, pendant lequel on aura été obligé « de continuer les épuisemens, on est étonné de la dépense en pure « perte qu'il a fallu faire en attendant. L'ingénieur, qui dirige un « grand travail, ne peut trop s'assurer des moyens d'exécution. »

L'administration des ponts-et-chaussées, dans le but d'encourager les entrepreneurs à faire leurs approvisionnemens à propos et en quantité suffisante, est dans l'usage de leur délivrer des paiemens à compte sur le prix des matériaux approvisionnés. Mais les entrepreneurs doivent être prévenus que ces à-comptes n'impliquent point le fait de la réception, et que les matériaux approvisionnés, bien qu'en partie soldés, peuvent être rebutés à l'emploi.

Lorsque des travaux d'utilité publique ont lieu près d'une rivière ou d'un canal appartenant à l'État, on dispense ordinairement les transports de matériaux des droits de navigation et de péage.

MATÉRIEL. Dans toute exploitation industrielle les dépenses sont de deux natures : les unes relatives au *matériel*, les autres au *personnel*. Cette distinction donne lieu à l'ouverture de deux comptes séparés ; le compte du matériel comprend les dépenses relatives à l'achat, à l'entretien et au renouvellement des outils, machines, matériaux et bâtimens. On y fait entrer les dépenses de mains-d'œuvre, bien que, sous un certain point de vue, elles puissent aussi être considérées comme dépenses de personnel. Mais on est dans l'habitude de ne comprendre, sous ce dernier titre, que les traitemens fixes des agens attachés à l'administration et à la surveillance des opérations.

Dans les chemins de fer on désigne particulièrement sous le nom de matériel, les voitures et appareils employés à la locomotion. La dépense du matériel dans un chemin de fer forme un des chapitres les plus importans. Et c'est pour ne s'en être pas rendu un compte suffisant que les premiers constructeurs ont vu leurs évaluations dépassées dans une si forte proportion. On peut s'en faire une idée, en consultant l'ouvrage de M. Bineau sur les chemins de fer anglais. Cet ingénieur établit que sur une ligne, dont la circulation est un peu active, on ne doit pas avoir moins de trois à cinq locomotives par myriamètre. Or, chacun de ces appareils coûte, y compris le tender, de 35 à 45 mille francs et même plus, lorsque la voie a une largeur supérieure à celle de 1ᵐ 44, que l'on paraît vouloir adopter généralement en France. Quant aux diligences et wagons, leur nombre varie avec l'importance de la circulation. Sans pouvoir rien préciser à cet égard, on doit estimer qu'il faudra sur les chemins de fer français environ quinze ou vingt diligences et deux fois autant de wagons par myriamètre. Le prix des diligences s'est élevé en Angleterre, pour les voitures de luxe, jusqu'à 13 000 fr., et, pour les plus communes, il n'a jamais été au-dessous de 2 500 fr. On peut porter en France leur prix moyen à 5 000 fr. Celui des wagons serait de 1 400 francs. Ces prix ne comprennent pas d'ailleurs les dépenses de remises et ateliers que nécessitent l'entretien et les réparations de ce matériel, dépenses qui ne laissent pas que d'être considérables.

Mazéage. Opération qui consiste à faire subir une première purification à la fonte destinée à la fabrication du fer au bois. La fonte ainsi obtenue s'appelle fonte *mazée* (*Voyez* Affinage).

Mécanicien. Les ingénieurs et ouvriers mécaniciens sont ceux qui s'occupent de la construction, de la surveillance et de l'entretien des machines. La conduite d'une machine à vapeur ne peut être confiée qu'à un mécanicien exercé. Lui seul est capable d'en régler la marche, en raison de sa force et de son objet. Son coup-d'œil est indispensable pour reconnaître sans cesse s'il y a dans la chaudière, ou dans toute autre partie du mécanisme, quelque chose qui souffre. Ses connaissances spéciales lui permettent d'y porter remède à l'instant et d'empêcher que le mal ne s'aggrave. On ne saurait trop recommander aux propriétaires de machines de choisir leurs agens avec le plus grand soin. Ils doivent y être portés non-seulement par un motif d'économie, mais encore par la pensée des accidens auxquels peut donner lieu une surveillance confiée à un homme maladroit et inexpérimenté. On ne peut qu'approuver, à cet égard, la sévérité des règlemens que les compagnies des chemins de fer se sont imposées à elles-mêmes dans ce but. Je transcris ici, comme un bon modèle à suivre, le règlement adopté par les compagnies des chemins de fer de Paris à Saint-Germain et à Versailles (rive droite).

§ Ier. *Conditions générales d'engagement et de salaire.*

ARTICLE PREMIER. Tout mécanicien et tout élève-mécanicien, avant de commencer son service auprès de la compagnie, passe avec elle un engagement dont la durée est fixée dans ledit engagement, ainsi que le temps du noviciat, s'il y a lieu.

L'élève fait fonction de chauffeur pendant tout le temps de son noviciat; comme tel, il participe aux avantages accordés, et est soumis à toutes les obligations imposées par le présent règlement.

ART. 2. Les mécaniciens et chauffeurs sont soumis à tous les règlemens de la compagnie soit pour le service de la voie, soit pour le travail à l'atelier. Ils sont également soumis aux règlemens généraux de la compagnie relatifs à la hiérarchie et à la discipline du personnel et du service en général, et aussi aux règlemens à intervenir pour le service des marchandises quand il sera installé.

Les mécaniciens et chauffeurs doivent avoir un livret délivré par la préfecture de police, et sur lequel leur engagement sera mentionné par le directeur de la compagnie.

ART. 3. La journée de travail à l'atelier est de onze heures effectives de travail, lesquelles commencent, finissent, et sont divisées pour le repas, conformément au règlement général de l'atelier.

La journée de travail sur la voie se règle en général sur le temps de la circulation des voyageurs, telle qu'elle résulte de l'organisation du service du lundi au samedi. Le *maximum* de la journée est au surplus fixé par le service habituel d'été, fixant le premier départ à sept heures du matin et le dernier départ à dix heures vingt minutes du soir.

Sont regardées comme heures extraordinaires de travail dans le service sur la voie, les heures faites pour tout départ avant sept heures du matin, et celles faites pour tout départ après celui de dix heures vingt minutes du soir.

Ces heures, que les mécaniciens et chauffeurs ne peuvent se refuser à faire quand ils sont commandés, seront payées sur un état dressé par les chefs de gare, auxquels les mécaniciens faisant le service extraordinaire devront faire constater leur présence et les ordres qu'ils auront reçus pour marcher.

L'heure extraordinaire de travail est compté :

1° Aux chauffeurs . . . . 0 fr. 50 c.

2° Aux mécaniciens . . . . 1 »

ART. 4. Les mécaniciens et chauffeurs ont droit dans le mois à trois jours de repos. Ces jours de repos sont fixés par leurs chefs ; et ils ne peuvent les prendre sans autorisation, ou sans s'exposer à une amende double de la valeur de la journée ainsi perdue.

Les heures partielles d'absence sans autorisation, soit de l'atelier, soit du service sur la voie, sont retenues aux chauffeurs et mécaniciens sur le pied des heures extraordinaires de travail, sans préjudice des amendes fixées plus loin.

ART. 5. Il est fait une retenue sur le traitement des mécaniciens. Cette retenue est de 20 fr. par mois pour le chauffeur, et de 30 fr. par mois pour le mécanicien. Elle est opérée jusqu'à ce qu'elle s'élève à 1 500 fr. et sert de garantie aux engagemens contractés par le chauffeur et le mécanicien, qui peuvent perdre cette retenue intégralement :

1° S'ils quittent le service avant le temps fixé dans leur engagement ;

2° Si, par inconduite, faute grave, tentative de coalition, ou refus de suivre les ordres de leurs chefs, ils se sont mis dans le cas d'être supprimés.

Le conseil d'administration est le seul juge des causes qui rendront cette mesure nécessaire.

L'intérêt de la retenue est bonifié sur le pied de 5 pour cent par la compagnie.

ART. 6. Les gratifications que le chauffeur ou le mécanicien aura pu obtenir, sont portées pour moitié à son compte de retenue. Il touche le surplus.

ART. 7. Les mécaniciens s'engagent expressément à donner tous leurs soins à former leurs chauffeurs dans la connaissance de la tenue et de la conduite de la machine, lorsque ces chauffeurs leur seront désignés comme élèves.

ART. 8. Tout chauffeur ou mécanicien qui quitterait le service de la compagnie avant le terme fixé dans son engagement, ou qui se mettrait dans le cas d'être supprimé, ne peut s'engager au service d'aucune compagnie de chemin de fer en France, en Angleterre ou en Belgique.

ART. 9. Les chauffeurs et mécaniciens restent soumis à l'action de l'autorité pour les cas de coalition, ou pour les accidens résultant de leur imprévoyance ou négligence. Les peines ou amendes qu'ils peuvent subir pour l'une ou l'autre cause ne peuvent se confondre avec celles qui sont stipulées ci-dessous.

§ II. *Du travail dans l'atelier.*

ART. 12. Les mécaniciens et chauffeurs de service à l'atelier y sont sous les ordres des chefs désignés par l'administration, et doivent leur obéir et exécuter tous les travaux qui leur sont donnés par eux, dans quelque partie des ateliers que ce soit.

ART. 13. Les chauffeurs et mécaniciens doivent être présens à l'atelier lorsqu'ils ne sont pas désignés pour le service sur la voie; un tableau affiché dans l'atelier de montage fixe le service du lendemain, et indique aussi les permissions données et les amendes retenues ou encourues.

ART. 14. Le mécanicien et le chauffeur doivent nettoyer à fond leur machine quand elle rentre à l'atelier, s'ils en reçoivent l'ordre.

ART. 15. Tout manque de travail et de discipline dans l'atelier est puni d'amende.

§ III. *Du service dans les gares.*

ART. 16. Les mécaniciens et chauffeurs, quand ils sont dans les gares, sont sous les ordres et la surveillance des chefs de gare, de l'inspecteur des machines, et de l'inspecteur général du service.

ART. 17. Les mécaniciens et chauffeurs, désignés sur le tableau du service de circulation, doivent tous répondre à l'appel du matin, les mécaniciens une demi-heure et les chauffeurs une heure avant le premier départ. Si la présence de tous n'est pas jugée nécessaire à ce moment, le tableau de service affiché la veille dans l'atelier le fera connaître.

Dans tout le reste de la journée, le mécanicien doit toujours être présent dans la gare; sauf les permissions d'absence données par le chef de la gare.

Le mécanicien visite attentivement, pendant la demi-heure qui précède le départ, toutes les pièces de la machine, et s'assure si elle est en état de faire le voyage. Il vérifie notamment l'état des écrous, clavettes et autres pièces, les assemblages, coussinets et stuffing-boxes, les boîtes à huile et à graisse; il fait les manœuvres nécessaires pour l'alimentation et la mise en vapeur : il reconnaît l'état du frein et des pompes; il vérifie l'approvisionnement d'huile, de graisse, d'eau et de coke, fait connaître à l'inspecteur des machines les défauts qui pourraient exister dans la machine et en gêner la marche, exécute ponctuellement tous les ordres ou les manœuvres prescrits par l'inspecteur des machines.

L'inspection et la mise en état de la machine doivent être complétement achevées cinq minutes avant le départ.

Si l'inspecteur des machines juge qu'une machine doit rentrer à l'atelier, le mécanicien doit s'y rendre immédiatement, porteur du rapport de l'inspecteur, sans lequel la machine ne peut être admise à l'atelier.

En l'absence de l'inspecteur des machines, l'ordre de rentrer est signé par le chef de gare.

ART. 18. Toute machine en service doit être pourvue des objets suivans, que le mécanicien reçoit en compte, dont il est responsable, et sans lesquels il ne doit pas marcher :

1° Un assortiment de clefs, boulous, écrous ;

2° Une grande et une petite clefs anglaises ;

3° Trois ciseaux à froid et un marteau ;

4° Une pince en fer ;

5° Une chaîne longue et deux courtes avec crochet d'assemblage ;

6° Des bouchons de tube, du chanvre, des tresses, de la ficelle et des cordes ;

7° Deux burettes à huile ;

8° Une pelle à charbon ;

9° Un tisonnier, une lance et une tige pour nettoyer les tubes.

ART. 19. Quand la machine stationne dans la gare, le régulateur doit être fermé, les excentriques déclanchés, et le frein abaissé. Quand la machine est en tête du train, la même précaution doit être prise.

Le mécanicien est responsable de toutes les manœuvres de la machine, même de celles qui sont exécutées par son chauffeur avec sa permission.

Toute machine dans la gare doit, autant que possible, envoyer la vapeur dans son tender ; à moins d'autorisation contraire, la soupape mobile doit, pendant le stationnement, être réglée à 35 de la balance.

ART. 20. Pendant les heures de stationnement, le mécanicien fait travailler le chauffeur au nettoiement de la machine, et travaille lui-même à tenir propre toute la partie du mécanisme qui est sur le plan du grand axe de rotation, entre la boîte à feu et les cylindres.

ART. 21. Le mécanicien et le chauffeur ne peuvent s'absenter de la gare que successivement, avec permission du chef de gare ou de l'inspecteur des machines.

La machine ne doit jamais rester seule.

ART. 22. Un quart d'heure avant le départ, le mécanicien place la machine en tête du train, à moins d'ordre contraire.

Dans cette manœuvre, comme dans toutes celles qu'il a à faire avec sa machine, il doit, avant de toucher au régulateur :

1° Avoir visité le frein, et s'être assuré qu'il manœuvre bien ;

2° Avoir fait siffler la machine à plusieurs reprises ;

3° Avoir l'œil sur les aiguilles et faire marcher son chauffeur en avant pour les mettre en ordre, s'il craint que l'aiguilleur ne l'ait pas compris, et n'avancer que lorsqu'il a vu lui-même que l'aiguille est bien placée ;

4° Aller doucement ;

5° S'approcher des voitures avec la plus grande précaution ;

6° Vérifier par lui-même si elles sont bien accrochées à la machine.

Art. 23. Au signal du départ, le mécanicien doit partir avec la plus grande précaution, et tendre doucement toutes les chaînes.

Art. 24. Le chauffeur, pendant la station des machines dans la gare et sauf les heures de repos pour lesquelles il est astreint aux dispositions de l'article 19, doit s'occuper de tout ce qui est prescrit ci-dessus, et notamment du nettoiement de la machine ; ce soin lui est rigoureusement prescrit aux stations comme à l'atelier.

Art. 25. En général, le chauffeur doit strictement exécuter tout ce qui est prescrit par le mécanicien. Il ne doit faire aucune manœuvre sans son ordre ou celui de l'inspecteur des machines.

§ IV. *Du service sur la voie.*

Art. 26. Le personnel d'une machine en service se compose d'un mécanicien et d'un chauffeur.

Les mécaniciens et chauffeurs doivent être debout sur la machine en marche et attentifs à l'état de la voie et du train.

Les administrateurs, le directeur, les ingénieurs, l'inspecteur général du service, le directeur de l'atelier, un conducteur de voitures désigné pour chaque train, et les personnes pourvues de permissions spéciales du directeur, peuvent seuls monter sur la machine.

Art. 27. Le mécanicien ne doit, sous aucun prétexte, déranger les points d'arrêt de la balance pour obtenir une plus forte pression. Toute infraction à cette prescription sera sévèrement punie.

Art. 28. Le mécanicien ne doit jamais dépasser la vitesse de huit à neuf lieues à l'heure.

La vitesse doit être ralentie mille mètres en avant de tous les points où le train doit s'arrêter, et notamment à l'arrivée à Paris, au Pecq, à Saint-Cloud et à Versailles. La manœuvre du frein doit toujours être faite assez tôt et avec assez de force pour que le mécanicien soit obligé de rendre de la vapeur pour arriver. Il doit exécuter cette manœuvre sans secousses.

A l'approche de chaque station, le mécanicien doit ralentir la vitesse et s'approcher en sifflant. Cette précaution est particulièrement prescrite lorsqu'un convoi est arrêté sur l'autre voie, et prend des voyageurs. La mécanicien doit même s'arrêter tout à fait s'il aperçoit de l'embarras sur sa voie.

Toutes les fois que le mécanicien aperçoit sur l'autre voie et en dehors des stations un train arrêté, il doit s'arrêter lui-même et s'informer du motif de l'arrêt pour en rendre compte immédiatement à la gare où il se rend.

Dans les temps de brouillard la vitesse doit aussi être ralentie non-seulement près des stations, mais sur le chemin ; le mécanicien doit aussi faire fréquemment usage du sifflet , notamment dans les courbes.

Dans le cas où la machine donne une émission assez considérable de vapeur pour dérober au mécanicien la vue de la voie, il doit ralentir sa vitesse et se placer sur le cadre de la machine, assez en avant des soupapes pour voir la voie et ce qui s'y passe en avant de lui.

Lorsqu'il se manifeste sur la voie des tassemens sensibles, le mécanicien doit ralentir sa vitesse aux points où ces effets ont eu lieu, jusqu'à ce qu'ils soient réparés.

Art. 29. Si, pendant la marche, il arrive à la machine ou au train un accident qui l'oblige à l'arrêter ou à marcher doucement pendant longtemps, le mécanicien doit envoyer son chauffeur à mille mètres en arrière du train pour s'assurer que les cantonniers donnent le signal d'arrêt.

Tous les règlemens faits par la Compagnie pour les signaux seront portés à la connaissance des mécaniciens, qui devront les étudier avec soin et s'y conformer ponctuellement. En tout cas, le mécanicien ne doit jamais faire reculer le train, à moins d'un ordre verbal ou écrit de l'inspecteur du service ou du chef de la gare d'où est partie la machine de secours.

Si le mécanicien juge nécessaire de détacher la machine du train, soit pour aller chercher du secours, soit pour alimenter, il est responsable de l'une ou l'autre de ces manœuvres, et doit les exécuter avec la prudence et le soin les plus grands, et, en ce cas, il ne doit partir qu'après s'être assuré qu'en arrière du train qu'il quitte momentanément, il y a des signaux installés pour prévenir toute rencontre.

Art. 30. Lorsque le mécanicien part après s'être arrêté à une gare intermédiaire, il doit employer les mêmes précautions que celles qui sont prescrites à l'article 24 pour le départ des gares principales.

Art. 31. Dans le cours du trajet, le mécanicien doit plusieurs fois examiner l'état du train et s'assurer s'il est complet.

Dans le cas où une chaîne du train viendrait à se rompre et où le train se trouverait ainsi partagé en deux : si la queue du train est en vue, le mécanicien ne doit pas arrêter brusquement, mais conserver un intervalle d'au moins 200 mètres entre les deux parties du train jusqu'à ce que la partie détachée ait perdu sa vitesse ; alors il s'en rapproche avec précaution, et après avoir visité lui-même la nouvelle attache il part avec les précautions prescrites.

Art. 32. Toutes les fois que le mécanicien a devant lui une machine ou un train, il doit s'en tenir à une distance de 2 000 mètres, et ralentir sa vitesse, s'il le perd de vue dans les courbes.

Art. 33. Le mécanicien, à son arrivée aux stations, fait connaître tout ce qu'il a pu remarquer sur la voie au chef de la gare, et notamment les ruptures de rails ou affaissemens du sol de la voie ; il fait aussi rapport immédiat au chef de la gare si des parties de train sont restées sur la voie.

Il rend compte à l'inspecteur des machines de tout ce qui a pu arriver à sa machine.

Art. 34. Les mécaniciens et chauffeurs ne doivent pas quitter leurs machines avant qu'elles n'aient été tournées sur les platesformes, que l'approvisionnement du charbon et l'alimentation de la machine ne soient faits, que le feu ne soit piqué, et avant d'avoir examiné eux-mêmes l'état du foyer et de toute la machine, qu'ils ne doivent quitter, en tout cas, qu'avec permission du chef de gare.

Au dernier voyage, le mécanicien et le chauffeur, à moins d'autorisation spéciale de l'inspecteur des machines, ne doivent quitter la machine qu'après avoir éteint le feu et avoir assuré l'approvisionnement d'eau et de charbon.

Art. 35. Le mécanicien ne doit pousser un train en arrière ou faire marcher le tender en avant que sur un ordre spécial du chef de la gare, et, dans l'un comme dans l'autre cas, il doit marcher avec la plus grande prudence.

Art. 36. Pendant tout le temps de la marche, le chauffeur doit être attentif à tous les ordres du mécanicien, et les exécuter ponctuellement et avec rapidité.

Toute infraction commise par le chauffeur aux règles ci-dessus, et à la discipline, doit être déférée par le mécanicien à l'inspecteur des machines, aussitôt après l'arrivée du train ; l'inspecteur des machines a le droit, s'il y a lieu, de prononcer la mise à pied du chauffeur pour le reste du jour, et de l'envoyer avec son rapport à l'atelier.

En général, le chauffeur, pendant toute la durée du service, est exclusivement sous les ordres du mécanicien, qui est responsable de sa conduite.

ART. 37. Le présent règlement sera imprimé ; et les mécaniciens devront toujours l'avoir avec eux, sous peine d'amende.

Le présent règlement recevra toutes les modifications que l'expérience fera juger nécessaires. Ces additions au règlement seront affichées dans l'atelier et remises ensuite à chaque mécanicien et chauffeur, pour qui elles seront obligatoires comme le règlement lui-même, ainsi que le tarif d'amendes ci-annexé, lequel sera aussi susceptible des additions ou modifications indiquées par l'expérience.

AMENDES.

ART. 38. Les amendes dont l'indication suit sont applicables dans le cours ordinaire du service.

Elles peuvent être doublées en cas de récidive de la même faute dans le mois.

Elles peuvent être quadruplées s'il est survenu un accident par suite de la faute commise, sans préjudice du recours en indemnité de la compagnie.

Le conseil d'administration conserve d'ailleurs, en tout cas, son droit de supprimer les mécaniciens ou chauffeurs qui se seraient mis dans le cas prévu à l'article 5 ; et ce, sous toutes réserves de droits et actions de la compagnie.

TARIF DES AMENDES.

Pour s'être pris de vin, étant de service sur les machines, ou pour infraction à l'article 36,

Le mécanicien. . . . . 25 fr.
Le chauffeur 10
Pour infraction aux divers articles du paragraphe II.
Le mécanicien . . . . de 3 fr. » à 12 fr.
Le chauffeur. . . . . de 1 50 c. à 6
Pour infraction aux articles du paragraphe III.
Le mécanicien . . . . de 3 fr. » à 12 fr.

Le chauffeur. . . . . de 1 50 c. à 6
Pour infraction aux articles du paragraphe IV.
Le mécanicien . . . . de 5 fr. » à 20 fr.
Le chauffeur. . . . . de 2 fr. 50 c. à 10

Toute amende pour faute non prévue dans le présent règlement sera fixée par le conseil d'administration de la compagnie.

MÉCANIQUE. On a donné le nom de science mécanique, ou simplement de mécanique, à la partie des mathématiques qui a pour objet les lois de l'équilibre et du mouvement des corps. Les lois de l'équilibre forment une division à part qui prend le nom général de *statique :* la science des lois du mouvement se nomme *dynamique.* S'il s'agit des liquides, la partie de la statique qui leur convient prend le nom d'*hydrostatique*, et celle de la dynamique, *hydrodynamique.*

On appelle arts mécaniques ceux dont les productions exigent principalement l'emploi de la main. Tels sont la serrurerie, la menuiserie, par opposition aux arts libéraux dans lesquels l'imagination a une part plus apparente, comme la musique, la peinture.

Le mot mécanique s'emploie aussi quelquefois comme substantif dans le sens de mécanisme.

MÉCANISME. Ensemble de pièces formant une machine ou l'une de ses divisions importantes. Ainsi, dans les machines à vapeur, les pièces, à l'aide desquelles la vapeur de la chaudière est transmise au cylindre, constituent un mécanisme. La communication du mouvement du piston aux parties principales du système est un autre mécanisme. Enfin la machine elle-même tout entière est un mécanisme.

MÈCHE. Pour le graissage continu des locomotives et voitures employées sur les chemins de fer on se sert de mèches de coton, qui plongent dans la cavité de la boîte à graisse, aboutissent au tourillon de l'essieu par de petits tubes pratiqués dans la boîte, et font l'office de siphon pour aider l'huile à descendre.

En mécanique on appelle mèches des instrumens propres à faire des trous dans des corps durs, tels que le bois, la pierre, les métaux. Ils se composent d'une tige en acier bien trempée et terminée en forme de cuiller, de trident, etc., que l'on fait avancer en leur imprimant un mouvement de rotation au moyen d'un vilbrequin.

MÉMOIRE. Notes détaillées qui accompagnent les plans, devis et autres pièces dont se compose un projet. C'est dans le mémoire que l'ingénieur expose les faits et autres motifs sur lesquels s'appuie la pensée de l'entreprise, les avantages qui doivent en résulter et les inconvéniens qu'elle entraîne. Le mémoire ne doit pas être confondu avec le devis, qui n'est autre chose que la description des travaux et l'évaluation de leurs quantités.

MENANTES (ROUES). Ce sont les roues de la machine locomotive qui servent à la maintenir sur les rails et à la guider dans sa marche. Dans les machines à quatre roues, les roues menantes sont placées à l'avant. Dans les machines à six roues, les roues menantes sont au nombre de quatre, deux en avant et deux en arrière, les roues motrices étant au milieu. Dans les machines américaines à huit roues, (*Pl. IX*), il y a quatre roues menantes, placées à l'avant sous la boîte à fumée, très près les unes des autres et formant un avant-train à part. Les roues motrices, au nombre de quatre également, sont séparées des deux paires de roues menantes par une assez grande longueur.

Les roues menantes sont toujours garnies de rebords ou mentonnets qui les empêchent de sortir de la voie. Dans les machines à quatre roues, les roues motrices étant garnies de rebords remplissent elles-mêmes l'office de roues menantes. Dans les machines à six roues, lorsque l'on accouple deux paires de roues on peut le faire aussi bien en accouplant celles d'avant que celles d'arrière avec celles du milieu. Mais dans ce cas les roues extrêmes, conservant toujours leur caractère de roues menantes, sont munies de rebords. De même dans la machine à huit roues la paire de roues motrices placée tout à fait à l'arrière est garnie de rebords.

MENTONNET. Rebord en forme de saillie. Le rebord des jantes dans les roues des voitures de chemins de fer est un mentonnet

MENUISIER. Ouvrier qui fabrique les ouvrages en bois servant à l'intérieur des habitations, tels que lambris, parquets, portes, fenêtres, etc., les modèles pour la fonderie, et certains meubles qui ne demandent pas un travail très délicat, tels que tables et armoires communes. L'emploi des bois exotiques dans de petites dimensions pour ameublemens est du ressort d'une classe particulière de menuisiers que l'on nomme *ébénistes*.

La *menuiserie* peut être considérée comme un des appendices de la charpente.

MESURES. Unités de diverses espèces auxquelles on rapporte les longueurs, volumes ou autres quantités dont on veut connaître la valeur (*Voyez* POIDS ET MESURES).

MÉTALLURGIE. Art d'extraire les métaux des minerais qui les contiennent et de les mettre en état de recevoir les différentes formes et dimensions que réclament leurs applications. L'art du métallurgiste nécessite des connaissances chimiques et mécaniques fort étendues : il se perfectionne chaque jour en profitant des progrès accomplis par ces deux sciences. Il se divise en autant de branches, à proprement parler, qu'il y a de métaux dans la nature. La métallurgie la plus importante sans contredit, pour ceux qui s'occupent de chemins de fer et de machines à vapeur, est celle du fer : son étude est indispensable. Celle du cuivre ne l'est guère moins. On pourrait classer à leur suite, dans ce même but, la métallurgie du plomb, du zinc et de l'étain.

MÈTRE. Unité des mesures de longueur en France, la seule dont il soit permis de faire usage aujourd'hui. Le mètre a servi de base pour la constitution de tout notre système de mesures, tant pour les longueurs, surfaces et volumes que pour les poids. Dans l'état actuel de la science, on considère la terre comme un corps sensiblement sphérique animé d'un mouvement de rotation sur lui-même autour d'un axe dont les extrémités s'appellent des Pôles. Un grand cercle, tracé sur sa surface et passant par les pôles, s'appelle Méridien. Un autre grand cercle, perpendiculaire au premier et le divisant en deux parties égales, est ce que l'on nomme l'Équateur. La distance d'un pôle à l'équateur, mesurée sur le méridien, est donc le quart de la longueur du méridien. On a cherché à mesurer exactement cette distance par des observations géodésiques et astronomiques : on l'a ensuite divisée en dix millions de parties égales, et l'on a nommé mètre ou mesure par excellence la longueur ainsi obtenue. Le mètre est donc la dix-millionième partie du quart du méridien terrestre. Cette longueur a été obtenue par la mesure d'un arc du méridien qui passe par Dunkerque et Barcelone, faite en 1792 par deux savans français, MM. Biot et Arago. Je dois dire qu'en 1836 une erreur a été signalée par M. Puissant dans la longueur de l'arc mesuré, en sorte qu'indépendamment de l'incertitude qui s'attache toujours aux déductions de la science physique et astronomique, et même en supposant absolument vraie la théorie actuelle du système du monde, on ne doit pas considérer la longueur du mètre comme représentant exactement celle que lui attribue la définition. Jusqu'ici, du reste, cette remarque est sans importance dans les applications aux arts et à l'industrie. Quelle que soit l'unité de longueur adoptée dans un pays, il suffit qu'elle soit constante et facile à vérifier dans les circonstances ordinaires de la vie.

Le mètre a été divisé en dixièmes, centièmes et millièmes auxquels on a affecté les noms spéciaux de décimètres, centimètres et millimètres. Les autres subdivisions n'ont pas de noms spéciaux. On appelle décamètre une longueur de dix mètres ; hectomètre, une longueur de cent mètres; et enfin kilomètre et myriamètre, les longueurs de mille et dix mille mètres. On verra aux articles *are*, *hectare*, *gramme*, *litre*, etc., le rapport qui existe entre le mètre et les autres unités de mesures pour les surfaces, volumes et poids.

Les mots *déci*, *centi*, *milli*, viennent des mots latins *decem*, *centum* et *mille* qui signifient dix, cent et mille. *Déca*, *hecto*, *kilo*, *myria*, viennent de mots grecs qui ont respectivement la même signification. On est convenu, pour la nomenclature des mesures de diverses grandeurs dans le nouveau système métrique, d'appliquer l'idée de fraction aux mots dont l'étymologie est latine, et l'idée de multiplication à ceux d'étymologie grecque.

MEULIÈRE. Sorte de pierre siliceuse remplie de petites cavités, conservant des traces de calcaire. Elle est fort abondante aux environs de Paris, et accompagne ordinairement les bancs de marne calcaire de ce bassin. La légèreté, la liaison facile de la meulière avec le mortier dont s'imprègnent toutes ses cavités, la font rechercher par les constructeurs pour les maçonneries. La moins poreuse comme étant la plus lourde s'emploie de préférence pour les fondations, et la plus poreuse pour les revêtemens et les murs hors de terre. Les géologues attribuent l'origine de la meulière à la présence de bancs ou rognons de silice caverneux, répandus dans des masses calcaires et dont l'acide sulfurique aurait chassé le calcaire dans quelqu'un des cataclysmes dont notre planète a été le théâtre. Le nom de meulière a été donné à cette pierre parce que l'on en fait des meules de moulin à blé : c'est une de ses meilleures applications. La meulière de La Ferté-sous-Jouarre sur les bords de la Marne est la plus estimée pour cet emploi. On en fait des meules que l'on envoie jusqu'aux Etats-Unis de l'Amérique du Nord.

MINERAI. Minéral à l'état naturel, c'est-à-dire renfermant un métal quelconque combiné ou mélangé avec d'autres substances, tel qu'on le trouve dans le sein de la terre. L'art d'extraire les métaux de leurs minerais, et de les amener à un état de complète pureté, est la métallurgie.

Les minerais se désignent ordinairement par le nom du métal qu'ils contiennent ou que l'on veut en extraire. Ainsi on distingue les minerais de cuivre, de fer, d'or, de zinc, etc. Souvent on ajoute à cette désignation celle de la principale substance qui domine dans le mélange des matières étrangères. Ainsi on distingue entre eux les minerais de fer, en minerais de fer hydratés, carbonés, silicés, etc.

MINÉRALOGIE. C'est la science des substances du règne minéral que l'on trouve dans la nature, des caractères physiques et chimiques auxquels on peut les reconnaître, et des différentes combinaisons auxquelles elles donnent lieu.

Mines et Minières. Lieux où se trouvent déposés par la nature les métaux, minéraux et pierres précieuses. Les mines qui intéressent le plus particulièrement les chemins de fer et machines à vapeur sont les mines de fer et celles de charbon. Cependant le cuivre, le plomb, l'étain et même le mercure jouant un certain rôle dans les machines, l'exploitation des mines qui recèlent ces métaux ne saurait leur être indifférente. Il y a encore en France un grand nombre de mines de fer et de charbon peu ou point exploitées. La cause doit en être bien moins attribuée à l'époque récente du perfectionnement de la métallurgie et des arts mécaniques qu'au mauvais état de nos voies de communication. La houille, les minerais de fer et les matières propres à leur traitement sont des denrées généralement fort lourdes et qui ne peuvent subir de longs transports qu'à la condition que ces transports puissent être faits à bon marché. Les voies d'eau leur conviennent particulièrement ; aussi, lorsque notre système de navigation intérieure aura été complété, on ne peut douter que l'exploitation des mines en France ne prenne un grand développement.

Les mines sont régies par la loi du 21 avril 1810, qui comprend également dans ses prescriptions les tourbières, carrières, marnières, sablières, et en général tous les lieux d'où l'on extrait les substances du règne minéral. Le titre premier classe et définit les objets qui sont du ressort de la loi. Les titres 2, 3 et 4 sont relatifs à la propriété des mines, aux demandes et à l'obtention des concessions. Le titre 5 confère aux ingénieurs du corps royal des mines la surveillance et la police des mines et des constructions qui en dépendent. Le titre 6 se rapporte aux anciennes concessions. Le titre 7 contient les règles spécialement applicables aux minières. La loi entend par minières les minerais de fer dits d'alluvion, les terres pyriteuses propres à être converties en sulfate de fer, les terres alumineuses et les tourbes. Le titre 8 s'applique aux carrières et tourbières : le titre 9 traite des expertises, et le titre 10 et dernier est relatif à la police et à la juridiction des mines.

La propriété des mines n'est pas une conséquence de la propriété du sol : c'est un fait à part, réglé par une concession qui peut être faite par l'État, soit au propriétaire du sol, soit à celui qui a découvert le gisement à exploiter, soit à tout autre. La découverte d'une mine ne doit pas être confondue avec celle d'un trésor. Celui-ci appartient de droit au propriétaire du terrain sous lequel on le trouve.

Mais les richesses de la nature ne sauraient être considérées comme un trésor dans le sens que l'on attache à ce mot. Elles constituent une propriété de l'État, qui ne peut être aliénée entre les mains des particuliers que par voie de prescription ou par des formes régulières et à titre onéreux.

Ministres. Chefs supérieurs des diverses branches de l'administration publique, agissant sous leur responsabilité personnelle, au nom du roi qui les nomme, et dont ils couvrent les actes. Ce sont eux qui préparent et rédigent les règlemens et ordonnances émanant directement de l'autorité royale, et qui les contresignent après qu'ils ont été revêtus de l'approbation du chef de l'État. Le ministère est partagé en plusieurs départemens dont le nombre et les attributions ne sont pas invariables. Il y a aujourd'hui neuf départemens. Ce sont les départemens de la guerre, de la marine et des colonies, des affaires étrangères, des finances, de l'intérieur, de la justice et des cultes, de l'agriculture et du commerce, des travaux publics, et de l'instruction publique.

J'ai dit au mot *administration* à quel titre les machines à vapeur et les chemins de fer, qui dépendent directement du ministère des travaux publics, rentrent dans les attributions de quelques autres départemens.

Minute. Envisagée comme division du temps, c'est la 60ᵉ partie de l'heure ; de même que l'heure est la 24ᵉ partie du jour astronomique. Le mot minute s'emploie aussi comme mesure de longueur pour la circonférence d'un cercle. C'est alors la soixantième partie du degré, comme le degré est la 360ᵉ partie de la circonférence. La subdivision de la minute en soixante parties, soit pour mesurer le temps, soit pour mesurer la longueur des arcs du cercle, s'appelle seconde. Celle-ci, dans l'un et l'autre cas, se subdivise également en soixante parties qui s'appellent tierces. On peut pousser plus loin la division dans le système sexagésimal ; mais l'usage a prévalu de ne pas se servir d'autres subdivisions que les secondes dans les arts. Au-delà de ce point, les fractions de temps ou longueurs d'arcs de cercle sont empruntées au système décimal et se comptent par dixièmes, centièmes, millièmes, etc. C'est la seule introduction du système décimal, qui ait passé dans la pratique, pour la division du temps et de la circonférence du cercle. A l'époque où le système décimal fut mis en vigueur, sous la révolution française, on essaya de diviser le jour légal ou astronomique en dix heures, chaque heure en cent minutes, la minute en cent secondes, et ainsi de suite. Quelques horloges furent même construites sur ce principe, mais ce système ne prévalut pas plus que la transformation du calendrier grégorien et la substitution de la décade à la semaine. Pour la circonférence du cercle, on essaya également l'introduction du système décimal. On divisa pour cela chaque quart de cercle en cent degrés, au lieu de 90 : ce qui porta à quatre cents le nombre des degrés de la circonférence entière. Chaque degré fut subdivisé lui-même en cent minutes, la minute en cent secondes, etc. Bien que cette nouvelle division n'ait pas été rejetée comme celle du temps, elle n'est point généralement admise dans la pratique, et, à moins qu'on ne l'indique d'une manière spéciale, toutes les fois qu'on parle des degrés, minutes et secondes, dont se compose un arc de cercle, c'est de la division sexagésimale qu'il s'agit.

On donne le nom de *minutes* aux pièces originales (plans, profils, devis, mémoires', etc.), dont se compose le dossier d'une affaire. Elles restent entre les mains de l'auteur du projet, qui ne se dessaisit ordinairement que des copies faites sur les minutes.

MIRE. Instrument de nivellement. C'est une tige graduée le long de laquelle glisse un plateau de bois ou de tôle peint de deux couleurs séparées par une ligne horizontale. Ce plateau se nomme le *voyant*. Le porte-mire le présente du côté de l'observateur placé au niveau. Celui-ci vise, en faisant signe de monter ou de descendre, jusqu'à ce que la ligne horizontale tracée sur le voyant coïncide avec le plan de niveau déterminé par son instrument. Les divisions tracées sur la tige de la mire permettent de lire immédiatement la hauteur à laquelle se trouve le plan de niveau, par rapport au point du sol sur lequel porte le pied de la mire. Le but des deux couleurs dont on peint le voyant, est de rendre bien nette et apparente la ligne horizontale qui le partage. Pour plus de certitude, et en même temps pour vérifier si la mire est tenue bien verticalement, on divise le voyant en quatre compartimens séparés par une croix : on a ainsi, outre la ligne horizontale, une ligne verticale. Dans les niveaux à lunettes, le plan horizontal est déterminé par deux fils très déliés qui se coupent à angle droit et que l'on place dans l'intérieur de la lunette. L'un de ces fils est horizontal et l'autre vertical. Quand le voyant de la mire est arrivé dans le plan horizontal déterminé par le niveau, la projection de ces fils coïncide exactement avec les deux lignes qui divisent le voyant.

Le voyant glisse à frottement doux le long de la tige de la mire, au moyen d'une douille carrée, portant par derrière une vis de pression, qui sert à la fixer lorsqu'elle est arrivée à la position vou-

lue. La tige porte ordinairement ses divisions par derrière, afin
que le porte-mire puisse les lire immédiatement sans la retourner.
Ces divisions tracées sur le bois sont des centimètres. Les fractions
de centimètre sont données au moyen d'un petit vernier attaché à
la douille du voyant, et qui monte et descend avec lui.

La tige est formée d'une seule règle, de deux mètres de long,
dans les mires destinées aux opérations peu importantes. Mais pour
les nivellemens qui doivent embrasser une grande étendue de terrain, et où l'on doit s'attendre à rencontrer des différences de niveau assez fortes entre deux points consécutifs, on se sert de mires
dont la tige est formée de deux règles, rentrant à coulisses l'une
dans l'autre dans toute leur longueur, et présentant une hauteur
totale de quatre mètres, lorsqu'elles sont développées. Le pied de
la tige est garni d'un talon en fer, à un ou deux empattemens, qui
la garantissent de l'usure et assurent sa position verticale sur le
sol, quand elle est en station.

MISE EN TRAIN. Ce mot s'explique de lui-même. On met aussi
bien en train une usine ou une simple machine qu'une opération
financière. Une observation générale s'applique à toute espèce de
mise en train, c'est qu'il faut procéder graduellement, avec précaution, en ayant soin d'observer si aucun des élémens sur lesquels se
fonde le succès n'a été omis, si tout est à sa place et dans des relations convenables de puissance et de position.

MITRE. Appareil qui se place en haut des cheminées pour en diminuer l'ouverture et activer leur tirage lorsqu'elles ont une faible
hauteur.

Le dôme des chaudières de locomotives prend quelquefois le nom
de mitre, lorsqu'au lieu de le faire rond on lui donne une forme quadrangulaire comme dans la *Planche IX*.

MODÈLES. Pièces exécutées en bois dans un atelier séparé, telles
qu'elles doivent l'être ensuite en fonte de fer ou de cuivre. C'est sur
ces modèles que se moule le sable préparé pour recevoir la coulée de
la fonte. Comme les fontes prennent toutes un certain retrait par le
refroidissement, le mètre dont se sert le modeleur, pour établir les
dimensions du modèle, a un centimètre de plus que le mètre ordinaire. Les modèles doivent satisfaire à deux conditions principales:
1° Pouvoir se retirer facilement des moules ; 2° Laisser des places
pour loger les extrémités des noyaux destinés à conserver les vides
qui doivent traverser dans toute leur longueur les pièces fondues.
On évalue dans les grands ateliers de fonderie la dépense des modèles à 4,40 environ du prix de revient de la pièce fondue. On com-

prend d'ailleurs que cette dépense varie avec le nombre de fois que doit servir le même modèle. Plus il sert souvent, et moins la dépense relative à chacune des pièces est considérable.

Les modeleurs sont des menuisiers ébénistes, et se servent par conséquent de tous les outils propres à cette profession.

MODÉRATEUR. Appareil destiné à régler l'admission de la vapeur dans le cylindre d'une machine. On l'appelle aussi **RÉGULATEUR** (*Voyez ce mot*).

MOELLON. Pierre employée dans les maçonneries sur des dimensions plus petites que la pierre de taille, quoiqu'étant souvent de la même nature que cette dernière. Lorsque les moellons sont employés en parement, on leur donne sur une de leurs faces une taille grossière, appelée piquage ou *smillage*. Dans l'intérieur des murs ils peuvent être employés à l'état brut, et servent de remplissage. Les murs en moellons offrent une moins grande solidité que ceux en pierre de taille. Aussi l'on est dans l'usage de les maintenir de distance en distance par des chaînes en pierre de taille, qui occupent toute la hauteur et toute l'épaisseur de la maçonnerie.

MOISE. Dans la charpente, on donne ce nom en général à de longues pièces de bois accouplées et boulonnées qui servent à entretenir la solidité des autres parties du système. Ce nom a été transporté dans les ouvrages en fer, et il sert à désigner les tirants en fer qui résistent principalement aux efforts peu obliques, par rapport à la verticale. Ceux qui résistent aux poussées et tractions latérales s'appellent des entretoises.

MOLLETTES. Poulies verticales sur lesquelles passent des cordes destinées à soulever un fardeau. Cette dénomination est particulièrement réservée aux poulies sur lesquelles passent les cordes qui descendent dans les puits de mines, et en remontent les caisses destinées à extraire le minerai et quelquefois l'eau qui gêne les travaux. Les machines employées à ce genre de travail prennent, à cause de leur objet, le nom de *machines à mollettes*.

MONTAGE. Opération qui consiste à assembler toutes les pièces d'une machine en les mettant dans la position qu'elles doivent définitivement occuper pour son emploi. Après qu'une machine a été montée dans un atelier de construction, on la démonte pour pouvoir la transporter au lieu où elle doit servir. C'est là seulement qu'on la monte définitivement.

MORTAISAGE, MORTAISE. On entend par mortaise une cavité pratiquée dans une pièce de bois ou de métal, et destinée à recevoir une saillie ou *tenon*, que porte une autre pièce avec laquelle la première doit s'assembler. La mortaise présente en creux la même forme et dimension que porte en relief le tenon. Quelquefois on renforce l'assemblage des pierres de taille dans les maçoneries par des tenons et mortaises.

Le mortaisage, ou action de pratiquer une mortaise, se fait dans les pièces métalliques au moyen d'une machine-outil appelée *machine à mortaiser*, qui a sur la main de l'homme, armé d'un outil ordinaire, l'avantage d'une plus grande puissance et d'une plus grande régularité.

Mortier. Substance plastique qui sert à lier entre elles les pierres dont se compose une maçonnerie. Le mortier ordinaire est un mélange de sable siliceux et de chaux triturés ensemble avec de l'eau et réduits en pâte plus ou moins épaisse. Quelquefois, au lieu de sable siliceux, on emploie de la terre argileuse, mais le mortier qui en résulte est de mauvaise qualité et ne peut convenir aux ouvrages de quelque importance. La fabrication du mortier se fait en plaçant une certaine quantité de chaux au centre d'un amas de sable ou autres matières étrangères que l'on veut mélanger avec elle. La chaux peut être éteinte d'avance, ou apportée en poudre et éteinte sur place. On amène peu à peu, au moyen de rabots, le sable dans la masse de chaux, en mélangeant le tout ensemble, et ajoutant la quantité d'eau suffisante pour que le mortier ait la consistance de pâte molle. Lorsque l'on a de grandes masses de mortier à mélanger, la trituration, au lieu de se faire à bras d'homme, se fait au moyen de roues et de rabots mus par un manége à chevaux et quelquefois par une machine à vapeur.

Les mortiers, pour être efficaces, ne doivent pas être préparés longtemps à l'avance ; au bout d'un certain temps, ils perdent leur qualité de faire prise avec la pierre, et sont inertes comme de la terre ordinaire.

On distingue deux espèces de mortiers, en raison de la nature de la chaux employée à leur confection, savoir : Le mortier *hydraulique* et le mortier *non hydraulique*.

Moteur. Cause première d'un mouvement. L'eau, en tombant d'un déversoir, en coulant dans un canal naturel ou artificiel, devient un moteur, lorsqu'on lui oppose un corps étranger dont elle peut vaincre l'inertie par son mouvement. Ce corps étranger peut être assujetti à se mouvoir sans sortir d'un lieu déterminé et en tournant sur lui-même ; c'est le cas des roues hydrauliques. Il peut, au contraire, obéir tout entier à l'impulsion que l'eau lui communique ; c'est le cas d'un corps flottant sur une rivière, d'un bateau ou d'un radeau qu'on laisserait aller en dérive.

L'air, qui agit par son mouvement sur les voiles d'un navire et qui le fait avancer, est un moteur. L'homme et les animaux, exerçant, en vertu de leur force propre, une action mécanique, sont autant de moteurs. Enfin, la vapeur, par la propriété dont elle jouit de chercher à s'étendre et à s'échapper, lorsqu'elle est contenue dans un vase trop étroit, peut être utilisée comme moteur. C'est le but des appareils connus sous le nom de machines à vapeur. La vertu expansive n'est point particulière à la vapeur; elle appartient à tous les gaz. L'air atmosphérique en jouit à un très haut degré. Il suffit, pour s'en assurer, de le comprimer mécaniquement, en le refoulant dans un récipient, ou bien encore, de le soumettre à une forte température dans un vase bien clos. Dans l'un comme dans l'autre cas, il acquerra une force de répulsion, correspondante à celle qui a servi à le comprimer ou à la température à laquelle on l'a soumis : et si l'on rend mobile une des parois du récipient, il la chassera devant lui jusqu'à ce qu'il ait acquis un espace suffisant pour le nombre et la température de ses molécules constituantes. Cette façon d'agir est absolument la même que celle de la vapeur d'eau. Aussi a-t-on cherché dans ces derniers temps à l'utiliser de la même manière. Bien que les appareils dont on s'est servi dans ce but n'aient donné jusqu'ici que des résultats fort contestables, sous le rapport de l'économie et de la facile disposition du mécanisme, ces recherches ne sont nullement à dédaigner, et l'on peut espérer qu'elles aboutiront à de précieuses découvertes.

Je ne dois pas passer sous silence, dans cette liste sommaire des moteurs que l'homme connaît et cherche à plier à son usage, un agent qui, malgré sa nature mystérieuse, nous est bien connu par la puissance de ses effets. Je veux parler de l'électricité. Réduite jusqu'ici entre nos mains à l'état d'agent chimique, c'est à peine si elle est sortie de nos laboratoires pour passer dans quelques arts peu nombreux. Mais il n'est pas permis, lorsqu'on observe ses effets dans la nature, de douter que, dans une période de temps peut-être peu éloignée, elle constituera le principal en même temps que le plus puissant de nos moteurs. Déjà l'on a cherché à l'appliquer à la construction de locomotives d'une nouvelle espèce. Sans ajouter foi aux récits, sans doute exagérés, des effets obtenus de l'électricité sous cette forme, je considère ces tentatives comme le premier pas dans une carrière où le génie de l'homme est appelé à déployer toutes ses ressources.

Si, dans le langage rigoureux, le nom de moteur doit être réservé à la cause première d'un mouvement, on ne devrait pas donner ce nom à l'eau, à la vapeur et au gaz qui agissent par voie d'expansion. En effet, l'eau qui tombe d'un déversoir ou qui coule en vertu d'une pente n'est elle-même qu'un agent obéissant aux lois de la pesanteur. La vapeur n'est pas non plus le véritable moteur du mécanisme qu'elle agite. Car elle-même ne fait qu'obéir à l'effet de l'élévation de température qui l'a produite et qui tend à la dilater. Ici le véritable moteur serait le calorique. Cependant l'usage s'est établi de considérer ces agens comme des moteurs, et ils le sont en effet par rapport aux machines auxquelles on les applique. C'est en suivant le même ordre d'idées que l'on donne aux voiles des vaisseaux, aux roues hydrauliques et aux machines à vapeur fixes ou locomotives le nom de moteurs, quand on les considère par rapport aux mécanismes qu'ils mettent en mouvement.

MOTRICES (ROUES). Le mouvement communiqué par la vapeur aux pistons d'une locomotive se transmet par l'intermédiaire de tiges, de bielles et de manivelles à l'un de ses essieux. Cet essieu porte à ses extrémités une paire de grandes roues qui s'appuient sur les rails et par leur adhérence forcent la machine à avancer. Ce sont ces roues que l'on appelle roues motrices. Ce sont elles en effet qui, en se portant en avant par leur mouvement de rotation, entraînent la locomotive et les autres voitures qu'elle remorque. Dans les machines à six roues, comme dans les machines à quatre roues, il n'y a ordinairement qu'une paire de roues motrices. Les autres sont les roues *menantes* (*Voyez* ce mot). Lorsqu'une seconde paire de roues est accouplée avec la première paire de roues motrices, cette seconde paire de roues participant, par sa solidarité avec la première, à l'impulsion directe des pistons, prend le caractère de roues motrices. On peut voir, aux mots *adhérence* et *roues couplées*, les motifs de cette disposition.

La première paire de roues motrices, qu'elle soit seule ou accouplée avec une autre, ne porte ordinairement pas de rebord. C'est aux roues menantes qu'est réservé le soin de maintenir la machine dans la voie. Les roues motrices n'ont d'autre objet que de produire, par leur adhérence sur le rail, une espèce d'engrenage horizontal, comme si elles étaient armées de dents, et roulant sur une crémaillère. Les soubresauts auxquels les expose le mouvement de lacet, lorsqu'elles portent des rebords, nuisent à cette adhérence et diminuent d'autant son effet.

Le poids de la machine est inégalement réparti entre les roues. Dans les locomotives à quatre roues, les roues motrices (ce sont celles d'arrière) en portent plus de la moitié, et elles ont à supporter, outre le poids de la partie de la machine sous laquelle elles se trouvent, toute la boîte à feu, la partie carrée de la chaudière qui enveloppe cette boîte et le plancher sur lequel se tient le mécanicien. Cette disposition a été nécessitée par la liberté que l'on doit laisser à la manivelle de l'essieu coudé pour qu'elle ne rencontre pas la boîte à feu dans son mouvement de rotation. Dans les machines à six roues, le poids est de même inégalement réparti entre les trois paires de roues. En supposant un poids total de 42 tonnes, les roues motrices placées au milieu supportent une charge de 6 tonnes et demie, celles de devant une charge de 4 tonnes et demie et celles d'arrière seulement 2 tonnes.

Dans les locomotives à huit roues il y a toujours deux paires de roues motrices accouplées. Voici un exemple de la manière dont le poids est réparti. Sur le chemin de fer de Philadelphie à Pottsville, une machine à huit roues pesait avec l'eau, le charbon et les deux hommes employés à son service 11 250 kilogrammes ; le poids sur les quatre roues motrices placées à l'arrière était de 8 300 kilog., soit près des trois quarts de la charge totale. Cette disposition est très avantageuse pour remorquer à petite vitesse de forts convois de marchandises sur des chemins qui présentent des rampes fortes et nombreuses (*Voyez* ADHÉRENCE).

MOUFFLE. Système de plusieurs poulies assemblées dans la même chape et sur des axes particuliers ou sur le même axe. Cette machine est employée pour élever des fardeaux : elle sert à multiplier la force qu'on leur applique d'une manière analogue à celle dont agit le levier, c'est-à-dire en perdant sur la vitesse imprimée à la masse soulevée ce que l'on gagne en énergie continue.

MOULAGE. Opération qui consiste à préparer, au moyen des modèles, les moules en terre dans lesquels doivent être coulées des pièces de fonte.

On appelle *fonte de moulage* celle qui est préparée dans le but de servir à cette opération. Les qualités auxquelles elle doit satisfaire ne sont pas précisément les mêmes que celles de la fonte destinée à la fabrication du fer (*V.* FONTE). Elle doit être, avant tout, parfaitement fluide et assez tendre pour se laisser buriner au besoin.

MOULURE. Saillie continue pratiquée le long d'une maçonnerie, d'une pièce de bois ou de métal. Les moulures se composent ordinairement de baguettes, de filets, quarts de rond, astragales, etc. Ce sont des ornemens simples et unis, destinés à donner à un ouvrage de l'élégance et quelquefois de la solidité.

Mouvement. Action par laquelle un corps se transporte d'un lieu dans un autre. On distingue, en mécanique, les mouvemens de diverses manières : d'abord en mouvement *uniforme* et mouvement *accéléré* (*Voyez* Uniforme et Accéléré); mouvement *continu* et mouvement *alternatif* ou de *va-et-vient* (*Voyez* Alternatif); mouvement *rectiligne* et mouvement *curviligne*.

Lorsqu'un corps tourne sur lui-même, autour d'un de ses points sans changer de place, on dit qu'il est en mouvement, bien qu'il ne se transporte pas d'un lieu dans un autre. Cette expression n'est pas rigoureusement exacte; à proprement parler, ce sont les points du corps qui sont en mouvement, puisqu'ils changent sans cesse de place pour parcourir chacun une circonférence de cercle dont le centre est le point fixe du corps. Mais comme tous les points du corps, sauf un seul, sont en mouvement, il est permis de dire que leur ensemble, c'est-à-dire le corps lui-même est en mouvement.

Le mouvement provient toujours de l'action d'une ou plusieurs forces, dont les effets ne se balançant pas exactement, font sortir le corps auquel elles sont appliquées de sa situation d'équilibre. Si le corps n'est soumis qu'à une seule force, le mouvement est rectiligne; s'il est soumis à deux ou un plus grand nombre, le mouvement est curviligne. Les lois qui régissent le mouvement des corps, en raison de la direction et de l'intensité des forces, forment la partie de la mécanique appelée *dynamique*.

Moyeu. Partie centrale d'une roue à laquelle viennent aboutir ses rais ou rayons, et qui est traversée par l'axe ou essieu autour duquel tourne la roue.

Mur de soutènement ou de terrasse. Maçonnerie à paroi extérieure verticale ou peu inclinée, que l'on construit dans le but de résister à la poussée des terres. Dans les galeries souterraines les murs de soutènement s'appellent aussi pieds-droits de la voûte et font corps avec elle. Dans les tranchées on emploie les murs de soutènement toutes les fois que les circonstances locales ne permettent pas de donner aux talus une inclinaison assez forte pour que les terres se soutiennent d'elles-mêmes. Ces circonstances peuvent provenir, soit d'indemnités trop fortes qu'il faudrait payer pour donner à la tranchée toute l'ouverture en gueule nécessaire, soit de ce que les terrains sont tellement fluides et peu homogènes qu'ils ne pourraient se soutenir d'eux-mêmes quelle que fût leur inclinaison. On est quelquefois obligé de protéger les remblais par des murs de soutènement, soit pour ne pas les laisser s'étendre sur des propriétés dont l'acquisition serait trop dispendieuse, soit pour les défendre contre le mouvement des eaux aux abords de la mer et des rivières. Dans ce dernier cas on peut souvent remplacer les murs de soutènement par de simples perrés ou enrochemens, et par des fascinages qui sont toujours moins dispendieux. Le calcul de l'épaisseur à donner aux murs de soutènement pour résister à la poussée des terres est fort délicat. Car cette épaisseur varie avec la nature et la hauteur des terres à soutenir, ainsi qu'avec l'inclinaison que l'on peut donner à la paroi extérieure du mur.

MURAILLEMENT. Travail qui a pour but de fortifier des ouvrages par la construction de murs. Ainsi on dit qu'une tranchée, un souterrain, un remblai sont muraillés lorsqu'on en soutient les terres par des murs.

MYRIAGRAMME. Poids de dix mille grammes : c'est le dixième du quintal métrique.

MYRIAMÈTRE. Mesure de longueur équivalant à dix mille mètres. Le myriamètre a remplacé sur les routes la mesure dite *poste* et qui équivalait à environ huit kilomètres ou deux lieues anciennes.

La perception des droits de navigation et de péage sur les fleuves, rivières et canaux, a lieu par myriamètres et par demi-myriamètres.

Les frais de déplacement des témoins en justice se règlent par myriamètres.

N

NAVIGATION. Quand le tracé d'un chemin de fer traverse une voie navigable, les travaux de construction doivent être conduits de manière à ne pas entraver la navigation. Les chômages auxquels ils donneraient lieu exposeraient les constructeurs à des peines, amendes et indemnités, pour le dommage causé par leur fait à la chose publique.

NERVURE. Filet saillant pratiqué le long d'une pièce de bois, de pierre ou de métal, pour augmenter sa résistance, sans lui donner un trop fort volume. Les nervures sont surtout employées avec succès dans les pièces de fonte; on doit avoir égard, dans leur disposition sur ces dernières, aux opérations et aux procédés du moulage, afin de ne pas le rendre trop compliqué. Une précaution à laquelle les modeleurs ne manquent jamais, c'est de raccorder les nervures avec le corps de la pièce, pour éviter les angles vifs qui en altèreraient la solidité.

NETTOYAGE. Si la propreté est toujours une condition indispensable de salubrité, d'agrément et en général d'utilité publique, c'est surtout dans les instrumens de précision que ses lois doivent être scrupuleusement observées. L'introduction de la poussière ou de tout autre corps étranger dans les diverses pièces d'un mécanisme, peut y multiplier les frottemens d'une manière désastreuse, en accélérer l'usure et exposer souvent les ouvriers à des accidens terribles. La malpropreté, qui ne serait pas combattue par de fréquens nettoyages, s'oppose également à ce que du premier coup-d'œil un mécanicien ou un ingénieur expérimenté s'assure de l'état dans lequel se trouvent les différentes pièces d'une machine qu'il veut examiner. Mais c'est surtout dans les chaudières que les nettoyages ont la plus haute importance. Les eaux que l'on y emploie pour la production de la vapeur sont toujours plus ou moins chargées de sels terreux, qui se déposent dans le fond et forment des croûtes épaisses qui s'opposent à la transmission de la chaleur. Le premier inconvénient résultant de ces incrustations, c'est qu'elles augmentent la dépense du combustible : mais ce qui est bien plus grave, c'est qu'en isolant le métal de l'eau de la chaudière, elles l'exposent à rougir et à se brûler, et causent une prompte destruction des appareils et quelquefois des explosions.

Il est donc indispensable de nettoyer fréquemment les chaudières, et de régler le retour périodique de cette opération sur le plus ou moins de pureté des eaux qu'on y emploie. Il n'est pas possible de donner à cet égard des règles absolues. Avec des eaux ordinaires, telles que celles de la Seine, un nettoyage par mois est suffisant, avec d'autres on ne devra pas laisser passer une semaine : tout dépend des observations que l'on aura faites sur la rapidité avec laquelle se forment les dépôts.

Le nettoyage des chaudières est fort simple : lorsqu'elles sont vidées, on les bat à coups de marteau pour détacher les croûtes terreuses qui sont attachées aux parois, et on les lave avec soin. Pour s'assurer que ce travail est bien fait, il est indispensable de promener dans l'intérieur de la chaudière une lumière, afin de voir si la paroi métallique se montre partout nette et brillante. Une bonne précaution, pour ne pas augmenter l'adhérence des dépôts terreux, c'est de ne pas vider la chaudière, tandis qu'elle est chaude. En effet, si le fourneau est encore rouge quand on laisse échapper l'eau, il est évident que la petite quantité d'eau boueuse qui resterait au fond s'évaporerait promptement, et qu'en séchant, elle calcinerait les dépôts adhérens en bouillie aux parois. Cet effet les y fixe si fortement qu'on ne peut plus ensuite les arracher qu'avec le ciseau et le marteau.

Différens procédés sont en usage pour disposer d'un nettoyage trop fréquent. L'un consiste à établir sur la chaudière un tube étroit, muni d'un robinet et communiquant à un long tuyau de décharge. Ce tube pénètre dans le générateur et va, en se bifurquant, plonger jusqu'au fond des bouilleurs. Au moment où le feu est éteint et avant que la vapeur ne soit tout-à-fait tombée, on ouvre le robinet; la pression intérieure chasse l'eau avec force dans le tube, et celle-ci entraîne les dépôts qui commençaient à se former. Ce moyen est fort usité à bord des steamers qui naviguent sur mer : il a pour objet, dans ce cas, de remplacer l'eau saturée de sel par d'autre moins salée, et de s'opposer à l'incrustation rapide des chaudières.

Un autre procédé consiste à placer dans l'eau du générateur un vase en étain ou en bois plus étroit à l'entrée qu'au fond. Les dépôts qui se forment dans la chaudière sont envoyés par l'ébullition dans ce vase, et on les enlève, soit en retirant le vase, soit au moyen d'un tube, comme celui que je viens de décrire et qui plonge au fond du vase.

Dans les chaudières des locomotives les eaux qui servent à enlever les sédimens, lorsque l'on fait un nettoyage complet, sortent par deux ouvertures pratiquées au bas du foyer et fermées pendant le service de la machine par des plaques boulonnées. Pour les nettoyages partiels deux robinets de décharge J (*Pl. VI et VII*) sont fixés le long du coffre également au bas du foyer. On les ouvre pendant que la machine est encore chaude, et l'eau qui s'écoule avec force sous la pression de la vapeur, forme des jets rapides qui entraînent les sédimens.

Indépendamment de ces lavages partiels et complets, on a cherché s'il ne serait pas possible d'empêcher jusqu'à un certain point les incrustations de se former et d'adhérer aux parois de la chaudière. L'introduction de certains corps étrangers a paru devoir remplir ce but. C'est ainsi que l'on s'est servi de pommes de terre et autres substances amilacées, d'argile et de verre pilé. Ce dernier s'opposait parfaitement aux incrustations; en s'interposant entre les particules des dépôts terreux, il empêchait leur adhérence aux parois : mais on a dû y renoncer, parce que la poudre de verre, entraînée par le mouvement de la vapeur dans les boîtes de distribution et dans les cylindres, les usait rapidement, comme si on y jetait de l'émeri. L'argile est d'un très bon effet; il faut avant de la jeter dans le générateur, avoir soin de la délayer, sans cela elle

tomberait en masse au fond et formerait elle-même des incrustations : elle a d'ailleurs, comme toutes les substances qui sont en
suspension dans l'eau, l'inconvénient d'être entraînée par la vapeur, de remplir une partie du tuyau conducteur de la vapeur, et,
en s'introduisant dans les tiroirs et les cylindres, de les encrasser
et de les fatiguer beaucoup.

La pomme de terre et les autres substances amilacées donnent
aussi dans les diverses pièces du mécanisme une crasse qui les fatigue, mais qui du moins ne les use pas comme le verre pilé ou
tout autre corps dur pulvérulent. Il est bon, pour empêcher les pommes de terre de se déposer au fond de la chaudière de les mettre
tout entières dans une cage qui reste suspendue dans l'eau.

On prévient aussi les dépôts par des matières animales et gélati-
neuses, qui paraissent employées avec succès en Angleterre dans
quelques usines.

Tous ces procédés ne sont que des palliatifs, dont on ne peut pas
user partout. Par exemple, sur les navires, la quantité de pommes
de terre que l'on devrait emporter serait considérable, et on a dû
y renoncer. Il n'en faut pas moins d'ailleurs dans tous les cas, et à
des intervalles assez rapprochés, vider complétement les chaudières et les nettoyer à la main.

M. D'Arcet a proposé un système de nettoyage qui paraît d'une
grande efficacité, et que sa simplicité rend supérieur à tous les autres. Il consiste dans l'emploi de l'acide hydroclorique. Cet acide
a la propriété de dissoudre la plupart des sels qui sont contenus
dans les eaux ordinaires; en proportionnant convenablement la
dose et le jetant dans la chaudière au moment où elle est encore
remplie d'eau chaude, pour favoriser la combinaison chimique,
l'action est vive et rapide, et il suffit d'une nuit pour que son effet
soit certain. Cependant ce procédé serait sans utilité pour des
eaux qui ne contiendraient que du sulfate de chaux ou plâtre. Mais
si les autres sels sont en assez grande quantité pour qu'en se dis-
solvant, ils maintiennent le sulfate de chaux à l'état pulvérulent,
l'effet est assuré. Il suffira pour que le nettoyage soit complet de
vider, de balayer et de laver la chaudière le matin, lorsque l'acide
aura dissous tous les sels. On peut connaître exactement d'avance
la quantité d'acide nécessaire, en analysant les eaux employées
pour l'alimentation de la chaudière, et en calculant la quantité et
la nature des dépôts qui auront dû se former pendant le nombre
de jours de service écoulés depuis le dernier nettoyage.

NICKEL. Métal d'un blanc argenté, moins brillant cependant que l'argent, fusible à 150° du pyromètre de Wedgwood, inaltérable à l'air à la température ordinaire, mais s'oxydant à la chaleur rouge. Sa densité est de 8, 28 à 8, 40, lorsqu'il a été fondu, et va jusqu'à 9, par le martelage. Il est livré au commerce en petites masses d'un blanc grisâtre, et sert à former des alliages avec différens métaux. Uni avec le cuivre et le zinc, il donne le maillechort.

NIVEAU. On appelle surface de niveau toute surface perpendiculaire à la direction de la pesanteur. Ainsi, la surface des mers est une surface de niveau, sauf les accidens particuliers causés par les vents, les courans, la disposition des côtes et les mouvemens de flux et de reflux qui viennent altérer ses conditions d'équilibre. Dans un cercle plus restreint, on appelle ligne de niveau et plan de niveau, une ligne ou un plan parallèle à celui de l'horizon. On dit que deux ou plusieurs points sont de niveau, lorsqu'ils sont situés dans un même plan horizontal, soit que ce plan existe réellement, soit qu'on se le figure par la pensée. Dans la pratique, on emploie quelquefois le mot de niveau comme synonyme de hauteur. On dit le niveau d'un point ou d'un chemin de fer pour en désigner la hauteur. Mais cette expression suppose toujours que l'on rapporte la hauteur en question à un plan horizontal de comparaison préalablement choisi.

On donne le nom de *niveaux* à des instrumens d'optique qui servent à tracer des lignes parallèles à l'horizon. Ces instrumens sont de trois espèces : le niveau *à perpendicule* ou *de maçon*, le niveau d'*eau* et le niveau *à bulle d'air.*

Le *niveau à perpendicule* est fondé sur ce principe, que tout plan perpendiculaire à la direction de la pesanteur, indiquée par le fil à plomb, est horizontal. Cet instrument consiste en une équerre dont la base représente le plan horizontal. Un fil à plomb est attaché à son sommet et vient tomber au milieu de la base. En plaçant la base de l'équerre sur une surface, on reconnaît qu'elle est bien horizontale lorsque le fil à plomb tombe bien au milieu de la base. Cet instrument peut servir aussi à mesurer l'inclinaison d'une surface qui ne serait pas horizontale. Pour cela, il suffit de tracer sur la base des divisions, et lorsque l'équerre est en place, si le fil à plomb ne tombe pas au milieu, on estime par le nombre des divisions dont il s'en écarte à droite ou à gauche, le degré et le sens de l'inclinaison de la surface. On conçoit qu'un tel instrument ne peut servir à mesurer exactement les différences de niveau qu'entre des points peu éloignés et qui présenteraient entre eux d'assez fortes inclinaisons. Cependant avec une certaine habitude on peut s'en servir avec succès pour estimer d'une manière très approchée les pentes générales du terrain. Il rentre alors dans la classe des niveaux de pente.

Tous les liquides, lorsqu'ils peuvent s'établir librement en repos, jouissent de cette double propriété que leur surface se confond avec un plan horizontal, et que, s'ils sont contenus dans deux vases communiquant entre eux, ils tendent à s'y mettre de niveau, tant qu'un obstacle artificiel ne s'oppose pas à ce qu'ils s'élèvent aussi haut dans un vase que dans l'autre. L'effort qu'il faut faire, lorsque l'on veut combattre cette dernière propriété, a été utilisé dans les arts mécaniques. C'est ce principe qui sert de base à la construction de la presse hydraulique. Le *niveau d'eau* est fondé sur une application de la double propriété dont jouissent les liquides à l'état de liberté. Il consiste dans un tuyau cylindrique en cuivre ou en fer blanc, qui se recourbe à angle droit à ses deux extrémités, et est terminé par deux fioles en verre blanc bien net. Le milieu du tuyau est garni d'une douille posée en sens inverse des deux fioles : elle est destinée à recevoir la tige du pied sur lequel on monte l'instrument pour le mettre à portée de l'observateur. Le pied est ordinairement composé de trois branches en bois, vissées contre un prisme triangulaire qui se termine par la tige autour de laquelle le niveau peut tourner de manière à faire tout le tour de l'horizon. Lorsqu'on veut se servir du niveau d'eau, on le place sur son pied en tâchant de rendre la tige aussi verticale que possible ; on y verse de l'eau en quantité suffisante pour remplir tout le tuyau et la moitié ou les deux tiers des deux fioles de verre, et on achève ensuite de rendre la tige tout à fait verticale, ce que l'on reconnaît quand la hauteur de l'eau ne varie plus en faisant faire à l'instrument le tour de l'horizon. Il faut avoir bien soin de chasser de l'intérieur du tuyau toutes les bulles d'air qui pourraient y être contenues. Pour cela on le frappe légèrement avec la main, ou bien on le place verticalement en bouchant la fiole qui se trouvera ainsi dans le bas, et laissant l'autre ouverte. Une bonne précaution consiste à verser l'eau doucement dans le tube ; car quand elle arrive tumultueusement, elle peut envelopper quelques bulles d'air que l'on a de la peine à chasser et qui nuisent à la justesse des opérations. L'instrument étant en place et les deux fioles ouvertes, le liquide ne tardera pas à se mettre en repos. Il montera donc à la même hauteur dans les deux fioles, qui font ici fonction de vases communiquant librement par l'intermédiaire du tube métallique, et il y affectera des surfaces horizontales, situées dans le même lan. Supposons maintenant que l'on vise de manière que les rayons partant de l'œil de l'observateur, touchent à la fois les deux surfaces du liquide, tous les objets que l'on découvre dans le plan imaginaire ainsi obtenu, sont dans le même plan horizontal que la surface du liquide dans les deux fioles. Je dois faire observer toutefois que la détermination de ce plan tangent, n'est pas d'une rigueur mathématique. Car, en vertu de l'attraction moléculaire, l'eau contenue dans les fioles s'élève le long de leurs parois, en formant un petit onglet annulaire qui laisse quelque incertitude sur la vraie situation de la surface générale du liquide. On diminue cette incertitude en s'éloignant à quelque distance de l'instrument pour viser, et en employant des fioles aussi larges que possible, sans rendre l'instrument trop volumineux. Cependant on ne doit considérer comme bien déterminée par le niveau d'eau, que la hauteur des points qui ne sont pas éloignés de plus de 40 à 50 mètres de la station. Pour des distances plus considérables, il faut avoir recours au niveau à bulle d'air et à lunettes.

Un des inconvéniens du niveau d'eau, c'est que, lorsqu'il fait du vent, la surface du liquide dans les fioles est agitée. Il peut monter plus d'un côté que de l'autre, et l'horizontalité des deux surfaces en est altérée. Il arrive aussi, lorsqu'on opère par un froid un peu vif, que l'eau gèle dans le niveau ; on obvie, à ce dernier effet, en se servant d'eau-de-vie ou d'alcool pur ou mélangé avec de l'eau, qui ont la propriété de se maintenir à l'état liquide à une température inférieure à celle de la congélation de l'eau.

Le *niveau à bulle d'air* est fondé sur ce principe, qu'une bulle d'air renfermée dans un liquide tend toujours, à cause de sa légèreté, à en occuper la partie la plus élevée. Le liquide dont on se sert pour la construction de cet instrument est ordinairement de l'alcool ou de l'éther enfermé dans un tube de verre légèrement courbé en forme annulaire. Il est bon de colorer le liquide pour rendre la bulle plus apparente. Le tube étant fermé par ses deux extrémités et posé sur un plan de manière à lui présenter la concavité de sa légère courbure, il est facile de concevoir que, si la courbure est bien symétrique et le plan parfaitement horizontal, la bulle d'air viendra se placer dans la partie supérieure précisément au milieu du tube. Si le plan sur lequel repose le tube n'était pas parfaitement horizontal, la bulle s'écarterait à droite ou à gauche, en sens inverse de l'inclinaison. Des divisions tracées sur le tube de verre, perpendiculairement à sa longueur, permettent de voir exactement de combien la bulle s'est écartée du milieu, et de l'y ramener en soulevant un peu l'une des extrémités du tube. Ce niveau peut être employé comme niveau de maçon ou de charpentier. Il a sur le niveau à perpendicule, l'avantage d'être plus portatif et beaucoup plus précis. Pour pouvoir s'en servir sans l'exposer à se briser, on l'enferme dans une monture en cuivre dont la base est un plan exactement parallèle à la position qu'occupe la bulle d'air quand elle est au milieu du tube. C'est ce plan que l'on pose sur les surfaces dont on veut vérifier l'horizontalité par la position de la bulle d'air. L'application la plus importante du niveau à bulle d'air est celle qui a trait aux opérations de nivellement. Il n'entre point dans mon plan de décrire d'une manière détaillée les diverses formes que l'on a données aux instrumens qui portent le nom de niveaux à bulle d'air, parce que celui-ci en est l'élément principal. Ces formes sont très variées et toutes conçues dans le même but ; rendre l'instrument d'un transport facile et aussi léger que possible sans nuire à sa solidité, utiliser la grande précision avec laquelle la position de la bulle d'air détermine un plan horizontal, pour déterminer la hauteur des objets situés à de grandes distances.

Pour cela deux choses suffisent : adapter au niveau à bulle d'air un axe de rotation que l'on puisse rendre parfaitement vertical, et suppléer à la faiblesse de la vue par une lunette dont l'axe optique puisse être rendu horizontal. C'est ce que l'on peut obtenir en montant l'instrument sur un pied analogue à celui du niveau d'eau et en rendant le niveau et la lunette solidaires ou indépendans l'un de l'autre. Lorsque l'on veut disposer l'instrument pour les opérations de nivellement, on commence par établir solidement le pied sur le sol au moyen de ses trois branches et en rendant la tige aussi verticale que possible. On règle ensuite le niveau et la lunette, au moyen de vis qui les rendent exactement parallèles entre eux et à l'horizon, dans toutes les positions autour de l'axe vertical. On dirige ensuite la lunette vers les points dont on veut observer la hauteur, et si l'instrument est bien réglé, on peut être sûr de l'exactitude des hauteurs observées, quel que soit le point que l'on vise dans le tour de l'horizon. Le règlement du niveau exige les précautions les plus délicates et doit être soumis pour chaque observation à des vérifications minutieuses. Les meilleurs instrumens sont ceux où les moyens de vérification sont le plus multipliés et servent réciproquement de contrôle les uns aux autres. Avec un bon niveau à bulle d'air il n'y a pas d'autre limite pour la distance des points que l'on peut observer, que la portée de la lunette et les corrections que nécessite l'effet de la réfraction atmosphérique. On sait que les rayons lumineux en traversant l'atmosphère y éprouvent une certaine déviation ; cette déviation est d'autant plus considérable que l'air est plus chargé de vapeurs et que la couche à travers laquelle ils passent est plus considérable. C'est pourquoi, surtout dans les lieux bas et humides et par les temps nébuleux, on est obligé, pour ne pas tomber dans des erreurs qui iraient sans cesse en croissant, de réduire les distances auxquelles on observe les points, à partir d'une station donnée.

Le *niveau de pente* est un instrument qui ne diffère du niveau à bulle d'air ordinaire qu'en ce que la lunette peut se mouvoir dans un plan vertical, lorsque l'instrument a été mis en station et réglé. Une alidade qui marche avec la lunette parcourt un cercle gradué également vertical, et permet de compter le nombre de degrés dont il a fallu faire monter ou descendre la lunette pour viser le point dont on veut connaître la hauteur, et de déterminer ainsi l'angle d'inclinaison. Connaissant la distance de ce point à la station, on en déduit la différence de niveau avec le lieu d'observation par un calcul trigonométrique. Cet instrument est fort utile dans les pays de montagnes pour les reconnaissances préliminaires. On a vu plus haut que le niveau à perpendicule pouvait être également utilisé comme niveau de pente. Une instruction annexée à chaque niveau à bulle d'air par le constructeur, donne la manière de s'en servir.

Le baromètre est employé aussi comme niveau pour observer les grandes différences de hauteur (*Voyez* BAROMÈTRE).

On appelle *niveau* dans les machines à vapeur, un tube en verre appliqué contre la chaudière et en communication avec elle. Ce tube est placé sous les yeux du mécanicien, et en vertu de la propriété des liquides de s'élever à la même hauteur dans les vases communiquans, il sert à indiquer constamment la hauteur de l'eau dans la chaudière. Cependant l'indication de ce tube n'est pas la seule à laquelle on s'en rapporte pour cet objet si important. Elle peut ne pas être toujours exacte, car la communication du tube avec la chaudière peut être interceptée par des corps étrangers, le tube lui-même peut se briser, etc. (*Voyez* pour les autres moyens, les mots ROBINET et PLONGEUR.)

NIVELETTE. Petit voyant semblable à celui d'une mire ordinaire et monté sur un pied-droit. Les nivelettes servent à régler la pente d'une chaussée entre des points rapprochés.

NIVELEUR. C'est celui qui exécute les opérations du nivellement : on réserve ce nom plus particulièrement à celui entre les mains duquel est placé le niveau. Les autres employés sont les aides ou porte-mires.

NIVELLEMENT. Opération par laquelle on détermine les hauteurs des divers points du sol. Le nivellement des terrains à parois verticales se fait en mesurant directement leur hauteur au moyen de chaînes, de ficelles ou de règles dont on compte la longueur. Pour les terrains à parois fortement inclinées, on se sert du fil à plomb et de règles, que l'on pose successivement dans des positions horizontales et verticales. Les règles horizontales servent à évaluer la distance en plan des divers points, et l'on compte sur les règles verticales la hauteur dont il faut monter ou descendre pour passer de l'un à l'autre. On s'assure de la verticalité des règles au moyen du fil à plomb. Les règles horizontales sont placées au moyen du niveau à perpendicule ou du niveau à bulle d'air. Cette méthode peu expéditive ne comporte une grande précision que lorsque l'on a un talus fort raide à niveler : son application est donc restreinte à un petit nombre de cas. Dans les terrains ordinaires le nivellement s'exécute au moyen du niveau d'eau ou du niveau à bulle d'air que j'ai décrits précédemment.

Les nivellemens qui doivent avoir une grande longueur et sur lesquelles la plus petite erreur pourrait entraîner de graves inconvéniens, se font au niveau à bulle d'air. Le niveau d'eau est réservé pour les opérations qui n'embrassent qu'une petite étendue de terrain. Ainsi, lorsqu'il s'agit de connaître les inflexions du sol sur lequel on veut construire une usine, afin d'estimer le cube des terrassemens que son établissement nécessitera, le niveau d'eau suffit. Mais il n'en est pas de même dans le tracé d'une ligne de chemin de fer. Les pentes doivent en être rigoureusement calculées, et on ne peut déterminer leur distribution que par la connaissance la plus minutieuse du sol que la ligne doit parcourir. Le niveau à bulle d'air est nécessaire ici, au moins pour niveler exactement l'axe du projet, et il n'est permis de se servir du niveau d'eau que pour connaître les hauteurs des points situés à droite et à gauche dans la zone des travaux, par rapport aux points de l'axe dont la hauteur a été rigoureusement déterminée par le niveau à bulle d'air.

Mon intention n'est point de passer en revue les diverses méthodes de nivellement employées par les ingénieurs civils et militaires : chacune d'elles se ressent du but spécial que l'on se propose d'atteindre et ne peut intéresser le lecteur qui ne cherche dans le présent ouvrage que les notions relatives aux chemins de fer et aux machines à vapeur. Je me contenterai donc de faire connaître de

quelle manière on procède dans les nivellemens qui ont trait aux
chemins de fer. Le nivellement est, on peut le dire, l'opération capitale du tracé : car en faisant connaître les inflexions du sol, il
commande le choix des pentes, la distribution des alignemens et le
rayon des courbes qui les raccordent entre eux, la masse des terrassemens à effectuer, et enfin le nombre et les dimensions des ouvrages d'art. Or si les considérations politiques et commerciales jouent
le premier rôle dans le choix d'un tracé général de chemin de fer,
les exigences de l'art ne sont pas moins impérieuses, lorsqu'il s'agit
de se déterminer entre diverses directions pour unir deux points
donnés. Les conditions topographiques sont tellement importantes
qu'elles peuvent, dans certains cas, l'emporter sur des motifs plus
élevés et faire ajourner ou rejeter même tout à fait l'exécution des
lignes qui auraient paru les plus désirables à l'homme d'état. Ce
n'est pas aux ingénieurs que l'on peut adresser le reproche d'oublier les conditions topographiques dans le choix des tracés : peut-
être même vont-ils quelquefois trop loin sous ce rapport, laissant
absorber leur esprit dans des considérations où l'art proprement
dit tient une trop grande place. Mais il est juste de reconnaître que
souvent les personnes, qui ne sont point familiarisées avec les hautes
études de l'ingénieur, ne se préoccupent pas assez des raisons de
nivellement, et oublient dans l'expression de leurs désirs que toute
construction de chemin de fer doit se résoudre en travaux, dont il
importe de ne pas accroître outre mesure les difficultés et les dépenses.

Lorsque l'ingénieur a déterminé la première ligne d'opération
(*Voyez* TRACÉ); il la fait niveler au moyen du niveau à bulle d'air :
le résultat de cette opération, figuré sur le papier, est ce que l'on
nomme le profil en long du terrain. En même temps que les nivellemens se font sur la ligne d'opération, on détermine la hauteur des
divers points à droite et à gauche de l'axe au moyen du niveau
d'eau. Ces hauteurs sont déterminées par rapport aux points nivelés de la ligne d'opération : ils font connaître les pentes transversales du terrain par rapport à cette ligne. Les résultats de cette seconde opération, figurés sur le papier, forment ce que l'on nomme
les profils en travers. A moins de motifs particuliers, les profils en
travers sont placés perpendiculairement au profil en long: on ne
s'écarte de cette règle que dans le cas où il s'agit de déterminer les
pentes d'un cours d'eau, d'un chemin ou de quelque objet remarquable, situés sur le parcours ou à proximité de la ligne d'opération
et dont la direction peut fort bien ne pas être perpendiculaire à

celle-ci. Le nivellement des profils en travers se fait ordinairement, ainsi que je l'ai dit, au niveau d'eau : ces profils étant indépendans les uns des autres, il n'y a pas à craindre qu'une erreur commise sur un point s'accumule et se reporte sur un grand nombre, comme cela peut arriver pour la ligne d'opération dont tous les points se commandent. D'ailleurs les profils en travers n'ont pas généralement une longueur fort considérable. Cependant ce dernier cas peut se présenter, surtout lorsqu'on opère dans un pays peu connu ou qui paraît devoir présenter de grandes incertitudes sur le choix du tracé définitif. Alors il ne faut pas hésiter à rejeter le niveau d'eau et à prendre le niveau à bulle d'air. Il en serait de même si le terrain présentait des pentes transversales douces et régulières. Il convient dans ce cas de donner aux profils en travers une grande longueur, et, pour ne pas multiplier les stations, le niveau à bulle d'air est préférable au niveau d'eau qui ne peut embrasser plus de 40 à 50 mètres à droite et à gauche de chaque station. La mise en place du niveau d'eau est sans doute plus expéditive que celle du niveau à bulle d'air; mais lorsque ce dernier est en bon état et entre les mains d'un opérateur habile, le temps nécessaire à sa mise en place devient fort peu de chose, et on regagne bien par la longueur de chaque visée ce que l'on aurait perdu en transportant plusieurs fois le niveau d'eau, pour niveler la même étendue de terrain. L'exactitude du profil en long est tellement importante qu'on ne l'arrête jamais sans l'avoir vérifié au moins une ou deux fois sur toute sa longueur. Cette vérification se fait en déterminant de nouveau la hauteur de tous les points déjà nivelés. On a soin, à cet effet, de les marquer par de forts piquets enfoncés en terre dans une position aussi invariable que possible. Mais, comme il peut se faire que ces piquets soient arrachés dans l'intervalle des opérations, ou que le peu de stabilité du sol les ait fait se relever ou s'enfoncer, il arrive fréquemment que l'on ne retrouve pas pour ces points la même hauteur dans des opérations successives. Les légères différences que l'on constate auraient un grand inconvénient, si parmi les points situés soit sur la ligne d'opération, soit en dehors, on n'avait pas eu le soin d'en choisir dont la position soit invariable. Ce sont, par exemple, des dalles ou autres parties d'ouvrages en maçonnerie, de gros arbres auxquels on fait une encoche à une certaine hauteur, un fragment de rocher, etc. Ces points sont ce que l'on appelle des *repères*, et c'est sur leurs hauteurs que porte la vérification du nivellement. Lorsque les opérations sont faites avec soin et avec de bons instrumens, on doit toujours retrouver pour les repères les mêmes cotes par rapport au plan horizontal de comparaison du nivellement.

La manière de procéder pour le nivellement du tracé définitif est la même que pour celui de la première ligne d'opération. La seule différence entre les deux opérations, c'est que le dernier nivellement est beaucoup plus détaillé que le précédent. Comme c'est lui qui doit servir à établir les dimensions exactes et définitives des travaux d'art et des terrassemens, on y tient compte des moindres inflexions du sol, précaution dont on avait pu s'affranchir dans le nivellement primitif.

Les deux instrumens nécessaires à toute opération de nivellement sont le *niveau* et la *mire* (*Voyez* ces deux mots). Pour faire comprendre comment on s'en sert, supposons que l'on veuille connaître la différence de niveau entre deux points. Le niveleur (c'est celui qui se sert du niveau) se place avec son instrument dans un endroit d'où il puisse découvrir facilement les deux points donnés. Le porte-mire va placer le pied de sa mire sur l'un de ces points ; il la tient verticale, desserre la vis du voyant et se dispose à l'élever ou à l'abaisser en se conformant aux signes du niveleur. Le niveleur dirige son rayon visuel horizontal vers la mire : il fait signe au porte-mire, en élevant ou en abaissant la main, d'élever ou d'abaisser le voyant jusqu'à ce que la ligne horizontale tracée sur le voyant soit à la hauteur du rayon visuel déterminé par le niveau. Lorsque ce résultat est obtenu, le porte-mire est averti par un signe du niveleur qu'il faut serrer le voyant contre la tige de la mire à l'aide de la vis de pression, pour qu'il ne puisse pas se déranger. On lit la hauteur indiquée sur la tige graduée de la mire et on l'inscrit sur un carnet. Alors le porte-mire se transporte avec son instrument au second point : le niveleur, sans avoir changé son instrument de place, y dirige son rayon visuel et l'opération s'effectue comme pour le premier. La différence entre les deux hauteurs lues sur la mire est la différence de niveau entre les deux points. On peut obtenir de la même station la différence de niveau de tous les points que le niveau découvre dans la tour d'horizon. C'est ce que l'on appelle le nivellement *par rayonnement*. Mais le champ d'observation d'une seule station est toujours très borné par rapport à la longueur d'un tracé. Il faut donc que le niveleur change de place pour déterminer la hauteur des divers points de la ligne. C'est ce que l'on appelle le nivellement *par cheminement*. Voici comment on y procède. Deux premiers points étant nivelés, le niveleur transporte son instrument en un lieu d'où il puisse découvrir facilement le dernier point et celui qui est situé à la suite sur la ligne. Le porte-mire n'a pas changé de place : il tient le pied de sa mire sur le dernier point nivelé et s'apprête à manœuvrer le voyant d'après les signes que lui fait le niveleur à partir de sa nouvelle station. Bien que le point soit le même, comme le niveleur a changé de place, la hauteur à laquelle il faut arrêter le voyant n'est pas la même que dans la première opération. Cette nouvelle observation terminée, le porte-mire se transporte sur le troisième point et l'on en fixe de même la hauteur. De cette manière on a déterminé la différence de niveau entre le second et le troisième points ; comme on connaît par la première station la différence de niveau entre les deux premiers, il s'ensuit qu'on la connaît entre tous les trois. Viser ainsi un point pour en déterminer la cote s'appelle *donner un coup de niveau*. On voit que, dans le nivellement par cheminement, à chaque station (excepté à la première), on vise d'abord un point déjà observé de la station précédente et ensuite un point nouveau ; et c'est ainsi que l'opération se trouve liée d'un bout à l'autre de la ligne. Le coup de niveau donné sur le point déjà observé s'appelle *coup arrière*, et l'autre, *coup avant*. Chaque point reçoit donc d'une première station un coup avant, et de la station suivante un coup arrière.

Deux personnes suffisent pour les opérations du nivellement. Mais quand on veut économiser le temps, il convient d'avoir deux porte-mires au lieu d'un. L'un se tient toujours en arrière du niveleur, l'autre en avant : ils se déplacent tous les trois en même temps, il n'y a pas de momens perdus pour le temps que mettrait un seul porte-mire à aller et revenir sans cesse pour se placer sur les deux points à chaque station. Ceci est surtout nécessaire dans les nivellemens qui se font au niveau à bulle d'air, où les stations ont souvent une fort longue portée à droite et à gauche. Quelquefois on ajoute à la brigade une troisième personne chargée de tenir le carnet et d'y inscrire le résultat des observations, mais le plus souvent c'est le niveleur qui se charge de ce soin. Dans tous les cas, il est bon d'ajouter au personnel ainsi composé un aide chargé de porter la boîte du niveau et les outils nécessaires pour couper les baies et branches d'arbres qui s'opposent à ce que le niveleur découvre d'une station les deux points qu'il doit viser.

On appelle aussi nivellement les travaux de terrassement qui ont pour but de rendre un terrain horizontal.

Noria. Machine à épuisement. C'est une espèce de chapelet composé d'une série de vases en bois attachés à une double chaîne sans fin qui s'enroule sur deux tambours. Un de ces tambours plonge dans une fosse où viennent se rendre les eaux que l'on a besoin d'enlever, et l'autre est placé hors de l'eau. En imprimant, au moyen d'un mécanisme, un mouvement de rotation au tambour supérieur, on fait exécuter à la chaîne sans fin sa révolution. Chacun des vases qu'elle porte va passer sous le tambour inférieur, où il se remplit d'eau : il remonte cette eau jusqu'au point culminant de l'appareil où il la déverse dans un réservoir destiné à la recevoir.

La noria est employée aussi avec succès dans les moulins à blé pour remonter le son et la farine. Elle se compose alors d'une seule chaîne sans fin, garnie de petits godets en fer-blanc, qui remplacent ici les vases en bois de la noria à épuisement.

NOTAIRES. Fonctionnaires publics établis pour recevoir tous les actes et contrats auxquels les parties doivent ou veulent donner le caractère d'authenticité attaché aux actes de l'autorité publique, et pour en assurer la date, en conserver le dépôt, en délivrer des grosses et expéditions. Les notaires sont nommés à vie par le roi ; il ne peuvent être suspendus ou destitués que par suite de jugemens rendus par les tribunaux pour des fautes graves.

Les actes constitutifs des sociétés de commerce sont passés par devant notaires.

NOYAU. Moule intérieur autour duquel on coule le métal pour obtenir une pièce de fonte d'une forme déterminée. Le nom de noyau est réservé aux portions du moule servant à déterminer dans la pièce fondue un vide qui la traverse de part en part : par exemple, le vide d'un tuyau ouvert par les deux bouts.

O

OBJECTIF. Verre de la lunette placé du côté de l'objet que l'on veut observer. Il reçoit les rayons lumineux qui, par l'effet de la réfraction, se brisent en le traversant, et vont se réunir en un point situé en arrière et que l'on appelle *foyer* de l'objectif.

OCULAIRE. Verre de la lunette auquel l'observateur applique son œil. Il se compose ordinairement de deux verres convexes destinés à le rendre *achromatique*, c'est-à-dire à détruire l'irisation des couleurs produite par la réfraction de l'objectif. Les deux verres de l'oculaire peuvent se rapprocher ou s'éloigner l'un de l'autre et de l'objectif, pour se prêter aux différens degrés de force de la vue de l'observateur.

OFFICIERS PUBLICS. Nom général sous lequel on désigne les agens chargés de l'exécution des lois. Sous ce point de vue, tous les fonctionnaires de l'état sont des officiers publics. Outre les fonctionnaires appartenant aux armées de terre et de mer, et auxquels la qualification d'officiers a été réservée, on distingue parmi les officiers publics, les officiers *ministériels* qui ont reçu de la loi le pouvoir d'agir dans certaines limites, pour garantir les formes de procédures et donner un caractère d'authenticité à des actes qui ne peuvent être faits sans leur ministère. Tels sont les notaires, avoués, greffiers, commissaires-priseurs et huissiers. On appelle officiers de police judiciaires ceux qui sont chargés de rechercher les preuves des crimes, délits, contraventions, et d'en poursuivre la répression devant les tribunaux : ce sont les gardes-champêtres et gardes-forestiers, les commissaires de police, les maires et leurs adjoints, les procureurs du roi et leurs substituts, les procureurs-généraux, les juges de paix, officiers de gendarmerie, commissaires-généraux de police et juges d'instruction. Les cantonniers, gardes et autres agens de compagnies de chemins de fer peuvent être assermentés et assimilés aux gardes-champêtres pour la police du chemin de fer et de ses dépendances, et leurs procès-verbaux font foi en justice jusqu'à inscription de faux.

OGIVE. Espèce de voûte formée de deux arcs de cercle symétriquement placés par rapport à son axe et qui se coupent au sommet en formant un angle curviligne. Cette forme , à la fois solide et élégante, convient dans le cas où l'on a besoin de rendre la poussée latérale des parois de la voûte aussi faible que possible, sans s'inquiéter de son débouché. Elle est employée avec succès pour évider les grandes pièces de fonte et diminuer leur poids sans altérer sensiblement leur solidité. On en voit un exemple dans la *Planche III*, qui représente le bâtis d'une machine de navigation de 450 chevaux dont les flasques sont évidées en forme d'ogives.

OPTIQUE. Partie de la science physique qui traite des phénomènes de la lumière et de la construction des instrumens propres à les observer.

Les instrumens d'optique employés dans les travaux publics sont les lunettes d'approche, niveaux, graphomètres, équerres d'arpentage, mires, etc.

Les personnes qui construisent ces instrumens se nomment *opticiens*.

ORDON. Partie d'une forge où agissent les gros marteaux ou martinets qui ne peuvent être manœuvrés à la main. L'ordon comprend le marteau et son bâtis, avec l'arbre à cammes qui lui communique le mouvement, et l'enclume sur laquelle se place la pièce de fer soumise au cinglage.

ORDONNANCES ROYALES. Actes émanant directement du chef suprême de l'état. Elles sont rendues dans divers buts : 1° Pour promulguer les lois et en assurer l'exécution ; 2° Pour imprimer aux autorités administratives la marche qu'elles ont à suivre, nommer aux emplois et fonctions publiques, conférer des titres et récompenses ; 3° Pour déterminer les réglemens d'administration publique ; 4° Pour juger les matières contentieuses portées devant le conseil d'état. Les ordonnances royales rendues sur des matières dont le réglement a été laissé par la loi à l'administration publique, ont elles-mêmes force de loi. L'approbation des statuts par ordonnance royale est nécessaire pour valider la constitution d'une société anonyme.

OREILLES. Saillies ajoutées à un objet pour lui donner plus d'empatement, ou pour lui permettre de s'appuyer sur un autre. Les empatemens des coussinets sur lesquels portent les rails des chemins de fer sont des oreilles. On donne aussi ce nom aux petits appendices qui portent les galets du glissoir de la tige d'un piston. (*Voyez* GLISSOIR.)

OSCILLANTE (MACHINE). Machine à vapeur dont le cylindre peut osciller autour de deux tourillons placés à une hauteur convenable le long du corps de ce cylindre.

Cette disposition permet à la tige du piston d'agir directement, et sans l'intermédiaire de bielle ni de balancier, sur la manivelle d'un arbre de couche, pour lui imprimer un mouvement de rotation. Ordinairement ces machines sont à deux cylindres : les manivelles sur lesquelles agissent les deux pistons sont à angle droit, et le jeu de la vapeur arrivant de la chaudière est combiné, comme dans les locomotives, pour que l'un des pistons soit à la moitié de sa course quand l'autre est à l'extrémité. Ces machines occupant peu de place, et étant fort légères, ont obtenu une certaine faveur à bord des bateaux à vapeur français. Si elles ne se sont pas plus généralement répandues, c'est que l'on a craint qu'elles ne fussent pas susceptibles de résister à de longues années de travail, et que la mobilité des points d'appui du système ne l'exposât à de fréquens dérangemens.

OUTIL. Sous ce nom générique sont compris tous les appareils ou instrumens destinés à remplacer la main de l'homme dans un travail que celle-ci serait impuissante, inhabile ou trop lente à accomplir. Tels sont les marteaux, ciseaux, limes, haches, scies, étaux, etc. L'outil est la pièce par laquelle se termine toute machine destinée à travailler un objet. C'est en lui que vient se résumer la force produite par le moteur et transmise par les communications de mouvemens : de sa forme et de sa dimension résulte le mode d'application de cette force. L'outil est à proprement parler une machine d'après la définition que j'ai donnée de ce mot.

On appelle *Machines-Outils* (*Voyez* MACHINE) des appareils destinés à opérer sur une grande échelle le travail que certains outils ordinaires exécutent en petit.

OUVRAGE. Vide intérieur d'un haut-fourneau par lequel les étalages communiquent avec le creuset qui reçoit la fonte (*Voyez* HAUT-FOURNEAU).

OUVRAGE D'ART. Nom sous lequel on désigne les ouvrages en bois, en fer ou en maçonnerie que nécessite la construction d'un chemin de fer. Tels sont les ponts, viaducs, murs de soutènement, tunnels, bâtimens de station, etc.

OUVRIER. Qualification générique des artisans qui exécutent un travail sous les ordres d'un chef d'atelier, moyennant un prix déterminé, soit à la journée, soit à forfait. Les terrassiers, maçons, charpentiers, mécaniciens, etc., sont des ouvriers. Il y en a d'autant d'espèces que de travaux différens.

P

PAILLE. Petite lamelle qui se détache de la surface d'une barre de fer, et que l'on rencontre quelquefois dans son intérieur, lorsque quelque défaut dans l'affinage ou la soudure du métal n'a pas établi une adhérence suffisante entre toutes ses molécules. L'existence d'une paille dans l'intérieur d'une pièce de fer est fort dangereuse, car elle altère sa solidité, et l'expose à rompre inopinément, lorsqu'elle est soumise à un certain effort.

PALETTES. Les roues des bateaux à vapeur sont formées de bras armés à leur extrémité de palettes ou aubes, qui viennent tour à tour s'enfoncer dans l'eau, et la pressent , en faisant l'office de rames qui communiquent au navire un mouvement de propulsion. La dimension, la forme et la position de ces palettes ne sont nullement indifférentes au bon emploi de la force de la machine qui les met en mouvement : aussi ont-elles été l'objet de nombreuses études de la part des constructeurs. Un des inconvénients les plus graves à éviter est d'empêcher que la palette, en sortant de l'eau après avoir produit son effet, n'entraîne avec elle une certaine quantité de liquide dont le poids, en agissant sur la palette en sens inverse du mouvement, oppose une résistance à la marche du navire. Il faut encore faire en sorte que les palettes ne soient pas tellement rapprochées les unes des autres que chacune d'elles, en entrant dans l'eau, la trouve déjà mise en mouvement par l'effet de la précédente, et fuyant par conséquent devant l'action de la suivante. D'un autre côté, s'il existe trop d'intervalle entre deux palettes consécutives, il est à craindre que chacune d'elles, entrant tout à coup avec vitesse dans une eau tranquille, ne produise un choc. Ce choc sera d'autant plus considérable que la position de la palette à ce moment sera plus éloignée de la verticale, et qu'elle présentera une plus grande surface à la fois au liquide. Or, on sait quelle force vive les chocs absorbent inutilement, et même au détriment de la stabilité des appareils.

Au milieu d'un grand nombre de formes et de positions essayées tour à tour pour résoudre le problème, trois principales ont paru les plus satisfaisantes, et sont aujourd'hui employées concurremment sur les bateaux français, anglais et américains.

La forme de roue la plus usitée en Amérique porte le nom de roues à *palettes brisées*. Elle s'obtient en divisant une roue à palettes ordinaires en deux et même trois parties par des plans perpendiculaires à son axe. La roue divisée ainsi en trois parties forme en réalité trois roues distinctes. On les accole les unes aux autres, en les plaçant de telle sorte que l'intervalle compris entre deux palettes de la roue primitive se trouve divisé en trois parties égales par les nouvelles palettes. Il résulte de cette disposition que le choc, au lieu d'avoir lieu en une seule fois, et sur toute la largeur de la roue, lorsque la palette entre dans l'eau, n'a lieu que par tiers et successivement. La résistance est ainsi rendue beaucoup plus uniforme.

La roue la plus usitée en France et en Angleterre est due à un constructeur anglais, M. Morgan, et se nomme roue à *palettes verticales*. Dans ce système, la palette occupe toute la largeur de la roue : au moment d'entrer dans l'eau elle se présente toujours verticalement, et conserve cette position verticale pendant tout le temps qu'elle est plongée. Ce résultat s'obtient au moyen d'un excentrique commandé par la machine à vapeur, et qui agit sur les palettes pour leur faire prendre cette position.

La troisième espèce de roue est moins usitée que les deux précédentes, et se nomme roue à *palettes cycloïdales*. Dans cette dernière, les palettes occupent aussi toute la largeur de la roue ; mais au lieu d'être plates, elles sont recourbées parallèlement à l'axe de la roue en forme de cylindre présentant au liquide sa convexité. Cette disposition présente quelques avantages, pour le cas où l'enfoncement du navire n'est pas toujours le même, par exemple, pour les paquebots transatlantiques qui partent chargés de leur combustible et arrivent allégés au terme de leur voyage.

PALIER. Ce mot est employé dans les machines comme synonyme de support ou de coussinet, surtout lorsque ceux-ci ont de grandes dimensions, et reposent directement sur le sol ou sur de forts bâtis.

On appelle palier d'un chemin de fer une portion de son parcours où il est horizontal. Quelquefois, dans les parties à faible pente, le mot palier est également employé pour désigner la surface du chemin ; par exemple, si l'on veut désigner sa hauteur par rapport à celle des points environnans, on dira le palier du chemin de fer est à 5 mètres, 10 mètres au-dessus de l'étiage de telle rivière, etc.

PALISSADE. Légère clôture en charpente. Les treillages qui servent à border et à clore un chemin de fer sont des palissades.

PALMIPÈDE (APPAREIL). Espèce de roue à bras articulés, et imitant la forme et le mouvement des pattes de certains oiseaux nageurs. Cette ingénieuse invention (*Voyez* BATEAU A VAPEUR) a été appliquée à la propulsion des bateaux à vapeur.

PALPLANCHE. Fort madrier en bois dont une des extrémités est taillée en forme de pointe, et quelquefois armée d'un sabot pour pénétrer plus facilement dans le sol. On s'en sert pour former les enceintes de batardeaux et les crèches dans lesquelles se coule le béton pour la fondation des ouvrages hydrauliques. Les palplanches s'assemblent à rainures et languettes, et sont en outre reliées de distance en distance par des pieux.

PANNERESSE. Pierre de taille ou brique plus longue que large, dont la plus petite dimension est placée suivant l'épaisseur du mur, en sorte que sa plus longue face se présente au parement vu (*Voyez* BOUTISSE).

PAPIER DE VERRE. Papier enduit de poudre de verre, dont on se sert pour polir les pièces de bois ou de métal qui doivent être finies et ajustées avec beaucoup de soin. Il agit comme une lime douce, pour enlever les petites aspérités qui restent après le travail des instrumens d'acier.

PAPILLON. Registre mobile autour d'un axe, comme les clefs des poêles de nos appartemens, et qui sert à modérer et même à arrêter au besoin le tirage de la cheminée dans les locomotives. Il est percé d'un trou à son centre pour laisser passer la vapeur qui s'échappe dans la cheminée, même lorsque celle-ci est fermée aux gaz sortant du foyer.

PARAGE. Une des opérations de l'ajustage des pièces métalliques. Elle a pour but de redresser les surfaces cylindriques à base circulaire, ou les surfaces planes pour lesquelles on ne peut employer la machine à raboter. Tels sont les intérieurs des mortaises. Le parage se fait aujourd'hui au moyen d'une machine fort ingénieuse et d'une invention récente que l'on nomme *machine à parer*. Cette machine sert aussi à découper des tôles suivant des dessins contournés, opération que ne pourrait convenablement exécuter la cisaille qui est destinée à faire des coupures en ligne droite.

PARALLÉLOGRAMME. Quadrilatère dont les côtés sont des lignes droites parallèles deux à deux. Le rectangle est un parallélogramme dont les angles sont droits. Le losange est un parallélogramme dont les quatre côtés sont égaux. Le carré est un parallélogramme dont les quatre côtés sont égaux et les angles droits.

PARALLÉLOGRAMME ARTICULÉ. Dans les machines à simple effet, tantôt c'est le piston qui, descendant par l'effet de la pression de l'atmosphère, *tire* le balancier après lui, tantôt c'est le balancier qui, par l'effet du contre-poids placé à son autre extrémité, *tire* le piston après lui. Mais dans aucun cas la tige du piston ne *pousse* devant elle le balancier. Il suffit dans ces machines d'une chaîne flexible pour lier la tige du piston et la tête du balancier : elle donne un excellent moyen de traction. Mais la liaison ne peut plus être la même lorsque la machine est à double effet ; car alors la tige du piston tire et pousse alternativement devant elle la tête du balancier. Il faut donc que le lien établi entre ces deux pièces soit rigide et d'une longueur invariable. Le premier moyen proposé par Papin, en 1695, pour satisfaire à cette condition, était de terminer la tige du piston en forme de crémaillère et d'armer la tête du balancier d'un arc de cercle vertical également denté et engrenant avec elle. C'est à cet appareil imparfait, et inadmissible pour de grands efforts ou pour des vitesses un peu considérables, que Watt substitua, en 1784, le nouvel appareil connu sous le nom de parallélogramme articulé. Il consiste en un parallélogramme dont les quatre côtés sont unis entre eux par des tourillons, autour desquels ils peuvent tourner sans cesser d'être parallèles deux à deux. Un des côtés du parallélogramme coïncide avec la direction du balancier, et la tige du piston est fixée à l'un des angles inférieurs avec lequel elle vient s'articuler. Le second des deux angles inférieurs est lié à une verge rigide, inextensible, et qui peut se mouvoir autour d'un centre fixe. La fixité de ce centre force le parallélogramme à se déformer inévitablement durant les oscillations du balancier, puisqu'il est soumis à la fois à deux efforts de traction différens. L'angle auquel est fixée la tige du piston décrit, par suite de cette déformation, une courbe en forme de 8 très allongé. L'invention de Watt consiste à avoir choisi le centre du mouvement de la verge rigide de manière que cette courbe s'approche le plus possible d'une ligne droite verticale, dans la portion comprise entre les limites de l'oscillation du balancier.

PARAPET. Petit mur d'appui qui borde la chaussée d'un pont ou d'une terrasse, dans le sens de sa longueur, pour la sécurité des passans. Les chemins de fer n'étant pas destinés aux piétons, les parapets ne sont pas indispensables aux ponts sur lesquels ils passent. Cependant il est bon d'en établir pour la sécurité des ouvriers et autres agens qui y circulent à pied : ils peuvent aussi empêcher des chutes graves dans le cas où les voitures viendraient à dérailler. La largeur fixée pour un chemin de fer se compte au passage des ponts, entre les parapets : ceux-ci doivent être placés en dehors.

PARCOURS (LIBRE). On entend par libre parcours sur les chemins de fer, le droit que chacun possède d'y faire circuler des machines et voitures en concurrence avec celles du concessionnaire de l'exploitation, en payant toutefois à ce dernier, pour l'usage de la voie, des prix déterminés par le tarif. Ce principe est écrit dans tous les cahiers des charges des compagnies françaises ; mais son application est très difficile, et les inconvéniens qu'il entraîne l'ont réduit jusqu'à ce jour à l'état de lettre morte. L'exploitation d'un chemin de fer constitue, sinon en droit, au moins en fait, un véritable monopole entre les mains du concessionnaire.

PARTAGE (POINT DE). Lorsqu'un chemin de fer remonte une vallée ou le versant d'une montagne pour descendre ensuite de l'autre côté, le point culminant du tracé s'appelle point de partage. La recherche du point de partage principal d'une grande ligne de chemin de fer est fort importante. Même en considérant le problème au point de vue exclusif de l'art, il ne suffit pas, lorsqu'on veut traverser une chaîne de montagnes, de chercher la dépression la plus forte. Sans doute on obtient ainsi la moins grande somme de pentes et de contre-pentes : mais souvent cet avantage doit être acheté par des parcours longs et sinueux, pratiqués dans des terrains d'une excavation difficile. D'un autre côté, lorsqu'on se résout à adopter un souterrain pour franchir le point de partage, il arrive fréquemment que la dépression la plus forte n'est pas celle qui se présente le mieux pour réduire la longueur du souterrain, et l'établir à la côte la moins élevée. En effet, l'on remarque que, dans les chaînes de montagnes, les dépressions les plus fortes sont le résultat d'un mouvement géologique qui a bouleversé les couches de terrain et altéré leurs conditions de stabilité. Il y a dans ce cas imprudence à s'y enfoncer trop profondément ; car on a sans cesse à craindre des éboulemens dangereux pour la sécurité des travaux et la solidité de l'ouvrage. D'ailleurs, la masse de matières qui s'est ainsi abaissée ne l'a fait la plupart du temps qu'en se répandant sur les deux versans : la montagne en s'affaissant s'est élargie. Le souterrain que l'on voudrait y pratiquer aurait en ce point des puits moins profonds, mais beaucoup plus multipliés, et la longueur de la galerie pourrait compenser, et au-delà, sa moindre profondeur par rapport au sol naturel. Il serait facile de citer des exemples de cette disposition de divers points de partage que l'on rencontre dans une même chaîne de montagnes. Si maintenant on interroge les conditions politiques et commerciales auxquelles doit satisfaire le tracé projeté, la question du point de partage vient se compliquer d'un élément qui, la plupart du temps, doit l'emporter sur les autres. Les ingénieurs peuvent être séduits par les considérations d'art : mais l'homme d'état ne doit les faire entrer en ligne de compte que pour leur valeur relative ; et, quelque avantageuse que soit la disposition d'un point de partage, elle ne doit pas commander d'une manière absolue le choix des vallées que doit parcourir une grande ligne de chemin de fer pour franchir une chaîne de montagnes.

Passage de niveau. Lorsqu'un chemin de fer rencontre une route ou un chemin ordinaire, et que la différence de niveau entre ces deux voies de communication n'est pas assez considérable pour que l'on puisse établir le croisement au moyen d'un pont, soit en dessus, soit en dessous, ce croisement a lieu de niveau ; c'est-à-dire que les rails du chemin de fer et le sol de la route sont à la même hauteur. Les rails devant être en saillie au-dessus du sol pour le passage du rebord des roues des voitures du chemin de fer, on est obligé de prendre quelques précautions pour les garantir contre le choc des voitures de la route qui pourraient, en passant, les briser ou du moins les déverser. Pour cela on les place à peu près à fleur du sol de la route, dans des rainures laissant aux rebords des roues un jeu suffisant. Les cantonniers ont soin de nettoyer fréquemment ces rainures, qui, sans cela, ne tarderaient pas à se remplir de terre et de pierrailles provenant de la route.

D'après les cahiers des charges, la sur-élévation ou l'abaissement des rails par rapport à la chaussée est ordinairement fixée à trois centimètres au plus.

Sur les chemins de fer destinés à un service de voyageurs, et même aujourd'hui sur ceux dont on autorise la construction pour une simple exploitation d'usine ou de carrière, les passages de niveau sont tenus fermés par des barrières, et un gardien est préposé à leur service pour empêcher que les voitures, hommes et animaux circulant sur la route ne soient rencontrés par les convois du chemin de fer, ce qui pourrait occasionner les plus graves accidens. Cependant, malgré toutes ces précautions, on doit toujours considérer les passages de niveau sur les chemins de fer comme dangereux et défectueux ; aussi s'applique-t-on à en réduire le nombre autant que possible. Si quelques motifs d'économie engagent à les adopter quelquefois, on ne doit le faire qu'avec la plus grande sobriété, et chercher à les supprimer au fur et à mesure de la prospérité de l'entreprise. D'ailleurs l'économie de construction d'un passage de niveau n'est pas toujours très considérable. On est souvent obligé de changer par des déblais ou remblais la position de la route traversée : il faut ajouter à cette dépense celle des barrières, de l'agencement particulier des rails au passage de la chaussée , de la construction d'une maison de garde, et enfin le traitement annuel de ce garde. Je crois donc que ce serait entrer dans une voie funeste à l'avenir et à la sécurité des transports, que de se départir d'une certaine rigueur à l'égard des passages de niveau.

Sur le chemin de fer de Paris à Orléans, les passages de niveau sont ordinairement accompagnés d'un pont à une seule voie sous le chemin de fer. Les piétons, animaux et voitures peu chargées, qui ne craignent pas les fortes pentes par lesquelles on accède à ces ponts, peuvent les suivre de préférence à la traversée de niveau.

PASSAGE (POINT DE). Ce mot est employé dans le langage topographique comme synonyme de *col* (*Voyez* Col), parce que ce sont effectivement les cols qui servent de points de passage aux voies de communication tracées d'une vallée à une autre.

PASSAGER. Dénomination particulièrement réservée aux personnages qui voyagent sur les voies d'eau. On commence à l'employer concurremment avec la dénomination de voyageur sur les chemins de fer.

Lorsqu'on cherche à se rendre compte de cette qualification de passager, il semble que l'on ait voulu par là rappeler cette idée que la mer et les rivières sont des voies que l'homme n'emprunte que momentanément, et sur lesquelles il passe sans s'arrêter, ainsi qu'il peut être souvent invité à le faire sur les routes ordinaires. Cette pensée convient par-dessus tout aux chemins de fer ; il n'y a donc rien d'étonnant à ce que ce soit par eux qu'elle s'introduise dans le langage pour désigner les voyageurs sur les voies de terre.

Passerelle. Pont léger destiné seulement au passage des hommes, et quelquefois des animaux, mais qui n'admet point les voitures. L'exécution des chemins de fer, en nécessitant la traversée de propriétés importantes, amène souvent la construction de passerelles destinées à maintenir les communications entre les deux parties d'une propriété. On en voit de fréquens exemples dans les nombreux parcs d'agrément que le chemin de fer de Paris à Corbeil a entamés le long de la Seine. La construction de ces passerelles doit entrer en compensation des indemnités réclamées par les propriétaires pour le tort qui leur est fait sous le rapport de la convenance.

Patiner. On dit qu'une locomotive patine, lorsque ses roues tournent sur les rails sans avancer, faute d'adhérence suffisante. Cet effet se présente lorsque le poids remorqué par la machine est trop considérable. Sa force est insuffisante pour l'entraîner, et si elle ne recule pas constamment par momens, au moins elle tourne sur elle-même sans avancer. Le mécanicien est averti de cet état de choses, parce que les roues de la machine cessant d'engrener avec les rails, prennent un mouvement plus rapide de rotation qui accélère la course des pistons et des tiroirs, et produit, en multipliant les jets de vapeur, un bruit facile à distinguer.

Péage. Dans les tarifs de chemins de fer, le péage est la partie qui représente l'intérêt et l'amortissement du capital employé à la construction, les frais généraux d'administration et d'entretien, et le légitime bénéfice dû à ceux qui consacrent leur argent, leur temps et leurs soins à ces entreprises. J'ai dit ailleurs que l'autre partie du tarif appelée *transport* représente les frais de traction proprement dits. Dans le langage habituel on désigne souvent le tarif tout entier sous le nom de péage ; mais cette expression n'est pas rigoureusement exacte.

Pente. On entend par pente d'une surface son inclinaison par rapport à un plan horizontal, cette inclinaison étant prise dans le sens de la descente. Le mot de rampe sert à désigner cette inclinaison lorsqu'on la considère dans le sens de la montée. Cependant on se sert souvent, dans le langage usuel, du mot pente comme synonyme du mot inclinaison pris dans son sens absolu. Dans ce cas, il est bon d'ajouter l'épithète d'ascendante ou de descendante au mot pente, pour indiquer quel est son sens par rapport au point de départ.

La nature des perfectionnemens introduits dans les voies de communication a toujours eu pour conséquence de rendre de plus en plus difficile le choix des pentes, et d'abaisser le maximum d'inclinaison qu'il est possible de leur donner sans nuire à la sécurité et à l'économie des transports. En effet, le but que l'on se propose par ces perfectionnemens est de diminuer les efforts à faire pour mettre les véhicules en mouvement. Or, une pente, quand il faut la gravir, ajoute aux autres résistances celle de la pesanteur : c'est donc la première dont on doive avoir à cœur de se débarrasser. Si, au contraire, il faut la descendre, le soin que l'on aura pris pour rendre unie et roulante la surface sur laquelle portent les roues deviendra une cause de danger par la facilité qu'elle présentera. Elle ne doit donc pas être moins soigneusement évitée en vue de cette conséquence que de la précédente. Ainsi, sans parler des anciennes routes tracées sans art et suivant les déclivités naturelles du sol, c'est-à-dire, dans des conditions de pente tout à fait en dehors de nos habitudes, nous voyons que les chemins vicinaux doivent être réglés à la pente maxima de cinq centièmes, lorsque le passage d'un chemin de fer oblige à les déplacer, tandis que, dans le même cas, les cahiers des charges prescrivent de ne pas dépasser la pente de trois centièmes pour les routes royales et départementales, que l'on considère comme étant plus parfaites et tracées avec plus de soin, et surtout comme devant être parcourues à une plus grande vitesse que les chemins vicinaux. On ne doit donc pas s'étonner de voir que les pentes des chemins de fer sont généralement beaucoup plus faibles que celles des routes de terre. On peut estimer que les inclinaisons sur ces deux espèces de voies sont ordinairement dans le rapport de 1 à 4 ou de 1 à 5. Ainsi, dans un pays peu accidenté, où la perfection dans l'art de la construction des routes permet de ne pas dépasser la pente de trois centièmes, et de conserver d'ailleurs dans le parcours ordinaire des pentes d'un à deux centimètres, on peut être à peu près certain de rencontrer les chemins de fer tracés sous des inclinaisons habituelles de deux à quatre millièmes, et ne dépassant pas, sur les points les plus défavorablement situés, les pentes de sept à huit millièmes.

Au contraire, dans un pays où les pentes de cinq à six centièmes sont fréquentes sur les routes de terre, on ne doit nullement s'étonner de voir les chemins de fer présenter des inclinaisons qui s'élèvent souvent à dix, douze, quinze millièmes et au-delà.

Les pentes des chemins à voitures doivent, on le comprend, se régler d'après la résistance que leur surface oppose au roulement des roues ; cette résistance dépend de la matière dont cette surface est faite. Sur un chemin de fer en ligne droite et bien entretenu, cette résistance est d'environ les cinq millièmes ($\frac{1}{200}$) du poids qui porte sur les roues ; c'est-à-dire que, sur un chemin de fer dont l'inclinaison serait moindre que cinq millièmes, il faut un certain effort pour mettre une voiture en mouvement. Mais du moment où le chemin a dépassé cette inclinaison, une voiture abandonnée à elle-même descendrait sans le secours d'aucune impulsion étrangère. Elle descendrait d'autant plus vite que l'inclinaison serait plus forte ; et cette vitesse serait proportionnelle à l'accroissement de l'inclinaison, si d'autres causes, telles que la résistance de l'air et le mouvement de lacet, ne venaient s'y opposer.

Il est rare, toutefois, de voir les voitures se mettre en mouvement sur les chemins de fer sous l'inclinaison de cinq millièmes. Les corps étrangers qui peuvent se trouver sur les rails, l'humidité, l'imperfection de la pose de la voie, les courbes, et enfin les résistances que les essieux peuvent éprouver dans leurs coussinets s'opposent à ce mouvement spontané, et font qu'il ne commence guère qu'à une inclinaison supérieure, et qu'il ne se soutient pas toujours, même lorsque, par une première impulsion, la voiture a été mise en marche.

Une controverse assez vive s'est élevée dans ces dernières années entre les ingénieurs au sujet des pentes qui convenaient le mieux à un chemin de fer, tous convenant que les plus faibles étaient sans contredit les meilleures, mais les uns ne pensant pas que la perfection du tracé sous ce rapport dût être achetée par de trop grands sacrifices. Dans cette discussion, comme dans la plupart de celles qui s'élèvent parmi les hommes, il est fort probable que les parties eussent été promptement d'accord, si, au lieu de s'abandonner à des raisonnemens théoriques, on eût fait porter le débat sur quelque exemple déterminé, et que là on se fût entouré de tous les élémens propres à faciliter la solution de la question. Malheureusement la recherche de tous ces documens était très difficile, car ils se réduisaient en dernière analyse à ceux-ci : Quelle dépense devra-t-on faire pour obtenir telle ou telle inclinaison ? quelles sont les ressources financières disponibles pour cette dépense? À quelle circulation de voyageurs et de marchandises peut prétendre le chemin?

De ces trois questions, la première est une de celles qu'un ingénieur croit toujours pouvoir prendre sur lui de résoudre entre certaines limites. Malheureusement le public a souvent raison de ne pas partager sa confiance. Mais, à supposer que l'on tombât d'accord sur ce point, faudrait-il pour cela croire les affirmations de ceux qui ne doutent jamais de la richesse et du crédit d'un pays, et qui ne voient aucune difficulté dans la réalisation d'un capital pour une opération industrielle qui leur semble bonne? Ou bien faudrait-il écouter ceux qui craignent sans cesse de voir le pays s'engager dans de nouvelles opérations avant d'avoir terminé celles qu'il a entreprises, qui redoutent les crises commerciales et n'osent faire appel à des capitaux trop considérables? Enfin, qui pourrait se flatter de prévoir la circulation de la ligne, lorsque tant de causes peuvent influer sur son chiffre et sur sa nature? Car elle ne dépend pas seulement des pentes, mais encore du tarif, de l'administration intérieure, et, plus que tout cela, de cette profonde modification que l'existence de la nouvelle voie peut introduire dans les habitudes des populations voisines et éloignées.

Il paraît établi aujourd'hui, par l'exemple des chemins de fer exploités en Angleterre et sur le continent, que l'on a rarement des convois assez considérables pour nécessiter l'emploi total de la force de traction que peuvent développer les appareils locomoteurs, et que, par conséquent, il reste généralement un excédant de force disponible qui peut être utilisé avec succès pour gravir des pentes un peu fortes sans ajouter à la dépense courante. Dans des cas exceptionnels seulement, l'irrégularité des besoins du commerce et des voyageurs nécessite l'emploi de la force tout entière de la locomotive, et même l'emploi de locomotives supplémentaires, et l'on n'a pas observé que ces cas se présentassent moins fréquemment sur les chemins à faibles pentes que sur ceux où elles sont le plus raides. Il semble donc, d'après cette expérience, que l'on pourrait sans inconvénient adopter désormais pour la construction des chemins de fer des conditions moins rigoureuses que celles qui avaient paru indispensables aux ingénieurs, il y a quelques années. Cette considération peut être d'une grande utilité pour la France au moment où elle entreprend la construction du réseau qui doit couvrir son vaste territoire. Toutefois, avant de s'attacher à une solution qui préparerait peut-être pour un prochain avenir de nombreuses et dispendieuses rectifications dans les tracés primitifs, il conviendra certainement de se demander s'il ne serait pas plus convenable de diminuer la puissance disponible des appareils locomoteurs, et de conserver une douceur et une régularité de pentes dont il serait impossible de méconnaître la supériorité définitive et absolue.

PERCEPTION. La perception des taxes que les compagnies de chemins de fer sont autorisées à imposer aux voyageurs et aux marchandises qui circulent sur leurs voies, est réglée par les cahiers des charges annexés aux lois et ordonnances de concession. Toute modification à ce tarif doit être annoncée au moins un mois d'avance par des affiches, et lorsqu'une réduction a été consentie par la compagnie, elle ne peut relever les prix qu'après un délai de trois mois au moins. La perception des taxes doit se faire indistinctement et sans aucune faveur. Toute faveur accordée à tout autre qu'un indigent peut être rendue, par l'administration supérieure, immédiatement applicable au public, et les prix ainsi réduits ne sont relevés qu'au bout de trois mois au moins. Par la rigueur de ces prescriptions inusitées dans les modes ordinaires de transport, le législateur a voulu diminuer la puissance du monopole que la concession d'un chemin de fer place entre les mains d'une compagnie disposant toujours de capitaux plus considérables que ses concurrens.

PERÇOIR. Machine-outil employée dans les grands ateliers de chaudronnerie, pour percer dans les feuilles de tôle les trous des rivets qui doivent servir à leur assemblage. Cette machine, mue à bras d'homme ou par une machine à vapeur, enlève la place du rivet d'un seul coup de balancier, au moyen d'un poinçon de diamètre égal à celui du rivet.

PÉRÉS. Revêtemens en maçonnerie destinés à protéger les talus des terres contre les éboulemens ou contre l'action des eaux, lorsque ces talus sont trop fortement inclinés pour se soutenir par euxmêmes. Les pérés se construisent ordinairement à pierres sèches, c'est-à-dire sans mortier. Lorsqu'on y emploie du mortier, ce sont des murs de revêtement.

PIC. Montagne de forme conique très élevée, et qui domine la plaine où les autres montagnes qui lui servent de base. On dit que la paroi d'un rocher ou d'une construction est *à pic*, lorsqu'elle est verticale, ou à très peu près.

Le pic est une espèce de forte pioche, dont on se sert dans les travaux de terrassemens pour entamer les terrains d'une assez grande dureté.

PIÈCES DE RECHANGE. Une machine doit toujours être pourvue d'un magasin dans lequel sont déposées certaines pièces formant double emploi avec celles qui fonctionnent et qui sont le plus exposées à s'user ou à se rompre. Tels sont, par exemple, dans les machines à vapeur, les tubes bouilleurs, quelques roues d'engrenage, des coussinets, boulons, clavettes, etc. Ces pièces se nomment pièces de rechange.

Pièces détachées, *Voyez* DÉTACHÉES (PIÈCES).

Pied de biche. Levier terminé en forme de fourchette, dont les deux branches sont dans le même sens que celui de la tige principale, ou forment avec elle un certain angle. Il sert à saisir un objet auquel on veut imprimer un mouvement : on en voit un exemple dans le levier d'excentrique qui communique le mouvement de va-et-vient au tiroir d'une machine à vapeur et notamment d'une locomotive.

Pieu. Pièce de bois taillée à l'une de ses extrémités en forme de pointe et ordinairement armée d'un sabot en fer pour pénétrer plus facilement dans le sol. Les pieux sont employés dans les constructions à divers usages. On s'en sert dans les fondations des grands ouvrages en maçonnerie, tels que les piles et culées de pont, murs de quai, écluses, etc., pour former une espèce de sol artificiel sur lequel s'élève le corps de l'ouvrage. La longueur et la dimension des pieux dépendent de la nature du terrain dans lequel on les enfonce. Ils doivent être assez longs pour traverser les couches qui offrent peu de résistance, et pénétrer jusqu'au terrain solide dans lequel leur pointe doit être engagée d'une certaine longueur. Des sondages préalables sont nécessaires pour s'assurer de la dimension à donner aux pieux dans ce cas. Les pieux ainsi employés prennent les noms *pilots* ou *pilotis*, et les ouvrages établis sur leur tête sont dits *fondés sur pilotis*. L'énorme quantité de bois que nécessite ce genre de fondation et sa sécurité souvent douteuse lui font préférer aujourd'hui, par un grand nombre d'ingénieurs, la fondation sur béton.

Ordinairement, dans les ouvrages hydrauliques, le sol artificiel formé de béton est enfermé dans une enceinte de charpente en pieux et palplanches. Les pieux sont destinés à relier et à consolider les palplanches. En général, quand on forme une enceinte en charpente debout enfoncée dans le sol, soit pour construire un batardeau, soit pour tout autre objet, les angles et les parois de l'enceinte sont renforcés par des pieux qui remplissent dans ce cas le même office que les chaines en pierre de taille dans un mur en moellons. C'est ainsi que les palissades, dont on entoure les chemins de fer, sont formées de treillages dont les panneaux sont reliés de distance en distance par de petits pieux.

PIERRE. Au point de vue de l'art des constructeurs, les pierres peuvent être classées de diverses manières : 1° en raison des élémens qui entrent dans leur composition physique et chimique ; 2° en raison de leur forme et de leur dimension ; 3° en raison de leur objet.

En raison de leur composition, les pierres se divisent en quatre grandes classes : les *calcaires*, les pierres *siliceuses*, les pierres *volcaniques* et les *schistes*. Les calcaires ou pierres à base de chaux se subdivisent en deux espèces principales, les gypses ou pierres à plâtre plus ou moins pures, les calcaires proprement dits ou chaux carbonatées, comprenant les marbres, craies, calcaires gris, bleus ou noirs, tels que ceux de Normandie et du pays de Galles, travertins, pierres de liais, roches de la nature de celles que l'on trouve dans les plaines de Paris, Caen, Tonnerre, et qui fournissent les pierres de taille, etc. Cette variété est très considérable et se subdivise à l'infini.

Les pierres siliceuses comprennent les quartz ou silex, les granits, grès, porphyres, et en général toutes celles où la silice domine.

Les pierres volcaniques sont ordinairement siliceuses, et proviennent des éruptions de volcans ; elles comprennent les laves, busaltes, etc.

Les schistes sont ordinairement argileux ou siliceux. Ils se débitent facilement en feuillets : les ardoises en sont une des variétés les plus importantes.

En raison de leur forme et de leur dimension, les pierres à bâtir se distinguent en pierre de taille et moellon. Les pierres de taille sont celles qui peuvent s'employer en blocs d'un fort volume ; les moellons sont des fragmens de roche, souvent de même nature que celles qui fournissent la pierre de taille, et ayant des dimensions très réduites. Toutefois, il est certaines pierres qui ne s'emploient jamais que comme moellons, soit à cause de l'impossibilité où l'on serait de les obtenir en grandes pièces, soit à cause de leur peu de résistance, soit enfin parce qu'elles se taillent difficilement et sans donner de formes pures, nettes et bien arrêtées : telles sont les pierres meulières, et les gypses ou pierres à plâtre employées à l'état cru, et dont on ne tire jamais de pierre de taille.

En raison de leur objet, les pierres se divisent en plusieurs catégories. Les unes ne s'emploient pas à l'état naturel ; on les soumet à une cuisson pour les réduire ensuite en poudre et les gâcher avec de l'eau et quelques matières étrangères. Telles sont les pierres à plâtre, et les calcaires employés à la fabrication de la chaux. Les autres s'emploient dans les constructions des murs : ce sont les pierres de taille et moellons. D'autres sont destinées à couvrir des toitures : ce sont les ardoises et quelques autres schistes légers, compactes, que l'on peut obtenir en lames minces et qui remplacent la tuile. D'autres, enfin, servent au pavage et à l'empierrement des routes, rues et chemins : ce sont les pavés, galets, cailloux et pierres cassées en petits fragmens. Les cailloux et pierres cassées en petits fragmens, étant mélangés avec du mortier, donnent le béton.

PIGNON. Roue d'engrenage d'un petit diamètre. Le pignon sert à transmettre à l'arbre d'une roue d'un diamètre plus considérable un mouvement plus lent que celui de l'arbre sur lequel il est monté. En effet, les vitesses se transmettant de circonférence à circonférence, la différence des diamètres fait que le pignon doit exécuter sur lui-même plusieurs tours avant que ses dents aient parcouru toutes celles de la circonférence de la grande roue. La force absolue du moteur restant toujours la même dans cette transmission, sauf ce qui est absorbé par les frottemens du mécanisme, la grande roue gagne par ce moyen en puissance pour vaincre un obstacle, par exemple, pour soulever un fardeau, ce qu'elle perd en vitesse par la différence des diamètres. Réciproquement, un pignon commandé par une roue d'un grand diamètre sert à donner à l'arbre sur lequel il est monté une vitesse plus considérable que celle de l'arbre qui porte la grande roue, et fournit un effet inverse du précédent.

PILONNAGE. Les terres extraites d'une tranchée pour être portées en remblai, foisonnent toujours d'une certaine quantité ; mais peu à peu elles s'affaissent sur elles-mêmes, se tassent, et occupent un volume beaucoup moins considérable et qui se rapproche de plus en plus de leur cube primitif. Le pilonnage des remblais sur lesquels doit être assis un ouvrage, tel qu'une voie de communication, a pour but de produire artificiellement, et en peu de temps, l'effet qui n'aurait lieu qu'à la longue et d'une manière irrégulière. Les ingénieurs recommandent dans ce but de déposer les remblais par couches peu épaisses, de les battre au fur et à mesure du dépôt avec des pilons, dames, battes, etc., en les écrasant au besoin si les terres sont trop sèches, et de ne recommencer le dépôt d'une couche nouvelle qu'après que la première a été ainsi complétement pilonnée. Malheureusement ces préceptes, fort bons en théorie, ne peuvent presque jamais être suivis dans la pratique. Quelquefois cela dépend de la mauvaise volonté de l'entrepreneur ; mais le plus souvent, cela tient à la célérité que l'on est obligé d'imprimer aux travaux, pour éviter d'être surpris par la mauvaise saison, ou pour arriver en temps utile au moment de la jouissance des travaux.

L'intérieur du dépôt des terres reste sans autre tassement que celui résultant de leur compression naturelle, et l'on se contente de damer et pilonner avec soin l'extérieur. Des remblais ainsi établis s'affaissent toujours pendant les premières années, et ont besoin d'être relevés petit à petit pour que le chemin reste au niveau voulu.

PILOT, PILOTIS. *Voyez* **PIEU.**

PINCE. Fort levier en fer, dont les extrémités sont aplaties et terminées en forme de ciseau. Il sert à soulever des fardeaux. Dans les exploitations de rochers, la pince sert à détacher et à soulever par gros fragmens les quartiers de pierre que l'on veut enlever. Elle est surtout utile pour l'extraction des pierres divisées en bancs peu épais et faciles à détacher les uns des autres.

PINNULE. Petite plaque de métal placée à l'extrémité d'une alidade de graphomètre. Elle est percée d'une fente verticale, dans laquelle on tend un crin ou un fil de soie qui sert à fixer le rayon visuel dirigé par l'observateur sur les objets dont il veut déterminer la position. Dans les graphomètres perfectionnés, les pinnules ont été remplacés par des lunettes.

PIOCHE. Outil de fer armé d'un long manche en bois, ayant la forme d'un long marteau à une ou à deux pointes. Les pioches servent aux terrassiers, carriers, maçons, etc., pour remuer la terre, la réduire en fragmens, en tirer des pierres, etc.

PIQUET. Petit pieu en bois qui sert à fixer sur le terrain la position d'une ligne d'opération, l'enceinte d'un ouvrage à construire. Avant de faire le nivellement d'un tracé de chemin de fer, on plante de distance en distance, sur la direction qu'il doit suivre, de forts piquets de vingt-cinq à trente centimètres de longueur sur cinq à six de grosseur, et dont la tête dépasse un peu la superficie du terrain. Ces piquets servent à fixer la position du tracé et du nivellement.

PISTON. Disque cylindrique de bois ou de métal, armé d'une tige, et qui se meut à frottement doux dans un corps de pompe dont il remplit toute la largeur.

Dans les corps de pompes ordinaires il sert à élever l'eau ; dans les machines à vapeur il sert à transmettre au mécanisme lié à sa tige, la force provenant du jeu de la vapeur.

Les pistons des machines à vapeur sont toujours en métal. Pour obtenir un contact parfait entre leur circonférence et la paroi du cylindre, on les garnit quelquefois d'étoupes ; ceux des machines à basse pression se font ordinairement de cette manière. Mais le plus souvent toute la circonférence du piston est métallique, et son adhérence contre la paroi du cylindre s'obtient au moyen des ressorts, comme je vais le dire :

La figure ci-dessous montre la coupe en long et la coupe en tra-

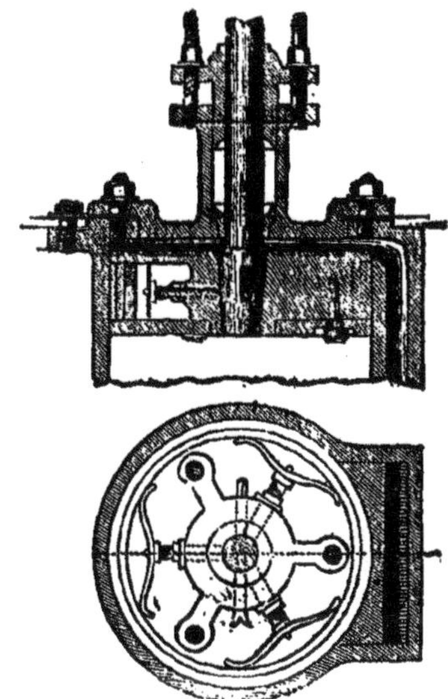

vers d'un piston métallique de machine à vapeur. Il a été employé par Stephenson pour les locomotives. Il est représenté dans la figure, avec une portion du cylindre dans lequel il se meut, et la boîte à étoupes dans laquelle passe sa tige. Ce piston est entièrement en bronze : la tige porte à sa partie inférieure un renflement conique percé d'un trou où s'engage une clavette, au moyen de laquelle on la fixe dans le noyau d'un premier disque ou plateau métallique, garni de trois pattes ou oreilles dirigées suivant les rayons du cercle. Ces pattes sont percées de trous dans lesquels s'engagent des vis qui unissent le plateau supérieur à un second disque métallique.

Le vide qui reste entre ces deux disques est rempli par des cercles de métal contre lesquels viennent presser trois ressorts en acier, unis par des boulons au noyau central du disque supérieur. Ce sont ces ressorts qui forcent les cercles à s'appuyer contre la paroi du cylindre, en produisant une juxta-position parfaite qui s'oppose à ce que la vapeur passe d'un côté à l'autre du cylindre. A cet effet, les cercles sont formés d'une bande de métal dont les extrémités viennent se toucher, mais sans être soudées ensemble. Car, si ces extrémités étaient soudées, les ressorts seraient sans action, et au bout de quelque temps, lorsque le frottement aurait usé le métal, le piston ne serait plus parfaitement étanche. La forme du piston que je viens de décrire n'est pas la seule que les constructeurs aient employée; mais les autres s'en rapprochent plus ou moins. Le but que l'on se propose dans leur construction est toujours de les rendre parfaitement étanches et légers sans nuire à leur solidité.

Lorsque cette condition est remplie, on comprend comment la vapeur arrivant, tantôt d'un côté, tantôt de l'autre, agit en vertu de toute son élasticité, et comment, en chassant le piston devant elle alternativement dans les deux sens, elle produit le mouvement de va-et-vient utilisé dans les opérations industrielles.

Dans la machine de Watt à simple effet, le corps du piston est muni d'une soupape, appelée *soupape d'équilibre*, qui s'ouvre un peu avant que le piston soit parvenu au bas du cylindre, et permet à la vapeur de se répandre des deux côtés du piston.

Celui-ci n'est plus alors sollicité par aucune force, et s'arrête bientôt, le contre-poids placé à l'autre extrémité du balancier, n'éprouvant plus aucune résistance, retombe et le fait remonter en haut du cylindre: c'est seulement lorsqu'il a accompli cette ascension que la soupape d'équilibre se ferme. A ce moment, la communication entre la chaudière et la partie supérieure du cylindre est ouverte de nouveau; en même temps, une autre communication s'ouvre entre le condenseur et la partie inférieure du cylindre, et le piston, pressé d'une part par la vapeur qui arrive, et n'éprouvant d'ailleurs de la part de la vapeur primitive aucun obstacle, puisqu'elle s'échappe vers le condenseur, où elle se réduit en eau, recommence son premier mouvement de descente. C'est pendant ce mouvement qu'il réagit sur le contre-poids et sur la charge, pour les élever par l'effet de l'impulsion que lui imprime l'élasticité de la vapeur.

L'accident le plus dangereux auquel soient exposés les pistons, est la chute ou la rupture de la clavette qui unit leur tige au corps du plateau. Le piston lancé avec force dans ce cas, par la vapeur, contre le fond du cylindre, peut se briser et rompre le balancier ou la bielle par le choc de la tige.

Avant d'en arriver à ce point, la clavette peut se desserrer et le piston commencer à prendre du jeu et à ballotter le long de la tige. Le bruit produit par ce ballottement est facile à distinguer à l'oreille. Il ne faut pas hésiter dans ce cas à arrêter la machine, et à retirer le piston du cylindre pour le réparer.

Un autre genre d'accident, ou plutôt de maladie à laquelle sont sujets les pistons, est la formation d'une crasse dure et épaisse qui remplit l'espace vide compris entre les deux disques et empêche les ressorts d'agir. La garniture du piston cessant alors d'appuyer contre le cylindre laisse passer la vapeur d'un côté à l'autre, la machine perd sa puissance, et finit par s'arrêter tout à fait, lorsque les fuites sont trop considérables. Cette crasse provient de l'usure des surfaces métalliques frottant l'une contre l'autre, et formant, avec l'huile qui sert à graisser l'appareil, un cambouis de plus en plus épais. Il n'y a pas d'autre remède à cette maladie que le démontage et le nettoyage du piston, et le remplacement des ressorts qui seraient brisés ou trop affaiblis.

PIVOT. Arbre vertical en bois ou en métal, terminé à sa partie inférieure par un tourillon tournant dans une crapaudine, et à sa partie supérieure par un autre tourillon appelé collet et tournant dans un coussinet. Le tourillon inférieur est désigné quelquefois par le nom particulier de pivot. Il est cylindrique ou légèrement conique, et terminé ordinairement par une calotte sphérique. Les meilleurs se font en acier fondu, surtout lorsque l'arbre doit supporter une forte charge, parce qu'ils sont moins sujets à s'user par le frottement. Les grues, les tambours verticaux de manége, les turbines tournent sur des pivots.

PLAN. Pour se rendre compte de la forme d'une machine ou du tracé d'un chemin de fer, il faut le considérer sous plusieurs aspects. Ainsi on suppose qu'on le regarde par côté, de face, à vol d'oiseau, et enfin que l'on pénètre dans son intérieur en le coupant suivant différens plans, et en examinant la trace que sa section imprimerait sur chacun de ces plans. On a réservé plus particulièrement le nom de plan à la projection des vues et coupes horizontales. Les autres s'appellent élévations, coupes et profils. Cependant on comprend souvent tous ces dessins géométraux sous le nom de plans. Les cartes géographiques, topographiques et autres sont des plans.

PLAN INCLINÉ. *Voyez* INCLINÉ (PLAN).

PLANER. Donner à une pièce de bois que l'on veut travailler la première façon, en lui enlevant d'assez forts copeaux au moyen d'un instrument appelé *plane*. Cet instrument se compose d'une lame d'acier affilée et armée à chaque extrémité d'une poignée. La pièce de bois est fixée en position entre les mâchoires d'un étau, sous la pince d'un chevalet, ou tout autrement, et l'ouvrier se sert de la plane en la faisant agir avec les deux mains.

Le *planage* ou action de planer les pièces métalliques se confond avec le rabotage.

PLANTATIONS. Il est d'un bon usage de revêtir les talus des chemins de fer de semis et plantations. La végétation, outre l'avantage de fixer les terres et de les empêcher de s'ébouler, devient une source de produits qui n'est nullement à dédaigner. Aussi l'usage s'est-il établi de comprendre parmi les dépenses d'exécution d'un chemin de fer, celle des semis et plantations. Les plantations conviennent bien sur les talus des remblais et autres parties découvertes d'un chemin de fer, mais non dans les tranchées ou portions encaissées dans des lieux peu aérés ; car les arbres entretiennent toujours sur le sol de la chaussée une certaine humidité qui serait nuisible dans ce dernier cas.

PLAQUE ou **PLATEFORME TOURNANTE.** Un des moyens employés dans les chemins de fer pour faire passer les voitures d'une voie sur une autre, sans le secours des aiguilles. Elle consiste en une plate-forme ronde en charpente ou en fonte, établie au niveau de la voie, et portant des rails comme la voie ordinaire. Cette plate-forme est portée à son centre sur un pivot. A une certaine distance du centre, sont des galets sur lesquels elle repose également, et qui roulent sur un cercle métallique établi au fond d'une cage en maçonnerie parallèlement à la plaque supérieure, pour faciliter son mouvement de rotation autour du pivot. Les plates-formes tournantes sont de diverses grandeurs, selon la nature des voitures qu'elles doivent recevoir. Celles qui sont destinées aux évolutions des locomotives sont d'un diamètre plus considérable que celles qui doivent recevoir seulement des wagons ordinaires.

La manière dont on se sert des plates-formes est très simple. On fait avancer la voiture qui doit changer de voie, de manière qu'elle porte tout entière sur la plate-forme. Alors on imprime à la plate-forme un mouvement de rotation autour de son pivot, jusqu'à ce que les rails dont elle est munie, et sur lesquels repose la voiture, soient dans la direction de la voie sur laquelle doit passer cette voiture. A ce moment, on arrête la plate-forme, on pousse la voiture sur la nouvelle voie, et si l'on a d'autres voitures à faire passer, le même mouvement recommence pour chacune d'elles. Ce moyen est, comme on le voit, fort lent ; aussi ne s'emploie-t-il que là où le défaut d'espace ne permet pas d'établir de croisemens au moyen d'aiguilles, ou seulement lorsqu'on veut détacher une locomotive d'un convoi pour l'atteler à un autre.

PLAT (FER). Tous les fers qui ont plus de largeur que d'épaisseur peuvent prendre le nom de fers plats. Toutefois cette appellation a été particulièrement réservée dans le commerce aux fers en barres plates, et même, parmi ces dernières, à certains échantillons (*Voyez* page 277).

PLATEAU. Dans le langage géologique, on entend par plateau les portions de terrain qui, sans appartenir aux montagnes proprement dites, sont plus élevées que les vallées et séparent les cours d'eau les uns des autres. Cette dénomination de plateau, qui semble indiquer un terrain plat et uni, est toutefois fort impropre, si on suppose que c'est dans ce sens qu'elle est employée pour désigner les terrains supérieurs aux grandes vallées. Il est fort rare que ces terrains soient réguliers ; ils sont, au contraire, généralement fort accidentés, et leur niveau général est interrompu par de fréquentes ondulations et par des déchirures profondes provenant des naissances des cours d'eau et vallées secondaires : il ne faudrait donc nullement s'étonner si un chemin de fer tracé sur des plateaux donnait lieu à beaucoup plus de terrassemens et ouvrages d'art qu'un tracé qui unirait les mêmes points extrêmes, en suivant une grande vallée.

Dans une machine à vapeur, on appelle plateaux d'un cylindre les couvercles qui en ferment le corps principal à ses deux extrémités.

PLATE-FORME TOURNANTE (*Voyez* PLAQUE).

PLONGEMENT. Mouvement de bascule d'une locomotive de l'avant à l'arrière, semblable au tangage d'un navire. Ce mouvement se produit au moment où les roues d'avant de la machine passent sur les joints des rails. Le rail qui est sous l'influence de la charge s'affaisse ; le suivant reste plus élevé, et il en résulte un choc qui tend à disloquer la voie et la machine. C'est pour diminuer une partie de cet effet que l'on a d'abord imaginé de porter à six le nombre des roues de la locomotive, en en plaçant à l'arrière une paire très peu chargée dans l'état habituel de la machine, mais qui, au moment du plongement, se chargeait d'une notable partie du poids, et diminuait d'autant la violence du choc.

PLONGEUR. On désigne assez souvent par ce nom, dans les machines à vapeur, le piston de la pompe alimentaire, pour le distinguer du piston à vapeur.

POIDS ET MESURES. Nom générique sous lequel sont comprises les unités de diverses grandeurs et de diverses espèces usitées dans un pays. En France, tout le système des poids et mesures repose aujourd'hui sur le *mètre*, unité fondamentale que l'on suppose égale à la dix millionième partie du quart du méridien terrestre. Les longueurs se mesurent par mètres, et par multiples ou par fractions de mètre, tels que les myriamètres, décamètres, centimètres, millimètres, etc. Les surfaces se mesurent par mètres carrés, et par carrés des multiples ou fractions de mètres, tels que les hectares, ares, décimètres carrés, centimètres carrés, etc. Les volumes se mesurent par mètres cubes, et par cubes des multiples ou fractions de mètres, tels que les litres, kilolitres, hectolitres, etc. Les poids se mesurent en prenant pour unité le poids d'un cube métrique d'une substance déterminée, par exemple, l'eau. La tonne est le poids d'un mètre cube d'eau; le kilogramme est le poids d'un décimètre cube d'eau; le gramme est le poids d'un centimètre cube d'eau, etc. Dans les machines, on se sert encore d'autres mesures que de celles-ci, mais elles se rapportent ordinairement au système métrique. Tels sont les degrés du thermomètre, du baromètre, les calories, les atmosphères, etc.

POINÇON. Petit outil en fer, pointu et emmanché d'un morceau de bois, dont on se sert pour faire des trous à la main dans un objet.

En terme de charpente, le poinçon est la pièce verticale, autour de laquelle viennent s'assembler les diverses pièces d'une ferme.

POINT MORT. Dans la transmission d'un mouvement de rotation à un arbre de machine, au moyen d'une bielle, on appelle point mort le moment où la bielle et la manivelle, étant exactement en ligne droite, il n'y a pas de raison pour que le mouvement de rotation se fasse dans un sens plutôt que dans un autre. Dans le cours d'une révolution entière de l'arbre, ce mouvement se présente deux fois, c'est-à-dire à chaque extrémité du diamètre suivant lequel la manivelle est en ligne droite avec la bielle. Si la machine doit commencer son mouvement dans cette position, il est nécessaire de l'aider, pour que le mouvement se détermine dans le sens voulu; mais si elle est déjà en mouvement, l'impulsion, provenant du jeu antérieur des pièces, aide la bielle à dépasser ce point, et le mouvement continue sans interruption dans le même sens.

Toutefois, ce mouvement sera irrégulier si l'on n'emploie pas quelque artifice pour qu'il conserve une intensité constante. C'est dans ce but que les machines à vapeur rotatives à un seul cylindre sont munies de volans, où la force s'emmagasine pendant le travail. Dans les machines où l'emploi d'un volant eût été impossible à cause du défaut d'espace, comme dans les locomotives, on a suppléé à son effet en se servant de deux cylindres agissant sur le même arbre et en disposant les manivelles à angle droit. De cette manière, au moment où l'une des bielles est au point mort, l'autre est au moment de sa plus grande course, et réciproquement. Elles s'aident ainsi l'une l'autre à dépasser leurs points morts successifs, et le mouvement est à fort peu près régulier.

POLICE. Les chemins de fer et machines à vapeur sont soumis à certains réglemens de police particuliers émanant de l'autorité supérieure, et auxquels les exploitans et le public doivent se conformer. Indépendamment de ces réglemens, les compagnies peuvent, sous l'approbation de l'autorité, en faire d'autres, dont l'exécution est également obligatoire après cette sanction.

Les réglemens relatifs aux machines à vapeur sont conçus dans le but de s'assurer que la sécurité du public, et en particulier celle des habitans voisins des usines et ateliers, et celle des ouvriers, ne sont point compromises par la position des chaudières et par la pression à laquelle la vapeur y est entretenue.

Les réglemens relatifs aux chemins de fer spécifient les mesures à prendre pour l'arrivée et le départ des convois de marchandises et de voyageurs, ainsi que leur circulation et leur vitesse de marche. Ils désignent les agens de l'autorité auxquels est spécialement confiée la surveillance de l'exécution de ces mesures. Ce sont ordinairement les ingénieurs des ponts et chaussées et des mines, et les commissaires de police spécialement attachés à la surveillance de la ligne.

POMPE A AIR. Dans les machines à condensation, c'est celle qui rejette en dehors l'eau et la vapeur condensées dans le corps du condenseur. On la voit dans la *Pl. XI* ; elle consiste en un cylindre *nn*, placé dans l'intérieur du grand cylindre *aa* du condenseur. C'est dans l'espace compris entre ces deux cylindres que s'opère la condensation de la vapeur arrivant du cylindre par le tuyau *c*, au moyen de l'eau froide fournie par le tuyau *e*. Dans l'intérieur du cylindre *nn*, se meut un piston *bb* muni de son clapet d'aspiration *rr*, qui se soulève quand le piston descend pour laisser passer dans le corps de la pompe à air l'eau de condensation. Quand le piston se relève, le clapet *rr* se referme et un autre clapet *œœ'* qui ferme le plateau supérieur, se relève par l'effet du refoulement de l'eau qui vient remplir la cuvette *c'*. Quand le piston redescend, le clapet *nn* se referme de nouveau, et empêche l'eau de retomber dans la pompe à air, et les autres pièces de l'appareil recommencent leur jeu comme il vient d'être dit.

Pompe a feu. Nom sous lequel on désigne quelquefois la machine à vapeur, par analogie et en même temps par opposition avec les pompes à eau. Il y a, en effet, analogie quant au mouvement du mécanisme, et différence sous le rapport du moteur. La machine à vapeur s'appelle aussi *Pompe à vapeur*.

Pompe alimentaire. Celle qui fournit l'eau à la chaudière d'une machine à vapeur. Elle est mise en mouvement par la machine elle-même. On la voit représentée en *b''* dans la machine de la *Pl. X*; *c''* est son tuyau d'aspiration qui va puiser l'eau dans la cuvette du condenseur, et *d''* est le tuyau d'injection , par lequel l'eau se rend à la chaudière.

Dans les *Planches VI* et *VII*, *FF*, sont les tuyaux qui font communiquer avec le réservoir du tender les pompes alimentaires placées de chaque côté de la chaudière. Ces pompes doivent être assez puissantes pour que, en cas d'accident, une seule suffise à entretenir d'eau la chaudière.

Ponceau. Pont de petite dimension, à une seule arche, établi sur un cours d'eau de peu d'importance. Sa grandeur est intermédiaire entre celle de l'aqueduc et du pont proprement dit. Au-dessous de 2 mètres d'ouverture, le ponceau prend généralement le nom d'aqueduc; au-dessus de 4 à 5 mètres, il s'appelle pont. Les ponceaux sont le plus souvent construits en maçonnerie. Tout luxe est inutile à leur égard; la maçonnerie de briques ou de moellons leur convient parfaitement.

Pont. Ouvrage construit en maçonnerie, en charpente ou en fer, pour traverser une rivière, ou tout autre cours d'eau, ou un fossé large et profond, ou enfin une voie de communication. Dans ce dernier cas, le pont prend le nom de *viaduc* (*Voyez* VIADUC). On a étendu la dénomination de pont aux aqueducs destinés à soutenir un cours d'eau naturel ou artificiel au-dessus d'une rivière ou d'une voie de communication. Les ponts se désignent par le nombre d'arches ou de travées dont ils se composent. Ainsi, l'on dit un pont à une, deux, trois arches ou travées, et ainsi de suite. Les ponts se classent aussi en ponts *fixes*, ponts *suspendus*, et ponts *mobiles*, suivant leur mode de construction. Les ponts fixes se construisent en maçonnerie, en bois ou en fer. Le but que l'on se propose dans leur construction est de les rendre aussi rigides et inébranlables que possible sous l'action des masses en mouvement qui doivent les traverser. Cette espèce de ponts est, à vrai dire, la seule qui convienne pour y asseoir un chemin de fer. Dans les ponts en maçonnerie, c'est par la masse et la bonne distribution des matériaux que l'on cherche à atteindre cette rigidité absolue. Dans les ponts en bois ou en fer, les matières employées jouissent toujours d'une certaine élasticité. Lorsque les ponts de cette espèce sont suffisamment solides, cette élasticité n'a aucun inconvénient; on peut même affirmer qu'elle est plus favorable à la traction que la rigidité absolue des maçonneries. Les vibrations produites par le passage rapide des convois se propageant dans toute la masse de l'ouvrage, sont sans effet fâcheux pour sa conservation; les rails cédant légèrement sous la pression de la locomotive et des autres voitures, fatiguent moins et ne renvoient point ces brusques secousses qui détériorent promptement le matériel d'exploitation sur les ouvrages en maçonnerie. Sous ce rapport, les ponts en bois, reposant sur piles et culées en maçonnerie, présentent les meilleures conditions; plusieurs ingénieurs les considèrent même comme préférables aux ponts en fonte, car les vibrations de cette dernière substance sont brusques, et lorsque l'effort auquel elle est soumise dépasse un certain point, il arrive de deux choses l'une : ou la fonte casse, ou elle repousse le corps choquant avec encore plus de rudesse que la maçonnerie. Si l'art de la conservation des bois était plus avancé ou plus généralement répandu dans la pratique industrielle, les ponts en bois ne laisseraient rien à désirer, et devraient être préférés partout où ils seraient moins chers que les ouvrages en maçonnerie et en fer, c'est-à-dire, dans la plupart des cas.

Les ponts suspendus ne peuvent convenir qu'aux voies où le transport est peu rapide. La facilité avec laquelle ils s'ébranlent au passage des voitures et même des piétons les rend tout-à-fait impropres au service des chemins de fer. Il n'y a donc lieu de les employer dans la construction de ceux-ci que pour le rétablissement des chemins qui doivent passer au-dessus du rail-way. Cependant un pont suspendu peut être toléré comme ouvrage provisoire pour le passage d'un chemin de fer. On en voit un bel exemple dans le pont jeté sur la Saône pour l'arrivée du chemin de fer de Saint-Étienne à Lyon. Ce pont, destiné à remplacer celui qui fut emporté par les inondations du mois de novembre 1840, fut construit par M. Séguin, dans l'espace de deux mois. Il n'a pas cessé de servir depuis lors au transport considérable de houille et de voyageurs que le chemin amène dans la gare de Perrache, sans qu'il soit arrivé le moindre accident ; seulement, les conducteurs ont soin de ralentir un peu la marche du convoi pour la traversée de la Saône. Ce pont suspendu se compose de deux travées ; la largeur totale de la rivière qu'il traverse est de plus de 480 mètres. C'est un des plus beaux exemples de promptitude et d'économie donné par un ingénieur qui a su d'ailleurs faire apprécier les ressources de son esprit dans des travaux nombreux et variés.

Les ponts mobiles sont rarement employés dans les chemins de fer, non-seulement à cause de leur moins grande solidité, mais encore à cause des accidens auxquels ils peuvent exposer en restant ouverts au moment où un convoi arrive pour les franchir. Ces ponts ne sont guère en usage que lorsque des circonstances tout à fait impérieuses ont forcé à tenir le chemin de fer à un niveau assez peu élevé au-dessus d'un canal pour que les bateaux ne puissent passer quand le pont est en place. Les ponts mobiles peuvent être ou des ponts-levis ou des ponts-tournans. Pour le passage des routes et chemins, on n'a jamais songé à employer les ponts mobiles ; lorsqu'ils ne peuvent passer ni au-dessus ni au-dessous du chemin de fer, on les fait passer au même niveau que lui (*Voyez* PASSAGE DE NIVEAU).

On trouvera les détails relatifs à la construction de ces diverses espèces de ponts aux mots ARCHE, CULÉE, PALÉE, PILE, TRAVÉE et VOUSSOIRS.

PONT A BASCULE. (*Voyez* BASCULE.)

PONT-LEVIS. Pont mobile autour d'un axe horizontal, autour duquel son tablier peut tourner pour s'élever et s'abaisser. La manœuvre se fait au moyen de contre-poids ou de toute autre puissance.

PONT-TOURNANT. Pont mobile autour d'un axe vertical, autour duquel il peut tourner pour se placer parallèlement au bord de la rivière ou de la voie de communication sur laquelle il est jeté. On le manœuvre au moyen de roues d'engrenage. Lorsque le tablier a une trop longue portée, on le divise au milieu en deux parties indépendantes l'une de l'autre et qui viennent se placer contre chacune des rives quand on les manœuvre.

PONTS ET CHAUSSÉES. La construction et l'entretien des voies de communication de toute espèce sont confiés en France à un corps d'ingénieurs connu sous le nom de Corps royal des ponts et chaussées. Ses fonctions embrassent tout ce qui est relatif aux

routes, ponts, chemins de fer, fleuves et rivières, canaux de navigation et d'irrigation, dessèchemens, ports maritimes et éclairage des
côtes. Sous le nom de routes ne sont pas compris les chemins vicinaux de grande et de petite communications. Ceux-ci dépendent
du ministère de l'intérieur, et sont confiés à des agens spéciaux, pris
quelquefois parmi les ingénieurs des ponts et chaussées, mais qui
s'en occupent en dehors de leurs fonctions.

Le corps royal des ponts et chaussées est placé dans les attributions du ministre des travaux publics, qui l'administre par l'intermédiaire du sous-secrétaire d'état des travaux publics. Il se
compose d'inspecteurs généraux, d'inspecteurs divisionnaires, d'ingénieurs en chef, d'ingénieurs ordinaires, d'aspirans ingénieurs et
d'élèves ingénieurs, dont j'ai indiqué ailleurs le nombre actuel et
les attributions (*Voyez* INGÉNIEUR, INSPECTEUR).

Le nombre des ingénieurs des divers grades dans les ponts et
chaussées n'est pas limité d'une manière absolue ; ils sont nommés en raison des besoins du service. Il y a dans chaque département un ingénieur en chef chargé du service général, et ayant
sous ses ordres le nombre d'ingénieurs ordinaires, aspirans ou
élèves nécessaires pour les travaux des divers arrondissemens.
Les services spéciaux qui exigent un travail de nature à absorber
exclusivement le temps des ingénieurs, sont confiés à un personnel
indépendant du service des départemens. Lorsqu'un ingénieur en
chef a plusieurs ingénieurs en chef placés sous ses ordres, il prend
le titre d'ingénieur en chef directeur.

Les ingénieurs des ponts et chaussées sont pris exclusivement
parmi les élèves de l'école Polytechnique qui ont satisfait aux conditions exigées par le programme de sortie de cette école. Ils entrent dans le corps des ponts et chaussées, avec le titre d'élèves, et
passent trois années à l'école des ponts et chaussées, pour y recevoir
l'instruction spécialement relative à leur art. Les travaux de l'intérieur de l'école n'ont lieu que pendant l'hiver. Pendant l'été, les élèves
sont envoyés dans les départemens, où ils sont placés temporairement, sous la direction des ingénieurs, et chargés de remplir des
fonctions actives. Quelque temps après leur sortie de l'école des
ponts et chaussées, ils reçoivent le titre d'aspirans ingénieurs, et
commencent à remplir les fonctions d'ingénieurs ordinaires, dont ils
acquièrent le grade en conséquence de la bonté et de la durée de
leurs services. Il y a deux classes d'ingénieurs ordinaires et deux
classes d'ingénieurs en chef, indépendamment du titre d'ingénieur
en chef directeur, qui forme en réalité une troisième classe ; *car,*

bien que ce titre soit le résultat d'une attribution temporaire, celui qui l'a une fois acquis le garde ordinairement après que le travail spécial qui le lui a fait conférer est terminé.

Les ingénieurs des ponts et chaussées sont aidés dans leurs travaux par plusieurs classes d'agens placés sous leurs ordres, et qui sont à leur égard ce que sont dans l'armée les sous-officiers et caporaux, par rapport aux officiers. Ces agens sont les conducteurs, piqueurs, chefs d'ateliers et préposés aux ponts à bascule. Il y a toutefois entre le corps des ponts et chaussées et l'armée cette différence que, même dans l'artillerie et le génie, les sous-officiers qui remplissent certaines conditions peuvent devenir officiers, tandis que jamais les conducteurs et autres ne peuvent conquérir le grade d'ingénieur, bien que quelquefois ils soient appelés à en remplir temporairement les fonctions.

PORTÉE (LIGNE DE). Pour tracer les dents d'une roue d'engrenage, on en exécute le dessin de manière que ces dents soient pour ainsi dire à cheval sur un cercle qui ne serait autre chose que la jante primitive de la roue. Ce cercle est ce que l'on nomme la ligne de portée de la roue. Sa détermination est fort importante, car c'est sur lui que se comptent le nombre et l'épaisseur des dents, et c'est entre les lignes de portée de deux roues que se fait l'échange des vitesses, en raison des diamètres respectifs de ces lignes.

PORTE-MIRE. Aide-géomètre qui tient la mire ou voyant dans les opérations de nivellement. Les fonctions du porte-mire n'exigent pas une grande intelligence, mais une attention soutenue et une obéissance absolue aux moindres signes que fait le géomètre niveleur pour la manœuvre de la mire et du voyant. Le nivellement ayant pour but de faire connaître les différentes hauteurs du sol, le porte-mire doit avoir soin de ne pas placer le pied de son instrument sur des aspérités ou cavités accidentelles de peu d'importance, qui induiraient en erreur sur sa vraie configuration. Il doit choisir aussi une place assez ferme pour que le poids de son instrument ne le fasse pas enfoncer, pendant que le niveleur cherche à en déterminer la hauteur. Ainsi, lorsque le sol est ramolli par l'eau ou composé d'un sable fluide, il doit commencer par tasser avec le pied la place où il va poser sa mire et au besoin y assujettir une pierre au niveau du sol environnant. Bien que le carnet définitif du nivellement ne soit pas tenu par le porte-mire, il est bon que celui-ci sache écrire les chiffres représentant les cotes qu'il lit sur sa mire; il les porte sur un carnet qui sert de contrôle à celui de son chef.

PORT-SEC. Par analogie avec les ports de navigation fluviale et maritime, on appelle port-sec le lieu d'embarquement et de débarquement des voyageurs et marchandises d'un chemin de fer.

POSE DE LA VOIE. C'est l'opération par laquelle se termine la construction d'un chemin de fer, et si ce n'est pas la plus difficile de toutes, c'est au moins celle qui exige la plus grande précision dans l'agencement des diverses pièces qui composent la voie proprement dite. On trouvera aux mots COUSSINETS, LONGRINES, RAILS, SUPERSTRUCTURE, TRAVERSES, l'indication des principaux systèmes auxquels s'applique la pose de la voie d'un chemin de fer. Je me contenterai de dire ici que l'on distingue deux espèces de poses, la pose *fixe* et la pose *volante*. La première est celle des chemins définitifs destinés aux transports de voyageurs et de marchandises. La seconde s'applique aux chemins de fer provisoires employés dans les ateliers aux transports de terres et matériaux; elle n'exige pas à beaucoup près la même précision et la même solidité que la première.

POSEUR. Ouvrier qui s'occupe spécialement de la pose et de l'assemblage des diverses pièces d'un ouvrage. Ainsi, parmi les tailleurs de pierres, les charpentiers, les mécaniciens, il y a des poseurs. Dans la construction des chemins de fer, on réserve particulièrement ce nom aux hommes composant les ateliers chargés de la pose de la voie.

POTENCE. Ouvrage en charpente composé d'un montant vertical portant à sa partie supérieure un bras horizontal relié en outre au montant vertical par une jambe de force. Les potences peuvent être en bois, en fer ou en fonte. On voit dans les grues un exemple des usages auxquels elles peuvent être appliquées. Ils sont fort nombreux.

POULIE. Roue creusée en gorge à sa circonférence, pour recevoir une corde ou une chaîne, et traversée à son centre par un axe sur lequel elle peut tourner dans une chape. La poulie est une des machines simples. Son objet est de transformer un mouvement rectiligne, continu, en un autre mouvement également rectiligne, continu et de la même rapidité, mais d'une direction différente. Si la chape de la poulie est attachée à un point fixe, et que la puissance et la résistance soient appliquées aux deux extrémités de la corde qui embrasse sa jante, la poulie est dite *immobile*. Mais si l'une des forces, la résistance, par exemple, est attachée à la chape, et que la poulie doive se mouvoir avec elle, on dit qu'elle est *mobile*. Un assemblage de plusieurs poulies prend le nom de *moufle* (*Voyez* ce mot).

Les poulies servent, dans les communications du mouvement des machines, pour les transmissions qui exigent plutôt une grande vitesse qu'une grande force. On ne se sert pas toujours de cordes ou de chaînes pour ces transmissions, mais souvent aussi de courroies. Les poulies sur lesquelles portent ces courroies, s'appellent plus exactement *tambours*. Cependant, lorsque ces tambours sont de petite dimension, on leur conserve le nom de poulies.

On distingue dans les transmissions de mouvement les poulies *fixes* ou *de renvoi* et les poulies *folles*, les poulies *à diamètre constant* et les poulies *à diamètre variable*.

Les poulies fixes ou de renvoi sont celles qui sont callées sur leurs arbres et leur communiquent par conséquent le mouvement de rotation qui leur est imprimé par la courroie de communication. Les poulies folles, au contraire, sont libres sur l'arbre, et peuvent tourner sans l'entraîner. Elles servent à recevoir la courroie, lorsqu'on veut qu'elle continue à marcher sans entraîner avec elle le mécanisme. A cet effet, la poulie folle est montée sur le même arbre que la poulie de renvoi et à côté d'elle. Si on veut embrayer le mécanisme, on fait passer la courroie sur la poulie de renvoi; si on veut le désembrayer, on la fait porter, au contraire, sur la poulie folle.

Les poulies à diamètre variable sont ainsi nommées par opposition aux poulies à diamètre constant, parce que la corde ou la courroie qui les commande peut s'appliquer sur des jantes de différens diamètres, sans quitter la poulie. Cette faculté a pour but d'imprimer à l'arbre sur lequel la poulie est montée une vitesse plus ou moins grande, et en raison inverse du diamètre de la jante sur laquelle porte la courroie. Cette variation de diamètre peut s'obtenir de plusieurs manières: soit on donnant à la poulie la forme d'un tronc de cône, soit en la composant d'une série de jantes de diamètres différens accolées les unes aux autres, et sur chacune desquelles on peut faire porter la courroie, selon les besoins du travail; soit encore en formant la jante de segmens de cercles qui peuvent être écartés ou rapprochés du centre au moyen de vis de rappel.

Poupée. Pièce de bois mobile entre les jumelles d'un tour, et contre laquelle vient s'appuyer l'objet que l'on veut tourner. Il y a une poupée à chaque extrémité du tour et une seule ordinairement est mobile : elle peut se rapprocher ou s'écarter à volonté, selon la longueur de l'objet à tourner.

Poussée des Terres. Les terres taillées sous une inclinaison plus forte que celle de leur talus naturel tendent à glisser. Cet effort, connu des ingénieurs sous le nom de *poussée des terres*, peut être contrebalancé par des revêtemens en maçonnerie. L'épaisseur de ces revêtemens et leur forme doivent être calculés en raison de la hauteur et de la nature des terres à soutenir. La détermination de leurs dimensions est un des problèmes les plus délicats de l'art des constructions. Les revêtemens en charpente de bois ou de fer peuvent être employés avec succès dans le même but.

POUZZOLANES. Argiles desséchées naturellement ou artificiellement, et qui entrent dans la composition des mortiers hydrauliques. L'origine de leur nom est Pouzzol, ville d'Italie, aux environs de laquelle on extrait une grande quantité de cendres volcaniques jouissant de la propriété de donner avec la chaux des mortiers qui durcissent dans l'eau.

PRÉFET. Magistrat chargé en chef de l'administration d'un département. Tous les fonctionnaires de l'administration agissant dans son ressort sont sous ses ordres. C'est à lui qu'appartient l'action, mais non le contentieux de l'administration. Il est le représentant du pouvoir exécutif. Le préfet est sous les ordres de tous les ministres et directeurs généraux agissant comme délégués des ministres. Le préfet agit seul comme administrateur dans la plupart des cas ; quelquefois il est obligé de consulter le conseil de préfecture agissant comme conseil administratif; il arrive aussi qu'il le consulte sur les matières délicates, sans y être obligé ; mais dans tous les cas il agit sous sa responsabilité personnelle. Le préfet peut annuler un arrêté pris par lui-même ou par son prédécesseur, mais seulement lorsque cet arrêté n'a pas constitué de droits acquis, qu'il n'a pas servi de base à des jugemens de tribunaux, arrêtés du conseil de préfecture agissant comme tribunal administratif, ou décisions ministérielles passées en force de chose irrévocablement jugée; ou quand cet arrêté n'était pas l'exécution de décisions d'une autorité supérieure à la sienne; ou enfin quand le préfet n'a pas prononcé lui-même comme juge d'exception, en vertu des dispositions légales qui lui en donnent le droit dans certains cas. Le préfet préside le conseil de préfecture, siégeant comme tribunal administratif : ses arrêtés sont alors des jugemens qui peuvent être immédiatement déférés au conseil d'état. Mais ses autres actes ne peuvent être attaqués que devant le ministre que la matière concerne, sauf le cas d'incompétence ou abus de pouvoir.

Dans le département de la Seine, les détails de la police sont tellement multipliés, que l'on a jugé à propos de les distraire des attributions du préfet et de les confier à un magistrat spécial, qui porte le nom de préfet de police.

PRESSION. Effort avec lequel un corps réagit contre tout obstacle qui s'oppose à ce qu'il prenne une position d'équilibre stable. Je ne m'occuperai ici que de la pression des gaz, c'est-à-dire de l'effort avec lequel un gaz enfermé dans un récipient réagit contre les parois qui font obstacle à son expansion, ou à sa mise en équilibre avec le milieu atmosphérique dans lequel il est placé.

La pression d'un gaz se mesure au moyen du manomètre, et s'évalue, soit en poids, soit par la quantité d'atmosphères ou de fractions d'atmosphères à laquelle il peut faire équilibre. Les gaz jouissant tous de la propriété de se dilater par l'effet de la chaleur, la pression d'un gaz varie avec la température à laquelle il est soumis, si l'espace dans lequel il est contenu ne change pas : cette pression resterait la même si l'espace que le gaz peut remplir avait la faculté de varier en même temps que la température. Les lois de ces phénomènes ont été observées et étudiées avec beaucoup de soin par les physiciens. La vapeur d'eau étant un gaz, jouit des mêmes propriétés que tous ceux de l'espèce, mais seulement, lorsqu'elle est séparée du liquide qui a servi à la former.

Tant que cette vapeur est en contact avec le liquide, elle reste au maximum de densité et de pression correspondant avec la température à laquelle elle se forme. On est donc obligé, pour observer les effets mécaniques résultant de sa pression ou de sa force élastique, de la considérer dans ces deux circonstances ; car, dans une machine à vapeur, elle se forme dans la chaudière où elle est en contact avec l'eau, et ensuite elle en est séparée lorsqu'elle s'échappe par le tuyau qui la porte aux tiroirs et aux cylindres de la machine.

Il y a théoriquement deux moyens pour obtenir de la vapeur à une pression élevée. L'une consisterait à la produire à la température ordinaire d'ébullition de l'eau à l'air libre, et à la recevoir dans un vase clos hermétiquement, dont elle ne pourrait s'échapper qu'après avoir été soumise au degré de température nécessaire pour lui donner la pression voulue. L'autre moyen consiste à l'obtenir immédiatement à la pression voulue, en mettant le liquide dans des circonstances telles qu'il ne puisse se vaporiser qu'au moment où cette pression est atteinte. Ce dernier moyen est le seul suivi dans la pratique. Il est inutile que j'insiste pour faire voir quelle complication d'appareils nécessiterait le double chauffage du premier système. Il me reste à faire voir comment la vapeur d'eau peut se former dans une chaudière à diverses pressions.

Supposons que l'on chauffe l'eau fortement et d'une manière continue, dans un récipient clos hermétiquement et que l'orifice par lequel la vapeur formée pourrait s'échapper dans l'atmosphère soit fermé par un couvercle dont le poids serait équivalent à celui de un, deux, ou un plus grand nombre d'atmosphères, tant que la vapeur n'aura pas acquis le degré de tension nécessaire pour soulever le couvercle ainsi chargé, elle restera dans l'appareil, ou plutôt elle ne se formera pas, et l'eau continuera à s'échauffer jusqu'à ce qu'elle ait acquis la température nécessaire à la formation de la vapeur sous la pression supposée; car c'est un principe de physique, qu'à chaque degré différent de pression correspond un certain degré de température au-dessous duquel l'eau ne peut se réduire en vapeur. Ainsi, sous la pression d'une atmosphère, l'eau se vaporise à la température de 100 degrés; sous la pression de deux atmosphères, il lui faut une température de 121° 4 pour être convertie en vapeur.

Les températures correspondantes aux divers degrés de pression, sous lesquelles l'eau peut être vaporisée, ont été déterminées par l'observation et par le calcul au-delà de ce qui est nécessaire dans la pratique des arts.

L'orifice naturel de sortie pour la vapeur formée dans la chaudière d'une machine est le tuyau qui la porte dans le cylindre où elle met en mouvement le piston. C'est le piston qui fait fonction de couvercle pour cet orifice. La résistance à vaincre, pour mettre en mouvement ce piston, représente le poids équivalent à un, deux ou un plus grand nombre d'atmosphères qui règle la tension de la vapeur et la température sous laquelle elle se forme. Il ne faudrait pas croire, cependant, que les choses se passent aussi simplement dans une machine à vapeur; et l'on se tromperait si l'on voulait déduire directement la tension de la vapeur dans la chaudière de la résistance que le piston oppose à sa sortie. La marche qu'elle suit pour arriver au cylindre, sa séparation du liquide au moment où elle arrive dans la boîte qui la reçoit au sortir du générateur, son mode de distribution dans cette boîte, son mouvement plus ou moins rapide, tantôt dans un sens, tantôt dans un autre, les particules d'eau qu'elle entraîne avec elle, et enfin son échappement, soit dans le condenseur, soit à l'air libre après son action dans le cylindre, sont autant de circonstances qui viennent compliquer la donnée si simple que fournissait la résistance du piston, et rendent extrêmement difficile la solution du problème. Toutes ces causes viennent s'ajouter à la difficulté que la vapeur éprouve à se former, et il en résulte que, pour produire dans le cylindre un effort de un, deux ou un plus grand nombre d'atmosphères, la vapeur est engendrée à une pression supérieure. Ce n'est donc pas seulement à la résistance du piston qu'il faut s'adresser pour savoir à quelle pression la vapeur se forme dans une chaudière. On peut la déterminer d'avance par le calcul, en tenant compte des diverses circonstances auxquelles elle est soumise dans son trajet. Mais la complication de ces circonstances et l'état encore peu avancé des théories de la physique, en ce qui concerne les lois de la vapeur, laissent toujours quelque incertitude sur le résultat théorique. La seule chose qui puisse indiquer d'une manière certaine la tension de la vapeur dans la chaudière, est le jeu des soupapes de sûreté. Et encore celles-ci ne peuvent-elles indiquer qu'un point de la tension, celui auquel elles commencent à se soulever. Tant qu'elles ne bougent pas on ne peut affirmer qu'une chose, c'est que la tension de la vapeur est inférieure au poids qui les charge. Lorsqu'elles soufflent en plein, ce point est dépassé; mais on ne saurait dire de combien, car il peut se faire que la production de la vapeur sous un feu ardent soit tellement active, que l'issue qui lui est offerte par l'ouverture des soupapes de sûreté soit insuffisante à empêcher l'excès de production, et par suite, l'accroissement de tension dans le générateur.

J'ai dit ailleurs (*Voyez* MACHINE A VAPEUR) que les machines à vapeur se classaient, en raison de la pression à laquelle la vapeur y est utilisée, en machines *à basse, à moyenne* et *à haute pression*.

PRISE DE VAPEUR. Appareil servant à conduire la vapeur, de la chaudière d'une machine dans le cylindre. Il consiste en un tube qui prend son origine dans le générateur au-dessus du liquide.

Dans les chaudières ordinaires ce tube *t* (*Pl. IV*), est simplement fixé à la paroi de la chaudière : on le voit désigné par les lettres *gg* dans la *Pl. X*, et aboutissant à la chemise des cylindres.

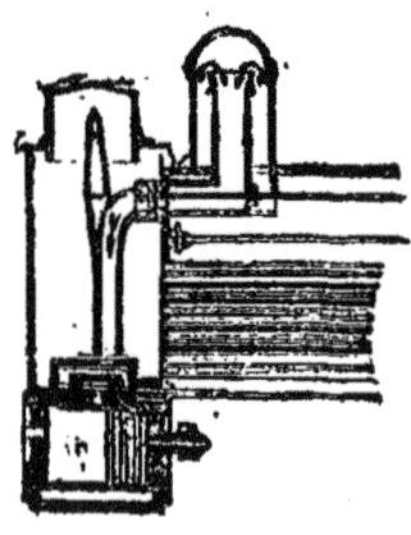

Dans les chaudières tubulaires, la prise de vapeur se fait dans un dôme métallique placé au-dessus du corps de la chaudière. Ce dôme est placé tantôt à l'arrière de la chaudière (*Pl. VI, VII* et *XI*) près de la boîte à feu, tantôt à l'avant, comme l'indique la figure ci-dessus, qui montre la coupe de l'extrémité d'une chaudière de locomotive, avec la prise de vapeur près de la boîte à fumée. Quelquefois il y a deux prises de vapeur, comme dans la locomotive de la *Pl. VIII.*

Les constructeurs qui placent la prise de vapeur à l'avant, près de la boîte à fumée, ont adopté cette disposition dans la crainte que la proximité du foyer, où l'ébullition est plus tumultueuse qu'à l'autre extrémité de la chaudière, ne permit pas à la vapeur de se purger assez complétement d'humidité. Un autre avantage de cette disposition est d'économiser une certaine longueur de tuyau de distribution. La chambre de vapeur est moins obstruée et les frottemens de la vapeur dans le tuyau sont diminués.

Prisonnier. Tourillon qui réunit deux pièces articulées ensemble et autour duquel s'effectuent leurs mouvemens. Ce nom particulier de prisonnier lui a été donné parce qu'il doit être fixé de manière à ne pas pouvoir s'échapper de son grain pendant le mouvement. Un des moyens communément employés consiste à le terminer d'une part par un collet, et de l'autre côté à y ménager un œil dans lequel on fait entrer une clavette. Les tourillons qui servent à unir une bielle à un balancier, et une bielle et sa manivelle, sont des prisonniers. On en voit un, désigné par la lettre ∞, qui réunit la bielle à la manivelle dans la machine de la *Pl. X.*

Procès-verbaux. Actes dressés et signés par les agens de l'autorité qui ont qualité pour connaître d'un fait. Les procès-verbaux de contravention ou délit, dressés par les gardes assermentés des chemins de fer, les conducteurs des ponts et chaussées ou autres agens de la voirie et les officiers de police judiciaire, font foi jusqu'à inscription de faux, et preuve contraire fournie par les opposans.

Les réceptions d'ouvrages (*Voyez* Réceptions) sont constatées par des procès-verbaux dont la rédaction appartient aux experts, ingénieurs ou autres agens délégués à cet effet par le ministre.

Profil. Ligne qui détermine la trace des contours d'un objet sur un plan par lequel on le suppose coupé; le profil dans les ouvrages d'art et les machines prend plus particulièrement le nom de coupe, car alors le plan sécant supposé a pour but de faire connaître non-seulement les contours, mais l'intérieur même de l'ouvrage. On réserve le nom de profil dans les chemins de fer à la coupe faite, suivant l'axe du chemin, ou dans des directions perpendiculaires ou obliques par rapport à cet axe. Le profil suivant l'axe s'appelle profil *en long* : les autres sont les profils *en travers*. Le but des profils, dans la rédaction du projet, est de faire connaître à quelle hauteur se trouve le chemin de fer dans chacun de ses points, par rapport au sol naturel. C'est au moyen des profils que l'on calcule la quantité de terrassemens nécessaires pour l'assiette du chemin et les dimensions principales des ponts à construire soit au-dessus, soit au-dessous, pour le passage des cours d'eau, routes et chemins.

Les profils en long font partie des pièces dont se compose un avant-projet destiné aux enquêtes d'utilité publique. C'est la représentation exacte et dessinée à l'échelle, du terrain sur lequel ont été faits les nivellemens. Mais il n'en accuse que les principaux accidens, sans entrer dans les détails minutieux que doit contenir le profil en long destiné pour l'exécution.

Il en est de même des profils en travers qui n'ont pas besoin d'être fort multipliés pour un avant-projet, ni trop minutieusement décrits, mais qui demandent la plus grande précision dans la rédaction du projet définitif. Malheureusement on a quelquefois abusé de ce mode d'études sommaires pour les avants-projets, et il est souvent arrivé que dans la rédaction des projets définitifs on a reconnu, entre les profils vrais du terrain et ceux qui avaient été présentés, des différences qui ont déjoué tous les calculs.

Les profils en travers sont placés, en général, perpendiculairement à l'axe du projet, à moins qu'ils ne soient levés suivant un cours d'eau ou un chemin à traverser, auquel cas ils peuvent être fréquemment obliques. Leur place et leur direction sont indiquées sur les plans.

Quand un chemin de fer est achevé, on donne le nom de profil en long à la ligne qui représente ses diverses inclinaisons, suivant son axe. Les profils en travers donnent le relief du chemin perpendiculairement à cet axe et de chaque côté, jusqu'a la rencontre du terrain naturel qu'il a fallu creuser ou remblayer selon les nécessités de chaque point. Ces pièces font partie de celles que les cahiers de charges enjoignent aux compagnies de déposer dans les archives de l'administration des ponts-et-chaussées.

Les profils en long présentant un très grand développement, on devrait adopter pour leur représentation des échelles considérables, si l'on voulait accuser suffisamment les accidens du sol et ses diverses pentes, qui sont généralement fort peu de chose par rapport à leur longueur développée. Pour éviter d'accroître indéfiniment la longueur du dessin, les ingénieurs sont dans l'usage de se servir de deux échelles pour le profil en long, l'une pour les longueurs, l'autre plus forte pour les hauteurs. Cette méthode est sans inconvénient, puisque les dessins portent toujours l'indication des échelles d'après lesquelles ils sont construits. Le même mode est employé quelquefois pour les profils en travers dans les terrains très plats. Mais l'usage de deux échelles dans ce dernier cas n'est pas, à beaucoup près, aussi général que pour le profil en long.

Progression. Série de nombres qui se succèdent suivant une loi déterminée. On distingue deux espèces de progressions : la progression *arithmétique* ou *par différence*, et la progression *géométrique* ou *par quotient*.

La première est celle dans laquelle chacun des nombres surpasse celui qui le précède, ou en est surpassé, d'un nombre constant qu'on appelle la *raison* ou la *différence* de la progression. Si les termes vont en augmentant, la progression est dite *croissante :* dans le cas contraire, elle est dite *décroissante.*

La progression géométrique est une suite de nombres dont chacun est égal à celui qui le précède, multiplié par un nombre constant qui est appelé la *raison* de la progression. Cette progression, comme la précédente, peut être croissante ou décroissante, selon que la raison est plus grande ou plus petite que l'unité.

Proportion. Il y a deux espèces de proportions : la proportion *arithmétique* ou *par différence*, et la proportion *géométrique* ou *par quotient*. La première se compose de quatre termes, tels que la différence entre les deux premiers soit égale à la différence entre les deux derniers. La seconde se compose également de quatre termes disposés de telle manière que le quotient résultant de la division du premier par le second, soit égal au quotient du troisième divisé par le dernier.

Propriété. L'article 544 du code civil définit la propriété « le « droit de jouir et de disposer des choses de la manière la plus ab- « solue, pourvu qu'on n'en fasse pas un usage prohibé par les lois ou « par les réglemens. » Cette définition s'applique à toutes sortes de propriétés. La restriction, apportée dans le droit de jouissance et de disposition par les derniers mots de l'article 544, permet de considérer comme propriété aussi bien un chemin de fer qu'un bien-fonds, une maison, un meuble, etc. Cependant il importe d'observer qu'il existe entre la propriété privée et la propriété publique une différence immense. Les lois et réglemens restrictifs du droit de jouissance et de disposition de la propriété privée sont des lois et réglemens généraux applicables à toutes les propriétés de même nature, situées dans l'étendue du territoire français. Mais il n'en est pas de même de la propriété publique, telle que celle d'un chemin de fer. Que le chemin de fer soit concédé ou non à une compagnie, qu'il le soit temporairement ou à perpétuité, il ne cesse pas d'appartenir au public. Son existence est soumise à des conditions réglées par une loi et par des ordonnances spéciales. Entre les mains de celui qui exploite le chemin de fer, il n'y a point aliénation de la propriété : il y a concession d'un simple droit de *jouir* et non d'un droit de *disposer de la manière la plus absolue.* Ainsi, l'état ou le concessionnaire ne peut changer la destination du chemin de fer de sa propre autorité, le transformer en route, canal ou champ de culture. Sa jouissance même est limitée dans ses conditions : il ne saurait s'écarter de celles qui ont été stipulées par la loi spéciale, en vertu de laquelle le chemin de fer a été créé. La propriété publique ne peut être modifiée ou aliénée que du consentement de son véritable propriétaire, c'est-à-dire du public, dont l'autorité s'exerce par l'action combinée des trois pouvoirs.

PROVISOIRE. La construction des grands travaux d'utilité publique exige souvent l'établissement d'ouvrages provisoires pendant le cours de l'exécution. Tels sont les ponts et chemins que l'on établit momentanément, soit pour le transport des matériaux, soit pour remplacer une route ou un chemin intercepté par les travaux. On donne le nom de *railways* ou chemins de fer provisoires aux rails que l'on pose, quelquefois sur le chemin lui-même, pour le transport des terrassemens et des matériaux destinés à la construction des ouvrages d'art. Ces rails n'ont pas besoin d'être assis aussi solidement que ceux qui sont posés plus tard pour le service définitif du chemin. Cependant, comme ils portent souvent sur des terres fraîchement remuées, leur assujettissement nécessite quelques précautions particulières pour éviter les accidens qui proviendraient de leur déversement. Lorsque quelque grand travail de maçonnerie ou de terrassement est susceptible de retarder trop longtemps l'entrée en jouissance du chemin, on peut établir provisoirement des déviations de la ligne, ou des ouvrages en bois sur lesquels a lieu la mise en activité pendant l'achèvement des travaux définitifs. Les cahiers de charges imposés aux compagnies stipulent le temps pendant lequel ces ouvrages provisoires peuvent être tolérés. Cette durée est ordinairement fixée à six mois, au-delà desquels le service serait suspendu, si les travaux définitifs ne pouvaient être livrés à la circulation.

PUDDLAGE. Affinage du fer au moyen de la houille (*V.* AFFINAGE).

PUISSANCE. Dans les machines, ce mot est employé comme synonyme de force.

Dans la théorie des nombres, le mot puissance a une acception particulière et tout à fait différente. Tout nombre est susceptible d'une infinité de puissances. La première puissance d'un nombre est ce nombre lui-même. Si on multiplie un nombre par lui-même, le produit obtenu est ce qu'on appelle la seconde puissance ou son *carré;* si on multiplie ce premier produit par le nombre primitif, le nouveau produit obtenu sera la troisième puissance ou le *cube* du nombre. On obtient de même les quatrième, cinquième puissances, et toutes les autres: elles ne portent pas de nom particulier, comme la seconde et la troisième.

PUITS. Lorsque la construction d'un chemin de fer exige le percement d'un souterrain, il serait souvent trop long et trop dispendieux d'attaquer le terrain seulement par ses deux extrémités. Dans le but d'accélérer le travail et de diminuer les distances auxquelles il faudrait transporter les déblais du souterrain et les matériaux nécessaires à la construction de la voûte, on établit des puits destinés à suppléer à l'insuffisance des galeries extrêmes. Ces puits servent aussi à l'épuisement des eaux que l'on rencontre presque toujours en creusant le sol à une certaine profondeur. On les place autant que possible sur l'axe même du souterrain; mais lorsque des circonstances particulières ne le permettent pas, on les unit par le bas à la galerie principale par de petites galeries transversales de communication. Lorsque la construction du souterrain est terminée, on remblaie et on ferme le plus grand nombre de ces puits; on ne conserve que ceux qui peuvent être nécessaires pour aérer la galerie et pour y pénétrer dans le cas d'un accident qui obstruerait les extrémités.

PURGE (ROBINET DE). Robinets J (*Pl. VI et VII*), placés à l'arrière de la chaudière d'une locomotive, et dans le bas, pour les nettoyages partiels de la machine (*Voyez* NETTOYAGE).

PYROMÈTRE. Instrument destiné à mesurer les températures trop élevées pour que les thermomètres ordinaires à alcool et à mercure puissent être employés à cet usage. La première condition à laquelle doit satisfaire un pyromètre est d'être formé d'une matière qui ne puisse pas être altérée par les hautes températures auxquelles elle peut être exposée. Les deux seules substances reconnues jusqu'à ce jour susceptibles de cet emploi sont le platine et les terres réfractaires, telles que l'argile.

Le pyromètre en platine est fondé sur le même principe que les thermomètres, celui de la dilatation qu'éprouve un corps soumis à l'action de la chaleur. On le fait d'une forme analogue à celle des compas de proportion, c'est-à-dire que les branches se prolongent des deux côtés de l'axe de rotation, et que celui-ci est placé de telle manière que ces branches soient beaucoup plus longues d'un côté que de l'autre. Un cylindre de platine, placé entre les branches les plus courtes, s'allonge lorsqu'il est soumis à une forte chaleur, les écarte et produit à l'extrémité des longues branches un accroissement proportionnel plus considérable et dont on peut connaître la valeur au moyen d'un cercle gradué.

Le pyromètre d'argile, au lieu d'être fondé, comme le précédent, sur le principe de la dilatation, a au contraire pour base la diminution de volume, le *retrait* qu'éprouve l'argile par l'élévation de la température. Il consiste en un cylindre d'argile que l'on mesure, avant de le soumettre à la chaleur, en le plaçant entre deux règles formant entre elles un certain angle. Après qu'il a été chauffé, on le reporte de nouveau entre ces deux règles, et la quantité dont il faut le remonter vers le sommet de l'angle qu'elles forment entre elles, indique la température à laquelle le cylindre a été porté. Ce pyromètre est celui que l'on connaît dans les arts sous le nom de pyromètre de Wedgwood, du nom de son inventeur. La concordance entre les degrés du pyromètre et ceux du thermomètre n'a pas été rigoureusement établie jusqu'à ce jour.

Q

Quai. De même que l'on a emprunté à la navigation le mot de port pour les stations des chemins de fer, on lui a pris aussi, par analogie, le mot de quai pour désigner les trottoirs et plates-formes régnant le long des voies d'embarquement et de débarquement des voyageurs et des marchandises. D'après les réglemens ordinaires de police des chemins de fer en France, les voyageurs ne doivent être admis sur ces quais qu'au moment même de l'arrivée et du départ. Ils ne peuvent y stationner et doivent les évacuer immédiatement. Ce n'est qu'un lieu de passage pour l'entrée dans les voitures et pour la sortie.

Queue. On appelle queue d'une pierre sa longueur prise dans le sens de l'épaisseur du mur ou de l'ouvrage en maçonnerie dont elle fait partie.

Dans la charpente, une queue d'*aronde* ou d'*hironde* est une espèce d'assemblage formé par une pièce de bois dont l'extrémité est taillée en forme de queue d'hirondelle, et entre dans une entaille de même forme. Ce mode d'assemblage est aussi usité dans les ouvrages en fer : il est très solide.

Quille. Longue et forte pièce de bois, qui va de la proue à la pouppe d'un navire et qui lui sert de fondement. C'est contre la quille que viennent s'assembler les pièces courbes qui forment la membrure du bâtiment. Les bateaux plats n'ont pas de quille, ils ont moins de stabilité que les autres et ne peuvent servir que dans des eaux tranquilles. Tous les navires destinés à la mer ont besoin d'être quillés, pour ne pas être renversés par le mouvement des flots.

Quintal. Poids de cent livres anciennes. On donne aujourd'hui le nom de quintal *métrique* à un poids de cent kilogrammes. Le quintal anglais (100 liv. anglaises) est de 45 kilog., 3,544.

R

Rabais. L'adjudication d'une entreprise par voie de rabais a lieu lorsque le concours entre les soumissionnaires est ouvert sur la diminution de la mise à prix des ouvrages. Cette mise à prix peut être une somme d'argent ou une concession de tarif. Dans ce dernier cas, le rabais peut porter, soit sur la durée, soit sur la quotité du tarif. Celui qui demande le moindre prix, tout en satisfaisant d'ailleurs aux conditions de garantie exigées par le cahier des charges, est déclaré adjudicataire.

L'adjudication au rabais est très usitée dans les ponts et chaussées : elle est obligatoire pour tous les travaux dont la valeur dépasse 10,000 francs (ordonnance royale du 4 décembre 1836, rendue en exécution de la loi du 31 janvier 1833). L'administration peut traiter de gré à gré pour les fournitures, transports et travaux dont la dépense totale n'excède pas 10,000 francs, ou, s'il s'agit d'un marché passé pour plusieurs années, dont la dépense annuelle n'excède pas 3,000 francs. Elle peut encore traiter de gré à gré pour les dépenses qui n'auraient été l'objet d'aucune offre aux adjudications, ou à l'égard desquelles il n'aurait été proposé que des prix inacceptables. Toutefois, lorsque l'administration aura cru devoir arrêter et faire connaître un maximum de prix, elle ne doit pas dépasser ce maximum.

RABOT. Instrument dont se servent les menuisiers pour aplanir les surfaces de bois. Les rabots sont de diverses formes et dimensions, selon la largeur de la surface sur laquelle ils doivent opérer.

Le rabotage des pièces de métal, dans les ateliers d'ajustage, se fait maintenant au moyen d'une machine : ce travail a remplacé le dressage en grand des faces du métal, qui se faisait auparavant à la lime et au burin.

Dans la fabrication du mortier on donne le nom de rabots à des espèces de spatules à long manche, au moyen desquelles les ouvriers triturent ensemble la chaux et le sable, et les mêlent avec l'eau.

RADIER. Les terrains sur lesquels on élève un pont ou tout autre grand ouvrage d'architecture ne paraissent pas toujours présenter une solidité suffisante. On craint quelquefois l'affouillement du sol par le mouvement des eaux, ou sa compression sous le poids de la maçonnerie de l'édifice. Dans ce cas, on commence par former un sol artificiel qui sert de fondation générale, et sur lequel on puisse bâtir en toute sécurité. C'est ce sol artificiel auquel on donne le nom de radier. Le radier se construit le plus souvent en maçonnerie, et on emploie de préférence celle de béton.

RAILS. Bandes de fer, de bois, de pierre, ou de toute autre matière, posées sur le sol d'une chaussée, et destinées à être parcourues par les roues des voitures. Le mot rail vient de l'anglais, et signifie littéralement *barre*. Le but des rails est de diminuer la difficulté qu'éprouve le tirage des voitures sur les routes ordinaires, en présentant aux roues une surface unie et toujours également résistante. Toute matière qui satisfait à cette double condition est donc propre à faire des rails. Aussi n'a-t-on pas commencé dans l'origine par les faire en fer : ils étaient en bois, et ce n'est que pour éviter l'usure rapide du bois, exposé, sous un roulage considérable, aux intempéries de l'air, que l'on a songé plus tard à recouvrir de bandes de fer les longrines en bois. Peu à peu le bois n'a plus été considéré que comme support; dans certains cas il a complétement disparu, et l'on a adopté à sa place les rails en fer ou en fonte. C'est qu'effectivement le fer est, de toutes les matières que l'homme peut se procurer en abondance, celle qui allie le mieux aux conditions de durée et de stabilité l'avantage de présenter la surface la plus unie et la plus homogène, par laquelle on puisse espérer de diminuer les difficultés de la traction. Je dirai plus loin comment, entre la fonte et le fer forgé, on est arrivé à préférer définitivement ce dernier pour les rails. Mais je ne dois pas terminer ce qui regarde les rails en bois sans faire à leur égard quelques réflexions. Ce serait une erreur de croire qu'ils doivent être absolument rejetés dans la pratique. Sans doute ils ne conviennent point pour les lignes destinées à être parcourues par des convois rapides et nombreux : ils ne pourraient pas supporter les ébranlemens considérables et multipliés auxquels doivent résister les grandes lignes de chemins de fer. Cependant, dans les pays où le bois est abondant, comme dans le Nouveau-Monde, s'il s'agit d'un chemin d'exploitation pour les produits d'une mine, d'une forêt, d'une usine, ou d'un service modéré de voyageurs à petite vitesse, l'économie dans la dépense première fait souvent une loi d'employer des rails en bois recouverts d'une légère plate-bande en fer, soit même quelquefois tout à fait à nu. En effet, le but que l'on se propose, par l'introduction des rails dans les chaussées à voitures, n'est pas seulement de leur donner une stabilité capable de résister à de forts ébranlemens, mais aussi de diminuer dans une proportion considérable les frottemens des roues sur le sol, frottemens qui absorbent la majeure partie de la force du moteur. On se fera une idée de la valeur de ces frottemens quand on saura que, sur un chemin de fer de niveau parfaitement exécuté, le frottement ou la résistance à vaincre pour tirer une voiture n'est que le 250° du poids total ; tandis qu'on l'évalue au 42° sur une bonne route pavée de niveau ; au 25° sur une route en cailloutis de niveau ; au 12° 1/2, moyennement sur nos grandes routes, et au 6° au moins sur les chemins de terre et les routes en pays de montagnes. Ainsi, le même cheval, allant au pas, peut conduire sur un chemin de fer un poids six fois, dix fois, vingt fois, quarante fois plus lourd que sur les routes désignées ci-dessus. La même proportion subsiste entre les diverses espèces de chemins, soit que le cheval aille au trot ou au galop ; seulement on sait que, dans ces derniers cas, sa force absolue, et le temps de travail qu'il peut soutenir, diminuent en proportion de l'accroissement de vitesse. On voit donc que, dans des limites assez étendues, il est permis de recommander avec succès l'emploi des rails en bois. Mais il faut bien se persuader que de semblables chemins ne peuvent être parcourus par des locomotives à grande vitesse : la traction doit y être exclusivement réservée aux chevaux ou tout au plus à des locomotives légères, dont la vitesse ne dépasserait pas 15 à 20 kilomètres par heure.

Les rails en maçonnerie, en pierre, en terre cuite, etc., ne peuvent non plus soutenir la comparaison avec les rails en fer que sous le rapport de l'économie dans la dépense première. Ils s'usent plus rapidement, et occasionnent toujours des frottemens plus considérables que le fer. On en voit peu d'exemples, et l'on ne peut guère les conseiller que dans des cas analogues à ceux où on emploierait des rails en bois, et dans les localités où la pierre, ou toute autre matière, serait abondante et à meilleur marché que le bois.

Quelle que soit la matière dont les rails sont composés, la première condition à remplir c'est que les roues qui doivent les suivre ne puissent s'en écarter. Pour cela plusieurs moyens se présentent : l'un consisterait à donner assez de largeur aux jantes des roues pour que les légères déviations, auxquelles sont soumises les voitures, ne les portât jamais en dehors de la voie tracée : par là on augmenterait considérablement le poids des voitures, car les roues deviendraient de grands rouleaux. On pourrait aussi, dans le même but, donner aux rails eux-mêmes une grande largeur, en conservant aux jantes des roues leur épaisseur ordinaire : ce mode exigerait une grande dépense de matière, et on ne peut y songer pour les rails en fer. Il n'est guère plus praticable pour le bois ou la pierre : d'ailleurs ce serait alors non plus des rails, mais un dallage général de la chaussée. Un autre moyen, le seul que l'on ait employé, consiste à guider les roues par des rebords. Ces rebords peuvent faire partie du rail, et c'est ainsi qu'on les pratiqua dans l'origine. Les rails furent d'abord de véritables ornières dans lesquelles couraient les voitures. On ne tarda pas à reconnaître que deux rebords à chaque ornière étaient inutiles, et l'on se contenta d'en faire un à chacune d'elles, soit en dedans, soit en dehors de la voie. Ce système avait encore, à un moindre degré, il est vrai, que les ornières complètes, l'inconvénient de retenir les corps étrangers, tels que le sable, la boue, les cailloux, et l'eau provenant de la chaussée : aussi, après en avoir usé pendant assez longtemps, on finit par l'abandonner généralement, pour lui substituer des rails plats et présentant une légère saillie au-dessus du sol. Le rebord fut fixé aux roues, et c'est dans ce dernier système que furent définitivement conçus les chemins de fer qui ont pris depuis quelques années une si prodigieuse extension.

L'application des rails aux chaussées à voitures paraît avoir pris naissance en Angleterre : on ignore au juste à quelle époque. Tout ce que l'on sait, c'est que dans un ouvrage publié en 1676, il est question pour la première fois des rails en bois employés à Newcastle pour transporter le charbon des mines aux bateaux sur la rivière de Tyne. Ces mines étaient exploitées en grand depuis environ vingt-cinq ans. Ce ne fut qu'en 1767, c'est-à-dire un siècle après, que l'on songea à remplacer le bois par des surfaces métalliques. Pendant cette longue période, l'attention des industriels anglais fut exclusivement absorbée par les canaux. C'était le seul système de communication adopté dans les cantons houillers, et le génie entreprenant et infatigable de Brindley, et de plusieurs autres ingénieurs non moins habiles, les multipliait dans toutes les parties de la Grande-Bretagne. Les chemins à rails n'étaient employés que pour de courtes distances et sur des points où les fortes inégalités du terrain excluaient l'usage des canaux. On ne pensait pas encore à les appliquer aux transports à grande vitesse pour les marchandises précieuses et les voyageurs.

En 1776, M. Carr, des houillères de Sheffield, prit un brevet pour une nouvelle forme de rails en fonte à un seul rebord (fig. 1).

1

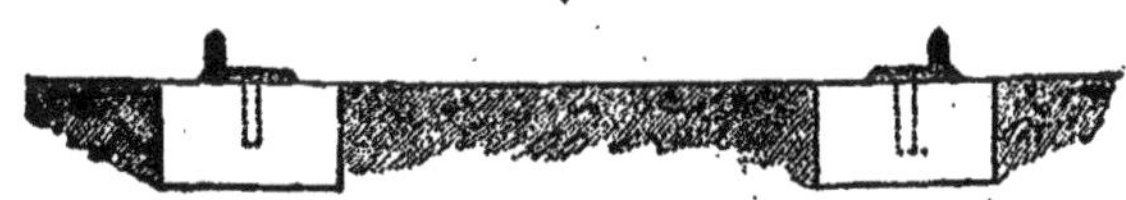

En 1789 on commença à fabriquer des rails saillans : un chemin de dix kilomètres de longueur fut construit dans ce système en 1800 et 1801. Cependant les avantages de cette forme de rail ne paraissaient pas tellement évidens, que l'on n'en revînt encore aux rails concaves avant de les abandonner définitivement : aussi voyons-nous un brevet pris en 1803 par un ingénieur anglais appelé Jonathan Woodhouse, pour une forme particulière de rail concave (fig. 2). Cette forme,

2

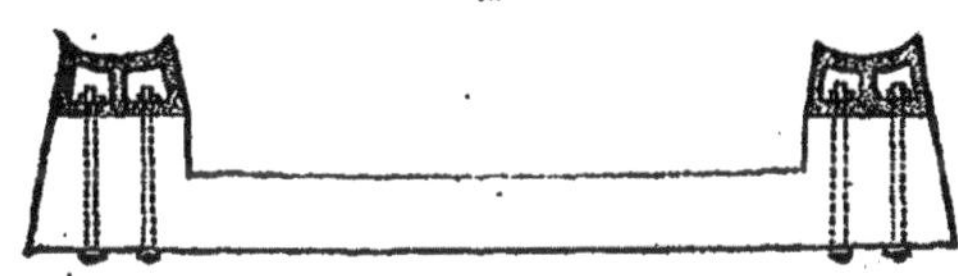

la dernière qui ait précédé l'adoption définitive des rails saillans, présentait cette particularité, qu'elle était sans rebord, et que les roues n'y étaient retenues que par une légère convexité de la jante s'emboîtant dans la concavité correspondante du rail. Mais les progrès étaient tellement lents qu'en 1816, au moment où G. Stephenson prenait avec M. Losh un brevet d'invention relatif aux chemins de fer et machines locomotives, on reconnaissait encore en Angleterre l'existence simultanée des deux formes de rails primitives. La France ne s'était pas encore occupée de ces nouveaux modes de transport, et bien que souvent ses ingénieurs, dans leurs chantiers, et ses savans, dans leurs expériences, eussent été à même de reconnaître les avantages de la substitution du bois et du fer aux matériaux ordinaires des routes, cette idée était restée dans notre pays sans application de quelque importance.

Je n'insisterai pas plus longtemps sur ces anciennes formes de rails, et je passe de suite à la description de ceux qui sont en usage aujourd'hui.

La première figure qui fut proposée pour les rails saillans, en 1789, fut celle d'un œuf (fig. 3). Ces rails reposaient sur des longrines,

3

et supposaient l'emploi de roues à double rebord, comme la gorge d'une poulie. Lorsqu'on pensa qu'un seul rebord était suffisant pour retenir la roue sur le rail, on proposa un rail de forme rectangulaire (fig. 4). Mais la grande quantité de matière que cette forme absorbait lui fit bientôt substituer le rail triangulaire (f. 5). Cette forme

4

5

elle-même ne tarda pas à subir des modifications: on élargit la surface du rail pour donner plus d'assiette aux roues; on en arrondit le rebord pour qu'il ne coupât pas la jante; et de là sortirent les formes représentées par les figures 6, 7 et 8. Pour faciliter la pose des rails

6

7

8

et en assurer la solidité, on imagina d'ajouter à leur base un ou deux empatemens dont la largeur ne fut pas toujours la même. Le

9

10

11

rail à un seul empatement (fig. 9) a été employé en France au chemin de fer d'Epinac au canal de Bourgogne. Il avait été adopté aussi, dans l'origine, sur la ligne de Saint-Etienne à Lyon ; mais on lui a substitué depuis la forme de la figure 43, dont je parlerai tout à l'heure. Le rail à large empatement (fig. 44) est de forme américaine. La largeur de sa base le rend moins sujet à être déversé latéralement par le choc du rebord de la roue dans le parcours à grande vitesse. Tous ces rails, dérivés de la forme triangulaire, s'appellent rails à *champignon*, à cause de la figure que présente leur tête et qui se rapproche de celle de cette plante. La figure 42

42

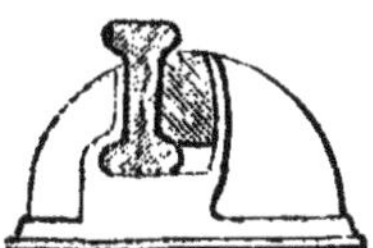

représente une forme de rail à double champignon, qui est très fréquemment employée sur les chemins à grande vitesse. C'est la forme adoptée pour les lignes de Paris à Saint-Germain, Versailles, Orléans et Rouen, etc. Ce rail est d'une pose facile et sûre, et l'un des avantages qu'on lui attribue est de pouvoir être retourné, lorsque l'usure ou quelque accident a déformé sa face supérieure.

Un des inconvénions du rail à champignon consiste dans ce que la partie la plus faible du rail est évidemment celle du bord du champignon, tant parce que ce bord ne présente pas une aussi grande épaisseur que le corps du rail proprement dit, que par suite de la manière dont le rail est fabriqué. On a renoncé, ainsi que je l'ai déjà dit, à faire les rails en fonte. Pour les fabriquer en fer malléable, on les compose de barres plates juxtà-posées, soudées à chaud, et que l'on passe au laminoir. Dans l'opération du laminage, la partie la moins comprimée est celle qui forme le rebord du champignon. Or, c'est précisément celle-là qui supporte la plus grande fatigue, puisque c'est sur elle que portent constamment les roues des voitures. Il s'ensuit qu'elle tend à s'effeuiller et à se séparer du rail. C'est pour éviter cet inconvénient, que feu M. L. Coste, ingénieur distingué, qui a été pendant plusieurs années à la tête du chemin de fer de Saint-Etienne à Lyon, a proposé le rail de la figure 43. Ce rail se rappro-

43

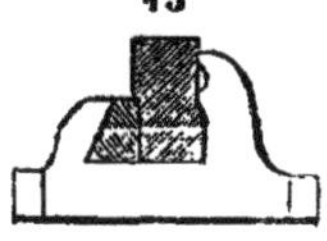

che de la forme cubique, et ne présente que de légers rebords destinés à élargir sa tête et à faciliter son encastrement dans les supports : comme il est parfaitement symétrique, on peut le retourner.
On peut lui reprocher que l'angle de la tête n'étant pas arrondi, il
produit sur les jantes des roues l'effet d'un couteau qui tend à les
couper, et en outre, qu'il emploie une grande quantité de matière.
Ces deux imperfections ont été évitées dans les formes de rails des
figures 44, 45, 46 et 47. Ces derniers sont tous conçus dans le même

but, élargir la tête du rail, arrondir le bord, et diminuer la quantité
de matière par un évidement intérieur. Ils sont destinés à être posés
directement sur des traverses ou longrines sans l'intermédiaire des
coussinets. Les trois premiers ont été successivement employés par
M. Brunel sur le chemin de Londres à Bristol. Celui de la figure 46
est celui auquel il s'est arrêté en dernier lieu ; son épaisseur étant
partout uniforme, il est d'une fabrication plus facile et plus homogène. Ces rails sont fixés sur les supports au moyen de forts boulons qui traversent leurs empatemens de distance en distance. Le
rail de la figure 47 a été inventé récemment par un maître de forges
anglais, M. Evan. Je ne crois pas qu'il ait été beaucoup employé
jusqu'à ce jour, au moins en Angleterre ; cependant je n'hésite pas
à considérer sa forme comme supérieure à toutes les autres. Ce rail,
étant dépourvu d'empatemens, ne se fixe pas sur la longrine au
moyen de boulons, comme les précédens : il y est retenu par de fortes
clavettes en fer forgé, percées d'un œil et dans lesquelles on chasse
un coin qui traverse la longrine. Il me paraît difficile qu'un rail
ainsi posé ne résiste pas parfaitement au déversement latéral. Il
présente aussi le meilleur moyen pour assurer une continuité absolue d'alignement à la jonction de deux rails consécutifs. J'ajoute que
la suppression des larges empatemens le rend beaucoup plus léger
que le rail de M. Brunel ; aussi à égalité de force pèse-t-il trois septièmes de moins que ce dernier.

Telles sont les principales formes qui ont été successivement employées pour les rails ; toutes les autres s'en rapprochent plus ou moins. Ainsi que je l'ai dit, on les a faits d'abord en fonte ; mais depuis on y a tout à fait renoncé, pour les fabriquer en fer malléable. La facilité avec laquelle on peut donner à la fonte toutes sortes de formes, l'avait fait préférer dans l'origine; mais la fragilité de cette matière exigeait une épaisseur considérable pour qu'elle eût la force de résister aux secousses et aux chocs sur les lignes à grande vitesse. Cette circonstance rendait les rails en fonte très coûteux; aussi ont-ils été rejetés lorsque l'art de la traction sur les chemins de fer s'est perfectionné. Les premiers rails en fer malléable furent construits en 1805 par M. C. Nixon aux houillères de Wallbottle, près Newcastle-sur-Tyne ; mais ils ne reçurent un notable perfectionnement qu'en 1820, lorsque M. John Birkinshaw, des forges de Bedlington, prit un brevet d'invention pour leur fabrication au laminoir. On sait que dans cette opération les barres de fer rouge qui doivent se transformer en rails passent entre des cylindres cannelés qui leur donnent la forme convenable.

Les rails, vus dans le sens de leur longueur, peuvent se classer en deux sortes : les rails ondulés (fig. 48) et les rails parallèles (fig. 49).

48

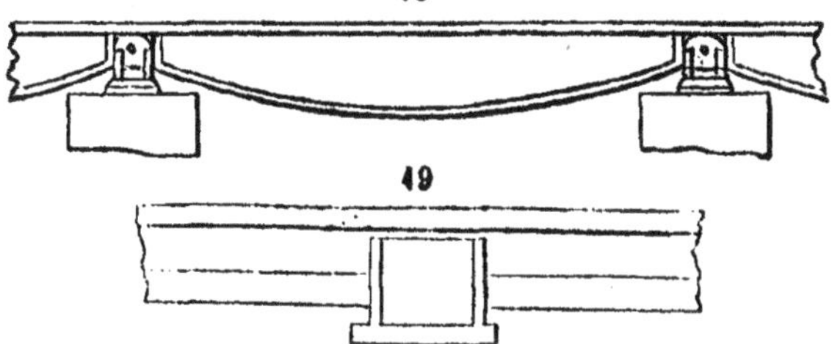

49

La première forme est abandonnée aujourd'hui : elle consistait à donner aux rails une plus grande épaisseur entre les supports qu'à l'endroit même du support. Elle ne convenait donc point à la pose sur longrines et, ne pouvait être employée que dans le cas des supports discontinus. Le but que l'on se proposait d'atteindre par cette forme, était d'obtenir une surface partout également résistante. Or, la théorie indiquait que, pour donner à une barre de fer sur toute sa longueur une résistance égale à celle qu'elle présente sur ses points d'appui, il fallait augmenter la quantité de matière dans l'intervalle par un renflement dans le sens vertical. Mais la diminution de poids, c'est-à-dire l'économie de matière que l'on espérait de ce système n'a pas pu être fort considérable, car on a bientôt reconnu que, pour résister aux ébranlemens produits par le passage des convois, les rails devaient avoir, près des points d'appui, une épaisseur plus grande que la théorie ne l'indique. D'ailleurs, la difficulté de fabrication, surtout pour les rails en fer malléable, compensait, quant au prix, la légère différence de poids ainsi obtenue ; la pose était plus difficile, car on ne pouvait pas faire varier l'écartement des supports. Tous ces motifs ont fait définitivement renoncer aux rails ondulés et l'on n'en fabrique plus aujourd'hui que de parallèles.

Les rails en fonte employés dans l'origine des chemins de fer étaient fort courts ; ils n'avaient pas plus de 90 centimètres à 1^{m},22 de longueur. Les premiers rails en fer malléable de M. C. Nixon avaient de 60 à 90 centimètres de longueur seulement. Ces faibles longueurs nécessitaient de fréquentes jonctions qui nuisaient à la régularité et à l'uni de la voie. Aussi, dès 1820, M. Birkinshaw, en fabriquant ses rails au laminoir, porta-t-il leur longueur à 4,50. C'est encore la plus commune aujourd'hui. Les rails de cette longueur sont assez facilement maniables par les ouvriers et ne présentent pas de points de jonction trop multipliés. Leurs extrémités sont taillées carrément ; on a renoncé à les faire en biseau ou à recouvrement, ce qui rendait la pose plus délicate sans mieux assurer la jonction des rails et affaiblissait inutilement leurs extrémités.

La manière dont les rails en fer ou en fonte se fixent sur leurs supports n'est pas moins variée que leur forme. On trouvera des détails à cet égard aux mots : Chairs, Coussinets, Longrines, etc.

RAILROAD, RAILROUTE, RAILWAY. Ces trois mots sont employés comme synonymes de chemin de fer. Ils signifient littéralement route ou chemin à rails ou à barres. Le premier et le dernier sont entièrement anglais ; le second est anglo-français.

RAIS, RAYONS. On appelle bras, rais ou rayons d'une roue, les pièces de bois ou de fer qui unissent la jante avec le moyeu. Dans les voitures ordinaires, les rais de la roue sont en bois et s'assemblent à tenon et mortaise dans la jante et le moyeu. Dans les roues des wagons ou diligences des chemins de fer, ces rais sont ordinairement en fonte et coulés d'une seule pièce avec la jante et le moyeu. On leur donne diverses formes qui, toutes, sont conçues dans le but d'assurer leur solidité. Dans les locomotives, les roues, ayant à supporter un plus grand effort que dans les autres voitures, on fait souvent les bras ou rais des roues en fer forgé. Une des formes adoptées par quelques constructeurs consiste dans des tubes de fer creux légèrement coniques. On les place dans des positions inclinées relativement au plan de la roue, de manière qu'une extrémité venant presque effleurer l'une des faces latérales du moyeu, l'autre extrémité effleure presque la face latérale opposée de la jante. Ces rais sont placés dans les moules où sont fondues les roues, leurs extrémités préalablement bouchées et recouvertes d'une composition de borax pour faciliter le soudage de la fonte et du fer et empêcher la fonte en fusion de pénétrer dans l'intérieur des tubes. On coule dessus d'abord la jante et on laisse la première coulée se reposer environ trois quarts d'heure avant de couler les moyeux, parce que le grand diamètre des jantes fait qu'elles se contractent plus que les moyeux par le refroidissement; et comme elles tendent dans cet état à pousser les rais vers le centre, elles risqueraient de fausser ceux-ci s'ils étaient arrêtés par le refroidissement simultané et plus rapide du moyeu.

RAPPORT. Exposé et analyse raisonnée des principales circonstances d'une affaire qui doit donner lieu à une discussion dans une assemblée délibérante. Tout grand projet, toute proposition ou contestation portée devant le conseil général des ponts et chaussées donne lieu à un rapport fait, soit par le secrétaire du conseil, soit par une commission spéciale, suivant l'importance de l'objet.

Tout projet de loi dont les Chambres législatives confient l'examen à une commission est, de la part de cette commission, la matière d'un rapport dans lequel elle fait connaître les motifs qui l'ont portée à proposer l'adoption, la modification ou le rejet du projet.

Dans les mathématiques, on appelle rapport ou *raison* de deux quantités le résultat de la comparaison faite entre ces deux quantités. On distingue deux espèces de rapports, savoir : le rapport *arithmétique* ou *par différence*, qui est le résultat de la soustraction de deux nombres l'un de l'autre; et le rapport *géométrique* ou *par division*, qui est le résultat de la division des deux nombres l'un par l'autre.

Deux rapports égaux entre eux forment une *proportion*.

RAYON. On appelle rayon d'une courbe toute ligne droite qui va du centre à la circonférence. Le cercle jouit de la propriété particulière et exclusive que tous ses rayons sont égaux, quel que soit le point de la circonférence auquel ils aboutissent. Il n'en est pas de même de l'ellipse, par exemple, où les rayons ne sont égaux que pris quatre par quatre et dans des positions symétriques. Dans les surfaces douées d'un centre, telles que la sphère et l'ellipsoïde, espèce d'œuf dont les deux bouts ne sont pas plus gros l'un que l'autre, on appelle aussi rayon toute ligne droite qui joint le centre à la surface. La sphère jouit, parmi ces surfaces, et à l'exclusion de toute autre de la même propriété que le cercle : tous ses rayons sont égaux.

Dans les roues des voitures et dans celles qui sont employées dans les machines on a donné le nom de *rayon* ou *rais* (*Voyez* Rais) aux bras qui unissent la jante et le moyeu ; cependant ces bras ne sont pas toujours des lignes droites ; mais, quelle que soit leur forme, ils viennent toujours se réunir vers le centre.

La courbure d'un cercle ou d'une sphère s'estime par la longueur de son rayon : plus le rayon est grand, moins la courbure est prononcée. En poussant les choses à l'extrême, on peut considérer la ligne droite comme une portion de cercle dont le rayon serait infini ; de même le plan serait un segment d'une surface sphérique dont le rayon serait infiniment grand.

Les divers alignemens dont se compose le tracé d'un chemin de fer sont raccordés entre eux par des portions d'arcs de cercle dont la courbure est indiquée par la longueur de leur rayon. Les effets de la force centrifuge, sur les voitures qui parcourent ces courbes, étant en raison directe du carré de la vitesse de marche et en raison inverse du rayon, on est obligé de porter la plus grande attention aux tracés à cet égard. Sauf quelques cas exceptionnels, par exemple lorsque la vitesse des convois se trouve nécessairement ralentie par l'approche d'une station, il ne paraît pas prudent, pour les vitesses actuelles de marche, de descendre la longueur du rayon de courbure d'un tracé de chemin de fer au-dessous de 600 mètres ; à cette limite même, les appareils de locomotion fatiguent déjà beaucoup.

Rebord (fers à). Ces fers se fabriquent directement en grand dans les usines. Ils sont destinés à cercler les roues à rebord des locomotives et autres voitures de chemins de fer ; on les obtient en faisant réchauffer les paquets de fer et les passant dans des laminoirs dont les cannelures leur donnent la forme voulue. En Angleterre, on les fabrique aussi au marteau.

Ces fers doivent être préparés avec des matériaux de premier choix, facilement soudables, compactes, tenaces et surtout très durs.

Réception. Formalités et épreuves auxquelles est soumis un ouvrage avant d'être considéré comme bien et dûment terminé et propre à l'emploi auquel on le destine. Les réceptions sont constatées par des procès-verbaux. Ainsi, les chaudières des machines à vapeur ne sont reçues qu'après avoir subi les épreuves de pression indiquées par les réglemens. Celui qui acquiert une machine à vapeur ne la reçoit qu'après l'avoir fait fonctionner pendant un certain temps et s'être assuré qu'elle répond par sa puissance et par le bon état de toutes les pièces du mécanisme, aux termes du marché passé entre lui et le fournisseur.

Indépendamment des réceptions partielles des travaux qui ont lieu entre une compagnie concessionnaire d'un chemin de fer et ses divers entrepreneurs, le chemin lui-même, pour pouvoir être livré à la circulation, doit être reçu par les ingénieurs de l'État. Ces réceptions ont pour but de s'assurer que le concessionnaire s'est strictement conformé aux prescriptions du cahier des charges et autres que l'administration lui a imposées. Il arrive souvent que les travaux peuvent être terminés sur certaines parties, de manière que ces parties puissent être livrées à la circulation sans que la ligne entière soit achevée. L'usage, dans ce cas, est d'autoriser des réceptions partielles, après lesquelles la compagnie peut établir immédiatement le service des transports sur cette partie de sa ligne, et y percevoir le tarif qui lui a été concédé. Par une restriction dont on ne s'explique pas la rigueur, ces réceptions partielles ne sont ordinairement que provisoires; elles ne deviennent définitives qu'après la réception générale et définitive du chemin de fer.

RÉCIPROQUANT (SYSTÈME). C'est le nom que l'on donne au système de traction employé sur les plans inclinés automoteurs (*Voyez* PLANS INCLINÉS). Ce nom provient de ce que les convois agissent réciproquement l'un sur l'autre pour monter et descendre dans ce système. Le poids des voitures qui descendent communique la force d'ascension à celles qui se dirigent vers le sommet du plan incliné, et le poids des voitures qui montent agit comme un frein sur celles qui descendent, pour en modérer la vitesse.

RECOUVREMENT. Lorsque l'on donne de l'avance au tiroir qui règle l'admission de la vapeur dans le cylindre d'une machine, il est bon de donner aux oreilles qui couvrent et découvrent alternativement les lumières d'entrée ou de sortie, une longueur un peu plus grande que l'ouverture de ces lumières, de manière qu'au moment où l'échappement de la vapeur commence à être ouvert, l'entrée ne le soit pas encore. C'est ce que l'on nomme le recouvrement du tiroir. Il doit être égal à l'avance, de sorte que la vapeur ne s'introduise dans le cylindre qu'au moment où le piston est à son point mort. Cette disposition permet en outre d'économiser une certaine quantité de vapeur, sans nuire au travail de la machine.

RÉENCLANCHEMENT. Opération qui consiste à rétablir l'embrayage de deux pièces de machines qui s'unissent par voie d'enclanchement, lorsque quelque circonstance les a séparées. (*Voyez* ENCLANCHEMENT).

RÉFLEXION. Lorsqu'un rayon lumineux tombe sur la surface d'un corps, une portion de la lumière est renvoyée dans l'espace par ce corps. Ce phénomène est celui que l'on nomme *réflexion*. Le rayon réfléchi forme avec la surface du corps un angle égal à celui que formait le rayon incident, mais symétriquement placé.

Les rayons caloriques suivent à cet égard la même loi que les rayons lumineux.

RÉFRACTION. Phénomène qui consiste dans la déviation qu'éprouvent une partie des rayons lumineux, lorsqu'ils passent d'un milieu transparent dans un autre. Cette déviation n'est pas la même pour toutes les substances : elle dépend de leur nature et de l'angle que forme le rayon avec la surface de la substance du corps diaphane dans lequel il pénètre. Si le rayon est normal à la surface, il n'y a pas de réfraction. Mais si ce rayon arrive dans une direction inclinée, il tend à se rapprocher de la normale, et les pouvoirs réfringens des diverses substances se mesurent par l'angle plus ou moins aigu que forme le rayon réfracté avec la normale, pour une même inclinaison du rayon primitif.

RÉGALAGE. Opération par laquelle on donne aux talus de déblais et de remblais leur forme définitive, telle qu'elle est déterminée par les profils en travers du projet. Le régalage des déblais se fait naturellement en creusant la fouille dans ses dimensions exactes. Quant au égalage des remblais, on l'effectue à la pelle, en égalisant les inégalités formées par chaque versement partiel de brouette ou de tombereau sur le lieu de dépôt des terres. Le régalage d'un remblai doit se faire par couches successives pour assurer l'homogénéité de son tassement.

RÉGIE. Lorsque des travaux de construction ou d'entretien ne sont pas adjugés à forfait à un entrepreneur, mais exécutés directement par les soins de l'administration, on dit qu'ils sont faits *par régie*. Il est rare que ce mode doive être préféré au premier. Toutefois, il est certains travaux qui ne peuvent guère s'exécuter autrement : ce sont ceux dont il est impossible d'apprécier exactement d'avance l'importance. Tels sont les épuisemens nécessaires pour la fondation des ouvrages hydrauliques. L'exécution d'un travail général en régie n'exclut pas la faculté de traiter avec des tâcherons pour des portions d'ouvrages.

Lorsqu'une administration traite avec un entrepreneur, elle se réserve ordinairement, par le cahier des charges, la faculté de faire exécuter en régie et aux frais de l'entrepreneur les travaux soumissionnés, dans le cas où ces travaux languiraient par la faute de ce dernier.

REGISTRE. Plaque de tôle ou de fonte qui sert à régler l'ouverture, et par conséquent, le tirage de la cheminée dans les machines à vapeur. Le registre se place, soit en haut, soit en bas de la cheminée, et toujours à l'extrémité des carneaux. On le manœuvre à la main, au moyen d'une chaîne ou d'une tige en fer qui permet de l'ouvrir et de le fermer en tout ou en partie.

RÉGULATEUR. Appareil servant à régulariser l'introduction de la vapeur, qui se rend de la chaudière dans le cylindre d'une machine; on le nomme aussi *modérateur*. Le plus simple et le plus répandu est le régulateur à force centrifuge, ou pendule conique dont j'ai parlé ailleurs. (*Voyez* CONIQUE (PENDULE).)

Dans les locomotives le régulateur se manœuvre à la main au moyen d'une manette *m* (*Pl. VI et VII*) placée à l'arrière de la boîte à feu sous la main du mécanicien. La *Pl. VII* montre le profil *m*, de ce régulateur, dont les figures 1 et 2 ci-dessous font voir le plan et la coupe, suivant l'axe du tuyau de distribution.

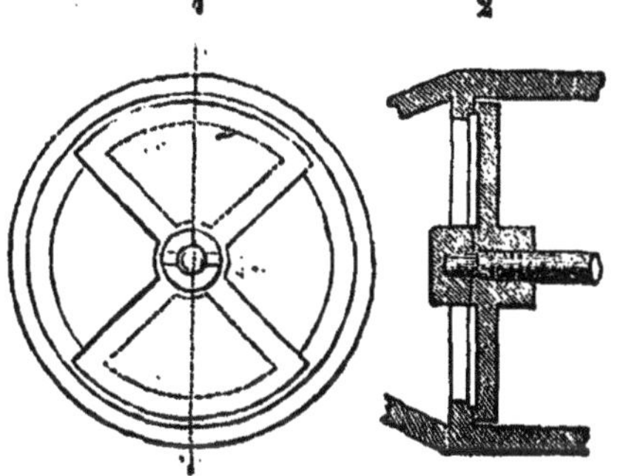

Il est composé, comme on le voit, de deux disques superposés, dont l'un est mobile et dépendant de la tige à laquelle est fixée la manette. Chacun de ces disques est découpé en quadrans, dont deux sont vides et deux pleins. Les découpures se correspondent, de manière que les parties ouvertes du disque ou diaphragme fixe puissent à volonté être découvertes ou fermées en tout ou en partie.

REJOINTOIEMENT. Lorsque l'action du temps et de l'humidité a fait tomber le mortier qui unit les pierres d'un mur, on le remplace en nettoyant bien les joints et les remplissant de mortier neuf. Cette opération ne doit pas être confondue avec le jointoiement, qui se fait au moment même de la construction de la maçonnerie. Le jointoiement est un complément d'ouvrage ; le rejointoiement est une réparation.

Relais. Lorsque, dans les travaux de terrassement, on a des déblais à transporter, on divise la longueur à parcourir par parties égales entre elles, auxquelles on donne le nom de *relais*. Les relais de transport à la brouette sont de trente mètres comptés en terrain horizontal, ou vingt mètres en rampe. Les transports de déblais par tombereaux ou par chemin de fer se divisent aussi en relais. Mais ici, l'unité de longueur change : au lieu de 30 mètres, le relais de tombereau a 100 ou 250 mètres, selon les conventions. Les relais de transports par chemins de fer se comptent ordinairement par unités plus considérables encore, telles que 500 ou 1,000 mètres.

Le service des locomotives, sur une grande ligne de chemin de fer, doit être partagé en relais comme un service de chevaux sur une route ordinaire ; seulement ici les relais sont d'une plus grande longueur : ils peuvent, selon la disposition des lieux, varier de 50 à 70, et même 80 kilomètres ; cependant, cette dernière longueur est un peu forte. Ces relais sont nécessaires, tant pour faire de l'eau que pour ne pas fatiguer la machine ; car au bout d'un certain parcours, le feu a besoin d'être repiqué, les pièces principales visitées et nettoyées, ce qui nécessite un certain temps d'arrêt.

Remblai. Masse de terre déposée sur le sol naturel, par la main des hommes, pour l'exhausser. La construction des chemins de fer donne lieu à de fréquens remblais. Lorsque la hauteur du chemin au-dessus du terrain naturel ne dépasse pas 15 à 20 mètres, il y a avantage à combler cette différence par un remblai. Mais au-dessus de cette hauteur, il est rare que la largeur du terrain à occuper par les empatemens du talus, et la masse des terres qu'il faudrait accumuler, ne rende pas préférable la construction d'un viaduc. On conçoit que cette règle n'a rien d'absolu. Le choix entre les deux ouvrages dépend du prix des matériaux de construction, de la valeur des terrains à acquérir pour l'emplacement du chemin, de la distance à laquelle il faut aller chercher les terres pour le remblai, et enfin de la difficulté de la fouille. La hauteur de 15 à 20 mètres, que j'indique ici, est donc une moyenne qui peut varier suivant les cas. Un calcul spécial peut seul apprendre de quel côté l'économie doit faire pencher la balance.

Remorqueur. Nom sous lequel on désigne particulièrement les bateaux à vapeur destinés à remorquer d'autres bâtimens. Sur les rivières, les remorqueurs remplacent avantageusement les chevaux pour les bateaux de marchandises auxquels il est nécessaire d'imprimer une marche un peu rapide. Dans les ports de mer, les remorqueurs sont utilisés pour faire entrer et sortir les bâtimens à voiles en peu de temps, et lorsque souvent la direction du vent favorable au large gêne les mouvemens dans la passe.

RÉPARATION. Les travaux de réparation forment un intermédiaire entre les travaux d'entretien et ceux de reconstruction proprement dite. Une construction bien entretenue a rarement besoin d'être réparée, à moins d'accidens fortuits et dus à des causes de force majeure. Les réparations se distinguent en menues et grosses réparations. Les premières se confondent à peu près avec l'entretien, et les autres touchent de bien près à la reconstruction ; car ce sont en réalité des reconstructions partielles d'ouvrages.

REPÈRE. Marque faite en un lieu dont la position ne peut varier, et qui sert à vérifier et reconnaître d'autres mesures. L'usage des repères est très répandu dans l'art des constructions. La hauteur d'un ouvrage est toujours fixée par rapport à des repères soigneusement déterminés. Lorsqu'on exécute un nivellement, on prend de distance en distance la cote d'un point remarquable, tel qu'un rocher apparent, une entaille faite dans le tronc d'un gros arbre, une saillie de maçonnerie, etc. Ces points invariables sont des repères de nivellement. Ils servent à vérifier et reconnaître les cotes des autres points nivelés dans l'intervalle.

REQUÊTES (MAITRES DES). Membres du Conseil d'État, particulièrement chargés de faire leur rapport sur les requêtes dont l'examen leur est confié. (*Voyez* CONSEIL D'ETAT).

RÉSISTANCE. Obstacle qu'éprouve une force à produire son effet. Une résistance est une force aussi bien que la puissance employée à la vaincre. En mécanique, et surtout dans la mécanique industrielle, cette dénomination de résistance est employée pour distinguer la force à vaincre, de celle qui est employée à ce travail. On distingue dans les machines deux espèces de résistance : la résistance utile et celle qui ne l'est pas. La première est celle qui constitue le travail à faire : ce sera, par exemple, un poids à soulever, un mouvement de translation ou de rotation à imprimer à un objet, etc.; la résistance inutile ou passive est celle qui provient des frottemens et des chocs des différentes pièces de la machine employée au travail, et qui absorbent en pure perte une portion de la force du moteur.

Ces résistances passives s'élèvent, dans une machine à vapeur, à environ 50 pour cent de la force brute.

RESSORT. Ce mot s'emploie dans le sens d'*élasticité* (*Voyez* ce mot).

On appelle ressorts, dans les voitures, des plaques d'acier posées à plat les unes sur les autres et de longueur inégale, par l'intermédiaire desquelles le corps principal de la voiture repose sur les essieux. Les ressorts adoucissent les chocs que les roues éprouvent en parcourant leur chemin. Ils sont favorables, non-seulement à la conservation du matériel, mais encore à celle de la voie. Les voitures portées sur ressorts dégradent beaucoup moins les routes que celles qui n'en sont pas pourvues, quoique marchant à une plus grande vitesse. Le même effet se remarque sur les chemins de fer.

Les ressorts en acier servent encore dans les voitures des chemins de fer à amortir les chocs des voitures, lorsqu'elles viennent à butter les unes contre les autres. On les voit désignés par les lettres L L dans la *Pl. XII*, qui montre un exemple de leur disposition dans le châssis de la voiture.

On nomme ressort à boudin un fil de fer ou de laiton tourné en hélice, et qui peut, après s'être ramassé sur lui-même, sous une certaine pression, revenir à sa forme primitive. On a fondé sur ce principe des balances qui sont utilisées pour mesurer la pression des soupapes de sûreté d'une chaudière à vapeur (*Voyez* BALANCE).

RÉSULTANTE. Force capable de produire le même effet que deux ou un plus grand nombre de forces, qui prennent, par rapport à elle, le nom de *composantes* (*Voyez* COMPOSITION DES FORCES).

REVÊTEMENS. Ouvrages en charpente et en maçonnerie qui servent à défendre les talus des terres contre les éboulemens ou arrachemens. Lorsque ces talus sont à parois presque verticales, les revêtemens sont de véritables murs. Si ces talus sont fortement inclinés à l'horizon, les revêtemens sont de simples pérés. On comprend aussi sous le nom de revêtemens les enrochemens, charpentes, fascinages et ouvrages en gazon, construits dans un but de défense contre l'action érosive des eaux, et contre la poussée des terres du dedans au dehors.

RHUMB ou **RUMB.** Les navigateurs divisent le cercle de l'horizon en trente-deux parties égales, qui servent à désigner la direction du vent. Ces divisions s'appellent *rumbs* ou *aires de vent.*

RINGARD. Instrument en fer destiné à brasser le fer ou la fonte dans les fourneaux où se font les opérations de l'affinage, du pudelage, du corroyage. La forme du ringard varie suivant la manœuvre à laquelle il sert : il est terminé en pointe ou en spatule, quand il doit diviser la matière en *lopins*, qu'on soumet successivement au vent du soufflet, ou quand il sert à soulever la *masse*, ou à la porter sous le marteau. Quelquefois il se termine en crochet pour réunir les parties de métal éparses dans le fourneau. Sa longueur est de 2^m à 2^m, 50.

Rivet. Pour assujettir ensemble deux pièces de métal, on se sert de clous ou de boulons qui entrent dans des trous pratiqués à cet effet. Mais si l'on veut obtenir un serrage énergique et invariable, on ne se contente pas des écrous : on prend une broche de fer garnie d'une tête semblable à celle d'un boulon, et dont on fait rougir au feu l'autre extrémité. Pendant que cette extrémité est encore chaude, on la frappe à coups de marteau et on la refoule ainsi sur elle-même, de manière à former sur place un clou à deux têtes qui ne peut plus sortir. Cet assemblage est extrêmement solide : l'un de ses effets c'est que le métal, en refroidissant, se contracte et serre encore davantage les deux pièces l'une contre l'autre. Les clous, ainsi refoulés, prennent le nom de *rivets*. River un clou, c'est le mettre dans l'état que je viens de décrire, et les deux pièces ainsi assemblées sont dites rivées ensemble. Les feuilles de tôle dont sont formées les chaudières des machines à vapeur sont unies entre elles par des rivets.

Robinet. Espèce de petit registre tournant à demeure, qui sert à ouvrir et à fermer à volonté un tuyau. On donne aussi le nom de robinet au petit tube que l'on ajoute à un tuyau ou réservoir principal, et qui porte la clef du robinet. Parmi les robinets employés dans les machines à vapeur, on doit remarquer les robinets de purge J J (*Pl. VI* et *VII*), placés au bas de la chaudière de la locomotive, et qui servent à son nettoyage, les robinets de graissage des cylindres *ll* (*Pl. X*), et le robinet *s* (même planche) de décharge de la chemise des cylindres.

Rochet (roue a). Roue dont les dents sont taillées de manière à former crans d'arrêt dans un sens. Une roue à rochet, montée sur un arbre, sert à l'empêcher de prendre un mouvement de rotation en sens inverse de celui qui lui est imprimé.

Supposons, par exemple, qu'il s'agisse d'élever un fardeau au moyen d'une grue : ce fardeau sera suspendu à une corde venant passer sur la gorge d'une poulie placée à l'extrémité du bras de la grue, et venant s'enrouler sur un tambour auquel on imprime un mouvement de la rotation sur lui-même.

Une roue à rochet est montée sur l'arbre du tambour et une patte en fer, formant arrêt, porte sur sa circonférence. Cette patte, pouvant tourner autour de son autre extrémité, est soulevée au passage de chacune des dents de la roue, et retombe, après ce passage, dans l'intervalle qui sépare deux dents consécutives.

Si l'on cessait d'imprimer au tambour le mouvement de rotation, non-seulement le fardeau cesserait de monter, mais son poids tendrait à le faire descendre et à entraîner avec lui la corde enroulée autour du tambour. Mais la patte de fer, portant contre la dent de la roue à rochet, ne peut remonter, à cause de la forme de cette dent, qui fait cran d'arrêt : le mouvement ne peut donc avoir lieu.

On conçoit que lorsque au contraire, on veut faire descendre le fardeau, il faut empêcher la patte en fer de porter contre les dents de la roue. Pour cela, on la laisse retomber de l'autre côté.

Rondelle. Disque rond et plat, percé d'un trou à son milieu. Les rondelles sont généralement employées pour opérer et rendre plus parfaite la juxta-position de deux surfaces en contact.

Par exemple, pour rendre étanche le joint compris entre les collets de deux portions de tuyau de pompe vissés l'un à l'autre, on interpose entre eux une rondelle de cuir traversée par les boulons. Pour faire porter sur une plus grande surface et plus également un écrou, on interpose entre lui et la pièce sur laquelle il doit se serrer une rondelle de métal enfilée dans le boulon.

Rondelle fusible. L'ordonnance royale du 29 octobre 1823 prescrivait d'adapter à chaque chaudière à vapeur deux rondelles métalliques composées d'un alliage de bismuth, de plomb et d'étain, susceptible de se fondre à une température peu élevée au-dessus de celle à laquelle devait travailler la chaudière. La première de ces rondelles, dont le diamètre devait être égal à celui de la soupape de sûreté, devait entrer en fusion à une température de 10 degrés supérieure à celle du travail habituel de la chaudière. La seconde rondelle devait avoir un diamètre double, et entrer en fusion à 20 degrés seulement au-dessus de cette température. Le but que l'on se proposait par ces rondelles était d'offrir à la vapeur une issue prompte et capable de prévenir les explosions. Leur peu d'efficacité pour remplir le but qu'on se proposait y a fait renoncer ; et les nouvelles ordonnances de 1843, qui remplacent les anciennes prescriptions n'en font pas mention.

Rotative (machine). On comprend sous ce nom toutes les machines à vapeur dans lesquelles le mouvement rectiligne alternatif de la tige du piston est transformé en un mouvement de rotation. Ce cas étant le plus général, quelques inventeurs ont cherché à éviter cette transformation de mouvement, en faisant agir directement la vapeur sur une espèce de piston susceptible de prendre un mouvement circulaire.

La difficulté du problème n'a pas permis jusqu'ici de le résoudre d'une manière assez satisfaisante, pour que la pratique s'en soit emparée.

Roue. Je distinguerai deux espèces de roues : les roues de voitures et les roues de machines.

Une roue de voiture est le cercle par l'intermédiaire duquel la voiture porte sur le sol. Ce cercle se compose d'un cercle extérieur appelé *jante* de la roue, et dans lequel viennent s'assembler un certain nombre de *bras*, *rais* ou *rayons*, qui se réunissent autour d'un noyau central appelé *moyeu* de la roue. Les roues des voitures destinées aux routes ordinaires sont à jantes *plates*. Celles des voitures de chemins de fer sont à jantes *plates* ou *à rebord*. On trouvera les détails relatifs aux diverses parties de la roue aux mots JANTE, MOYEU et RAIS.

Les roues des machines sont de deux espèces. Les unes servent à communiquer le mouvement d'une pièce à une autre : telles sont les roues d'*engrenage, poulies* et *tambours* (*Voyez* ces mots). Les autres servent à emmagasiner la force : ce sont les *volans* (*Voyez* VOLANT).

Roue d'angle. Roue d'engrenage conique. Elle sert à transmettre le mouvement de rotation d'un arbre à un autre qui n'est pas parallèle au premier. Les jantes de deux roues d'angle qui engrènent entre elles sont limitées par des portions de surfaces coniques, tangentes l'une à l'autre, et qui ont pour sommet commun le point d'intersection des axes des deux arbres, sur lesquels sont montées les roues.

Roue menante. *Voyez* MENANTE.

Roue motrice. *Voyez* MOTRICE.

Routes. On réserve ce nom aux chemins de grande communication, qui sont entretenus aux frais de l'État. Il y a en France des routes de deux espèces, savoir : les routes royales et les routes départementales. Les routes royales sont celles qui unissent la capitale aux frontières et aux principales villes du royaume, ou qui joignent entre elles des villes importantes, généralement situées dans deux départemens différens. Ces routes se divisent en plusieurs classes, en raison de leur importance : il y a pour chaque classe une largeur déterminée. Les routes royales sont exclusivement construites et entretenues aux frais du trésor public. Les routes départementales sont construites et entretenues, à frais communs, par le trésor public et les départemens, dans des proportions variables, suivant les ressources de ceux-ci. Elles sont, la plupart du temps, renfermées dans la limite d'un seul département : cependant, il en est un grand nombre qui en traversent deux ou plusieurs. Ces routes sont moins importantes que les routes royales, elles sont généralement beaucoup moins longues que celles-ci, et ont une moins grande largeur.

A moins d'obstacles particuliers, il convient de faire toujours passer les chemins de fer, soit au-dessus, soit au-dessous des routes, au moyen de ponts. C'est une précaution à laquelle on ne s'est pas astreint assez rigoureusement dans l'origine. Il est vrai que l'on ne prévoyait pas alors la prodigieuse rapidité à laquelle devaient atteindre les transports. Mais les accidens auxquels peuvent donner lieu les traversées de niveau ne sauraient rendre trop scrupuleux à leur égard.

Lorsqu'un chemin de fer doit passer au-dessus d'une route royale, les cahiers de charges prescrivent de donner au pont une ouverture de huit mètres au moins, et une hauteur de cinq mètres sous clef à partir de la chaussée de la route. Pour les routes départementales, la hauteur du pont doit être la même; mais la largeur peut être réduite à sept mètres entre les culées. Ces largeurs sont exclusivement réservées aux voitures, et ne comprennent point d'emplacement pour les trottoirs que l'on voudrait y établir. Si c'est le chemin de fer qui passe au-dessous, le pont doit avoir au moins huit mètres entre les parapets pour la route royale, et sept mètres pour la route départementale.

S

Sable. Nom générique sous lequel on comprend les fragmens de roches réduits en particules très petites, et parmi lesquelles domine la silice. Les sables se trouvent dans la nature, tantôt en grandes masses solides et cohérentes, tantôt à l'état de simples amas dont les particules n'ont aucune liaison entre elles. Dans la première catégorie viennent se ranger les grès, tels que ceux des environs de Paris, qui sont une espèce de pâte formée par l'agglutination de grains de quartz réunis par un ciment calcaire. A la seconde catégorie appartiennent les sables *de carrière*, sables *de rivière*, sables *de mer*, etc., ainsi nommés à cause des lieux dans lesquels on les trouve.

Le sables se désignent aussi par le nom de la matière qui domine parmi celles mélangées avec le quartz qui en forme la base. Ainsi on distingue des sables *calcaires*, des sables *argileux*, des sables *terreux*, des sables *ferrugineux*, etc.

Les sables servent à différens emplois dans les chemins de fer et les machines. Mélangés avec de la chaux, ils donnent du mortier; répandus sur le sol de la voie, ils servent à régler son assiette définitive, et à former un sol sec, compacte et résistant, sur lequel viennent s'asseoir les rails et leurs supports. Les sables employés, soit pour le mortier, soit pour la superstructure d'un chemin de fer, ne doivent pas être trop fins (*Voyez* ENSABLEMENT et MORTIER).

Mélangés avec l'argile, les sables servent à faire des briques, des enduits imperméables à l'eau et des moules pour la fonderie. Les sables ainsi préparés pour la fonderie prennent le nom de sables *d'étuve*.

Le sable d'étuve sert à former les moules dans lesquels sont coulées les pièces de fonte. Il doit être assez consistant pour que, sans se coller après les modèles sur lesquels on le moule, il ne forme cependant qu'une seule masse quand il est sec, et se casse comme de la terre cuite. Quelquefois le coulage de la fonte se fait dans les moules lorsque le sable est encore frais. Ce procédé économique et expéditif s'applique principalement aux petites pièces : on le nomme fonderie ou moulage en *sable vert*.

SABOT. Armature en fer dont on garnit la pointe des pieux et pilots qui doivent être enfoncés dans le sol à de grandes profondeurs. Elle a pour but de frayer un passage à la pointe du pieu, et de l'empêcher de s'émousser.

On donne quelquefois le nom de sabots aux chaînes ou coussinets par l'intermédiaire desquels les rails sont unis aux supports.

SAUMON. Une des formes sous lesquelles la fonte de fer est coulée au sortir des hauts fourneaux, lorsqu'elle est destinée au puddlage ou à une seconde fusion. Les saumons ne diffèrent des *gueuses* que par leurs dimensions : ce sont de petits prismes de 40 à 50 centimètres de long sur 10 à 12 d'épaisseur. On les obtient en recevant la fonte, au sortir du fourneau, dans des rigoles pratiquées dans le sable qui constitue le sol de l'usine. Quelquefois on les coule dans des lingotières en fonte, ce qui les blanchit un peu à la surface, à cause du refroidissement instantané produit par le moule.

On appelle aussi saumons les lingots de plomb, cuivre, etc., livrés dans le commerce pour être travaillés.

SCELLEMENT. Les principales pièces de bois et de fer, qui se relient à la maçonnerie dans les constructions, sont ordinairement scellées dans les murs. Ces scellemens se font, pour les bois, avec du plâtre, matière qui convient parfaitement à cet usage par la célérité avec laquelle elle fait prise, par le gonflement qu'elle éprouve et qui lui fait bien remplir la cavité dans laquelle elle est placée, par la solidité de son adhérence et par la propriété qu'elle a de se conserver à l'abri de l'humidité. Lorsque les pièces à sceller sont un peu fortes, il est bon de mêler au plâtre des éclats de pierre ou de briques, qui l'aident à faire corps et à remplir la cavité.

Le scellement des pièces de fer dans la pierre se fait avec du soufre ou avec du plomb. La réaction du soufre sur le fer, et l'inconvénient qu'il a d'éprouver un retrait à l'humidité, ont fait à peu près renoncer à son emploi, quoiqu'il soit beaucoup moins coûteux que le plomb. Pour diminuer la dépense dans l'emploi de ce dernier, on est dans l'usage de le mélanger, quand on le coule, avec de la grenaille et de petits éclats de fer qui contribuent en même temps à la solidité du scellement.

Scie. Lame d'acier mince, longue et étroite, dentelée d'un côté, et qui sert à débiter le bois, la pierre et les métaux. La scie agit par mouvement de va-et-vient en appuyant sur la pièce qu'elle doit entamer. Elle peut être mue à la main ou par un moteur mécanique. Il y a aussi des scies circulaires : ce sont des plaques minces d'acier ayant la forme d'un cercle dont la circonférence est armée de dents semblables à celles des scies droites. La forme et la dimension des dents de scie varie selon les usages auxquels on les destine. Celles qui servent à scier le marbre et les pierres dures sont dépourvues de dents ; elles agissent par simple frottement. Les scies à métaux ont des dents très petites.

Scieur de long. Ouvrier qui débite les grosses pièces de bois destinées à la charpente, en les sciant dans le sens de leur longueur, soit pour les équarrir, soit pour les diviser en planches, madriers, etc.

Scories. Substance vitrifiée qui s'écoule des hauts fourneaux dans la fabrication de la fonte. On l'appelle aussi *laitier*.

Secrétaire d'état. Qualité attribuée au ministre qui contresigne les actes émanés de l'autorité royale, et en assume, par ce fait, la responsabilité vis à vis du pays.

Sédimens. Matières terreuses qui se déposent sur les parois intérieures des chaudières de machines à vapeur. Ces dépôts proviennent des particules terreuses tenues en suspension dans l'eau, et qui se précipitent peu à peu par suite de sa vaporisation. J'ai indiqué ailleurs (*Voyez* Incrustation, Nettoyage) les fâcheux effets de ces sédimens et les moyens de les combattre.

Segment. Dans un cercle, c'est la portion de surface comprise entre un arc et la corde qui le sous-tend, ou entre deux cordes parallèles. Dans la sphère, c'est la portion du volume comprise entre deux plans parallèles ou entre un plan et la zone sphérique qu'il sous-tend.

Les autres courbes et surfaces admettent des segmens déterminés d'une manière analogue.

Semis. Il est bon, pour garantir les talus des levées et tranchées des chemins de fer contre l'entraînement des eaux sauvages, de les revêtir de gazon : tel est le but des semis de graines et plantes fourragères que l'on y répand. On choisit de préférence pour cet objet les graines qui donnent des plantes propres à être consommées par les bestiaux. On remplit ainsi par les semis un double but, puisque l'on consolide les talus des terres en même temps que l'on tire un produit de la vente des fourrages. Sur les talus des grands remblais, les semis sont préférables aux quartiers de gazon coupés à la bêche et rapportés, à cause du tassement des terres qui les déchirerait.

Série de prix (adjudication sur). Ce mode d'adjudication a lieu lorsque les prix partiels des divers ouvrages à exécuter ont été déterminés d'avance par l'ingénieur autour du projet, et que le rabais, au lieu d'être exprimé par une somme fixe sur l'ensemble, a lieu sur chacun des prix partiels. Ordinairement les conditions de l'adjudication portent que le rabais sera uniforme sur tous les prix, c'est-à-dire qu'il aura lieu à raison de tant pour cent sur leur quotité. Il serait, en effet, très difficile, on peut même dire impossible, de choisir entre divers concurrens qui auraient été admis à faire des rabais variables sur les différens prix proposés.

Serrurerie. Nom collectif sous lequel sont compris les travaux relatifs aux ferrures employées dans les constructions. Les serruriers se divisent en trois grandes classes : serruriers *en meubles et bâtimens*, serruriers *en voitures*, serruriers *mécaniciens*.

Les premiers fabriquent les grilles et ferremens qui servent à la fermeture des meubles et appartemens, à la consolidation des charpentes, murs, escaliers, balcons, etc.

Le serrurier en voitures, appelé aussi serrurier *charron*, ferre les roues et trains de voiture, fait et pose les ressorts de suspension, cols de cygne, etc. La ferrure des caisses de voitures rentre plutôt dans la catégorie des travaux du serrurier en bâtimens que dans celle du serrurier charron.

Le serrurier mécanicien est celui qui travaille aux mécaniques de toutes espèces : il doit connaître non-seulement tous les travaux dont le fer est susceptible, mais aussi posséder certaines connaissances relatives à l'art du fondeur, pouvoir lui donner des modèles, et savoir au besoin travailler le cuivre et le bois.

SEUIL. Dans le langage topographique le mot seuil est souvent employé comme synonyme de col ou point de partage. Il exprime alors l'abaissement que présente la ligne de faîte d'une chaîne de montagnes ou d'une colline qui sépare deux cours d'eau. Cet abaissement est, en effet, une espèce de porte ouverte par la nature pour faciliter le passage d'un versant à l'autre. De là lui est venu le nom de seuil.

On donne par analogie le nom de seuils aux points de partage des chemins de fer.

SIÉGE. Dans les voitures des chemins de fer les siéges des voitures destinées aux dernières classes de voyageurs, sont simplement en bois et non garnis. La douceur de la locomotion permet de supporter sans grande fatigue cette disposition, qui serait insupportable sur les routes ordinaires, à cause des chocs résultant des inégalités du sol.

On appelle siége d'une soupape, le rebord sur lequel elle vient s'appuyer lorsqu'elle ferme l'orifice auquel elle est adaptée.

SIFFLET. Sur le dôme de la chaudière de la locomotive et à portée du conducteur, on place ordinairement un sifflet qui a pour but

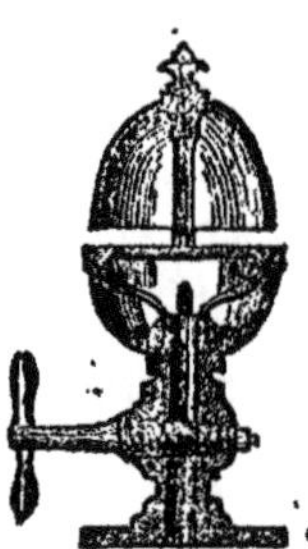

d'annoncer le départ et l'arrivée du convoi, et plus particulièrement de prévenir les travailleurs qui pourraient se trouver sur la voie, afin d'éviter toute espèce d'accident. Le jeu de ce sifflet est produit par un échappement de la vapeur de la chaudière, avec laquelle il est mis en communication au moyen d'un robinet, que le mécanicien peut ouvrir ou fermer à volonté. Pour augmenter l'éclat du son, on surmonte le tube d'une petite cloche en métal mince, contre laquelle la vapeur vient frapper en produisant un sifflement vif et aigu qui s'entend de fort loin.

Signal. C'est à l'aide de signaux qu'un convoi de chemin de fer est averti, au fur et à mesure de son passage sur les différens points de la voie, de l'état dans lequel elle se trouve plus loin, et de la possibilité de continuer son voyage ou de la nécessité de s'arrêter. Ces signaux sont faits par des hommes préposés pour ce soin, et disposés le long du parcours. D'autres signaux, placés aux stations intermédiaires, annoncent au conducteur s'il doit s'arrêter pour prendre des voyageurs et des marchandises. L'exemple le plus remarquable de signaux employés, pour communiquer d'une extrémité à l'autre d'une longue ligne de chemin de fer, est le télégraphe électrique établi le long du *Great-Western rail-way*, chemin de fer de Londres à Bristol. La manœuvre des *plans inclinés* (*Voyez* ce mot) donne lieu aussi à l'emploi de signaux particuliers.

Silice. Substance dure et cristalline formée par la combinaison de l'oxygène et du silicium. La silice, appelée aussi quartz, forme la base principale des sables : elle se trouve en grandes masses cristallisées dans la nature, soit pure, soit mélangée avec d'autres substances. Unie au fer qui en retient souvent une certaine proportion provenant des minerais employés à sa fabrication, elle lui communique une grande dureté.

Siphon. Tube recourbé dont les deux branches sont de longueur inégale. Si l'on plonge dans un liquide l'extrémité de la plus longue branche, et que l'autre débouche à l'air libre, le siphon peut servir à vider entièrement le vase dans lequel le liquide est contenu. Il suffit pour cela d'aspirer une première fois par l'extrémité qui débouche au dehors, le liquide s'élèvera dans le siphon et continuera à couler tant que la partie inférieure du tube restera noyée.

Le nom de siphon s'applique souvent, dans le langage habituel, à d'autres tubes recourbés qui ne sont nullement destinés à remplir l'office qui vient d'être indiqué. Par exemple, lorsqu'on a besoin de faire passer sous un chemin de fer un cours d'eau de peu d'importance, et que l'élévation au-dessus du sol naturel n'est pas assez considérable pour que l'on puisse employer un aqueduc ordinaire, on peut avec succès recourir à des tubes en fonte ou en maçonnerie qui plongent sous le sol du chemin, et se relèvent de l'autre côté. Ce genre d'aqueduc porte le nom d'aqueduc à siphon.

Société. Lorsque l'industrie privée intervient dans les affaires d'usines, bateaux à vapeur et chemins de fer, il est rare que ce soit autrement qu'en réunissant les efforts de plusieurs particuliers par voie d'association. De là naissent des sociétés ou *compagnies commerciales*. La loi en reconnaît de trois espèces : la société *en nom collectif*, la société *en commandite*, la société *anonyme*.

La société en nom collectif est celle que contractent deux ou un plus grand nombre de personnes, et qui a pour objet de faire l'entreprise sous une raison sociale. Tous les actes de cette société doivent se faire sous les noms des associés qui la composent, soit que tous ces noms soient exprimés, soit qu'ils le soient collectivement par la désignation *et compagnie*, ajoutée au nom d'un ou plusieurs des sociétaires.

La société en commandite se contracte entre un ou plusieurs associés responsables et solidaires, et un ou plusieurs associés simples bailleurs de fonds, que l'on nomme commanditaires ou associés en commandite, et qui ne sont passibles des pertes que jusqu'à concurrence des fonds qu'ils ont mis ou dû mettre dans la société. La société en commandite est régie sous un nom social qui doit être nécessairement celui d'un ou de plusieurs associés responsables et solidaires.

De graves abus qui se sont glissés dans les sociétés en commandite, depuis que l'esprit d'association a commencé à intervenir largement dans les travaux publics, font désirer depuis longtemps la révision des lois qui régissent les sociétés commerciales, et notamment celles de cette nature.

La société anonyme, qui est la plus usitée dans les entreprises de chemins de fer, diffère des deux autres en ce qu'elle n'existe point sous un nom social, et qu'elle n'est administrée que par des mandataires révocables associés ou non associés, salariés ou gratuits, et qui ne sont responsables que dans les limites du mandat qu'ils ont reçu. Les associés ne sont passibles que de la perte du montant de leur intérêt dans la société. La société anonyme est qualifiée par la désignation de l'objet de son entreprise; elle ne peut exister qu'en vertu d'une ordonnance royale, et ses actes sont soumis à la surveillance de l'administration supérieure.

Toutes ces sociétés sont soumises à la législation des contrats, et assujetties à certaines règles générales de publicité. L'acte qui contient l'énoncé des droits et obligations des associés se nomme *acte de société*, ou *statuts*.

La loi reconnaît encore d'autres sociétés commerciales dites associations commerciales *en participation*. Elles ne sont pas sujettes aux formalités prescrites pour les autres sociétés.

Le code civil reconnaît l'existence d'autres sociétés, dites *sociétés civiles*, parce que leur but n'est point commercial. Ces sociétés ne se rattachent pas d'une manière directe aux entreprises qui font l'objet de ce livre. Cependant l'exploitation et la vente des produits d'un immeuble par celui qui en est propriétaire, tel que serait une mine de houille ou une carrière, n'étant pas considérée comme une opération commerciale, celles-ci peuvent donner lieu à la constitution de sociétés *civiles et particulières.*

Socle. Ouvrage carré en maçonnerie plus large que haut, et qui sert de base aux constructions dont l'appareil est fait avec soin et présente une décoration.

Sondage, Sonde. Lorsqu'on a quelque travail de maçonnerie à construire, quelque tranchée profonde ou souterraine à creuser, il est indispensable, pour se rendre compte de la dépense, de s'assurer par une opération préalable de la nature du terrain sur lequel on aura à travailler. Cette opération est celle du sondage : elle consiste à enfoncer dans le sol une espèce de tarière dont la forme varie selon la dureté des couches à traverser, et qui sert à reconnaître leur nature. Cette tarière est ce qu'on appelle une sonde. Elle se manœuvre à bras d'hommes, ou mieux au moyen de machines.

Sonnette. Instrument qui sert à enfoncer des pieux en terre. Il se compose de deux montans verticaux soutenus de deux contrefiches assemblées en forme de chèvre. Les deux montans supportent une ou deux poulies sur lesquelles passent des cordes auxquelles est suspendu un billot de bois appelé *mouton*, qui sert à frapper sur les pieux que l'on veut enfoncer.

On distingue deux espèces de sonnettes : la sonnette *à tiraude* et la sonnette *à déclic.*

La sonnette à tiraude s'emploie lorsqu'on ne veut pas élever le mouton au-dessus de la tête du pieu de plus de 4 m. 20c. La corde à laquelle est suspendu le mouton est unie à son extrémité supérieure à un certain nombre de cordes plus petites tenues par le même nombre d'hommes. Ces hommes, en tirant ensemble les cordes vers eux, élèvent le mouton le long des montans, et lorsqu'il est parvenu en haut ils le laissent retomber. Dans cette sonnette le mouton ne quitte jamais la corde à laquelle il est suspendu, et les hommes le relèvent aussitôt qu'il est tombé.

La sonnette à déclic s'emploie lorsqu'on a besoin d'élever le mouton de 2 m. 50 c. à 5 m. de hauteur. Le soulèvement du mouton se fait au moyen d'un treuil à bras sur lequel s'enroule l'extrémité de la corde à laquelle est suspendu le mouton. Lorsque le mouton est arrivé en haut des montans, un déclic fait décrocher la corde à laquelle il est suspendu, et il tombe de toute la hauteur sur la tête du pieu. Au moyen d'une petite corde attachée au crochet, un ouvrier placé près du pieu fait descendre le grand cordage auquel on accroche de nouveau le mouton, et la manœuvre recommence. Ce mode de battage est plus lent que le précédent, mais beaucoup plus énergique. Il convient pour les pieux de fortes dimensions que l'on veut enfoncer jusqu'au refus dans des terrains résistans.

Sortie. Les orifices de sortie de la vapeur, après qu'elle a agi dans le cylindre d'une machine, ne demandent pas à être calculés avec moins de soin et de précision que les orifices d'entrée. On ne risque rien à leur donner la plus grande largeur possible, car une ouverture trop faible, en s'opposant à l'issue de la vapeur, produit contre le piston une réaction qui gêne sa marche et absorbe inutilement une partie de la force. Dans les machines à condensation, la vapeur, à sa sortie du cylindre, débouche dans le condenseur. Pour les autres, elle débouche dans l'atmosphère au moyen d'un tube ou tuyau de sortie appelé TUYÈRE (*Voyez* ce mot).

Soudure. Composition ou mélange de divers métaux, tels que le plomb, l'étain, le cuivre, l'antimoine, etc., qui sert à joindre ensemble deux pièces de métal. — On soude aussi les barres de fer en les faisant rougir ensemble et les soumettant ensuite au cinglage ou au laminage.

Soufflerie. Nom générique sous lequel on comprend l'ensemble des appareils destinés à donner le vent à un feu de forge ou à un haut fourneau. Le plus simple de tous ces appareils est le soufflet de forge, qu'un homme manœuvre à la main ou avec le pied, et qui sert pour les forges maréchales. La description des autres appareils de soufflerie ne saurait trouver place ici.

Soupape. On distingue dans les machines à vapeur deux espèces de soupapes : les soupapes des pompes alimentaires, et les soupapes de sûreté.

Les soupapes des pompes alimentaires n'ont rien qui les distingue de celles des pompes ordinaires, si ce n'est qu'elles doivent être faites avec la plus grande précision. Tantôt ce sont de simples soupapes *à clapet* (*Voyez* ce mot); tantôt ce sont des soupapes *coniques* dans le genre de celle qui est représentée par la figure 4 ci-après; tantôt, enfin, ce sont (fig. 2) des soupapes *à boulet*. Dans cette dernière soupape, l'orifice par lequel arrive le liquide est fermé à chaque coup de piston par une boule ou sphère de métal qui fait l'office de clapet. Le siége sur lequel elle vient tomber est légèrement creusé en sphère pour lui permettre de bien s'y asseoir. Le boulet est maintenu dans son mouvement alternatif d'ascension et de descente par des guides en fer. Cette soupape a été employée par quelques constructeurs dans les machines locomotives : le boulet était en cuivre, et le siége en bronze. Son effet est excellent.

Fig. 1.

Fig. 2.

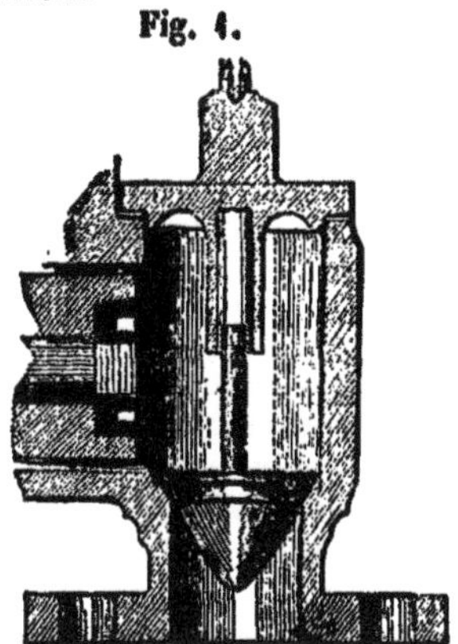

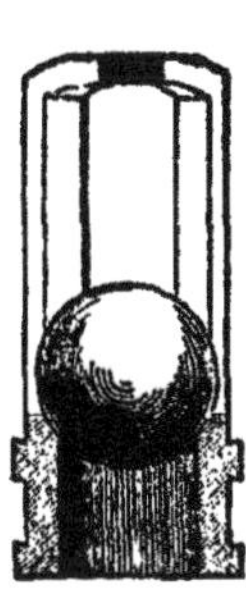

Les soupapes de sûreté forment par leur objet une classe tout à fait distincte des précédentes. Elles ont pour but de prévenir les dangers résultant d'un excès de tension de la vapeur qui se forme dans une chaudière.

Une soupape de sûreté se compose d'un disque métallique couvrant un orifice pratiqué dans la paroi de la chaudière et pouvant se soulever du dedans en dehors, par l'effet de la pression intérieure, mais chargé d'un poids tel que le soulèvement ne puisse avoir lieu que dans le cas où cette pression dépasse une certaine limite. Les ordonnances royales des 22 et 23 mai 1843 (*Voyez* SÛRETÉ) prescrivent d'adapter à la partie supérieure de chaque chaudière à vapeur deux soupapes de sûreté éloignées autant que possible l'une de l'autre et chargées en raison de la pression sous laquelle doit se former la vapeur, conformément à une table annexée à l'ordonnance. La charge peut se faire, soit au moyen de poids ou de ressorts portant directement sur la soupape, soit au moyen d'un levier dont le point d'appui est placé d'un côté de la soupape et qui reporte sur elle la pression de poids ou de ressorts placés sur son autre bras.

On voit dans les *Planches IV et V* une des soupapes de sûreté chargée par un levier portant un poids. La locomotive des *Planches VI et VII* porte deux soupapes de sûreté H H : celle d'arrière est également chargée par un levier dont la pression est réglée par un ressort à boudin. Le détail de cet appareil a été donné au mot BALANCE. La soupape d'avant est chargée par un ressort composé de lames d'acier disposées comme pour des ressorts de voitures. Cette soupape étant complétement enfermée dans une boîte hors de la portée du mécanicien, ne peut pas être dérangée par lui, c'est pourquoi on la nomme soupape de sûreté *fixe*. La première, au contraire, est à sa disposition, et il peut en faire varier la charge à volonté pendant la marche de la locomotive : on lui donne le nom de soupape de sûreté *variable*.

SOUS-DÉTAIL DE PRIX. Nomenclature détaillée des prix qui ont servi de base à l'évaluation d'un travail. Cette locution est synonyme d'ANALYSE DES PRIX. (*Voyez ce mot.*)

SOUS-SECRÉTAIRE D'ÉTAT DES TRAVAUX PUBLICS. Fonctionnaire public chargé, sous l'autorité du ministre des travaux publics, de tous les objets concernant les ponts-et-chaussées et les mines. Ce titre a remplacé, depuis le ministère du 12 mai 1839, celui de directeur-général des ponts-et-chaussées et des mines. Les fonctions sont restées à peu près les mêmes : elles ont été réglées par l'ordonnance royale du 18 mai 1839. Le sous-secrétaire d'état agit, soit en vertu des dispositions spéciales des réglemens, soit par délégation du ministre.

SOUTE. Espace dans lequel est déposé le charbon qui sert à l'alimentation du foyer dans un bateau à vapeur. Il faut avoir la précaution de maintenir entre les soutes et le fourneau un assez grand intervalle pour que le charbon ne puisse pas s'échauffer d'une manière dangereuse.

SOUTERRAIN. On appelle souterrains ou tunnels dans les chemins de fer, les galeries que l'on creuse sous terre, toutes les fois que le niveau auquel on doit établir la voie exigerait des excavations trop considérables pour que l'on fasse une tranchée à ciel ouvert. Quelquefois les souterrains sont motivés par d'autres causes qu'une grande quantité de terrassemens à remplacer. Par exemple, on voudra diminuer la surface des terrains à acquérir, ne pas entamer une propriété précieuse, conserver une place publique ou une voie de communication que la ligne traverse. Sous ce rapport, les ponts construits au-dessus des rues, routes et chemins, pour le passage d'un chemin de fer, sont de véritables souterrains. Cependant on ne leur donne ce nom que lorsqu'ils ont une certaine longueur.

Les souterrains proprement dits sont généralement voûtés et revêtus en maçonnerie sur tout leur pourtour. Lorsque les terrains dans lesquels ils sont pratiqués ne sont pas fort solides, leur construction présente les plus graves difficultés et l'on est obligé de revêtir en maçonnerie non-seulement le ciel de la voûte et les parois latérales, mais même tout le terre-plein de la base. Ce terre-plein, dans ce cas, est garni d'une espèce de radier en forme de courbe concave qui résiste à la poussée des pieds-droits et les fortifie en tendant à les écarter. D'autres fois on peut se dispenser de toute maçonnerie dans les souterrains : c'est lorsqu'ils sont ouverts dans une roche solide et qui ne s'altère point au contact de l'air.

Les dimensions des souterrains doivent être calculées de manière à donner facilement passage aux locomotives et aux autres voitures du chemin de fer : elles sont fixées par les cahiers de charges.

Lorsque les souterrains doivent avoir une grande longueur, il serait trop long et trop dispendieux d'en faire sortir les déblais et d'y apporter les matériaux pour la maçonnerie, seulement par leurs extrémités. Alors on pratique de distance en distance des puits sur la ligne qu'ils doivent traverser, et l'on attaque l'ouvrage par plusieurs points à la fois. Ces puits servent aussi à l'épuisement des eaux que l'on rencontre presque toujours dans le sol, quand on y pénètre à une certaine profondeur. Ils peuvent ne pas se trouver précisément sur l'axe du souterrain. Dans beaucoup de circonstances il est préférable de les placer à une petite distance, soit à droite, soit à gauche. Alors le service se fait, entre le souterrain et les puits, par de petites galeries latérales de service, creusées au niveau de la galerie principale. Lorsque les travaux sont terminés, on bouche ces puits, en ayant soin d'en marquer l'emplacement, et l'on en réserve quelques-uns pour l'aérage du souterrain. Ces derniers sont choisis parmi ceux qui étaient situés sur l'axe.

Les souterrains peuvent être courbes ou en ligne droite : leur tracé se fait, comme pour les autres parties de la ligne, à la surface du sol. On conçoit, qu'il exige les plus grandes précautions et qu'il faut souvent vérifier la direction donnée aux travaux intérieurs, pour savoir si elle est bien conforme au projet. Une méprise, qui empêcherait des travaux intérieurs entrepris sur plusieurs points à la fois de se raccorder, jetterait dans de fortes dépenses,

et pourrait même occasionner de graves accidens : car on ne re-
mue jamais impunément des terres et des rochers qui supportent
une masse considérable. Il en résulte un ébranlement qui altère
leurs conditions d'équilibre, et lorsqu'on les a consolidés par des
maçonneries, il est toujours dangereux d'y toucher de nouveau.

Bien qu'à la rigueur il soit vrai de dire que les chances d'accident dans l'exploitation d'un chemin de fer sont plus fortes et
plus nombreuses dans un souterrain que dans les parties à jour,
on aurait tort cependant de se rien exagérer à cet égard. Lorsque
les ouvrages ont été solidement construits et que la police est bien
faite, les voyageurs doivent parcourir les souterrains avec autant de
sécurité que le reste de la voie. Or, sous ce double rapport, la vigilance de l'administration publique, et l'intérêt bien entendu des
exploitans, donnent des garanties suffisantes. L'absence de lumière
y est plus désagréable que dangereuse : d'ailleurs on doit y suppléer par un éclairage suffisant dans les voitures pour les voyageurs, et le long de la voie pour le mécanicien chargé de la conduite du convoi. S'il était vrai que l'obscurité fût une cause réelle
de danger, sans doute elle ne serait pas moindre pour les voyages
de nuit. Or, tout le monde sait que les grandes lignes d'Angleterre
sont parcourues la nuit par de nombreux convois, et avec autant
de vitesse et de sécurité que le jour. En France même, où quelques personnes agitent encore la question de savoir, si l'on doit
faire des convois de nuit sur nos grandes lignes, on ne fait pas
attention que tous les jours les départs se succèdent jusqu'à dix
heures, onze heures et minuit, sur celles qui existent déjà. Ce sont
bien là de vrais services de nuit ; et l'immense quantité de voyageurs qui afflue aux convois du soir, témoigne assez de leur peu
d'inquiétude à cet égard.

STATION. Ensemble des constructions que nécessitent l'embarquement et le débarquement des voyageurs et des marchandises
sur un chemin de fer. On peut distinguer jusqu'à quatre classes de
stations, en raison de leur importance. Dans celles des deux premières classes, outre les bureaux, les salles d'attente des voyageurs, et les magasins et hangars de dépôt des marchandises, on
trouve les bureaux de l'administration centrale, les appartemens
des agens supérieurs, enfin les remises et ateliers pour la conservation des voitures aussi bien que pour la réparation et l'entretien de la voie et du matériel d'exploitation. Dans les stations des
deux dernières classes se retrouvent les mêmes élémens sur de
moindres proportions. Il est bon d'y avoir des dépôts d'eau et de

charbon pour l'alimentation des locomotives, et quelques outils pour le graissage et les menues réparations.

Il n'y a rien de fixe dans l'aménagement d'une station. Sa position et les proportions sur lesquelles on la construit doivent être en rapport avec l'importance de la ligne et du mouvement que l'on suppose devoir se concentrer sur le lieu où elle est située. Les dépenses des stations sont essentiellement dépendantes de celles du matériel d'exploitation. Aussi ne doit-on pas s'étonner de voir combien ces dépenses se sont accrues à mesure que la pratique a fait connaître le développement considérable que les besoins de la circulation forçaient de donner au matériel. Ce point est un de ceux sur lesquels les devis primitifs des chemins de fer ont été le plus fortement dépassés.

Une des causes de dépense des stations de chemins de fer provient non-seulement de la quantité de constructions qu'elles nécessitent et du grand espace qu'elles occupent, mais encore de la position même de leur emplacement. Destinées à offrir au public toutes facilités pour l'accès au chemin de fer, elles doivent être à portée des grands centres de population, et pénétrer autant que possible dans l'intérieur des villes. Or, on sait quelle énorme différence existe toujours entre le prix des terrains situés en rase campagne et celui des terrains habités. Cette considération force souvent à séparer les unes des autres certaines parties qui appartiennent à la station, mais qui peuvent sans grand inconvénient en être distinctes : tels sont les remises, hangars et ateliers. Souvent aussi on est obligé de séparer complétement la station des marchandises de celle des voyageurs, et de ne laisser pénétrer dans celle-ci que les denrées d'un grand prix et d'un faible volume, telles que les bagages de voyageurs et autres marchandises connues par les expéditionnaires sous le nom d'*articles de messageries*.

Les considérations de dépenses deviennent tellement importantes lorsqu'il s'agit d'une station de grande ville, que l'on a pensé quelquefois à les éviter en faisant aboutir deux et même un plus grand nombre de lignes dans une seule gare ou station. Les difficultés de deux exploitations différentes dans un même emplacement, les collisions qui résultent du contact perpétuel de deux administrations dont les intérêts sont distincts et souvent opposés, m'ont toujours fait considérer cette solution comme mauvaise, et le petit nombre d'exemples qui en existe n'est pas de nature à donner gain de cause à l'opinion contraire. D'ailleurs, quand on songe à l'immensité du mouvement que développent les chemins de fer, et à l'accroissement certain que ne cessera de prendre ce mouvement au fur et à mesure que les lignes se souderont les unes aux autres, ne voit-on pas qu'il y a une grande imprudence à renfermer dans un seul espace le foyer sur lequel se concentrent les mouvemens partant de deux sources différentes, et qui peuvent acquérir chacune une importance que rien ne permet de soupçonner aujourd'hui? Ne semble-t-il pas que loin de réduire le nombre des stations nécessaires par exemple pour les lignes qui aboutissent à Paris, on devrait au contraire profiter du moment où une grande quantité de terrains vagues sont encore aujourd'hui sans valeur, quoique situés dans l'intérieur de la capitale, et donner à chaque ligne plutôt deux stations qu'une seule? Quelques personnes traitent cette opinion de paradoxe et croient y avoir suffisamment répondu par le projet de chemin de ceinture destiné à unir entre elles les gares du nord, de l'ouest et du midi. Mais on peut leur répondre que cette opinion n'a rien de plus paradoxal que celle qui a conduit à percer le mur d'enceinte de Paris d'un nombre de barrières beaucoup plus considérable que celui des grandes routes qui y aboutissent, et que le chemin de fer de ceinture ne remplacerait pas plus les stations multipliées que le boulevard extérieur ne remplace les barrières.

STATUTS. Ensemble des droits et obligations résultant de la réunion de plusieurs personnes en société civile ou commerciale. Ces statuts rédigés en forme de réglement ne sont autre chose que *l'acte de société*, auquel adhèrent tous ceux qui prennent part aux risques, périls et avantages de l'entreprise qui forme l'objet de l'association.

STEAMBOAT, STEAMER. Mots anglais qui signifient bateau à vapeur et que l'on emploie souvent en français dans le même sens.

STÉRÉOTOMIE. Art de tailler les bois et les pierres, et de leur donner les formes convenables pour leur emploi dans les constructions.

STONE. Mot anglais, qui veut dire pierre. On l'a transporté, dans le langage technique, pour désigner les dés en pierre, sur lesquels on fait quelquefois porter les coussinets dans lesquels sont encastrés les rails de chemins de fer. Cependant ce mot est maintenant peu usité.

STORE. Espèce de rideau d'étoffe, qui se lève et s'abaisse au moyen d'un ressort et que l'on place devant les portières de voitures pour se garantir du soleil ou de la poussière.

STUFFEN ou **STUFFING-BOX.** Mot anglais qui signifie littéralement boîte étouffante et que l'on emploie quelquefois en français comme synonyme de *boîte à étoupes*, à cause de l'usage auquel celle-ci est destinée.

SUBVENTIONS. Fonds accordés à titre gratuit par l'État pour subvenir à des dépenses dont la rémunération consiste dans la perception de péages reconnus insuffisans pour indemniser complétement le concessionnaire. En matière de chemins de fer, bateaux à vapeur ou usines présentant un caractère reconnu d'utilité publique, les subventions peuvent être fournies par l'État ou par les localités les plus intéressées au travail en question.

Une subvention peut avoir pour but de diminuer la quotité des péages à concéder ou d'en abréger la durée.

Bien que le mot subvention ait été réservé pour désigner plus particulièrement les secours en argent, on peut donner ce nom à toutes les immunités accordées à des compagnies, dans l'intention de rendre leurs opérations profitables. Ainsi dans le système d'exécution des grandes lignes de chemins de fer créé par la loi du 11 juin 1842, l'apport des terrains et de la construction du sous-sol de la voie, fait aux compagnies d'exploitation moyennant les deniers des localités et de l'état, constitue en faveur de ces compagnies une véritable subvention.

SUPERSTRUCTURE. On comprend dans les chemins de fer, sous ce nom générique, l'ensemble des dispositions spéciales qui distinguent cette nature de voie de communication des chaussées ordinaires. La superstructure embrasse donc tout ce qui regarde la forme et la pose des rails et de leurs accessoires, savoir : l'assiette de la voie, les supports, coussinets, rails, traverses, longrines, etc.

SUPPORTS. Pièces de bois ou de fonte, ou quartiers de pierre par l'intermédiaire desquels les rails reposent sur le sol de la chaussée d'un chemin de fer.

Les supports peuvent tous se rapporter à deux systèmes: les supports discontinus et les supports continus.

Le système des supports discontinus est celui qui est le plus généralement employé en Europe. Dans ce système les rails reposent de distance en distance sur des appuis en pierre, en bois, ou même en fonte. Les pierres s'emploient généralement sous la forme de dés isolés sous chaque cours de rails. Quelquefois, dans les localités où l'on peut se procurer à peu de frais des pierres de taille d'une certaine longueur, la pierre s'emploie à l'état de traversines reliant les deux cours de rails d'une même voie: ce dernier mode est rarement usité. Dans le système des supports discontinus, le bois et la fonte ne s'emploient qu'à l'état de traverses occupant toute la largeur de la voie. On se sert peu de traverses en fonte, elles sont toujours plus dispendieuses que le bois et présentent une rigidité qui nuit à la traction à grande vitesse.

Le choix à faire entre les dés en pierre et les traverses en bois ne peut présenter d'incertitude que par suite des différences entre les prix des matériaux dans les contrées où l'on se trouve, car il n'y a nul doute que les traverses en bois sont préférables. Elles réunissent à l'avantage d'une certaine élasticité que la pierre ne possède jamais au même degré, celui d'assurer la conservation de l'écartement entre les deux cours de rails qui composent la voie.

Il y a deux systèmes pour l'espacement des supports : l'un qui consiste à employer des rails d'un faible poids et des supports très rapprochés ; l'autre qui emploie des rails beaucoup plus forts et des supports assez éloignés les uns des autres. Dans le premier système, le poids des rails varie de 13 à 26 kilogrammes par mètre courant, et l'espace des supports est de 0 m. 95 à 1 m. 15. Dans le second système, l'espacement des supports va jusqu'à 1 m. 52 et le poids des rails est de 37 à 38 kilogrammes par mètre courant. Ce dernier mode est considéré comme plus avantageux pour les chemins de fer à grande vitesse, à cause de sa plus grande élasticité.

Dans les chemins de fer à supports continus, les rails reposent dans toute leur longueur sur des pièces de bois qui prennent le nom de longrines. Ces longrines sont reliées de distance en distance par des traverses qui maintiennent l'écartement des deux cours de rails et forment un ensemble doué d'une certaine élasticité qui repose directement sur l'ensablement de la voie. On a essayé de faire porter les longrines sur une file de pieux verticaux enfoncés en terre : mais l'expérience n'a pas été favorable à ce procédé. Le seul reproche que l'on ait fait avec raison au système des supports continus, c'est qu'il absorbe beaucoup de bois et qu'il est par conséquent fort cher dans tous les pays où le bois n'est pas abondant : il est certain du reste qu'aucun autre ne réunit au même degré les conditions de stabilité et d'élasticité modérée que réclame le service des chemins de fer. Il serait possible d'en diminuer la dépense en augmentant la durée des bois au moyen de préparations chimiques qui en empêchent ou en arrêtent la carie. Peut-être aussi pourrait-on remplacer les traverses en bois, qui relient les longrines, par un système d'étriers, de calles et de boulons, où la fonte et le fer forgé joueraient le même rôle.

La manière dont les rails reposent sur les dés, traverses ou longrines fait à proprement parler partie des supports : je renvoie pour la description de ces divers modes aux mots, *chairs, coussinets, dés, longrines, rails, stones* et *traverses.*

Sureté. Les mesures de précaution et de sûreté, imposées par l'administration publique aux fabricans et propriétaires de machines et bateaux à vapeur, ont été réglementées par plusieurs ordonnances rendues de 1823 à 1839 ; mais aujourd'hui deux nouvelles ordonnances, rendues dans le courant de 1843, ont remplacé les précédentes. La première, datée du 22 mai, est relative aux machines et chaudières à vapeur de toute espèce, autres que celles qui sont placées sur des bateaux ; la seconde, datée du 23 mai, est relative aux bateaux à vapeur qui naviguent sur les fleuves et rivières.

Je regrette que la longueur de ces deux pièces importantes ne me permette pas de les transcrire ici ; mais, pour en donner une idée au lecteur, je vais en présenter une analyse sommaire.

L'ordonnance du 22 mai est composée de 34 articles, divisés en six titres.

Le titre 1er interdit à tout fabricant ou importateur de livrer aucune machine ou chaudière à vapeur, si elle n'a subi les épreuves prescrites par l'ordonnance.

Le titre II traite des dispositions relatives aux machines et chaudières placées à demeure, ailleurs que dans les mines. La première section de ce titre soumet l'établissement de ces appareils aux formalités prescrites par le décret du 15 octobre 1810, pour les établissemens insalubres de 2e classe.

La demande en autorisation d'établissement doit être adressée au préfet, et faire connaître la pression sous laquelle les appareils doivent fonctionner, leur force en chevaux – vapeur, leur forme, la capacité des chaudières et bouilleurs, leur emplacement par rapport aux propriétés voisines et à la voie publique, la nature du combustible que l'on se propose d'y employer, et enfin le genre d'industrie auquel ils sont destinés.

Avant leur emploi, les chaudières, bouilleurs et réservoirs de vapeur, les cylindres et leurs enveloppes en fonte, doivent être soumis à une épreuve de pression, à l'aide d'une pompe. Cette pression est triple de la pression la plus élevée à laquelle travaillera la machine, pour les cylindres et enveloppes en fonte, et pour les chaudières, bouilleurs et réservoir en tôle ou en cuivre laminé : elle est quintuple pour les chaudières et bouilleurs en fonte.

Des timbres apparens, placés sur la chaudière, indiqueront la pression à laquelle elle peut fonctionner.

L'épaisseur des parois des chaudières en tôle ou en cuivre laminé est déterminée, d'après une table et une formule annexées à l'ordonnance. Ces prescriptions, relatives aux épreuves, remplissent la deuxième section du titre II.

La troisième section est relative aux appareils de sûreté dont les chaudières doivent être munies.

Ces appareils sont les soupapes de sûreté, le manomètre et les indicateurs du niveau de l'eau dans la chaudière, comprenant un flotteur d'alarme destiné à déterminer l'ouverture d'une issue bruyante de vapeur toutes les fois que l'eau descend de cinq centimètres au-dessous du niveau qu'elle doit avoir, un tube indicateur en verre et des robinets d'essai, placés à diverses hauteurs.

La quatrième section traite de l'emplacement des chaudières : elle les classe pour cela en quatre catégories déterminées en raison de la capacité de la chaudière et de la tension de la vapeur. Dans la première catégorie sont celles dont la capacité, exprimée en mètres cubes, et la tension, exprimée en atmosphères, donnent, multipliées l'une par l'autre, un produit supérieur à quinze ; dans la seconde, celles où le produit est de sept à quinze ; dans la troisième, celles où le produit est de trois à sept ; et dans la quatrième, celles où le produit est inférieur à trois.

Les chaudières de la première catégorie doivent être établies en dehors de tout atelier ou maison d'habitation, et protégées par un mur de défense d'un mètre d'épaisseur, lorsqu'il y a moins de dix mètres entre elles et les maisons d'habitation ou la voie publique. Si les chaudières sont enfoncées dans le sol, le mur ne sera exigé que pour une distance moindre de cinq mètres. Les chaudières de la deuxième catégorie sont soumises aux mêmes prescriptions, mais elles peuvent être placées dans un atelier, pourvu que cet atelier ne fasse pas partie d'une maison d'habitation ou d'une fabrique à plusieurs étages. Le local dans lequel est contenue la chaudière ne peut être voûté, mais seulement couvert d'une toiture légère. Les préfets peuvent, dans certains cas, autoriser la pose de chaudières de la première catégorie dans des ateliers disposés comme pour les chaudières de la seconde.

Les chaudières de la troisième catégorie peuvent être établies, sans mur de défense, dans des ateliers qui ne font pas partie de maisons d'habitation. Celles de la quatrième peuvent être établies dans des ateliers quelconques ; mais dans tous les cas leurs fourneaux devront être séparés des maisons voisines par un espace vide d'au moins cinquante centimètres, et les enveloppes destinées à préserver ces chaudières de la déperdition de chaleur devront être en matériaux légers ou peu épais.

Le titre III soumet aux mêmes mesures de précaution les machines placées à demeure dans l'intérieur des mines.

Le titre IV traite des machines locomobiles et locomotives.

Dans la première catégorie sont rangées les machines qui peuvent être facilement transportées d'un lieu à un autre, et n'exigent aucune construction pour fonctionner en station. Ces machines sont soumises aux mêmes prescriptions que les précédentes, sauf le cas où elles sont munies de chaudières tubulaires. Dans ce dernier cas elles peuvent être essayées sous une pression double seulement de la pression effective : le manomètre à air libre peut y être remplacé par le thermo-manomètre ; elles sont dispensées du flotteur d'alarme. Outre les timbres relatifs aux conditions de sûreté, les locomobiles recevront une plaque portant le nom du propriétaire : elles ne peuvent, à moins d'autorisation spéciale du maire de la commune, fonctionner à moins de cent mètres de distance de tout bâtiment.

Les locomotives jouissent, quant aux épreuves, de la même faveur que les chaudières tubulaires des machines locomobiles : leurs soupapes de sûreté peuvent être chargées au moyen de ressorts, dont la pression sera estimée en kilogrammes et fractions décimales de kilogramme. Dans la demande du permis de circulation adressée au préfet, le pétitionnaire indiquera le nom du propriétaire, la pression de la vapeur, la force de la machine en chevaux et le nom de la machine : ce nom sera gravé sur une plaque fixée à la chaudière. Dans le permis délivré par le préfet sont énoncés : le nom de la locomotive et le service auquel elle est destinée, la pression de la vapeur et les timbres dont la chaudière est frappée, le diamètre des soupapes de sûreté, la capacité de la chaudière, le diamètre des cylindres et la course des pistons, enfin le nom du fabricant et l'année de la construction.

Le titre V place la surveillance des machines et chaudières à vapeur dans les attributions des ingénieurs des mines, et à leur défaut, des ingénieurs des ponts-et-chaussées, sous l'autorité des préfets. Ils sont chargés de donner leur avis sur les demandes d'établissement, de diriger les mesures de précaution imposées et de surveiller les machines lorsqu'elles sont en service.

Le titre VI est relatif aux dispositions générales : il autorise les modifications aux mesures de sûreté, dans le cas où un mode particulier de construction les rend possibles de l'avis des ingénieurs. Il interdit de faire travailler à une pression supérieure à une atmosphère les chaudières alimentées avec des eaux corrosives, dont le principe délétère ne serait pas corrigé par quelque moyen efficace. Il donne une année aux propriétaires actuels de machines pour se conformer aux prescriptions de l'ordonnance, sauf celles qui sont relatives à l'emplacement des machines. Il charge la police locale, en cas d'accidens, de se transporter sans délai sur les lieux pour dresser procès-verbal, et interdit aux propriétaires, en cas d'explosion, de faire aucune réparation avant la visite et la clôture du procès-verbal de l'ingénieur.

L'ordonnance relative aux bateaux à vapeur est composée, comme la précédente, de 86 articles, divisés entre six titres.

Le titre Iᵉʳ traite des permis de navigation. Dans sa demande de permis, le propriétaire doit faire connaître le nom du bateau, ses principales dimensions, son tirant d'eau à vide, sa charge maximum exprimée en tonneaux, la force de l'appareil en chevaux-vapeur, sa pression, la forme de la chaudière, le service auquel le bateau est destiné, ses points de départ, de stationnement et d'arrivée, le nombre de passagers qu'il peut recevoir. Cette demande, adressée au préfet, est transmise à une commission de surveillance qui s'assure si le bateau est solidement construit, bien aménagé et à l'abri des chances d'incendie, et si les prescriptions relatives aux appareils à vapeur en général y ont été observées. Cette commission vérifie la force de l'appareil, la hauteur des eaux de la rivière, le tirant du bateau, sa vitesse en montant et en descendant, et les divers degrés de tension de la vapeur pendant la marche du bateau. Le permis de navigation n'est valable que pour un an : il est délivré par le préfet, sur l'avis motivé de la commission de surveillance ; il relate les conditions indiquées dans la demande du propriétaire et dans l'avis de la commission, en les modifiant au besoin, et prescrit les dispositions de police particulières à la localité. Chaque fois que le permis de navigation est renouvelé, les mêmes formalités doivent être répétées. Des autorisations provisoires, pour se rendre à destination, peuvent être délivrées dans le cas où le bateau, muni de son appareil, aurait été construit et mis à l'eau dans un département autre que celui où il doit faire son service.

Le titre II traite des mesures relatives aux machines à vapeur servant de moteurs sur les bateaux. Ces mesures sont analogues à celles de l'ordonnance que je viens d'analyser précédemment. La pression d'épreuve des chaudières est seulement triple de la pression effective, et l'usage des chaudières et bouilleurs en fonte sur les bateaux est prohibé. Lorsque le bateau est muni de plusieurs chaudières, celles-ci ne peuvent communiquer entre elles que par les conduits de vapeur, et la communication doit pouvoir être interceptée au besoin. L'emplacement des appareils doit être assez grand pour que le service et la visite de toutes les parties puissent se faire facilement : il doit être séparé des salles de passagers par des cloisons en fortes planches revêtues de feuilles de tôle.

Le titre III traite de l'installation des bateaux et de leurs agrès, apparaux et équipages.

Le titre IV règle le service des bateaux à vapeur. Il se divise en quatre sections. La première est relative au stationnement au départ et au mouillage des bateaux ; la seconde, à leur marche et à leur manœuvre; la troisième, à la conduite du feu et des appareils moteurs ; et la quatrième, aux passagers. Il est interdit de laisser ces derniers s'introduire dans l'emplacement de la machine. Un registre coté et paraphé doit être tenu à leur disposition pour y consigner leurs observations et le capitaine peut y ajouter les siennes. Un tableau affiché dans la salle des passagers doit reproduire la copie du permis de navigation, indiquer la durée moyenne des voyages, le temps du stationnement, le nombre maximum des passagers, la faculté qu'ils ont de consigner leurs observations sur le registre, et enfin le tarif des places.

Le titre V règle la surveillance administrative des bateaux à vapeur qu'il place sous l'autorité des préfets assistés d'une ou plusieurs commissions de surveillance dont les ingénieurs des ponts-et-chaussées et des mines font nécessairement partie, et sous l'inspection journalière des autorités de police locale.

Le titre VI consacre certaines dispositions générales et prévoit le cas où des appareils d'une construction particulière pourraient être exemptés de quelques-unes des dispositions de l'ordonnance.

Switche. Mot anglais qui signifie *aiguille*. Il est quelquefois employé en français dans le même sens pour désigner les aiguilles servant aux croisemens de voies sur les chemins de fer (*Voyez* Aiguille).

T

Tablier. Dans les ponts en charpente, c'est le plancher supporté par les longrines et traverses.

Tache. Il y a deux manières de faire exécuter un travail par des ouvriers : c'est de les employer à la journée ou à la tâche. Toutes les fois que le travail à la tâche est possible, il doit être préféré : on effet, on peut être certain que les ouvriers à la tâche emploient beaucoup mieux leur temps, et produisent par conséquent beaucoup plus que ceux qui sont à la journée. Sous ce rapport, il n'ont pas besoin d'être surveillés d'aussi près, car l'appât du gain les stimule mieux que ne pourrait le faire le maître le plus sévère. Le seul inconvénient du travail à la tâche, c'est qu'il risque d'être moins bien exécuté que le travail à la journée. On ne doit donc point recourir à ce mode pour les ouvrages qui exigent une grande perfection. »

Le travail à la tâche se combine très bien avec la *régie*. Lorsque l'on traite directement avec les tâcherons, on obtient souvent le bénéfice que l'on aurait dû abandonner à un entrepreneur en passant par son intermédiaire. La mise à la tâche suppose que l'ingénieur s'est préalablement rendu un compte exact de ce que peut faire un bon ouvrier dans sa journée. C'est sur cette base que repose son évaluation pour traiter avec les tâcherons.

Tacherons. Ouvriers qui s'associent par brigades pour prendre à la tâche de petites parties d'ouvrages. Il s'établit ordinairement entre eux une espèce d'hiérarchie. Le plus intelligent et le plus actif reçoit les ordres de l'ingénieur et les fait exécuter par ses camarades. C'est lui qui assiste au mesurage des travaux faits; il en reçoit le prix et le distribue à qui de droit. Il est rare que, dans une régie bien organisée, on ne traite pas avec des tâcherons pour les terrassemens, les maçonneries grossières, et même pour des ouvrages plus délicats, tels par exemple que la pose des rails d'un chemins de fer.

Talus. Inclinaison que l'on donne à la paroi d'une construction pour assurer sa stabilité. Cette inclinaison se nomme aussi le *fruit*. Les talus de maçonnerie sont beaucoup plus faibles que ceux des ouvrages en terre ; à moins que l'on ait à craindre de grands efforts dans le sens horizontal, on ne leur donne guère qu'un dixième. Souvent on élève les murs à plomb sur leurs deux faces, mais en calculant leur épaisseur en raison de leur hauteur et de la charge qu'ils ont à supporter.

Les talus des ouvrages en terre se règlent d'après la plus ou moins grande stabilité naturelle de celles-ci. Cette stabilité se détermine d'après des expériences pour chaque cas.

Le plus souvent on donne au talus des tranchées une inclinaison de 45 degrés, c'est-à-dire un de base pour un de hauteur. Les talus de remblais se règlent sur un et demi ou deux de base pour un de hauteur.

Tambour. Grand cylindre en bois ou en fer, sur lequel vient s'enrouler une corde à l'extrémité de laquelle est fixé un fardeau. En communiquant au tambour un mouvement de rotation dans un certain sens, la corde s'enroule sur la surface, et attire à elle le fardeau. Lorsque le mouvement de rotation a lieu en sens inverse, la corde se déroule et le fardeau descend; Les tambours sont un cas particulier des poulies à grand diamètre. Ils peuvent être horizontaux, verticaux ou inclinés. On les emploie fréquemment dans les machines pour les transmissions de mouvement. Sur les plans inclinés des chemins de fer, ils sont employés pour le remorquage des convois. Ordinairement il y en a deux, et on les dispose de manière que la même machine communique en même temps à l'un le mouvement d'appel et à l'autre le mouvement de retour. De cette manière, pendant qu'un convoi est remorqué vers le haut du plan incliné par la corde du premier tambour, un autre convoi descend sur la voie parallèle (*Voyez* Réciproquant, Système).

Tampons. Les extrémités des cadres sur lesquels reposent les voitures des chemins de fer sont garnies à leurs quatre angles de tampons en cuir, garnis de crin, pour recevoir et amortir les chocs, lorsque les voitures viennent à buter les unes contre les autres. Ces tampons sont placés à l'extrémité des tiges en fer qui reportent les chocs sur des ressorts intérieurs. Ils sont désignés par les lettres N N dans la *Planche XII* qui représente une portion d'un cadre de diligence de chemin de fer.

Il arrive souvent que quelque tube d'une chaudière tubulaire se crève pendant que la machine est en travail. Pour arrêter l'écoulement de l'eau qui se répand dans le foyer, on remédie provisoirement à cet accident peu grave en bouchant l'orifice du tube par un petit tampon en bois.

Tangente. Ligne qui se confond avec une autre en deux points tellement rapprochés qu'ils semblent n'en former qu'un seul. Une ligne droite tangente à un cercle est perpendiculaire à l'extrémité du rayon qui aboutit au point de contact. En général lorsque deux lignes sont tangentes, soit qu'une seule soit courbe, soit qu'elles le soient toutes deux, les directions de leurs rayons de courbure se confondent au point de contact, et elles sont l'une et l'autre perpendiculaires à cette direction en ce point. Des surfaces peuvent être tangentes entre elles et les lignes peuvent être tangentes aux surfaces. Les contacts de cette espèce jouissent de propriétés analogues au contact des lignes entre elles.

TARAUDAGE. Opération qui a pour but de pratiquer sur une vis, ou dans l'intérieur d'un écrou, le filet. Le taraudage se divise en deux opérations : le *filetage* et le *taraudage* proprement dit. Le filetage se fait au moyen de la *filière (Voyez* ce mot) : il a pour but de dessiner la forme du filet et de préparer son exécution définitive en enlevant sur le corps de l'objet à tarauder une certaine quantité de matière. Le taraudage se fait à peu près de la même manière que le filetage : la seule différence essentielle entre cette opération et la première, c'est que le travail y est poussé jusqu'à la fin, c'est-à-dire jusqu'à ce que le filet ait reçu sa forme et sa dimension définitives.

TARIF. Ensemble des droits de *péage* et de *transport* que le concessionnaire d'un chemin de fer est autorisé à percevoir sur les marchandises et les voyageurs qui empruntent la voie de communication créée ou administrée par lui. C'est dans l'autorisation de percevoir le tarif, tel qu'il est réglé, quant à sa durée et à sa quotité, que réside le fait de la concession. Le droit d'expropriation confié aux concessionnaire n'est qu'une délégation temporaire d'un droit qui ne cesse point d'appartenir à l'état et qui n'est transmis à celui qui exécute les travaux que pour en faciliter et en accélérer l'exécution. Ce serait une erreur grave que de croire qu'une concession de tarif, même [perpétuelle, crée entre les mains des concessionnaires un droit réel de propriété sur les immeubles du chemin de fer. Les acquisitions qu'il a faites, les indemnités de toutes sortes, les travaux de toute nature qu'il a payés de ses propres deniers sont devenus une propriété publique qu'il est chargé de conserver et d'entretenir, et en retour de laquelle il lui a été conféré le droit de percevoir un tarif. C'est ce tarif qui se divise en deux parties appelées *péage* et *transport*. (*Voyez* ces mots pour en connaître la signification particulière).

TASSEMENT. Lorsque des terres ont été remuées, elles occupent toujours un plus grand espace que dans leur état naturel : cet accroissement de volume se nomme le *foisonnement*. Mais le foisonnement, d'abord assez considérable pendant les premiers temps, ne tarde pas à diminuer soit par l'effet de la pression que les terres exercent réciproquement sur elles-mêmes, soit par suite de moyens mécaniques employés pour accélérer cette réduction de volume. Ce phénomène est le tassement ; on doit toujours en tenir compte dans l'exécution des remblais, et leur donner une hauteur un peu plus grande que celle qu'ils doivent avoir définitivement. Les tassemens ne sont pas les mêmes pour toutes les terres ; ils dépendent de leur nature et de la manière dont elles ont été maniées.

Témoins. *Voyez* DAME. Au lieu de laisser les témoins en forme de cônes dans une tranchée, on les laisse quelquefois sur toute sa largeur, sauf un passage nécessaire pour le service des transports. Ils dessinent dans ce cas la forme même du profil en travers du déblai.

Tenailles. Instrument en fer, composé de deux branches attachées l'une à l'autre par une goupille autour de laquelle elles peuvent tourner pour se séparer ou se rapprocher à volonté par leurs extrémités. Les tenailles servent à saisir ou à arracher les objets que la main seule serait impuissante à manier.

Tendre. Mot anglais employé comme synonyme d'*allège* pour les chemins de fer (*Voyez* ALLÈGE).

Tenon. Saillie pratiquée à l'extrémité d'une pièce de bois, de fer ou de fonte, et ayant la même forme que la mortaise dans laquelle elle doit s'emboîter pour réunir deux pièces entre elles. Les assemblages de cette espèce se nomment assemblages à *tenon et mortaise.*

Tension. Mot employé comme synonyme de pression pour les fluides élastiques. (*Voyez* PRESSION).

Terminus. Mot latin qui signifie *extrémité*, et que les Anglais emploient souvent pour désigner l'extrémité d'un chemin de fer. On en fait quelquefois usage en France dans le même sens.

Terrains. Aux termes de la loi du 11 juin 1842, les indemnités dues pour les terrains et bâtimens dont l'occupation sera nécessaire à l'établissement des chemins de fer et de leurs dépendances seront avancées par l'État, et remboursées à l'État jusqu'à concurrence des deux tiers par les départemens et les communes. Il n'y a pas lieu à indemnité pour l'occupation des terrains ou bâtimens appartenant à l'État. En outre le gouvernement est autorisé à accepter les subventions qui lui seraient offertes par les localités ou les particuliers, soit en terrains, soit en argent.

Terrassemens. Ensemble des travaux de fouille, charge, transport et dépôt des terres extraites d'une tranchée et portées en remblais. Sous ce nom générique sont compris tous les travaux de détail que nécessite le creusement d'une tranchée pour la confection d'un remblai dans des formes déterminées.

Ces travaux varient avec la nature des terres que l'on rencontre dans la tranchée et avec la distance à laquelle elles doivent être transportées. Sous le nom générique de terres, les ingénieurs, lorsqu'il s'agit de travaux de terrassemens, désignent aussi des sub-

stances, telles que les rochers, qui sont souvent tout à fait différentes de la terre proprement dite, sauf à les distinguer ensuite dans
la description détaillée des ouvrages, dans leur mode d'exécution,
et dans l'évaluation des prix.

Le choix des procédés pour creuser une fouille dépend de la nature des matières à extraire. La bêche, la pioche, le pic, la pince,
la poudre, etc. sont employés tour à tour, suivant la plus ou moins
grande dureté du sol à entamer.

Quant aux transports, ils se font, pour les courtes distances à
la brouette, pour celles qui sont plus longues au tombereau, et
pour les plus longues de toutes par chemins de fer.

La nécessité de conserver aux chemins de fer de faibles inclinaisons et de raccorder leurs alignemens par des courbes d'un
grand rayon conduit à exécuter, pour leur établissement, des terrassemens considérables. Ces travaux forment, avec les ouvrages
d'art de toute espèce, un des chapitres de la dépense les plus
importans et celui en même temps qui renferme le plus d'imprévu.
La loi du 11 juin les a mis, pour les grandes lignes de chemins de
fer, à la charge du trésor public.

TERRASSIER. Ouvrier employé aux travaux de terrassement.
Sous ce nom sont plus particulièrement désignés ceux qui exécutent les fouilles et la charge du déblai, et ceux qui répandent et
disposent les terres en remblai. On ne compte comme terrassiers
les ouvriers employés aux transports que dans le cas des transports à la brouette.

TÊTES DE BIELLE. Ce sont les deux extrémités de la tige principale qui portent les assemblages par lesquelles une bielle s'unit
aux deux pièces entre lesquelles elle fait l'office d'intermédiaire
pour la transformation d'un mouvement de va et vient en mouvement de rotation.

THALWEGH. Ce mot a été emprunté par la topographie à la
langue allemande. Il signifie littéralement chemin de la vallée. Le
thalwegh, dans un bassin hydrographique, est la ligne générale
de plus grande pente qui limite au fond les lignes de plus grande
pente des versans opposés. Dans une vallée, le thalwegh est le lit
naturel de la rivière ou du ruisseau qui l'arrose et qui en reçoit
les affluens, ou plutôt c'est dans le lit même du cours d'eau, la
ligne du courant le plus rapide et le plus profond.

THÉATRE. Chantier découvert et fermé dans lequel sont déposés et préparés les pierres, bois et autres matériaux nécessaires
à une construction.

THERMOMANOMÈTRE. Thermomètre gradué de manière à faire connaître la pression de la vapeur dans une chaudière en raison de la température.

THERMOMÈTRE. Instrument qui sert à mesurer la température d'un corps entre des limites peu étendues. La mesure des températures] très élevées se fait au moyen du *pyromètre* (*Voyez* ce mot). La construction du thermomètre est fondée sur la propriété dont jouissent les liquides de se dilater lorsque leur température s'élève, et de se contracter au contraire lorsque celle-ci descend. Les liquides employés pour la construction des thermomètres sont le mercure et l'alcool.

Le thermomètre ordinaire se compose d'un tube de verre cylindrique complétement purgé d'air et dont une des extrémités est fermée à la lampe : l'autre extrémité se termine par un renflement également fermé, formant cuvette ou récipient pour recevoir le liquide.

Lorsque la température de ce liquide s'élève, il se dilate, et ne trouvant pas d'autre issue il monte dans le tube. Des divisions tracées soit sur le tube lui-même, soit sur une planche contre laquelle il peut être fixé, font connaître la quantité dont le liquide s'est dilaté ou contracté à partir d'un point fixe, et par conséquent les variations de la température à laquelle est soumis l'instrument. Ces divisions se nomment les degrés du thermomètre. On conçoit qu'elles peuvent être choisies arbitrairement.

En France on s'est servi pendant longtemps du thermomètre dit de Réaumur du nom de son inventeur. Dans cet instrument, dont l'usage n'est pas encore complétement abandonné, le degré équivaut à la quatre-vingtième partie de la différence qui existe entre la hauteur de la colonne de mercure ou d'alcool dans le tube à la température de la glace fondante, et la hauteur de cette même colonne à la température de l'eau bouillante. Ainsi pour obtenir les degrés du thermomètre de Réaumur, il faut marquer sur le tube le point auquel s'élève le liquide à la température de la glace fondante et prendre ce point pour le zéro de l'échelle ; marquer ensuite le point auquel s'élève le liquide à la température de l'eau bouillante, et diviser l'espace en 80 parties égales. Chacune de ces parties forme un degré du thermomètre Réaumur. Pour pouvoir déterminer des températures plus basses que celle de la glace fondante ou plus élevées que celle de l'eau bouillante, on prolonge la série de ces mêmes degrés au-dessous du point zéro et au-dessus du point 80.

Le thermomètre adopté aujourd'hui en France, par suite de l'introduction du calcul décimal, est le thermomètre dit *centésimal*. Il se construit absolument de la même manière que le précédent : seulement, au lieu de diviser en 80 parties la hauteur de la colonne comprise entre les points donnés par la glace fondante et l'eau bouillante, on l'a divisé en cent qui portent également le nom de degrés. Ce thermomètre est le seul employé désormais dans notre pays. On voit que les degrés y sont plus petits que dans celui de Réaumur ; le rapport entre eux est de 80 à 100, ou de 4 à 5 ; c'est-à-dire que chaque degré centigrade ne vaut que les quatre cinquièmes d'un degré de Réaumur.

En Angleterre, le thermomètre dont on se sert habituellement, est celui de Fahrenheit. Les degrés en sont beaucoup plus petits que les nôtres et ne partent pas du même point. Le zéro du thermomètre de Fahrenheit correspond à la température de 17° 78 centigrades au-dessous de la glace fondante. A notre zéro répond le 32e degré de Fahrenheit. La température de l'eau bouillante est indiquée par le degré 212. Ainsi, l'espace que nous divisons en cent parties se trouve partagé par les Anglais en 170. Leurs degrés sont donc environ les deux cinquièmes des nôtres ; c'est-à-dire qu'il faut à-peu-près cinq degrés du thermomètre Fahrenheit, pour faire deux degrés du thermomètre centigrade.

Tige. Nom générique des pièces longues, minces et rigides dans les machines. Elles servent généralement à unir entre eux les organes placés à leurs extrémités et en portent quelquefois d'autres distribués en divers points de leurs longueurs. Ainsi, c'est par sa tige qu'un piston communique le mouvement à la bielle ou au balancier auquel il est uni. Certaines tiges prennent le nom de bras, d'autres portent le nom d'arbres (*Voyez* ces mots).

Tirage. A mesure que l'air contenu dans le foyer d'un fourneau est décomposé par la combustion, il faut qu'il soit remplacé pour fournir continuellement au combustible la quantité d'oxygène nécessaire aux combinaisons chimiques qui constituent la combustion. Ce renouvellement non interrompu de l'air brûlé forme un courant qui, pour avoir toute l'activité nécessaire, a besoin d'être puissamment appelé dans le foyer. Cet appel, que les cheminées ont pour but de produire, est ce qu'on appelle le tirage. Le tirage ordinaire a lieu dans les cheminées, par la différence qui existe entre le poids de la colonne d'air chaud et de fumée qui sort du foyer et le poids de l'air extérieur. L'air chaud étant plus léger, tend à monter dans la cheminée et l'air placé en avant du foyer se précipite immédiatement dans le foyer à travers la grille pour remplir le vide que laisse l'air chaud en s'élevant. C'est ainsi que le tirage s'établit par voie d'appel. On conçoit que plus l'air qui monte dans la cheminée est chaud, plus il est léger et plus il monte rapidement. Le tirage est alors d'autant plus énergique et la combustion plus active; mais aussi la quantité de chaleur perdue est d'autant plus grande. Des expériences faites à Wesserling ont montré que l'on ne pouvait pas laisser la colonne d'air chaud s'échapper à une température inférieure à quatre ou cinq cents degrés, sans nuire à la bonté du tirage. Ce procédé est donc extrêmement coûteux et j'ai dit ailleurs (*Voyez* Combustion) combien il absorbait de combustible en pure perte. On a imaginé, pour diminuer la quantité de chaleur perdue par le tirage sans altérer ce dernier, divers procédés plus ou moins ingénieux, mais qui ne sont pas toujours applicables dans tous les cas. Ces principaux procédés sont :

1° Le tirage par l'excès de poids d'une colonne d'air brûlé et refroidi ;

2° Le tirage par l'impulsion d'une colonne verticale de flamme rouge placée en avant de l'appareil refroidisseur ;

3° Le tirage par un jet de vapeur ;

4° Le tirage par un procédé mécanique tel que le ventilateur.

Le premier procédé est fondé sur ce fait, que l'air qui a servi à la combustion contient une grande quantité d'acide carbonique. Ce gaz à températures égales étant plus pesant que l'air atmosphérique, il s'ensuit que, si l'air brûlé qui sort d'un fourneau était complétement refroidi et jeté dans une cheminée descendante, il y tomberait par son propre poids, et produirait un tirage aussi puissant que par le procédé ordinaire, et beaucoup plus économique, puisque l'on aurait utilisé la chaleur perdue. C'est ce que M. D'Arcet a essayé avec succès, en faisant monter l'air brûlé dans une cheminée en tôle au sortir du foyer et des carneaux, et en le faisant passer dans une suite de tuyaux à-peu-près horizontaux, et assez longs pour qu'il ait le temps de se refroidir complétement. Comme l'air brûlé contient toujours une certaine quantité de vapeur d'eau produite par la combustion, la conduite horizontale est légèrement inclinée, pour que la vapeur, qui donne de l'eau en se condensant dans le trajet, puisse s'écouler. La chaleur recueillie le long de la conduite peut être utilisée pour chauffer des ateliers, un séchoir ou de l'eau. La perte totale de chaleur, dans ce procédé, peut être réduite à 10 ou 15 pour cent.

Le second procédé, qui consiste à placer sur le devant du foyer une cheminée d'appel pour la flamme, peut produire aussi un excellent tirage, mais il paraît qu'il gêne la combustion.

Le tirage par un jet de vapeur est surtout employé dans les locomotives. Il consiste à faire déboucher la vapeur dans la cheminée, au moyen d'un tuyau étranglé, après son action dans les cylindres. Ce procédé permet de conserver au foyer toute la puissance de son tirage, en refroidissant complétement la fumée ; mais d'un autre côté il est très dispendieux, car l'étranglement du tuyau de sortie de la vapeur absorbe pour le tirage une quantité notable de la force de l'appareil.

Dans le tirage mécanique par un ventilateur, l'air est appelé dans le foyer par la vitesse qu'imprime à l'air brûlé un ventilateur placé à l'extrémité supérieure de la cheminée, ou en avant du foyer. Cet appareil peut être mu par un homme, un cheval ou une machine. Toutes les fois que l'on peut disposer à peu de frais d'une force continue dans ce but, on en obtient les meilleurs résultats.

TIRANT. Armature en fer qui sert à consolider les parties d'un ouvrage en agissant par traction. Le tirant empêche les écartemens. Les armatures qui s'opposent au rapprochement des parties se font ordinairement en fonte, parce que cette dernière matière résiste mieux que le fer à la compression, et moins bien à la traction.

TIRAUDE (SONNETTE A). Dans cette espèce de sonnette, le mouton est élevé au-dessus du pieu qu'il doit battre, par une corde à l'extrémité de laquelle aboutissent d'autres cordes que des hommes tirent à eux et laissent aller tour à tour. Elle diffère de la sonnette *à déclic* en ce que, dans cette dernière, le mouton quitte sa corde à chaque coup pour toucher sur la tête du pieu, tandis que dans la sonnette à tiraude il ne la quitte jamais (*Voyez* SONNETTE).

TIROIR. La vapeur au sortir de la chaudière d'une machine passe par le tuyau de distribution pour se rendre au cylindre.

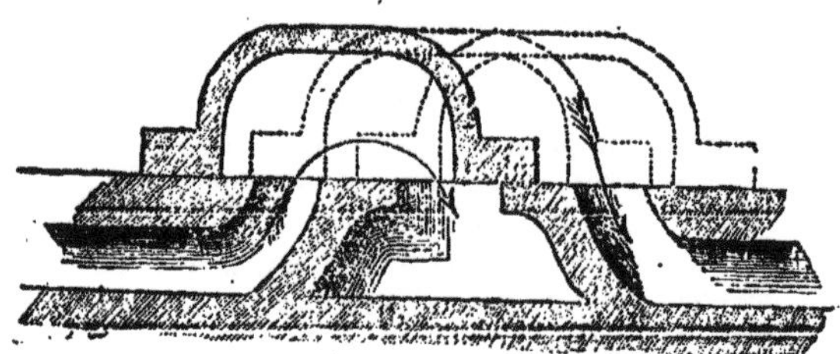

Mais avant d'y être admise, elle est reçue dans un premier récipient appelé *boîte à tiroirs*, où se trouve l'appareil qui règle son admission : cet appareil est le tiroir. La figure qui précède montre la coupe d'un tiroir et de la paroi du cylindre d'une machine à double effet, percé de trois lumières pour l'entrée, la sortie et l'échappement de la vapeur. La coupe du tiroir à la forme d'un D couché sur la paroi du cylindre, et garni d'oreilles qui servent à faciliter la fermeture des orifices. Dans la position indiquée par les lignes pleines remplies de hachures, le tiroir laisse la lumière de droite libre pour l'introduction de la vapeur dans le cylindre : une flèche indique le sens du courant de cette vapeur. La lumière de gauche est libre également, mais seulement pour la sortie de la vapeur qui est refoulée par le piston, et se rend par la lumière d'échappement au tuyau de sortie. Cette lumière d'échappement est celle du milieu, le sens du courant de la vapeur qui sort est indiqué par une flèche.

Lorsque le tiroir est dans la position extrême indiquée par les lignes ponctuées de droite, l'effet inverse a lieu. La vapeur arrive librement par la lumière de gauche, celle qui était dans le cylindre, refoulée par le mouvement du piston, sort par la lumière de droite et se rend dans la lumière d'échappement du milieu. Entre ces deux positions extrêmes s'en trouve une intermédiaire représentée également par des lignes ponctuées, et dans laquelle les deux lumières d'entrée et de sortie de vapeur sont fermées, la lumière d'échappement restant seule découverte.

Ces diverses positions du tiroir s'obtiennent au moyen d'un mouvement de va-et-vient qui lui est communiqué par une tige à laquelle il est emmanché et qui est parallèle à celle du piston. Cette tige est mue par un excentrique commandé par le mouvement général de la machine, par le balancier si la machine est à balancier, ou par tout autre moyen.

La *Planche XI* montre la coupe *t'* d'un tiroir dans sa boîte *d*, muni de sa tige *m* et commandé par le mouvement d'équerre *g* qui reçoit l'impulsion de la bielle *k* liée à un excentrique que l'on ne voit pas. Dans la position indiquée par la figure, la lumière inférieure du cylindre est ouverte à l'entrée de vapeur et la lumière supérieure est en communication avec la lumière d'échappement.

Dans beaucoup de machines, le cylindre porte quatre lumières au lieu de trois, savoir : deux comme ci-dessus pour l'entrée ou la sortie de vapeur, et deux au lieu d'une pour l'échappement. Il y a alors deux tiroirs emmanchés sur la même tige et dont les mouvemens sont solidaires : chacun d'eux ne sert que pour une lumière d'entrée et de sortie, et pour une lumière d'échappement.

La *Planche VII* montre un exemple de ce genre de tiroir appliqué au cylindre d'une locomotive.

Les tiroirs se font en cuivre ou en bronze ; ils doivent être parfaitement ajustés pour s'appliquer sur la surface du cylindre, sans laisser passage à la vapeur et sans donner trop de frottement. Lorsque le cylindre sur lequel ils s'appliquent est horizontal, leur propre poids suffit pour opérer la juxta-position ; mais lorsque le cylindre est vertical, comme dans la *Planche XI*, ils portent sur leur tête un ressort qui les maintient contre la paroi.

Les tiroirs ne servent pas seulement à la distribution de la vapeur, ils sont encore utilisés dans un grand nombre de machines comme régulateurs et notamment pour la détente. La machine de la *Planche XI*, outre la boîte de distribution *d* et son tiroir *t*, est munie d'une boîte *f* dans laquelle arrive d'abord la vapeur par le tuyau *q* et d'un tiroir de détente *t* qui règle l'admission de cette vapeur dans la boîte de distribution *d*. Ce tiroir est plein et n'a d'autre fonction que de fermer et d'ouvrir alternativement la communication entre les deux boîtes. Un ressort semblable à celui du tiroir *t*, maintient sa juxta-position contre la paroi. La tige *p* du tiroir de détente *t* est commandée par le mouvement d'équerre *h*, lié à une bielle dont les lignes horizontales ponctuées indiquent la position.

Les tiroirs plans sont aujourd'hui généralement adoptés dans les machines à l'exclusion des tiroirs cylindriques que l'on faisait autrefois, et qui agissaient d'une manière analogue à ceux que je viens de décrire pour la distribution de la vapeur.

TISONNIER. Tige de fer terminée par un bout en forme de crochet. Elle sert à attiser le feu dans les foyers de machines ou de forge.

TOLE. Feuille mince d'un métal. Ce nom a été plus particulièrement réservé aux feuilles de fer et de cuivre. Lorsqu'on parle d'une tôle sans désigner le métal dont elle est formée, c'est ordinairement de la tôle de fer qu'il s'agit.

Les tôles se fabriquent au laminoir en feuilles plus ou moins longues, larges et épaisses. La tôle de fer se divise dans le commerce en trois classes : les tôles *minces* dont l'épaisseur varie de 1/2 à 3 millimètres ; les tôles *moyennes*, d'une épaisseur de 3 à 6 millimètres et les tôles *fortes* de 6 à 12 millimètres et au-delà. Les tôles sont employées dans les machines à vapeur pour les chaudières, tubes bouilleurs, cheminées, caisses à eau, etc. Elles servent aussi pour la construction des coques de bateaux, les doublages des parois légères en charpente, toitures, etc.

La tôle de fer recouverte d'un enduit d'étain se nomme ferblanc. Cet enduit s'applique en plongeant la tôle bien décapée dans un bain d'étain à une haute température.

Les tôles peuvent être recouvertes d'un enduit en zinc, qui s'applique de la même manière, et portent dans ce cas le nom de tôles *galvanisées*, à cause de la propriété qu'elles acquièrent de se laisser difficilement attaquer par la rouille: la science attribue cette propriété à une action galvanique résultant de la présence des deux métaux.

TOMBEAU (CHAUDIÈRE EN). Chaudière à basse pression, ainsi nommée à cause de sa forme, qui ressemble à celle d'un tombeau. (*Voyez* CHAUDIÈRE.)

TOMBEREAU. Espèce de chariot dont le coffre est formé de planches, et qui est affecté au transport du sable et des terres. Les tombereaux se vident ordinairement en enlevant la cloison mobile qui les ferme à l'arrière et en les renversant. Les wagons employés sur les chemins de fer aux mêmes usages sont de véritables tombereaux. Au lieu de les faire renverser par derrière, on les dispose quelquefois pour être renversés par côté, ou encore pour se vider par le fond.

TONNAGE. Expression souvent employée pour désigner la masse des transports qui s'effectuent dans un temps donné sur une voie de communication. Ainsi, on dit que le tonnage d'un chemin de fer est de cent mille tonnes par an, de cinq cents tonnes par jour, etc., pour exprimer qu'il transporte une masse de denrées dont le poids équivaut à cent mille tonnes par an ou à cinq cents tonnes par jour parcourant toute sa longueur.

TONNE. Unité de poids équivalant à mille kilogrammes ou à dix quintaux métriques. C'est le poids d'un mètre cube d'eau. La tonne est l'unité de poids employée pour l'application du tarif aux marchandises qui circulent sur les chemins de fer. Néanmoins cette application est susceptible d'exceptions. Ainsi, les cahiers de charges les plus récens autorisent les concessionnaires de chemins de fer à percevoir moitié en sus du tarif pour toute voiture pesant, avec son chargement, de quatre tonnes et demie à huit tonnes, et pour toute masse indivisible, pesant de trois à cinq tonnes. Ils ne peuvent être contraints à transporter les masses indivisibles pesant plus de cinq tonnes, ni à laisser circuler les voitures qui, chargement compris, pèseraient plus de huit tonnes. Néanmoins, si le concessionnaire a une fois consenti à faire un semblable transport, il devra pendant trois mois accorder la même faculté à tous ceux qui en feraient la demande.

Les mêmes cahiers de charges déclarent que les prix de transport déterminés par tonne ne sont point applicables: 1° aux denrées et objets qui, sous le volume d'un mètre cube, ne pèsent pas deux cents kilogrammes; 2° à l'or et à l'argent, soit en lingots, soit monnayés ou travaillés, au plaqué d'or ou d'argent, au mercure et au platine, ainsi qu'aux bijoux, pierres précieuses et autres valeurs; 3° et en général à tout paquet ou colis pesant isolément moins de cent kilogrammes, à moins que ces paquets ou colis ne fassent partie d'envois pesant ensemble au-delà de deux cents kilogrammes, d'objets expédiés à ou par une même personne, et d'une même nature, quoique emballés à part, tels que sucre, café, etc. Dans ces cas particuliers les prix de transport sont arrêtés par l'administration supérieure, sur la proposition du concessionnaire.

Pour toutes les denrées spécifiées au tarif ou qui y seraient ultérieurement classées par analogie, les fractions de poids ne sont comptées que par cinquième de tonne. Ainsi, tout poids compris entre zéro et deux cents kilogrammes paie comme deux cents kilogrammes, entre deux cents et quatre cents, il paie comme quatre cents, et ainsi de suite.

TOPOGRAPHIE. C'est l'art de connaître et de représenter sur les cartes les accidens de terrain, tels que les montagnes et vallées de diverses grandeurs. Cet art est indispensable à ceux qui veulent tracer des lignes de chemin de fer; car si les raisons politiques et commerciales ont la première et la plus haute influence sur le choix d'un tracé, elles ne doivent pas faire oublier les considérations topographiques. On s'exposerait, en les méconnaissant, à indiquer des lignes dont tout l'art de l'ingénieur ne saurait rendre l'exécution possible.

On appelle topographie souterraine, la description des gîtes houillers et métallifères exploités par l'art du mineur.

TOUR. Machine-outil destinée à donner la forme aux pièces rondes. On en distingue dans les ateliers de trois espèces: le tour à crochet, le tour *parallèle* et le *gros* tour.

Le tour à crochet se compose d'un arbre en fer supporté à ses extrémités dans deux collets faisant partie d'une même pièce appelée *poupée*, et qui se fixe à une table de fonte appelée *banc de* tour. Cet arbre est terminé à l'une de ses extrémités en dehors de la poupée, par un pas de vis pouvant recevoir un mandrin dans lequel se fixe la pièce à tourner lorsqu'elle a peu de longueur. Si la pièce est un peu longue, on la fait porter par son autre bout sur un support ou poupée mobile, qui peut se rapprocher ou s'écarter selon la longueur de la pièce, et que l'on fixe sur le banc de tour. Pour opérer le tournage de la pièce, on communique à l'arbre du tour un mouvement de rotation, et un ouvrier muni d'un burin terminé en forme de crochet appuie sur la partie à enlever.

Lorsque le tour est destiné seulement à des pièces longues et légères, l'arbre du tour, au lieu de se terminer en pas de vis et de recevoir un mandrin, se termine en pointe ; la poupée mobile porte une pointe pareille, et la pièce se fixe entre ces deux pointes. Cette espèce de tour se nomme tour à *pointes*; les autres sont des tours *en l'air*, ainsi appelés parce que la pièce peut y être portée par une seule de ses extrémités, et qu'elle est pour ainsi dire suspendue en l'air.

Le tour parallèle diffère du premier, en ce que le burin est porté sur un chariot mobile dans le sens de la longueur du tour, et qui s'avance au fur et à mesure du travail le long de la pièce, au moyen d'une vis à laquelle le mouvement est communiqué par la même machine qui fait tourner l'arbre et la pièce.

Le gros tour ne diffère des deux premiers que par ses dimensions qui sont plus considérables.

Tourillon. Portions cylindriques et quelquefois légèrement coniques, par lesquelles se termine un arbre de machine à ses deux extrémités, et qui reposent sur les coussinets dans lesquels tourne l'arbre. Lorsqu'un arbre est supporté en plusieurs points de sa longueur, il est tourné cylindriquement à l'endroit de chacun des supports : les portions cylindriques sont des tourillons que l'on désigne, dans ce cas, sous le nom de *collets*. Quelquefois les tourillons, bien que placés aux extrémités d'un arbre, sont garnis extérieurement de collets qui les empêchent de glisser dans le sens de leur longueur. Les tourillons des essieux des voitures de chemins de fer sont dans ce cas : c'est sur leurs collets que sont assemblées ses roues. Dans un arbre vertical, le tourillon supérieur se nomme aussi *collet*, et le tourillon inférieur, *pivot*. Les tourillons se font en fonte ou en fer forgé.

Tournage. Une des opérations de l'ajustage. Elle consiste à donner aux pièces qui présentent des parties rondes leur forme au moyen du tour.

TOURNE A GAUCHE. Barre de fer ou de bois, percée d'un œil carré en son milieu, et qui sert à faire virer une tige sur elle-même à l'aide des deux mains. Cet instrument est assez improprement nommé, car il sert à tourner aussi bien à droite qu'à gauche.

TRACÉ, TRACER. Tracer un ouvrage, c'est indiquer par des lignes son contour et ses principales dimensions. Ainsi on trace la coupe d'une pierre, d'une pièce de bois, la longueur et la largeur d'un terrassement, d'un ouvrage d'art, d'une ligne de chemin de fer, etc. Avant d'indiquer en grandeur naturelle, et sur l'objet même, les contours que l'on veut lui donner, on étudie le tracé au moyen d'opérations et de calculs qui se résument en dessins figurés sur le papier, à des échelles plus petites que la grandeur d'exécution. Ces dessins sont eux-mêmes des tracés.

L'art de tracer les chemins de fer résume toute la science de l'ingénieur; car il n'est pas une de ses parties qui ne doive être mise à contribution pour arriver à la solution de ce grand problème : Trouver la ligne la mieux appropriée aux intérêts qu'elle est appelée à desservir.

Le mot *tracé* est souvent employé dans le discours comme synonyme de *ligne*, quand on parle d'une voie de communication. Ainsi on dit : *le tracé du chemin de fer* de Paris à Orléans passe par Étampes, aussi bien que : *la ligne du chemin de fer*, ou même simplement, *le chemin de fer*, etc.

TRACTION. Effort qui consiste à tirer un objet, soit pour le diviser en deux parties, soit pour l'entraîner tout entier. C'est par suite d'un effort de traction, que les voitures se meuvent sur les routes ordinaires et sur les chemins de fer. Cet effort est produit par le moteur, homme, cheval ou machine. Lorsque le moteur est une locomotive, le mouvement peut être imprimé tout aussi bien en la faisant pousser par derrière, qu'en la faisant tirer par-devant, et c'est ce qui arrive quelquefois. Les résistances qui s'opposent à la traction sur un chemin de fer sont : le frottement des roues sur les rails, des essieux dans leurs boîtes, et des diverses pièces du mécanisme moteur entre elles, les secousses provenant de l'imperfection de la pose de la voie et du mouvement de lacet, l'action de la gravité qui est d'autant plus grande que l'inclinaison du chemin est plus forte et qu'elle est ascendante, la force centrifuge dans les courbes et la résistance de l'air par une marche un peu rapide, ou lorsque le vent est très fort. Un bon tracé de chemin de fer, est celui qui diminue ces causes de résistance autant que cela peut dépendre des ressources de l'art.

Les frais d'exploitation d'un chemin de fer se divisent en plusieurs catégories, parmi lesquelles sont les frais de traction proprement dits. Dans ce chapitre sont compris l'entretien et la réparation du matériel, l'alimentation et la conduite des machines. Les élémens dont se composent ces frais pouvant être appréciés par une courte expérience sur une ligne donnée, l'administration d'un chemin de fer trouve quelquefois avantage à traiter à forfait avec des entrepreneurs pour la traction, et c'est ce que plusieurs compagnies ont déjà fait ou songent à faire, tant en France qu'en Angleterre. La base ordinairement adoptée est celle d'une somme fixe par convoi et par distance pour une vitesse déterminée. Mais, quels que soient les avantages que présente ce mode par la simplicité qu'il introduit dans l'administration générale de la ligne, il peut avoir aussi des inconvéniens si le marché est passé pour un trop long terme. En effet, dans ce cas, il prive la compagnie des économies qu'elle pourrait faire ultérieurement, par suite des progrès de l'art de la locomotion. Or, cet art est encore tellement nouveau, que l'on doit s'attendre aujourd'hui à ce qu'il subira de grands et notables perfectionnemens. C'est donc une raison pour ne pas trop engager l'avenir.

Train. Mot employé comme synonyme de convoi, pour désigner une suite de voitures marchant ensemble sur un chemin de fer.

Tranchée. Excavation pratiquée dans le sol, en en extrayant les terres et les rejetant au dehors. La construction des chemins de fer donne lieu généralement à de très fortes tranchées, à cause de la nécessité de les tracer sous de faibles inclinaisons et avec de longs alignemens raccordés par des courbes à grand rayon. Un des problèmes que l'ingénieur doit s'attacher à résoudre est de réduire autant que possible la longueur et la profondeur de ces tranchées, et de les disposer de manière que les terres extraites puissent être utilisées en remblai, sur la ligne et à de courtes distances.

Transit. Passage des marchandises étrangères à travers le territoire national. Quelques personnes comptent beaucoup sur le transit pour alimenter les grandes lignes de chemins de fer en France, et pensent qu'on ne saurait trop le favoriser en abaissant les droits de douanes, de péage et de transport applicables aux marchandises en transit. Cette opinion ne doit pas être trop absolue. Il est certain que le transit des voyageurs sera comparativement beaucoup plus considérable sur les chemins de fer que celui des marchandises. La mer et les autres voies d'eau feront toujours, pour celles-ci, une concurrence redoutable. Le transit des marchandises se transformera bien plutôt en mouvement qui se communiquera de proche en proche sur toute une ligne. D'ailleurs, il peut y avoir souvent danger à le favoriser : l'abaissement des tarifs de douanes peut nuire au développement des industries indigènes ; et, d'un autre côté, il ne faudrait pas rendre le transport onéreux aux chemins de fer, en réduisant d'une façon excessive les droits de péage et de transport. Attirer le transit dans de semblables conditions serait une véritable duperie.

Travail. On entend par le travail d'un moteur la quantité d'action qu'il développe, utilement employée. Le travail peut toujours être assimilé à un poids que le moteur serait capable de soulever à une hauteur donnée en un temps déterminé. Le travail d'une machine à vapeur s'estime en *chevaux-vapeur*, *dynamies*, *dynamodes*, *kilogrammètres* (*Voyez* ces mots). Le frein dynamométrique est l'instrument le meilleur et le plus communément employé pour cette évaluation. Souvent on désigne la tension de la vapeur dans une machine en disant qu'*elle travaille* sous la pression d'un, deux, trois atmosphères, etc.

Travaux publics. Sous ce nom sont désignés les travaux dont doit profiter l'universalité des citoyens d'un pays, ou d'une fraction de pays, pourvu que leur utilité n'ait pas les caractères résultant d'un acte exclusivement relatif à une propriété privée. Ainsi les travaux qui intéressent un département, un arrondissement, un canton, ou même seulement une commune, sont des travaux publics.

La déclaration d'utilité publique dans les formes prescrites par les lois et réglemens, c'est-à-dire après enquête préalable, doit précéder toute exécution de travaux publics. Il est rare que les chemins de fer ne portent pas ce caractère d'utilité qui les fait ranger dans la classe des travaux publics ; même, lorsque leur construction n'intéresse qu'une seule usine ou une seule mine, les bénéfices que le consommateur doit retirer de leur établissement, par l'amélioration dans le transport des produits, font que les enquêtes ont ordinairement pour résultat de leur accorder une déclaration d'utilité qui les fait ranger parmi les travaux publics. La conséquence de cette déclaration est de motiver une loi ou une ordonnance royale qui accorde au constructeur, pour leur établissement, les priviléges résultant de la loi d'expropriation.

On appelle en France *ministre des travaux publics* le chef de l'administration à laquelle sont dévolues l'exécution et la surveillance des travaux publics. Cette administration comprend les ponts-et-chaussées, les mines et les bâtimens civils. C'est du ministre des travaux publics que relèvent les chemins de fer et machines à vapeur.

TRAVÉE. Dans les ponts en charpente ou en fer, les travées remplacent les arches. Ce sont les assemblages de pièces de bois ou de fer dont les extrémités reposent sur les piles et culées, ou sur les palées, et qui supportent le tablier du pont.

TRAVERS (PROFILS EN). Section faite transversalement à la direction générale d'un ouvrage. Les profils en travers d'un tracé de chemin de fer se font en général perpendiculairement à son axe. Ils servent à faire connaître ses dimensions dans ce sens et à calculer la quantité de terrassement que sa construction nécessite (*Voyez* Nivellement et Profil).

TRAVERSES. Pièces de bois placées sur le sol perpendiculairement à la direction de la voie d'un chemin de fer, et sur lesquelles reposent les rails par l'intermédiaire des coussinets. On les a faites quelquefois en fonte, et l'on essaie aujourd'hui de les faire en fer forgé. Ces traverses remplacent les dés ou stones primitivement employés sur quelques grandes lignes. Elles ont l'avantage de maintenir l'écartement des deux cours des rails, et de leur laisser une certaine élasticité nécessaire à la douceur du roulage. Cependant, sous ce dernier rapport, elles sont inférieures aux longrines. La nécessité de maintenir la distance entre les deux cours de rails oblige, même dans la pose sur longrines, à les relier par des traverses.

On donne en général, dans les ouvrages en charpente, le nom de traverses à des pièces de bois ou de fer placées transversalement par rapport à la direction générale de l'ouvrage, et qui servent à en relier les diverses parties. Ainsi, dans un pont en charpente les traverses ou *pièces de pont* sont les pièces de bois perpendiculaires à la direction du pont sur lesquelles repose le tablier.

Dans le bâtis principal, ou cadre extérieur de la locomotive, les deux jumelles latérales sont réunies à leurs extrémités par deux fortes pièces de bois appelées traverses.

Dans la même machine on appelle en particulier grandes traverses, trois ou quatre grandes et fortes barres en fer forgé, qui relient la boîte à fumée avec la boîte à feu, en passant sous le corps de la chaudière. Ces traverses sont assemblées avec la boîte à fumée et la boîte à feu par des équerres en fer rivées avec les plaques de la boîte à feu, et de la boîte aux cylindres. Sur ces traverses sont assemblées à boulons les plaques qui servent à guider les tiges des pistons. Enfin ces traverses ont pour objet principal de relier l'essieu coudé des roues motrices avec les deux extrémités de la machine, afin d'en rendre toutes les parties solidaires. A cet effet, elles portent des collets dans lesquels tourne l'axe coudé.

On appelle machines à vapeur *à traverses*, celles dans lesquelles la tige du piston, au lieu de transmettre son mouvement aux mécanismes par l'intermédiaire du parallélogramme articulé, porte une traverse courant entre deux guides ou glissoirs qui maintiennent le mouvement du piston rectiligne. Lorsque ces machines n'ont pas de balancier, bien que le cylindre soit vertical, elles sont dites machines *à traverses et à bielles pendantes*.

TREILLAGE. Genre de clôture le plus communément employé pour déterminer les limites des terrains occupés par un chemin de fer et ses dépendances. Ces treillages se font généralement en lattes de chêne ou de châtaignier, réunies par des fils de fer, et renforcées de distance en distance par de petits pieux de la même essence.

TREMPE. Opération qui consiste à plonger un métal très chaud dans un liquide froid, pour abaisser subitement sa température. L'effet ordinaire de la trempe est de rendre le métal beaucoup plus dur que s'il refroidissait lentement. Le métal auquel s'applique presque exclusivement la trempe est l'acier. Cette opération est indispensable pour faire ressortir ses qualités : elle le rend dur et élastique, propre à la fabrication des outils tranchans et des ressorts.

On distingue deux espèces de trempe : la trempe *ordinaire* et la trempe *au paquet*. Elles se font toutes les deux de la même manière : la seconde ne diffère de la première qu'en ce que l'on trempe les morceaux avant que la cémentation du fer ne soit complétement opérée, et lorsqu'il n'y en a encore qu'une couche plus ou moins épaisse transformée en acier.

Le moulage de la fonte en coquille est une espèce de trempe à la surface, produite par le refroidissement subit qui blanchit la fonte sur une certaine épaisseur.

La trempe a sur le laiton un effet inverse de celui qu'elle produit sur l'acier : au lieu de le durcir, elle le ramollit.

TREUIL. Machine employée pour soulever des fardeaux. Elle consiste en un arbre cylindrique autour duquel s'enroule la corde à laquelle est attaché le poids à soulever. Cet arbre est mis en mouvement au moyen d'une manivelle agissant directement sur lui, ou agissant sur une roue d'engrenage qui entraîne un pignon monté sur l'arbre. D'autres fois, au lieu d'appliquer la force motrice à une manivelle, on l'applique à une grande roue montée sur le même axe que l'arbre.

TRIANGLE. Polygone dont le périmètre est composé de trois lignes qui se coupent, et que l'on appelle ses *côtés*. On distingue trois espèces de triangles : le triangle *rectiligne*, dont les trois côtés sont des lignes droites ; le triangle *curviligne*, dont les trois côtés sont des courbes ; et le triangle *mixtiligne*, dont un ou deux des côtés sont des courbes, et les deux autres ou le troisième, des droites.

Parmi les triangles rectilignes on appelle *équilatéral* celui dont les trois côtés sont égaux ; *isocèle*, celui dont deux côtés sont égaux ; *scalène*, celui dont les trois côtés sont inégaux ; *rectangle*, celui dont un des angles est droit. Ces dénominations s'appliquent également aux triangles curvilignes et mixtilignes. Parmi les triangles curvilignes le plus remarquable est le triangle *sphérique*, dont les trois côtés sont des arcs de cercle tracés sur une même sphère.

Les propriétés des triangles rectilignes et des triangles sphériques forment une des parties les plus importantes de la géométrie. Leur étude ne saurait trouver place ici ; je me contenterai d'en énoncer quelques-unes des plus importantes. Dans un triangle rectiligne la somme des trois angles équivaut à deux angles droits. Si les angles sont inégaux, les côtés le sont aussi ; le plus grand côté est opposé au plus grand angle, et le plus petit côté au plus petit angle. Dans un triangle rectangle le côté opposé à l'angle droit se nomme l'*hypothénuse* : le carré construit sur cette hypothénuse est égal à la somme des carrés construits sur les deux autres côtés. La surface d'un triangle rectiligne est égale au produit de sa base par sa hauteur. La base est l'un des côtés pris à volonté, et la hauteur est la perpendiculaire abaissée, du sommet de l'angle opposé, sur cette base ou sur son prolongement.

TRIANGULATION. Opération par laquelle on détermine les dimensions d'une étendue de terrain, en subdivisant le polygone qui la circonscrit en triangles dont on peut calculer les élémens.

TRIGONOMÉTRIE. Portion de la géométrie qui a pour objet de *résoudre* les triangles, c'est-à-dire de déterminer leurs angles et leurs côtés par le moyen d'un nombre de données suffisant.

TROU D'HOMME. Ouverture pratiquée dans le corps d'une chaudière à vapeur et assez grande pour qu'un homme puisse s'y introduire afin de la visiter et de la nettoyer. Le trou d'homme est désigné par la lettre Z dans les *planches VI et VII*. On le voit dans les *planches IV et V* fermé par un couvercle mastiqué et soutenu par des boulons et traverses *s s*.

TRUITÉE (FONTE). Mélange de fonte grise et de fonte blanche (*Voyez* FONTE).

TUBE, TUBULAIRE. On appelle chaudière à *tubes* ou chaudière *tubulaire*, celle dans laquelle les carneaux, que la flamme et les gaz brûlés sont obligés de parcourir pour se rendre à la cheminée, sont remplacés par des tubes. Cette forme de chaudière est employée aujourd'hui à l'exclusion de toute autre pour les locomotives des chemins de fer (*Voyez* CHAUDIÈRE).

Les tubes de la chaudière tubulaire se font ordinairement en laiton, bien que ce métal soit beaucoup plus cher que le fer. Mais le frottement des cendres et escarbilles entraînées par le tirage, et le courant thermo-électrique produit par la combustion détruisent moins rapidement le cuivre que le fer. Cependant quelques constructeurs considèrent cette précaution comme exagérée, et préfèrent les tubes en fer.

Le nombre des tubes n'est pas le même dans toutes les chaudières de locomotives; il varie de cent à cent cinquante, et au-delà. Pour les fixer, on pratique dans les deux parois extrêmes de la chaudière des trous parfaitement cylindriques : les tubes ont exactement assez de longueur pour venir s'y encastrer en effleurant le dehors des parois. On fixe leurs extrémités en chassant avec force dans leur intérieur des anneaux ou viroles d'acier légèrement coniques et un peu plus grosses que le tube.

On a fait d'autres chaudières auxquelles on donne le nom de tubulaires, bien que leur construction soit inverse de celle-ci. Dans ces chaudières, en effet, c'est l'eau qui remplit les tubes, et la flamme qui les enveloppe. Ce genre d'appareil n'est qu'une extension du principe sur lequel sont construits les bouilleurs des chaudières cylindriques ordinaires. Il est peut-être susceptible d'heureuses applications, mais la pratique en grand n'a pas encore prononcé à son égard.

TUBULURE. Lorsqu'un tuyau aboutit à un récipient avec lequel sa communication doit avoir lieu à l'abri de tout contact extérieur, on ajoute à l'orifice de ce récipient un tube très court avec lequel le tuyau vient s'assembler. C'est ce tube court qui prend le nom de tubulure. La communication d'une chaudière à vapeur avec ses bouilleurs, avec le tuyau de la pompe alimentaire, et avec le tuyau de distribution, se fait au moyen de tubulures. On peut les voir dans les *planches IV et V*. Les conduites d'eau, de gaz, et en général tous les tuyaux, lorsqu'ils se divisent en plusieurs branches, s'assemblent avec leurs embranchemens au moyen de tubulures.

Tunnel. Mot emprunté aux Anglais, et qui signifie littéralement tonnelle ou berceau. On l'emploie fréquemment, comme synonyme de voûte ou galerie souterraine, pour désigner les grands percemens auxquels donnent lieu les chemins de fer et autres voies de communication.

Tuyau. Les principaux tuyaux, dans une machine à vapeur sont les tuyaux qui apportent l'eau des pompes alimentaires, les tuyaux de distribution qui conduisent la vapeur aux cylindres, et les tuyaux de sortie ou tuyères qui portent la vapeur au condenseur, ou à l'air extérieur, après qu'elle a produit son effet.

Tuyère. Tuyau par lequel s'écoule la vapeur à sa sortie des cylindres d'une machine. Dans la locomotive, la tuyère R (*Planche VII*) est située dans la *boîte à fumée*. Elle débouche dans la cheminée, et l'échappement de la vapeur, entraînant l'air dans son mouvement, appelle les gaz sortant du foyer, et produit un tirage des

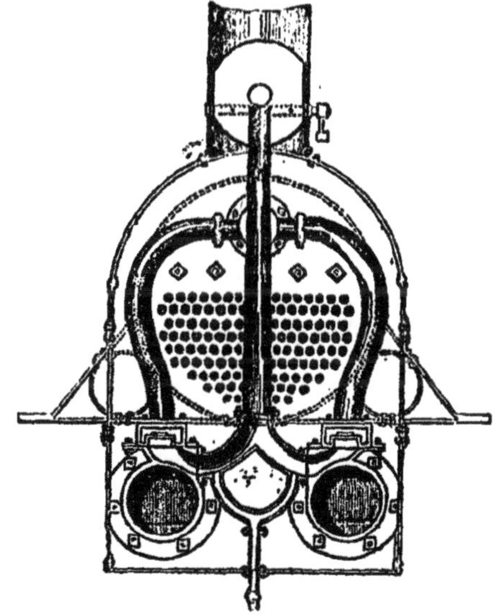

plus énergiques. Pour rendre l'échappement encore plus rapide, on rétrécit la tuyère à son extrémité, de manière qu'elle présente une forme conique très allongée. Dans la figure de la page ci-contre, la tuyère est vue de face avec les deux culottes par lesquelles elle communique aux boîtes à vapeur des cylindres. Le papillon ou registre tournant qui sert à former à volonté la cheminée est percé à son centre d'un trou par lequel la vapeur peut passer en sortant de la tuyère, même lorsque la cheminée est fermée.

Tympan. Espace triangulaire compris entre l'extrados d'une voûte et l'entablement qu'elle supporte.

On nomme *roue à tympan* une espèce de roue verticale employée à élever les fardeaux, et à laquelle des hommes communiquent le mouvement en marchant dans son intérieur le long de la circonférence.

U

Unité. Mesure qui sert de base à l'appréciation de toutes les quantités de la même espèce. Ainsi, pour les longueurs, ce sera une longueur, le mètre, par exemple ; pour les poids, ce sera un poids, tel qu'un kilogramme, un quintal, une tonne, etc.; pour les volumes ou capacités, ce sera un volume, comme un litre, un mètre cube, etc.; et de même pour toute autre espèce de quantité.

Utilité publique. L'état ne peut exiger le sacrifice des propriétés privées dont l'occupation est nécessaire pour l'exécution d'un travail, qu'autant que celui-ci a été déclaré d'utilité publique. Les formes par lesquelles s'opère cette déclaration sont prescrites par les articles 2 et 3 de la loi du 3 mai 1841 sur l'expropriation, et réglementés par des ordonnances spéciales (*Voyez* Enquête, Expropriation).

V

Va et vient. Ce mot s'emploie en mécanique comme synonyme d'*alternatif* (*Voyez* Alternatif).

Vagon ou **Wagon.** Mot anglais qui signifie chariot à quatre roues. On l'emploie en France, pour désigner les voitures affectées sur les chemins de fer au transport des marchandises et des voyageurs de la dernière classe.

La forme des vagons varie avec leur objet. Ainsi les vagons

employés au transport de la houille et autres marchandises qui, sans avoir besoin d'être recouvertes, doivent être au moins enfermées par les côtés, se composent d'une caisse quadrangulaire en forme de tronc de pyramide renversé, reposant sur les deux essieux par l'intermédiaire de ressorts. Ces ressorts sont quelquefois supprimés quand les transports ne doivent jamais se faire à une grande vitesse. Les vagons employés au transport des cotons sur le chemin de fer de Liverpool à Manchester se composent d'une simple plateforme solidement fixée sur les essieux par l'intermédiaire de ressorts.

Les vagons destinés au transport des terres dans les ateliers de terrassemens sont construits ordinairement de manière à pouvoir se vider en basculant, soit en arrière, soit sur le côté. D'autres fois, ils s'ouvrent simplement par le fond. Dans les vagons à bascules la caisse est peu profonde, et elle est élevée au-dessus des essieux par un châssis destiné à faciliter son renversement. On fait souvent les roues de cette espèce de vagons d'un petit diamètre, afin que la caisse ne soit pas trop élevée pour le jet de pelle du chargeur; mais elles donnent toujours plus de tirage que les autres, et cet inconvénient peut souvent compenser l'avantage qu'on en attend.

Les vagons employés au transport des voyageurs sont divisés en compartimens garnis de banquettes, comme des diligences. Sur quelques chemins de fer étrangers, il y a des vagons découverts dont les banquettes sont supprimées et où les voyageurs se tiennent debout.

Valve. Ce mot, en mécanique, est synonyme de *soupape à clapet.*

Vapeur. La vapeur employée dans les arts comme agent mécanique est la vapeur d'eau, c'est-à-dire, ce gaz composé de globules infiniment petits dans lequel se transforme l'eau soumise à l'action du calorique. Tout le secret de la puissance de la vapeur d'eau réside dans ce fait élémentaire, que le volume occupé par un poids donné d'eau réduite en vapeur est beaucoup plus considérable que le volume occupé par cette eau elle-même. Ainsi, le volume de la vapeur d'eau sous la pression ordinaire de l'atmosphère est égal à 1,700 fois le volume de l'eau qui l'a produite. On conçoit quelle force prodigieuse peut se développer lorsque cette vapeur, sans changer de température, est enfermée dans un vase trop étroit, dont elle tend à s'échapper. Si l'une des parois du vase est mobile, et si la force qui la retient en place est moindre que la vertu d'expansion de la vapeur, elle cédera jusqu'à ce que la

vapeur ait conquis un espace suffisant pour s'y maintenir en
état d'équilibre ; ou bien elle s'échappera au dehors, jusqu'à ce
qu'il ne reste plus dans le vase que la quantité de vapeur qu'il
peut contenir à l'état normal. Tout le jeu de la *machine à vapeur*
(*Voyez* ce mot) est fondé sur cette propriété.

Tant que la vapeur d'eau reste en contact avec le liquide qui a
servi à la former, le volume qu'elle tend à occuper pour arriver à
cet état d'équilibre dépend de la pression sous laquelle elle s'est
formée. Cette pression elle-même dépend de la température à laquelle l'eau a été soumise pour se réduire en vapeur, en sorte que
la pression, la température et le volume relatif ou densité de la
vapeur, ne peuvent pas varier l'un sans l'autre. Toutefois les ac-
croissemens ou diminutions de ces trois termes ne suivent pas tous
la même progression. Ils sont soumis à des lois qui ont été déterminées par l'expérience, et d'après lesquelles ont été construites des
tables dans lesquelles l'échelle des volumes relatifs est mise en
regard avec celle des pressions, et avec celle des températures correspondantes. Ainsi, l'on a reconnu que, sous la pression d'un hectogramme par centimètre carré (un peu moins d'un
dixième d'atmosphère), la vapeur se forme à une température de
45°, 9, et occupe 45 049 fois le même volume que l'eau qui l'a produite ; sous la pression de 5 hectogrammes, la vapeur se orme à
80°, 5 et occupe 3 329 fois le même volume que l'eau ; sous la pression de 2 kilogrammes, la vapeur se forme à 120°,4, et occupe 925
fois le même volume que l'eau, etc.

Mais pour étudier les effets de l'action mécanique de la vapeur
d'eau, il ne suffit pas de la considérer dans la chaudière quand
elle est en contact avec son liquide de formation : il faut la suivre
au dehors de ce premier récipient, et voir ce qu'elle devient lorsqu'elle est séparée du liquide, et qu'elle agit sur le mécanisme auquel elle doit imprimer le mouvement. Ici les circonstances sont
changées : si la température augmente, sans que la pression
extérieure varie, il n'y a pas d'eau pour fournir le surplus de vapeur
nécessaire à l'accroissement de densité, et réciproquement. Si c'est
la pression qui augmente ou diminue sans que la température
change, la vapeur augmentera ou diminuera de densité, et dans
tous les cas, on n'aura plus entre ces trois termes : température,
pression et densité, la relation fixe et invariable qui existait dans le
cas du contact avec le liquide de formation. Telle est la donnée
première de la théorie. Est-elle vraie ? C'est ce que l'expérience
seule peut apprendre : mais ici les observations sont fort délicates,

et tellement sujettes à être contestées, que les savans ne sont pas d'accord sur les lois que suit la vapeur dans cette situation. Quelques-uns pensent que la relation observée entre les trois termes reste la même, quelle que soit la situation de la vapeur par rapport au liquide, et que si, par exemple, la pression de la vapeur change, la température varie en même temps, de manière que dans tous les cas la vapeur reste au maximum de densité correspondant à sa température et à sa pression, bien qu'elle soit séparée du liquide. Cette théorie a été développée par M. G. de Pambour, dans un ouvrage intitulé *Théorie de la machine à vapeur*, et les résultats pratiques, auxquels il est arrivé dans le calcul des effets de la machine à vapeur, se rapprochent plus de la réalité que tous ceux auxquels on avait été conduit par d'autres méthodes empiriques.

VECTEUR (RAYON). Dans les sections coniques (*Voyez* CÔNE), on appelle rayons vecteurs d'un point de la courbe, la distance de ce point aux *foyers*. Cette expression est aussi employée dans d'autres cas par les géomètres et dans un sens beaucoup plus étendu; mais ce n'est pas ici le lieu d'entrer dans les développemens que comporterait ce sujet.

VÉHICULE. Mot employé comme synonyme de voiture.

VENTILATEUR. Appareil destiné à donner du vent. Le plus simple de tous est le soufflet. La combustion peut être activée dans les foyers, soit en y appelant l'air au moyen du tirage de la cheminée, soit en la projetant par un ventilateur. Cette dernière méthode est employée dans les hauts fourneaux et les feux de forge et d'affinerie. Elle n'est pour ainsi dire pas usitée pour les foyers des machines à vapeur. Toutefois l'alimentation du foyer par le tirage naturel de la cheminée, ou par la projection du jet de vapeur (comme dans les locomotives), est tellement dispendieuse, que l'on ne comprend pas comment il se fait que l'on n'ait pas encore davantage songé à utiliser dans ce but le ventilateur. Ce fait ne saurait tenir à la crainte de dépenser une certaine quantité de force pour faire agir le ventilateur, car il est prouvé que la dépense de ce côté serait bien compensée par l'économie résultant de la suppression du procédé actuel. On doit plutôt l'attribuer à l'esprit de routine et à la difficulté, non encore résolue par les constructeurs, de trouver des formes de ventilateur légères, d'un placement facile et entraînant peu de dépense première.

VERGE. Ce mot s'emploie quelquefois en mécanique comme synonyme de *tige*.

VERNIER. Petit arc de cercle divisé, portant un limbe que l'on fait courir le long d'un autre cercle également divisé, et monté sur le même axe, pour mesurer des angles. Les divisions du vernier sont tracées de manière à donner les fractions des divisions du cercle principal, lorsque l'angle que l'on veut mesurer ne contient pas un nombre exact de ces divisions.

VERNIS. Enduit liquide, dont on couvre la surface des bois ou des métaux pour les préserver de l'humidité. Les qualités qui doivent distinguer les vernis sont de bien adhérer à la surface du corps sur lequel on les emploie, de sécher facilement et d'être inaltérables à l'air. Leur composition est extrêmement variable : il y a une foule de recettes empiriques pour les composer.

VIADUC. Ouvrage d'art construit au-dessus d'une dépression du sol pour supporter un chemin de fer qui la traverse. Les viaducs sont de véritables ponts : aussi emploie-t-on souvent ces deux mots comme synonymes. Toutefois, le nom de viaduc est ordinairement réservé aux ponts qui ne sont pas établis au-dessus des cours d'eau.

Les viaducs remplacent les remblais, toutes les fois que l'élévation de ceux-ci les rendrait trop coûteux. Pour savoir, dans un cas donné de cette espèce, si un remblai doit être remplacé par un viaduc, il faut calculer d'abord la quantité de terre que nécessiterait l'exécution du remblai, la surface qu'il faudrait acquérir pour son remplacement, les inconvéniens qui peuvent résulter de la compression exercée sur le sol par la masse du dépôt, les dépenses relatives au tassement et à l'entretien du remblai, et comparer ensuite le résultat ainsi obtenu avec la dépense que nécessitera la construction du viaduc en bois, en fer ou en maçonnerie, l'acquisition de son emplacement et son entretien.

VIROLE. Mot employé comme synonyme d'anneau, pour les petites bagues en métal destinées à garnir et à renforcer un tube ou une tige cylindrique. Les tubes d'une chaudière tubulaire sont fixés au moyen de viroles d'acier dans les parois de la chaudière où ils viennent s'encastrer à leurs deux extrémités.

VIRTUEL. On appelle, en mécanique, *moment virtuel* d'une force, le produit de cette force multipliée par la longueur infiniment petite que parcourrait, dans le premier moment, un point auquel cette force serait appliquée. Si plusieurs forces sont appliquées au même point, chacune d'elles considérée isolément tend à faire parcourir au point un certain espace dans le sens de sa direction : chacune d'elles donne donc lieu à un moment virtuel. Si la somme de tous ces momens est nulle, le point reste en équilibre. Cette proposition importante, dont la vérité se démontre en mécanique, est ce que l'on nomme le *principe des vitesses virtuelles*.

Vis. Pièce cylindrique de bois ou de métal dont le contour est taillé en hélice. La partie saillante de la cannelure s'appelle le filet. Sa forme est la même que celle de la partie rentrante : elle est triangulaire ou carrée. La vis se fixe ordinairement par un écrou dans lequel elle entre, et qui est cannelé intérieurement comme elle l'est elle-même extérieurement.

Parmi les machines employées à l'épuisement des eaux pour la fondation des ouvrages hydrauliques, on distingue celle appelée vis d'Archimède, espèce de cylindre creux tourné en forme d'hélice : une de ses extrémités plonge dans l'eau, qu'elle aspire par l'effet du mouvement de rotation et qui va sortir par son extrémité supérieure pour être projetée en dehors des fouilles.

Un appareil analogue à la vis d'Archimède a été essayé avec succès à bord de quelques bateaux à vapeur pour remplacer les roues à palettes (*Voyez* BATEAU A VAPEUR).

Vitesse. C'est le rapport entre l'espace parcouru par un corps en mouvement, et le temps employé à parcourir cet espace. Ce que l'on nomme *quantité de mouvement* d'un corps est le produit de sa masse ou quantité de matière multipliée par la vitesse dont il est animé. Une force agissant sur un corps se mesure par ses effets, c'est-à-dire par la quantité de mouvement qu'elle imprime à ce corps. La vitesse dont il est animé est donc un élément essentiel à connaître pour mesurer la force à laquelle il est soumis.

La vitesse d'un corps peut être constante ou variée : elle suit à cet égard les variations que j'ai indiquées au mot MOUVEMENT, ou plutôt c'est elle qui les détermine sous l'influence des forces qui agissent sur le corps ; car, tant que la masse de ce corps reste la même, sa quantité de mouvement ne peut changer qu'en vertu des variations de sa vitesse.

Les vitesses que l'on obtient par l'effet des forces employées aux usages mécaniques sont souvent très considérables, et l'on a peine à les concevoir. Toutefois, elles sont loin encore d'atteindre les vitesses de certains mouvemens naturels. La lumière, par exemple, paraît se propager dans l'espace avec une vitesse de 70,000 lieues (28,000 myriamètres) par seconde. Auprès d'une pareille vitesse, combien paraissent peu de chose les vitesses de deux, quatre, six ou huit myriamètres à l'heure que l'on peut obtenir dans la marche des convois de chemins de fer ? Qu'est-ce même que les vitesses d'écoulement que la vapeur est obligée de prendre pour se rendre de la

chaudière dans le piston, vitesses qui sont bien autrement considérables que celle de la marche de l'appareil lui-même ?

Au reste, la comparaison entre des vitesses qui n'ont rien de
commun dans leur objet, n'a pas une grande utilité. La seule
qui soit vraiment intéressante en ce qui touche le chemin de fer
et la vapeur, est celle qui résulte du rapprochement entre les anciennes vitesses de marche et de travail, et celles que déjà l'on
obtient de ces agens nouveaux pourtant si loin encore de leur perfection. Quoi de plus admirable, en effet, que de voir en peu d'années la lenteur proverbiale des coches d'eau remplacée par la vitesse
de 25 à 30 kilomètres que l'on obtient aujourd'hui des bateaux à
vapeur avec tant de facilité ? Et n'est-on pas pénétré d'un grand
espoir dans la science lorsque l'on voit les chemins de fer, à l'aide
de la vapeur, quadrupler, décupler même, dès aujourd'hui, la
vitesse de la locomotion sur nos anciennes routes ?

VOIE. Nom générique de toutes les communications soit par terre,
soit par eau.

Dans les chemins de fer, on donne ce nom particulier à l'espace
compris entre les deux rails sur lesquels circulent les voitures. La
largeur de voie que l'on rencontre le plus fréquemment sur les chemins de fer est celle de 1 m. 44 c. entre les faces intérieures des
rails. Cette voie est à peu près celle des voitures circulant sur les
routes ordinaires : elle a été généralement adoptée par les ingénieurs. Cependant sur quelques-uns la largeur est plus considérable : ainsi, la voie du chemin de Londres à Yarmouth est de
1 m. 50 c.; celle du chemin de Dundee à Arbroath et Forfar (Écosse)
est de 1 m. 68 c.; celle du chemin de Londres à Bristol et Exeter
(*Great-Western*) est de 2 m. 13 c.; celle du chemin de Saint-Pétersbourg à Zarskoo-Sélo est de 1 m. 83 c. Au contraire, sur quelques
lignes de peu d'importance, et uniquement destinées au service
d'une mine ou d'une usine, la largeur a été quelquefois réduite,
par économie, jusqu'à 60 centimètres.

En donnant à quelques lignes une largeur supérieure à celle de
1 m. 44 m. communément adoptée, les constructeurs ont eu pour
but d'augmenter la stabilité des voitures, et de diminuer le mouvement de lacet si fatigant pour les appareils de locomotion et pour
les voyageurs. Ils ont voulu aussi pouvoir augmenter les dimensions
et la puissance de la locomotive, donner plus de place au jeu des
pièces, en rendre la surveillance et l'entretien plus faciles et enfin
accroître le diamètre des roues menantes de la locomotive sans altérer sa stabilité latérale. Ce dernier résultat avait pour consé-

quettes immédiate un accroissement dans la vitesse. En effet, à chaque double course de piston correspond un tour des roues menantes; c'est-à-dire une quantité de chemin parcouru égale à la longueur développée de la circonférence extérieure de la roue. Plus la roue aura un grand diamètre, plus sa circonférence développée sera longue, et plus le chemin parcouru pour une double course de piston sera considérable. On peut donc ainsi, sans changer la vitesse du piston, augmenter la vitesse de translation de la voiture. Effectivement, sur le chemin de fer de Londres à Bristol, la vitesse moyenne des convois est plus forte que sur les autres.

Ces considérations doivent faire vivement regretter que la largeur habituelle de nos chemins de fer français reste fixée à 1 m. 44 m. Peut-être l'état de nos finances ne nous permettrait-il pas d'adopter immédiatement la plus grande largeur de voie; car on ne saurait se dissimuler que cet accroissement de largeur augmenterait notablement les dépenses premières de terrassemens, de travaux d'art et de matériel. Cependant, si on ne pouvait pas avoir la voie de 2 m. 13 c., on pourrait au moins s'arrêter à celle de 1 m. 88 c. proposée par la commission du parlement anglais dans son rapport sur un système général de chemins de fer en Irlande, ou même seulement à celle de 1 m. 60 c. ou un 1 m. 70 c., que quelques ingénieurs ont considéré comme un premier progrès suffisant.

Voies et Moyens. Terme de finances par lequel on désigne les ressources dont on peut disposer pour l'exécution d'un projet.

Voiler. On dit qu'une feuille de métal se voile lorsque, par suite des efforts auxquels elle est soumise, elle perd la forme qu'elle devait avoir, et qu'au lieu, par exemple, de présenter une surface plane ou d'une courbure légère et continue, elle devient fortement convexe ou concave, sans régularité : les chaudières en tôle de fer sont sujettes à se voiler sous l'influence d'efforts trop considérables ou inégaux entre eux. Cette voilure peut se manifester lorsque la pression intérieure de la vapeur augmente d'une manière excessive, lorsqu'une portion de la paroi est soumise à un coup de feu plus violent que les autres, et dans beaucoup d'autres circonstances; elle précède la déchirure et l'explosion. Les chaudières en fonte ne se voilent pas : lorsque les efforts auxquels elles sont soumises dépassent la limite de leur résistance, elles se fendent ou éclatent.

Voiture. Nom générique sous lequel on comprend toute espèce de caisse ou de plate-forme destinée à recevoir des hommes, des animaux ou des marchandises, et montée sur des roues qui facilitent son mouvement de translation.

Les vagons, diligences, locomotives et tenders employés sur les chemins de fer sont tous des voitures.

VOLANT. Masse pesante animée d'un mouvement de rotation, et destinée à maintenir les écarts de vitesse que peut prendre un mécanisme lorsque la force qui lui imprime le mouvement n'est pas constante. Dans une machine à vapeur à double effet, la vitesse du piston varie constamment: en effet, elle est nulle d'abord au commencement de chaque course, s'accélère à mesure que la vapeur arrive jusqu'à ce qu'elle soit parvenue à un certain maximum, et diminue ensuite pour cesser tout à fait lorsque le piston arrive à l'extrémité du cylindre. Elle reprend ensuite pour passer successivement par les mêmes variations lorsque le piston revient sur lui-même. Si le piston est lié à un mécanisme qui transforme son mouvement de va et vient en mouvement de rotation, ce mécanisme subira toutes ces variations et d'autres encore, ainsi que je l'ai expliqué ailleurs (*Voyez* POINT MORT). Le volant a'' (*Planche X*) est destiné à régulariser ce mouvement en agissant par son inertie sur le mécanisme. Le travail emmagasiné dans cet appareil croît en raison de sa masse et du carré de sa vitesse, comme on le démontre en mécanique. Si cette masse et cette vitesse sont assez fortes, la quantité de travail emmagasiné devient considérable, et il en résulte que, dans les momens où la vitesse du mécanisme tendrait à se ralentir, le volant l'entraîne avec lui; si, au contraire, cette vitesse tend à augmenter, le volant l'emmagasine, et dans tous les cas conserve au mouvement une régularité à peu près constante. Dans les machines fixes à un seul cylindre ou dont les cylindres se commandent, le volant est ordinairement une grande roue en fonte montée sur l'arbre de couche qui porte la manivelle sur laquelle agit la bielle commandée par le piston. Dans les machines à deux cylindres indépendans, on supprime le volant, parce que l'on suppose que l'action réciproque des deux pistons sur le mécanisme suffit au maintien d'une action régulière. C'est le cas des locomotives, dans lesquelles d'ailleurs la masse de l'appareil en mouvement ajoute encore à la régularité de la marche.

VOLÉE. Dans le battage d'un pieu, on entend par volée une série de coups de mouton se succédant à de courts intervalles, et suivie par un temps de repos. On nomme volée *à la tiraude* une volée de coups donnés par une sonnette à tiraude, et volée *au déclic*, celle donnée par une sonnette à déclic.

Dans une voiture, la volée est la traverse en bois attachée au timon à laquelle les chevaux du second rang sont attelés.

Voussoirs. Pierres régulièrement taillées qui entrent dans la construction d'une voûte, et se contrebuttent l'une l'autre par leurs positions respectives.

Voûte. Ouvrage en maçonnerie, appareillé sur sa face intérieure en forme de courbe, et destiné à recouvrir et à protéger un espace vide. Les arches d'un pont ou d'un viaduc sont des voûtes. J'ai indiqué au mot Arche les diverses formes de voûtes le plus communément employées dans les constructions publiques.

Dans les percemens souterrains des chemins de fer on est presque toujours obligé de voûter la galerie pour soutenir les terres et rochers contre les éboulemens. On peut quelquefois s'en dispenser lorsque le rocher présente une grande solidité ; mais ces cas sont fort rares, et lorsqu'on évalue la dépense probable d'un projet, il est toujours plus sage de faire entrer en ligne de compte celle de la voûte dont on peut avoir à revêtir le souterrain dans toute sa longueur.

Voyant. Plaque de fer ou de bois de deux couleurs différentes, et que l'on fait glisser le long de la tige de la mire dans les opérations de nivellement (*Voyez* Mire).

Le voyant, fixé au sommet d'une tige non graduée, sert à dresser de longues surfaces, que leur plan soit incliné ou horizontal. Pour cela voici comme on s'y prend. On opère avec trois voyans de hauteur égale : les deux premiers sont placés bien d'à-plomb aux deux extrémités de la surface à dresser; on promène le troisième dans l'intervalle, en le plaçant successivement sur les points principaux, pour voir de combien ils doivent être élevés ou abaissés pour se trouver dans le plan général déterminé par les deux voyans extrêmes. C'est ainsi que l'on règle les surfaces de terrassement, le sol d'une chaussée, ou la pose des rails d'un chemin de fer, entre les points donnés directement par le niveau, et solidement repérés.

Z

Zinc. Métal d'un blanc bleuâtre, à texture lamelleuse, ductile et malléable à une assez basse température. Sa densité est de 6, 7 à 7, 2. Il fond 374° et se volatilise au rouge-blanc. Le zinc s'emploie en feuilles comme la tôle. Uni au cuivre, il donne une espèce de laiton assez estimé. Employé comme étamage sur le fer, il a la propriété de le préserver de la rouille : le fer ainsi revêtu prend le nom de fer *zingué* ou *galvanisé*.

Zone. Les terrains situés à proximité des frontières de terre et de mer, ou des lieux fortifiés, sont soumis à certaines servitudes en raison de la distance à laquelle ils se trouvent des points qui les commandent. La largeur de terrains ainsi assujettie à des prescriptions particulières porte le nom de zone. La zone des frontières a été déterminée par le ministère de la guerre : il n'est permis d'y exécuter aucune construction ou démolition sans une autorisation spéciale. Il en est de même de la zone des places de guerre : celle-ci comprend, outre la zone militaire proprement dite, trois zones sur lesquelles les servitudes pèsent inégalement. Elles embrassent ensemble, et au maximum, une étendue de 974 mètres.

La première zone doit avoir 250 mètres autour des places de guerre de toutes classes et des postes militaires. Dans ce rayon, il ne peut être bâti aucune maison ni clôture de construction quelconque, excepté les clôtures en haies sèches ou en planches à claire-voie, sans pan de bois ni maçonnerie.

La seconde zone a 487 mètres d'étendue : il ne peut être bâti ni reconstruit dans son intérieur aucune maison ni clôture en maçonnerie, mais il est permis d'y élever des clôtures en terre et en bois, sans pierres, ni briques, et où la chaux et le plâtre n'entrent que comme crépissage, à la condition toutefois de les démolir et d'en enlever les matériaux à la première réquisition en cas de guerre.

La troisième zone a une largeur de 487 mètres à partir de la seconde pour les places de guerre, et de 87 mètres seulement pour les postes militaires. Dans cette zone on ne peut exécuter aucun travail de terrassement ou autre sans une autorisation de l'administration militaire.

Les distances qui déterminent les zones de prohibition sont comptées à partir de la crête des parapets des chemins couverts ou des murs de clôture des ouvrages de fortification les plus avancés.

Les lois et réglemens relatifs aux zones des servitudes militaires sont très rigoureux ; c'est à ce point que l'administration de la guerre, qui ne passe pas pour très paternelle, se croit quelquefois obligée d'en adoucir la sévérité dans l'application.

La zone du terrain militaire proprement dit, comprend le terrain destiné aux ouvrages militaires et à leurs dépendances, appartenant à l'État ou susceptible d'être acquis par lui de plein droit. Il est limité, vers l'intérieur de la place, par le bord de la rue du rempart, et du côté de la campagne, par le pied des glacis du chemin couvert.

FIN.

APPENDICE.

On a réuni ici quelques mots qui ont été omis dans le cours de ce livre.

Affouillement. Lorsqu'un courant d'eau attaque par le pied une construction, une paroi en terre, un rocher, etc., elle le détruit en enlevant les substances qui forment sa base : c'est cet enlèvement qui se nomme affouillement.

Alidade. Dans les instrumens d'optique on donne ce nom à des tiges ou aiguilles mobiles qui servent à marquer sur l'instrument la direction des rayons visuels. Par exemple, dans la boussole, l'alidade est l'aiguille aimantée qui se porte toujours vers le même point de l'horizon, et qui sert à compter sur le limbe les angles que forment, avec sa direction, les lignes tirées de l'œil de l'observateur vers ces divers objets.

Alluchons. Dents d'engrenage qui ne font pas partie de la jante de la roue, et sont fixées sur son pourtour au moyen de mortaises pratiquées pour les recevoir. Elles se font en bois (*Voyez* Dent).

Alumine. Substance terreuse, onctueuse au toucher, blanche comme de la chaux. Elle forme la base principale des argiles : plus celles-ci contiennent d'alumine, plus elles sont pures. L'alun, appelé aussi par les chimistes sulfate d'alumine, est un sel formé par la combinaison de l'alumine et de l'acide sulfurique.

Anonyme (Société). Une des formes de la société commerciale (*Voyez* Société). Une société anonyme ne se désigne point par le nom d'un ou de plusieurs de ses associés, comme la société en nom collectif ou la société en commandite : elle se désigne par le nom de son objet. Ainsi l'on dit : la société anonyme *du chemin de fer de Paris à Saint-Germain*, et non la société *Emile Péreire et Compagnie*, bien que la concession de la ligne ait été faite au nom de ce dernier, et qu'il en soit resté le directeur.

Bail. Le système d'exécution des grandes lignes de chemins de fer français, créé par la loi du 11 juin 1842, donne lieu à des conventions d'une nouvelle espèce entre l'État et les compagnies qui peuvent être chargées de les exploiter. Le caractère du concessionnaire se trouve modifié jusqu'à un certain point, et il peut être considéré comme un véritable fermier. La convention passée entre l'État et lui prend alors le nom de *Bail*. Cette convention diffère peu des cahiers des charges ordinaires dont j'ai donné l'analyse. Les articles relatifs à l'exécution des travaux sont remplacés par un engagement de la part de l'État de les livrer à la compagnie dans un délai déterminé. La compagnie reste chargée de leur entretien pendant la durée de son bail.

Les obligations relatives à la pose de la voie, au matériel d'exploitation, et à l'établissement des clôtures, sont les mêmes pour la compagnie que dans les autres cahiers des charges. Il lui est donné un certain délai pour ces travaux et fournitures, et les clauses de déchéance ne s'appliquent qu'à l'inexécution de cette partie du travail. La principale modification, par rapport aux anciennes concessions, porte sur la durée qui est de beaucoup réduite.

Bien que plusieurs projets de loi aient été présentés dans la dernière session pour des baux de cette espèce, aucune ligne n'a encore été concédée dans ce système. Par une espèce de transaction, le chemin de fer d'Avignon à Marseille a été concédé dans les formes ordinaires, moyennant une subvention dont la valeur est égale au montant des dépenses que devait faire l'État dans le système de la loi du 11 juin, et la durée de la jouissance, qui eût été sans cela, probablement de quatre-vingt-dix-neuf ans, a été réduite à trente-trois ans.

Barre. Ce mot est souvent employé dans les machines comme synonyme de *tige*. Ainsi, on dit *la barre d'excentrique*, pour désigner la tige à laquelle est lié l'excentrique qui commande le mouvement des tiroirs d'une machine à vapeur.

Burette. Petit vase dont l'orifice est garni d'un bec. On s'en sert pour verser l'huile dans les boîtes à graisse des machines.

Carré. Quadrilatère dont les quatre côtés sont égaux et les angles droits. La surface d'un carré est égale au produit de sa base multipliée par sa hauteur, ou plus simplement, au produit de cette base multipliée par elle-même, puisque ces deux longueurs sont égales. En arithmétique, on appelle carré d'un nombre la seconde puissance de ce nombre, c'est-à-dire le produit de ce nombre multiplié par lui-même.

Chasse-Pierres. Nom sous lequel on désigne quelquefois l'appareil fixé au châssis d'une locomotive en avant des roues, et qui a pour but de débarrasser les rails des corps étrangers qui pourraient occasionner des accidens. Cet appareil se nomme aussi GARDE. (*Voyez* ce mot).

CHEMIN DE FER. Pendant que ce livre était sous presse, les chemins de fer de Paris à Rouen et de Paris à Orléans ont été ouverts, et un nouveau chemin de fer, celui d'Avignon à Marseille a été concédé pour trente-trois ans, moyennant une subvention égale au montant des dépenses mises à la charge de l'État et des localités par la loi du 11 juin 1842.

CHÈVRE. Bâtis triangulaire en charpente, qui sert à élever des fardeaux. Les deux montans inclinés se nomment les *bras*. Ils sont assemblés par le haut, et réunis de distance en distance par des traverses formant entre-toises. Une corde, à laquelle on attache le fardeau à soulever, passe sur une poulie verticale fixée en haut de la chèvre, et vient s'enrouler sur un treuil assemblé dans le bas des montans. Quelquefois on ajoute à la chèvre un troisième montant, appelé *pied de chèvre*, pour la soutenir.

CLIQUET. Patte en fer qui s'appuie sur les dents d'une roue à rochet pour l'empêcher de tourner en sens inverse du mouvement qu'elle doit avoir. Lorsque le cliquet est fort, il se place de lui-même par son propre poids; lorsqu'il est léger, il a besoin d'être maintenu par un ressort. Quelquefois c'est le ressort lui-même qui sert de cliquet : ce cas est celui des cliquets d'horlogerie.

COMMISSAIRE. Indépendamment des commissaires de police ordinaires établis dans les localités qu'ils traversent, les chemins de fer sont surveillés par des commissaires de police spéciaux, chargés de connaître des contestations des voyageurs entre eux, ainsi que des difficultés qui surviennent entre les voyageurs et l'administration du chemin. Ces commissaires doivent, en cas d'accident, dresser immédiatement procès-verbal et en référer à l'autorité compétente.

Les opérations des sociétés anonymes sont placées sous la surveillance du ministère du commerce, qui exerce sur elles son contrôle par l'intermédiaire d'un ou plusieurs agens délégués auprès de la société, et portant le nom de *commissaires royaux*.

CUBE. Espace considéré sous ses trois dimensions: longueur, largeur et hauteur. La valeur de cet espace est le produit des nombres qui expriment ces trois dimensions, multipliés l'un par l'autre. En arithmétique, on appelle cube d'un nombre la troisième puissance de ce nombre, c'est-à-dire ce nombre multiplié deux fois par lui-même.

DÉCLIC. Lorsqu'un mécanisme est en mouvement on peut, dans certains cas, avoir à craindre que l'équilibre ne vienne à se rompre entre la puissance qui le fait agir dans un sens déterminé et la résistance qui tendrait à le faire agir en sens contraire. Par exemple, lorsqu'on soulève un fardeau au moyen d'une grue, la corde à laquelle est suspendu le fardeau s'enroule sur le tambour auquel une manivelle communique le mouvement de rotation. Si par une cause quelconque l'effort appliqué à la manivelle cesse d'être suffisant, le fardeau descendra en entraînant avec lui le tambour en sens inverse du mouvement primitif. Mais si ce tambour est muni d'une roue à rochet sur laquelle porte un cliquet ou patte de fer qui l'empêche de revenir sur elle-même, il ne pourra pas changer le sens de son mouvement, la corde ne se déroulera pas, et si le fardeau cesse de monter, au moins il se tiendra en place et ne redescendra pas. L'appareil composé du cliquet et de la roue à rochet est une espèce de déclic.

En général on donne le nom de déclic à une verge de fer terminée en forme de crochet, qui peut être écartée de sa position par un effort indépendant du mécanisme, et qui peut changer le sens du mouvement de pièces importantes qu'il commande. On en voit un exemple dans la SONNETTE A DÉCLIC (*Voyez* ce mot).

EXPANSION. On appelle force d'expansion d'un gaz, l'effort résultant de son élasticité, et en vertu duquel il tend toujours à occuper le plus grand espace possible. Cette force est inhérente à la nature même des gaz, et constitue leur caractère mécanique.

EXPLOSION. Des variations soudaines dans la température de l'eau, et surtout dans celle de la vapeur d'une chaudière, augmentent ou diminuent considérablement le volume de cette vapeur, et peuvent donner lieu à des explosions. La production de la vapeur est sujette à prendre instantanément un développement considérable lorsque, par suite d'un défaut d'alimentation, le niveau de l'eau s'est abaissé dans la chaudière. Alors les parois exposées au feu rougissent, et si l'on relève le niveau de l'eau subitement par une alimentation plus abondante, cette eau, en touchant les parois, se réduira en vapeur avec une telle rapidité que les orifices de sortie ne suffiront pas à son écoulement: dans ce cas, la chaudière éclatera. On conçoit, d'après cela, combien est importante l'alimentation régulière d'une chaudière.

Les explosions des générateurs de vapeur présentent des phénomènes dont l'explication n'est pas encore complète. Le calorique, dans ces appareils, paraît se conduire jusqu'à un certain point comme l'électricité; aussi les fractures et les déchiremens résultant des explosions de chaudières ressemblent-ils beaucoup aux effets qui seraient produits par la foudre.

L'ordonnance du 22 mai 1843 (*Voyez* SURETÉ), interdit, en cas d'explosion, aux propriétaires d'appareils à vapeur, ou à leurs représentans, de réparer les constructions, et de déplacer ou dénaturer les fragmens de la chaudière ou machine rompue, avant la visite et la clôture du procès-verbal de l'ingénieur chargé de constater l'accident et d'en rechercher les causes.

HYDRAULIQUE. Partie de la mécanique qui traite des lois du mouvement des liquides.

On donne le nom de machines hydrauliques à celles qui sont mues par le moyen de l'eau.

La *presse hydraulique* est une de ces machines : elle est fondée sur ce principe, que l'eau tend à s'élever au même niveau dans deux vases communiquans. Si l'on suppose que l'un des vases soit rempli d'eau, et que l'autre soit fermé à sa partie supérieure par un piston portant un plateau, ce piston tendra à monter par l'effet de la pression de l'eau qui arrive au-dessous. Comme cette pression est proportionnelle à la hauteur de l'eau dans le premier vase et à la surface du piston sur laquelle elle agit, on pourra obtenir une pression considérable en élevant la colonne dans le premier vase, et en donnant au piston qui ferme le second vase une grande largeur.

Les épreuves sur la résistance des parois des chaudières à vapeur se font au moyen de la presse hydraulique.

INERTIE. Cette expression s'emploie en mécanique pour désigner la propriété dont jouit la matière de ne pas changer d'état si aucune cause étrangère ne vient la troubler. L'inertie, ou la *force d'inertie* d'un corps, comme on l'appelle assez improprement, se manifeste, non-seulement par l'immobilité lorsque aucune cause ne vient troubler son repos, mais aussi par la conservation du mouvement imprimé une première fois, si aucune force étrangère ne vient l'arrêter ou modifier son intensité et sa direction.

LANTERNE. Tambour à claire-voie. Les montans qui soutiennent les deux plateaux du tambour peuvent être façonnés en forme de fuseaux susceptibles d'engrener avec une roue dentée. Dans ce cas, la lanterne n'est pas un tambour, c'est un pignon.

LATENT (CALORIQUE). Portion de calorique absorbée par un corps lorsqu'il change d'état, par exemple pour passer du solide au liquide, sans qu'elle soit sensible au thermomètre, et qui ne redevient sensible que lorsque le corps la perd pour revenir à son état primitif.

LIMBE. Les boussoles graphomètres, et en général les instrumens d'optique employés pour lever des angles, se terminent extérieurement par une circonférence graduée sur laquelle se comptent les degrés, minutes, etc., qui servent à la détermination de ces angles. Cette circonférence se désigne souvent par le mot limbe.

LOCOMOBILE (MACHINE). Machine à vapeur qui peut se transporter d'un lieu à un autre, sans nécessiter aucune construction particulière pour fonctionner lorsqu'elle est en station.

MATOIR. Marteau qui sert à river les clous ou boulons en les refoulant sur eux-mêmes lorsqu'ils sont chauffés à une haute température.

MOUTON. Courte et forte pièce de bois frettée à ses deux extrémités, qui sert à battre les pieux et pilots. Sa tête est armée d'un anneau ou crochet qui permet de le soulever au moyen d'une sonnette (*Voyez* ce mot).

PIÈCES DE PONT. Pièces de bois transversales qui soutiennent le tablier d'un pont en charpente.

PIEDS-DROITS. Murs, colonnes ou pilastres sur lesquels est élevée la partie cintrée d'une voûte, et qui la soutiennent.

ROUVERIN (FER). (*Voyez* FER).

STRIÉE (FONTE). (*Voyez* FONTE).

TONNE. La tonne anglaise est de 20 quintaux anglais, valant ensemble 1,015 k. 65, de sorte que la tonne anglaise est un peu plus forte que la tonne française (*Voir* l'ERRATA).

FIN DE L'APPENDICE.

ERRATA.

Page 80. — La figure B doit être retournée.
  276. — Ligne 26, *silèce*, lisez : silice.
  438. — Au mot QUINTAL: au lieu de: *le quintal anglais*, etc.
       lisez: le quintal anglais est de 112 livres anglaises (dites
       livres avoir du poids), et vaut 50 kil., 78.
  443. — La figure 5 doit être retournée.

Allège ou Tender

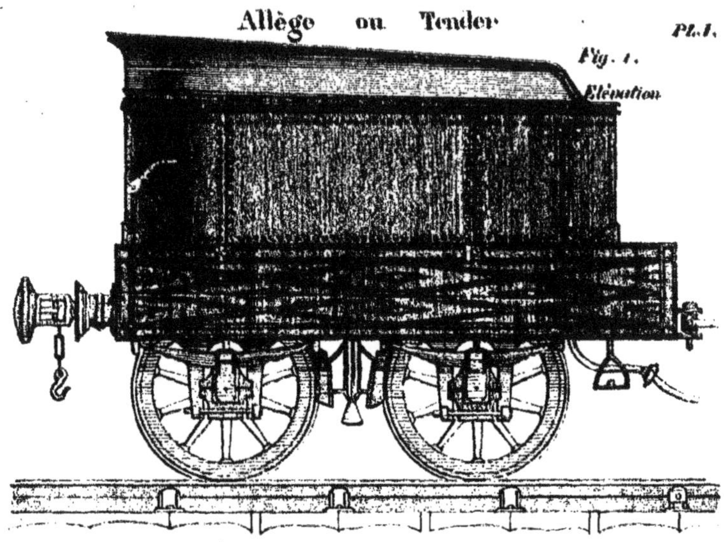

Pl. I.
Fig. 1.
Élévation

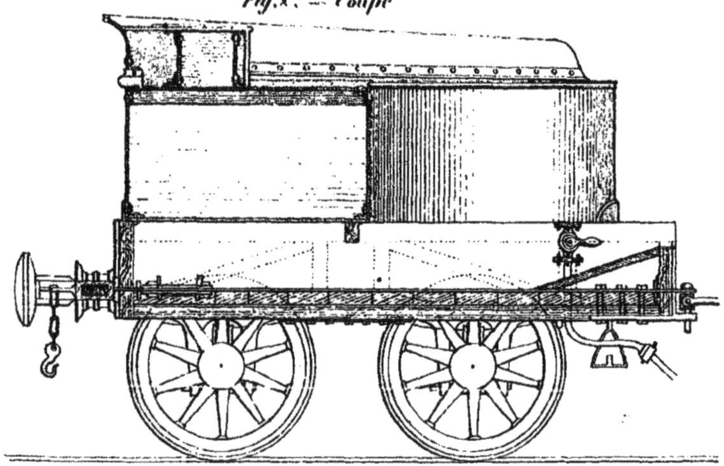

Fig. 2. — Coupe

Pl. II.

J
m
l
m
k
g
b'
b
a
i
i
i
i
r'
g'
b'
b
b
g'
A
A
a
a
PL.III.

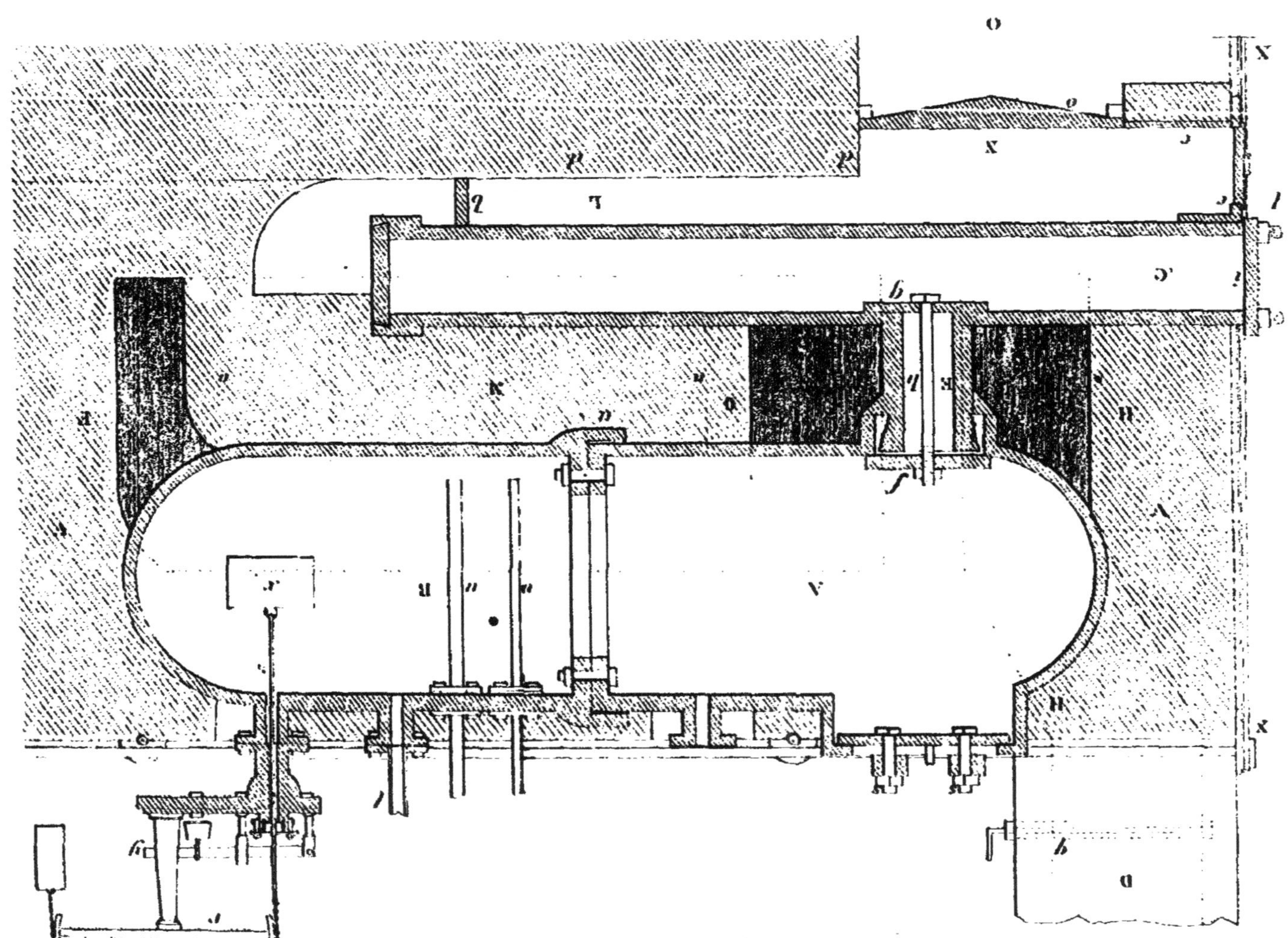

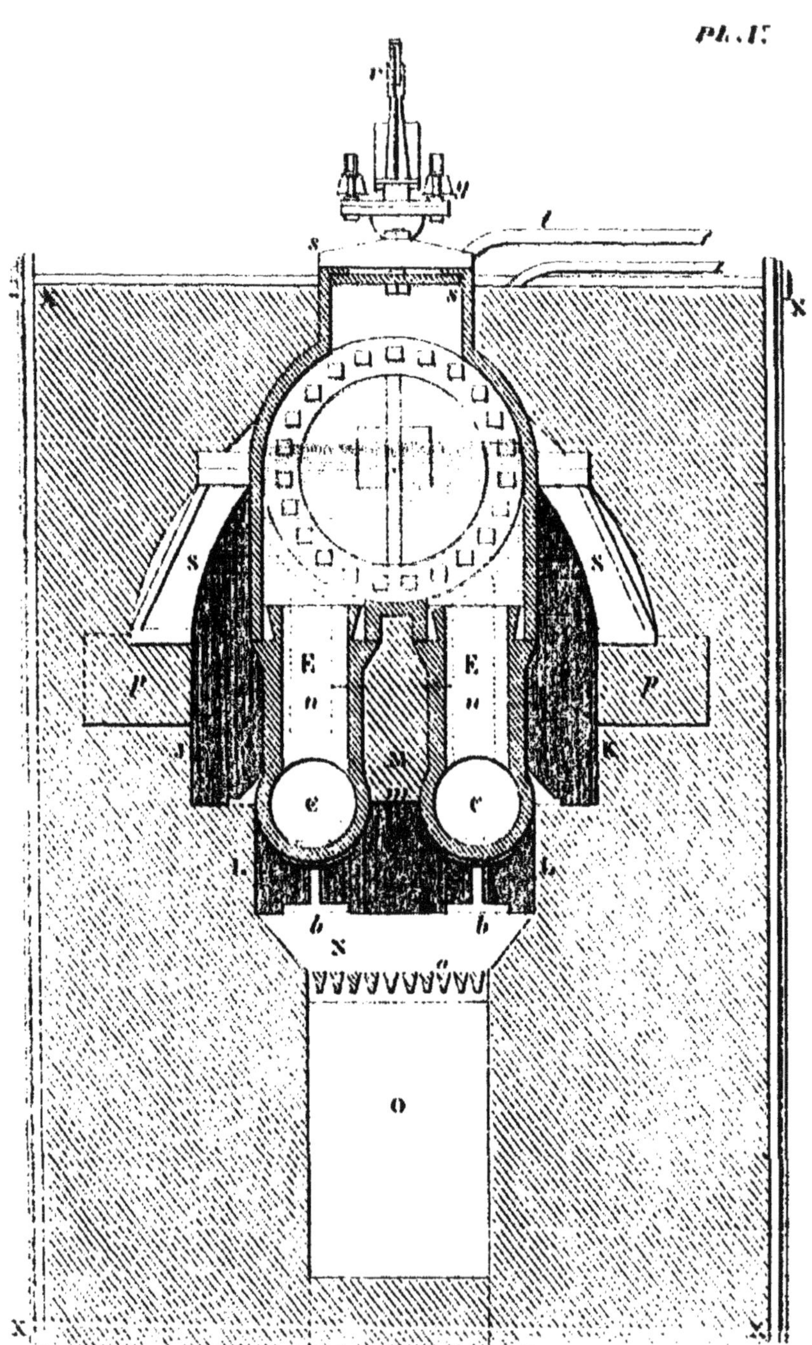

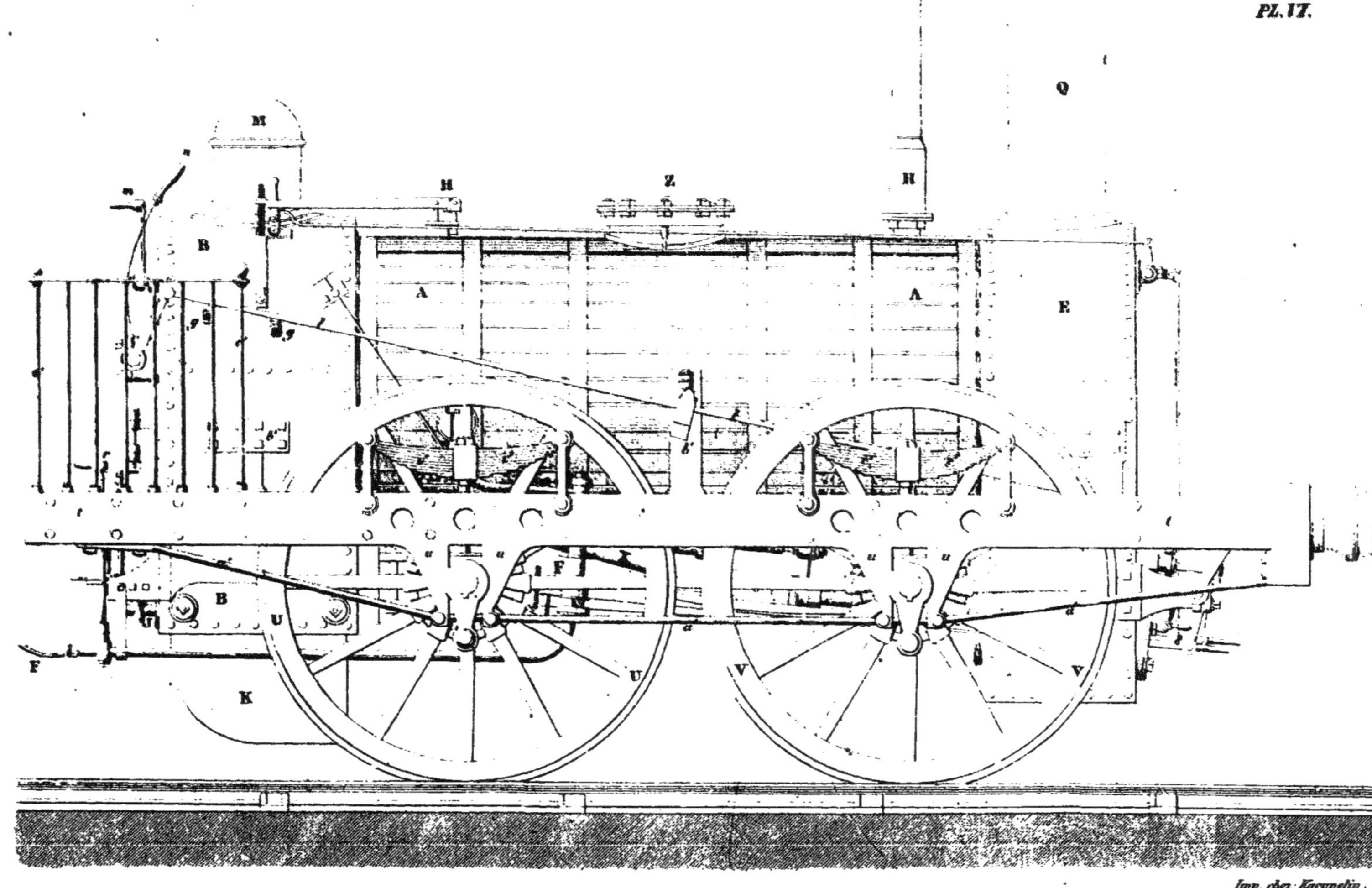

Imp. chez Kaeppelin.
PL. IV.

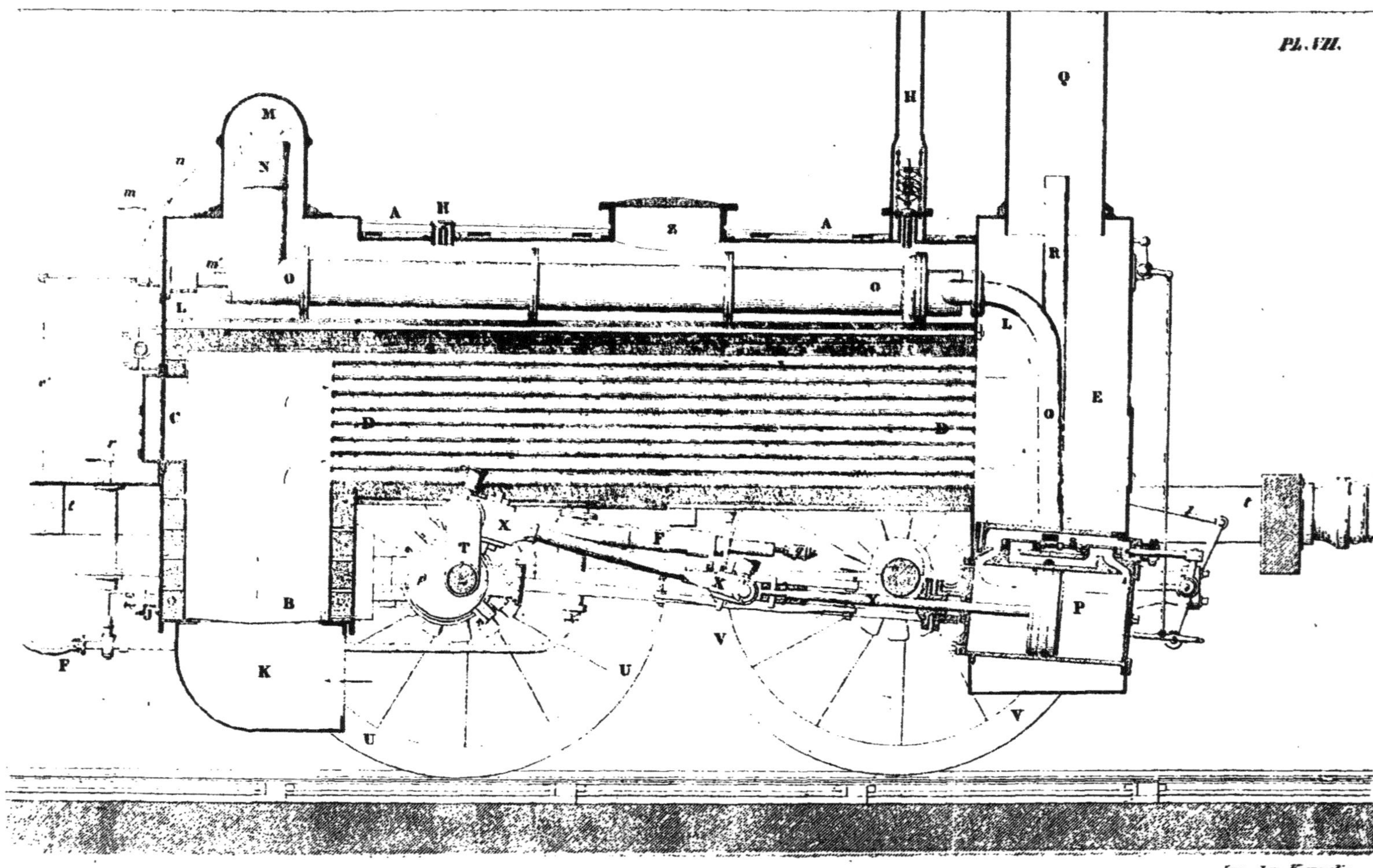
Pl. VII.
Imp. chez Lacoste.

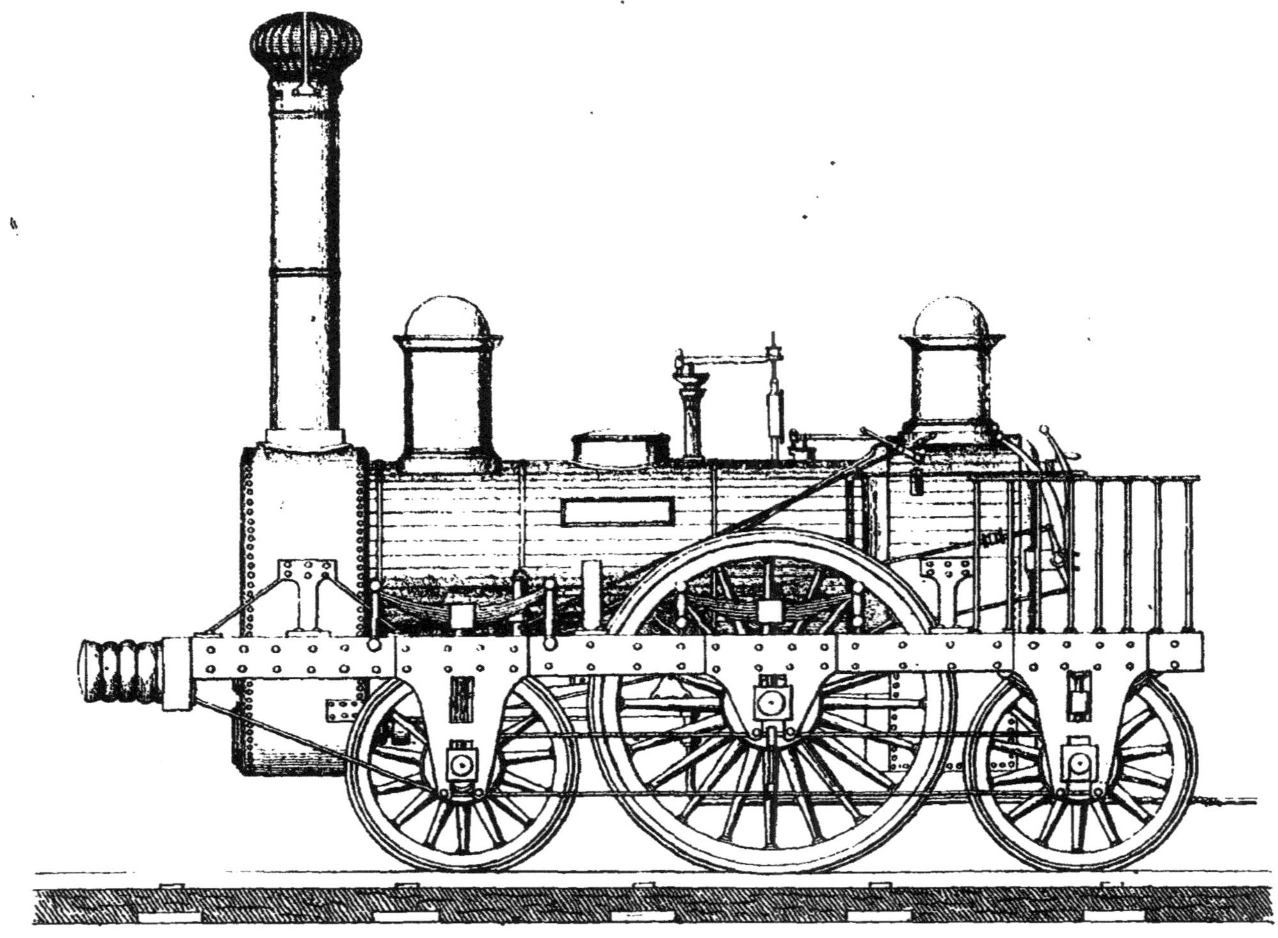

PL. VII.

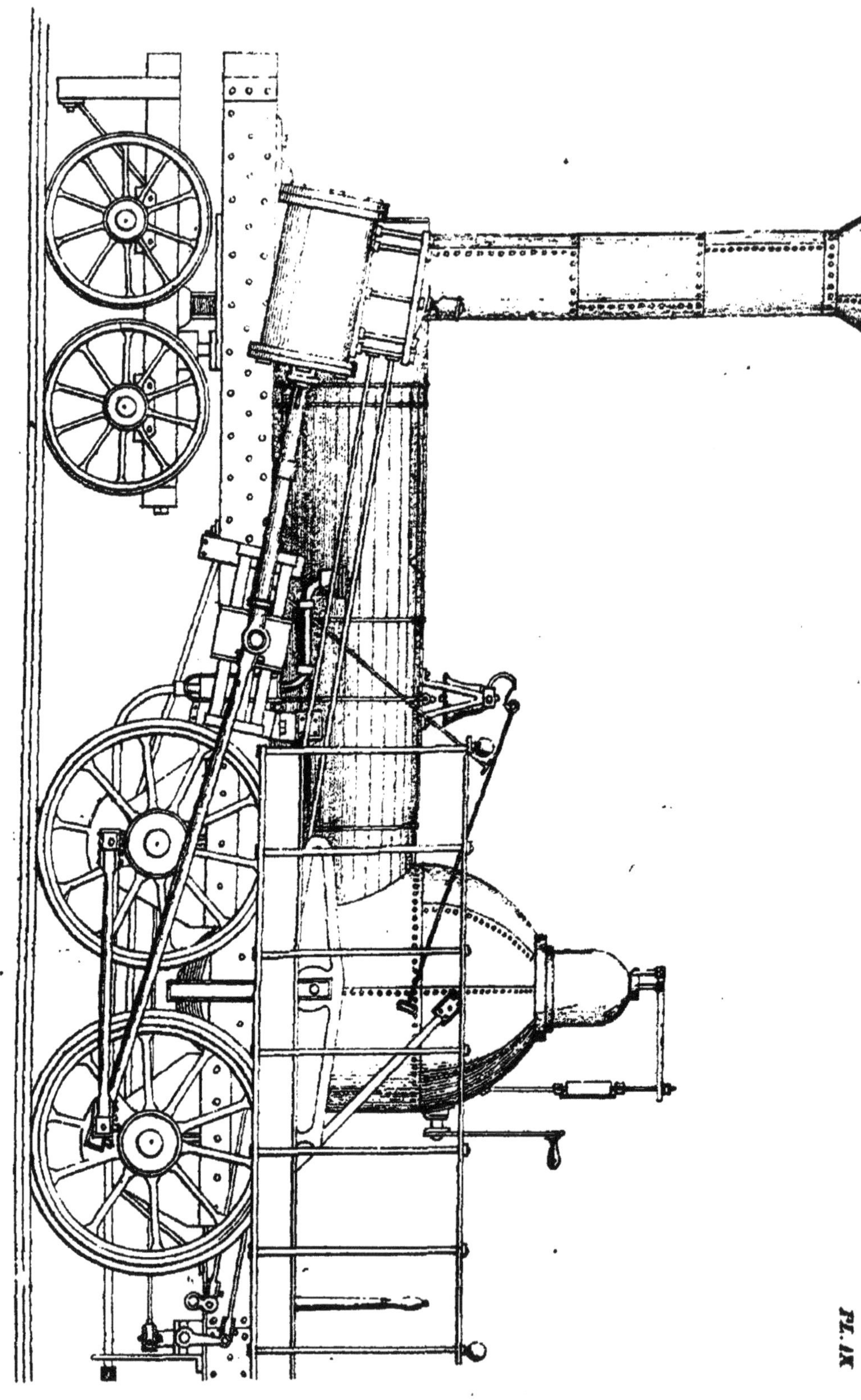
PL. IX

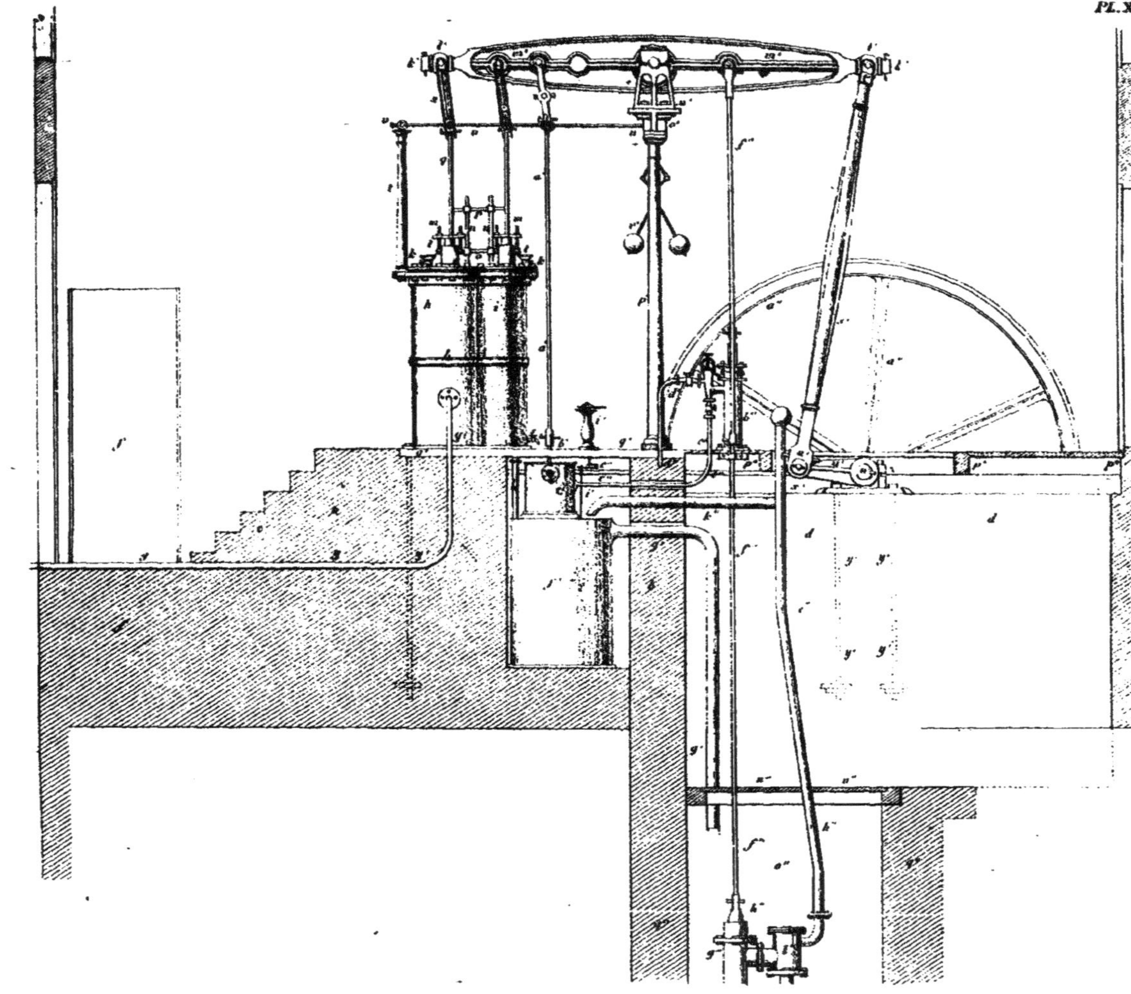
PL. X

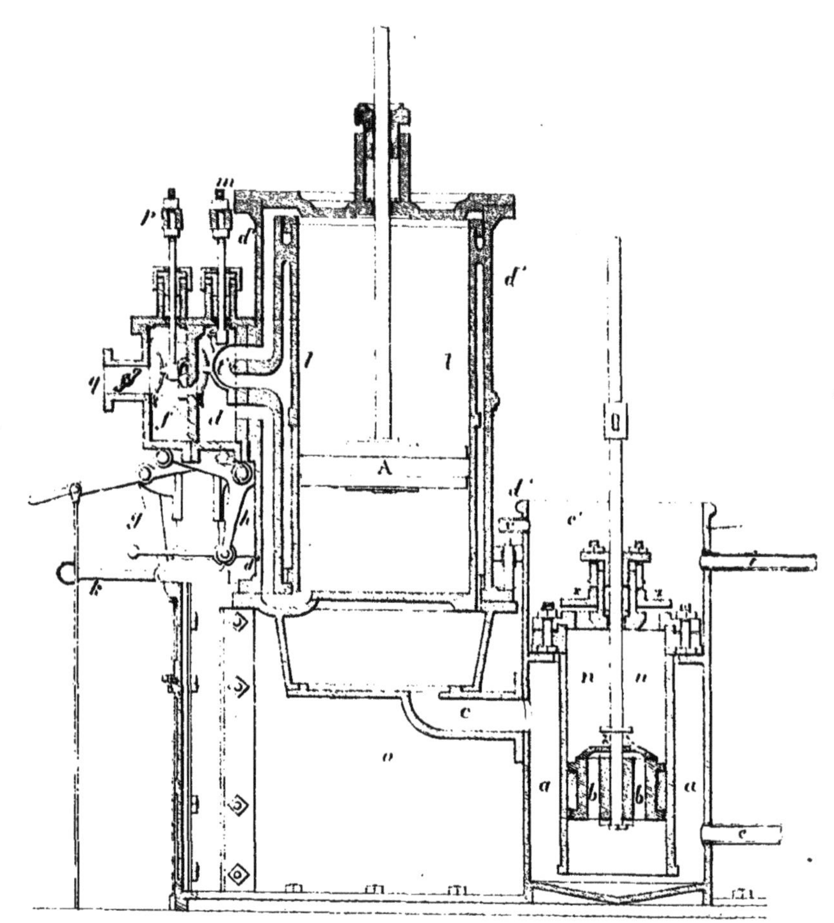
p
m
d
d'
q
l
l
d
A
d'
c'
g
h
d
k
o
c
n
n
a
b
b
a
c

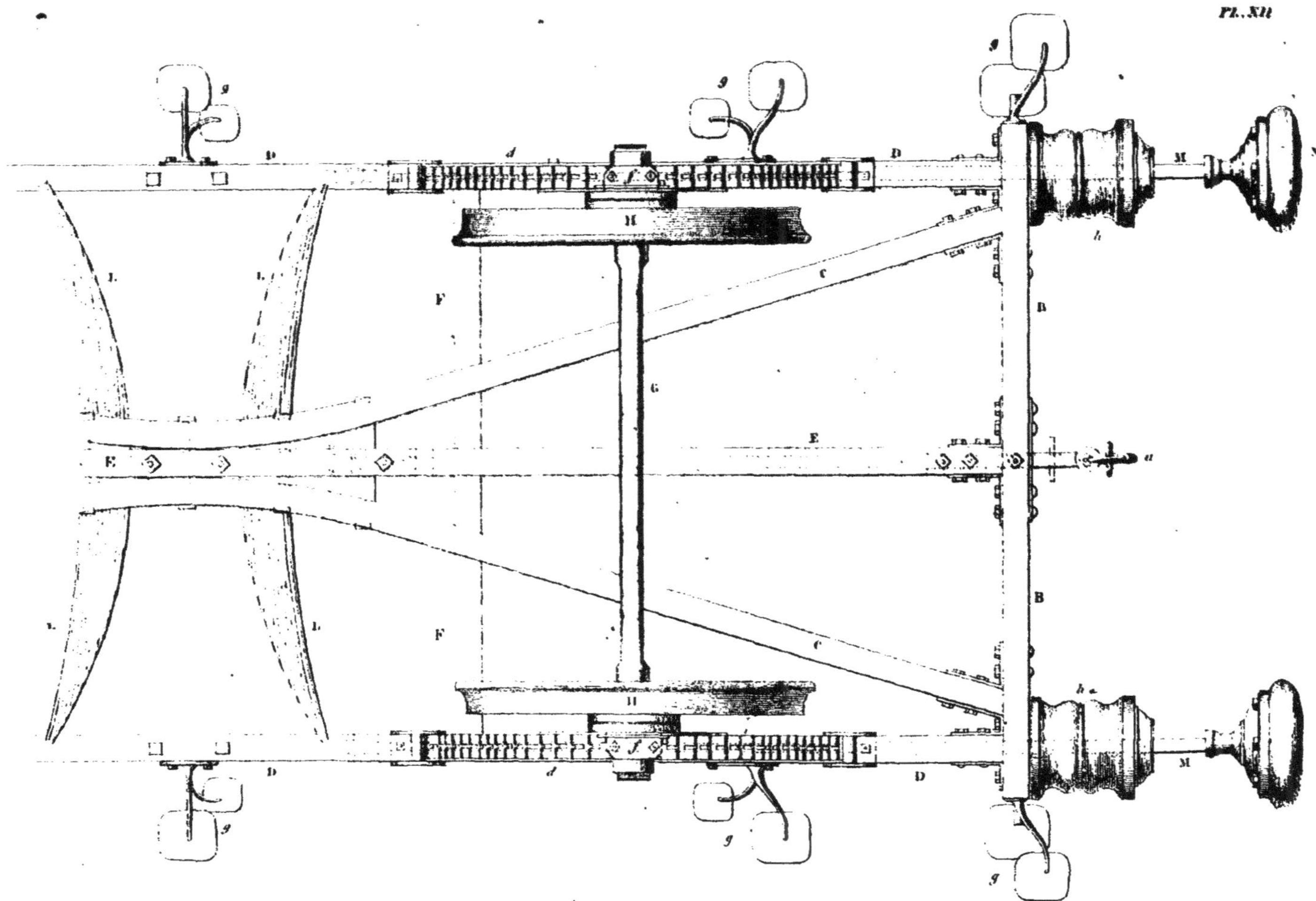

Pl. XII.

EXPLICATION DES PLANCHES.

Original en couleur

NF Z 43-120-8